Energiewende

Jörg Radtke · Weert Canzler
Hrsg.

Energiewende
Eine sozialwissenschaftliche
Einführung

Hrsg.
Jörg Radtke
Siegen, Deutschland

Weert Canzler
Berlin, Deutschland

ISBN 978-3-658-26326-3   ISBN 978-3-658-26327-0 (eBook)
https://doi.org/10.1007/978-3-658-26327-0

Die Deutsche Nationalbibliothek verzeichnet diese Publikation in der Deutschen Nationalbibliografie; detaillierte bibliografische Daten sind im Internet über http://dnb.d-nb.de abrufbar.

Springer VS
© Springer Fachmedien Wiesbaden GmbH, ein Teil von Springer Nature 2019
Das Werk einschließlich aller seiner Teile ist urheberrechtlich geschützt. Jede Verwertung, die nicht ausdrücklich vom Urheberrechtsgesetz zugelassen ist, bedarf der vorherigen Zustimmung des Verlags. Das gilt insbesondere für Vervielfältigungen, Bearbeitungen, Übersetzungen, Mikroverfilmungen und die Einspeicherung und Verarbeitung in elektronischen Systemen.
Die Wiedergabe von allgemein beschreibenden Bezeichnungen, Marken, Unternehmensnamen etc. in diesem Werk bedeutet nicht, dass diese frei durch jedermann benutzt werden dürfen. Die Berechtigung zur Benutzung unterliegt, auch ohne gesonderten Hinweis hierzu, den Regeln des Markenrechts. Die Rechte des jeweiligen Zeicheninhabers sind zu beachten.
Der Verlag, die Autoren und die Herausgeber gehen davon aus, dass die Angaben und Informationen in diesem Werk zum Zeitpunkt der Veröffentlichung vollständig und korrekt sind. Weder der Verlag, noch die Autoren oder die Herausgeber übernehmen, ausdrücklich oder implizit, Gewähr für den Inhalt des Werkes, etwaige Fehler oder Äußerungen. Der Verlag bleibt im Hinblick auf geografische Zuordnungen und Gebietsbezeichnungen in veröffentlichten Karten und Institutionsadressen neutral.

Springer VS ist ein Imprint der eingetragenen Gesellschaft Springer Fachmedien Wiesbaden GmbH und ist ein Teil von Springer Nature.
Die Anschrift der Gesellschaft ist: Abraham-Lincoln-Str. 46, 65189 Wiesbaden, Germany

Ihr Bonus als Käufer dieses Buches

Als Käufer dieses Buches können Sie kostenlos unsere Flashcard-App „SN Flashcards" mit Fragen zur Wissensüberprüfung und zum Lernen von Buchinhalten nutzen. Für die Nutzung folgen Sie bitte den folgenden Anweisungen:

1. Gehen Sie auf **https://flashcards.springernature.com/login**
2. Erstellen Sie ein Benutzerkonto, indem Sie Ihre Mailadresse angeben, ein Passwort vergeben und den Coupon-Code einfügen.

Ihr persönlicher „SN Flashcards"-App Code   1BEB9-8161B-FD7ED-BC3F7-58A6C

Sollte der Code fehlen oder nicht funktionieren, senden Sie uns bitte eine E-Mail mit dem Betreff **„SN Flashcards"** und dem Buchtitel an **customerservice@springernature.com**.

Inhaltsverzeichnis

Lehrbuch Energiewende – Eine Einleitung 1
Jörg Radtke und Weert Canzler

Teil I Die Energiewende und ihre Grundlagen

Grundlagen der Energiepolitik 29
Barbara Praetorius

Energiepolitik in Deutschland und Europa 69
Bernd Hirschl und Thomas Vogelpohl

Biographie der Energiewende im Stromsektor 97
Dörte Ohlhorst

Teil II Die Energiewende in den verschiedenen Sektoren

Märkte und Regulierung der Elektrizitätswirtschaft 125
Dominik Möst, Constantin Dierstein, Hannes Hobbie, Matthew Schmidt und Michael Zipf

Energiewende im Wärmesektor – noch ein langer Weg 171
Dörte Ohlhorst

Grundlagen der Verkehrspolitik und die Verkehrswende............. 193
Oliver Schwedes

Teil III Die Energiewende in der Gesellschaft

Das Recht der Energiewende 223
Michael Rodi

Akzeptanz in der Energiewende 261
Jan Hildebrand und Ortwin Renn

Partizipation und bürgerschaftliches Engagement in der Energiewende 283
Jörg Radtke und Ortwin Renn

Teil IV Die Energiewende im weiteren politischen Kontext

Die Energiewende als sozio-technische Transformation – Von der Analyse zur Gestaltung 319
Ulrich Dewald, Armin Grunwald, Witold-Roger Poganietz und Jens Schippl

Zur internationalen Dimension der Energiewende 353
Lutz Mez

Energiepolitik der Zukunft – wie können wir die Energiewende vollenden? 375
Stefan Thomas

Glossar wichtiger Begriffe der Energiewende 403

Über die Autoren

Weert Canzler Dr. phil. habil, Senior Researcher am Wissenschaftszentrum Berlin für Sozialforschung (WZB) und Sprecher des „Leibniz-Forschungsverbundes Energiewende" (LVE). E-Mail: weert.canzler@wzb.eu. Forschungsinteressen: Verkehrs- und Energiepolitik sowie Innovations- und Technologiepolitik.

Ulrich Dewald Dr. rer. nat., Kommunalberatung, Gesellschaft für Angewandte Kommunalforschung mbH, Marburg. E-Mail: dewald@gefak.de. Forschungsinteressen: Wandel der Energieversorgung, räumliche Dynamik sozio-technischer Systeme, Technikfolgenforschung.

Constantin Dierstein M. Sc., wissenschaftlicher Mitarbeiter, Lehrstuhl für Energiewirtschaft an der Technischen Universität Dresden. E-Mail: constantin.dierstein@tu-dresden.de. Forschungsinteressen: Engpassmanagement, Europäischer Binnenmarkt für Strom, Flow Based Market Coupling und transnationaler Stromhandel.

Armin Grunwald Prof. Dr. rer. nat., Leiter des Instituts für Technikfolgenabschätzung und Systemanalyse (ITAS) und Professor für Technikphilosophie und -ethik am Karlsruher Institut für Technologie (KIT). E-Mail: armin.grunwald@kit.edu. Forschungsinteressen: Theorie und Konzepte der Technikfolgenabschätzung, Operationalisierung der Nachhaltigkeit.

Jan Hildebrand Dipl.-Psych., Leiter Arbeitsfeld Umweltpsychologie am Institut für Zukunftsenergie- und Stoffstromsysteme (IZES) in Saarbrücken. E-Mail: hildebrand@izes.de. Forschungsinteressen: Akzeptanz- und Beteiligungsforschung im Energiesektor sowie psychologische Aspekte gesellschaftlicher Transformationsprozesse.

Bernd Hirschl Prof. Dr. phil. Dipl.-Ing.-Oec., Leiter Forschungsfeld Nachhaltige Energiewirtschaft und Klimaschutz am Institut für ökologische Wirtschaftsforschung (IÖW), Berlin sowie Leiter Fachgebiet Management regionaler Energieversorgungsstrukturen an der Brandenburgischen Technischen Universität Cottbus-Senftenberg. E-Mail: bernd.hirschl@ioew.de. Forschungsinteressen: Entwicklung, Analyse und Bewertung von Strategien, Konzepten und Instrumenten in den Bereichen Energiewirtschaft und -politik mit Fokus auf erneuerbare Energien, Regionalökonomie und Resilienz.

Hannes Hobbie Dipl.-Wirtsch.-Ing., wissenschaftlicher Mitarbeiter, Lehrstuhl für Energiewirtschaft an der Technischen Universität Dresden. E-Mail: hannes.hobbie@tu-dresden.de. Forschungsinteressen: Anwendungen des Operation Research auf energiewirtschaftliche Fragestellungen, insbesondere Liberalisierung der Elektrizitätsmärkte, Strommarktdesign und Integration von erneuerbaren Energien.

Lutz Mez Dr. habil, Dr. rer. pol., Privat-Dozent am Otto-Suhr-Institut für Politikwissenschaft der Freien Universität Berlin. E-Mail: lutz.mez@fu-berlin.de. Forschungsinteressen: Energie- und Umweltpolitik von Industrieländern unter besonderer Berücksichtigung der Atom-, Klimaschutz-, Gas- und Elektrizitätspolitik.

Dominik Möst Prof. Dr. rer. pol. Dipl.-Wi.-Ing., Inhaber des Lehrstuhls für Energiewirtschaft, Technische Universität Dresden. E-Mail: Dominik.Moest@tu-dresden.de. Forschungsinteressen: Strommarktdesign, erneuerbare Energien, Stromnetze und Speicher, langfristige Entwicklung von Energiemärkten und -preisen, Anwendung und Weiterentwicklung von Methoden des Operations Research auf Fragestellungen der Energiewirtschaft.

Dörte Ohlhorst Dr. phil., Lecturer an der Hochschule für Politik, TU München, Lehrstuhl für Environmental and Climate Policy. E-Mail: doerte.ohlhorst@hfp.tum.de. Forschungsinteressen: Energie-, Umwelt- und Innovationspolitik, Governance im Mehrebenensystem, Nachhaltigkeits- und Partizipationsforschung sowie Methoden interdisziplinärer Forschung.

Witold-Roger Poganietz Dr. rer. pol., Leiter Forschungsbereich Energie, Institut für Technikfolgenabschätzung und Systemanalyse, Karlsruhe Institut für Technikfolgenabschätzung. E-Mail: poganietz@kit.edu. Forschungsinteressen: soziotechnische Energiesystemanalyse, (Energie-)Szenarioanalyse.

Über die Autoren

Barbara Praetorius Prof. Dr., Professorin für Allgemeine Volkswirtschaftslehre, insbesondere Nachhaltigkeit, Energie- und Umweltökonomie und -politik an der Hochschule für Technik und Wirtschaft (HTW) Berlin, Email: barbara.praetorius@htw-berlin.de, Forschungsinteressen: Energie- und Umweltökononomie und -politik, Innovationen im Stromsystem.

Jörg Radtke Dr. phil., wissenschaftlicher Mitarbeiter, Lehrstuhl für Politische Systeme und Vergleichende Politikwissenschaft, Seminar für Sozialwissenschaften sowie Leiter des Forschungsprojektes „Creactice Citizen" an der Universität Siegen. E-Mail: radtke@politikwissenschaft.uni-siegen.de. Forschungsinteressen: Energie-, Mobilitäts- und Nachhaltigkeitspolitik, Digitale Politik, E-Government und Online-Beteiligung, Lokale Politikforschung, Stadt- und Regionalpolitik, Governance-Forschung und Policy-Analyse, Partizipation und Zivilgesellschaft.

Ortwin Renn Prof. Dr. Dr. h.c., wissenschaftlicher Direktor am Institut für Transformative Nachhaltigkeitsforschung (IASS) in Potsdam und Professor für Umwelt- und Techniksoziologie an der Universität Stuttgart. Honorar- und Ehrenprofessuren in Peking, Stavanger und München. E-Mail: Ortwin.renn@iass-potsdam.de. Forschungsinteressen: Risikoanalyse und Risiko-Governance, Bürgerbeteiligung, Energiepolitik und Nachhaltigkeitsforschung.

Michael Rodi Prof. Dr. jur. (M.A.), Lehrstuhlinhaber, Lehrstuhl für Öffentliches Recht, Finanzrecht, Umwelt- und Energierecht an der Universität Greifswald. E-Mail: michael.rodi@uni-greifswald.de. Forschungsinteressen: Klimaschutzrecht und -politik, nachhaltige Energiewirtschaft und Verkehrswesen sowie Grundlagenfragen der Steuer- und Subventionsrechtsordnungen.

Jens Schippl Diplom Geograph, Institut für Technikfolgenabschätzung und Systemanalyse (ITAS) des Karlsruher Institut für Technologie (KIT). E-Mail: jens.schippl@kit.edu. Forschungsinteressen: Soziotechnischer Wandel, Foresight und Technikfolgenabschätzung in den Bereichen Mobilität und Energie.

Matthew Schmidt M.A., wissenschaftlicher Mitarbeiter, Lehrstuhl für Energiewirtschaft an der Technischen Universität Dresden. E-Mail: matthew.schmidt@tu-dresden.de. Forschungsinteressen: Analyse von Energie- und Ressourcenmärkten mit einem besonderen Fokus auf das Gebiet der Gaswirtschaft, insbesondere Entwicklungen auf dem europäischen Erdgasmarkt.

Oliver Schwedes Prof. Dr. phil., Leiter des Fachgebiets Integrierte Verkehrsplanung am Institut für Land- und Seeverkehr der Technischen Universität Berlin. E-Mail: oliver.schwedes@tu-berlin.de. Forschungsinteressen: Politische Ökonomie von Stadt- und Verkehrsentwicklung.

Stefan Thomas Dr. phil., Leiter der Abteilung Energie-, Verkehrs- und Klimapolitik des Wuppertal Instituts. E-Mail: stefan.thomas@wupperinst.org. Forschungsinteressen: Energiepolitik, insbesondere Endenergieeffizienzpolitik und Energiedienstleistungen, Energiesuffizienzpolitik, Analyse, Evaluierung (ex ante und ex post), Entwicklung und Erprobung neuer Politikinstrumente und Politikpakete, neue Unternehmenskonzepte in der Energiewirtschaft.

Thomas Vogelpohl Dr. phil., wissenschaftlicher Mitarbeiter am Lehrgebiet für Politikfeldanalyse und Umweltpolitik am Institut für Politikwissenschaft an der Fakultät für Kultur- und Sozialwissenschaften der FernUniversität in Hagen. E-Mail: thomas.vogelpohl@fernuni-hagen.de. Forschungsinteressen: Energie-, Umwelt- und Nachhaltigkeitspolitik (mit den Schwerpunkten Bioökonomie und erneuerbare Energien), Politikfeldanalyse, Diskursanalyse, Multi-Level-Governance.

Michael Zipf M. Sc., wissenschaftlicher Mitarbeiter, Lehrstuhl für Energiewirtschaft an der Technischen Universität Dresden. E-Mail: Michael.Zipf@tu-dresden.de. Forschungsinteressen: Regelleistungsmärkte und -bereitstellung, Modellierung unter Unsicherheit, Modellierung von strategischen Spielen, Europäischer Binnenmarkt für Strom und Integration erneuerbarer Energien.

Lehrbuch Energiewende – Eine Einleitung

Jörg Radtke und Weert Canzler

Zusammenfassung

Warum braucht es ein Lehrbuch für die Energiewende und wie soll dieses aussehen? In der Einleitung wird die Relevanz der Energiewende-Forschung für die akademische Lehre dargelegt und Erläuterungen der einzelnen Teilbereiche des Lehrbuches vorgenommen. Aus einer ganzheitlichen Betrachtungsweise heraus werden die vier Teilbereiche „Grundlagen", „Sektoren", „Gesellschaft" und „Politischer Kontext" abgeleitet. In diese sind die Einzelkapitel eingebettet, über welche zunächst ein kurzer Überblick gewährt wird. Zudem wird das didaktische Konzept des Lehrbuchs näher erläutert und um konkrete didaktische Hinweise ergänzt, die auf die konkrete Verwendung des Werkes in Lehr- und Studiensituationen ausgerichtet sind.

J. Radtke (✉)
Universität Siegen, Siegen, Deutschland
E-Mail: radtke@politikwissenschaft.uni-siegen.de

W. Canzler
Wissenschaftszentrum Berlin für Sozialforschung gGmbH, Berlin, Deutschland
E-Mail: weert.canzler@wzb.eu

© Springer Fachmedien Wiesbaden GmbH, ein Teil von Springer Nature 2019
J. Radtke, W. Canzler (Hrsg.), *Energiewende*,
https://doi.org/10.1007/978-3-658-26327-0_1

1 Warum ein Lehrbuch zur Energiewende

„Der Strom kommt aus der Steckdose": Dieser Satz war lange Zeit gar nicht ironisch gemeint, oft war er ein beruhigender Allgemeinplatz. Er brachte eine Selbstverständlichkeit der deutschen Nachkriegsmoderne auf den Punkt, Strom war und ist überall vorhanden. Zugleich zeigt der Satz, dass das Energiesystem nicht im Zentrum der politischen Auseinandersetzung stand. Das hat sich mit dem Widerstand gegen die Nutzung der Nuklearenergie seit den 1970er-Jahren und mit der Energiewende geändert. Seither wird über die Energiepolitik öffentlich diskutiert (vgl. Mast und Stehle 2016; Rosenberger und Kleinberger 2017). Spätestens seit den Vorschlägen der nach der Atomkatastrophe von Fukushima von der Bundeskanzlerin eingesetzten Ethik-Kommission gilt der Umbau des Energiesystems und die Sicherung der Energieversorgung als „Gemeinschaftswerk" (s. Ethik-Kommission 2011). Zwar war das Themenfeld „Energie" in den Fachwissenschaften vertreten (Energiepolitik, Energierecht, Energiewirtschaft), es war insgesamt jedoch lange ein Randthema.

So geriet auch die historische Dimension in Vergessenheit: Um die vorherige Jahrhundertwende wurden heftige Grundsatzdebatten der Nationalökonomie ausgetragen, welche sowohl übergreifende theoretische Fragestellungen als auch konkrete Problemlösungsansätze betrafen (vgl. Stier 1999). Dies wurde auch noch nach dem Ende des 2. Weltkrieges fortgeführt, wobei primär ökonomische Fragen und die Regulierung im Vordergrund standen. De facto wurde ein energiepolitischer und -wirtschaftlicher Konsens erreicht, der mit einer Festlegung auf bestimmte Technologien und Betreibermodelle sowie mit stabilen staatlichen Regulierungsmustern und Gebietsmonopole verbunden war.

1.1 Das Energiethema ist politisch

Noch für Wilhelm Ostwald, Werner Sombart und Max Weber stellte die Energiefrage – WER betreibt WIE und WELCHE Energietechnologie? – eine kulturelle und sozioökonomische Kardinalfrage dar (vgl. Ostwald 1909; Sombart 1969; Weber 1985). Hieran schieden sich lange Zeit ideologische Grundauffassungen der Nationalökonomie, insbesondere in der Zeit um die Jahrhundertwende (marktliberal, sozialistisch oder ordoliberal) (vgl. Beaudreau 1999). In der zweiten Hälfte des 20. Jahrhunderts war der Energiemarkt aufgeteilt und geregelt, die Energieversorgung sichergestellt und die eingesetzten fossilen Technologien schienen kostengünstig, sicher, stabil und effizient zu sein (vgl. Mitchell 2011). Wurde eine demokratietheoretische Dimension noch von Joseph Schumpeter und Karl Marx indirekt thematisiert, die Energie als Gemeingut aufgefasst hatten, war diese Dimension nunmehr auf die Entscheidung zwischen Staatsmonopol und Wettbewerbsmodell verkürzt.

Mit der Energiewende, also vor allem mit dem weltweiten Aufkommen der erneuerbaren Energien (EE) sowie mit der Liberalisierung des europäischen Strommarktes, sind alte und auch neue Kontroversen aufgebrochen. Kontrovers wird beispielsweise diskutiert, welche politische und rechtliche Regulierung das Energiesystem der Zukunft braucht (vgl. Kopatz et al. 2013; Gawel et al. 2014; Canzler et al. 2016; Czada und Radtke 2018; und für die europäische Ebene: Turmes 2017). Diese kontroversen Diskussionen finden vor dem Hintergrund völkerrechtlich verbindlicher Dekarbonisierungsziele zur Begrenzung des Klimawandels, einer fortschreitenden Europäisierung und Internationalisierung der Energieversorgung sowie nicht zuletzt mit Blick auf die notwendige Akzeptanz und auf gestiegene gesellschaftliche Partizipationsansprüche statt. Ganz grundsätzliche Debatten etwa zur Gemeinwohlökonomie oder zur Postwachstumsgesellschaft sind eng mit dem Energiethema verknüpft (siehe Ostrom 2010 oder Loske 2015). Die vielfältigen Kontroversen und die enge Verbindung mit anderen Diskursen sind nicht zuletzt Ausdruck der politischen Dimension des Energiethemas. So war der Strommarkt seit Anbeginn ein politischer Markt. Er war und ist von staatlicher Regulierung geprägt und von verschiedenen Interessen umkämpft. Die Einführung und Durchsetzung der Kernenergie und einer spezifischen Kraftwerkstechnologie sind profund dokumentierte Beispiele einer energie- und industriepolitischen Strategie, die zudem auch militärisch motiviert war und anfangs gegen den Willen der Energiewirtschaft durchgesetzt werden musste (vgl. Radkau 1983).

Die Energiegewinnung und -verbreitung sind ebenso wie die Energienutzung aber immer auch von technischen und ökonomischen Möglichkeiten und Restriktionen bestimmt. Das gilt ebenso für die Energiewende. Das Lehrbuch Energiewende versucht das breite Themenfeld der Energiewende durch unterschiedliche disziplinäre Zugänge abzudecken. Verweise gibt es zugleich immer wieder zu wissenschaftstheoretischen und methodischen Diskurse, die den disziplinen- und sektorübergreifenden Charakter der Beschäftigung mit der Energiewende betonen.

1.2 Transdisziplinäres Denken in der Energiewende-Forschung

In jüngster Zeit sind die Energiepolitik und im weiteren Sinne die Energiewende zunehmend Gegenstand sozialwissenschaftlicher Betrachtungen und Analysen geworden (z. B. Hager und Stefes 2016; Morris und Jungjohann 2016; Hoeft et al. 2017; Schippl et al. 2017; Kühne und Weber 2018; Radtke und Kersting 2018).

Darüber hinaus ist die Energiewende ein – fast schon traditionelles – transdisziplinäres Forschungsfeld, dabei wird oft auf empirische Anwendungsfälle Bezug genommen und die Ergebnisse in eigenen *Journals* wie *Energy Policy* oder *Energy Research & Social Science* veröffentlicht. Seltener ist die Energiewende jedoch Bestandteil theoretischer Reflexionen (z. B. Gailing und Moss 2016). Ansätze übergreifender Perspektiven sind etwa in der raumwissenschaftlichen Debatte erkennbar bezogen auf Energielandschaften (Goshn 2009; Stremke und Dobbelsteen 2013; Zimmerer 2013; Apostol et al. 2016) oder auch im sozialpsychologischen Diskurs um *Energy Justice* (Bickerstaff et al. 2013; Sovacool 2013; Sovacool und Dworkin 2014; Salter et al. 2018). Wir folgen in diesem Lehrbuch einem integrativen Verständnis der Energiewende: Nur durch eine Zusammenschau mehrerer disziplinärer Perspektiven lässt sich die Energiewende hinreichend abbilden und verstehen.[1] Da es sich um ein sozialwissenschaftliches Lehrwerk handelt, wird die technikwissenschaftliche Perspektive weitgehend ausgeklammert, es werden aber sowohl die Themenfelder Energiepolitik, Energiewirtschaft als auch Energierecht berücksichtigt, ergänzt um weitere essentielle Aspekte wie Akzeptanz, Nachhaltigkeit und Partizipation.

1.3 Der experimentelle Charakter der Energiewende als Ausgangspunkt für neues Denken

Die „technologische Brille", durch welche die Energiewende als technologisches Modernisierungsprojekt lange Zeit betrachtet wurde, wirkt auch wissenschaftlich nach. So stehen Messungen und quantitative Erhebungsmethoden bei nichttechnischen Fragestellungen oft im Mittelpunkt, ob es um Intensitäten der Zustimmung der Bevölkerung, Akzeptanz-Niveaus oder auch Nutzerverhalten, Optionen

---

[1] Jens Schippl, Armin Grunwald und Ortwin Renn begründen den integrativen Ansatz der Energieforschung wie folgt: „Forschung für die Energiewende muss zwar zunächst die klassische, durch Technikentwicklung einerseits und Energiewirtschaft andererseits geprägte Energieforschung notwendigerweise enthalten. Jedoch reicht das nicht aus: Zum einen müssen die hier nur angedeuteten sozialen Aspekte der Energiewende durch sozialwissenschaftliche Forschung in den Blick genommen werden. Konsum- und Verhaltensforschung, Governance-Forschung und politische Wissenschaft, Planungsverfahren und ethische Reflexionen der Kriterien für Entscheidungsfindungen gehören eben auch zur Realität des Energiesystems dazu. Darüber hinaus dürfen diese Stränge der Energieforschung, der technikwissenschaftliche, der wirtschaftswissenschaftliche und der sozialwissenschaftliche Strang nicht unverbunden nebeneinander bestehen, sondern müssen ihre Fragen und Ergebnisse jeweils im Kontext der anderen einbeziehen und reflektieren, damit die Möglichkeit der Erzeugung konsistenter Gesamtbetrachtungen überhaupt gegeben ist" (Schippl et al. 2017, S. 15).

für Technologieeinsatz, politische Fördermaßnahmen, rechtliche Regelungen oder ökonomische Bewertungen geht. Mithin liegt ein stark *empirisch* gesättigtes Wissen zur Energiewende vor, welches häufig jedoch einzelfallbezogen und wenig generalisierbar ist. Zugleich finden quantitativ orientierte wissenschaftliche Befunde durch zahlreiche Gutachten, Kommissionen und Sachstandsberichte Einzug in die öffentliche und politische Diskussion. Auch hier werden oft Einschätzungen empirisch unterfüttert, die schwierig auf einen Nenner zu bringen sind. Bisweilen wird Scheingenauigkeit suggeriert und dabei unterschätzt, dass der Energiewende etwas *Experimentelles* innewohnt. Nach der Ablösung vom bisherigen fossilen Energieerzeugungstypus und einem analog-zentralisierten Netzsystem mit einem hierarchischen Steuerungsmodus und energiewirtschaftlichen Gebietsmonopolen ist zunächst einmal offen, wie eine neue Systemarchitektur beschaffen sein soll. An dieser Bruchstelle eines pfadabhängigen Systems kommt es zu einem Regimewechsel insbesondere durch den Einfluss von Nischen-Innovationen (Geels und Schot 2007). Bezogen auf die deutsche Energiewende ist zwar erkennbar, dass neue „Nischen"-Akteure den Energiemarkt verändern, neue Steuerungsregime entstehen, neue Regelungen in Kraft treten und ganze neue Formen des Zusammenwirkens und Zusammenarbeitens von Akteuren auf verschiedenen räumlichen und politischen Ebenen entstehen – es ist jedoch zum gegenwärtigen Zeitpunkt vollkommen offen, wie das neue Energiesystem im weiteren Verlauf des 21. Jahrhunderts ausgestaltet, strukturiert und besetzt werden wird.

1.4 Die Energiewende als Spiegelbild eines wissenschaftlichen Paradigmenwechsels

Dieser Umstand ist eine Herausforderung auch für ein Lehrbuch, denn es kann kein Modell präsentiert werden, welches eine weitgehende Gültigkeit haben kann. Es lassen sich vielmehr „nur" Dynamiken beschreiben, welche bald überholt sein können. Neue energiepolitische Gewissheiten können sich nicht etablieren. Damit folgt der Energiesektor zugleich einem Muster des Endes „alter Gewissheiten", wie es in den 1960er- und 1970er-Jahren im Rahmen so genannter *Turns* (*linguistic turn*, *spatial turn* usw.) vor allem in den Geistes- und Sozialwissenschaften eingesetzt hatte. Diese Paradigmenwechsel im Sinne von Thomas S. Kuhn sind aber keine abrupten, epochalen Ereignisse, sie vollziehen sich schleichend und nicht etwa durch radikale Abkehr alter Modelle und sofortigen Ersatz durch neue Denkschulen.

Implizit wird mit dem vorliegenden Band die These vertreten, dass die Energiewende nicht nur als realweltlicher disruptiver Prozess, sondern auch spiegelbildlich in den Wissenschaften Räume für neue Erkenntnisse und damit einhergehend veränderter Denkstrukturen eröffnet. Damit verbunden ist ein verändertes Wissenschaftsverständnis, das sich auf Theorien, Methoden, Forschungsverständnisse oder Ethiken bezieht. Gerade neue Forschungsfelder wie die Energiewende können analog zu der Metapher einer Öffnung hin zu Nischeninnovationen solche neuen wissenschaftlichen Denkweisen befruchten. Dies zeigt sich in der Nähe zu Transitions-, Disruptions- oder Transformationstheorien, Postwachstumstheorien oder Governance-Theorien. Es werden daher realweltliche wie auch wissenschaftstheoretische Trends in diesem Lehrbuch aufgegriffen. Der Anspruch besteht darin, diese Tendenzen angesichts gegenwärtiger Forschungsaktivitäten sowohl

- *thematisch-inhaltlich* (Wie wird die Energiewende wissenschaftlich *beschrieben*?),
- *wissenschaftlich-methodologisch* (Wie wird die Energiewende wissenschaftlich *analysiert*?) als auch
- *theoretisch-konzeptionell* (Welche theoretischen *Erklärungsmodelle* für Phänomene der Energiewende existieren? Welche bereits existierenden, länger bekannten und jüngeren *Theorien* werden in Anschlag gebracht?) abzubilden.

Das Ziel besteht darin, sowohl inhaltliches Fakten-, Orientierungs- und Erklärungswissen als auch methodisches Anwendungs- und Handlungswissen verständlich aufbereitet zu vermitteln. Hierbei gilt es, eine Brücke von dem konkreten Wissen über die Energiewende zu den fachwissenschaftlichen Ansätzen zu schlagen und damit einen Transfer des Spezialwissens hin zum allgemeinen Fachwissen zu erreichen.

1.5 Nur empirisches Wissen über die Energiewende?

Bei dem vermittelten Wissen über die Energiewende handelt es sich oft um aggregiertes empirisches Wissen. Dieses stark deskriptiv-analytische Wissen speist sich aus *zahlreichen Fallstudien*, die die Bandbreite qualitativer und quantitativer Forschungsansätze im Mikro- und Makrobereich abbilden. Die theoretische Dimension wird über zwei Bezugspunkte abgebildet: Zum einen durch den übergreifenden Ansatz der Nachhaltigkeit und der nachhaltigen Gesellschaft, zum anderen scheinen hintergründig theoretische Ansätze in den einzelnen Beiträgen durch. Governance-Ansätze spielen im Kontext der Energiepolitik und der Regulierung eine wichtige Rolle. Das Themenfeld Partizipation kommt ohne demokratietheoretische Erklärungen nicht aus und Marktmodelle herrschen in der Bewertung der ökonomischen Perspektiven der Energiewende vor.

Bei dem vorliegenden Werk handelt es sich im Kern um ein *politik- und sozialwissenschaftliches* Lehrbuch, welches um Aspekte der Rechtswissenschaft und der Wirtschaftswissenschaften erweitert ist. Der „Gang" durch die Energiewende für den Leser/die Leserin ist wie folgt aufgebaut: Den Startpunkt bildet der übergreifende Bezugspunkt zum Nachhaltigkeitsdiskurs, bevor über *Grundlagen* der Energiepolitik auf den räumlichen Ebenen die deutsche, europäische und internationale Energiepolitik näher aufgefächert wird. Der zeitliche Verlauf wird durch eine Biographie der Energie- und Wärmewende abgebildet, der energiepolitische Fokus um *ökonomische* und *rechtliche* Aspekte ergänzt. Hinzu kommen sozialpolitische Themen der *Akzeptanz* und *Partizipation*, der Abschluss wird durch einen Ausblick in die *Energiezukunft* gebildet.

2 Probleme und Herausforderungen der Energiewende

2.1 Zur definitorischen Eingrenzung von Energiepolitik

In Anlehnung an Mez (2013, S. 191) lässt sich Energiepolitik in Deutschland als Teil der Wirtschaftspolitik definieren, die auf der Bundesebene im Verantwortungsbereich des Wirtschaftsministeriums liegt und zugleich mit den Bundesländern abgestimmt wird. Die entscheidende Gesetzgebungskompetenz hat der Bundestag, das Energiewirtschafts- und das Erneuerbare-Energien-Gesetz (EnWG und EEG) sind die Grundpfeiler der deutschen Energiepolitik. Im Zuge der Dezentralisierung des Energiesystems gewinnen jedoch faktisch nachgeordnete Genehmigungsbehörden und die Kommunen größere Bedeutung für die Energiepolitik.

Die Leitgrößen der Energiepolitik werden üblicherweise im so genannten „energiepolitischen Dreieck" zusammengefasst: Umweltverträglichkeit, Versorgungssicherheit und Wirtschaftlichkeit. Dieses Bild eines Dreiecks suggeriert jedoch eine vermeintliche Harmonie und Gleichrangigkeit der Ziele. Es überdeckt die Konflikte, die zwischen den verschiedenen Zielen bestehen können. Denn hinter den abstrakten Formeln stehen unterschiedliche Interessen, Machtansprüche und infrastrukturelle Pfadabhängigkeiten.

2.2 Zu aktuellen Herausforderungen der Energiewende in Deutschland

Die Energiewende bedeutet nicht nur den Ausstieg aus der Kernenergie und die Dekarbonisierung der Energieerzeugung. Sie bedeutet nichts weniger als den Umbau eines bisher zentralen Energiesystems zu einer dezentralen Struktur der Energiegewinnung und -verwendung und zugleich einen effizienten Umgang mit Energie überhaupt. Die dominierenden Erzeugungstechniken beruhen auf der Nutzung Erneuerbarer Energien (EE), vor allem von Wind und Sonne (s. Rosenkranz 2014). Die konzeptionellen Anfänge der Energiewende haben ihren Ursprung in der westdeutschen Anti-Akw-Bewegung, der Begriff wurde geprägt von Mitarbeitern des Öko-Instituts (vgl. Krause et al. 1980), das seinerseits aus Protesten gegen Atomkraftwerke und gegen die dahinterliegende nukleare Energiestrategie der Bundesregierung entstanden ist.

Im Jahr 2018 wurde mehr als 38 Prozent des in Deutschland verbrauchten Stroms aus Erneuerbaren Energien gewonnen (vgl. Agora Energiewende 2019). Allerdings sieht es in den anderen Energiesektoren ganz anders aus. Im Wärme- und vor allem im Verkehrssektor ist bisher nur wenig von einer Wende zu sehen. Der Anteil der Erneuerbaren ist dort mit 12 und 5 Prozent sehr bescheiden, auch sind absolut kaum Effizienzgewinne zu verzeichnen. Der Energieeinsatz in den Gebäuden und im Verkehr verändert sein Niveau insgesamt kaum, da nach wie vor die durchschnittliche Wohnfläche pro Kopf und die Motorisierung der Fahrzeuge steigen. Zugleich wird zunehmend klar, dass ein weiterer Ausbau von Windenergie- und Photovoltaikanlagen gleichzeitig mit einer stärkeren dezentralen Verwendung des Stroms verbunden sein muss und zusätzliche Speicher installiert werden. „Dezentralität" als Organisationsprinzip der postfossilen Energiezukunft birgt viele Chancen, ist auch aber voraussetzungsvoll. Es braucht nicht zuletzt verlässliche Rahmenbedingungen für einen Umstieg auf die mittlerweile kostengünstigen Erneuerbaren. Dazu gehören der Ausstieg aus der Kohleverstromung, die Bevorzugung einer vernetzten Elektromobilität und Anreize für dezentrale Formen der Energienutzung wie Eigenverbrauch, Mieterstrom und Smart Grids.

Die deutsche Energiewende ist im Übrigen gar nicht so außergewöhnlich. Weltweit stehen die Energiesysteme vor einem massiven Wandel. Sie müssen in den nächsten Jahrzehnten dekarbonisiert werden, um die Ziele der Pariser Klimaschutzvereinbarung zu erreichen. Die energiepolitischen Ziele sind in vielen europäischen Ländern, aber auch in China, Indien und sogar in einigen arabischen Ölstaaten ähnlich: So sollen der EE- Anteil stark ausgebaut sowie die Energieeffizienz drastisch erhöht werden. Das gilt nicht nur für den Stromsektor, sondern ebenso für die Wärme- bzw. Kälteversorgung und für den Verkehr. Neben dem beschleunigten Ausbau der Erneuerbaren Energien sind außerdem erhebliche Anpassungen bei den Energienetzen sowie beim Energiemanagement und neue Geschäftsmodelle sowie soziale Innovationen erforderlich. Absehbar steht zudem eine systemdienliche Integration von Speichern auf der Agenda, hier ist aufgrund fallender Kosten für Batterien mit einer verstärkten netzdienlichen Einbindung von E-Fahrzeugen zu rechnen (s. Nykvist und Nilsson 2015). Entscheidend für die Akzeptanz ist darüber hinaus eine breite Partizipation der Bevölkerung durch deliberative Verfahren sowie wirtschaftliche Beteiligungsmodelle (Holstenkamp und Degenhart 2013; Kahla 2014; Mautz 2014). Die Transformation der Energiesysteme ist nicht allein eine ambitionierte technische und wirtschaftliche Herausforderung. Sie braucht eine andauende gesellschaftliche Unterstützung und verlässliche politische Regulierung.

2.3 Steigende Volatilität

Unsicherheiten und auch Inkompatibilitäten zwischen den fossil-nuklearen und den Erneuerbaren Energien nehmen zu, je höher der Anteil der Stromerzeugung aus fluktuierend einspeisenden Windenergie- und Solaranlagen wird. Solange diese nur einen marginalen Anteil an der Energiegewinnung beitrugen, war das unproblematisch. Nun werden die Folgen der Schwankungen allerdings virulent, EE-Anlagen werden öfter abgeschaltet, weil die Netze nicht mehr Strom aufnehmen können. Die Volatilität des Energiesystems nimmt zu und nagt am Prinzip der Versorgungssicherheit, nach dem der Strom unabhängig vom Wetter und von der Jahreszeit immer und überall gesichert zur Verfügung stehen muss. Mehr als durchschnittlich 15 Sekunden Stromausfall im Jahr seien nicht zu tolerieren, heißt es in der Energiewirtschaft kategorisch. Gemäß dieses tradierten Prinzips gilt: Je höher der Anteil der fluktuierend einspeisenden Erneuerbaren ist, desto mehr Ausgleichs- und Backup-Kapazitäten bedarf es. Im alten Paradigma der Versorgungssicherheit in der Strombereitstellung bedeuten mehr Wind- und Solarstromanlagen mehr aufwändige Redundanzen. Für den Strombereich heißt das: mehr Übertragungsleitungen und mehr steuerbare Reservekraftwerke (vgl. KIT Itas 2015; DENA 2017).

Die Abkehr von diesem Prinzip würde bedeuten: Dann, wenn Energie erzeugt wird, sollte diese auch abgenommen werden – und umgekehrt. Und zwar möglichst auch dort, wo sie erzeugt wird. In letzter Konsequenz wäre jeder Verbraucher für sein Nachfrageverhalten selbst verantwortlich, Versorgungssicherheit würde individualisiert. Die technischen Voraussetzungen dazu sind im Grundsatz gegeben: Die zunehmende Digitalisierung der Energiewirtschaft und des gesamten Lebens macht vieles technisch möglich, was das Verhältnis von Stromverfügbarkeit und -bedarf in eine Balance bringt. Das hieße jedoch, eine konsequent dezentrale Netzstruktur zu etablieren, in der die einzelnen „Zellen" informationstechnisch verbunden sind (vgl. VDE 2015). Schon jetzt stehen große Datenmengen aus Erzeugung, Verteilung und Verbrauch zur Verfügung, die allerdings kaum genutzt werden. Das wird sich ändern: Leistungsfähige digitale Verarbeitungssysteme erlauben künftig exakte Auswertungen, Verknüpfungen und Erkenntnisse über Korrelationen. Big Data im Strombereich hat zwei Folgen: Zum einen lassen sich nicht nur Erkenntnisse über das gewinnen, was war, sondern auch Prognosen erstellen, was sein wird. Die schwankende Stromerzeugung wird vorhersagbar, neue Geschäftsmodelle können darauf aufbauen. Zum anderen werden die Datensätze kleinteiliger. Abweichungen von den Standardlastprofilen werden offenbar, Standardlastprofile als solche werden obsolet. Das Energiesystem wird granularer, erwünschtes Verhalten lässt sich bis auf die Ebene des Individuums hin incentivieren. Die exponentielle Zunahme von Messpunkten durch das „Internet der Dinge" radikalisiert diesen Trend. Gleichzeitig jedoch steigen die Risiken durch Manipulation von außen – insbesondere durch Hacking – und die Anforderungen an Datensicherheit und Datenschutz wachsen ebenso.

Eine höhere Volatilität lässt sich zumindest teilweise durch mehr Speicherung eingrenzen. Absehbar gewinnen auch Speicher an Bedeutung, zunächst kleinere Speicher. Home storage units – auch in Form von E-Autos – können das bisherige energiewirtschaftliche Setting schnell umwerfen (s. Elsner und Sauer 2015; Agora Energiewende 2016). Wieviel Eigenleistung und Prosuming die Individuen und die einzelnen Haushalte in dieser dezentralen Energieausgleichswelt tatsächlich beitragen (wollen und können), ist eine empirisch offene Frage. Allerdings können jederzeit professionelle Dienstleister an ihre Stelle treten, sofern die Zahlungsbereitschaft da ist. Die Energiewende wird durch den Grundkonflikt zwischen bisherigen zentralen und künftig möglichen dezentralen Erzeugungs- und Verbrauchsstrukturen geprägt. Dieser Konflikt wird verschärft, wenn die Sektorkopplung, also der Abgleich von Dargebot und Nachfrage zwischen den bislang getrennten Sektoren Strom, Wärme/Kälte und Verkehr auf der Basis ihrer Elektrifizierung, realisiert wird (s. auch Canzler und Knie 2013). Dafür fehlen derzeit die (gesetzlichen) Rahmenbedingungen, die Geschäftsaussichten und folglich auch die gewerblichen Akteure.

2.4 Richtung und Dynamik des Transformationsprozesses

Auch wenn die Erneuerbare Energien-Anlagen im Vergleich zu den fossilen und nuklearen Großkraftwerken kleiner und viel kleinräumiger verteilt sind, sind dezentrale Strukturen nicht notwendigerweise das Ergebnis der Energiewende. Auch eine konsequente Bündelung und damit eine stärkere (Re)Zentralisierung sind möglich, wie sie im Wind-offshore-Sektor umgesetzt wird. Die Wind-offshore-Projekte sind zudem weit von den Verbrauchsorten entfernt, der Transport des Stroms muss daher wie in überkommenen fossilen Zeiten über neue bzw.

auszubauende Leitungen in die Verbrauchszentren transportiert werden. Bisher wird dieser Entwicklungspfad der (Re)Zentralisierung von EE-Anlagen vor allem von Ökonomen befürwortet, die sich auf die günstigen Kosteneffekte von großskaligen Anlagen und Übertragungsnetzen berufen (vgl. Neuhoff et al. 2013). Auch die Bundesregierung und die dem Wirtschaftsministerium nachgeordnete Bundesnetzagentur folgen diesen Annahmen.

Die Grundidee eines dezentralen Transformationsweges besteht hingegen darin, die regenerativen Energien mit der regionalen Ökonomie zu koppeln (s. IÖW 2010). Die Annahme lautet: Die dezentrale, regional organisierte Energieversorgung über regionale Marktplätze („Strommarkt 2.0"), Bilanzkreisverantwortung vor Ort und eine stärkere Verantwortung der Prosumenten für mehr Systemdienlichkeit birgt nicht nur wirtschaftliche, sondern auch ökologische und soziale Vorteile: Sie erhöht die Wertschöpfung vorort, sie vermeidet einen übermäßigen und von den Bürgern nicht gewollten Übertragungsnetzausbau, sie stärkt die regionale Identität und sie sichert auf Dauer die Akzeptanz des notwendigen weiteren Ausbaus von EE-Erzeugungsanlagen. Schließlich kann die Resilienz des Gesamtsystems steigen, wenn im Störfall regionale Teilnetze sich „einfach abnabeln" und damit Kettenreaktionen im übergeordneten Netz vermieden werden können. Das Leitbild der dezentralen Energiewende ist dabei nicht die regionale Autarkie. Ziel ist vielmehr eine Balance von regionaler Eigenversorgung (inklusive eines entsprechenden regionalen Wertschöpfungsanteils für die Prosumenten, Netzbetreiber und Energiedienstleister) und einer kostengünstigen Energieversorgung auch für die Nicht-Prosumenten.

Im Zentrum des dezentralen EE-Modells steht ein robustes regionales Prosumentennetzwerk, ein Netzwerk aus dezentralen Produzenten und Verbrauchern (vgl. IZES 2015). Nur gemeinsam mit den Bürgerinnen und Bürgern kann es gelingen, auf Schuldächern, privaten Häusern, Fabrikhallen und Bauernhöfen genügend Energie aus Wind, Sonne und Biomasse umzuwandeln. Mittel- und langfristig soll es zudem möglich sein, auch die Haushalte der Kommunen, Unternehmen und Bürger zu entlasten, weil die EE-Rendite („Die Sonne schickt keine Rechnung") nicht von externen Investoren eingefahren wird. Auch ist es in regionalen Kontexten vermutlich leichter, die bisher eher abstrakt gebliebene Sektorkopplung in (Micro) Smart Grids zu realisieren. Nahwärmeversorgung und verteilte Fahrzeugflotten – von Dienstwagenparks über Vermietfahrzeugflotten bis zu Busbahnhöfen – sind die ersten Kandidaten für eine Kopplung mit dem Stromnetz (vgl. auch Canzler und Knie 2013). Sie lassen sich dezentral effizienter managen als zentral. Auch die Beteiligung von Nicht-Prosumenten wie Mieter und Dienstleistungsunternehmen ohne eigene Betriebsstätten ist dezentral über Mieterstrommodelle wahrscheinlich einfacher zu organisieren.

Ohne Zweifel ist der Umbauprozess von heutigen zentralen Versorgungsstrukturen zu dezentralen und von vielen Beteiligten beeinflussten Strukturen mit großen Unsicherheiten verbunden und Anlass für viele und heftige Konflikte. Beides ist nicht zu vermeiden, weil nur in einer „offenen Situation" die nötigen Innovationen entstehen können. Technische Innovationen, auch disruptive technische Konzepte, die bisherige Techniken obsolet werden lassen, brauchen „Ergebnisoffenheit". Steile Lernkurven bei den Speichertechniken oder unbeherrschbare Datensicherheitsprobleme in Smart Grids beispielsweise können ganz neue Optionen eröffnen oder für sicher gehaltene Optionen verschließen (s. Elsner et al. 2015). Dabei sind es nicht nur die Energietechniken im engeren Sinne, die mit dem Übergang zu den relativ jungen Erneuerbaren Energien in teilweise hochdynamische Entwicklungsphasen geraten sind. Auch die Materialforschung und vor allem die Digitalisierung, also in erster Linie die Algorithmisierung von Steuerungs- und Kopplungsabläufen, die vorher entweder manuell oder gar nicht vorgenommen wurden, sind durch eine dynamische, teils schubweise beschleunigte Entwicklung gekennzeichnet. Die Digitalisierung steht für die Dialektik des gesamten Transformationsprozesses der Energiewende: sie ist Treiber für mehr Volatilität und zugleich potenzielles Instrument, die Volatilität zu reduzieren.

2.5 Von der De-regulierung zur Re-regulierung

Aus politikwissenschaftlicher Perspektive ist entscheidend, auf welcher räumlichen und letztlich auch auf welcher politischen Ebene die Energieversorgung organisiert wird. Eine Schlüsselrolle kommt dabei der Bundesnetzagentur zu. Die Regulierung als Teil der Energiepolitik ist stark an den Grundsätzen der Versorgungs- und Betriebssicherheit ausgerichtet, sie ist damit auf die Infrastruktur und einen möglichst diskriminierungsfreien Zugang zu den Netzen fixiert. Als entscheidend für die Systemintegration der EE-Anlagen gilt bisher der Ausbau der Netze. Die Stromversorgung ist deutschland- und europaweit über verschiedene Netze hochintegriert. Allein das Höchstspannungsnetz in Deutschland umfasst mehr als 35.000, das feinmaschige Niederspannungsnetz sogar ca. 1,75 Millionen Kilometer. Über viele Jahrzehnte war die Stromversorgung durch große Erzeugungsanlagen geprägt, die oft in räumlicher Nähe von Ballungszentren installiert wurden. Infolge der Errichtung von Solar- und Windenergieanlagen werden die zentralen Strukturen sukzessive dezentralisiert. Damit gewinnen lokale und regionale Teilnetze an Relevanz. Darüber hinaus erfordert der starke Ausbau der Windkraft im Norden und Osten eine räumliche Neuausrichtung der Verteilungsnetze, um die Verbrauchszentren im Süden Deutschlands zu versorgen.

Zwar ist die räumliche Verteilung von Erzeugungsanlagen dem Charakter der erneuerbaren Energien geschuldet, eine Umstellung der Stromerzeugung auf Solar und Wind geht mit einer Dezentralisierung als Basistrends in der Stromproduktion einher. Der Grad der Dezentralisierung der Stromversorgung ist allerdings noch offen. Ebenso ist offen, in welchem Ausmaß und wie der Ausgleich zwischen energieerzeugenden und verbrauchenden Standorten und Regionen zu gewährleisten ist und welche Mechanismen dafür einzusetzen sind. In regionalen Energiekonzepten ebenso wie in Städtenetzwerken zum Ausbau von Erneuerbaren Energien und zur Steigerung der Energieeffizienz oder in verstärkten Rekommunalisierungstendenzen in der Energieversorgung zeigen sich entsprechende energiepolitische Ziele und Strategien, die auf eine fortgesetzte Dezentralisierung zielen. Neue Governance-Modelle auf lokaler und regionaler Ebene sind entstanden (z. B. Energiegenossenschaften), deren Tragfähigkeit und Übertragbarkeit sich allerdings noch erweisen müssen. Im Zusammenhang mit dem Grad der Dezentralisierung stellen sich darüber hinaus auch technische Fragen der Zuverlässigkeit und Versorgungssicherheit. Für dezentrale Strukturen der Energieversorgung müssen wegen der Auswirkungen höhere Anforderungen an die Betriebszuverlässigkeit und -sicherheit realisiert werden als bei zentralen Systemen.

Mit dem Verhältnis von „zentral oder dezentral" sind eine Reihe von Themen der räumlichen Planung und Entwicklung verbunden. Beispielsweise, ob ländliche Regionen primär zu Energiepflanzenlieferanten werden und sich damit die Nutzungskonkurrenzen zulasten der Lebensmittelproduktion verschärfen und welche raumkulturellen, demografischen und ökologischen Folgen diese Entwicklung mittel- und langfristig haben wird. Es zeigt sich, dass es für die Operationalisierung der Energiewende keine pauschalen räumlichen Patentrezepte gibt. Vielmehr bedarf es neben der großräumigen und ganzheitlichen Betrachtung individueller kleinräumlicher Lösungen nicht nur für die Energieerzeugung oder den -transport, sondern beispielsweise auch in der Gebäudesanierung, die die lokalen immobilien-wirtschaftlichen und raumstrukturellen Rahmenbedingungen berücksichtigen. Hierfür müssen ebenfalls dezentrale technische Lösungen erst gefunden werden.

Ähnlich sieht es beim Verkehr aus: Gelingt eine drastische Reduktion der CO_2-Emissionen im Verkehr nicht, droht die Klimaschutzpolitik selbst dann zu scheitern, wenn in anderen Bereichen die angestrebten Ziele erreicht werden. Nun bietet die Energiewende neue Chancen für die überfällige Verkehrswende, da der Verkehr nicht nur einseitig Verbraucher, sondern ebenso auch zusätzlicher Speicher und perspektivisch sogar temporärer Lieferant von regenerativ erzeugtem Strom sein kann.

Gleichwohl gibt es eine Reihe offener Punkte, dazu gehören neben der technischen Integration mitsamt den Steuerungsaufgaben auch die erst rudimentären

Geschäftsmodelle (vgl. auch Canzler 2018). Diese wiederum hängen eng mit der notwendigen Anpassung der Regulierung – etwa im Energiewirtschaftsgesetz (EnWG), beim Erneuerbare-Energien-Gesetz (EEG), aber auch im Verkehr beim Personenbeförderungsgesetz (PBefG) etc. – und der Beteiligung der Nutzer und Bürger an lokalen Netzen sowie generell mit innovativen Finanzierungsformen von Verkehrs- und Energieinfrastrukturen zusammen. Beim Netzausbau, der Gebäudesanierung und auch bei der Elektromobilität besteht auf allen politischen Ebenen – der des Bundes, der Länder und Gemeinden – ein Informations- und Untersuchungsdefizit hinsichtlich der Zeithorizonte, Zuständigkeiten, Auswirkungen und Kosten.

Im Zentrum vieler energiepolitischen Diskussionen gerade in den letzten Jahren stand die Frage der Kosten der Energiewende und ihrer Verteilung. Das ist zum eine Frage des Marktdesign (s. Matthes 2014). Aufgrund vernachlässigbarer Betriebskosten und angesichts des gesetzlich vorgeschriebenen Einspeisevorrangs der EE tragen steigende EE-Anteile zum Verfall des Börsenpreises bei, was wiederum die EEG-Umlage in die Höhe treibt. Diese von den Stromkunden zu tragende Umlage ist zudem durch die aufgelaufenen Fördergarantien – in insbesondere aus den Jahren der Überförderung der Photovoltaik 2010 bis 2012 – auf einem Sockel, der in den nächsten Jahren selbst bei drastisch geringeren Vergütungssätzen nicht signifikant sinken wird. Vor diesem Hintergrund ist seit mehreren Jahren der Vorschlag eines Kostenschnitts für die EEG-Umlage auf dem Tisch (vgl. Töpfer und Bachmann 2013). Kern dieses Vorschlages ist, die „Entwicklungskosten" der EE-Techniken, die sich nicht zuletzt aus den Garantievergütungen mit einer Laufzeit von 20 Jahren für die Investoren ergeben, aus der Berechnung der EEG-Umlage auszugliedern und stattdessen in einem Sonderfonds aus Steuermitteln zu finanzieren und/oder für den privaten Kapitalmarkt zu öffnen.

Schließlich spielen in der Energiepolitik gerade als Teil der Wirtschaftspolitik auch industriepolitische Interessen und Ziele sowie Arbeitsplatz-und Beschäftigungsinteressen eine Rolle. So wird die Befreiung industrieller Großverbraucher von der EEG-Umlage mit ihrer gefährdeten Konkurrenzfähigkeit im internationalen Wettbewerb gerechtfertigt und der Ausstieg aus der Kohleverstromung von Seiten der Gewerkschaften und der betroffenen Länder vor allem als drohender massenhafter Arbeitsplatzabbau abgelehnt. In welchem Umfang umgekehrt neue Arbeitsplätze und konsolidierte neue Geschäftsfelder durch den Umstieg auf EE entstehen, wird hingegen im öffentlichen Diskurs weniger hervorgehoben. Doch gibt es hier durchaus signifikante Beschäftigungseffekte, auch wenn diese räumlich und branchenbezogen verstreuter sind (vgl. DIW 2015).

3 Überblick über die Kapitel

Das Lehrbuch ist in vier Abschnitte aufgeteilt. Im *ersten Abschnitt* geht es um „*Die Energiewende und ihre Grundlagen*". In diesem Abschnitt werden die zentralen energiepolitischen Fragen aufgeworfen. Den Anfang macht der Beitrag von *Barbara Praetorius* zu den „*Grundlagen der Energiepolitik*". Darin behandelt die Autorin die wichtigsten Einflussfaktoren der Energiepolitik und deren historische Entwicklung im Kontext des Zieldreiecks von Versorgungssicherheit, Wirtschaftlichkeit und Umweltschutz. Im zweiten Beitrag dieses Abschnittes stellen *Bernd Hirschl* und *Thomas Vogelpohl* unter dem Titel „*Energiepolitik in Deutschland und Europa*" die Verschiebungen in den energiepolitischen Entscheidungen und bei den Kompetenzen zwischen den verschiedenen politischen Ebenen in den Mittelpunkt. Sie geben am Beispiel des Politikfeldes der Energiepolitik, die lange Zeit eine vor allem nationalstaatliche Aufgabe war, einen vertieften Einblick in die Struktur und Funktion des europäischen Mehrebenensystems. Im dritten Beitrag zeichnet *Dörte Ohlhorst* eine „*Biographie der Energiewende*" nach. Deutlich wird, dass die Energiewende in Deutschland ihre Anfänge bereits in den 1970er-Jahren hat und ihre spätere Dynamik und vor allem ihre kommunale Verankerung nicht ohne das große zivilgesellschaftliche Engagement zu erklären ist. Ohlhorst verweist in ihrer Rekonstruktion der Energiewende auch darauf, dass zudem verschiedene externe Einflüsse die Dynamik mitbestimmt haben und dass schließlich auch die Rolle wissenschaftlich-technischer sowie unternehmerischer Pioniere in der Energiewirtschaft nicht unterschätzt werden darf.

Im zweiten Abschnitt des Lehrbuches wird eine Übersicht über „*Die Energiewende in den verschiedenen Sektoren*" gegeben. *Domik Möst, Constantin Dienstein, Hannes Hobbie, Matthew Schmidt* und *Michael Zipf* gehen aus einer energieökonomischen Perspektive auf „*Märkte und Regulierung der Elektrizitätswirtschaft*" ein. Ausgangspunkt ihres Beitrages ist die Liberalisierung des europäischen Strommarktes, die nach Jahrzehnten der Beharrung seit den 1990er-Jahren in der Stromwirtschaft zu erheblichen Veränderungen geführt hat. Ausführlich gehen sie darauf ein, wie die Preisbildung auf Strommärkten aussieht, wie Fördermechanismen für erneuerbare Energien und die Regulierung von Stromnetzen funktionieren und wie sich der Endkundenmarkt im Stromsektor nach der Liberalisierung und im Kontext der Energiewende entwickelt. Einen Überblick über den Wärmesektor gibt *Dörte Ohlhorst* in einem weiteren Beitrag, der die Frage „*Energiewende im Wärmesektor?*" im Titel führt. Diese Frage beantwortet sie mit einem: nein, noch nicht. Die Gründe für die bisher nur schleppend verlaufende Dekarbonisierung des Wärmebereichs sieht sie darin, dass der Markt sehr heterogen ist und zudem die Preise für fossile Energien über Jahre sogar gesunken sind, während eine wirksame Regulierung noch aussteht. Gleichzeitig wurden Effizienzgewinne beispielsweise durch eine bessere Heiztechnik infolge gestiegener Wohnungsgrößen aufgefressen. Eine vergleichbare Bilanz hinsichtlich der klimapolitisch notwendigen Dekarbonisierung muss im Verkehr gezogen werden, von einer Verkehrswende kann ebenso keine Rede sein. Vor diesem Hintergrund beleuchtet *Oliver Schwedes* die *„Grundlagen der Verkehrspolitik und die Verkehrswende"*. Dabei geht Schwedes zunächst auf die Besonderheiten des Verkehrs und das Fehlen einer ambitionierten Verkehrspolitik ein. Er betrachtet die Instrumente einer aktiven Verkehrspolitik und analysiert zugleich die Hemmnisse und Interessen, die ihrer wirksamen Anwendung entgegenstehen. Schließlich thematisiert er das wechselseitige Abhängigkeitsverhältnis von Energie- und Verkehrswende, was nicht zuletzt darin erkennbar wird, dass eine Elektrifizierung des Verkehrs nur sinnvoll ist, wenn sie auf Grundlage Erneuerbarer Energien erfolgt und außerdem mit weniger Verkehr einhergeht.

„Die Energiewende in der Gesellschaft": so lautet der dritte Abschnitt des Lehrbuches. Darin stellt *Michael Rodi* *„Das Recht der Energiewende"* vor. In diesem Beitrag beleuchtet Rodi die wichtigsten Elemente und Besonderheiten des Energierechtes, auch und gerade im Vergleich zu anderen Rechtsbereichen und insbesondere im Verhältnis zum Klimarecht. Sein Schwerpunkt liegt darin, die aktuellen Herausforderungen und Probleme des Energierechtes in der längst begonnenen Transformation des Energiesystems zu analysieren. Von entscheidender Bedeutung ist zudem die *„Akzeptanz in der Energiewende"*. Diesem Thema widmen sich *Jan Hildebrand und Ortwin Renn*, sie unterscheiden dabei zwischen lokaler, soziopolitischer und Marktakzeptanz. Mangelnde lokale Akzeptanz kann dazu führen, dass Energiewendeprojekte wie neue Erzeugungsanlagen oder Stromnetze mit zusätzlichen Kosten verbunden sind oder sogar ganz verhindert werden. Gesellschaftlich relevant sind zudem die Gebote fairer Lastenverteilung und transparenter Verfahren bei allen Vorhaben im Transformationsprozess. Hildebrand und Renn verweisen schließlich auch auf die Marktakzeptanz von Energieprodukten, die wie beim Strom in der Folge höherer EEG-Umlagen und Netzentgelte und bei der Miete aufgrund der Kostenumwälzung von energetischer Sanierung teurer werden. Neben der Akzeptanz bedarf die Energiewende auch einer aktiven Beteiligung von BürgerInnen und KundInnen, je stärker sie sich entwickelt und je mehr Menschen sie auch direkt betrifft. Unter der Überschrift *„Partizipation in der Energiewende"* analysieren *Jörg Radtke* und *Ortwin Renn* die vielfältigen Formen der Beteiligung. Sie reichen von partizipativen Planungs- und Umsetzungsverfahren bei Infrastrukturprojekten bis hin zu bürgerschaftlichem Engagement und finanziellen bzw. eigentumsrechtlichen Beteiligungen an Investitionsvorhaben für Erneuerbare-Energien-Anlagen. Radtke und Renn betrachten dabei die positiven Effekte von Partizipation wie die Vermeidung oder Lösung von Konflikten sowie kollektive

Wissens- und Kompetenzerweiterungen ebenso wie die offenkundig ungleich verteilten sozialen Beteiligungschancen. Partizipation braucht die Bereitschaft zum Engagement und das dafür nötige kulturelle Kapital.

Im abschließenden vierten Abschnitt des Buches wird *„Die Energiewende im weiteren politischen Kontext"* betrachtet. Eingeleitet wird dieser Abschnitt mit einer Abhandlung zu den Wissensressourcen der Energiewende. *Ulrich Dewald, Armin Grundwald, Witold-Roger Poganietz und Jens Schippl* untersuchen, welche Formen des Wissens in der Energiewende als gemeinschaftlichem Lernprozess nötig sind und welche Aufgaben sie leisten können. Gleichzeitig thematisieren sie in ihrem Beitrag *„Die Energiewende als sozio-technischer Transformationsprozess – von der wissenschaftlichen Analyse zur Gestaltung"* Grenzen gesicherten Wissens in einem Transformationsprozess mit vielen Unsicherheiten und Unwägbarkeiten wie der Energiewende. *Lutz Mez* hingegen hat sich in diesem Abschnitt die Aufgabe gesetzt, einen Beitrag *„Zur internationalen Dimension der Energiewende"* zu leisten. Er beschreibt, wann und wie in den verschiedenen Regionen der Welt eine Abkehr von den fossilen Energieträgern und eine Hinwendung zu Erneuerbaren Energien sowie zur Energieeffizienz begonnen haben. Er zielt dabei auch auf die Instrumente und Institutionen ab, die sich zwar unterscheiden, aber zugleich als Reaktionen auf ökologischen Problemdruck und insbesondere auf ehrgeizige Klimaschutzziele zu interpretieren sind und dabei zur Konvergenz tendieren. Schließlich gibt *Stefan Thomas* einen Ausblick, wie es mit der Energiewende weitergehen kann und soll. Mit Widerständen sei zu rechnen. In seinem Beitrag *„Energiepolitik der Zukunft – wie können wir die Energiewende vollenden?"* plädiert er daher dafür, berechenbare energiepolitische Rahmenbedingungen zu beschließen und die institutionelle Steuerung der Energietransformation zu stärken. Dafür hält er es für nötig, dass eine Zersplitterung der Steuerungsinitiativen und -institutionen vermieden bzw. überwunden wird und schlägt schließlich für die Erörterung und Klärung grundsätzlicher Fragen der Klimapolitik und der Energiezukunft eine Enquete-Kommission des Deutschen Bundestages vor.

4 Einige didaktische Hinweise

Mit dem Lehrbuch ist ein didaktisches Design verbunden, welches sich in der Konzeption der einzelnen Kapitel wiederfindet. Wichtig sind hierbei der Umgang und die didaktische Aufbereitung von *Wissen* sowie die Vermittlung von *Kompetenzen*. Herausforderungen stellen sich bei der Bandbreite fachspezifischer Zugänge und den Erfordernissen von Vorwissen, Hintergrundinformationen und dem Erzielen einer transdisziplinären Kompetenz.

4.1 Zugänge zum Wissen

Der Fokus des Lehrbuchs liegt bei der Vermittlung von deklarativem (expliziten, fachlichen) Wissen, also dem Wissen von Sachverhalten, wie Faktenwissen, Sachwissen, Erfahrungswissen oder Wissen über Konzepte (vgl. Mandl et al. 1993; Ossner 2006). Dieses „Knowing-that-Wissen" ist *ontologisch* und bezieht sich entsprechend auf Fakten, Begriffe und Konzepte. Allerdings spielt hierbei auch der Erkenntnisprozess selbst eine Rolle (*epistemologischer* Zugang), was als prozedurales (implizites) Wissen bezeichnet wird: das praktische, nutzbare Wissen, ein Knowing-how-Wissen (vgl. de Jong und Ferguson-Hessler 1996; Jonassen 2009). Denn das faktenbasierte deklarative Wissen wird erst durch Verbindungen mit realen Prozessen, gegebenenfalls auch verbunden mit Problemlösungswissen (methodisches Wissen zur Erkenntnisgewinnung) sowie Metawissen (bzw. meta-kognitives Wissen: Reflexion des eigenen Handelns und eigene Stellung im Themenfeld) begreifbar und spürbar. Im besten Fall ergeben sich individuelle Zugänge zu diesem Wissen (die etwa auf Erfahrungen und Vorwissen beruhen), was die Aneignung erleichtert und das Wissen plastisch werden lässt.

Gerade eine Überbrückung des Konfliktes zwischen theoretischem und praktischem Wissen stellt eine wesentliche didaktische Herausforderung dar (Brandl 2012, S. 5). Mögliche Verbindungen zwischen explizitem Wissen (*embrained knowledge*: dem konzeptionellen Wissen) und implizitem Wissen (*embodied knowledge*: dem verinnerlichten Wissen) durch ein geteiltes Leitbild-Wissen (*encultured knowledge*) kann durch eine gemeinsame Sprache, gemeinsames Verständnis und gemeinsame, geteilte Werte erreicht werden (ebd., S. 9; Brandl 2013). Denn die fachlich-methodische Kompetenz stellt nur eine Säule neben einer sozio-kommunikativen Kompetenz und Feldkompetenz dar. Durch Einbezug kommunikativer und lebensweltlicher Bezüge können Analyse- und Bewertungsstrukturen abgeleitet und durch reflektierte Erfahrungen angereichert werden – zusammengenommen dienen diese Teilfaktoren der Ausprägung einer ganzheitlichen persönlichen Kompetenz (Kunter et al. 2011; Leutner et al. 2013).

Für das didaktische Konzept des Lehrbuches folgt daraus, dass erstens Ableitungen des deklarativen Wissens bezüglich konkreter, praktischer Bezugspunkte erfolgen (Was bedeutet das Wissen direkt übertragen in der Praxis?); zweitens Anknüpfungspunkte an individuelle Lebenswelten gefunden werden (Was bedeutet das Wissen in meinem Leben?); sowie drittens praktische Auswirkungen der Wissensbestände auf die reale Welt – also etwa Entscheidungen, Handlungsweisen und Motive von Akteuren in der Gesellschaft – verdeutlicht werden (Was bedeutet das Wissen für die Gesellschaft?).

4.2 Das konzeptionelle didaktische Baukastensystem des Lehrbuchs

Um die Ansatzpunkte der didaktischen Aufbereitung von Wissen direkt übertragbar zu machen, wurde ein einheitliches Konzept für das Lehrbuch entwickelt, welches sich aus verschiedenen Elementen (Bausteinen) zusammensetzt. Diese Bausteine vereinheitlichen die fachspezifischen Einzelthemen. Hierbei werden die einzelnen Stufen des Erlernens thematischer Inhalte aus der didaktisch-pädagogischen Forschung zugrunde gelegt. Demnach ist bei der Konfrontation mit Wissensbeständen zunächst eine erste kognitive Stufe des Erinnerns und Abrufens zu berücksichtigen; in einer zweiten Transfer-Stufe werden das Verstehen, Anwenden und Analysieren angestrebt; schließlich folgt in einer dritten reflexiven Stufe das Bewerten und Entwickeln etwa eines bestimmten Konzeptes oder einer spezifischen Methode (angestrebt wird ein Generieren von Optionen) (Blömeke 2011, S. 16; abgeleitet von Anderson und Krathwohl 2001).

Das Konzept folgt diesen Lernschritten und der Aufbereitung von Wissen vor dem Hintergrund des Kompetenzmodells, indem es im Wesentlichen drei didaktische Baukasten-Elemente einbezieht:

1. *Vermittlung von Basics im Baustein Infobox:* Wesentliche Kernelemente und Kernaussagen des thematischen Wissens und aus dem Stand der Forschung werden prägnant und übersichtlich vermittelt. Hierzu wird ein zentrales Element herausgegriffen (Beispiel: Was ist das Erneuerbare-Energien-Gesetz?) und lexikonartig beschrieben.
2. *Praktische Bezüge im Baustein Fallbeispiele:* Zu den fachlichen Inhalten werden konkrete Fallbeispiel ergänzt, welche entweder auf ein konkretes Anwendungsfeld eingehen (Beispiel: Darstellung eines konkreten Klimaschutzprogramms einer Regierung) oder aber der Anknüpfung des deklarativen Wissens an prozedurales Wissen oder Problemlösungswissen dient.
3. *Konzentration von Wissen und zentraler Erkenntnisse im Baustein Zusammenfassungen:* Am Ende eines jeden Kapitels werden Zusammenfassungen der zentralen Inhalte der Thematik dargelegt. Dies dient einerseits wiederum dem Erlernen der Inhalte durch Überblick, Konzentration und Wiederholung; andererseits werden hierbei die unterschiedlichen Perspektiven und Zugänge zum Wissen übergreifend in Verbindung gebracht.

Die didaktische Aufbereitung konkreter Inhalte: Bezugspunkt konkrete Fallbeispiele
Ein wesentlicher, alle Kapitel verbindende Bezugspunkt stellt die Konzentration auf konkrete Fallbeispiele dar. Hierbei ist eine Orientierung an den übergreifenden Schlüsselfragen zur Fallanalyse sinnvoll (Retzmann 2006):

- **Komplexität**: Welche anderen Sachverhalte hängen mit der betrachteten Thematik zusammen? Wie lässt sich der Zusammenhang erklären und darstellen? Beispiel: Energiewende und Nachhaltigkeit
- **Kontroversität**: Welche unterschiedlichen Positionen werden bezüglich einer Thematik vertreten? Von wem und mit welchen Argumenten? Beispiel: Unterschiedliche Fördermodelle
- **Historizität**: Wie ist es zu einer Handlung, Situation oder Sachlage gekommen (Vorgeschichte)? Welche zukünftige Entwicklung könnte im Themenfeld folgen? Welche Identität hat ein bestimmter Akteur und wie erklärt sich dies historisch? Beispiel: Biographie der Energiewende
- **Kontextualität**: In welchem Umfeld ist der Sachbereich bzw. die Situation angesiedelt? Welche kulturellen, politischen, sozialen oder wirtschaftlichen Randbedingungen spielen eine tragende Rolle? Beispiel: Diskurse um Klimawandel und Nachhaltigkeit, Einfluss von politischem, rechtlichem und ökonomischem System, soziale Lebenswelten und kulturelle Milieus in der Gesellschaft

Da die Energiewende als Themenfeld bereits ein konkretisiertes Beispiel für wissenschaftliche Analysen und Reflexionen darstellt, dient die Konzentration auf Fallbeispiele der weiteren Übertragung der Themenkomplexe auf konkrete Anwendungsfelder. Hiermit wird nicht nur der didaktischen Veranschaulichung gedient, sondern auch der Vermittlung einschlägiger wissenschaftlicher Analyseansätze.

4.3 Herausforderung und Ziel: Transdisziplinäre Kompetenz

Durch die Verbindung der fachwissenschaftlichen Perspektiven und der einzelnen Spezialthemen wird ein inter- bzw. transdisziplinäres Wissenssystem aufgebaut und vermittelt. Es dient dem Zweck der Ausbildung einer transdisziplinären Kompetenz, die es dem Einzelnen ermöglicht, über fachliche Grenzen hinaus auch andere Denkweisen und fachliche Logiken zu durchdringen, nachzuvollziehen und anzueignen. Das Ziel ist, dass sich aus dem Mosaik der Einzelperspektiven ein

Gesamtbild zusammensetzt, welches zum einen dem tiefergreifenden Verständnis von Phänomenen der Energiewende, aber zum anderen auch einem breiteren Wissen über verschiedene fachliche Inhalte, Denkweisen und Perspektiven dient. Im Idealmodell kann schließlich eine übergreifende Einordnung erreicht werden, wie die Energiewende aus politik- und sozialwissenschaftlicher, ökonomischer, rechtlicher Perspektive, politischer räumlicher Ebenenperspektive sowie aus einer historischen Zeitperspektive, sowie einer Akzeptanz- und Beteiligungsperspektive (welche stärker die Sichtweise von Individuen betont) interpretiert, verstanden und bewertet werden kann. Dies setzt jedoch ein gewisses Maß an Vorwissen und Erfahrungen voraus, welches durch Grundlagen-Studieninhalte erworben werden muss (z. B. Einführungen in das wissenschaftliche Arbeiten, Wissenschaftstheorie, Methodenkenntnisse).

Gleichzeitig bedeutet dieser Anspruch auch eine Herausforderung, da das wechselseitige Durchdringen eine anspruchsvolle didaktische Qualität darstellt, welche nur durch ausreichende zeitliche Auseinandersetzung, weitere spezifische Vertiefung und Aneignung weiteren konzeptionellen Wissens erreicht werden kann. Schließlich ist es auch ein didaktischer Erfolg, wenn die Leserin oder der Leser sich einer vertiefenden Lektüre zu einem sie oder ihn interessierenden Thema widmet. Das kann und soll unterstützt werden durch die Quellen- und auch die weitergehenden Literaturangaben am Ende eines jeden Beitrages.

Literatur

Agora Energiewende. (2019). Die Energiewende im Stromsektor: Stand der Dinge 2018. Rückblick auf die wesentlichen Entwicklungen sowie Ausblick auf 2019. https://www.agora-energiewende.de/fileadmin2/Projekte/2018/Jahresauswertung_2018/125_Agora-JAW-2018_WEB.pdf. Zugegriffen am 15.10.2019.

Agora Energiewende. (2016). Eigenversorgung aus Solaranlagen. Das Potenzial für Photovoltaik-Speicher-Systeme in Ein- und Zweifamilienhäusern, Landwirtschaft sowie im Lebensmittelhandel (erstellt von Prognos Berlin). https://www.agora-energiewende.de/fileadmin2/Projekte/2016/Dezentralitaet/Agora_Eigenversorgung_PV_web-02.pdf. Zugegriffen am 15.10.2019.

Anderson, L. W., & Krathwohl, D. R. (Hrsg.). (2001). *A taxonomy for learning, teaching, and assessing: A revision of Bloom's taxonomy of educational objectives*. New York: Longman.

Apostol, D., Palmer, J. F., Pasqualetti, M. J., Smardon, R., & Sullivan, R. (2016). *The renewable energy landscape. Preserving scenic values in our sustainable future*. Abingdon/New York: Routledge.

Beaudreau, B. C. (1999). *Energy and the rise and fall of political economy*. Westport: Greenwood Press.

Bickerstaff, K., Walker, G. P., & Bulkeley, H. (Hrsg.). (2013). *Energy justice in a changing climate: Social equity and low-carbon energy.* London: Zed Books.

Blömeke, S. (2011). Teacher Education and Development Study: Learning to Teach (TEDS-LT) – Erfassung von Lehrerkompetenzen in gering strukturierten Domänen. In S. Blömeke & K. Schwippert (Hrsg.), *Kompetenzen von Lehramtsstudierenden in gering strukturierten Domänen: erste Ergebnisse aus TEDS-LT* (S. 7–24). Münster: Waxmann.

BMWI. (2015). Ein Strommarkt für die Energiewende. Ergebnispapier des Bundesministeriums für Wirtschaft und Energie (Weißbuch), Berlin. http://www.bmwi.de/BMWi/Redaktion/PDF/Publikationen/weissbuch,property=pdf,bereich=bmwi2012,sprache=de,rwb=true.pdf. Zugegriffen am 15.10.2019.

Brandl, W. (2012). Kant reloaded: Es mag ja in der Theorie richtig sein, taugt aber nicht für die Praxis. *Haushalt in Bildung und Forschung, 1*(4), 3–16.

Brandl, W. (2013). Wissen und Handeln: Diesseits und jenseits des ‚Rubikon'. *Haushalt in Bildung und Forschung, 2*(3), 3–20.

Canzler, W. (2018). Die infrastrukturelle Umsetzung der Energiewende. *dms – der moderne staat – Zeitschrift für Public Policy, Recht und Management, 11*(2), 461–477.

Canzler, W., & Knie, A. (2013). *Schlaue Netze. Wie die Energie- und Verkehrswende gelingt.* München: oekom.

Canzler, W., Gailing, L., Grundmann, P., Schill, W.-P., Uhrlandt, D., & Rave, T. (2016). Auf dem Weg zum (de-)zentralen Energiesystem? Ein interdisziplinärer Beitrag zu wesentlichen Debatten. *Vierteljahrshefte zur Wirtschaftsforschung, 85*(4), 127–159.

Czada, R., & Radtke, J. (2018). Governance langfristiger Transformationsprozesse. Der Sonderfall „Energiewende". In J. Radtke & N. Kersting (Hrsg.), *Energiewende. Politikwissenschaftliche Perspektiven. Schriftenreihe Energietransformation* (S. 45–75). Wiesbaden: Springer.

Dena. (2017). dena-Netzflexstudie, Berlin 2017. https://shop.dena.de/fileadmin/denashop/media/Downloads_Dateien/esd/9192_dena-Factsheet_dena-Netzflexstudie.pdf. Zugegriffen am 15.10.2019.

DIW, et al. (2015). Beschäftigung durch erneuerbare Energien in Deutschland: Ausbau und Betrieb, heute und morgen, Endbericht, Studie im Auftrag des Bundesministeriums für Wirtschaft und Energie, Berlin, Juni 2015, bearbeitet v. U. Lehr, Ph. Ulrich, Ch. Lutz, I. Thobe, D. Edler, M. O'Sullivan, S. Simon, T. Naegler, U. Pfenning, F. P., F. Sakowski & P. Bickel. http://www.diw.de/documents/publikationen/73/diw_01.c.510565.de/diwkompakt_2015-101.pdf. Zugegriffen am 15.10.2019.

Elsner, P., & Sauer, D. U. (2015). Energiespeicher. Technologiesteckbrief zur Analyse „Flexibilitätskonzepte für die Stromversorgung 2050", Analyse aus der Schriftenreihe Energiesysteme der Zukunft, München. http://www.acatech.de/fileadmin/user_upload/Baumstruktur_nach_Website/Acatech/root/de/Publikationen/Kooperationspublikationen/ESYS_Analyse_Flexibilitaetskonzepte.pdf. Zugegriffen am 15.10.2019.

Elsner, P., Fischedick, M., & Sauer, D. U. (2015). Flexibilitätskonzepte für die Stromversorgung 2050. Technologien – Szenarien – Systemzusammenhänge, Analyse aus der Schriftenreihe Energiesysteme der Zukunft, München. http://www.acatech.de/fileadmin/user_upload/Baumstruktur_nach_Website/Acatech/root/de/Publikationen/Kooperationspublikationen/ESYS_Analyse_Flexibilitaetskonzepte.pdf.

Ethik-Kommission „Sichere Energieversorgung". (2011). Deutschlands Energiewende. Ein Gemeinschaftswerk für die Zukunft. http://www.bundesregierung.de/ContentArchiv/DE/Archiv17/Artikel/2011/05/2011-05-30-bericht-ethikkommission.htm. Zugegriffen am 15.10.2019.

Fraunhofer ISE. (2017). Aktuelle Fakten zur Photovoltaik in Deutschland, Freiburg. https://www.ise.fraunhofer.de/content/dam/ise/de/documents/publications/studies/aktuelle-fakten-zur-photovoltaik-in-deutschland.pdf. Zugegriffen am 15.10.2019.

Gailing, L., & Moss, T. (Hrsg.). (2016). *Conceptualizing Germany's energy transition: Institutions, materiality, power, space*. London: Palgrave Macmillan.

Gawel, E., Lehmann, P., Korte, K., Strunz, S., Bovet, J., Köck, W., Massier, P., Löschel, A., Schöber, D., & Ohlhorst, D. (2014). Die Zukunft der Energiewende in Deutschland. *Energiewirtschaftliche Tagesfragen, 64*(4), 37–44.

Geels, F. W., & Schot, J. (2007). Typology of sociotechnical transition pathways. *Research Policy, 36*, 399–417.

Goshn, R. (2009). *Landscapes of energy*. New York: Harvard University Press.

Hager, C. J., & Stefes, C. H. (Hrsg.). (2016). *Germany's energy transition: A comparative perspective*. New York: Palgrave Macmillan.

Hirschl, B. (2008). Erneuerbare Energien-Politik. Eine Multi-Level Policy-Analyse mit Fokus auf den deusctrehn Strommarkt. Wiesbaden: VS Verlag.

Hoeft, C., Messinger-Zimmer, S., & Zilles, J. (Hrsg.). (2017). *Bürgerproteste in Zeiten der Energiewende: lokale Konflikte um Windkraft, Stromtrassen und Fracking$dChristoph Hoeft, Sören Messinger-Zimmer, Julia Zilles (Hg.)*. Bielefeld: transcript.

Holstenkamp, L., & Degenhart, H. (2013). Bürgerbeteiligungsmodelle für erneuerbare Energien. Eine Begriffsbestimmung aus finanzwirtschaftlicher Sicht, Arbeitspapiere Wirtschaft & Recht Nr. 13, Lüneburg: Leuphana. http://www.leuphana.de/fileadmin/user_upload/PERSONALPAGES/_ijkl/janner_steve/Homepage_Master/wpbl_13.pdf. Zugegriffen am 15.10.2019.

IÖW. (2010). Kommunale Wertschöpfung durch erneuerbare Energien, OÖW-Schriftenreihe 196/10, Berlin. http://www.ioew.de/uploads/tx_ukioewdb/IOEW_SR_196_Kommunale_Wertsch%C3%B6pfung_durch_Erneuerbare_Energien.pdf. Zugegriffen am 15.10.2019.

IZES. (2015). Nutzeneffekte von Bürgerenergie. Eine wissenschaftliche Qualifizierung und Quantifizierung der Nutzeneffekte der Bürgerenergie und ihrer möglichen Bedeutung für die Energiewende, im Auftrag von Greenpeace Energy eG, Saarbrücken. https://www.greenpeace-energy.de/fileadmin/docs/pressematerial/B%C3%BCrgerenergie/IZES_2015_09_10_B%C3%BCE-Nutzen_Endbericht.pdf. Zugegriffen am 15.10.2019.

Jonassen, D. (2009). Modeling thinking processes by building cognitive simulations. In P. Blumenschein, W. Hung, D. Jonassen & J. Strobel (Hrsg.), *Model-based approaches to learning using systems models and simulations to improve understanding and problem solving in complex domains* (S. 61–71). Rotterdam/Boston/Taipei: Sense.

de Jong, T., & Ferguson-Hessler, M. G. M. (1996). Types and qualities of knowledge. *Educational Psychologist, 31*(2), 105–113.

Kahla, F. (2014). Erfolgsfaktoren von Bürgerbeteiligungsmodellen im Bereich Erneuerbare Energien. In H. Degenhart & T. Schomerus (Hrsg.), *Recht und Finanzierung von Erneuerbaren Energien: Bürgerbeteiligungsmodelle. Lüneburger Schriften zum Wirtschaftsrecht* (Bd. 27, S. 83–98). Baden-Baden: Nomos.

KIT ITAS. (2015). Technikfolgenabschätzung – Theorie und Praxis, Schwerpunkt: Energiespeicher für Energiewende und Elektromobilität. Entwicklungen, Herausforderungen und systemische Analysen, 24. Jg. Heft 3. http://www.tatup-journal.de/downloads/2015/tatup153.pdf. Zugegriffen am 15.10.2019.

Kopatz, M., Kettler, C., Gundlach, K., Preute, M., & Schaller, S. (2013). *Energiewende. Aber fair! Wie sich die Energiezukunft sozial tragfähig gestalten lässt*. München: Oekom.

Krause, F., Bossel, H., & Müller-Reißmann, K.-F. (1980). Energie-Wende – Wachstum und Wohlstand ohne Erdöl und Uran». Ein Alternativ-Bericht des Öko-Instituts, Freiburg/Br.

Kühne, O., & Weber, F. (Hrsg.). (2018). *Bausteine der Energiewende*. Wiesbaden: Springer.

Kunter, M., Baumert, J., & Blum, W. (Hrsg.). (2011). *Professionelle Kompetenz von Lehrkräften: Ergebnisse des Forschungsprogramms COACTIV*. Münster: Waxmann.

Leutner, D., Klieme, E., Fleischer, J., & Kuper, H. (Hrsg.). (2013). *Kompetenzmodelle zur Erfassung individueller Lernergebnisse und zur Bilanzierung von Bildungsprozessen: aktuelle Diskurse im DFG-Schwerpunktprogramm*. Wiesbaden: Springer.

Loske, R. (2015). *Politik der Zukunftsfähigkeit. Konturen einer Nachhaltigkeitswende*. Frankfurt a. M.: S. Fischer.

Mandl, H., Friedrich, H. F., & Hron, A. (1993). Psychologie des Wissenserwerbs. In B. Weidenmann, A. Krapp, M. Hofer, G. L. Huber & H. Mandl (Hrsg.), *Pädagogische Psychologie: ein Lehrbuch* (2. Aufl., S. 145–218). Weinheim: Beltz.

Mast, C., & Stehle, H. (2016). *Energieprojekte im öffentlichen Diskurs: Erwartungen und Themeninteressen der Bevölkerung*. Wiesbaden: Springer.

Matthes, F. (2014). Das Strommarktdesign der Energiewende: Ausgangspunkte, Langfristziele und Transformationsstrategien. In T. Käster & H. Rentz (Hrsg.), *Handbuch Energiewende* (S. 561–575). Essen: etv Energieverlag.

Mautz, R. (2014). Klimawandel und der Beitrag der Bürgerinnen und Bürger zur Transformation des Energiesystems. In S. Böschen, B. Gill, C. Kropp & K. Vogel (Hrsg.), *Klima von unten. Regionale Governance und gesellschaftlicher Wandel* (S. 153–171). Frankfurt/New York: Campus.

Mez, L. (2013). Energiepolitik. Beitrag in U. Andersen & W. Woyke (Hrsg.), *Handwörterbuch des politischen Systems der Bundesrepublik Deutschland* (S. 191–197). Wiesbaden: Springer VS.

Mitchell, T. (2011). *Carbon democracy: Political power in the age of oil*. London/New York: Verso.

Morris, C., & Jungjohann, A. (2016). *Energy democracy: Germanys Energiewende to renewables*. Basingstoke: Palgrave Macmillan.

Neuhoff, K., Barquin, J., Bialek, J. W., Boyd, R., Dent, C. J., Echavarren, F., Grau, T., von Hirschhausen, C., Hobbs, B., Kunz, F., Nabe, C., Papaefthymiou, G., Weber, C., & Weigt, H. (2013). Renewable electric energy integration: Quantifying the value of design of markets for international transmission capacity. *Energy Economics, 40*, 760–772.

Nykvist, B., & Nilsson, M. (2015). Rapidly falling costs of battery packs for electric vehicles. *Nature Climate Change, 5*, 329–332. http://www.nature.com/nclimate/journal/v5/n4/full/nclimate2564.html. Zugegriffen am 15.10.2019.

Ossner, J. (2006). Kompetenzen und Kompetenzmodelle im Deutschunterricht. *Didaktik Deutsch, 12*(21), 5–19.

Ostrom, E. (2010). Handeln statt Warten: Ein mehrstufiger Ansatz zur Bewältigung des Klimaproblems. *Leviathan – Berliner Zeitschrift für Sozialwissenschaft, 39/2011*, 267–278.

Ostwald, W. (1909). *Energetische Grundlagen der Kulturwissenschaft*. Leipzig: Klinkhardt.

Radkau, J. (1983). *Aufstieg und Krise der deutschen Atomwirtschaft 1945–1975. Verdrängte Alternativen in der Kerntechnik und der Ursprung der nuklearen Kontroverse*. Reinbek: Rowohlt.

Radtke, J., & Kersting, N. (Hrsg.). (2018). *Energiewende. Politikwissenschaftliche Perspektiven*. Wiesbaden: Springer.

Retzmann, T. (2006). *Didaktik der berufsmoralischen Bildung in Wirtschaft und Verwaltung: eine fachdidaktische Studie zur Innovation der kaufmännischen Berufsbildung*. Norderstedt: Books on Demand.

Rosenberger, N., & Kleinberger, U. (Hrsg.). (2017). *Energiediskurs: Perspektiven auf Sprache und Kommunikation im Kontext Der Energiewende*. Bern: Peter Lang.

Rosenkranz, G. (2014). Energiewende 2.0. Aus der Nische zum Mainstream, hrsg. von der Heinrich-Böll Stiftung Berlin, Bd. 36 der Reihe Ökologie. https://www.boell.de/sites/default/files/energiewende2.0_1.pdf. Zugegriffen am 15.10.2019.

Salter, R., Gonzalez, C. G., & Kronk Warner, E. A. K. (Hrsg.). (2018). *Energy justice: US and international perspectives*. Northampton: Edward Elgar Publishing.

Schippl, J., Grunwald, A., & Renn, O. (2017). Die Energiewende verstehen – orientieren – gestalten. Einsichten aus fünf Jahren integrativer Forschung. In J. Schippl, A. Grunwald & O. Renn (Hrsg.), *Die Energiewende verstehen – orientieren – gestalten: Erkenntnisse aus der Helmholtz-Allianz ENERGY-TRANS* (S. 9–34). Baden-Baden: Nomos.

Sombart, W. (1969). *Das europäische Wirtschaftsleben im Zeitalter des Frühkapitalismus: Halbband 1–2*. Berlin: Duncker & Humblot.

Sovacool, B. K. (2013). *Energy & ethics: Justice and the global energy challenge*. Houndmills: Palgrave Macmillan.

Sovacool, B. K., & Dworkin, M. H. (2014). *Global energy justice: Problems, principles, and practices*. Cambridge: Cambridge University Press.

Stier, B. (1999). Staat und Strom. Ubstadt-Weiher: regionalkultur.

Stremke, S., & van den Dobbelsteen, A. (Hrsg.). (2013). *Sustainable energy landscapes: Designing, planning, and development*. Boca Raton: Taylor & Francis.

Töpfer, K., & Bachmann, G. (2013). Kostenschnitt für die Energiewende. Die Neuordnung der Stromkosten ist die Voraussetzung für die Reform der Energiepolitik, Berlin. http://www.nachhaltigkeitsrat.de/uploads/media/20130923_Memo_Vorschlag_Kostenschnitt_EEG.PDF. Zugegriffen am 15.10.2019.

Turmes, C. (2017). *Die Energiewende. Eine Chance für Europa*. München: oekom.

VDE. (2015). Der zellulare Ansatz. Grundlage einer erfolgreichen, regionenübergreifenden Energiewende Studie der Energietechnischen Gesellschaft im VDE (ETG), Frankfurt a. M. https://www.vde.com/de/InfoCenter/Seiten/Details.aspx?eslShopItemID=285c9c8d-a1bb-4463-af26-cf1d3a53a93a. Zugegriffen am 15.10.2019.

Weber, M. (1985). „Energetische" Kulturtheorien. In M. Weber (Hrsg.), *Gesammelte Aufsätze zur Wissenschaftslehre* (S. 400–426). Tübingen: Mohr.

Zimmerer, K. (Hrsg.). (2013). *The new geographies of energy: Assessment and analysis of critical landscapes*. London: Routledge.

Teil I
Die Energiewende und ihre Grundlagen

Grundlagen der Energiepolitik

Barbara Praetorius

Zusammenfassung

Im folgenden Kapitel werden die Grundlagen des Politikfelds der deutschen Energiepolitik behandelt. Im Mittelpunkt stehen die zentralen historischen Ereignisse, relevante Akteure und prägende politische Maßnahmen. Die energiepolitische Entwicklung wird von den 1950er-Jahren bis zu der jüngsten Debatte um den Kohleausstieg nachgezeichnet. Dargestellt werden die ökonomischen und politikwissenschaftlichen Grundlagen, die Akteure und Strukturen des Energiesystems sowie die Zielarchitektur der Energiepolitik. Entlang der drei großen Ziele – Versorgungssicherheit, Wirtschaftlichkeit und Umweltschutz – werden Grundlagen, Ausprägungen und die Entwicklung der Instrumentierung der Energiepolitik im Einzelnen erläutert.

B. Praetorius (✉)
HTW Berlin, Berlin, Deutschland
E-Mail: Barbara.Praetorius@HTW-Berlin.de

© Springer Fachmedien Wiesbaden GmbH, ein Teil von Springer Nature 2019
J. Radtke, W. Canzler (Hrsg.), *Energiewende*,
https://doi.org/10.1007/978-3-658-26327-0_2

1 Einleitung

In diesem Kapitel werden die Grundlagen der deutschen Energiepolitik erläutert. Nach einer Bestandsaufnahme wesentlicher Einflussfaktoren (Abschn. 2) und der Akteursstrukturen (Abschn. 3) sowie der Zielarchitektur (Abschn. 4) werden die drei wichtigsten Politikziele als Motivatoren der Energiepolitik ausführlicher dargestellt. Dies sind die Versorgungssicherheitspolitik (Abschn. 5), die Wettbewerbspolitik (Abschn. 6) und die Umwelt- und Klimaschutzpolitik (Abschn. 7).

Die Energiepolitik ist ein **Politikfeld** (Infobox 1), das durch eine Reihe von besonderen technischen, ökonomischen und ökologischen Eigenschaften geprägt ist. Sie ist als eigenständiges Politikfeld noch relativ jung und hat in vielerlei Hinsicht den Charakter einer Querschnittspolitik mit Schnittstellen zu vielen anderen Politikfeldern, insbesondere mit der Technologiepolitik (Forschungs- und Entwicklungspolitik), der Wirtschaftspolitik, der Regionalpolitik und dem Verbraucherschutz sowie insgesamt der Sozialpolitik.

In der **Energiepolitik** selbst geht es primär um Fragen der verlässlichen und wirtschaftlichen Energieversorgung und in den letzten Jahrzehnten zunehmend um den Umwelt- und Klimaschutz.

Infobox 1: Elemente der Politikfeldanalyse

Die Politikfeldanalyse untersucht die Interaktion und das Wirken von politisch-gesellschaftlichen Akteuren in einem konkreten Politikfeld (Blum und Schubert 2018). Analysiert werden dabei beispielsweise die Akteursstrukturen, die Institutionen, die Organisationsform der Interaktion sowie die Art der eingesetzten Instrumentierung zur Erreichung der politisch-gesellschaftlichen Ziele für dieses Politikfeld. Dabei spielen die Eigenschaften und der Stand des Wissens sowie der Technik im Politikfeld eine wichtige Rolle. Außerdem sind Überlappungen mit anderen Politikfeldern zu beachten.

In der Politikfeldanalyse wird unterschieden zwischen drei Ebenen: der **Policy**, den **Politics** und der **Polity**. Diese drei Dimensionen werden in diesem Kapitel angewendet und deshalb hier kurz erläutert.

Der Fokus der meisten Politikfeldanalysen liegt auf der Ebene der **Policy**, d. h. der inhaltlichen Dimension der Politik. Dabei geht es um angestrebte Ziele und die Maßnahmen oder Steuerungsstrategien (Governance), die zur Zielerreichung in einem Politikfeld entwickelt werden.

Diese inhaltliche Analyse steht in direkter Wechselwirkung mit den **Politics**. Damit wird der politische *Prozess* der Entwicklung, Konsensbildung und Vermittlung von Politikmaßnahmen beschrieben, in dem die Interessen und Werte der Akteure eine wesentliche Rolle spielen. Inhaltliche Strategien haben nur dann eine Realisierungschance, wenn sie in diesem Prozess der *Politics* durchsetzbar sind.

Die dritte Dimension – **Polity** – erfasst die institutionellen Rahmenbedingungen und die politische Ordnung, in denen Policy und Politics stattfinden. Dieser Ordnungsrahmen ist zwar letztlich auch gestaltbar, er hat aufgrund seiner historisch gewachsenen Struktur aber einen stark vorprägenden Einfluss auf die Möglichkeiten der *Politics* und der *Policy*. Zur Polity zählen beispielsweise auch die föderativen Strukturen in Deutschland und die tradierte Rollenverteilung in der Energieversorgung.

2 Determinanten der Energiepolitik

Die Handlungsoptionen und -notwendigkeiten der Energiepolitik werden durch eine Reihe von grundlegenden Faktoren bestimmt. Dazu zählen die technologisch-ökonomischen Eigenschaften von Energiesystemen, technische und politische Entwicklungstrends, externe Schocks sowie die jeweils dominanten wirtschafts- und ordnungspolitischen Überzeugungen. Dabei weist die Entwicklung der Energieversorgungssysteme und ihrer politischen Steuerung große Parallelen zu den generellen Trends der Gesellschaften auf, deren Versorgung mit Energie sie gewährleisten sollen. Die wesentlichen Determinanten werden im Folgenden beschrieben.

Technologische und ökonomische Eigenschaften
Die energiepolitischen Handlungsmöglichkeiten werden in starkem Maße begrenzt durch die technologischen und ökonomischen Eigenschaften des **Energieversorgungssystems**. Die technologischen Eigenschaften umfassen

- die eingesetzten **Primärenergieträger** wie zum Beispiel Sonne, Wind, Biomasse, Braun- und Steinkohle, Erdgas oder Erdöl,
- die **Umwandlungstechnologien**, mit denen die Primärenergie in nutzbare Endenergie wie Strom oder Kraftstoffe und Heizöl umgewandelt wird. Auf deren

Basis erhält der Verbraucher die gewünschten **Energiedienstleistungen** wie Wärme (Warmwasser, Raumheizung), Kälte (Kühlgeräte, Klimaanlagen), Licht (Beleuchtung, Signalgeber) und mechanische Arbeit (Motoren). Diese Umwandlungstechniken können zentraler Natur sein (Kraftwerke zur Stromerzeugung, Heizkraftwerke für Wärmenetze) oder dezentral bereitgestellt werden (Gasetagenheizung, Hausdach-Solarstromanlagen),
- die **Infrastrukturen** der Versorgungssysteme, vor allem die Strom- und Erdgasnetze, die dem Transport der Energie zwischen Erzeuger und Verbraucher dienen, und
- die mit der Umwandlung verbundenen **Emissionen**, Abfall- und Reststoffe sowie Landschaftsveränderungen.

Die technologischen Eigenschaften bestimmen die Struktur der Kosten der Energieversorgung und unterscheiden sich je nach Technik; sie bestehen aus

- den Fixkosten oder Kapitalkosten, insbesondere für Investitionen in Umwandlungsanlagen wie Kraftwerke oder Raffinerien und in die Energienetze,
- den laufenden oder variablen Kosten aus der Bereitstellung der Brennstoffe oder Primärenergieträger und aus dem Betrieb von Kraftwerken und Energienetzen, sowie
- den gesellschaftlichen und ökologischen Kosten (soziale Zusatzkosten).

Die Bundesnetzagentur führt ausführliche, öffentlich verfügbare Datenbanken zur Kraftwerksstruktur. Deutschland verfügte demnach 2018 über konventionelle Stromerzeugungsanlagen mit einer Gesamtleistung von 103 Gigawatt. Hinzu kommen 112 Gigawatt an Erneuerbaren Energien, darunter rund 29.000 Windenergieanlagen an Land mit einer Leistung von über 50 Gigawatt, 5,4 Gigawatt an Offshore-Anlagen sowie 42 Gigawatt an Solarstromanlagen.

Die Bereitstellung der notwendigen Strom- und Gasnetzinfrastruktur ist von hohen Investitionskosten und niedrigen laufenden Betriebskosten des Netzbetriebs geprägt; sie stellen deshalb ein so genanntes natürliches Monopol dar (Infobox 2).

Auch bei den Kraftwerken, erneuerbaren Energien und vielen anderen Energieanlagen handelt es sich um kapitalintensive und meist um langlebige **Investitionen**. Ein Kraftwerk wird in der Regel für eine Betriebszeit von 25 bis 30, teilweise sogar mehr als 40 Jahren errichtet. Möglichst belastbare Aussagen über die künftige Energiepolitik und die Marktentwicklung spielen deshalb eine wichtige Rolle für die Investitionsentscheidung.

> **Infobox 2: Die Stromversorgung: Ein „Natürliches Monopol"?**
> Natürliche Monopole beschreiben Güter oder Dienstleistungen, deren Bereitstellung mit hohen Fixkosten und niedrigen laufenden Betriebskosten verbunden ist. Aus gesellschaftlicher Sicht macht es dann Sinn, das Gut nicht im Wettbewerb anbieten zu lassen, sondern ein einzelnes Unternehmen damit zu beauftragen. Beispielsweise stellen die Strom- und Gasnetze, aber auch die Wasser- und Abwasserinfrastrukturen natürliche Monopole dar: Volkswirtschaftlich würde es keinen Sinn machen, zwei oder mehrere Parallelnetze zu bauen.
>
> Da Monopole jedoch grundsätzlich zu überhöhten Preisen neigen, müssen auch natürliche Monopole staatlich reguliert werden. Die Regulierung der Strom- und Gasnetze umfasst die Kontrolle der Investitionen und die Kontrolle der Preise. Ziel der Regulierung ist es, eine volkswirtschaftlich optimale Ausstattung mit Stromnetzen zu erreichen.
>
> Bis in die 1990er-Jahre wurden alle Wertschöpfungsstufen der Stromversorgung als vertikal integrierte Einheit betrachtet. Sie galt – auch in den Lehrbüchern – insgesamt als natürliches Monopol. Denn die Kraftwerksbetreiber organisierten selbstverständlich auch den Bau der Stromnetze sowie den Vertrieb bis zum Endkunden. Erst allmählich setzte sich die Erkenntnis durch, dass diese vertikale Integration über alle Wertschöpfungsstufen keine Notwendigkeit ist. Heute gelten die Stromerzeugung und der Stromvertrieb als wettbewerblicher Bereich – getrennt von den Stromnetzen, dem eigentlichen natürlichen Monopol.

Die Entwicklung von **Wissen** und der **technische Fortschritt** haben einen erheblichen Einfluss und verändern den Optionsraum der Energiepolitik stetig. So ändert sich die ökonomische Bewertung der Optionen der Energieversorgung mit der Technik und dem Wissen über die Verfügbarkeit einerseits und die Risiken der Techniken und Ressourcen andererseits. Ein Beispiel hierfür ist Peak Oil (siehe weiter hinten Infobox 4), ein anders gelagertes die Kernenergie, deren gesellschaftliche Folgekosten heute anders bewertet werden als noch vor 30 Jahren. Vorhandene Technologien werden ebenfalls stetig weiterentwickelt; so haben sich die Wirkungsgrade (ein Maßstab für das Verhältnis von Brennstoffinput und resultierender Stromerzeugung) in konventionellen Kraftwerken aufgrund technischen Fortschritts deutlich verbessert. Dadurch können fossile Brennstoffressourcen eingespart werden.

Für die Energiepolitik ist der technische Fortschritt eine vage Entscheidungsgrundlage, da er von erheblichen Unsicherheiten geprägt ist. Innovationen sind nur begrenzt prognostizierbar. Oft, aber durchaus nicht immer werden neue Technologien über die Zeit kostengünstiger. So haben Experten beispielsweise die Kostenrevolution in der Stromerzeugung mithilfe von Wind und Sonne erheblich unterschätzt, während Biomasse-Anlagen weitaus geringere Kostensenkungen als erwartet erlebten.

Zu den Kosten der Energieversorgung gehören auch die **sozialen und ökologischen Kosten.** Hierzu zählen die Klima- und Umweltschädigungen aus der Verbrennung fossiler Kraftstoffe, die Aufwendungen für die Entsorgung oder Wiederaufbereitung von Schadstoffen und die Renaturierung von Gebieten, die zum Beispiel durch den Abbau von Braunkohle zerstört wurden (Infobox 3). Einbezogen werden müssen auch die Folgekosten erneuerbarer Energien, die aufgrund von Landschaftsveränderungen (Windenergie) oder Monokulturen (Biomasse) entstehen können.

Pfadabhängigkeiten und Problemdruck durch externe Schocks
Das Konzept der Pfadabhängigkeit wurde von Douglass C. North aus der Technologieforschung auf die Politik- und Wirtschaftswissenschaften übertragen (vgl. North 1992, 1994). Politische Systeme neigen demnach – analog zu technischen

---

Infobox 3: Die Folgekosten der Braunkohle
Braunkohle wird in Deutschland primär in zwei Regionen abgebaut: Im Rheinischen Revier in Nordrhein-Westfalen sowie in der Lausitz und dem nahe gelegenen mitteldeutschen Revier. Der Abbau erfolgt im Tagebau mit riesigen Baggern, die die jeweilige Landschaft sukzessive und in einer Tiefe von bis zu mehreren hundert Metern vollständig umgraben und die Kohle mit großen Schaufelrädern entnehmen. Hierfür wird auch die Devastierung zahlreicher Ortschaften vorgenommen. Mit 400–450 Metern Teufe ist Hambach im Rheinischen Revier der tiefste und größte Tagebau Europas. Für den Abbau muss das Grundwasser dauerhaft abgepumpt werden. Ist ein Tagebau erschöpft, so wird er renaturiert. Das bedeutet, dass er entweder verfüllt oder schrittweise mit Wasser geflutet wird. Dieser aufwändige Prozess nimmt in der Regel nochmals Jahrzehnte in Anspruch. Das Grundwasser muss oft noch für mehrere Dekaden weiter abgepumpt und kann nur allmählich wieder angehoben werden. Der Tagebau Inden beispielsweise soll zum Indeschen See werden und hat mit 11,6 km^2 dann die Größe des Tegernsees, ein See im Tagebau Hambach hätte rund 42 km^2 Fläche und wäre nach dem Bodensee der wasserreichste See Deutschlands. Fertiggestellt sein dürfte er erst nach dem Jahre 2100. Die Bergbauunternehmen müssen für diese Folgekosten eine gesetzlich geregelte finanzielle Rückstellung bilden.

Versorgungssystemen – zu einer Selbstverstärkung entlang etablierter Institutionen, Organisationen und Interessenlagen. Zu der Trägheit solcher Systeme tragen auch die etablierten, vorherrschenden Überzeugungen bei. Paul A. Sabatier hat diese mit dem Begriff der *belief systems* oder handlungsleitenden Orientierungen beschrieben, die er definiert als „ein Set von grundlegenden Wertvorstellungen, Kausalannahmen und Problemperzeptionen, das über längere Zeit stabil bleibt und die Handlungen von Akteuren mitbestimmt" (Sabatier 1993, S. 127).

Als externen Schock bezeichnet man unerwartete Ereignisse und Entwicklungen. Sie stehen für besondere Herausforderungen und formen entsprechend die Ausrichtung der Energiepolitik. Sie erzeugen zugleich einen akuten Problemdruck, der es möglich macht, dass die öffentliche Debatte offener wird für Veränderungen. Mit anderen Worten: Es steigt die Bereitschaft, bewährte „eingetretene Pfade" zu verlassen. Durch externe Schocks entstehen also historische Gelegenheitsfenster oder Politikfenster (*policy windows*, vgl. Kingdon 1984), die einen Politikwechsel möglich machen (Laumanns 2005, S. 286).

Der nachfolgende kursorische Blick in die jüngere energiepolitische Zeitgeschichte soll dies zeigen; einige werden nachfolgend nochmals detaillierter aufgegriffen. Tab. 1 fasst die erörterten externen „Schocks", die hierdurch gefährdeten energiepolitischen Ziele und die politische Reaktion zusammen.

Mit dem Boom der Ölförderung, dem aufkommenden internationalen Handel und dem generellen Wirtschaftsaufschwung in den 1950er- und 1960er-Jahren verschwand die Sorge vor knapper oder teurer Energie von der politischen Agenda. Dies endete schlagartig mit den **Ölpreisschocks** der 1970er-Jahre. Obwohl es sich um politisch verursachte Preissteigerungen handelte, entstand ein Bewusstsein der Endlichkeit dieses Energieträgers. Angst vor dem anstehenden Moment des „Peak Oil" (siehe Infobox 4) breitete sich aus. Plötzlich wurden Energiesparen und eine stärkere Vielfalt (Diversifizierung) des Energieträgermixes sowie der Bezugsquellen zur erklärten energiepolitischen Programmatik mit dem Ziel größerer Unabhängigkeit von Importen. Auch in den Debatten zur Einführung der Kernenergie in den späten 1970er- und frühen 1980er-Jahren finden sich vielfältige Referenzen auf diese Argumente: Nationale Unabhängigkeit und Versorgungssicherheit wurden nun zu erklärten energiepolitischen Zielen.

Parallel bildete sich von Anfang an eine atomkritische gesellschaftliche Bewegung. Sie entwickelte mit dem **Schock der Atomkatastrophe von Tschernobyl** (Weißrussland, 1986) eine zusätzliche Dynamik, die im ersten Atomausstieg von 2000 mündete. Die zweite große Atomkatastrophe der Gegenwart in **Fukushima** (Japan, 2011) besiegelte das Ende der friedlichen Kernenergienutzung in Deutschland.

Tab. 1 Energiepolitische Schocks, Zieldimensionen und wirtschaftspolitische Reaktion im Wandel. (Quelle: Eigene Zusammenstellung)

Dekade	Externer Einfluss	Problem-/ Zieldimensionen	Politische Reaktionen (Beispiele)
1950er	Energieknappheit	Versorgungssicherheit für den wirtschaftlichen Aufschwung gefährdet	Subventionen, massiver Ausbau des Steinkohlebergbaus
1970er	Ölpreisschocks	Versorgungssicherheit bei einseitiger Importabhängigkeit gefährdet	Gründung der IEA, Bevorratungspolitik, Diversifizierung, F&E, Energiesparprogrammatik
1980er	Kernenergie-Proteste, Reaktorkatastrophe von Tschernobyl	Sozialverträglichkeit des Energiesystems unzulänglich; gesellschaftlicher Großkonflikt	Konsensprozess, Gründung des Bundesumweltministeriums, Kernenergieausstieg
1980er	Saurer Regen, Klimawandel	Umweltverträglichkeit, Klimaschutz, Nachhaltigkeit	Ordnungsrechtliche Vorgaben, Erneuerbare-Energien-Gesetz
1990er	Wirtschaftsliberalismus	Wettbewerbsfähigkeit, Primat des Marktes, Stärkung des Europäischen Binnenmarktes	Ökonomische Instrumente (Ökosteuern, Emissionshandel), Auflösung der Strommonopole

Infobox 4: Peak Oil

Der Begriff *Peak Oil* geht auf den Geologen M.K. Hubbert zurück, der in den 1950er-Jahren ausrechnete, dass die Förderung von Rohöl in nicht allzu weiter Ferne ihren absoluten Höhepunkt erreichen und danach rückläufig sein werde. Die natürlichen Ressourcenvorräte seien endlich, während die Nachfrage eher steige oder zumindest nicht rückläufig sei. *Peak Oil* bezeichnete diesen Zeitpunkt der maximalen Förderung; er beschäftigte Generationen von Wissenschaftlern und Energiepolitikern, denn die befürchtete Knappheit dieses wichtigen Rohstoffes der Energieversorgung und Kunststoffherstellung ließ steigende Rohölpreise und wirtschaftliche Folgewirkungen befürchten. Allerdings wurden immer wieder neue Lagerstätten gefunden und die Techniken der Förderung stetig verbessert. Zuvor unrentable Vorkommen können durch den Einsatz von Horizontalbohrungen und der Fracking-Technologie wirtschaftlich erschlossen werden, und die Ölsandvorkommen sind gigantisch. Global gesehen ist Peak Oil damit in weite

Ferne gerückt und der Weltmarktpreis für Rohöl blieb auf moderatem Niveau. Zugleich setzt sich vor dem Hintergrund des drohenden Klimawandels allmählich die Erkenntnis durch, dass die global vorhandenen Ölreserven nicht mehr vollständig gefördert und verbraucht werden dürfen, wenn die globalen Klimaschutzziele nicht verfehlt werden sollen. Die zurzeit fast stagnierende globale Ölförderung ist deshalb nicht zwingend ein Vorbote von „Peak Oil", sondern kann auch ein Indiz für eine Verschiebung im Energiemix sein.

Parallel etablierte sich in den 1980er-Jahren mit dem **Schock des Waldsterbens** aufgrund von „**Saurem Regen**" (Ursache war der bis dahin ungehinderte Schwefelausstoß aus Kohlekraftwerken) die Umweltpolitik zum eigenständigen Politikfeld. Spätestens seit der Konferenz für Umwelt und Entwicklung in Rio (1990) ist die **Klimaschutzpolitik** von großer Relevanz für die Gestaltung der Energiepolitik. Sie mündeten in Deutschland letztlich in die politischen Beschlüsse zum Klimaschutz, die im Energiekonzept 2010 und seiner Anpassung 2011 niedergelegt wurden und bis heute maßgebliche Leitindikatoren für die deutsche Energiepolitik sind.

Dominante ordnungspolitische Prinzipien
Auch die jeweils vorherrschenden wirtschaftspolitischen Grundüberzeugungen – auch **ordnungspolitische Prinzipien** genannt – formen die Energiepolitik und die gewählte Instrumentierung auf grundsätzlicher Ebene.

Bis in die 1980er Jahre wurde die leitungsgebundene Energieversorgung insgesamt als so genanntes natürliches Monopol aufgefasst (siehe oben Infobox 2). Dies legitimierte die Einrichtung geschützter Monopole für die Strom- und Gasversorger, und zwar über alle Wertschöpfungsstufen hinweg. Kontrolliert wurden die Monopole der Energieversorger von den Bundes- und Länderministerien.

In den 1990er-Jahren gewann die ordoliberale, marktorientierte Perspektive generell erheblich an Einfluss in der Wirtschaftspolitik. In der Energiepolitik führte dieser ordnungspolitische Trend zu einer Neubewertung der technisch-wirtschaftlichen Eigenschaften der Strom- und Gasversorgung. Zum erklärten Ziel wurde es, soweit möglich auch im Bereich der leitungsgebundenen Energieversorgung den marktlichen Wettbewerb zu etablieren. Mit diesem Ziel erließ die Europäische Kommission 1996 erste Vorgaben zur Energiebinnenmarktliberalisierung, die die Trennung bzw. Entflechtung (englisch: Unbundling) von Netzbetrieb, Erzeugung und dem Handel bzw. Vertrieb vorsah. Für Strom regelte dies die EU-Richtlinien

96/92/EG vom 19. Dezember 1996 für leitungsgebundenes Erdgas dann eineinhalb Jahre später die EU-Richtlinie 98/30/EG vom 22. Juni 1998. Da der EU die Liberalisierung nicht schnell genug voranging, wurden 2003 die so genannten Beschleunigungsrichtlinien (Richtlinien 2003/54/EG für den Strombinnenmarkt und 2003/55/EG für den Erdgasbinnenmarkt, beide vom 26. Juni 2003) verabschiedet, die die jeweiligen Vorgänger-Richtlinien ablösten. Bis zum 1. Juli 2007 waren demnach die Märkte für Strom und Gas nun vollständig für alle Kunden zu öffnen.

Der marktliberale Ansatz bestimmt seit den 1990er-Jahren auch die Umwelt- und Klimapolitik. Marktorientierte Instrumente sollten das bis dahin vorherrschende Ordnungsrecht ablösen und über eine Bepreisung der Umweltkosten zu volkswirtschaftlich effizienten Lösungen führen. Eingeführt wurden unter anderem Ökosteuern (1998), das Erneuerbare-Energien-Gesetz (2000) und der CO_2-Emissionshandel (2005); diese werden weiter unten noch näher erläutert.

3 Energiepolitik und Akteursstrukturen als Mehrebenen-System

Die zuvor erörterten Determinanten der Energiepolitik stehen in einer Interaktion mit den **Wissens- und Entscheidungsstrukturen** einer Gesellschaft in Verbindung mit den **Machtstrukturen**, also den Akteursstrukturen und deren Kräfteverhältnis. Entwickelt, betrieben und genutzt werden Energiesysteme und die Energiepolitik von **Akteuren**, die in einem institutionellen Rahmen eingebettet handeln. Mit **Institutionen** sind hierbei alle formalen Regeln gemeint, die Vorschriften in Form von Gesetzen und Verordnungen umfassen. Solche Regeln gibt es für Anlagen zur Energieerzeugung wie für den Energieverbrauch, für die Stromnetze, aber auch für die Märkte selbst, für den Umweltschutz und die technische Anlagenkonfiguration, und für vieles mehr.[1]

Politisch-administrative Akteure

Die administrativen Kompetenzen für die Energiepolitik sind zwischen der europäischen Ebene, der Bundes- und der Bundesländerebene verteilt. Das gilt für die legislative ebenso wie für die exekutive und judikative Ebene.

Die **Europäische Union (EU)** hat zunehmende Bedeutung für die Energiepolitik. Die Richtlinien der EU-Kommission sind Rahmenbedingungen, die anschließend in

---

[1] Institutionen umfassen neben den formalen Regeln auch die sogenannten informellen Regeln, die in einer Gesellschaft existieren. Diese enthalten die etablierten, kulturell gewachsenen Umgangsregeln, die nicht formell beschrieben oder sanktioniert werden.

nationales Recht umgesetzt werden müssen. Das betrifft die Effizienzpolitik, Erneuerbare-Energien-Politik, Stromnetzregulierung und viele weitere Aspekte, bis hin zu wettbewerblichen Kontrollen nationaler Politikinstrumente über die Beihilferichtlinien.[2] Auch die Klimapolitik ist hinsichtlich der Ziele und Instrumente weitgehend europäisch bestimmt. Die Möglichkeiten für nationale abweichende Politikmaßnahmen sind streng begrenzt und geregelt.

Die wichtigsten administrativen Akteure auf **Bundesebene** in Deutschland sind das **Bundeswirtschaftsministerium** (BMWi) und das **Bundesministerium für Umwelt, Naturschutz und Reaktorsicherheit** (BMU). Das BMU wurde 1987 nach der Atomkatastrophe von Tschernobyl gegründet; es war zuvor eine Abteilung des Bundesinnenministeriums. Je nach energiepolitischer Prioritätensetzung der Regierung wurden einzelne Themenbereiche seither zwischen dem BMWi und BMU (und weiteren) Ministerien hin- und hergeschoben. Zum Beispiel wurde die Zuständigkeit für erneuerbare Energien 2013 vom BMU in das BMWi verschoben.

Auch das Thema Wärme und Gebäudeeffizienz (Gebäude bzw. Bau) ist in ministerieller Hinsicht ein „Wanderthema". Es wurde 2013 vom Verkehrs- in das Bundesumweltministerium und dann 2017 in das **Bundesinnenministerium** (BMI) verlegt. Im Teilbereich der energiepolitischen Instrumentierung hat auch das **Bundesfinanzministerium** (BMF) seine Interessen zu vertreten, beispielsweise bei Fragen der – erheblichen – Einnahmen aus Energie- und Ökosteuern (jährlich mehr als 40 Milliarden Euro), aber auch beim Thema Steuererleichterungen oder der Ausstattung von Förderprogrammen für energetische Sanierungen.

Im Bereich des – energieverbrauchenden – Verkehrs ist das **Bundesverkehrsministerium** (BMVI) von großer Bedeutung, da es sowohl den Schienen- als auch den Straßenbau sowie die volkswirtschaftlich bedeutsame Automobilindustrie betreut.

Überschneidungen der Energiepolitik mit benachbarten Politikfeldern bestehen also vielfältig mit der Umweltpolitik, Verkehrspolitik, Industriepolitik, Technologiepolitik, Sozialpolitik, Regionalpolitik, Raumplanung, Sicherheitspolitik, Innen- und Außenpolitik. Aber auch die rein energiepolitischen Kompetenzen sind zwischen den Ministerien verteilt. Am Beispiel des Themas Wärme und Gebäude zeigen sich die Kompetenzverflechtungen zwischen den Ministerien in besonders

---

[2] Im Beihilferecht wird geregelt, in welcher Form ein Staat seinen Unternehmen direkte Subventionen, aber auch Steuererleichterungen und andere Unterstützung gewähren darf. Beispielsweise musste die Förderung der erneuerbaren Energien auf ihre Vereinbarkeit mit dem europäischen Beihilferecht geprüft werden. Die Einführung von Auktionen für erneuerbare Energien im Jahre 2017 (siehe weiter unten) entspringt ebenfalls beihilferechtlichen Vorgaben der EU.

deutlichem Maße: Für das BMI steht beim Thema Bauen das Motiv der Bezahlbarkeit im Vordergrund, für das BMWi energetische Aspekte und die Energiepolitik, für das BMF die budgetären bzw. steuerlichen Auswirkungen und für das BMU der Klimaschutz. Hierdurch sind Interessenkonflikte quasi vorprogrammiert. Denn alle Themen, die mehrere Bundesministerien betreffen, unterliegen der Ressortabstimmung und werden zwischen den betroffenen Ministerien diskutiert, bis ein akzeptabler Konsens erzielt wurde.

Auf der Ebene der **Bundesländer** existieren zudem teilweise eigene Energiegesetzgebungen (Landesenergiegesetze) sowie eigene Energie- und Klimapolitikprogramme. Diese konkurrieren mit der Bundesebene; dabei handelt es sich um eine bidirektionale Wechselwirkung; d. h. dass sie sich gegenseitig beeinflussen. Weitere Konflikte entstehen zwischen der Bundes- und der Länderebene, wenn die Kompetenzen der Bundesländer betroffen sind. Sie können bei der Steuergesetzgebung mitentscheiden, so wurden beispielsweise steuerliche Abschreibungsmöglichkeiten zur Förderung der Gebäudesanierung von den Bundesländern im **Bundesrat** blockiert, weil diese die finanziellen Lasten nicht tragen wollten.

Als operativ regulierende Bundesbehörden wirken die **Bundesnetzagentur** und das **Bundeskartellamt**. Die Bundesnetzagentur ist seit 2005 auch für die Regulierung der Energienetze verantwortlich; zuvor war sie primär für die Telekommunikationsnetze und die Bahn zuständig. Sie kontrolliert und genehmigt Netzentgelte und überwacht den diskriminierungsfreien Zugang zu den Strom- und Gasnetzen. Die Bundesnetzagentur ist auch gegenüber der Europäischen Agentur für die Zusammenarbeit der Energieregulierungsbehörden (engl. Agency for the Cooperation of Energy Regulators, kurz ACER) berichtspflichtig.

Allerdings ist die Bundesnetzagentur nicht die alleinige Kontrollinstanz der Stromnetze in Deutschland. Vielmehr haben die Bundesländer eigene **Landesregulierungsbehörden** oder **-kammern**, die für Energieversorgungsunternehmen mit weniger als 100.000 Kunden zuständig sind, und deren Netz nicht über ein Bundesland hinausreicht. Nur vier Bundesländer (Berlin, Brandenburg, Bremen, Schleswig-Holstein) haben diese Aufgabe im Rahmen einer Organleihe an die Bundesnetzagentur übertragen. Diese Vielfalt der Regulierungszuständigkeiten erschwert die Transparenz auf dem Markt erheblich.

Gemeinsam mit dem **Bundeskartellamt** (geregelt in § 48 Abs. 3 GWB) hat die Bundesnetzagentur zudem die gesetzliche Aufgabe, die Strom- und Gasmärkte zu überwachen (geregelt in § 35 und § 63 Abs. 3 EnWG) und jährlich einen **Monitoringbericht** zur Marktsituation zu veröffentlichen. Das Bundeskartellamt überwacht dabei die Transparenz der Preise und den Grad des Wettbewerbs an den Börsen.

Akteure auf dem Energiemarkt

Nach wie vor wird der deutsche Energiemarkt von einigen großen **Anbietern** dominiert. Insgesamt lässt sich aber ein Trend zu vielen kleineren Akteuren feststellen, der mit dem Ausbau der dezentralen erneuerbaren Energien verbunden ist. Die Eigentumsform reicht bis heute von Landesbesitz (EnBW) über Stadtwerke im kommunalen Eigentum bis hin zu ganz oder teilweise privatwirtschaftlichen Energieversorgern. Insgesamt ist die Akteurslandschaft vielfältiger geworden. Das hat auch Einfluss auf die Gestaltungsmöglichkeiten der Energiepolitik.

Nach der Liberalisierung der Strommärkte im Jahre 1998 startete ein Konzentrationsprozess; es bildeten sich vier dominierende, überregionale Energieversorgungsunternehmen heraus (RWE, E.on, EnBW, Vattenfall), die damals rund 80 Prozent des in Deutschland erzeugten Stroms herstellten.

Auch der Betrieb der großen, überregionalen Stromübertragungsnetze in Deutschland wurde in vier Gebiete unterteilt, die den ursprünglichen Gebieten der integrierten Energieversorgungsunternehmen entsprachen. Der Betrieb der regionalen und der lokalen Verteilnetze obliegt hingegen verschiedenen Verteilnetzgesellschaften im Eigentum der großen Energieversorger oder der Stadtwerke. Jeder Netzbetreiber muss sich alle 20 Jahre erneut auf die Konzession, d. h. das Wegerecht, für den Netzbetrieb bewerben. Für die Konzession erhalten die Kommunen eine Konzessionsabgabe je Kilowattstunde.

Etwa 20 Prozent der Stromerzeugung stammen von **Stadtwerken**. Sie sind kommunalwirtschaftliche Energieversorgungsunternehmen und in Deutschland traditionell etablierte Akteure in der Stromwirtschaft (Praetorius 2012). Rund 1000 Stadtwerke betreiben heute in ganz Deutschland die lokalen Verteilnetze oder beliefern Endkunden mit Strom und Fernwärme. Ein Drittel bis die Hälfte von ihnen ist in größerem oder kleinerem Umfang auch in der Stromerzeugung aktiv.

Mit der Verabschiedung des Kommunalverfassungsgesetzes unmittelbar vor der Wiedervereinigung wurde auch in Ostdeutschland den Gemeinden das Recht gegeben, eigene Energieversorgungsunternehmen zu gründen, wovon viele Gebrauch machten (Matthes 2000). Eine zweite Gründungswelle gab es nach 2005, als eine größere Anzahl von neuen Stadtwerken entstanden und die lokalen Stromnetze nach Auslaufen der Konzessionsverträge wieder von kommunalen Unternehmen übernommen wurden.

Kommunalwirtschaftliche Energieversorgungsunternehmen sind i.d.R. privatwirtschaftlich organisiert, zumeist in der Form der Gesellschaft mit beschränkter Haftung (GmbH). Aufgrund ihrer Eigentumsstruktur und ihrer kommunalpolitisch besetzten Kontrollorgane (Aufsichtsrat) unterliegen sie aber anderen Ziel- oder Gewinnfunktionen als rein privatwirtschaftlich oder börsennotierte Energieversorgungsunternehmen. Stadtwerke haben häufig eine wichtige fiskalische Funktion für ihre Kommune, an die sie die Gewinne abführen.

Ergänzt wird diese Struktur durch eine Vielzahl von dezentralen, **kleineren Akteuren**. So haben sich die Eigentumsstrukturen in den letzten Jahren verändert. Viele Wind- und Solarenergieanlagen befinden sich im Eigentum von Bürgern sowie Landwirten, teilweise auch in Form von Energiegenossenschaften. Viele Hausbesitzer installieren eigene Solaranlagen zur Stromerzeugung auf dem Hausdach und werden so vom reinen Verbraucher zum *Prosumer* – also zum Produzenten und Konsumenten zugleich. Teilweise wird deshalb bereits von einer Dezentralisierung oder sogar Demokratisierung der Energieversorgung gesprochen (Morris und Jungjohann 2016).

4 Zielarchitektur der Energiepolitik

Energiepolitische Entscheidungen orientieren sich an den energiepolitischen Zielen der jeweiligen Regierung. Der Erfolg der Energiepolitik lässt sich dann anhand dieser Ziele messen. In demokratischen Gesellschaften unterliegt dieser Prozess der Entwicklung und Umsetzung energiepolitischer Ziele einer **gesellschaftlichen Kontrolle** vor allem in Form von bürgerlichem Engagement, medialer Berichterstattung und demokratischen Wahlen.

Die Zielarchitektur spiegelt dabei zugleich die jeweils vorherrschende Orientierung der Rollenverteilung zwischen Markt und Staat (Ordnungspolitik) sowie zwischen zentraler und dezentralen Ebenen (Grad der Hierarchie).

Aktuell stützt sich die deutsche Energiepolitik auf **drei Kernziele**, die in ähnlicher Form in vielen anderen Ländern zu finden sind. Diese sind

- Versorgungssicherheit,
- Wirtschaftlichkeit und
- Umweltverträglichkeit.

Sie sind auch in der Präambel des Energiewirtschaftsgesetzes niedergelegt (Infobox 5).

Ein grundsätzliches Problem in der Zielarchitektur der Energiepolitik ist dabei das Spannungsfeld, in dem die einzelnen Ziele miteinander stehen. Häufig wird deshalb vom **energiewirtschaftlichen Dreieck** gesprochen, das zwischen den drei miteinander konkurrierenden Ecken Umweltschutz, Versorgungssicherheit und Wirtschaftlichkeit aufgespannt ist. Denn teilweise stehen die Ziele neutral nebeneinander, aber teilweise bilden sie auch Antagonismen (Gegensätze). So kann das

> **Infobox 5: Energiewirtschaftsgesetz (EnWG) im ordnungspolitischen Wandel der Zeit**
>
> In seiner Originalfassung aus dem Jahre 1935 kodifizierte das deutsche EnWG die damals vorherrschende ordnungspolitische Sichtweise. Die Erlaubnis zur Stromversorgung wurde durch Gebietskonzessionen und Demarkationsverträge geregelt und Wettbewerb explizit ausgeschlossen. In der Präambel des Gesetzes hieß es zur Begründung, dass das Gesetz „volkswirtschaftlich schädigende Auswirkungen des Wettbewerbs" verhindern wolle. Erst anlässlich der Liberalisierung der Strom- und Gasmärkte im Jahre 1998 wurde das weitgehend unverändert gültige EnWG von 1935 grundsätzlich novelliert und nun der „wirksame und unverfälschte Wettbewerb" zu einem der bestimmenden energiepolitischen Ziele ausgerufen – womit die Ära der vertikal integrierten natürlichen Monopole endete. Heute heißt es im EnWG:
>
> **§ 1 Zweck und Ziele des Gesetzes**
> (1) Zweck des Gesetzes ist eine möglichst sichere, preisgünstige, verbraucherfreundliche, effiziente und umweltverträgliche leitungsgebundene Versorgung der Allgemeinheit mit Elektrizität und Gas, die zunehmend auf erneuerbaren Energien beruht.
> (2) Die Regulierung der Elektrizitäts- und Gasversorgungsnetze dient den Zielen der Sicherstellung eines wirksamen und unverfälschten Wettbewerbs bei der Versorgung mit Elektrizität und Gas und der Sicherung eines langfristig angelegten leistungsfähigen und zuverlässigen Betriebs von Energieversorgungsnetzen.
>
> [Quelle: Energiewirtschaftsgesetz 1935 sowie 1998 ff.]

Ziel der Wirtschaftlichkeit zu Lasten des Umweltschutzes gehen – und umgekehrt. Versorgungssicherheit kann „auf Nummer sicher" konzipiert werden, wird dann aber schnell sehr teuer. Diese Widersprüche müssen bei der gesellschaftlichen Entscheidungsfindung in der Energiepolitik immer wieder neu ausbalanciert werden.

Die Operationalisierung von politischen Kernzielen erfordert eine Konkretisierung; dies erfolgt in der Regel in mehreren Stufen. Diese Hierarchien der Zielarchitektur werden nachfolgend am Beispiel des deutschen Energiekonzepts illustriert (Abb. 1). Die oberste Ebene bilden hier die genannten **politischen Ziele** (Wettbewerbsfähigkeit, Versorgungssicherheit und Klima- bzw. Umweltschutz.) Diese

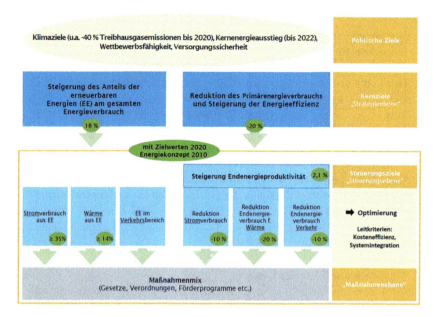

Abb. 1 Zielarchitektur des Energiekonzepts. (Quelle: Bundesministerium für Wirtschaft und Energie 10/2016, https://www.bmwi.de/Redaktion/DE/Artikel/Energie/zielarchitektur.html, zugegriffen am 17.10.2019)

Ziele werden auf der Strategieebene in so genannte **Kernziele** übersetzt: beispielsweise soll das Klima- und Umweltschutzziel durch die Steigerung des Anteils erneuerbarer Energien sowie der Energieeffizienz erreicht werden. Noch konkreter wird es auf der Ebene der **Steuerungsziele.** Hier werden für einzelne Unterbereiche wie Strom, Wärme oder Verkehr konkrete Ziele und Leitkriterien festgelegt. Damit ist der Grundstein gelegt, um konkrete Maßnahmen wie Gesetze, Verordnungen, Förderprogramme usw. zu definieren.

5 Energiepolitik als Versorgungssicherheitspolitik

Der Begriff der Versorgungssicherheit unterlag in den letzten 50 bis 80 Jahren mehreren Neudefinitionen. In der Zeit nach dem Zweiten Weltkrieg stand die Bereitstellung von ausreichend Energie für den wirtschaftlichen Wiederaufbau im Vordergrund. Dabei ging es zunächst primär um die Entwicklung der nationalen fossilen Energiequellen, allen voran der **Steinkohle**. In den folgenden Jahrzehnten entwickelte sich ein lebhafter Weltmarkt für fossile Energieträger. Die heimische Kohle stand nun im Wettbewerb zu importierter Kohle und Erdöl. Das Ziel der Versorgungssicherheit spielte in dieser Zeit eine untergeordnete Rolle; die Politik musste nun vielmehr sozial- und regionalpolitisch mit dem zu stark ausgeweiteten Bergbau und den resultierenden „Kohlehalden" sowie Jobverlusten umgehen. Energiepolitik entwickelte sich von der Kohleförderungs- zur Kohleschutz- und dann zur Strukturpolitik (Saretzki 2001, S. 200–205).

Versorgungssicherheit durch Diversifizierung der Bezugsquellen
In dem 1960er-Jahren entwickelte sich Rohöl zu einer der wichtigsten Energiequellen in den Industrieländern. Es wurde fast ausschließlich aus Nordafrika geliefert. Im Jahre 1960 wurde die OPEC als Organisation der ölfördernden Länder gegründet. Im Oktober 1973 beschloss die OPEC eine massive Erhöhung der Rohölpreise, um die Industriestaaten aufgrund ihrer Pro-Israel-Politik unter Druck zu setzen. 1979/80 gab es nochmals eine Preissteigerung, wenn auch aus anderen Gründen.

Die beiden Ölpreiskrisen lösten in den Industrieländern schwere Rezessionen aus. Den Industrieländern wurde bewusst, wie riskant es war, sich auf wenige Lieferländer zu verlassen. Damit verschob sich die Zielperspektive der Energiepolitik: Im Zentrum stand nun die **Risikominimierung**. Die Versorgungssicherheit sollte durch Diversifizierung der Bezugsquellen für Erdöl, einen breiteren Energieträgermix inklusive Kernenergie und einen Rückgang des Energieverbrauchs durch verstärktes Energiesparen verbessert werden. Als institutionelle Reaktion auf die Ölpreiskrisen wurde unter dem Dach der OECD im Jahre 1974 die Internationale Energieagentur (IEA) gegründet, auch um eine bessere Verhandlungsmacht gegenüber der OPEC zu haben. Die IEA koordinierte dazu die Öl-Vorratshaltung in Europa und begann eine Politik der Diversifizierung der Ölbezugsquellen.

Infobox 6: Wie sicher ist das russische Erdgas?
Unter dem Stichwort **Energiesicherheit** wird seit Jahren über die Verlässlichkeit der Versorgung Deutschlands (aber auch anderer europäischer Länder) mit russischem Erdgas diskutiert. Russland ist der wichtigste Energielieferant Europas. Etwa ein Drittel der deutschen Energieimporte stammt aus Russland. Die Abhängigkeit ist aber wechselseitig: denn Öl und Gas stehen für fast 70 Prozent der russischen Exporte, größtenteils nach Europa. Auf allen Ebenen der Lieferkette bestehen weitreichende Verflechtungen, die stabilisierend wirken. Bislang kam es nur ausnahmsweise zu Engpässen;

dabei spielte weniger das russisch-europäische Verhältnis eine Rolle als vielmehr Konflikte in den Transitländern. Eine der wichtigsten Pipelines (verantwortlich für rund die Hälfte der Erdgaslieferungen) führt durch die Ukraine, mit der Russland in andauerndem Konflikt steht. Bei einem Ausfall der Ukraine-Pipeline wäre die Gasversorgung zwar noch für drei Monate gewährleistet, doch soll mit dem Bau der politisch umstrittenen Pipeline Nord Stream 2 eine weitere Verbindung gelegt werden.

Die langjährige Politik der Diversifizierung der Bezugsquellen umfasste auch das Erschließen westeuropäischer Quellen (Nordsee, Niederlande), die Speicherbewirtschaftung und in jüngster Zeit den Aufbau von Flüssiggasterminals. Potenziell steht Europa ein reiches Erdgasangebot in der nicht-russischen Welt zur Verfügung, das aber erst aufwändig erschlossen werden muss (Westphal 2014).

Versorgungssicherheit in der Stromversorgung
In der **Stromwirtschaft** wird Versorgungssicherheit vor allem im Hinblick auf die Schwankungen in der Versorgung mit erneuerbaren Energien wie Wind und Sonne diskutiert. Aus technischer Sicht stehen hierfür vielfältige Lösungen zur Verfügung, die schrittweise umgesetzt werden können, beispielsweise moderne Speicher, die Digitalisierung der Stromversorgung, neue kleinere Generatoren, Wärmepumpen und vieles mehr. Die Diskussion ist stark geprägt von tradierten Denkmustern und der Gewohnheit, dass Großkraftwerke in großem Maßstab Energie bereitstellen. Im Gegensatz dazu wird die kleinteilige, vielfältige, vom Dargebot an Wind und Sonne abhängige Versorgung aus erneuerbaren Energien als unsicher empfunden. Künftig werden jedoch vielfältige und innovative Flexibilitätsoptionen zum Zuge kommen, nicht zuletzt flexible Speicher und eine verfeinerte, digitale Steuerung.

Im Strombereich wird als Kriterium für Versorgungssicherheit immer wieder die Fähigkeit zur nationalen Selbstversorgung herangezogen. Die Stromversorgung zählt zu den kritischen Infrastrukturen, so dass eine solche Sichtweise naheliegt. Ein Zusammenbruch der Versorgung ist aufgrund der geringen Speicherfähigkeit von Elektrizität kritischer als ein temporärer Ausfall der Gaslieferungen, bei dem auf die großen Speicher zurückgegriffen werden kann. Zugleich ist aber der wirtschaftliche Vorteil eines europaweiten Stromhandels so groß, dass die EU die Liberalisierung des Energiemarkts in Europa massiv vorantreibt (Infobox 7).

In allen Fällen setzt Versorgungssicherheit voraus, dass die technischen Infrastrukturen der leitungsgebundenen Energieversorgung bereitgestellt werden. In diesem Punkt sind sich alle Denkschulen einig: die Stromnetze und die Gasversorgungsnetze

Grundlagen der Energiepolitik

zählen zu den grundlegenden Infrastrukturdienstleistungen, deren Bereitstellung überwacht werden muss. Auch aus diesem Grund unterliegen Energienetze und die Gewährleistung der Versorgungssicherheit in der Gas- und Stromversorgung der öffentlichen Regulierung.

> **Infobox 7: Versorgungssicherheit durch Autarkie?**
> Zum Thema Energieversorgung hört man immer wieder das Argument, dass vermiedene Importe gleichzusetzen seien mit „vermiedenen Kosten" für die Volkswirtschaft.
> Mehr als in den meisten anderen Wirtschaftssektoren ist die „Senkung der Importabhängigkeit" (meist gemessen an den Ausgaben für Importe) bis heute ein wichtiges Argument für die Nutzung einheimischer Energieressourcen, egal ob damit Braunkohle oder erneuerbare Energien gemeint sind.
> In Zeiten der internationalen Arbeitsteilung in der Weltwirtschaft ist das eigentlich erstaunlich, denn der Austausch von Waren über Grenzen hinweg ist ein wichtiger Grundstein für wirtschaftlichen Wohlstand, so zeigt es die volkswirtschaftliche Theorie der komparativen Kostenvorteile nach dem Heckscher-Ohlin-Modell. Diese besagt vereinfacht ausgedrückt, dass Handel zwischen Ländern, die über unterschiedliche Produktionsfaktorenstrukturen (natürliche Ressourcen, Kapital, Produktivität) verfügen, für beide von ökonomischem Vorteil ist, während Handelsblockaden gegen Importe und Autarkiebestreben für eine Volkswirtschaft nachteilig sind. Denn es ist von Vorteil, wenn Güter dort produziert werden, wo sie unter Einhaltung von entsprechenden Umwelt- und Sozialstandards am günstigsten hergestellt werden können. Die Stromproduktion bildet hierbei keine Ausnahme.
> Ein weiterer Vorteil eines europaweit vernetzen Strommarktes ist die Stärkung der Versorgungssicherheit, denn regional stark ausgeprägte Nachfragespitzen oder Kraftwerksausfälle können in einem größeren Gesamtsystem kostengünstiger ausgeglichen werden.
> Allerdings ist die Versorgung mit Energie – allen voran mit leitungsgebundener Elektrizität – eine entscheidende Voraussetzung dafür, dass die Wirtschaft sich ungestört entwickeln kann, vermutlich sogar entscheidender als der Import von Automobilteilen aus China oder von Baumwolle und T-Shirts aus Indien. Aus diesem Grund spricht man bei der Energieversorgung auch von **kritischer Infrastruktur.** Deshalb ist die vergleichsweise

> hohe Aufmerksamkeit für Versorgungssicherheit erklärlich und die Vorsorge für den Fall eines Ausfalls ausländischer Energielieferanten konsequenterweise ein wichtiger Bestandteil der energiebezogenen Versorgungssicherheitspolitik. Eine Autarkiepolitik sollte jedoch aus ökonomischer Sicht vermieden werden.

6 Energiepolitik als Wirtschaftlichkeits- und Wettbewerbspolitik

Unter einer wirtschaftlichen Energieversorgung wird regelmäßig die Versorgung der Volkswirtschaft mit den notwendigen Energieressourcen zu möglichst niedrigen Kosten verstanden. Damit sollte die Wettbewerbsfähigkeit der Wirtschaft gesichert werden. In der Zeit der Entstehung des Energiewirtschaftsgesetzes in den 1930er-Jahren wurde hierzu der „**Schutz vor schädlichen Wettbewerb**" kodifiziert. Heute hingegen geht es der Energiepolitik – ganz im Gegensatz zu damals – um die **Stärkung des Wettbewerbs**, von der man sich erhofft, dass die Energieversorgung noch günstiger wird.

Bis zur Reform des Gesetzes über die Elektrizitäts- und Gasversorgung (EnWG) im Jahre 1998 waren die deutschen Strom- und Gasversorger als vertikal integrierte Unternehmen mit **Gebietsmonopolen** organisiert und durften auf dem per Konzession zugewiesenen Gebiet konkurrenzlos auf allen Stufen der Stromerzeugung (Kraftwerk, Netz, Vertrieb) bzw. Gasversorgung (Netz, Vertrieb) unternehmerisch aktiv sein.

Mit der Verabschiedung der EU-Richtlinien 96/92/EG des Europäischen Parlaments musste auch in Deutschland ein wettbewerblicher Markt zunächst insbesondere für Strom (1998 auch für Gas) eingerichtet werden. Seit dem 1. April 1998 dürfen sich Stromkunden ihren Versorger aussuchen, seit 2006 auch Gaskunden. Die **Entflechtungsvorschriften** der EU mussten auch in Deutschland umgesetzt werden.

Konkret bedeutete dies, dass die wettbewerblichen Unternehmensteile, also Erzeugung und Vertrieb, vom regulierten Bereich, also dem Netzbetrieb, getrennt werden mussten. Diese Trennung musste grundsätzlich eigentumsrechtlich und buchhalterisch umgesetzt werden (vgl. Kap. „Das Recht der Energiewende" zum Energierecht in diesem Band). Allerdings gelten für Energieversorgungsunternehmen mit weniger als 100.000 Kunden weichere Entflechtungsregeln. Die meisten

Stadtwerke fallen unter diese so genannte **De-minimis-Regelung**, die auch eine Rolle bei der Zuordnung zur zuständigen Regulierungsbehörde spielt.

Da die **Stromnetze** die entscheidende Zutrittsbarriere für neue Stromanbieter waren, sah die Richtlinie insbesondere einen diskriminierungsfreien Zugang zu den Stromnetzen vor. Allerdings ließ die Richtlinie den Staaten bei der Umsetzung zunächst viel Freiheit. Sie konnten entscheiden, ob sie den freien Netzzugang gesetzlich regulieren wollten oder nur durch vertragliche Regelungen, deren Details zwischen den Beteiligten auszuhandeln waren. Deutschland entschied sich zunächst für diesen so genannten verhandelten Netzzugang: Dazu wurden so genannte Verbändevereinbarungen geschlossen, in denen die Bedingungen für den Netzzugang (also die Netzentgelte und die technischen Zugangsbedingungen) niedergelegt wurden.

Da die Liberalisierung der Strommärkte der EU nicht schnell genug vorankam, kam es zu den **Beschleunigungsrichtlinien** Strom und Gas. Diese erhoben den regulierten Netzzugang zur Norm und brachten zugleich die Liberalisierung des Gasnetzes voran. 2005 wurde zu diesem Zwecke das EnWG novelliert; die **Bundesnetzagentur** als obere Bundesbehörde erhielt nun die Zuständigkeit für die Strom- und Gasnetzregulierung.

Unabhängig von den europäischen Vorschriften zur eigentumsrechtlichen und betrieblichen Entflechtung der verschiedenen Ebenen der Stromversorger existieren weiterhin eigentumsrechtliche Verflechtungen der Akteure untereinander, wobei sich kommunale und private Interessen häufig überlappen. Die börsennotierte RWE beispielsweise hat rund 100 kommunale Anteilseigner (Städte, Gemeinden, Zweckverbände). Die STEAG befindet sich im Eigentum von sieben Kommunen in Nordrhein-Westfalen. Eine Gesamtübersicht der Verflechtungen ist kaum möglich; sie wären nach Eigentum und Interessen zu unterscheiden.

Ein wichtiges Thema im Bereich der marktbezogenen Energiepolitik ist die Gestaltung der Regelungen für den Strommarkt. Unter dem Stichwort **Strommarktdesign** wird in Europa seit Jahren (letztlich seit der Liberalisierung 1998) über die Entwicklung des Strommarkts diskutiert (dazu mehr Details in Kap. „Märkte und Regulierung der Elektrizitätswirtschaft"). Bis heute ist die Strombörse, also der Großhandel für Strom, das zentrale Selbststeuerungselement der liberalisierten Strommärkte. An der Strombörse werden viertelstündliche Spotmarkt-Produkte ebenso gehandelt wie mehrjährige Terminmarktprodukte.

Mit dem zunehmenden Anteil erneuerbarer Energien sowie den Überkapazitäten in der Stromerzeugung insgesamt ist seit einiger Zeit ein Verfall der Preise an der Strombörse zu beobachten. Seither wird diskutiert, ob dieser Preisverfall von Dauer ist, welche Auswirkungen er auf die Investitionsfreudigkeit hat und ob andere Formen der Preisbildung entwickelt werden müssen. Diese Diskussion über das künftige Strommarktdesign wird weitergehen müssen, da die Großhandelspreise voraussichtlich dauerhaft zu niedrig sein werden, um Investitionen in die Stromerzeugung anzuregen. Dies liegt an den geringen Brennstoff- bzw. Grenzkosten der Erzeugung von Strom aus erneuerbaren Energien und den hohen Kapitalkosten, die bei der Errichtung von Anlagen der erneuerbaren Energien und Speicherinfrastrukturen anfallen. Es ist deshalb zu erwarten, dass die Finanzierungsmechanismen für Investitionen in Energieversorgungsanlagen weiterentwickelt werden. Auch das EEG ist in seiner aktuellen Ausprägung ein Beispiel für einen denkbaren Finanzierungsmechanismus.

7 Energiepolitik als Umwelt- und Klimapolitik und ihre Instrumente

7.1 Grundlagen

In diesem Kapitel werden die wichtigsten Typen umwelt- und klimapolitischer Instrumente beispielhaft beschrieben. Einleitend wird die historische Entwicklung der Umweltpolitik beleuchtet.

Umweltpolitik bildet seit Beginn der 1970er-Jahren ein zunehmend eigenständiges Politikfeld. Öffentlichkeitswirksam postulierte eine Studie für den Club of Rome (Meadows et al. 1972), die absoluten Wachstumsgrenzen auf der Erde würden bei einem „Weiter wie bisher" im Laufe der nächsten hundert Jahre erreicht. Von Anfang an gab es erhebliche Überlappungen mit der Energiepolitik.

Zu den ersten konkreten Problemen mit Ursache im Energiebereich zählt das Waldsterben. Ursache war der ungefilterte Ausstoß von Schwefeldioxid, das vor allem bei der Verbrennung von Braun- und Steinkohle entsteht. Schwefeldioxid verbindet sich mit der Luftfeuchtigkeit (Wolken) zu Schwefelsäure und beeinträchtigt nach dem Herunterregnen u.a. das Laubwachstum. Als Reaktion hierauf wurde 1983 die Großfeuerungsanlagenverordnung (GfAVO) im Rahmen des Bundesimmissionsschutzgesetzes (BImschG) erlassen, die Rauchgasfilteranlagen in fossil befeuerten Kraftwerken vorschreibt.

In den 1990er-Jahren entwickelte sich zunehmend die Erkenntnis, dass die Verbrennung von fossilen Energien zu einem irreversiblen Klimawandel beiträgt. Die Klimapolitik war zunächst primär auf die Vermeidung von Klimagasemissionen ausgerichtet. Zunehmend gewinnt jedoch auch das Thema Anpassung an den Klimawandel an Bedeutung, da absehbar ist, dass sich die menschengemachte Klimaerwärmung nur noch abbremsen, aber nicht mehr komplett verhindern lässt.

Leitende Prinzipien der Umwelt- und Klimapolitik
Die umwelt- und klimapolitische Instrumentierung folgt regelmäßig einigen wenigen Leitprinzipien:

- das **Vorsorgeprinzip**, um Umweltprobleme gar nicht erst entstehen zu lassen,
- das **Verursacherprinzip**, demzufolge die Verursacher einer Schädigung die Kosten der Beseitigung tragen sollen und so einen Anreiz erhalten, Umweltprobleme a priori (vorab) zu vermeiden und
- das **Gemeinlastprinzip**, das ersatzweise eine gesellschaftliche Kostenübernahme vorsieht, wenn das Verursacherprinzip versagt.
- Das **Kooperationsprinzip**, demzufolge erfolgreicher Umweltschutz die gemeinsame Aufgabe von Staat, Bürgern und Unternehmen ist und deshalb alle zu beteiligen sind.

Im Mehrebenengeflecht der föderalen Energie-, Klima- und Umweltpolitik ist die Frage der politischen **Durchsetzbarkeit** von Instrumenten bedeutend. Diese hängt einerseits von den jeweils vorherrschenden ordnungspolitischen Prinzipien und andererseits von der Art und Weise ab, wie Energiepolitik im gesellschaftlichen Kontext formuliert wird. Als **Verfahrensprinzip** spielt deshalb das **Kooperationsprinzip** in der Umweltpolitik eine wichtige Rolle. Ihm liegt die Vorstellung zugrunde, dass Maßnahmen zur Erreichung umweltpolitischer Ziele nur im Einvernehmen der Verursacher und der sonstigen Betroffenen verwirklicht werden können. Dieses Prinzip soll also Widerstände reduzieren und die Umsetzungswahrscheinlichkeit erhöhen. Kooperation ist außerdem schon deshalb notwendig, um die technologischen Optionen des Umwelt- und Klimaschutzes ermitteln und erproben zu können.

Umweltexternalitäten und Ansatzpunkte der Internalisierung
Aus ökonomischer Sicht handelt es sich bei Umweltproblemen um ein **Marktversagen** aufgrund von **negativen externen Effekten**, also schädlichen Nebenwirkungen auf die Umwelt beispielsweise in Form von Luft-, Boden- oder Wasserverschmutzung. Im Falle der Treibhausgasemissionen liegt die Ursache in der Verbrennung fossiler Energien bei der Bereitstellung von Energiedienstleistungen wie Strom und Wärme oder Kälte. Externe Effekte verursachen zusätzliche Kosten für Dritte oder die gesamte Gesellschaft, die beim Verursacher nicht spürbar sind. Deshalb sieht er zunächst keine (ökonomische) Notwendigkeit, sich mit der Vermeidung der externen Effekte zu befassen.

Negative externe Effekte können aber durch die Einführung von Eigentumsrechten oder von einem Preis für den Umwelteffekt internalisiert und damit (ökonomisch) spürbar werden. Unter dem Begriff des Eigentumsrechts ist im Fall des Umweltschutzes das Recht zur Verschmutzung zu verstehen (so genannte Verschmutzungsrechte). Sind sie einmal eingeführt, kann der Umfang der Verschmutzung auf zwei Arten staatlich gesteuert werden:

- Es können Obergrenzen für die zulässige **Verschmutzungsmenge** festgelegt werden; dies kann durch die Festlegung von Emissionsmengen geschehen (Beispiel: Emissionshandel) oder durch die ordnungsrechtliche Festlegung von anlagenbezogenen Grenzwerten (Beispiel: Ökodesignrichtlinie).
- Es kann ein **Preis** der Umweltverschmutzung bestimmt werden, der im Idealfall die externen Kosten der Umweltnutzung vollständig abbildet. Die Verschmutzer müssen diese Mengenvorgaben oder Preise dann berücksichtigen und erhalten so einen Anreiz, sich umweltschonender zu verhalten (Beispiel: CO_2-Preise).

7.2 Ordnungsrecht und planerische Instrumente

Traditionell ist das Ordnungsrecht das dominierende Instrument in der Umweltpolitik, dort als Umweltrecht bezeichnet. Unter Ordnungsrecht wird die Gesamtheit der Gebote und Verbote verstanden, die dem Schutz des Menschen und der Umwelt dienen. Verbote sind vor allem bei der unmittelbaren Gefahrenabwehr im Einsatz. Planerische Instrumente sind solche, die Vorgaben machen für den Ablauf von Prozessen. Dazu zählt das Baurecht und die dort verankerte Umweltverträglichkeitsprüfung, die auch in der Energieversorgung zu beachten sind.

Weiter oben wurde bereits ausgeführt, dass das Ordnungsrecht vor allem im Bereich des Immissionsschutzes zum Einsatz kommt. Geregelt wird der Ausstoß von Feinstaub, Schwefeldioxid und vielen anderen Stoffen; aber auch Lärm zählt zu den gesundheitsschädigenden Emissionen.

Vor allem im Rahmen der Energieeffizienzpolitik spielt das Ordnungsrecht eine entscheidende Rolle, da man erkannt hat, dass ökonomische Anreize wie zum Beispiel Ökosteuern aufgrund der enormen Kleinteiligkeit der energieverbrauchenden Produkte (Kühlschrank, Staubsauger, Standby-Schalter, Glühbirnen usw.) nur eine begrenzte Wirksamkeit entfalten. Aus diesem Grund werden auch die Hersteller der Produkte mit ordnungsrechtlichen Mitteln adressiert. Wichtige ordnungspolitische Impulse stammen hierbei aus der europäischen integrierten Produktpolitik, insbesondere der Top-Runner-Strategie und der Energieeffizienzpolitik im Gebäudebereich. Zwei Beispiele sollen dies illustrieren.

Energieeinsparverordnung

Gebäude sind äußerst langlebige Investitionen, Sanierungen werden nur in sehr großen Abständen vorgenommen und Hauskäufer sowie Mieter können nur schwer einschätzen, welcher Energieverbrauch mit einer Immobilie verbunden ist. Preisliche Anreize allein können hier nicht helfen. Aus diesem Grund ist die Vorgabe von Mindesteffizienzanforderungen sowie von Informationen in Form der verpflichtenden Energieausweise ein wichtiges flankierendes Instrument des Umwelt- und Klimaschutzes. Die Energieeinsparverordnung (EnEV) dient der Konkretisierung des Energieeinsparungsgesetzes (EnEG) in nationaler Umsetzung der EU-Richtlinie 2010/31/13 über die Gesamtenergieeffizienz von Gebäuden sowie der EU-Richtlinie 2012/27/EU zur Energieeffizienz. Die EnEV setzt Standards für Bauherren zur effizienten Energienutzung insbesondere für Wärme-, Warmwasser- und Klimaanlagen. Sie wird regelmäßig novelliert und dem Stand der Technik angepasst.

Ökodesign-Richtlinie und Energielabel

Die EU-Ökodesign-Richtlinie (2009/125/EU) aus dem Jahre 2009 ist eine Rahmenrichtlinie zur Verbesserung der Energieeffizienz von so genannten energieverbrauchsrelevanten Produkten in ganz Europa. Das sind Geräte (Staubsauger, Kühlschränke, Fernseher usw.), aber auch Produkte, die den Energieverbrauch regeln (Fenster, Steuerungssysteme u.a.m.). Die Ökodesign-Richtline adressiert die **Hersteller** dieser Produkte. Ziel ist die umweltfreundliche Gestaltung über den gesamten Lebensweg (life cycle) unter Berücksichtigung von Wirtschaftlichkeitskriterien. Die EU-Kommission erarbeitete bislang europaweit geltende Höchstverbrauchswerte (Mindesteffizienzstandards) für rund 40 Produktgruppen, die insgesamt einen großen Teil des Energieverbrauchs in Europa ausmachen. Die Anforderungen werden in rechtsbindende Durchführungsmaßnahmen gefasst, regelmäßig überprüft und kontinuierlich verschärft. Die Umsetzung und Marktüberwachung obliegt den Mitgliedstaaten. In Deutschland wird die Ökodesign-Richtlinie durch das „Energieverbrauchsrelevante Produktegesetz" (EVPG) umgesetzt, das 2011 in Kraft trat.

Parallel verpflichtet die EU-Energieverbrauchskennzeichnungsrichtlinie (2010/30/EU) die Hersteller seit 2005 (mit Anpassungen im Jahre 2010) dazu, Kunden und Verbraucher über den Energieverbrauch der Geräte zu informieren. Das EU-Label unterstützt Verbraucher bei der Entscheidung über Geräte und Produkte, für Hersteller und den Handel werden dadurch Anreize gesetzt, energieeffiziente Produkte im Markt anzubieten. Die Umsetzung in deutsches Recht erfolgt im Energieverbrauchskennzeichnungsgesetz (EnVKG).

Analysen der Wirksamkeit von Instrumenten zur Effizienzsteigerung sind aus mehreren Gründen schwierig. Erstens ist kaum belegbar, welche Entwicklung die Energieeffizienz sowieso, also ohne diese zusätzlichen Effizienzmaßnahmen im Referenzfall genommen hätte. Es ist aber davon auszugehen, dass sie wichtige Impulse für die technische Weiterentwicklung von Geräten geben. Zweitens kann es zu so genannten **Rebound-Effekten** kommen. Zu einem Rebound- oder Rückpralleffekt kommt es, wenn die Energie- und Kostenersparnisse durch Effizienzmaßnahmen dazu führen, dass weitere Geräte angeschafft werden. Zwar ist dann jedes einzelne Gerät sparsamer, die Einsparung wird aber durch den zusätzlichen Verbrauch der weiteren Geräte zunichte gemacht.

7.3 Ökosteuerreform

In den 1990er-Jahren entwickelte sich die umweltpolitische Diskussion immer stärker in Richtung marktwirtschaftlicher Instrumente. Einen besonderen Reiz übte die Idee der Besteuerung von externen Effekten aus. Durch eine solche Besteuerung sollte die Umweltnutzung verteuert und so die Vermeidung wirtschaftlich attraktiv werden. Ökosteuern versprachen zugleich ein zusätzliches Einkommen für den Fiskus. Im Gegenzug könnten andere Steuern wie die Verbrauchssteuern oder Lohn- und Einkommenssteuern gesenkt werden.

Ökonomen diskutieren seither die Wirkungen dieser Kombination aus Besteuerung und Steuereinnahmen unter dem Begriff der „doppelten Dividende". Man hoffte, mindestens zwei Fliegen mit einer Klappe schlagen zu können: dem Umweltschutz zu dienen und zum anderen die Volkswirtschaft von den unerwünschten Nebenwirkungen von Steuern zu entlasten. Denn eine Senkung der Lohn- und Einkommenssteuern kann theoretisch zu mehr Jobs führen, da der Produktionsfaktor Arbeit günstiger wird. Die Ökonomen haben sich über die Beweisführung zerstritten; einen eindeutigen Beleg, ob diese Vermutung zutrifft, gibt es nicht.

Auch in Deutschland wurde in dieser Zeit die schrittweise Einführung einer Ökosteuer diskutiert. Ein Auslöser war der Bericht „Faktor Vier. Doppelter Wohlstand – halbierter Naturverbrauch" von Ernst Ulrich von Weizsäcker, Amory und Hunter Lovins an den Club of Rome im Jahre 1995. Darin schlagen die Autoren verschiedene Strategien zur Erhöhung der Ressourcenproduktivität vor, darunter auch eine allmähliche Anhebung der Energiepreise durch Energiesteuern. Eine Analyse des DIW Berlin (DIW 1994) zeigte, dass eine solche schrittweise Preiserhöhung tatsächlich mit der Vorstellung wirtschaftlichen Wachstums vereinbar sein kann und zusätzliche Arbeitsplätze entstehen könnten.

Tab. 2 Stufen der Ökosteuerreform 1999 bis 2003. (Quelle: Bach 2009)

Angaben in €-Cent	1999	2000–03 jährlich um	2003	Erhöhung insgesamt
Verkehrskraftstoffe				
Benzin je Liter	3,07	3,07	–	15,35
Diesel je Liter	3,07	3,07	–	15,35
Erdgas (Wärme) je kWh	0,164	–	0,20	0,364
Leichtes Heizöl (Wärme) je Liter	2,05	–	–	2,05
Schweres Heizöl (Wärme) je KG	–	–	0,71	0,71
Elektrischer Strom je kWh	1,02	0,26	–	2,05

Mit dem **Gesetz zur Einführung einer ökologischen Steuerreform** (1999) setzte die Regierung Schröder die Ideen in die Praxis um. Allerdings wurden die Steuerschritte (s. Tab. 2) nur sehr zögerlich gewählt und Kohle in der Stromversorgung, einer Hauptquelle von Treibhausgasemissionen, überhaupt nicht besteuert, da rechtliche Probleme und politische Widerstände drohten. Stattdessen wurde eine Stromsteuer auf den produzierten Strom erhoben, unabhängig von dessen Herkunft aus fossilen oder Erneuerbare-Energie-Anlagen.

Die letzte Stufe der Ökosteuerreform wurde 2003 umgesetzt; seither wurden die Energiesteuern nicht mehr angepasst.[3] In jüngerer Zeit erhielt die Diskussion über die energiewende- und klimaschutzgerechte Ausgestaltung der Abgaben und Umlagen im Energiesektor wieder Momentum (Agora Energiewende 2017). Diskutiert wird unter anderem die Abschaffung der Stromsteuer, die Entlastung der EEG-Umlage von Ausnahmeregelungen und historischen Forschungs- und Entwicklungsaufwendungen sowie die Einführung von höheren Steuersätzen für fossile Energieträger. Die Idee einer CO_2-Bepreisung wurde von der Bundesregierung im Jahr 2019 aufgegriffen (siehe unten 7.5).

7.4 Markteinführungsprogramme und Subventionen

Markteinführungsprogramme gehören zu den forschungs- und entwicklungsfördernden Instrumenten und damit zum Bereich der Innovationsförderung. Subventionen sind Zahlungen an Akteure, um diese zu gewünschtem Handeln zu motivieren.

---

[3] Die einzige Ausnahme ist die Energiesteuerreform 2006, die der Umsetzung der Energiesteuerrichtlinie der EU diente, seither wird auch der Einsatz von Kohle für Heizwecke besteuert (0,33 € je Gigajoule).

Technischer Fortschritt ist eine Grundlage für Umwelt- und Klimaschutz auch im Energiebereich. Neu entwickelte Techniken stehen am freien Markt jedoch in Konkurrenz mit bereits etablierten Technologien, deren Entwicklungskosten bereits amortisiert und deren Installationskosten aufgrund der vielen bereits installierten Anlagen schon gesenkt werden konnten. Um diesen Wettbewerbsnachteil auszugleichen, fördert der Staat regelmäßig die Markteinführung von neuen Techniken durch verschiedene Arten von Subventionen und weitere Regelungen.

Ein Problem der Subventionierung ist die Erzeugung von Mitnahmeeffekten, d. h. Mitnahme von Subventionen, obgleich eine Investition auch ohne diese finanzielle Unterstützung durchgeführt worden wäre. Aus Verteilungssicht lässt sich außerdem bemängeln, dass die Subventionen neuer Technologien über das Steueraufkommen finanziert wird, die Gewinne mit der ausgereiften Technologie aber in private (i. d. R. Unternehmens-) Einkommen wandern. Ein weiteres Problem ist die Erzeugung von Dauersubventionstatbeständen, da einmal eingeführte Subventionen meist politisch nur schwer wieder abschaffbar sind. Praktisch jeder Vorschlag zur Einführung neuer Subventionen wird unter diesen Kriterien diskutiert.

Das bekannteste Beispiel für Subventionen im Energiebereich ist das Erneuerbare-Energien-Gesetz (EEG). Das EEG gilt als Beispiel für die gelungene Erzeugung von **Lernkurveneffekten** (siehe Infobox 8). Es wurde im Jahre 2000 unter der rot-grünen Regierung Schröder eingeführt, um Investitionen in erneuerbare Energien zu fördern – wie schon sein Vorgänger, das Stromeinspeisegesetz von 1990. Ziel war es, durch die Gewährleistung einer Einspeisevergütung Investitionssicherheit zu gewährleisten und so die Markteinführung zu beschleunigen. Die Betreiber der EEG-Anlagen erhalten über einen Zeitraum von 20 Jahre eine garantierte Vergütung für jede erzeugte Kilowattstunde erneuerbaren Stroms. Die Vergütung wurde administrativ festgelegt und über die Zeit in dem Maße gesenkt, wie die Herstellungskosten der Anlagen nach Auffassung der den Vergütungssatz bestimmenden Verwaltung sanken.

Allerdings kam es in den Jahren 2008–2012 aufgrund einer im Vergleich zu den tatsächlichen Investitionskosten hohen EEG-Vergütung zu einem Investitionsboom und infolgedessen zu einer erheblichen Zunahme der Geldsumme, die an die Anlagenbetreiber ausgeschüttet werden musste. Da diese Gesamtsumme als so genannte EEG-Umlage auf die Stromverbraucher (und hier vor allem auf die privaten Haushalte und Kleingewerbe) gewälzt wird, führte dies zu steigenden Strompreisen und zu einer breiten Kritik am Förderregime. Ins Feld geführt wurde vor allem die Sorge um die Wirtschafts- und Sozialverträglichkeit des Ausbaus der erneuerbaren Energien sowie die instrumentelle Dopplung mit dem Emissionshandel (siehe nachfolgender Abschnitt), der ebenfalls emissionsarme erneuerbare Energien fördert. Es lässt sich aber auch zeigen, dass es sich um unterschiedliche Probleme des Marktversagens handelt.

Grundlagen der Energiepolitik

Abb. 2 Durchschnittliche, mengengewichtete Gebotszuschläge für Photovoltaik-Freiflächenanlagen 2015–2019. (Quelle: Bundesnetzagentur 2019; Graphik: Agora Energiewende)

Infobox 8: Technologische Lernkurven und Lernraten am Beispiel Photovoltaik

Als Lernkurven- oder Erfahrungskurveneffekt bezeichnet man den Effekt, dass die Stückkosten von Technologien mit deren zunehmender Marktdurchdringung sinken. Die Ursachen hierfür sind vielfältig. So sinken mit steigender Stückzahl und wachsender Erfahrung wie der technischen Weiterentwicklung der Produktionsprozesse in der Regel die Produktionskosten der Hersteller. Auch auf der Seite der Nachfrage können die Nutzungskosten mit der Erfahrung über die Zeit sinken. Abb. 3 zeigt beispielhaft die Lernkurve für die Herstellung von Photovoltaikmodulen in logarithmischer Skala. Die Lernrate, also die Geschwindigkeit des Lernens, ist definiert als das Verhältnis der Verdopplung der kumuluativen Produktion zu den Kosten. Im Falle der Photovoltaik sank der Modulpreis seit 1980 mit jeder Verdopplung der kumulativen Produktion um 24 Prozent. Ähnliche Kostensenkungspotenziale werden zurzeit bei Batteriespeichern beobachtet; die Lernrate wird dort auf 19 Prozent geschätzt (Curry 2017).

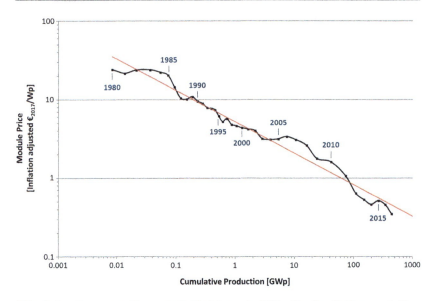

Abb. 3 Lernkurve von Photovoltaik-Modulen seit 1980. (Quelle: Philipps und Warmuth 2019)

Bei der Technologie- und Markteinführung für erneuerbare Energien geht es um positive externe Effekte, bei Klimagasemissionen um negative externe Effekte. Dies rechtfertigt den Einsatz mehrerer Instrumente (Fischedick und Samadi 2010).

Im Jahre 2016 musste das EEG neuen europäischen Vorschriften angepasst werden. Die Höhe der Einspeisevergütung wird seither durch Ausschreibungen ermittelt. Die wettbewerblich ermittelten Vergütungssätze liegen deutlich niedriger und sind z. T. weiter gesunken, wie Abb. 2 am Beispiel der Photovoltaik illustriert. Zum Vergleich: Im Jahre 2010 lag der Fördersatz noch bei mehr als 30 Cent je Kilowattstunde.

7.5 Internalisierung durch Emissionshandel oder CO_2-Preise

Als eines der zentralen Klimaschutzinstrumente hat die EU im Jahr 2005 den europäischen Emissionshandel etabliert. Zunächst wurde die Besteuerung der Treibhausgasemissionen erwogen. Allerdings wäre eine europaweite CO_2-Steuer schwer durchsetzbar gewesen, da EU-Beschlüsse in Steuerfragen Einstimmigkeit sämtlicher Mitgliedsländer erfordern. Der Emissionshandel hingegen benötigte lediglich eine qualifizierte Mehrheit.

Der Emissionshandel dient dem Ziel, Treibhausgasemissionen über einen Marktmechanismus dort zu mindern, wo es volkswirtschaftlich am kostengünstigsten ist. Dazu wird zunächst die maximale Menge der umwelt- oder klimaverträglichen Emissionen bestimmt und diese in Form von verbrieften Emissionsgenehmigungen oder Emissionsrechten auf einen Markt gegeben. Alle Emittenten von Treibhausgasen werden verpflichtet, Emissionsrechte zu erwerben und entwerten zu lassen. Durch den Handel der Emissionsrechte entsteht ein Preis für Emissionen und damit eine Lenkungswirkung hin zum Einsatz von CO_2-armen Techniken sowie zusätzlich ein Anreiz, neue CO_2-arme Techniken zu entwickeln. Dieses Instrument wird als „Cap and Trade" bezeichnet (Cap bedeutet Begrenzung, Trade bedeutet Handel).

Im umweltökonomischen Lehrbuch-Idealfall ist ein solches Emissionshandelssystem als alleiniges Klimaschutzinstrument völlig hinreichend; der Einsatz flankierender weiterer klimaschutzpolitische Instrumente würde nur dem Ziel eines kosteneffizienten Klimaschutzes schaden.

Allerdings wurde der EU-Emissionshandel nicht in der umweltökonomischen Idealform eingeführt (Praetorius et al. 2019):

- Nur etwa 45–50 Prozent der europaweiten CO_2-Emissionen unterliegen dem Emissionshandel. Man unterscheidet deshalb den ETS-Bereich vom Non-ETS-Bereich. Verpflichtet sind größere Kraftwerke sowie Industrieanlagen in zentralen energieintensiven Branchen, insbesondere Chemie, Stahl, Zement, Papier. Für die Sektoren außerhalb des Emissionshandels (Non-ETS-Bereich) werden andere Klimaschutzmaßnahmen ergriffen.
- Die nationalen Klimaschutzpolitiken der EU-Mitgliedstaaten sind heterogen im Hinblick auf die nationalen Minderungsziele und den Instrumentenmix. Die Festlegung des nationalen Energiemix ist laut den Verträgen der Europäischen Union Sache der Mitgliedstaaten; sie dürfen deshalb die nationale Energiepolitik mit eigenen Schwerpunkten gestalten. Diese unterschiedlichen Politiken für erneuerbare Energien und Energieeffizienz wirken auf den Emissionshandel zurück.
- Der Emissionshandel wurde zu großzügig ausgestattet: Seit seiner Einführung lag die Menge der verfügbaren Zertifikate fast jedes Jahr oberhalb der tatsächlichen Emissionen. Eine Ursache hierfür war die Finanz- und Wirtschaftskrise ab 2008, in deren Folge die Wirtschaftsleistung und damit auch der Bedarf an Zertifikaten stark zurückging. Auch aus den flexiblen Mechanismen des Kyoto- Protokolls flossen zusätzliche Zertifikate in den Emissionshandel.[4] Da dieser strukturelle Überschuss seit 2008 nicht mehr verfällt, wuchs er kontinuierlich. Im

---

[4] Als flexible Mechanismen bezeichnet man Joint Implementation (JI) und Clean Development Mechanism (CDM). Sie erlauben im Rahmen des internationalen Klimaabkommens die Anrechnung von Emissionsreduktionsprojekten in Osteuropa und den Nachfolgestaaten der Sowjetunion (JI) bzw. in Entwicklungsländern (CDM).

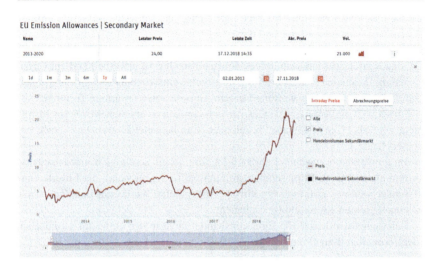

Abb. 4 Entwicklung der CO_2-Preise in der 3. Handelsperiode seit 2013. (Quelle: EEX (2018), https://www.eex.com/de/marktdaten/umweltprodukte/spotmarkt/european-emission-allowances#!/2018/12/17, zugegriffen am 17.10.2019)

Ergebnis lag er Anfang 2018 bei über drei Milliarden Tonnen CO_2 und der CO_2-Preis über eine lange Phase auf niedrigem Niveau von etwa fünf bis sieben Euro.

Erst im Jahre 2018 stiegen die CO_2-Preise deutlich an, mit Preisspitzen von weit über 20 Euro je Tonne CO_2 (Abb. 4). Es ist nicht klar, ob es sich um temporäre oder dauerhafte Preiseffekte handelt.

Analysten führen die Preiswirkung auf die weitgehenden Reformen des Emissionshandels zurück. Mehrere komplexe Regelungen (insbesondere das Backloading, die Marktstabilitätsreserve und die Erhöhung des linearen Reduktionsfaktors)[5] sollen bewirken, dass Überschüsse aus dem Emissionshandel künftig dauerhaft gelöscht werden können (vgl. Agora Energiewende und Öko-Institut 2018).

---

[5] Im Rahmen des *Backloading* wurden in den Jahren 2014 bis 2016 insgesamt 900 Millionen weniger Emissionsberechtigungen versteigert. Die *Marktstabilitätsreserve* sieht ergänzend ein Management für den Überschuss vor, um diesen aus dem Markt herauszuhalten, und wurde noch einmal nachgeschärft. Der *lineare Reduktionsfaktor* beschreibt die jährliche Reduktion der insgesamt ausgeteilten Emissionsberechtigungen; er wurde zuletzt von 1,74 Prozent auf 2,2 Prozent pro Jahr erhöht.

Trotz dieser Kritik an seiner Wirksamkeit erreicht der Emissionshandel seine Minderungsziele. Angestrebt war eine Treibhausgasminderung von mindestens 21 Prozent bis 2020 gegenüber 2005. 2016 lag die CO_2-Minderung in den Emissionshandelssektoren bereits bei 26 Prozent gegenüber 2005, was weniger an der Anreizwirkung des Emissionshandels als an den anhaltenden Wirkungen der Wirtschaftskrise liegt.

CO_2-Preise
Um die Wirksamkeit des Emissionshandels zu stützen, wird seit einiger Zeit über die Einführung von **CO_2-Mindestpreisen im Emissionshandel** diskutiert. Die fehlende Lenkungswirkung des CO_2-Zertifikatepreises hat zum Beispiel die britische Regierung veranlasst, zusätzliche nationale Maßnahmen zu ergreifen. Im Jahr 2013 führte man dort den „Carbon Support Mechanism" ein, der den CO_2-Zertifikatepreis durch eine ergänzende CO_2-Steuer stützt. Die CO_2-Steuer gleicht den Weltmarktpreisvorteil von Kohle gegenüber Gaskraftwerken aus. Ein britisches Kohlekraftwerk muss seither etwa 30 Euro pro Tonne CO_2-Emission zahlen (CO_2-Steuer plus CO_2-Zertifikatepreis). Dies führte dazu, dass die Kohlekraftwerke unwirtschaftlich wurden und der Strom vermehrt in Gaskraftwerken erzeugt wird; die Klimaemissionen sanken daraufhin deutlich.

In Deutschland wird die Diskussion zu CO_2-Preisen weiterhin sehr kontrovers geführt. Das Umweltbundesamt beispielsweise empfiehlt, 180 Euro$_{2016}$ je Tonne CO_2-Äquivalent als Kostensatz für die Klimakosten von Treibhausgas-Emissionen zu verwenden (Umweltbundesamt 2018). Verschiedene Umweltorganisationen und Wissenschaftler fordern einen (viel niedrigeren) Mindestpreis im Bereich von 20 Euro je Tonne CO_2, der über die Jahre bis 2030 auf etwa 35 Euro steigen solle; so könnte man das deutsche Klimaziel im Stromsektor erreichen (Edenhofer et al. 2018).

Auch die Bundesregierung sieht diesen Bedarf und kündigt im Klimaschutzprogramm 2030 an, sich für einen „moderaten europäischen Mindestpreis" einzusetzen (Bundesregierung 2019). Daneben existieren verschiedene Vorschläge für **CO_2-Bepreisung**, zumeist in Form einer umweltorientierten Überarbeitung der Energiesteuern in den Sektoren, die nicht dem Emissionshandel unterliegen, also für fossile Kraftstoffe im Verkehrs- und im Wärmesektor (Agora Energiewende 2017, 2018). Die Einnahmen aus solchen Umweltsteuern oder CO_2-Mindestpreisen könnten zur Finanzierung von Ausnahmeregelungen der Wirtschaft, sozialer Ausgleichsmaßnahmen oder des Erneuerbare-Energien-Ausbaus und anderer Energiewende-Investitionen wie dem Netzausbau genutzt werden.

Am 9. Oktober 2019 beschloss das Bundeskabinett neben vielen anderen Maßnahmen die Einführung von CO_2-Preisen in Form eines nationalen Emissionshandelssystems für den Wärme- und Verkehrssektor (Bundesregierung 2019). Zum Einstieg wurde ein Fixpreis von 10 Euro je Tonne CO_2 angekündigt der von 2021 an schrittweise auf 35 Euro im Jahr 2025 ansteigen soll. Ziel ist es, die nationalen Klimaschutzziele im Rahmen des EU-Effort-Sharings zu erreichen. Den Modellierungen führender Klimaökonomen folgend wäre dafür aber ein Einstiegspreis von mindestens 35 Euro je Tonne CO_2 erforderlich und auch sozialverträglich gestaltbar (Edenhofer et. al 2019). Ab 2026 soll das Fixpreis-System dann in einen „richtigen" Emissionshandel überführt werden, der neben dem europäischen Emissionshandel existiert. Hierfür sind noch zahlreiche rechtliche und einführungstechnische Fragen zu klären.

7.6 Verhandlungslösungen: Kernenergieausstieg und Kohlekonsens

Verhandlungslösungen gehören zu den kooperativen Politikformen und ergänzen die traditionelle Steuerung über ordnungsrechtliche Regeln. Sie haben in der Energie- und Umweltökonomie den Ruf eines „weichen" Instruments, da in der Regel keine sanktionsfähigen Verabredungen getroffen werden. Der Vorteil dieser verhandelten Lösungen ist die unmittelbare Einbindung der Stakeholder in den Prozess der Politikformulierung. Damit wird die Hoffnung verbunden, dass Widerstände vermindert und damit zugleich eine höhere Treffsicherheit erreicht werden könnte.

Ausstieg aus der Kernenergie und Sozialverträglichkeit von Energiesystemen
Der Ausstieg aus der Kernenergie in Deutschland ist ein Beispiel für eine solche umweltpolitische Verhandlungslösung (Reiche 2005, S. 245). Die zivile Nutzung der Atomenergie hatte in den 1950er-Jahren begonnen, stieß aber ab den 1970er-Jahren zunehmend auf Widerstand in der Bevölkerung und führte u. a. zur Gründung der Partei der Grünen. Im April 1986 führte die Reaktorkatastrophe von Tschernobyl zu einer deutlichen Verschärfung der Proteste. Die ökologischen Folgen und Risiken der Energiewirtschaft wurden zu einem öffentlich diskutierten Problem, auf das auch die Bundesregierung reagieren musste. Am 3. Juni 1986 gab der damalige Bundeskanzler Helmut Kohl bekannt, dass ein Ministerium für Umwelt, Naturschutz und Reaktorsicherheit eingerichtet werde. Die Zuständigkeit für dieses Thema lag bis dahin im Innenministerium.

Die gesellschaftliche Diskussion über die Nutzung der Kernenergie trug dazu bei, dass der Zielekanon der Energiepolitik um das Kriterium der **Sozialverträglichkeit** erweitert wurde. In den 1970er- und 1980er-Jahren entstanden zahlreiche Studien, die symbolträchtig die Frage nach dem künftigen gesellschaftlichen Steuerungsparadigma und Wirtschaftsstil aufwarfen (Infobox 9).

> **Infobox 9: Der „harte" und der „sanfte" Weg: Sozialverträglichkeit von Energiesystemen**
>
> Das Kriterium der Sozialverträglichkeit technischer Systeme wurde von dem Naturphilosophen Klaus-Michael Meyer-Abich im Jahre 1976 im Rahmen der Arbeit der Enquete-Kommission „Zukünftige Kernenergiepolitik" des Deutschen Bundestages formuliert. Es ergänzt die Kriterien der Wirtschaftlichkeit, internationalen Verträglichkeit und Umweltverträglichkeit. Damit gemeint war die Verträglichkeit von technischen Energiesystemen mit der gesellschaftlichen Ordnung und Entwicklung: „Energiesysteme sollen für den einzelnen wie für die Gesellschaft mit der sozialen Ordnung und Entwicklung verträglich sein" (Enquete 1980). Für die Energieversorgung wurden vier mögliche Entwicklungspfade entworfen und anhand der Kriterien bewertet. Während erneuerbare Energien als „sanfter" Weg bezeichnet wurden, wurde Kernenergie als „harter Weg" kritisiert: solche großtechnischen, risikobehafteten Ansätze könnten die Grundfeste der freiheitlich-demokratischen Verfasstheit unserer Gesellschaft bedrohen. So erfordert das atomare Risiko dauerhaft eine massive Kontrolle durch den Staat, was die Freiheit des Bürgers einzuschränken drohe. Die Autoren plädieren deshalb für einen „sanften" Weg ohne Kernenergie. In zwei Büchern beschäftigten sich Meyer-Abich und der Wirtschaftsprofessor und Historiker Bertram Schefold mit diesen Fragen unter dem programmatischen Titel „Wie möchten wir in Zukunft leben?" und „Die Grenzen der Atomwirtschaft. Die Zukunft von Energie, Wirtschaft und Gesellschaft" auf (Meyer-Abich und Schefold 1981, 1989).

Der Ausstieg aus der Kernenergie wurde erst in der 1998 nachfolgenden rot-grünen Regierung Schröder politisch verankert. Zunächst wurde in einer „Vereinbarung zwischen der Bundesregierung und den Energieversorgungsunternehmen vom 14. Juni 2000" eine Verständigung über das schrittweise Ende der Atomkraftnutzung in Deutschland erzielt, ohne dass feste Abschalttermine vereinbart wurden. Stattdessen wurden sogenannte Reststrommengen bestimmt: Die Regellaufzeit der Kernkraftwerke wurde rechnerisch auf 32 Kalenderjahre befristet; auf dieser Basis wurden Strommengen errechnet, die von den Kraftwerken noch erzeugt werden konnten. Diese Reststrommengen konnten zwischen den Kraftwerken gehandelt und verschoben werden. 2002 wurde der Vertrag durch eine Novelle des Atomgesetzes rechtlich abgesichert.

Nachdem im Energiekonzept 2010 der Koalition aus CDU, CSU und FDP die Laufzeitbegrenzung wieder aufgehoben worden war, führte das Reaktorunglück von Fukushima bereits im März 2011 zu einer erneuten Umkehr in der Kernenergiepolitik. Im Juni 2011 beschloss das Kabinett die dauerhafte Stilllegung der acht ältesten Reaktoren in Deutschland und die schrittweise Abschaltung der verbleibenden neun Kraftwerke bis Ende des Jahres 2022 und fixierte dies in einer erneuten Novelle des Atomgesetzes. Die versorgungsseitigen Wirkungen dieser Beschlüsse fielen unmerklich aus.

Allerdings ging dieser erneute Ausstieg mit einem Politikwechsel von der Verhandlung zum hierarchischen Beschluss einher. In der Folge kam es zu Verfassungsbeschwerden von den Energiekonzernen E.ON und RWE (Sommer 2012). In Dezember 2016 gab ihnen das Bundesverfassungsgericht recht.

Energiewendeparadox und Kohlekonsens
Ein weiteres Beispiel ist die Diskussion über einen verhandelten Ausstieg aus der Kohlenutzung. Deutschland hat 2010 im Energiekonzept klar formulierte Ziele für den Klimaschutz, mehr Energieeffizienz und den Ausbau der Erneuerbaren Energien. Bis zum Jahre 2020 sollen die CO_2-Emissionen um 40 Prozent gegenüber 1990 gesunken sein. Der Anteil der Erneuerbaren Energien soll bis zum Jahre 2025 von heute rund 35 Prozent auf dann 40 bis 45 Prozent steigen. Doch obwohl der Ausbau von Solar- und Windenergie planmäßig vorangeht, stagnieren die CO_2-Emissionen auf hohem Niveau und das Klimaschutzziel 2020 wird voraussichtlich deutlich verfehlt. Dies wurde mit dem Begriff des Energiewendeparadox bezeichnet (Agora Energiewende 2014).

Eine wesentliche Ursache für den Anstieg der CO_2-Emissionen ist die hohe Stromproduktion aus deutschen Braun- und Steinkohlekraftwerken und der zunehmende Export von Strom in die Nachbarländer. Vor allem Braunkohlekraftwerke können aufgrund der niedrigen Kohlekosten und bei niedrigen CO_2-Preisen sehr preiswert produzieren und Strom aus teureren, wenngleich klimaschonenderen Gaskraftwerken vom Markt verdrängen. Die rechtlichen Rahmenbedingungen in Europa fördern den freien, grenzüberschreitenden Handel und schützen das Eigentum der Erzeugungsanlagen. Die Politik steht in einer solchen Situation also vor einem Dilemma zwischen den Werten der freien Marktwirtschaft und des Emissionshandels sowie dem Klimaschutzziel für 2020.

Im Jahre 2015 begann deshalb zunächst eine Debatte über mögliche **ordnungsrechtliche Vorgaben** für die Verstromung von Braunkohle. Mindeststandards und Strafzahlungen sollten einen Anreiz geben, um die älteren Kraftwerke stillzulegen. Dieser Vorschlag ließ sich im politischen Raum nicht durchhalten und mündete in eine **Kompensationslösung:** Konkret vereinbarten das Bundeswirtschaftsministerium und die Betreiber der Braunkohlekraftwerke eine sogenannte **Sicherheitsbereitschaft**. In diese werden zwischen Oktober 2016 und Oktober 2019 insgesamt 8 Kraftwerksblöcke überführt. Sie müssen jeweils für vier Jahre innerhalb von zehn Tagen aktivierbar sein, falls Versorgungsengpässe auftreten und alle anderen Reservemaßnahmen nicht reichen. Für die Bereithaltung erhalten sie Kompensationszahlungen in Höhe von 1,6 Milliarden Euro. De facto handelt es sich um eine Stilllegungsprämie für emissionsintensive Kraftwerke: Voraussichtlich werden diese Kraftwerke niemals abgerufen, da Überkapazitäten in der deutschen Stromversorgung bestehen. Selbst im Zeitraum der Abschaltung der letzten Kernkraftwerke zum Jahresende 2022 könnte Deutschland noch Stromexporteur bleiben, wenn die Ausbauziele für die Erneuerbaren Energien auf 65 Prozent im Jahre 2030 eingehalten werden (Agora Energiewende und Aurora Energy Research 2018).

Deutschland hat auch längerfristige Klimaschutzziele für 2030 und 2050. Der **Klimaschutzplan 2050** der Bundesregierung vom November 2015 sieht eine Minderung der Emissionen der Energieversorgung um 61 bis 62 Prozent vor. Dies ist nur mit deutlichen Rückgängen insbesondere der Braunkohleverstromung zu erreichen. Zur Entwicklung eines Ausstiegsfahrplans sieht der Klimaschutzplan 2050 die Einrichtung einer Kommission vor, die in der 19. Legislaturperiode einzusetzen war. Am 26. Juni 2018 fand die konstituierende Sitzung der Kommission „Wachstum, Strukturwandel und Beschäftigung" statt. Sie legte ihre Empfehlungen an die Bundesregierung am 26. Januar 2019 vor. Die 28 stimmberechtigten Kommissionsmitglieder repräsentierten die wesentlichen betroffenen gesellschaftlichen Gruppen Umweltverbände, Gewerkschaften, Industrieverbände, Energiewirtschaftsverbände, Bürger und Regionen sowie die Wissenschaft. Der Einsetzungsbeschluss nennt als Auftrag die „Entwicklung eines Instrumentenmix, der wirtschaftliche Entwicklung, Strukturwandel, Sozialverträglichkeit, gesellschaftlichen Zusammenhalt und Klimaschutz zusammenbringt und zugleich Perspektiven für zukunftsfähige Energieregionen im Rahmen der Energiewende eröffnet" (Bundesregierung 2018). Diese Formulierung spiegelt alle Säulen des Nachhaltigkeitskonzepts und die Notwendigkeit, diese miteinander in Einklang zu bringen und gesellschaftliche Akzeptanz durch Teilhabe am Diskurs zu bewirken. Der Abschlussbericht der Kommission besteht entsprechend aus dem Dreiklang von (1) wirksamem Klimaschutz durch die schrittweise Minderung der Kohleverstromung, (2) der Gewährleistung einer bezahlbaren und verlässlichen Stromversorgung und (3) der Unterstützung der Braunkohleregionen durch gezielte strukturpolitische Maßnahmen.

Insgesamt zeichnet sich damit möglicherweise ab, dass der Klimaschutz zunehmend zum Gegenstand kooperativer Politikformen wird. Markt- und anreizorientierte Instrumente werden zwar weiterhin eingesetzt, aber verstärkt durch verhandelte und vertragliche Regelungen flankiert.

8 Zusammenfassung

In diesem Kapitel wurden die Grundlagen der Energiepolitik dargestellt. Hierzu wurden die Determinanten, die Akteursstrukturen und die Zielarchitektur der Energiepolitik dargelegt. Es wurden die drei wesentlichen energiepolitischen Handlungsfelder Versorgungssicherheitspolitik, Wirtschaftspolitik und Umwelt- sowie Klimapolitik vorgestellt.

Der Überblick zur Biographie der Energiewende hat wesentliche historische Wendepunkte herausgestellt: Die Nuklearkatastrophen in Tschernobyl im Jahr

1986 sowie in Fukushima im Jahr 2011 sowie den Abschlussbericht der Kohlekommission für einen Ausstieg aus der Kohleverstromung im Jahr 2019. Als wesentliche Akteure können zunächst die vier großen Energieversorger genannt werden, jedoch zeichnet sich mit dem Ausbau der erneuerbaren Energien ein Trend zur Dezentralisierung der Akteursstrukturen ab.

Das politische Instrumentarium wurde nach einer langen Phase der Dominanz des Ordnungsrechts bis in die Achtzigerjahre um marktwirtschaftliche Anreize erweitert. Das gilt sowohl im Bereich der Versorgungssicherheits- und Wettbewerbspolitik als auch bei der Umwelt- und Klimapolitik. Als Flaggschiff-Instrumente der ökonomischen Klimapolitik wurden 1998 die Ökosteuern und 2005 der Emissionshandel eingeführt. Weitere einschneidende politische Maßnahmen waren die Einführung des Erneuerbare-Energien-Gesetzes im Jahr 2000, der von der Bundesregierung beschlossene Ausstieg aus der Atomenergie, die Verabschiedung des Energiekonzepts als Energiewende-Strategie im Jahr 2011 und die Einberufung der Kommission „Wachstum, Strukturwandel und Beschäftigung" mit dem Auftrag, den Kohleausstieg zu planen, im Jahre 2018.

Bis heute ist das Ordnungsrecht die dominierende energie- und klimaschutzpolitische Instrumentenkategorie. Das gilt sowohl für die Gestaltung der Rahmenbedingungen am Energiemarkt als auch für die Instrumentierung im Hinblick auf die umweltpolitischen Ziele. Auch die Bedeutung hierarchischer Strukturen im politischen Aushandlungsprozess zwischen staatlichen und energiewirtschaftlichen Akteuren ist trotz des Aufkommens der neoliberalen, marktwirtschaftlich ausgerichteten Energiepolitik weiterhin groß.

Insgesamt ist die energie- und umweltpolitische Diskussion von dem Antagonismus der beiden Denkschulen „ordnungsrechtlicher Rahmen" versus „neoliberale Marktwirtschaft" geprägt. Die Ausführungen sollten klargemacht haben, dass dieser Antagonismus in vielerlei Hinsicht konstruiert wirkt. In der Praxis lässt sich kein Instrument in seiner Reinform umsetzen. Das liegt auch daran, dass Energiepolitik selten nur ein Ziel verfolgt, sondern oft mehrere, zumindest aber unter gewichtigen Nebenbedingungen arbeiten muss.

Literatur

Agora Energiewende. (2014). *Das deutsche Energiewende-Paradox: Ursachen und Herausforderungen. Eine Analyse des Stromsystems von 2010 bis 2030 in Bezug auf Erneuerbare Energien, Kohle, Gas, Kernkraft und CO_2-Emissionen.* Berlin: Agora Energiewende.

Agora Energiewende. (2017). *Neue Preismodelle für Energie. Grundlagen einer Reform der Entgelte, Steuern, Abgaben und Umlagen auf Strom und fossile Energieträger.* Berlin: Agora Energiewende.

Agora Energiewende. (2018). *Eine Neuordnung der Abgaben und Umlagen auf Strom, Wärme, Verkehr. Optionen für eine aufkommensneutrale CO_2-Bepreisung*. Berlin: Agora Energiewende.

Agora Energiewende und Aurora Energy Research. (2018). *65 Prozent Erneuerbare bis 2030 und ein schrittweiser Kohleausstieg. Auswirkungen der Vorgaben des Koalitionsvertrags auf Strompreise, CO_2-Emissionen und Stromhandel*. Berlin: Agora Energiewende und Aurora Energy Research.

Agora Energiewende und Öko-Institut. (2018). *Vom Wasserbett zur Badewanne. Die Auswirkungen der EU-Emissionshandelsreform 2018 auf CO_2-Preis, Kohleausstieg und den Ausbau der Erneuerbaren*. Berlin: Agora Energiewende und Öko-Institut.

Bach, S. (2009). Zehn Jahre ökologische Steuerreform: finanzpolitisch erfolgreich, klimapolitisch halbherzig. *DIW Wochenbericht, Berlin, 76*(14), 218–227.

Blum, S. & Schubert, K. (2018). Politikfeldanalyse, 3. Aufl., Wiesbaden: Springer VS.

Bundesregierung. (2018). Einsetzung der Kommission Wachstum, Strukturwandel und Beschäftigung. https://www.bmwi.de/Redaktion/DE/Downloads/E/einsetzung-der-kommission-wachstum-strukturwandel-beschaeftigung.pdf. Zugegriffen am 17.10.2019.

Bundesregierung. (2019). Klimaschutzprogramm 2030 der Bundesregierung zur Umsetzung des Klimaschutzplans 2050. Bundesregierung: Berlin. https://www.bmu.de/fileadmin/Daten_BMU/Download_PDF/Klimaschutz/klimaschutzprogramm_2030_umsetzung_klimaschutzplan.pdf. Zugegriffen am 17.10.2019

Curry, C. (2017). Lithium-ion Battery Costs and Market. Bloomberg New Energy Finance. July 5. https://data.bloomberglp.com/bnef/sites/14/2017/07/BNEF-Lithium-ion-battery-costs-and-market.pdf. Zugegriffen am 17.10.2019.

DIW. (1994). *Ökosteuer – Sackgasse oder Königsweg? Gutachten des Deutschen Instituts für Wirtschaftsforschung im Auftrag von Greenpeace*. Berlin: DIW.

Edenhofer, O., Flachsland, C., Arlinghaus, J., Haywood, L., Kalkuhl, M., Knopf, B., Koch, N., Kornek, U., Pahle, M., Pietzcker, R., Steckel, J., & Ward, H. (2018). Eckpunkte einer CO2-Preisreform für Deutschland. MCC Working Paper No. 1. Berlin. https://www.mcc-berlin.net/forschung/publikationen/publikationen-detail/article/eckpunkte-einer-co2-preisreform-fuer-deutschland.html. Zugegriffen am 17.10.2019.

Edenhofer, O., Flachsland, C., Kalkuhl, M., Knopf, B., & Pahle, M. (2019). Optionen für eine CO_2-Preisreform. MCC-PIK-Expertise für den Sachverständigenrat zur Begutachtung der gesamtwirtschaftlichen Entwicklung. https://www.mcc-berlin.net/forschung/publikationen/publikationen-detail/article/optionen-fuer-eine-co2-preisreform.html. Zugegriffen am 17.10.2019.

Enquete. (1980). Bericht der Enquete-Kommission „Zukünftige Kernenergie-Politik" über den Stand der Arbeit und die Ergebnisse gemäß Beschluß des Deutschen Bundestages. Drucksache 8/2628. Berlin. http://dip21.bundestag.de/dip21/btd/08/043/0804341.pdf. Zugegriffen am 17.10.2019.

Fischedick, M., & Samadi, S. (2010). Die grundsätzliche wirtschaftstheoretische Kritik am Erneuerbaren-Energie-Gesetz greift zu kurz. *Energiewirtschaftliche Tagesfragen, 60*(1–2), 122–128.

Kingdon, J. W. (1984). *Agendas, alternatives and public policies*. London: Longman.

Laumanns, U. (2005). Determinanten der Energiepolitik. In D. Reiche (Hrsg.), *Grundlagen der Energiepolitik* (S. 279–290). Frankfurt a. M.: Peter Lang.

Matthes, F. C. (2000). *Stromwirtschaft und deutsche Einheit. Eine Fallstudie zur Transformation der Elektrizitätswirtschaft in Ost-Deutschland*. Dissertation, Berlin.

Meadows, D., et al. (1972). *The limits to growth*. New York: Universe Books.
Meyer-Abich, K. M., & Schefold, B. (1981). *Wie möchten wir in Zukunft leben: Der harte und der sanfte Weg*. München: C.H. Beck.
Meyer-Abich, K. M., & Schefold, B. (1989). *Die Grenzen der Atomwirtschaft. Die Zukunft von Energie, Wirtschaft und Gesellschaft*. München: C.H. Beck.
Morris, C., & Jungjohann, A. (2016). *Energy democracy. Germany's Energiewende to renewables*. London: Palgrave Macmillan.
North, D. C. (1992). *Institutionen, institutioneller Wandel und Wirtschaftsleistung*. Tübingen: Mohr.
North, D. C. (1994). Economic performance through time. *The American Economic Review, 84*(3), 359–368.
Philipps, S., & Warmuth, W. (2019). Photovoltaics Report, Fraunhofer-Institut für Solare Energiesysteme ISE. Fassung vom 14. März 2019. https://www.ise.fraunhofer.de/de/veroeffentlichungen/studien/photovoltaics-report.html. Zugegriffen am 17.10.2019.
Praetorius, B. (2012). Nachhaltige Energieversorgung der Zukunft: Die Rolle der Stadtwerke. In D. Bräunig & W. Gottschalk (Hrsg.), *Stadtwerke. Grundlagen, Rahmenbedingungen, Führung und Betrieb* (S. 123–138). Baden-Baden: Nomos.
Praetorius, B., Litz, P., & Graichen, P. (2019). Europäischer Emissionshandel und flankierende nationale Instrumente. In M. Angrick et al. (Hrsg.), *12 Jahre Emissionshandel. Bilanz und Perspektiven für einen wirkungsvollen Klimaschutz* (2., überarb. Aufl., S. 107–120). Marburg: Metropolis.
Reiche, D. (Hrsg.). (2005). *Grundlagen der Energiepolitik*. Frankfurt a. M.: Peter Lang.
Sabatier, P. A. (1993). Advocacy-Koalitionen, Policy Wandel und Policy-Lernen: eine Alternative zur Phasenheuristik. In A. Heritier (Hrsg.), *Policy-Analyse. Kritik und Neuorientierung* (Politische Vierteljahresschrift, Jg. 34, Sonderheft 24, S. 116–148). Opladen: Westdeutscher Verlag.
Saretzki, T. (2001). Energiepolitik in der Bundesrepublik Deutschland 1949–1999. Ein Politikfeld zwischen Wirtschafts-, Technologie- und Umweltpolitik. In U. Willems (Hrsg.), *Demokratie und Politik in der Bundesrepublik 1949–1999* (S. 195–221). Wiesbaden: Springer Fachmedien.
Umweltbundesamt. (2018). Methodenkonvention 3.0 zur Ermittlung von Umweltkosten. Von Björn Bünger und Astrid Matthey. Berlin, Umweltbundesamt. https://www.umweltbundesamt.de/publikationen/methodenkonvention-30-zur-ermittlung-von-0. Zugegriffen am 17.10.2019.
von Weizsäcker, E. U., Lovins, A. B., & Lovins, L. H. (1995). *Faktor Vier. Doppelter Wohlstand halbierter Naturverbrauch; der neue Bericht an den Club of Rome*. München: Droemer Knaur.
Westphal, K. (2014). Russlands Energielieferungen in die EU: die Krim-Krise: wechselseitige Abhängigkeiten, langfristige Kollateralschäden und strategische Handlungsmöglichkeiten der EU. SWP-Aktuell, 11/2014. Berlin: Stiftung Wissenschaft und Politik -SWP-Deutsches Institut für Internationale Politik und Sicherheit. https://nbn-resolving.org/urn:nbn:de:0168-ssoar-377593. Zugegriffen am 17.10.2019.

Energiepolitik in Deutschland und Europa

Bernd Hirschl und Thomas Vogelpohl

Zusammenfassung

Im folgenden Kapitel werden die Energiepolitik in Deutschland und in der Europäischen Union sowie ihre Zusammenhänge überblicksartig vorgestellt. Neben der Darstellung der historischen Entwicklung im Kontext des energiepolitischen Zieldreiecks aus Versorgungssicherheit, Wirtschaftlichkeit und Umweltschutz liegt der Fokus dabei auch auf den politikfeldspezifischen Kompetenzverschiebungen und Dynamiken zwischen diesen politisch-administrativen Ebenen. Damit wird nicht nur ein Überblick über die wesentlichen energiepolitischen Entwicklungsprozesse in Deutschland und Europa gegeben, sondern auch ein Einblick in die Struktur und Funktion des europäischen Mehrebenensystems insgesamt ermöglicht.

B. Hirschl (✉)
Institut für ökologische Wirtschaftsforschung (IÖW) sowie Brandenburgische Technische Universität Cottbus-Senftenberg (BTU),
Berlin und Senftenberg, Deutschland
E-Mail: bernd.hirschl@ioew.de

T. Vogelpohl
FernUniversität in Hagen, Hagen, Deutschland

© Springer Fachmedien Wiesbaden GmbH, ein Teil von Springer Nature 2019
J. Radtke, W. Canzler (Hrsg.), *Energiewende*,
https://doi.org/10.1007/978-3-658-26327-0_3

1 Einleitung

Wenn von Energiepolitik die Rede ist, so werden damit sehr unterschiedliche Bilder verbunden. Einerseits ist es historisch ein traditionell national und hoheitlich geprägtes Politikfeld, da es um einen Schlüsselsektor geht, um die Sicherung der Handlungsfähigkeit von Wirtschaft und Gesellschaft, letztlich um die Sicherung von Wohlstand und nationaler Sicherheit – denn ohne gesicherte Energieversorgung ist das moderne Leben in einem Industrieland kaum vorstellbar. Andererseits findet Energiepolitik nicht (mehr) in einem nationalen institutionellen Vakuum statt, sondern ist – wie viele andere Politikfelder auch – Gegenstand internationaler Kooperation und teilweise auch zunehmender supranationaler Integration (Fischer 2011). So sind bereits die Anfänge der europäischen Integration in den 1950er-Jahren im Zeichen einer gemeinsamen Kohle- und Stahl- sowie Atompolitik untrennbar mit energiepolitischen Fragen verbunden, auch wenn die Energiepolitik in der Europäischen Gemeinschaft beziehungsweise Union (EG bzw. EU) darüber hinaus zunächst weitestgehend den Mitgliedstaaten überlassen wurde. Doch gerade in den letzten Jahren konnte die Europäische Kommission (EU-Kommission) ihre energiepolitischen Kompetenzen und Ambitionen im Zuge des Vertrags von Lissabon 2007 sowie der 2014 von Kommissionspräsident Jean-Claude Juncker proklamierten Energieunion wieder stärken (Maltby 2013; Sielker et al. 2018).

Neben diesen politisch-administrativen Dynamiken zwischen den verschiedenen Ebenen, die sich im Falle der Bundesrepublik Deutschland noch auf die föderale und kommunale Ebene ausweiten (siehe dazu auch die Beiträge von Radtke et al., Möst et al. und Rodi in diesem Band), haben sich in den letzten Jahrzehnten auch die inhaltlichen Schwerpunkte der Energiepolitik diversifiziert. Während zunächst die Sicherung der Energieversorgung im Mittelpunkt stand, so erweiterte sich der energiepolitische Zielkanon seit den 1970er-Jahren um die Aspekte Wettbewerbsfähigkeit und Umweltverträglichkeit. Dieses inzwischen klassische energiepolitische Zieldreieck spiegelt sich – zumindest begrifflich – in nahezu allen europäischen Regierungspublikationen mit Energiebezug wider, auch wenn die dieser energiepolitischen Trias immanenten potenziellen Zielkonflikte dabei oft nicht immer ausbuchstabiert werden und Sicherheitsaspekte in vielerlei Hinsicht nach wie vor das Herzstück der Energiepolitik darstellen (Hirschl 2008, S. 96; Scrase und Ockwell 2010).

Der Beitrag beleuchtet zunächst prägende Entwicklungslinien und Schwerpunktsetzungen der Energiepolitik in Deutschland sowie in der EU. Im Anschluss werden explizit die zunehmenden Wechselbeziehungen dieser beiden Ebenen behandelt, wobei auf politikwissenschaftliche Konzepte zu deren Einordnung und Analyse eingegangen wird. Aufgrund der großen politischen Bedeutung und der prägenden Konflikte liegt ein Schwerpunkt der nachfolgenden Darstellungen auf dem Strommarkt, auf EU-Ebene zudem auf der Biokraftstoffpolitik. Auf eine eingehendere Darstellung der Energiepolitik in der DDR wird an dieser Stelle verzichtet (siehe dazu Matthes 2000). Das Kapitel endet mit einem Fazit und Ausblick.

2 Energiepolitik in Deutschland

Die Energiepolitik in Deutschland ist historisch tief verwurzelt. So wurde das heutige Energiewirtschaftsgesetz (EnWG) in seinen Grundzügen bereits 1935 eingeführt. Es sicherte damals die Gebietsmonopole von Stadtwerken und Regionalversorgern und sorgte somit für das jahrzehntelange Erstarken einer Energiewirtschaft, von der es viele Unternehmen oder ihre Nachfolger noch heute gibt. Gleiches gilt für die damals etablierte Grundstruktur der Elektrizitätsversorgung, die als Verbundnetz mit Übertragungsnetzen und größeren Kraftwerken errichtet wurde (Reiche 2005a). In der Zeit der Nationalsozialisten und des Zweiten Weltkriegs war die Versorgung mit fossilen Rohstoffen (allen voran Öl, aber auch Kohle) zum Aufbau und Erhalt der Kriegsmaschinerie ein wichtiges Motiv für die massive Ausweitung heimischer Rohstoffgewinnung, für Annektionen und Eroberungen rohstoffreicher Standorte und Länder (Spiegel online 28.06.2010).

In der Nachkriegszeit konnten die Rohstoffe wieder auf dem freien Markt beschafft werden – von überwiegend den gleichen Unternehmen wie vorher. Sowohl die Energiewirtschaft mit ihren kommunalen und privaten Unternehmen als auch der energiepolitische Rahmen blieben nahezu unverändert. Unterschiedliche Rohstoffvorkommen und Industriestrukturen führten in der Folge zudem zu einer Ausdifferenzierung von Technologieschwerpunkten in den verschiedenen Bundesländern (in Westdeutschland) bzw. Bezirken (in Ostdeutschland), vorrangig in Bezug auf die Nutzung von Kohle- und später Atomenergie (Matthes 2000; Saretzki 2001). Trotz der Gebietsmonopole konnten sich durch Beteiligungen sowie Konzentrationen im Kraftwerksbereich und bei den Netzen im Laufe der Zeit in Westdeutschland mehrere große und einflussreiche überregionale Verbundunternehmen entwickeln, die später zu den sogenannten „großen Vier" Energiekonzernen der vereinten Bundesrepublik wurden.

Infobox 1: Die „großen Vier" Energieversorgungsunternehmen (EVU)
Über viele Jahre dominierten vier Konzerne den deutschen Energiemarkt: E.ON, RWE, Vattenfall und EnBW – wie zuvor bereits ihre acht Vorgängerunternehmen, aus denen sie Ende der 1990er-Jahre hervorgegangen waren. Diese vier Unternehmen verfügten über maßgebliche Teile der Stromnetze

sowie der Kraftwerkskapazitäten, was als Oligopolsituation kritisiert wurde (u. a. Mez 2001; Monopolkommission 2004). Sie machten lange ihren politischen Einfluss geltend, um ihre Geschäftsmodelle gegen die beginnende Energiewende zu behaupten (Hirschl 2008). Während sie zu Beginn der Liberalisierung noch wachsen konnten, kamen sie durch das starke Wachstum der erneuerbaren Energien, den Verfall des Strombörsenpreises und den nach Fukushima beschlossenen Atomausstieg wirtschaftlich stark unter Druck. Als Konsequenz haben alle Konzerne starke Restrukturierungsmaßnahmen durchgeführt, um nun auch in Geschäftsfeldern der Energiewende Fuß zu fassen.

Die ersten Jahre der jungen Bundesrepublik waren primär von Kohle(förderungs)politik geprägt (Saretzki 2001). Erst die „Ölpreiskrisen" der 1970er-Jahre und die Konflikte um die Nutzung der Atomkraft der 1970er- und 1980er-Jahre haben schließlich stark zur Politisierung des gesamten Energiesektors sowie zu einer energiepolitischen Sensibilisierung der Gesellschaft beigetragen. Die Schaffung eines Europäischen Binnenmarktes führte zur fundamentalen Veränderung der Energiewirtschaftsordnung und die Klimapolitik schließlich zu transformativen Elementen einer „Energiewendepolitik".

2.1 Atompolitik – staatlich verordneter Ein- und Ausstieg

Nachdem 1951 erstmals ein Versuchsreaktor in den USA und 1954 der erste Großreaktor in Moskau Strom aus Kernenergie erzeugen konnten (DAtF 2018), wollten viele Länder diesem Beispiel folgen. Allerdings folgte die zivile Nutzung der militärischen, denn die Technologie wurde im Wettlauf der USA mit Deutschland und Russland zur Zeit des Zweiten Weltkriegs entwickelt, der in den tragischen Atombombenabwürfen auf Hiroshima und Nagasaki 1945 mündete. Die technologische Nähe der für die zivile und militärische Nutzung verwendeten Rohstoffe (Uran und Plutonium), dieser „Januskopf der Atomenergie" (Braunbek 1953, S. 5), ist bis heute einer der Hauptkritikpunkte gegen die zivile Nutzung der Atomkraft.

Bereits im Jahr 1955 führte die Bundesregierung unter Konrad Adenauer ein Bundesministerium für Atomfragen ein, erster Atomminister war Franz Josef Strauß (DAtF 2018). Es wurden mehrere Kernforschungszentren gegründet und Forschungsreaktoren gebaut. 1960 trat das Atomgesetz in Kraft, das den Willen der Politik zum Ausdruck brachte, die Technologie auch gegen den damaligen Unwillen der Energiewirtschaft einzuführen (Radkau 1983). 1961 begann schließlich die Stromeinspeisung in Westdeutschland mit einem Versuchsreaktor, 1966 speiste der Reaktor in Gundremmingen ein und parallel wurde in der DDR der erste Reaktor sowjetischer Bauart in Betrieb genommen (DAtF 2018). Ab 1967 erfolgte unter Führung der Unternehmen AEG und Siemens der kommerzielle Bau von Atomreaktoren, wobei die Aktivitäten nach der Ölpreiskrise 1973 noch einmal forciert wurden (Kitschelt 1980; Saretzki 2001). Ab 1967 wurde das Salzbergwerk Asse als Lagerstätte für atomaren Abfall in Betrieb genommen, ab 1971 das „Endlager" in Morsleben (DAtF 2018).

Da die Atomenergienutzung im Schadensfall ebenso wie eine Atombombe ein enormes Zerstörungspotenzial mit Langzeitfolgen (Radioaktivität) aufweist, führten die Reaktorpläne in Deutschland (hier vor allem der geplante Reaktor Wyhl, 1975), sowie die Reaktorunfälle in Harrisburg (USA, 1979) und insbesondere in Tschernobyl (Ukraine, 1986) zu massiven, erst regionalen und später überregionalen Protesten (Hauff 1986). Diese „Anti-Atom-Bewegungen" hatten auch maßgeblichen Anteil an der Gründung der Partei „Die Grünen" 1980 (heute Bündnis 90/ Die Grünen). Die Bedenken und Proteste führten im Jahr 2000 schließlich zum sogenannten Atomkonsens der ersten rot-grünen Bundesregierung mit der Atomindustrie, der einen Atomausstieg auf der Basis von Reststrommengen beinhaltete. Dieser Konsens wurde 2002 durch eine Novelle des Atomgesetzes abgesichert; er hätte im Normalbetrieb einen Ausstieg bis etwa zum Jahr 2020 ermöglicht (Atomgesetz 2002). Im Jahr 2010 änderte das dann regierende Bündnis aus CDU/CSU und FDP unter Kanzlerin Merkel das Atomgesetz unter starkem Einfluss der Atomindustrie erneut, diesmal in Richtung einer Laufzeitverlängerung durch eine Erhöhung der Reststrommengen. Offiziell wurde die Atomenergie als „notwendige Brückentechnologie" gelabelt (BMU und BMWi 2010, S. 3). Sicherheitsbedenken z. B. durch die neuen Terrorgefahren seit dem 11. September 2001 spielten in der Debatte eine untergeordnete Rolle. Energiewende-Befürworter beklagten zudem, dass durch die Verlängerung zu lange ein zu hoher Anteil an Grundlastkraftwerken im System bleibe, wodurch die Transformation des Energiesystems und Investitionen in erneuerbare Energien verhindert würden (SRU 2010).

Nach der Reaktorkatastrophe von Fukushima im März 2011 wurde die Laufzeitverlängerung nach einem dreimonatigem Moratorium und dem Votum einer eingesetzten „Ethik-Kommission für eine sichere Energieversorgung" (2011) von derselben konservativ-liberalen Regierung im Juni 2011 wieder zurückgenommen und ein stufenweiser Atomausstieg bis 2022 beschlossen. Diese Entscheidung wurde mittels Novelle des Atomgesetzes fixiert und gilt bis heute als parteiübergreifend und gesellschaftlich stabil. Dies vermutlich auch deshalb, da die meisten Neubauprojekte in Europa finanziell aus dem Ruder gelaufen sind beziehungsweise laufen und nur mit massiven staatlichen Subventionen realisiert werden können (Der Standard 03.10.2017). Die Atomkonzerne haben die Entscheidungen der Bundesregierung – von der Einführung einer Brennelementesteuer über das Moratorium bis hin zur Stilllegung – gerichtlich beklagt und in Teilen bereits Recht bekommen (Bundesverfassungsgericht 2016). Derzeitige und langfristig wichtige Themen deutscher Atompolitik sind die Rückstellungen für den Rückbau der Kraftwerke, die Lagerung des Atommülls und die Endlagersuche.

2.2 Energie-Wirtschaftspolitik: vom Monopol zum Wettbewerb

Das Energiewirtschaftsgesetz von 1935 sah die Energieversorgung als „natürliches Monopol" an und sicherte den Energieversorgern durch ausschließliche Konzessionsverträge mit den Kommunen Gebietsmonopole zu. Wettbewerb wurde als „schädlich" angesehen und explizit ausgeschlossen. Diese Sichtweise galt auch noch bei Einführung der sozialen Marktwirtschaft im Nachkriegsdeutschland, da im 1957 erlassenen „Gesetz gegen Wettbewerbsbeschränkungen" als einzige sektorale Ausnahme die Demarkationsverträge zwischen Energieversorgungsunternehmen weiterhin gestattet wurden (Saretzki 2001). Da der Kampf gegen diese Monopolsituation und wenig kontrollierte Preise über viele Jahrzehnte erfolglos gegen die jeweiligen Energiepolitiker und die eng mit ihnen verflochtene, einflussreiche Energiewirtschaftslobby geführt wurde, bedurfte es eines Wechsels auf eine nächsthöhere politische Ebene (Hirschl 2008). Erst mit dem Entstehen der EU und der Idee eines freien EU-Binnenmarktes konnte die Liberalisierung des Strom- und Gasmarktes – und damit ein fundamentaler Paradigmenwechsel – durchgesetzt werden (Geden und Fischer 2008). Das „Gesetz zur Neuregelung des Energiewirtschaftsrechts", das 1998 in Folge einer entsprechenden EU-Richtlinie in Kraft trat, leitete maßgebliche neue Schritte hin zu mehr Wettbewerb und Akteursvielfalt ein:

- Im Jahr 2000 wurde eine Strombörse als neuer Marktplatz für den Stromgroßhandel und die Preisbildung eingerichtet.
- Integrierte Energieversorger wurden „unbundled", d. h. eine Entflechtung von Stromerzeugung, -transport und -vertrieb ab einer Größe von 100.000 Kunden wurde vorgeschrieben.
- Neue Akteure sollten „diskriminierungsfreien" Zugang zu den Netzen bekommen; die Demarkationsverträge wurden aufgehoben.

Nachdem die Liberalisierung in Deutschland, aber auch in vielen anderen EU-Mitgliedstaaten in den ersten Jahren sehr schleppend anlief bzw. nicht konsequent umgesetzt wurde (Reiche 2005b), erließ die EU eine sogenannte „Beschleunigungsrichtlinie", die in Deutschland mit einer erneuten Novelle des EnWG im Jahr 2005 umgesetzt wurde. In dieser Novelle erfolgte auch der Übergang vom bis dato „verhandelten" zum regulierten Netzzugang inklusive der Einführung einer Regulierungsbehörde (Bundesnetzagentur). Die ersten Jahren der Liberalisierung führten zunächst neben dem Markteintritt einiger neuer Akteure zu einer verstärkten Konzentration, aus der insbesondere die großen Energieversorger gestärkt hervorgingen (Hirschl 2008). Rückblickend jedoch hat die Liberalisierung bisher zu spürbarem Druck auf die Erzeugerpreise und einer deutlichen Zunahme des Wettbewerbs geführt. Sie hat die Teilnahme neuer Akteure ermöglicht, die nun nicht nur mit konventionellen, sondern auch mit Ökoenergieprodukten überregional und europaweit in die Energiemärkte eintreten konnten (siehe nächsten Abschnitt). Mit der Liberalisierung erlebte die Energiewirtschaft also einen fundamentalen Paradigmenwechsel, der durch die Energiewende – und die parallel stattfindende Digitalisierung – mit ihren vielen neuen und gleichzeitig wegbrechenden alten Geschäftsmodellen bis heute und in Zukunft weiter drastisch verstärkt wird.

2.3 Energiewendepolitik – vom Umwelt- und Klimaschutz zur Transformation

Der heutige, auch im internationalen Sprachgebrauch etablierte Begriff der Energiewende stammt konzeptionell aus den 1970er- und 80er-Jahren. So beschrieb der US-Amerikaner Amory Lovins den Umstieg von einem zentralen, fossil-atomar geprägten zu einem auf Effizienz und erneuerbaren Energien basierenden Energiesystem mit dem Begriff „Soft Energy Paths" (Lovins 1977). In Deutschland erschien im gleichen Jahr ein (kirchliches) Gutachten mit dem Titel „Alternative Möglichkeiten für die Energiepolitik", das ein ähnliches Konzept beschrieb (F.E.St. 1977). Im Jahr 1980 erschien schließlich eine Studie mit dem Titel „Energie-Wende – Wachstum und Wohlstand ohne Erdöl und Uran" (Krause et al. 1980). Hier standen also – als Reaktion auf die Ölpreiskrisen der 1970er-Jahre und die nuklearen Risiken – der Ausstieg aus der Ölnutzung und Atomenergie im Vordergrund. Zentrale Maßnahmen waren Einsparungen, Effizienz durch die verstärkte Nutzung von (dezentraler) Kraft-Wärme-Kopplung sowie erneuerbare Energien. Dabei stand die Einsparung klar im Vordergrund: Es ging um eine Entkopplung des Energieverbrauchs vom Wirtschaftswachstum – und damit um den Bruch eines bis dato gültigen Paradigmas. Dieses war durch die Betonung der planetaren „Grenzen des Wachstums" bereits 1972 prominent vom Club of Rome kritisiert worden (Meadows et al. 1972). Aus Sicht eines rohstoffarmen Landes wie Deutschland wurde somit die Effizienzstrategie als tragende Säule einer Energiewende unter dem Aspekt der Versorgungssicherheit eingeführt. Gleichzeitig ebnete das Leitprinzip Versorgungssicherheit aber auch Subventionen wie dem sogenannten „Kohlepfennig" zur Stützung der international nicht wettbewerbsfähigen deutschen Steinkohle sowie zunächst einer Forcierung des Atomenergieausbaus den Weg. Deren Anteil an der Stromerzeugung bis 1985 sollte nach politischen Planungen auf 45 % steigen (Saretzki 2001). Diesen Regierungsplänen setzte die Enquete-Kommission „Zukünftige Kernenergiepolitik" des Deutschen Bundestages im Jahr 1980 Szenarien entgegen, die einen verstärkten Ausbau erneuerbarer Energien berücksichtigten und den Aspekt der Sozialverträglichkeit von Energiesystemen einführte (Enquete-Kommission 1980; Amery et al. 1978).

Die damalige Energiewendethematik war zudem eingebettet in die seit den 1970er-Jahren aufkeimende Debatte zum Umweltschutz. Diese fokussierte sich Anfang der 1980er-Jahre massiv auf das Thema „Waldsterben". Im Jahr 1983, dem Höhepunkt dieser Debatte, reagierte die Politik u. a. mit Maßnahmen zur Luftreinhaltung bei Kohlekraftwerken, die als Hauptverursacher des Waldsterbens galten (Mez 1998). Der Reaktorunfall von Tschernobyl im Jahr 1986 verstärkte erneut die atomkritischen Strömungen in der Gesellschaft. Die Politik reagierte auf diese Katastrophe im gleichen Jahr mit der Gründung des Bundesministeriums für Umwelt, Naturschutz und Reaktorsicherheit. In den 1990er-Jahren kam schließlich das Thema Klimaschutz verstärkt in die gesellschaftliche und politische Debatte, ausgelöst durch erste internationale Untersuchungen zum anthropogenen Einfluss und durch die Konferenz der Vereinten Nationen für Umwelt und Entwicklung 1992 in Rio de Janeiro. Aus dieser Konferenz ging die Klimarahmenkonvention hervor, die von fast allen Staaten unterzeichnet wurde und den Beginn der internationalen Klimapolitik markiert.

Infobox 2: UNFCCC/internationale Klimapolitik
Die Klimarahmenkonvention (United Nations Framework Convention on Climate Change, UNFCCC) ist das internationale, multilaterale Klimaschutzabkommen der Vereinten Nationen. Ihr Ziel ist es, eine gefährliche anthropogene – also eine vom Menschen verursachte – Störung des Klimasystems zu verhindern. Die UNFCCC ist seit 1994 in Kraft und mittlerweile von 195, d. h. von nahezu allen Staaten der Welt ratifiziert. Oberstes Entscheidungsgremium der UNFCCC ist die Vertragsstaatenkonferenz (Conference of

the Parties, COP), welche auch als Weltklimakonferenz, Klimagipfel oder UN-Klimakonferenz bekannt ist und einmal jährlich zusammenkommt. Auf der dritten Vertragsstaatenkonferenz in Kyoto 1997 (COP 3) wurde das „Kyoto Protokoll" verabschiedet, das erstmals rechtsverbindliche Begrenzungs- und Reduzierungsverpflichtungen für die beteiligten Industrieländer enthielt. Das Protokoll wurde seinerzeit von 191 Staaten ratifiziert, darunter alle EU-Mitgliedstaaten – nicht jedoch von den USA. Da die letzte laufende Verpflichtungsperiode dieses Protokolls im Jahr 2020 endet, musste ein Nachfolgeabkommen verhandelt werden, das im Idealfall nun auch die USA und die bezogen auf ihre Emissionen bedeutenden Schwellenländer umfasste. Nach mehreren ergebnislosen Verhandlungsjahren wurde schließlich auf der COP21 in Paris am 11. Dezember 2015 ein Abkommen beschlossen, in dem sich die Staatengemeinschaft erstmals völkerrechtlich verbindlich darauf verpflichtet, den Anstieg der globalen Mitteltemperatur auf deutlich unter 2 °C gegenüber dem vorindustriellen Temperaturniveau zu begrenzen. Der Temperaturanstieg soll möglichst unter 1,5 °C gehalten und in der zweiten Hälfte des Jahrhunderts soll die Welt treibhausgasneutral werden. Das Abkommen ist am 4. November 2016 formell in Kraft getreten.

Zur gleichen Zeit wurde das Fundament der „zweiten Säule" der Energiewende neben der Effizienz (siehe oben) gelegt: Der Ausbau der erneuerbaren Energien wurde mit nur geringer öffentlicher Aufmerksamkeit im Jahr 1990 eingeführt (Kords 1993; siehe auch Ohlhorst in diesem Band). Das sogenannte Stromeinspeisungsgesetz – das Vorläufergesetz des späteren Erneuerbare-Energien-Gesetzes (EEG) – wurde parteiübergreifend von Abgeordneten aus dem konservativen und dem grünen Lager entwickelt und konnte in einem günstigen politischen Zeitfenster gegen Widerstände der Energiewirtschaft und des federführenden Wirtschaftsministeriums durchgesetzt werden (Hirschl 2008, S. 130–132). Mit dem Wahlsieg der Koalition aus SPD und Bündnis 90/Die Grünen im Jahr 1998 wurde schließlich nicht nur der Atomausstieg, sondern auch der verstärkte Einstieg in eine alternative Energieerzeugung möglich: mit dem EEG 2000 wurde der Gesetzesvorgänger hinsichtlich einiger wesentlicher Punkte erweitert, darunter die folgenden:

- technologiedifferenzierte Einspeisevergütung, die einen wirtschaftlichen Betrieb ermöglichte,
- Vorrangregelung, d. h. bevorzugte und garantierte Abnahme des Stromes,
- Umlage der Kosten auf verbrauchten Strom, mit Ausnahmen für (energieintensive) Industrien.

In der Folge löste das EEG insbesondere aufgrund der Sicherheit, die es Investoren gab, eine beispiellose Wachstumsdynamik im Strombereich aus, so dass das Instrument in vielen Ländern in ähnlicher Form übernommen wurde (Lauber und Toke 2005). Bedingt durch diesen dynamischen Zubau, der in den ersten Jahren auf der Basis von vergleichsweise hohen Vergütungssätzen erfolgte, sowie durch die politisch festgelegte Umlagesystematik stiegen die umgelegten Kosten für Bürger und (die nicht befreiten) Unternehmen. So entstand ein Kostendiskurs, der sich leicht von den Gegnern dieser Entwicklung instrumentalisieren ließ (Hirschl 2008; Hirschl und Aretz 2013). Der Großteil der Anlagen wurde überwiegend von neuen Akteuren wie Privatpersonen, Landwirten oder neuen Projektgesellschaften errichtet (trend:research und Leuphana Universität Lüneburg 2013), wodurch auch der ökonomische Nutzen eine deutlich breitere Basis erhielt, da er nun nicht nur an wenigen (Kraftwerks-)Standorten und für wenige Energieversorger anfiel (Hirschl et al. 2010).

Demgegenüber beteiligte sich die konventionelle Energiewirtschaft nur geringfügig an der Energiewende und konzentrierte sich in dieser Zeit vorrangig auf die Verteidigung ihrer alten Geschäftsmodelle und Technologien (Hirschl et al. 2011). Das deutsche EEG erhielt – ebenso wie bereits sein Vorläufer, das Stromeinspeisungsgesetz – zudem immer wieder starken Gegenwind von der EU-Kommission, die aufgrund ihrer Präferenz für binnenmarktkompatiblere Instrumente Quoten- und Ausschreibungsmodelle favorisierte (Lauber 2005, siehe auch Rodi in diesem Band). Der beschriebene Kostendiskurs, der Druck aus Brüssel sowie die immer bedrohlichere wirtschaftliche Lage für die konventionellen Energieunternehmen dürften gewichtige Gründe gewesen sein, dass die große Koalition in den Jahren 2014 und 2017 nicht nur wie bisher üblich drastische Kürzungen der EEG-Vergütungssätze vornahm, sondern das Instrument in seiner gesamten Struktur stark veränderte (Vogelpohl et al. 2017). Mit der Einführung von Ausschreibungsmodellen, verpflichtender Direktvermarktung des Stroms und Einschnitten beim Eigenverbrauch wurden „zentralisierende" Elemente eingeführt, die dem ursprünglich bürgernahen und dezentralen Charakter des Instruments tendenziell zuwiderlaufen (für weitere Details zur Historie des EEG siehe Ohlhorst in diesem Band).

Bis zum Jahr 2017 konnte ein Anteil erneuerbarer Energien von über einem Drittel am gesamten Stromverbrauch in Deutschland erreicht werden. Von einem derartigen Wert ist die Energiewende im Wärme- und Verkehrsbereich noch weit entfernt; hier wurden 2016 Anteile von ca. 13 % bzw. 5 % am jeweiligen Endenergieverbrauch erreicht (ZSW und UBA 2017). Ein wichtiger Grund hierfür ist, dass die politischen Akteure sich bisher nicht dazu durchringen konnten, effektive Maßnahmen gegen die seit Jahren vergleichsweise günstigen fossilen Energiepreise zu ergreifen. Da der EU-Emissionshandel seit seiner Einführung 2005 keine Wirkung auf die Energiepreise entfaltet, und dieser ohnehin nur die großen Kraftwerke und vereinzelte Industrien betrifft, nicht aber den Wärme- und Verkehrs- sowie den Landwirtschaftssektor, braucht es alternativ einen wirksamen Mix politischer Instrumente in den genannten Sektoren, der bisher jedoch in keinem Bereich durchgesetzt werden konnte. Im Ergebnis sagen die aktuellen Projektionen für die energie- und klimapolitischen Zielwerte der Bundesregierung für das Jahr 2020 voraus, dass diese in allen drei Kategorien – Treibhausgase, Effizienz und Erneuerbarer Energien – sehr wahrscheinlich verfehlt werden. Der ehemalige Vorreiter Deutschland ist damit ins Hintertreffen geraten und droht – gerade vor dem Hintergrund des internationalen Klima-Abkommens von Paris 2015 – nicht nur den Anschluss, sondern auch seine Glaubwürdigkeit zu verlieren.

3   Energiepolitik in Europa

Energiepolitische Aspekte spielten bereits bei den ersten Schritten zur europäischen Integration nach dem Zweiten Weltkrieg eine zentrale Rolle. So ging es bei der Gründung der Europäischen Gemeinschaft für Kohle und Stahl (EGKS) 1951, der Keimzelle der heutigen EU, ebenso wie bei der Gründung der Europäischen Atomgemeinschaft (Euratom) 1957 neben der politischen Annäherung der beteiligten Nationalstaaten in erster Linie um die Sicherung der europäischen Energieversorgung (Geden und Fischer 2008).

> **Infobox 3: Kurze Geschichte der EU**
> Neben Euratom trat durch die Römischen Verträge von 1957 eine weitere europäische Gemeinschaft zur EGKS hinzu: die Europäische Wirtschaftsgemeinschaft (EWG). Diese drei Gemeinschaften fusionierten 1965 zu den Europäischen Gemeinschaften (EG), die sich mit einem gemeinsamen Rat und einer gemeinsamen Kommission kollektive supranationale, also national übergeordnete Institutionen gaben. Dieses supranationale europäische System ist heute maßgeblich auf Grundlage des Vertrags von Maastricht von 1992 geregelt, mit dem eine erhebliche Ausweitung der politischen Kompetenzen der europäischen Ebene und die Gründung der EU einhergingen. Der Vertrag von Maastricht wurde in der Folge durch die Verträge von Amsterdam (1999), Nizza (2000) und Lissabon (2007) erweitert bzw. abgelöst.

Dennoch war die Energiepolitik in der EU lange Zeit kein prioritäres oder gemeinschaftsrechtlich institutionell verankertes Politikfeld. Vielmehr blieb es über die energiepolitische Verwurzelung der EU hinaus weitestgehend den Mitgliedstaaten selbst überlassen (Hirschl 2008, S. 313–314). Erst im Zusammenhang mit den Ölpreiskrisen in den 1970er-Jahren entwickelte sich auf EU-Ebene eine einheitlichere Energiepolitik, die – wie schon die EGKS und Euratom – vom Aspekt der Versorgungssicherheit geprägt war. Neben einem Fokus auf die Sicherung der Ölversorgung und die Energieeinsparung führte der „Ölpreisschock" von 1973 sowie auch jener von 1979/80 jedoch auch zur verstärkten Suche nach alternativen Energiequellen zu Öl, wie beispielsweise Kohle, Gas oder Atomenergie, aber auch erneuerbaren Energiequellen (Cherp und Jewell 2011).

> **Infobox 4: Die Ölpreiskrisen der 1970er-Jahre**
> Die Ölpreiskrise von 1973 wurde durch den Jom-Kippur-Krieg zwischen Israel und seinen arabischen Nachbarn, vor allem Syrien und Ägypten, ausgelöst. Im Zuge dieses Krieges drosselte die von arabischen Staaten dominierte Organisation der Erdöl exportierenden Länder (OPEC) bewusst die Fördermengen um etwa 5 %, um die westlichen Länder bezüglich ihrer Unterstützung Israels unter Druck zu setzen. Am 17. Oktober 1973 stieg der Ölpreis von rund drei US-Dollar pro Barrel (159 Liter) auf über fünf Dollar. Dies entspricht einem Anstieg um etwa 70 %. Im Verlauf des nächsten Jahres stieg der Ölpreis weltweit auf über zwölf US-Dollar. Nach einem Preisrückgang in den folgenden Jahren wiederholte sich dieser Vorgang in den Jahren 1979/80 in ähnlicher Form. Dieses Mal ausgelöst durch Förderausfälle und Verunsicherung nach der Islamischen Revolution im Iran und dem folgenden Angriff des Iraks auf den Iran (Erster Golfkrieg), stieg der Preis während dieser zweiten Ölpreiskrise bis auf 38 US-Dollar pro Barrel.

Zwar gab es keine abgestimmte europäische Strategie und Energiepolitik blieb, bis auf einige wenig verbindliche Entschließungen und Richtlinien, im Kompetenzbereich der Nationalstaaten. Dennoch entwickelte sich zwischen den 1970er- und 1990er-Jahren ein europäischer Weg zum Umgang mit Energieversorgungs(un)sicherheit, der neben der Gründung der Internationalen Energieagentur (IEA) 1974 im Rahmen der OECD (Organisation für wirtschaftliche Zusammenarbeit und Entwicklung) und der Einführung strategischer Ölreserven auf Gemeinschaftsebene maßgeblich von der Errichtung eines gemeinsamen Energiebinnenmarktes geprägt war. Dieser Energiebinnenmarkt sollte über einen diskriminierungsfreien Zugang zu den europäischen Gas- und Stromnetzen für Anbieter und Verbraucher einen freien Wettbewerb auf dem europäischen Energiemarkt gewährleisten, was sowohl für angemessene Preise als auch für Versorgungssicherheit sorgen sollte. Ganz im Geiste des Vertrags von Maastricht von 1992, in dem der EU auch im Energiebereich umfangreichere Gestaltungsmöglichkeiten eingeräumt wurden (Hirschl 2008, S. 314), sollten diese beiden übergreifenden energiepolitischen Ziele also mit einem neoliberalen Ansatz, nämlich basierend auf Liberalisierung, Deregulierung und Privatisierung, erreicht werden (Trombetta 2012). Dieser Ansatz manifestierte sich vor allem in den Energiebinnenmarktliberalisierungsrichtlinien von 1996 (Strom) und 1998 (Gas), die in den folgenden Jahren in den EU-Mitgliedstaaten umgesetzt wurden.

Spätestens seit den Diskussionen um das Waldsterben und den Atomreaktorunfall von Tschernobyl in den 1980er-Jahren (vgl. hierzu den vorherigen Abschnitt) wurde der energiepolitische Zielkanon, der bis dahin aus Preisgünstigkeit und Versorgungssicherheit bestand, um den Aspekt der Umweltverträglichkeit erweitert. Dies verstärkte sich in den 1990er-Jahren nach der Verabschiedung der UN-Klimarahmenkonvention vor allem mit Blick auf den Aspekt des Klimaschutzes und die Reduktionsverpflichtungen der EU im Rahmen des Kyoto-Protokolls.

Neben dem europäischen Emissionshandel und Bemühungen um die Erhöhung der Energieeffizienz ist in diesem Kontext vor allem die Förderung erneuerbarer Energien zu sehen, die seit Beginn der 2000er-Jahre von der EU vorangetrieben wurde. Die erste Richtlinie zur Förderung erneuerbarer Energien (2001/77/EG) erfolgte zunächst mit einem Fokus auf den Strombereich. Im Jahr 2003 folgte die sogenannte Biokraftstoffrichtlinie für den Verkehrsbereich (2003/30/EG).

Mit dem Energie- und Klimapaket von 2007 wurde schließlich erstmalig ein breiterer Zielkatalog für die Themen Energiewende und Klimaschutz in der EU eingeführt. Die sogenannte 20-20-20 Zieltrias umfasste für das Jahr 2020 die Reduktion der Treibhausgasemissionen um 20 %, die Steigerung der Energieeffizienz um 20 % sowie die Steigerung des Anteils erneuerbarer Energien am Energieverbrauch auf 20 %. Letzteres Ziel wurde dabei 2009 durch die Erneuerbare-Energien-Richtlinie (2009/28/EG) konkretisiert, welche jedem Mitgliedstaat verbindliche individuelle Ziele bzgl. des Anteils der erneuerbaren Energien am gesamten Endenergieverbrauch auferlegt.

Auf institutioneller Ebene änderten sich durch den Vertrag von Lissabon von 2007 zudem die primärrechtlichen Grundlagen für eine gemeinsame Energiepolitik der EU (siehe auch Rodi in diesem Band). Wurde letztere bis dato vor allem im

Rahmen der stärker vergemeinschafteten Politikfelder Umwelt und Wettbewerb vorangetrieben, so wurde durch diesen Vertrag ein primärrechtliches Fundament geschaffen, auf dem die EU nun eigenständig im Rahmen eines ordentlichen Gesetzgebungsverfahrens energiepolitisch tätig werden kann. Die Leitgedanken dieser gemeinsamen Energiepolitik entsprechen neben der Solidarität zwischen den Mitgliedstaaten dem klassischen energiepolitischen Zielkanon aus Versorgungssicherheit, Wettbewerbsfähigkeit und Umweltverträglichkeit sowie zusätzlich der „Förderung der Interkonnektion der Energienetze" (AEUV 2012, Art. 194, 1(d)). Zentrale energiepolitische Kompetenzen verbleiben jedoch bei den Mitgliedstaaten, u. a. die Gestaltung des Energiemixes oder die Energieaußenpolitik.

Ein wichtiger inhaltlicher Ausfluss dieser gestärkten energiepolitischen Kompetenzen auf EU-Ebene ist die seit 2014 angestrebte Energieunion. Diese soll die im Vertrag von Lissabon festgeschriebenen energiepolitischen Ziele konkretisieren und über die „Rahmenstrategie für eine krisenfeste Energieunion mit einer zukunftsorientierten Klimaschutzstrategie" (Europäische Kommission 2015) umsetzen. Diese Rahmenstrategie besteht dabei aus „fünf sich gegenseitig verstärkende[n] und eng miteinander verknüpfte[n] Dimensionen, mit denen größere Energieversorgungssicherheit, Nachhaltigkeit und Wettbewerbsfähigkeit angestrebt wird" (ebenda), insbesondere:

- „Sicherheit der Energieversorgung, Solidarität und Vertrauen;
- ein vollständig integrierter europäischer Energiemarkt;
- Energieeffizienz als Beitrag zur Senkung der Nachfrage;
- Verringerung der CO_2-Emissionen der Wirtschaft;
- Forschung, Innovation und Wettbewerbsfähigkeit" (ebenda).

4 Energiepolitische Dynamiken im EU-Mehrebenensystem

Die oben beschriebenen Energiepolitiken in Deutschland und Europa sind nicht als voneinander getrennte Politiken zu verstehen. Vielmehr sind sie geprägt von den Dynamiken des europäischen Mehrebenensystems, also den Wechselwirkungen zwischen der nationalen und der supranationalen Ebene, und in diesem Sinne vielleicht sogar „ein typisches Beispiel des Mehrebenenregierens" (Sack 2018, S. 87). Diese Mehrebenendynamiken sind dabei vor allem durch die Strukturen der EU und die in ihnen ablaufenden Prozesse geprägt.

Infobox 5: Das Gesetzgebungssystem in der EU

So kommt ein europäisches Gesetz zustande

Kommission → **Vorschlag**

→ **Parlament**
  - 1. Lesung: Standpunkt
  - Kommission: übernimmt gegebenenfalls Änderungen

→ **Rat**
  - billigt alles → **EU-Gesetz**
  - ändert u. formuliert → 1. Lesung: Standpunkt des Rates
  - Kommission: bezieht Stellung → kein EU-Gesetz

Parlament 2. Lesung:
- billigt alles → **EU-Gesetz**
- ändert
- lehnt alles mit absoluter Mehrheit ab → kein EU-Gesetz
- Kommission: bezieht Stellung

Rat:
- akzeptiert alle Parlaments-Änderungen → **EU-Gesetz**
- sagt „Nein" zu EP-Änderungen

Kommission: lehnt die Kommission Änderungen des Parlaments ab, so muss der Rat über diese einstimmig befinden

→ **Vermittlungsausschuss aus Rat und Parlament**
- Einigung → **EU-Gesetz**
- keine Einigung → kein EU-Gesetz

infochart.de/Peter Diehl

> Die gesetzgeberischen Kompetenzen der EU unterscheiden sich von Politikfeld zu Politikfeld. Dabei wird zwischen ausschließlicher und geteilter Zuständigkeit differenziert. Bei Politikbereichen mit ausschließlicher Zuständigkeit kann nur die EU tätig werden, während in Politikfeldern mit geteilter Zuständigkeit auch die Nationalstaaten Gesetze erlassen können, solange diese keinen europäischen Regelungen widersprechen. Geteilte Zuständigkeit ist damit in etwa mit der konkurrierenden Gesetzgebung zwischen Bund und Ländern in Deutschland zu vergleichen. Darüber hinaus gibt es auch Politikbereiche, in denen die EU lediglich unterstützend oder koordinierend tätig werden, die Mitgliedstaaten jedoch nicht daran hindern kann, nationale Gesetze nach eigener Vorstellung zu verabschieden.
> Die Energiepolitik ist einer der in Artikel 4 des Vertrags über die Arbeitsweise der EU (AEUV 2012) genannten Politikbereiche, für die sich die EU und die Mitgliedstaaten die Zuständigkeit teilen. Die meisten Rechtsakte durchlaufen dabei das sogenannte ordentliche Gesetzgebungsverfahren oder auch Mitentscheidungsverfahren (siehe Grafik), bei dem das Europäische Parlament und der Rat der EU (Ministerrat) gemeinsam über eine Vorlage entscheiden. Initiativrecht hat die Kommission.

Dieses System geteilter Zuständigkeiten im EU-Mehrebenensystem gilt dabei als eine spezifische Form der „Multi-Level-Governance" (Marks et al. 1996). Im Kern erfasst es die Tatsache, dass in einem institutionell differenzierten politischen System Akteure unterschiedlicher Ebenen aufeinander angewiesen sind und ihre Entscheidungen koordinieren müssen (Knodt und Große Hüttmann 2012). In der Praxis bedeutet dies, dass Entscheidungen auf europäischer Ebene unter (oft maßgeblicher) Beteiligung der Regierungen der Mitgliedstaaten getroffen und insbesondere einflussreichen Mitgliedstaaten wie Deutschland mitnichten (oder nur sehr selten) „von oben" aufoktroyiert werden. Mithilfe des Konzepts der Europäisierung können diese Mehrebenendynamiken zwischen der supranationalen Ebene der EU und der nationalen Ebene eines Mitgliedstaates analytisch fassbar gemacht werden.

> **Infobox 6: Typen der Europäisierung**
> Das Konzept der Europäisierung (Europeanization) beschreibt die spezifischen Wechselwirkungen zwischen der supranationalen und mitgliedstaatlichen Ebene im EU-Mehrebenensystem. Es unterscheidet dabei drei verschiedene

Typen von vertikalen und horizontalen Wechselwirkungen, die jeweils mit spezifischen Mechanismen und Strategien verknüpft sind: 1. Bottom-up-Europäisierung („uploading"), welche die Strategien der Mitgliedstaaten und jeweiligen nationalen Akteure gegenüber der supranationalen Ebene umfasst, die sich von tonangebend/beispielgebend („pace-setting") über abwartend/beobachtend („fence-setting") bis verzögernd/verhindernd („foot-dragging") erstrecken. 2. Top-down-Europäisierung („downloading"), bei der das Spektrum der Strategien der Akteure auf EU-Ebene gegenüber den Mitgliedstaaten von harten bis zu weichen Herangehensweisen reicht, d. h. von regulativen Vorgaben (Richtlinien, Verordnungen, etc.), die die Mitgliedstaaten zur Umsetzung bestimmter Maßnahmen verpflichten, bis hin zur diskursprägenden Meinungsbildung, durch die die Opportunitätsstrukturen auf nationaler Ebene verändert werden. 3. Horizontale Europäisierung („crossloading"), welche die direkte Diffusion oder den Transfer politischer Regelungen zwischen EU-Mitgliedstaaten – bspw. durch Lernen oder Nachahmung, aber auch durch (internationalen) Wettbewerb – im institutionellen, politischen und diskursiven Kontext der EU beschreibt (Jörgens und Solorio 2017, S. 5–16).

Die energiepolitischen Wechselwirkungen zwischen der EU und Deutschland weisen dabei über die Zeit Züge aller drei genannten Typen der Europäisierung auf. Waren sie zunächst von Zurückhaltung auf europäischer Ebene geprägt, die viel Spielraum auf der nationalen Ebene zuließ, so endete diese ‚friedliche Koexistenz' in den 1990er-Jahren, als die EU nach dem Vertrag von Maastricht auf die Liberalisierung der Energiemärkte drängte und entsprechende Richtlinien verabschiedete. Diese stießen in Deutschland insbesondere bei der bis 1998 regierenden, konservativ-liberalen Koalition auf Gegenliebe, die an einer Deregulierung der deutschen Energiemärkte interessiert war (Saretzki 2001, S. 213). Die Mehrebenendynamik zwischen der EU und Deutschland war in diesem Fall daher von einer wechselseitigen Verstärkung im Sinne eines beabsichtigten „downloading" geprägt: die Bundesregierung setzte sich auf europäischer Ebene für eine weitreichende Liberalisierung der leitungsgebundenen Energieversorgung ein, um die dort verabschiedeten Richtlinien dann auf nationaler Ebene entsprechend der eigenen Liberalisierungspräferenzen auslegen zu können (Vogelpohl et al. 2017, S. 140). Dementsprechend wurden die EU-Liberalisierungsrichtlinien in Deutschland durch das EnWG von 1998 umgesetzt, welches das bestehende System der Energieversorgung so verändern sollte, „dass ein direkter Wettbewerb um die Endkunden möglich wird und ein weitgehend liberalisierter Stromhandel entstehen kann" (Saretzki 2001, S. 213).

Im Bereich der erneuerbaren Energien hingegen waren die Wechselwirkungen zwischen Deutschland und der EU zunächst vor allem durch die Vorreiterpolitik Deutschlands in diesem Bereich und der damit verbundenen Strategie der Bundesregierung auf europäischer Ebene gekennzeichnet: sie hat die Ausgestaltung des europäischen Rechts so beeinflusst, dass ausreichend Gestaltungsmöglichkeiten auf nationaler Ebene aufrechterhalten wurden („foot-dragging"). Folglich war Deutschland lange Zeit in der Lage, seine Instrumente zur Förderung erneuerbarer Energien gegen Bemühungen zur Harmonisierung seitens der EU-Kommission zu schützen. Verbunden wurde diese Strategie mit der horizontalen Strategie des „crossloading", also dem Werben für die Übernahme der eigenen Erneuerbare-Energien-Politik durch andere EU-Mitgliedstaaten jenseits eines gemeinschaftsrechtlichen Zwangs.

Infobox 7: Der Schutz des EEG durch „foot-dragging" und „crossloading"

Das im Jahr 2000 verabschiedete EEG ist nach wie vor das zentrale politische Instrument zur Förderung erneuerbarer Energien auf dem deutschen Strommarkt. Auf EU-Ebene waren die Meinungen zu den im EEG festgeschriebenen Einspeisevergütungen jedoch seit jeher geteilt. So erachtete die Kommission sie mehrheitlich als eine wettbewerbsverzerrende staatliche Beihilfe und strebte eine Harmonisierung des Marktes basierend auf einem EU-weiten System grüner Zertifikate an (Busch und Jörgens 2012, S. 75). Die 1998 gewählte rot-grüne Bundesregierung setzte sich jedoch auf europäischer Ebene erfolgreich für die Beibehaltung größerer nationaler Spielräume im Rahmen der zur selben Zeit verhandelten EE-Strom-Richtlinie ein, welche schließlich kein harmonisiertes Fördersystem vorschrieb.

Diese vertikale „foot-dragging"-Strategie wurde in der Folge von einer horizontalen „crossloading"-Strategie begleitet: Die Bundesregierung brachte das deutsche Fördersystem als Modell für andere Länder in Stellung und provozierte Lern- und Nachahmungsprozesse. So wurde beispielsweise auf der Internationalen Konferenz für Erneuerbare Energien im Juni 2004 in Bonn von Spanien und Deutschland die Gründung des europäischen Feed-In-Netzwerks (Feed-In Cooperation) beschlossen, einer staatlich geförderten Plattform für den Austausch von Erfahrungen mit dem gemeinsamen Ziel, politische Unterstützung für Einspeisevergütungsmodelle zu gewinnen und ihre Ausbreitung in Europa voranzutreiben (Hirschl 2008, S. 382). Mit Erfolg: Im

Jahr 2007 hatten 19 der 27 Mitgliedstaaten Einspeisevergütungen als zentrales Förderinstrument für erneuerbaren Strom eingeführt. Die Rolle Deutschlands als Vorreiter wurde somit durch eine aktive Strategie des „crossloading" ergänzt, um negative externe Effekte, die aus der Politik anderer Mitgliedstaaten hätten entstehen können, abzuwehren und das eigene Fördersystem weiter abzusichern.

Bereits an den hier aufgeführten Beispielen wird deutlich, dass sich nicht pauschal bewerten lässt, welchen Charakter die Wechselwirkungen zwischen der europäischen und deutschen Energiepolitik annehmen. Maßgeblich hängt dieser von der Interessenkonvergenz bzw. -divergenz zwischen den im Prozess maßgeblichen EU-Organen und der Bundesregierung ab. Überschneiden sich die Interessen zum überwiegenden Teil (wie im Fall der Liberalisierung der Energiemärkte), so wird die Bundesregierung auf der europäischen Ebene eher eine kooperative, beschleunigende Rolle spielen. Bei divergierenden Interessen hingegen (wie im Fall des EEG) wird sie eine eher bremsende, blockierende Haltung einnehmen und so versuchen, ihre Interessen durchzusetzen.

Zusätzlich verkompliziert werden diese Wechselwirkungen noch dadurch, dass sich diese Interessen auch ändern können, je nachdem wer die verschiedenen Positionen gerade innehat. Ein Beispiel hierfür liefert der Politikbereich der Biokraftstoffe.

Infobox 8: Vom „foot-dragger" zum „pace-setter" in der Biokraftstoffpolitik
Im November 2001 veröffentlichte die EU-Kommission einen Vorschlag für eine Richtlinie für Biokraftstoffe, welcher neben verbindlichen Zielvorgaben und der verpflichtende Beimischung von Biokraftstoffen zu fossilen Kraftstoffen eine Regelung enthielt, die es den Mitgliedstaaten erlaubt hätte, Biokraftstoffe bis zu 50 % von der Verbrauchssteuer zu befreien. In Deutschland jedoch waren Biokraftstoffe bereits vollständig steuerbefreit, was die rot-grüne Bundesregierung im Jahr 2002 nochmals gesetzlich festschrieb – wohl wissend, dass dies nicht mit dem genannten Richtlinienvorschlag übereinstimmte. Auf EU-Ebene setzte sich die Bundesregierung in der Folge dafür ein, den Mitgliedstaaten möglichst viel Spielraum bei der Biokraftstoffförderung zu gewähren. Mit Erfolg: die

letztlich 2003 verabschiedete Biokraftstoffrichtlinie schrieb weder verbindliche Ziele noch Instrumente vor, wohl aber erlaubte sie den Mitgliedstaaten die vollständige Steuerbefreiung von Biokraftstoffen. Durch dieses „foot-dragging" minimierte die Bundesregierung nationale Anpassungskosten an die Richtlinie und konnte das bisherige Modell fortführen (Vogelpohl et al. 2017).

Diese Haltung der Bundesregierung änderte sich jedoch kurz darauf. Angesichts der erheblichen Steuerausfälle, welche die Steuerbefreiung für Biokraftstoffe nach sich zog, ersetzte die inzwischen regierende Große Koalition im Jahr 2006 die vollständige Steuerbefreiung durch ein Quotenmodell für Biokraftstoffe. Sie schwenkte damit auf den Kurs der EU-Kommission ein, die ihre Präferenz für ein Quotensystem bei der anstehenden Revision der Biokraftstoffrichtlinie deutlich erkennen ließ. Der Politikwechsel in der deutschen Biokraftstoffpolitik erfolgte somit auch in Antizipation der künftigen EU-Biokraftstoffpolitik. Gleichzeitig versuchte die Bundesregierung durch dieses vorauseilende „downloading", die künftige EU-Biokraftstoffpolitik maßgeblich mitzugestalten. So entwarf sie bereits 2007 eine nationale Verordnung, welche Nachhaltigkeitskriterien für Biokraftstoffe spezifizierte, die von der EU-Kommission später in weiten Teilen übernommen wurden. Durch dieses „pace-setting" minimierte die Bundesregierung also erneut die Anpassungskosten an die letztlich 2009 verabschiedete Erneuerbare-Energien-Richtlinie (ebenda).

Trotz unterschiedlicher Strategien und Wechselwirkungen zwischen der europäischen und der nationalen Ebene machen die genannten Beispiele grundsätzlich deutlich, dass die Mehrebenendynamik in der EU stärker von Koordination und Kompromissen zwischen den Ebenen geprägt ist als von Dominanz der einen Ebene über die andere. Die Energiepolitik bildet hier keine Ausnahme. Dennoch lässt sich (auch) hier eine grundsätzliche Machtverschiebung in Richtung EU erkennen. Gerade im Zuge der Änderungen durch den Vertrag von Lissabon und der sich entwickelnden Energieunion werden weitere Kompetenzen auf die europäische Ebene übergehen. Da jedoch weiterhin zentrale energiepolitische Kompetenzen auf der Ebene der Mitgliedstaaten verbleiben (siehe Abschnitt 3), wird die Energiepolitik Deutschlands und Europas auch zukünftig maßgeblich von den Wechselwirkungen und Dynamiken innerhalb des europäischen Mehrebenensystems geprägt sein.

5 Fazit und Ausblick

Die Energiepolitik hat sich seit der Nachkriegszeit bis heute in Deutschland wie auch in Europa drastisch verändert. Sie ist dabei von einer separaten „Energieträgerpolitik" zu einem eigenständigen Politikfeld geworden. Bereits in der Gründungsphase der EG spielten eine gemeinsame Kohle- und Atompolitik eine tragende Rolle. Auch im Deutschland der 1950er- und 1960er-Jahre bedeutete Energiepolitik primär die Stützung der deutschen Steinkohle sowie den Aufbau von Atomkraftwerken. Wichtiges Leitmotiv war dabei in Deutschland wie in der EU die Versorgungssicherheit.

Spätestens seit den 1980er-Jahren ist in Deutschland wie auch in der EU neben dieses Leitmotiv durch das einsetzende Umweltbewusstsein (Stichwort Waldsterben) und eine zunehmend kritische Haltung gegenüber Atomkraftwerken das Ziel der Umweltverträglichkeit hinzugekommen. In den 1990er-Jahren wurde mit der Einführung des EU-Binnenmarkts schließlich das dritte Ziel der Wirtschaftlichkeit durch verstärkten Wettbewerb und Auflösung der Monopolstrukturen eingeführt.

Insbesondere als Folge der Öl(preis)krisen der 1970er-Jahre wurden verstärkt Konzepte diskutiert, die seit 1980 unter dem Begriff der Energiewende alternative Wege der Energieversorgung aufzeigen. Dabei spielten in Deutschland neue Gruppierungen wie Bürgerinitiativen, die neu gegründete Partei „Die Grünen", aber auch einzelne Politiker der etablierten Parteien sowie Wissenschaftler eine wichtige Rolle bei der Diskussion und Verbreitung des Themas. Zwar war Deutschland nicht das erste Land, das Energieeffizienz und erneuerbare Energien in der Folge in größerem Stil und mit effektiven Maßnahmen einführte – hier war zum Beispiel Dänemark bereits früher aktiv. Aufgrund seines politischen und ökonomischen Gewichts in der EU war es aber insbesondere Deutschland, das mit seiner Politik der „ökologischen Modernisierung" seit 1998 auch in der EU starke Impulse für eine ambitioniertere Energie- und Klimapolitik sowie die Wahl der „von Brüssel erlaubten" Instrumente setzte. In der EU wurde Energiepolitik schließlich seit dem Vertrag von Lissabon von 2007 zu einem eigenständigen Primärrechtsbereich, auf dessen Basis die EU-Kommission nun die Initiative für EU-Gesetze ergreifen kann.

Aber nicht erst seit der Schaffung des primärrechtlichen Status auf EU-Ebene, sondern bereits in allen vorhergehenden Phasen seit der Gründung der EG gab es enge Wechselwirkungen zwischen der nationalen und der europäischen Energiepolitik. So gibt es nicht nur Einflussnahmen von „oben" (von den EU-Organen) nach „unten" (zu den Mitgliedstaaten) sowie umgekehrt, sondern auch horizontal zwischen den Regierungen oder nationalen Lobbygruppen der Mitgliedstaaten, um z. B. eigene Politiken oder Instrumente abzusichern. Analytisch können diese und weitere Strategien mit dem Konzept der Europäisierung (Europeanization) gefasst werden. Der Beitrag beleuchtet unter Nutzung dieses Konzepts die politischen Entwicklungen am Beispiel des deutschen EEG sowie der EU-Biokraftstoffpolitik.

Während im Kontext der EU-Mitgliedstaaten Deutschland lange Zeit als Vorreiter und Schrittmacher europäischer Energiepolitik galt, verändert sich dieses Bild seit einiger Zeit. War es zunächst die zögerliche Umsetzung der Liberalisierung der Energiemärkte, so kratzt gegenwärtig die voraussichtliche Verfehlung der nationalen Zielbeiträge für 2020 bei Treibhausgasemissionen, Energieeffizienz und erneuerbaren Energien am Vorreiterimage. Auch die Verfolgung nationaler Interessen bei der eigenen Versorgung mit Erdgas oder der dynamische Anstieg erneuerbaren Stroms, der zu Problemen in benachbarten Netzen führt, sorgt für Spannungen mit einigen Mitgliedstaaten. Auch die EU hat im internationalen Raum ihre Rolle als Zugpferd eingebüßt. Dies wurde nicht zuletzt im Vorfeld der UN-Verhandlungen von Paris 2015 aufgrund wenig ambitionierter Klimaschutzziele kritisiert. Und auch nach dem erfolgreichen Zustandekommen des Abkommens ratifizierten Deutschland und die EU es erst nach Ländern wie den USA, China oder den Vereinigten Arabischen Emiraten.

Durch das Abkommen von Paris – und die damit verbundene Erkenntnis, dass zur Vermeidung eines für die Menschheit gefährlichen Klimawandels die durchschnittliche Erhöhung der Temperatur seit der Industrialisierung auf möglichst unter 1,5 °C begrenzt werden muss – haben sich die Anforderungen an Klimaschutzmaßnahmen noch einmal deutlich erhöht. Dies wird auch Auswirkungen auf die Energiepolitik in Deutschland und in der EU haben. Damit werden die Ziele verschärft und für alle Sektoren konkretisiert werden müssen. Die Anstrengungen im Bereich der Energieeinsparung sowie beim Ausbau erneuerbarer Energien müssen demzufolge erhöht werden. Bisher effektiv nicht funktionierende Instrumente wie der CO_2-Emissionshandel müssen geschärft bzw. durch effektivere Instrumente ergänzt werden, ebenso in allen nicht vom Emissionshandel umfassten Sektoren und Bereichen.

Gleichzeitig ist das bestehende Energiesystem nach der Phase der Integration der neuen Energieträger nun auf deren fluktuierende Eigenschaften auszurichten – und damit grundlegend zu transformieren. Dabei sind Aspekte wie die sogenannte Sektorkopplung (d. h. die Verwendung erneuerbaren Stroms in anderen Sektoren zur effizienteren Erschließung von Speichern, Flexibilität und Klimaschutz) anzugehen (Ausfelder et al. 2017; Quaschning 2016). Dadurch wird eine Vielzahl neuer Akteure in die energiepolitische Arena kommen, wie dies bereits seit der Einführung der bürgernahen, dezentralen Energiewende der Fall ist. Gleiches gilt seit einiger Zeit auch für die Digitalisierung, die ebenfalls vorrangig im Strombereich Einzug hält und neue, zum Teil sehr große und (markt-)mächtige Unternehmen aber auch innovative Start-ups mit sich bringt. Und schließlich wird im Rahmen der hier nur skizzierten Transformation des Energiesystems die grundlegende Frage der zukünftigen Systemarchitektur zu verhandeln sein – und damit die Rolle, die ökonomische und politische Bedeutung von Akteuren von der kommunalen über die nationale bis zur europäischen Ebene. So wird derzeit neben kleinteiligen, lokalen Zellen ebenso die „europäische Kupferplatte" als strukturbildendes bzw. prägendes Element des zukünftigen Energiesystems diskutiert. Nicht nur das Energiesystem wird sich also transformieren (müssen), sondern mit ihr auch erneut die energiepolitische Arena.

6 Zusammenfassung

In diesem Kapitel wurden wesentliche historische Entwicklungen und politisch-funktionale Zusammenhänge der Energiepolitik Deutschlands und der Europäischen Union herausgearbeitet. Wichtige Strukturmerkmale sind dabei in Bezug auf Deutschland das Energiewirtschaftsgesetz von 1935 sowie die staatliche Atompolitik seit den 1950er-Jahren, die die Strukturen der deutschen Energiepolitik lange prägten. Diese Strukturen wurden erst durch die während der 1990er-Jahre eingeleitete Liberalisierung der Energiemärkte sowie die parallel vorangetriebene Energiewendepolitik partiell aufgebrochen und diversifiziert. Die Energiepolitik in Europa war zunächst von der Sicherung der Energieversorgung geprägt, blieb darüber hinaus jedoch weitestgehend den einzelnen Nationalstaaten überlassen. Erst mit der Gründung der EU in den 1990er-Jahren wurde die Liberalisierung der Energiemärkte und -beziehungen in und zwischen den Mitgliedsstaaten sowie später der Ausbau der erneuerbaren Energien forciert. Mit dem Vertrag von Lissabon von 2007 erreichte die Energiepolitik der EU schließlich primärrechtlichen Status und mit der Ausrufung der Energieunion 2014 gibt es das Bestreben, diesen weiter institutionell zu verfestigen und auszubauen. Mit der Etablierung der Energiepolitik auf Ebene der EG und mehr noch später der EU entstand ein politisches Mehrebenensystem mit zunehmender Dynamik zwischen den politisch-administrativen Ebenen. Die sich daraus ergebenden Wechselwirkungen und Interdependenzen wurden anhand von zwei Beispielen aus dem Bereich der erneuerbaren Energien dargestellt und mit Hilfe des Ansatzes der Europäisierung konzeptualisiert. So konnte gezeigt werden, dass hier zwar grundsätzlich eine gewisse Machtverschiebung hin zur supranationalen Ebene zu erkennen ist, die Strukturen und Prozesse der Multi-Level-Governance der EU (nicht nur) im Energiebereich jedoch nach wie vor stärker von Koordination und Kompromissen zwischen den Ebenen geprägt ist.

Literatur

AEUV. (2012). Vertrag über die Arbeitsweise der Europäischen Union (konsolidierte Fassung). *Amtsblatt der Europäischen Union C, 326*, 47–390.

Amery, C., Mayer-Tasch, P. C., & Meyer-Abich, K. M. (1978). *Energiepolitik ohne Basis. Vom bürgerlichen Ungehorsam zu einer neuen Energiepolitik*. Frankfurt a. M.: Fischer.

Atomgesetz. (2002). *Gesetz zur geordneten Beendigung der Kernenergienutzung zur gewerblichen Erzeugung von Elektrizität*. https://www.bgbl.de/xaver/bgbl/start.xav?start=%2F%2F*%5B%40attr_id%3D'bgbl102s1351.pdf'%5D#__bgbl__%2F%2F*%5B%40attr_id%3D%27bgbl102s1351.pdf%27%5D__1524644021294. Zugegriffen am 03.01.2018.

Ausfelder, F., Fischedick, M., Münch, W., Sauer, J., Themann, M., Wagner, H.-J., Drake, F.-D., Henning, H.-M., Pittel, K., Schätzler, K., Umbach, E., Wagner, U., Erlach, B., Kost, C., Rehtanz, C., Stephanos, C., & Wagemann, K. (2017). *„Sektorkopplung" – Untersuchungen und Überlegungen zur Entwicklung eines integrierten Energiesystems*. Schriftenreihe Energiesysteme der Zukunft. November 2017. München/Halle (Saale)/Mainz: acatech – Deutsche Akademie der Technikwissenschaften e. V./Deutsche Akademie der Naturforscher Leopoldina e. V./Nationale Akademie der Wissenschaften und Union der deutschen Akademien der Wissenschaften e. V.

BMU und BMWi [Bundesministerium für Umwelt, Naturschutz und Reaktorsicherheit und Bundesministerium für Wirtschaft und Technologie]. (2010). *Energiekonzept für eine umweltschonende, zuverlässige und bezahlbare Energieversorgung*. http://www.bundesregierung.de/ContentArchiv/DE/Archiv17/_Anlagen/2012/02/energiekonzept-final.pdf?__blob=publicationFile&v=5. Zugegriffen am 03.01.2018.

Braunbek, W. (1953). *Atomenergie in Gegenwart und Zukunft* (Kosmos Bändchen). Stuttgart: Kosmos – Gesellschaft der Naturfreunde/Franckh'sche Verlagshandlung.

Bundesverfassungsgericht. (2016). *Urteil vom 06. Dezember 2016 – 1 BvR 2821/11*. https://www.bundesverfassungsgericht.de/SharedDocs/Entscheidungen/DE/2016/12/rs20161206_1bvr282111.html. Zugegriffen am 03.01.2018.

Busch, P.-O., & Jörgens, H. (2012). Governance by diffusion. Exploring a new mechanism of international policy coordination. In J. Meadowcroft, O. Langhelle & A. Ruud (Hrsg.), *Governance, democracy and sustainable development. Moving beyond the impasse?* (S. 221–248). Cheltenham: Edward Elgar.

Cherp, A., & Jewell, J. (2011). The three perspectives on energy security. Intellectual history, disciplinary roots and the potential for integration. *Current opinion in Environmental Sustainability, 3*(4), 202–212.

DAtF [Deutsches Atomforum]. (2018). *Geschichte der Kernenergie*. http://www.kernenergie.de/kernenergie/Politik-und-Gesellschaft/Geschichte-der-Kernenergie/. Zugegriffen am 03.01.2018.

Der Standard. (2017). *Milliardenhilfe für AKW Hinkley Point vor EU-Gericht. 03.10.2017*. https://derstandard.at/2000065199971/Milliardenhilfe-fuer-britisches-AKW-vor-EU-Gericht. Zugegriffen am 03.01.2018.

Enquete-Kommission. (1980). *Bericht der Enquete-Kommission „Zukünftige Kernenergie-Politik"*. Deutscher Bundestag. http://dip21.bundestag.de/dip21/btd/08/043/0804341.pdf. Zugegriffen am 03.01.2018.

Ethik-Kommission Sichere Energieversorgung. (2011). *Deutschlands Energiewende – Ein Gemeinschaftswerk für die Zukunft.* https://www.bundesregierung.de/ContentArchiv/DE/Archiv17/_Anlagen/2011/07/2011-07-28-abschlussbericht-ethikkommission.pdf?__blob=publicationFile&v=4. Zugegriffen am 03.01.2018.

Europäische Kommission. (2015). *Paket zur Energieunion. Rahmenstrategie für eine krisenfeste Energieunion mit einer zukunftsorientierten Klimaschutzstrategie* (COM(2015) 80 final). Brüssel: Europäische Kommission.

F.E.St. [Forschungsstätte der Evangelischen Studiengemeinschaft]. (1977). *Alternative Möglichkeiten für die Energiepolitik. Ein Gutachten.* Heidelberg: F.E.St.

Fischer, S. (2011). *Auf dem Weg zur gemeinsamen Energiepolitik. Strategien, Instrumente und Politikgestaltung in der Europäischen Union.* Baden-Baden: Nomos.

Geden, O., & Fischer, S. (2008). *Die Energie- und Klimapolitik der Europäischen Union: Bestandsaufnahme und Perspektiven* (Hg. v. ASKO Europa Stiftung. Denkart Europa: Schriften zur europäischen Politik, Wirtschaft und Kultur). Baden-Baden: NOMOS.

Hauff, V. (1986). *Energie-Wende: Von der Empörung zur Reform.* München: Knaur.

Hirschl, B. (2008). *Erneuerbare Energien-Politik. Eine Multi-Level Policy-Analyse mit Fokus auf den deutschen Strommarkt.* Wiesbaden: VS Research.

Hirschl, B., & Aretz, A. (2013). Debatte mit Schlagseite. Wandel des Energiesystems. *Politische Ökologie, 31*(133), 61–67.

Hirschl, B., Aretz, A., Prahl, A., Böther, T., Heinbach, K., Pick, D., & Funcke, S. (2010). *Kommunale Wertschöpfung durch erneuerbare Energien* (Schriftenreihe 196/10). Berlin: Institut für ökologische Wirtschaftsforschung (IÖW).

Hirschl, B., Neumann, A., & Vogelpohl, T. (2011). *Investitionen der vier großen Energiekonzerne in erneuerbare Energien* (Schriftenreihe 199/11). Berlin: Institut für ökologische Wirtschaftsforschung (IÖW).

Jörgens, H., & Solorio, I. (2017). The EU and the promotion of renewable energy – An analytical framework. In I. Solorio & H. Jörgens (Hrsg.), *A guide to EU renewable energy policy. Comparing europeanization and domestic policy change in EU member states* (S. 3–22). Cheltenham: Edward Elgar.

Kitschelt, H. (1980). *Kernenergiepolitik – Arena eines gesellschaftlichen Konflikts.* Frankfurt: Campus.

Knodt, M., & Hüttmann, M. G. (2012). Der Multi-Level Governance-Ansatz. In H.-J. Bieling & M. Lerch (Hrsg.), *Theorien der europäischen Integration* (S. 187–205). Wiesbaden: Springer.

Kords, U. (1993). *Die Entstehungsgeschichte des Stromeinspeisungsgesetzes vom 05.10.1990* (Diplomarbeit). Berlin: Freie Universität Berlin, Fachbereich für Politische Wissenschaft.

Krause, F., Bossel, H., & Müller-Reißmann, K.-F. (1980). *Energie Wende. Wachstum und Wohlstand ohne Erdöl und Uran. Ein Alternativ-Bericht.* Umwälz. Frankfurt: Fischer.

Lauber, V. (2005). European Union Policy towards renewable power. In V. Lauber (Hrsg.), *Switching to renewable power. A framework for the 21st century* (S. 203–216). London: Earthscan.

Lauber, V., & Toke, D. (2005). Einspeisetarife sind billiger und effizienter als Quoten-/Zertifikatssysteme. Der Vergleich Deutschland-Großbritannien stellt frühere Erwartungen auf den Kopf. *Zeitschrift für Neues Energierecht (ZNER), 9*(2), 132–139.

Lovins, A. (1977). *Soft energy paths: Towards a durable peace.* Harmondsworth: Penguin Books.

Maltby, T. (2013). European Union energy policy integration. A case of European Commission policy entrepreneurship and increasing supranationalism. *Energy Policy, 55,* 435–444.

Marks, G., Hooghe, L., & Blank, K. (1996). European Integration from the 1980s. State-Centric v. Multi-level Governance. *Journal of Common Market Studies, 34*(3), 341–378.

Matthes, F. C. (2000). *Stromwirtschaft und deutsche Einheit. Eine Fallstudie zur Transformation der Elektrizitätswirtschaft in Ost-Deutschland.* Berlin: LIBRI.

Meadows, D., Meadows, D. H., Zahn, E., & Milling, P. (1972). *Die Grenzen des Wachstums. Bericht des Club of Rome zur Lage der Menschheit.* München: Deutsche Verlags-Anstalt.

Mez, L. (1998). Die Verflechtung von Umwelt- und Energiepolitik in Deutschland. *Politische Bildung, 31*(3), 24–39.

Mez, L. (2001). Fusionen: Das große Fressen. *Energiedepesche, 15*(2), 34–35.

Monopolkommission. (2004). *Wettbewerbspolitik im Schatten „nationaler Champions".* Fünfzehntes Hauptgutachten der Monopolkommission gemäß § 44 Abs. 1 Satz 1 GWB, 2002/2003.

Quaschning, V. (2016). *Sektorkopplung durch die Energiewende.* Berlin: Hochschule für Technik und Wirtschaft HTW Berlin.

Radkau, J. (1983). *Aufstieg und Krise der deutschen Atomwirtschaft 1945–1975. Verdrängte Alternativen in der Kerntechnik und der Ursprung der nuklearen Kontroverse.* Reinbek: Rowohlt.

Reiche, D. (2005a). Geschichte der Energie. In D. Reiche (Hrsg.), *Grundlagen der Energiepolitik* (S. 11–36). Frankfurt a. M.: Peter Lang.

Reiche, D. (2005b). Governance der Energiepolitik. In D. Reiche (Hrsg.), *Grundlagen der Energiepolitik.* Frankfurt a. M.: Peter Lang.

Sack, D. (2018). Zwischen europäischer Liberalisierung und Energiewende. Der Wandel der Governanceregime im Energiesektor (1990–2016). In L. Holstenkamp & J. Radtke (Hrsg.), *Handbuch Energiewende und Partizipation* (S. 81–99). Wiesbaden: Springer.

Saretzki, T. (2001). Energiepolitik in der Bundesrepublik Deutschland 1949–1999. Ein Politikfeld zwischen Wirtschafts-, Technologie- und Umweltpolitik. In U. Willems (Hrsg.), *Demokratie und Politik in der Bundesrepublik 1949–1999* (S. 195–221). Wiesbaden: Springer.

Scrase, J. I., & Ockwell, D. (2010). The role of discourse and linguistic framing effects in sustaining high carbon energy policy – An accessible introduction. *Energy Policy, 38*(5), 2225–2233.

Sielker, F., Kurze, K., & Göler, D. (2018). Governance der EU Energie(außen)politik und ihr Beitrag zur Energiewende. In O. Kühne & F. Weber (Hrsg.), *Bausteine der Energiewende* (S. 249–269). Wiesbaden: Springer.

Spiegel online. (2010). *Lebenssaft der Wehrmacht. 28.06.2010.* http://www.spiegel.de/einestages/zweiter-weltkrieg-lebenssaft-der-wehrmacht-a-946446.html. Zugegriffen am 03.01.2018.

SRU [Sachverständigenrat für Umweltfragen]. (2010). *Laufzeitverlängerung gefährdet Erfolg der erneuerbaren Energien.* Kommentar zur Umweltpolitik. https://www.umweltrat.de/SharedDocs/Downloads/DE/05_Kommentare/2008_2012/2010_KzU_08_Laufzeitverl%C3%A4ngerung_gefaehrdet_Erfolg.pdf;jsessionid=6B1CB209AF3729E24D1E-78AB10E64E25.1_cid284?__blob=publicationFile&v=3. Zugegriffen am 03.01.2018.

trend:research und Leuphana Universität Lüneburg. (2013). *Definition und Marktanalyse von Bürgerenergie in Deutschland.* https://www.buendnis-buergerenergie.de/fileadmin/

user_upload/downloads/Studien/Studie_Definition_und_Marktanalyse_von_Buergerenergie_in_Deutschland_BBEn.pdf. Zugegriffen am 03.01.2018.

Trombetta, M. J. (2012). *European energy security discourses and the development of a common energy policy* (EDGaR working paper no. 2). Groningen: Energy Delta Gas Research.

Vogelpohl, T., Ohlhorst, D., Bechberger, M., & Hirschl, B. (2017). Deutsche Erneuerbare-Energien-Politik – nationale Pionierarbeit versus schleichende Europäisierung? In A. Grunwald, O. Renn & J. Schippl (Hrsg.), *Die Energiewende verstehen – orientieren – gestalten* (S. 135–160). Baden-Baden: Nomos.

Biographie der Energiewende im Stromsektor

Dörte Ohlhorst

Zusammenfassung

Dieses Kapitel beschreibt die Biographie der Energiewende in Deutschland. Im Mittelpunkt stehen die zentralen historischen Ereignisse, relevante Akteure und prägende politische Maßnahmen. Der zeitliche Verlauf wird von den ersten Umwelt- und Energiekrisen in den 1970er-Jahren bis zu der jüngsten Debatte um den Kohleausstieg nachgezeichnet. Die Politik mehrerer Ebenen – von der kommunalen bis zur internationalen Ebene – steuerte den Prozess. Die spätere Dynamik der Energiewende ist jedoch nicht ohne das große Engagement zivilgesellschaftlicher Akteure zu erklären. Darüber hinaus haben verschiedene externe Einflüsse die Dynamik mitbestimmt. Auch wissenschaftlich-technische sowie unternehmerische Pioniere in der Energiewirtschaft spielten eine maßgebliche Rolle. Der Politik- und Innovationsprozess verlief nicht gradlinig, sondern als ein Aushandlungsprozess zwischen unterschiedlichen staatlichen, privaten und gesellschaftlichen Akteuren und deren Interessen.

D. Ohlhorst (✉)
TU München, München, Deutschland
E-Mail: doerte.ohlhorst@hfp.tum.de

Dieses Kapitel beschreibt die Biographie der Energiewende in Deutschland. Im Mittelpunkt stehen die zentralen historischen Ereignisse, relevante Akteure und prägende politische Maßnahmen. Der zeitliche Verlauf wird von den ersten Umwelt- und Energiekrisen in den 1970er-Jahren bis zu der jüngsten Debatte um den Kohleausstieg nachgezeichnet.

1 Die Anfänge der Energiewende in Deutschland

Die Energieversorgung in Deutschland soll umweltschonend und energiesparsam werden. Als „Energiewende" wird der Übergang von einem vorwiegend mit fossilen Energieträgern (Kohle, Öl und Gas) und Kernenergie gedeckten Energiebedarf zu einem System mit einer langfristig gesicherten, nachhaltigen Energiewirtschaft bezeichnet, in der die Erneuerbaren Energiequellen (Windenergie, Photovoltaik, Biogas, Tiefengeothermie, Wasserkraft) den Energiebedarf decken. Dies soll einhergehen mit einer deutlichen Steigerung der Energieeffizienz. Der Begriff „Energiewende" bezeichnet somit die Neuordnung unserer gesamten Energieversorgung in den Sektoren Strom, Wärme und Verkehr. Zugleich geht es darum, wettbewerbsfähige Energiepreise und ein hohes Wohlstandsniveau zu erhalten.

Folgende Energiewende-Ziele hat sich die deutsche Regierung in der Klima- und Energiepolitik gesetzt:

- Der Ausstieg aus der Atomenergie soll bis 2022 erfolgen.
- Die CO_2-Emissionen sollen um 40 % bis 2040 und um 80–95 % bis 2050 reduziert werden (im Vergleich zu den Emissionen von 1990).
- Die erneuerbaren Energien sollen mindestens 80 % des Bruttostromverbrauchs decken bis 2050.
- Die Energieeffizienz soll bis 2030 um 27 % verbessert werden (im Vergleich zu 1990). Der Primärenergieverbrauch soll bis 2020 um 20 % und bis 2050 um 50 % sinken (im Vergleich zu 2008)

1.1 Klimawandel und Energiewende

Der zunehmende Handlungsdruck beim Klimaschutz und die Energiewende stehen in einem engen Zusammenhang. Die in den letzten Jahren vermehrt auftretenden Naturkatastrophen wie Wirbelstürme, Überschwemmungen und Dürrekatastrophen, die mit dem menschlich verursachten (anthropogenen) Klimawandel erklärt werden, tragen zu einer stärkeren Wahrnehmung der Risiken in Politik und Öffentlichkeit bei. Das sichtbar werdende Ausmaß möglicher Auswirkungen des Klimawandels erzeugt Handlungsdruck.

1.2 Die Anfänge der Energiewende in Deutschland

Die Anfänge der Energiewende reichen bis in die 1970er-Jahre zurück. Im Jahr 1980 führten drei Mitarbeiter des Öko-Instituts Freiburg, Florian Krause, Hartmut Bossel und Friedrich Müller-Reißmann, den Begriff als Buchtitel ein – und auch als Appell: „Energie-Wende. Wachstum und Wohlstand ohne Erdöl und Uran". Die alternative Vision des Öko-Instituts war damals noch bescheidener als heute: sie sah 50 Prozent Wind, Wasser, Solar und Biomasse vor – und 50 Prozent heimische Kohle.

1.3 Der Einfluss von Umwelt- und Energiekrisen auf die Energiepolitik

Krisenhafte Ereignisse hatten maßgeblichen Einfluss auf die Entwicklung der Erneuerbaren Energien sowie auf das Umweltbewusstsein der Gesellschaft. Bereits im Wahlkampf 1961 versprach der damalige Kanzlerkandidat Willy Brandt (SPD) angesichts erheblicher Luft- und Gewässerverschmutzungen den „blauen Himmel über der Ruhr". Damit markierte er den Beginn umweltpolitischen Denkens in Deutschland. Die von 1969 bis 1972 regierende erste sozialliberale Koalition erklärte das Ziel, „eine lebenswerte Umwelt zur entscheidenden Richtschnur ihrer Politik zu machen" (Hofmann 1978). 1971 verabschiedete sie das erste Umweltprogramm der Bundesregierung. Darin ist Umweltschutz erstmals als eine wesentliche Staatsaufgabe definiert.

Eine Reihe von Autoren griffen die Themen des Umweltschutzes auf und zogen damit große öffentliche Aufmerksamkeit auf sich. Eine dieser einschlägigen Veröffentlichungen war der so genannte Meadows-Bericht des Club of Rome mit dem Titel „Die Grenzen des Wachstums" aus dem Jahr 1972 (Meadows et al. 1972). Herbert Gruhl zog in seinem Buch „Ein Planet wird geplündert" eine „Schreckensbilanz" der Politik und beklagte den aus Wachstumszielen resultierenden unverantwortlichen Umgang mit natürlichen Ressourcen (Gruhl 1975).

Die 1970er-Jahre standen im Zeichen von zwei „Ölkrisen" in den Jahren von 1973 und von 1979/1980 – Öl und Gas wurden spürbar teurer. Da Deutschland über keine eigenen Gas- oder Ölvorkommen verfügt, war es von der Krise besonders betroffen. In der Folge wurden Versorgungssicherheit und Unabhängigkeit von Energieimporten zu Leitmotiven der Energiepolitik. Erstmals kam die Möglichkeit in Betracht, dass auch erneuerbare Energien, die bis dahin als zu teuer galten, zur Energieversorgung beitragen können. Allerdings gab es sehr unterschiedliche Auffassungen darüber, in welchem Umfang dies erfolgen könne.

In der Folge gründeten sich zahlreiche Bürger- und Umweltinitiative. Aus ihren Mitgliedern – sowie aus der studentischen Linken – ging die Partei Die GRÜNEN hervor, die 1980 gegründet wurde.

> **Infobox 1: Zivilgesellschaftliches Engagement, kreative Pioniere und Bürgerenergie**
> Ein wichtiger treibender Einflussfaktor für die Entwicklung der Erneuerbaren Energien war das zivilgesellschaftliche Engagement in der Anti-Atomkraft- und Umweltbewegung (vgl. z. B. Mautz et al. 2008; Radkau 2011). Akteure dieser Szene, die vielfach in Bürgerinitiativen oder Verbänden organisiert waren, bildeten schon in den 1970er- und 1980er-Jahren ein Umfeld, in dem alternative Ideen entwickelt wurden. Der Wunsch nach einer alternativen Strom- und Wärmeerzeugung, die nicht mit massiven Umweltrisiken einhergeht, gekoppelt mit dem Wunsch nach einer unabhängigen Energieversorgung befeuerte die Entwicklung technisch innovativer Ideen. In der Windenergie gilt beispielsweise *Aloys Wobben* als einer der Pioniere, der zunächst in der eigenen Garage an Windkraftanlagen bastelte und 1984 eines der bedeutendsten Unternehmen der deutschen Windkraftbranche (Enercon) gründete. Im Biogasbereich engagierten sich Landwirte und trieben die Technikentwicklung voran. Landwirte spielten auch für die Windenergieentwicklung eine zentrale Rolle, denn sie verfügten über die geeigneten Standorte. Einige Pioniere aus dem alternativ-kreativen Milieu schafften es, die idealistischen Ideen zu professionalisieren und marktfähige Strukturen aufzubauen. Dabei wurden sie von der sympathisierenden Haltung weiter Kreise der Bevölkerung sowie von Förderprogrammen auf Bundes- und auf Länderebene unterstützt.
>
> Die Ausbreitung sowohl der Windenergie als auch der Photovoltaik wurde durch private Investitionen in Bürgerenergieanlagen und Energiegenossenschaften forciert (Ohlhorst 2017). Derzeit befindet sich fast die Hälft der Stromerzeugungskapazitäten aus Erneuerbaren Energien Deutschlands in der Hand von privaten Kleinanlegern. Damit erfolgte eine starke Dezentralisierung sowohl in der Struktur der Erzeugungstechnologien als auch in der Besitzstruktur der Erzeugungsanlagen. Die Erneuerbaren Energien genießen eine breite gesellschaftliche Akzeptanz, die durch Umfragen immer wieder bestätigt wird. Diese grundsätzlich positive Einstellung der Bevölkerung, das bürgerschaftliche Engagement und nicht zuletzt die privaten Investitionen und die finanzielle Teilhabe vieler Akteure an den Strommarkt sind eine maßgebliche Bedingung für den Ausbau der Erneuerbaren Energien.

1.4 Anti-Atomkraft-Bewegung

Die beiden Ölpreisschocks hatten dem Wirtschaftswunderland Deutschland erstmals die Endlichkeit des Öls vor Augen geführt. Daher waren Atomkraftwerke hoch im Kurs – Atomenergie schien eine mögliche Alternative für die Abhängigkeit von fossilen Ressourcen zu sein. Aber auch die Proteste gegen Atomkraft hatten in den 1970er-Jahren mehrere Höhepunkte. 1975 wurde der Bauplatz des geplanten Atomkraftwerks in Wyhl besetzt. Dies war der Startpunkt einer wachsenden Anti-Atomkraft-Bewegung in Deutschland, die eng mit der Friedensbewegung verknüpft war (Radkau 2011). Zwischenfälle im Atomkraftwerk Three Mile Island in Harrisburg 1979 verstärkten die Zweifel daran, dass diese Technologie beherrschbar sei. Proteste führten Ende der 1980er-Jahre zur Einstellung der Bauarbeiten an der umstrittenen Wiederaufbereitungsanlage in Wackersdorf.

> **Infobox 2: Die Risikogesellschaft**
> Mitte der 1980er-Jahre waren die Zweifel daran, dass die Atomenergie eine zukunftsfähige Alternative ist, auch Teil der kontroversen Diskussionen über die „Risikogesellschaft". Das auf dem Buchmarkt sehr erfolgreiche Buch des deutschen Soziologen Ulrich Beck mit diesem Titel erschien im Jahr der Reaktorkatastrophe von Tschernobyl (Beck 1986). Die Grundthese lautet, dass in der fortgeschrittenen Moderne die gesellschaftliche Produktion von Reichtum systematisch mit der gesellschaftlichen Produktion von Risiken einhergeht.

Einen fundamentalen Einbruch in der Akzeptanz erlitt die Kernenergienutzung durch die Reaktorkatastrophe von Tschernobyl im Jahr 1986. Dieser „Super-GAU" gilt als eine der weltweit folgenschwersten Umweltkatastrophen. Große Teile der Bevölkerung wollten einen Ausstieg aus der Atomenergie – eine Forderung, die von den GRÜNEN vertreten, aber auch von der SPD (damals in der Opposition) übernommen wurde. Der politische Konsens über die Nutzung der Atomenergie hatte sich aufgelöst und die Notwendigkeit energiewirtschaftlicher Alternativen trat auf die politische Agenda.

Kurz nach dem Tschernobyl-Schock wurden das Bundesministerium für Umwelt, Naturschutz und Reaktorsicherheit sowie mehrere Umweltministerien auf Länderebene eingerichtet. So konnte sich die Umweltpolitik als Ressort institutionalisieren (Saretzki 2001, S. 206).

Auch die Reaktorkatastrophe im Japanischen Fukushima hatte in Deutschland politische Folgen: Bundeskanzlerin Merkel berief eine Ethikkommission für sichere Energieversorgung ein. „Deutschlands Energiewende – Ein Gemeinschaftswerk für die Zukunft" – so lautete der Titel des Berichts, den diese Kommission im

März 2011 veröffentlichte. Darin sprach sie sich für eine nachhaltige Energieversorgung mit einem hohen Anteil erneuerbarer Energien aus und bekräftigte die Notwendigkeit des Atomausstiegs. Die Bundesregierung beschleunigte daraufhin den bereits zuvor beschlossenen Atomausstieg und begrenzte die Laufzeiten der deutschen Kernkraftwerke auf maximal zwölf weitere Jahre, so dass spätestens im Jahr 2022 das letzte Atomkraftwerk abgeschaltet wird.

> **Infobox 3: Windows of opportunity – Gelegenheitsfenster für politisches Handeln**
> Der Reaktorunfall in Tschernobyl (1986) und der Tsunami in Japan, der die Zerstörung des Atomkraftwerks in Fukushima verursachte (2011), waren Katastrophen, die gesellschaftliche und politische Prozesse des Umdenkens einleiteten. Sie stellten die bisherige Atomenergiepolitik grundlegend in Frage. Die Bundesregierung sah sich gezwungen, den Einsatz der Atomenergie zu überdenken. Im Zuge der gesellschaftlichen Umdenkungsprozesse gewannen alternative Energieversorgungskonzepte an Boden. Die Beispiele verdeutlichen, dass krisenhafte Ereignisse eine zentrale treibende Kraft für politisches Handeln sein können. Sie zeigen Handlungsnotwendigkeiten auf und zwingen ggf. zur Neuausrichtung von politischen Zielen und Strategien. Damit öffnen sie Zeitfenster für ambitioniertes politisches Handeln – sogenannte „windows of opportunity".

1.5 Klimaschutz- und Nachhaltigkeitspolitik

Seit Ende der 1980er-Jahre wird der durch Menschen verursachte Klimawandel auch auf nationaler Ebene verstärkt wahrgenommen. Ein wichtiger Auslöser hierfür war ein Aufruf der Deutschen Meteorologischen sowie der Deutschen Physikalischen Gesellschaft im Jahr 1987. Sie prognostizierten eine Erderwärmung von 3 °C in den kommenden 100 Jahren und mahnten die politischen Entscheidungsträger an, sich intensiver mit dem Klimaschutz zu befassen. Die Vertreter der Deutschen Physikalischen Gesellschaft plädierten in diesem Zusammenhang allerdings für eine verstärkte Nutzung der Kernenergie.

Auch die Medien griffen ab Ende der 1980er verstärkt das Thema Klimawandel auf. Berichte über den Treibhauseffekt (das Aufheizen der Erdatmosphäre), die schmelzenden Gletscher und den zu erwartenden Anstieg der Meeresspiegel lösten öffentliche Debatten über Ursachen und Folgen des Klimawandels aus.

Die internationale Debatte über die Entwicklungs-, Umwelt- und Klimaschutzpolitik wurde in dieser Zeit maßgeblich durch den „Brundtland-Bericht" beeinflusst. Er wurde 1987 von der durch die Vereinten Nationen gegründeten Weltkommission für Umwelt und Entwicklung veröffentlicht und nach der Kommissionsvorsitzenden Brundtland benannt. Darin tauchte erstmals das Leitbild einer Nachhaltigen Entwicklung auf (Hauff 1987).

Im Jahr 1988 gründete daraufhin das Umweltprogramm der Vereinten Nationen den Weltklimarat (International Panel on Climate Change, IPCC). Sein Ziel war es zu klären, welche Gefährdungen von der Erderwärmung ausgehen und ob gehandelt werden muss. Im Auftrag des IPCC tragen Wissenschaftler aus aller Welt die aktuellen Erkenntnisse der Klimaforschung zusammen. Diese sollen Grundlagen für wissenschaftsbasierte politische Entscheidungen bieten. Ziel des IPCC ist es jedoch nicht, konkrete Lösungswege vorzuschlagen oder politische Handlungsempfehlungen zu geben. Für jeden Bericht des IPCC werden neue Autorenteams zusammengestellt. Zurzeit sind 195 Länder Mitglied des IPCC. Jedoch forscht der IPCC nicht selbst, sondern trägt internationale Forschungsleistungen zusammen und bewertet sie aus wissenschaftlicher Sicht. Alle sechs bis sieben Jahre veröffentlicht der IPCC seine Sachstandsberichte (IPCC Assessment Reports), die international ein großes Gewicht in der Klimaschutzpolitik haben.

1.6 Weltumweltkonferenz und Klimarahmenkonvention

Der Brundtland-Bericht war auch ein auslösender Faktor für die *Weltumweltkonferenz* in Rio de Janeiro 1992, an der rund 10.000 Delegierte aus 178 Staaten teilnahmen. Ziel war es, die Weichen für eine weltweite, nachhaltige Entwicklung zu stellen. Im Zusammengang mit umweltpolitischen Problemen sollten auch die drängenden globalen Entwicklungsprobleme behandelt werden. Ergebnis der Konferenz waren fünf wichtige gemeinsame Absichtserklärungen (Deklarationen), darunter die *Klimarahmenkonvention* (Rahmenkonvention der Vereinten Nationen über Klimaveränderungen, UNFCCC). Sie sieht vor, dass die Belastung der Atmosphäre mit Treibhausgasen auf einem Niveau stabilisiert wird, welches eine gefährliche Störung des Weltklimas verhindert. Die Rahmenkonvention setzt das Ziel, den CO_2-Ausstoß bis 2050 weltweit um mindestens 60 Prozent zu reduzieren, um den Klimawandel in vertretbaren Grenzen zu halten. Die Sachstandsberichte des IPCC stellen eine wichtige Basis für die jährlichen Verhandlungen zur Klimarahmenkonvention dar.

1.7 Bericht der Enquete-Kommission „Schutz der Erdatmosphäre"

Nicht nur auf internationaler Ebene, sondern auch auf Bundesebene spielten neue Schnittstellen zwischen Wissenschaft und Politik eine wichtige Rolle in der deutschen Energie- und Klimaschutzpolitik. So wurde der Klimaschutz zu einem zunehmend zentralen politischen Thema, als 1987 die Enquête-Kommission „Vorsorge zum Schutz der Erdatmosphäre" des Deutschen Bundestages ihre Arbeit aufnahm. Die Kommission transportierte zentrale wissenschaftliche Erkenntnisse und die Dringlichkeit von Klimaschutzmaßnahmen in die Politik. Ihr Abschlussbericht war die Basis für das Klimaschutzprogramm der Bundesregierung, das im Jahr 1990 veröffentlicht wurde (Enquête-Kommission 1990).

1.8 Steigende Erdölpreise

Der Erdölpreis unterliegt heftigen Schwankungen, aber in den wirtschaftlichen Boomjahren nach 1999 gab es eine längere Phase steigender Ölpreise. 2004 erreichte der Ölpreis ein neues Rekordniveau von über 50 Dollar pro Barrel. Ursache hierfür war einerseits der weltweit steigende Verbrauch bei zeitweise unzureichenden Förderkapazitäten. Andererseits wirkten sich auch Spekulationen preistreibend aus. Besonders nach dem Einbruch der New economy stellte der Ölmarkt für Investoren eine Möglichkeit zur Risikostreuung dar (Abdolvand und Liesener 2009). Im März 2008 wurde die historische Marke von 100 Dollar pro Barrel erstmals überschritten. Im Juli desselben Jahres lag der Ölpreis bereits bei über 140 Dollar pro Barrel – nun wurde von einer erneuten Ölpreiskrise gesprochen. Zwar brach der Ölpreis nach dieser Spitze wieder stark ein, aber diese Entwicklung führte Entscheidungsträgern und Wirtschaftsakteuren vor Augen, dass der Preis für die begrenzte Ressource Öl mittelfristig steigen bzw. immer wieder stark schwanken wird. Der schwankende bzw. in der Tendenz steigende Ölpreis ist ein zentrales Argument für eine Umstellung der Energieversorgung auf erneuerbare Energien.

1.9 Maßgeblicher Energiewende-Schritt: das Stromeinspeisungsgesetz

Nach der ersten Ölkrise im Jahr 1973 begann Deutschland, die Stromerzeugung aus Erneuerbaren Energien zu fördern. Jedoch umfasste dies bis in die späten 1980er-Jahre nur kleinere Förderprogramme für Wind- und Solarenergie. Ein wesentlicher

Schritt auf dem Weg der Transformation zu einem Energiesystem mit hohem Anteil erneuerbarer Energien erfolgte erst 1990, als das *Stromeinspeisungsgesetz* verabschiedet wurde. Es war eines der ersten Gesetze in Europa, das öffentliche Energieversorger dazu verpflichtete, Strom aus Erneuerbaren Energien abzunehmen und nach einem von der Regierung jährlich festgelegten Preis zu vergüten. Das Gesetz wurde von Parlamentariern des Bundestags initiiert. Bundestagsabgeordnete aller Fraktionen setzten sich für das Gesetz ein. Nach heftigen Auseinandersetzungen wurde es im Dezember 1990 verabschiedet. Es wurde auch im Bundesrat mehrheitlich angenommen und trat am 01.01.1991 in Kraft (Ohlhorst 2009).

Das Stromeinspeisungsgesetz schrieb erstmals vor, dass Anlagen zur Stromerzeugung aus Erneuerbaren Energien von den Netzbetreibern ans Stromnetz angeschlossen und der Strom abgenommen und vergütet werden müssen. So ermöglichte das Gesetz die Öffnung des Strommarktes für private Erzeuger regenerativen Stroms. Zuvor war der Strommarkt durch vier große Energieversorger geprägt, die sowohl das Stromnetz (Übertragungsnetz) als auch etwa 80 % der Stromerzeugung kontrollierten. Durch die im neuen Gesetz festgelegten Einspeisevergütungen für Strom aus Erneuerbaren Energien wurden die öffentlichen Haushalte nicht belastet, denn die Einspeisevergütung wurde auf die Endkunden umgelegt. In der Folge setzte eine dynamische Entwicklung insbesondere der Windenergie in Deutschland ein. Windenergie musste von nun an zum Preis von 90 % des Durchschnittserlöses aus dem Stromverkauf an Endverbraucher vergütet werden und wurde damit rentabel – Windparks wurden sogar zu einer nachgefragten Kapitalanlage. Mit dem Wachstum der Branche stiegen auch die Beschäftigtenzahlen (Bruns et al. 2010, 2011).

2 Kritische Phase im Energiewendeprozess

2.1 Heftige Konflikte um das Stromeinspeisungsgesetz

Die vier großen Energieversorger, aber auch der Deutsche Industrie- und Handelstag und der Bundesverband der deutschen Industrie sprachen sich gegen das Gesetz aus. Aus ihrer Sicht waren die gesetzlich festgelegten Vergütungssätze für die Abnahme des Stroms aus Erneuerbaren Energien überhöht. Sie spiegelten nicht den Wert der erzeugten Energie wider und waren daher aus energiewirtschaftlicher Perspektive unangemessen (Hemmelskamp und Jörg 1999). Außerdem argumentierten die Energieversorger, dass die entstehende Vergütungsleistung für den Strom aus Erneuerbaren nicht gleichmäßig über die Regionen verteilt wurde – den größten Teil der Einspeisevergütung mussten die Netzbetreiber im Norden tragen.

> **Infobox 4: Wie entstand das Stromeinspeisungsgesetz?**
> Die Entstehung des Gesetzes war ein besonderes Ereignis im parlamentarischen Alltag: Eine unübliche Koalition aus Abgeordneten ermöglichte, dass der Gesetzentwurf von allen Bundestagsfraktionen angenommen wurde. Zu ihnen gehörte der bayerische CSU-Abgeordnete Engelsberger, der Betreiber eines Wasserkraftwerks und Präsident des Bundesverbandes der Deutschen Wasserkraftwerke war. Er kämpfte für eine höhere Vergütung von Strom aus Wasserkraft. Wolfgang Daniels, forschungspolitischer Sprecher der Grünen, war mit der Anti-AKW-Bewegung verbunden und wollte den Atomausstieg vorantreiben. Die beiden Bundestagsabgeordneten wurden von ca. 80 Fraktionskollegen und auch vom Bundesumweltministerium unterstützt. So gelangten die Vorteile der Erneuerbaren Energien auf ungewöhnlichem Weg auf die politische Agenda.

Rückblickend ist zu vermuten, dass die weit reichende Wirkung des Gesetzes zum Zeitpunkt seiner Verabschiedung allgemein unterschätzt wurde. Weder die etablierte Stromwirtschaft noch das Bundeswirtschaftsministerium oder die rechts-liberale Koalition aus CDU, CSU und FDP unter Bundeskanzler Kohl rechneten ernsthaft mit einer durchschlagenden Wirkung des Gesetzes. Das durch das Gesetz ausgelöste Wachstum der Windenergie übertraf selbst die optimistischsten Erwartungen der Windenergiepioniere. Es hatte Planungssicherheit für Investoren und damit auch günstige Voraussetzungen nicht nur für die Verbreitung der Technologie, sondern auch für die technische Weiterentwicklung geschaffen (Staiß 2003, S. 68 f.).

2.2 Der Streit vor dem Europäischen Gesichtshof

Mitte der 1990er-Jahre konnte sich in Deutschland die Stromerzeugung aus Erneuerbaren Energien im Bereich Wind und Wasserkraft erheblich ausweiten. Den traditionellen Energieversorgungsunternehmen gefiel diese Entwicklung nicht – sie befürchteten Marktanteile im Strommarkt zu verlieren. Energieversorgungsunternehmen und Energieverbände versuchten daher, die Vorschriften der EU für die Durchsetzung ihrer Interessen zu nutzen: 1998 schalteten sie (über das Kieler Landgericht) den Europäischen Gerichtshof ein. Sie beklagten, dass die im Stromeinspeisungsgesetz festgelegten Vergütungen für Strom aus Erneuerbaren als eine staatliche Beihilfe zu bewerten und daher europarechtlich unzulässig seien. Die darauffolgenden Gerichtsverhandlungen (Preussen Elektra vs. Schleswag) erstreckten sich über einen

Zeitraum von drei Jahren – ein langer Zeitraum der rechtlichen Unsicherheit für die noch junge Branche, der eine starke Unsicherheit bei den Investoren auslöste.

Die europäische Generaldirektion für Wettbewerb (Verwaltungseinheit der Europäischen Kommission, die sich um einen fairen Wettbewerb in Europa kümmert) übte nun Druck auf die deutsche Regierung aus, das Stromeinspeisungsgesetz zu ändern (Jacobsson und Lauber 2006, S. 265). Als daraufhin der Deutsche Bundestag 1997 eine Absenkung der Einspeisetarife für Strom aus Erneuerbaren Energien vorschlug, bildete sich ein breites Bündnis aus unterschiedlichen Gruppen, die sich in einer ‚Aktion Rückenwind' für erneuerbare Energien einsetzten. Hierzu gehörten die Vertreter der Windenergie- und Solarbranche, Umweltgruppen, Gewerkschaften, Landwirte und auch kirchliche Gruppen (ebenda sowie Bruns et al. 2011, S. 370). Dieses enorme öffentliche Bekenntnis zu einer fortgesetzten Förderung der Erneuerbaren Energien hatte zur Folge, dass die Bundesregierung die Einspeisetarife nicht absenkte. Insbesondere der Ausbau der Windenergie setzte sich daraufhin dynamisch fort (Ohlhorst 2009).

Als im Jahr 1998 die rot-grüne Koalition in Deutschland ihr Amt antrat, wurden die Regelungen zur Förderung der Erneuerbaren Energien weiter gestärkt (Hirschl 2008, S. 257–279). Ein Jahr später übernahm die neue Bundesregierung auch die EU-Ratspräsidentschaft. In dieser Position hatte sie einen stärkeren Einfluss auf den Energieministerrat und setzte sich dafür ein, dass die Fördersysteme der europäischen Mitgliedstaaten nicht harmonisiert werden mussten, sondern die jeweils nationale Förderpolitik beibehalten werden durfte.

3 Dynamische Entwicklung nach Einführung des Erneuerbare-Energien-Gesetzes

3.1 Meilenstein der Energiewende: Das Erneuerbare-Energien-Gesetz (EEG)

Am Ende der 1990er-Jahre bereitete das Bundesumweltministerium ein neues Gesetz vor, das das Stromeinspeisungsgesetz ablösen sollte. Denn die Vergütungssätze des Stromeinspeisungsgesetzes wurden als Prozentsatz des Strompreises ermittelt, der jedoch Schwankungen unterlag. Daher reichte die Höhe der Vergütung nicht aus, um genügend Investitionen anzureizen und die Entwicklung aller Technologien zur Stromerzeugung aus Erneuerbaren Energien (Wind, Sonne, Wasser, Biomasse, Geothermie) voranzutreiben. Das Ziel, die erneuerbarer Energien breit in den Energiemarkt einzuführen und ihren Anteil am Strommix bis 2010 zu verdoppeln, war in Gefahr. Der Bundestag legte daher einen entsprechenden Gesetzentwurf für das Erneuerbare-Energien-Gesetz (EEG) vor. Diese Initiative wurde insbesondere von der Fraktion Bündnis 90/Die Grünen, aber auch von Abgeordneten der SPD-Fraktion getragen. Einer der maßgeblichen Unterstützer des neuen Gesetzes war Hermann Scheer (SPD), der sich mit großem Engagement über einen langen Zeitraum für eine Transformation der Energieversorgung in Deutschland hin zu einem hohen Anteil erneuerbarer Energien einsetzte.

Während in der Europäischen Union über eine neue Richtlinie zur Förderung der Stromerzeugung aus Erneuerbaren Energiequellen (EE-Strom-Richtlinie) verhandelt wurde, verabschiedete das deutsche Parlament im Jahr 2000 das Erneuerbare-Energien-Gesetz (EEG). Das neue Gesetz verwirklichte eine wegweisende Förderpolitik mit hoher Investitionssicherheit für Stromerzeuger: es führte kostendeckende Einspeisetarife ein, die für einen Zeitraum von zwanzig Jahren gültig waren. Die Einspeisetarife wurden vom Parlament festgesetzt und mussten von den Stromnetzbetreibern vergütet werden. Diese wiederum gaben die Kosten an die Endkunden weiter (Bechberger und Reiche 2004; Mez 2009, S. 386–387).

3.2 Die Strommarktliberalisierung und ihre Bedeutung für die Energiewende

In Deutschland war in den 1990er-Jahren neben der Förderpolitik für die Erneuerbaren Energien auch der allgemeine Rechtsrahmen für den Energiemarkt entscheidend dafür, dass die Erneuerbaren Energien immer mehr zur Stromerzeugung beitragen konnten. In mehreren Legislaturperioden hatten deutsche Regierungen versucht, mehr Wettbewerb auf dem Energiemarkt einzuführen und so die Oligopolstellung der vier großen, den Markt dominierenden Energiekonzerne aufzuheben. In einem Markt besteht dann ein Oligopol, wenn wenige Anbieter einer großen Anzahl von Nachfragern gegenüberstehen. Dem Staat war es über einen langen Zeitraum aufgrund des Widerstands einer einflussreichen Interessenkoalition, die insbesondere von Energieversorgungsunternehmen dominiert wurde, nicht gelungen, dieses Oligopol aufzubrechen (Monstadt 2004).

Der entscheidende Impuls kam schließlich aus Brüssel. Hier wurde im Dezember 1996 die *Europäische Binnenmarktrichtlinie für den Strommarkt* verabschiedet (Richtlinie 96/92/EG). Maßgebliches Ziel der Richtlinie war eine Liberalisierung des europäischen Strommarktes durch mehr Wettbewerb. Verbraucher sollten ihre Stromlieferanten frei wählen können und Stromanbieter sollten unabhängig von ihrem Standort ihre Versorgungsleistungen auch überregional anbieten dürfen. Durch den steigenden Wettbewerb wurden sinkende Energiepreise erwartet (vgl. auch die Kapitel von Praetorius und von Mäst et al. in diesem Band).

Die Richtlinie trat im Februar 1997 in Kraft und verpflichtete alle Mitgliedsländer der Europäischen Union zu einer schrittweisen Liberalisierung der Stromwirtschaft bis 1999. Zentraler Bestandteil der Reform war ein „Unbundling" – das heißt eine Entflechtung der Unternehmensbereiche der Stromerzeugung, Stromübertragung (über große Distanzen) und der Stromverteilung an die Endkunden (Monstadt 2004, S. 162). Energieerzeugungsunternehmen waren von nun an dem Wettbewerb auf dem Markt ausgesetzt. Neben dem Unbundling war die Netzzugangsgarantie für Dritte zu den Übertragungs- und Verteilnetzen sowie die Regulierung der Netznutzungsentgelte und Netzanschlussbedingungen wichtige Vorgaben der EU für eine Liberalisierung der Strommärkte. Die Richtlinie erlaubte darüber hinaus Regelungen zur vorrangigen Nutzung erneuerbarer Energien.

Einige Akteure, wie die Partei Bündnis 90/Die Grünen, Umweltverbände und neue Energiemarktteilnehmer erwarteten von der Strommarktliberalisierung einen größeren Handlungsspielraum für die Erzeuger von Strom aus Erneuerbaren Energien und damit eine „grünere", nachhaltigere und auch dezentralere Stromversorgung (Hirschl 2008, S. 144–149).

In Deutschland wurde die Richtlinie 1998 mit der Neuregelung des Energiewirtschaftsgesetzes umgesetzt. Die *Europäische Binnenmarktrichtlinie für den Strommarkt* ermöglichte erhebliche Gestaltungsspielräume für die Mitgliedstaaten der EU bei der Umsetzung auf nationaler Ebene. In Deutschland wurde zunächst nur eine unvollständige Entflechtung erreicht, da die ausgegründeten Unternehmen im Besitz der Mutterkonzerne verblieben. Dies führte zu Defiziten bei der Umsetzung – die Maßnahmen zur Liberalisierung im Strommarkt gewährleisteten nicht für alle Marktteilnehmer die gleichen Chancen (Hirschl 2008). Der Markt wurde schnell wieder von einigen großen Anbietern beherrscht. So hatten im Jahr 2001 nur zehn Stromanbieter in Deutschland einen Marktanteil von etwa 80 Prozent.

Um den Zielen der Binnenmarktrichtlinie Nachdruck zu verleihen und ihre Umsetzung zu beschleunigen, verabschiedete die Kommission 2003 die so genannte *Beschleunigungsrichtlinie* 2003/54/EG. Darin wurden die Gestaltungsmöglichkeiten bei der Ausgestaltung des Marktes abgeschafft und die Gründung von Regulierungsbehörden in den Mitgliedsländern sowie deren Kompetenzen detailliert vorgegeben. Die deutsche Energiewirtschaft kämpfte zusammen mit dem Bundeswirtschaftsministerium gegen diese Vorgaben aus Brüssel (Hirschl 2008, S. 569). Die Umsetzung in Deutschland verzögerte sich daher zunächst, bis schließlich 2005 die „Bundesnetzagentur" gegründet wurde, die als Regulierungsbehörde zur Umsetzung der Liberalisierung beitragen sollte.

Infobox 5: Bundesnetzagentur
Die Bundesnetzagentur (BNetzA) ist seit 2005 für die Regulierung der Stromnetze (Übertragungsnetze), der Gasnetze und des Netzzugangs in Deutschland zuständig. Ihre Aufgaben und Befugnisse sind im Energiewirtschaftsgesetz geregelt. Sie ist als untergeordnete Behörde dem Bundeswirtschaftsministerium gegenüber weisungsgebunden. Sie beaufsichtigt alle größeren und überregionalen Netzbetreiber. Eine weitere wesentliche Aufgabe der Bundesnetzagentur ist die Kontrolle und Genehmigung der Netznutzungsentgelte und die Schaffung des diskriminierungsfreien Netzzugangs zu Strom- und Gasnetzen. Somit ist sie einer der behördlichen Schlüsselakteure der Energiewende.

Beim Netzausbau sollen Kosten und Konflikte möglichst minimiert werden – daher analysiert die BNetzA alle Faktoren, die den Netzausbaubedarf beeinflussen. Bei ihren Entscheidungen muss die BNetzA zwischen unterschiedlichen Gemeinwohlzielen wie beispielsweise der Versorgungsstabilität und der Netzintegration erneuerbarer Energien abwägen. Investitionen in das überregionale Stromnetz bewertet sie in einem bundesweiten, energiewirtschaftlichen Kontext. Zu ihren Aufgaben gehört somit auch eine Prüfung des Netzausbaubedarfs und die Netzentwicklungsplanung (siehe auch Mäst et al. In diesem Band). Die Netzentwicklungsplanung basiert auf Annahmen über den zukünftigen Ausbau der Stromerzeugungsanlagen und der voraussichtlichen räumlichen Verteilung der Anlagen. Von den Bundesländern erhält sie Informationen zum voraussichtlichen Zubau von EEG-Anlagen, die sie einer Plausibilitätsprüfung unterzieht (Bruns et al. 2012). Eine weitere zentrale Aufgabe der BNetzA ist die Führung eines Anlagenregisters. Darin werden seit 2015 die Anlagendaten für alle Stromerzeugungstechnologien aus Erneuerbaren Energien zusammengeführt. Mit dem Anlagenregister kann die BNetzA die Ausbauziele der Bundesländer mit den tatsächlich gebauten Stromerzeugungsanlagen abgleichen. Die Daten bilden eine wichtige Entscheidungsgrundlage für die Planung und Steuerung des Netzausbaus.

Die politische Unabhängigkeit der BNetzA ist jedoch umstritten, denn die Rechts- und Fachaufsicht lässt grundsätzlich einen relativ hohen Einfluss des Bundeswirtschaftsministeriums zu (Grashof 2007, S. 44).

3.3 Internationale Regierungskonferenz für erneuerbare Energien 2004

Der „World Summit for Sustainable Development" (WSSD) im Jahr 2002 in Johannesburg gilt als der Beginn des zwischenstaatlichen Politikprozesses zur Förderung erneuerbarer Energien. Der damalige Bundeskanzler Gerhard Schröder lud in Johannesburg zur ersten internationalen Regierungskonferenz für erneuerbare

Energien 2004 („renewables 2004") nach Bonn ein. Diese hochrangig besetzte Regierungskonferenz fand große Aufmerksamkeit in den Medien (Hirschl 2008). Zentrales Ergebnis der „renewables 2004" war ein internationales Aktionsprogramm, in dem unterschiedliche Maßnahmen zur Förderung erneuerbarer Energien vereinbart wurden. Der besondere Beitrag Deutschlands bestand darin, dass der Bundeskanzler ankündigte, von 2005 an für fünf Jahre 500 Mio. Euro zum Ausbau der Erneuerbaren Energien bereitzustellen (Mangels-Voegt 2004). So stieß die Konferenz einen internationalen Politikprozess an – mit der deutschen Energiepolitik als Vorbild.

3.4 Das EEG als Vorreiter-Modell

Das deutsche Fördersystem mit festen Einspeisetarifen und einem garantierten Zugang zum Stromnetz für Strom aus Erneuerbaren Energien erwies sich als wirksame Fördermethode und diente in der Folge als Modell für viele weitere Länder (horizontale Politikdiffusion, vgl. Busch und Jörgens 2012). Im Jahr 2007 hatten 19 der 27 EU-Mitgliedstaaten Einspeisevergütungen als zentrales Förderinstrument eingeführt (AEE 2012). Im Rahmen der Internationalen Konferenz für erneuerbare Energien im Juni 2004 in Bonn gründeten Spanien und Deutschland das europäische Feed-In-Netzwerk (Feed-In Cooperation) – eine staatlich geförderte Plattform für den Austausch von Erfahrungen mit dem Ziel, politische Unterstützung für Einspeisevergütungsmodelle zu gewinnen und ihre Ausbreitung in Europa voranzutreiben (Hirschl 2008, S. 382).

Auch die Europäische Kommission konstatierte im Jahr 2005, dass Einspeiseregelungen auf nationaler Ebene üblicherweise wirkungsvoller seien als Quotenmodelle (Bechberger und Reiche 2007, S. 34). Sie sprach sich zu diesem Zeitpunkt daher für eine Koordinierung der EE-Förderung aus – anstelle einer Harmonisierung (European Commission 2005).

Allerdings war die Debatte um eine Harmonisierung der verschiedenen nationalen Fördermodelle nicht beendet. Als eine neue Richtlinie zur Förderung der Erneuerbaren Energien vorbereitet wurde, waren Zertifikate über die Herkunft von Energie aus Erneuerbaren Quellen sowie die Idee eines einheitlichen, europäischen Quotenmodells die zentralen Diskussionsthemen. Der Entwurf für die neue EE-Richtlinie wurde Anfang 2008 vorgestellt. Große Energieversorgungsunternehmen und markt-liberal eingestellte Akteure der Europäischen Kommission unterstützten den Vorschlag. Demgegenüber bildete sich eine Koalition aus Ländern mit etablierten Einspeisevergütungssystemen – darunter Deutschland und Spanien, der EREF, dem European Renewable Energy Council (EREC) und verschiedenen Umweltgruppen (Hinrichs-Rahlwes 2013). Diese Akteurskoalition befürchtete, dass die Vorgabe zum Handel mit Herkunftsnachweisen, wie von der Europäischen Kommission vorgeschlagen, die Entwicklung der Erneuerbaren Energien bremsen würde. Sie waren erfolgreich: Die

Richtlinie von 2009, die Teil eines umfassenden Klima- und Energiepakets war, stärkte den europäischen Rechtsrahmen für erneuerbare Energien und stabilisierte das Prinzip der Einspeisevergütungen (Vogelpohl et al. 2017).

> **Infobox 6: Stern-Report**
> Ein starkes internationales Medienecho fand der im Auftrag der britischen Regierung erstellte, im Jahr 2006 veröffentlichte Stern-Report. Der ehemalige Chefökonom der Weltbank, Nicholas Stern, widmete sich den weltwirtschaftlichen Folgen der Erderwärmung. Er kam zu dem Ergebnis, dass die Kosten des Klimawandels dem Verlust von mindestens 5 % des globalen Bruttoinlandsprodukts entsprechen, wenn nicht gehandelt wird. Unter Berücksichtigung weiterer Risiken und Einflüsse könnten die Schäden auf mehr als 20 % des Bruttoinlandsprodukts ansteigen. Für Klimaschutz-Sofortmaßnahmen sollten daher ca. 1 % des Bruttoinlandproduktes aufgewendet werden (Stern 2007).

4 Umstellung des Fördersystems im Erneuerbare-Energien-Gesetz

Im Dezember 2013 verstärkte die Europäische Kommission ihr Drängen auf Harmonisierung der energiepolitischen Gesetze der Mitgliedstaaten und leitete eine Untersuchung des deutschen EEG ein. Erneut wurde die europarechtliche Zulässigkeit von fixen Einspeisetarifen des EEG für Strom aus Erneuerbaren Energien in Frage gestellt. Anstelle von Einspeisevergütungen sollten Ausschreibungsverfahren und handelbare Zertifikate eingeführt werden (Boscheck 2014).

In der Folge nahm die neue schwarz-rote Bundesregierung 2014 einen Paradigmenwechsel vor: Die EEG-Novelle aus dem Jahr 2014 stellte die Förderung der Erneuerbaren Energien auf eine neue Grundlage. Ziel war es, zum einen den Vorgaben der EU zu entsprechen und zum anderen, die Kosten für die Stromerzeugung aus Erneuerbaren und das Tempo des Ausbaus erneuerbare Energien besser zu kontrollieren. Das neue EEG legte einen Korridor für die jährlichen Ausbauzahlen von Wind, PV und Biomasse, eine verpflichtende Direktvermarktung sowie die schrittweise Einführung eines Auktionsmodells fest: im neuen EEG wurde festgeschrieben, dass ab 2017 die Höhe der Einspeisevergütung für den größten Teil neuer Anlagen nicht mehr staatlich festgelegt, sondern im Wettbewerb der Anbieter durch Ausschreibungen ermittelt werden sollte. Durch die Einführung von Ausschreibungen in Kopplung mit einer Mengensteuerung sorgte die Bundesregierung für einen fundamentalen Wandel in der Förderungspolitik und ging damit sogar über die Forderungen der EU-Kommission zur Erfüllung der europäischen Leitlinien für staatliche Beihilfen hinaus (Münchmeyer et al. 2014).

5 Mehrebenenpolitik als Treiber oder Bremser?

Die Erneuerbaren-Energien-Politik findet nicht nur in Deutschland, sondern im Wechselspiel zwischen nationaler und europäischer Ebene statt (Geden und Fischer 2014; Solorio et al. 2014; Müller und Kahl 2015). Deutschlands Interaktion mit der EU-Administration in Brüssel und mit einzelnen europäischen Mitgliedstaaten war im Bereich der Erneuerbaren Energien über einen längeren Zeitraum durch eine Vorreiterpolitik gekennzeichnet. Während die Europäische Union grundsätzlich eine Angleichung (Harmonisierung) der Regelungen in den Mitgliedstaaten anstrebt, hat Deutschland immer wieder versucht, die Ausgestaltung des europäischen Rechts so zu beeinflussen, dass genug Gestaltungsmöglichkeiten für eine ambitionierte Energiewendepolitik auf nationaler Ebene blieb. So setzte sich Deutschland beispielsweise dafür ein, dass die europäische Erneuerbaren-Energien-Richtlinie von 2001 kein harmonisiertes Fördersystem für die Stromerzeugung aus Erneuerbaren vorschreibt. Die deutsche Regierung war lange Zeit in der Lage, nicht zuletzt mit dem Verweis auf das Subsidiaritätsprinzip ihre Instrumente zur Förderung der Erneuerbaren Energien gegen die Bemühungen zur Harmonisierung seitens der Europäischen Kommission zu schützen (vgl. Kap. „Energiepolitik in Deutschland und Europa" in diesem Band).

> **Infobox 7: Das Prinzip der Subsidiarität**
> Das Prinzip der Subsidiarität wurde 1992 durch den Vertrag von Maastricht in das europäische Recht eingeführt und ist im Vertrag über die Europäische Union (EUV) verankert. Es schreibt vor, dass die EU nur dann tätig wird, „sofern und soweit die Ziele der in Betracht gezogenen Maßnahmen von den Mitgliedstaaten weder auf zentraler noch auf regionaler oder lokaler Ebene ausreichend verwirklicht werden können, sondern vielmehr wegen ihres Umfangs oder ihrer Wirkungen auf Unionsebene besser zu verwirklichen sind" (Art. 5 Abs. 3 EUV). Auf diese Weise sollen Bürgernähe und Transparenz geschaffen sowie demokratische Kontrolle und Effizienz von Entscheidungen gewährleistet werden. Das Subsidiaritätsprinzip schränkt also die Zuständigkeiten der EU ein und garantiert den Mitgliedstaaten Gestaltungsspielräume. Zugleich sieht es vor, dass die EU tätig wird, wenn die gemeinsamen Ziele der Mitgliedsländer durch Handeln auf EU-Ebene am effektivsten erreicht werden.

Obwohl die Binnenmarktrichtlinie es erlaubte, dass die Mitgliedsaaten den Erneuerbaren Energien einen Vorrang vor anderen Energieträgern einräumen, führte die Europäische Kommission mit den energiepolitischen Akteuren eine heftige politische Debatte bezüglich der Förderung von Strom aus Erneuerbaren Energien. Denn die Kommission vertrat die Ansicht, dass feste Einspeisevergütungen eine wettbewerbsverzerrende staatliche Beihilfe für die Technologien zur Stromerzeugung aus Erneuerbaren darstellen. Sie strebte eine Harmonisierung des Marktes an, die auf einem europaweiten System grüner Zertifikate basieren sollte (Busch und Jörgens 2012, S. 75). Auch die konventionelle Energielobby sowohl auf nationaler als auch auf europäischer Ebene setzte sich für Quotenmodelle ein. Das Europäische Parlament sowie der Europäische Rat sprechen sich für die Subsidiarität und den Erhalt des Gestaltungsspielraumes der Mitgliedstaaten aus (Hirschl 2008, S. 299–306).

> **Infobox 8: Bedeutsames Urteil des Europäischen Gerichtshofs**
> Im März 2001 verkündete der Europäische Gerichtshof in seiner Entscheidung im Zusammenhang mit einem Rechtsstreit zwischen PreussenElektra und Schleswag, dass das Stromeinspeisungsgesetz keine unzulässige staatliche Beihilfe darstelle. So stellten die EE-Strom-Richtlinie und auch die Bekanntmachung des EuGH eine rechtliche Absicherung für das deutsche EEG und sein Vergütungssystem dar im Sinne des europäischen Rechts (Oschmann und Sösemann 2007, S. 2). Die Tatsache, dass nun die rechtlichen Unsicherheiten beseitigt waren, führte in Deutschland zu einem Boom im Bereich der Windenergie und verhalf der Photovoltaik zum Durchbruch (Bruns et al. 2011).

6 Die Energiewende im Kontext der internationalen Klimaschutzpolitik

Der Klimawandel und die Klimaschutzpolitik haben maßgeblichen Einfluss auf den Verlauf der Energiewende in Deutschland, denn sie führen vor Augen, dass dringend Alternativen zu den fossilen Energieträgern nötig sind. Die deutsche Energiewende ist somit nicht nur in die europäische, sondern auch in die internationale Klimaschutzpolitik eingebettet. Der internationale Klimaschutzprozess mit jährlich stattfindenden Klimaschutzkonferenzen, basierend auf der Klimarahmenkonvention von 1992, steht in Wechselwirkung mit dem nationalen

Problemwahrnehmungs- und Institutionalisierungsprozess. Im Mehrebenensystem zwischen nationaler und internationaler Politik hatte Deutschland zeitweise eine treibende, manchmal aber auch eine bremsende Rolle (vgl. Solorio et al. 2014; Vogelpohl et al. 2017).

> **Infobox 9: IRENA**
> Die Internationale Agentur für erneuerbare Energien (IRENA) wurde am 26. Januar 2009 in Bonn gegründet. Sitz der IRENA ist in Abu Dhabi, in Bonn wurde ein Innovations- und Technologiezentrum angesiedelt. Ein Verbindungsbüro für Kontakte zur UN im Bereich Energie und zu anderen internationalen Institutionen entstand in Wien.
> Die IRENA ist die erste weltweit agierende Organisation, die sich ausschließlich mit Erneuerbaren Energien befasst. Sie unterstützt Industrie-, Schwellen- und Entwicklungsländer durch Beratungsleistungen und versteht sich als energiepolitisches Gegengewicht zur 1957 gegründeten Internationalen Atomenergieorganisation (IAEO) und zur 1974 gegründeten Internationalen Energieagentur (IEA). Auf der Basis von Studien zeigen die MitarbeiterInnen der IRENA lokale Potenziale und Ausbauoptionen, Finanzierungsmodelle sowie notwendige ordnungspolitische Rahmenbedingungen für den Ausbau der Erneuerbaren Energien auf und bieten Beratungsleistungen an.

7 Auswirkungen der Energiewende auf Natur und Landschaft

Der bisherige Erfolg der Energiewende im Stromsektor ist von hoher Bedeutung für den Klimaschutz. Um die Klimaschutzziele zu erreichen ist jedoch auch eine Umstellung der energieverbrauchsintensiven Sektoren Wärme (Gebäude) sowie Mobilität auf regenerative Energien dringend notwendig. Überdies sind die Stromnetze auszubauen und an die neuen Erzeugungsstrukturen anzupassen. Auch neue Speichermöglichkeiten müssen entwickelt werden, um Erzeugung und Verbrauch trotz schwankender Einspeisung von Solar- und Windstrom in Einklang zu bringen. Jedoch ist insbesondere die Nutzung von Windenergie, Biomasse und Wasserkraft auch mit unerwünschten Auswirkungen auf Natur und Landschaft verbunden. Hierzu gehört zum Beispiel die Gefährdung von Vögeln durch Windkraftanalgen, der Rückgang der Artenvielfalt durch monokulturellen

Maisanbau oder die unterbrochene Durchgängigkeit von Flüssen für Fische durch Wasserkraftwerke. Akteure des Umwelt- und Naturschutzes sind besorgt, dass diese Auswirkungen den Artenschutz in Deutschland gefährden. Der Schutz der biologischen Vielfalt und auch der Schutz von Kultur- und Naturlandschaften, die noch nicht durch technische Bauwerke visuell geprägt sind, stehen neben den Zielen des Klimaschutzes, sollen aber die Umsetzung der Energiewende nicht gefährden. Daher gilt es, den Ausbau der Erneuerbaren Energie zwar so weit wie nötig voranzutreiben, doch zugleich so gering wie möglich zu halten und so naturverträglich wie möglich zu gestalten.

> **Infobox 10: Lokale Proteste gegen erneuerbare Energien und den Netzausbau**
> Die gesellschaftliche Akzeptanz für erneuerbare Energien in Deutschland ist sehr hoch und die Mehrheit der Bevölkerung ist laut Meinungsumfragen mit der Energiewende einverstanden (forsa 2009; Agentur für Erneuerbare Energien 2012). Viele Regionen, Kommunen und Bürgerenergiegenossenschaften setzen sich mit hohem Engagement für den Ausbau der Erneuerbaren Energien ein. Im Fall der konkreten Planung und Umsetzung insbesondere von Windparks und Hochspannungsleitungen kommt es jedoch zu teils massiven lokalen Protesten. Viele Bewohner der betreffenden Regionen möchten Beeinträchtigungen ihres Wohnumfeldes verhindern. Akteure des Naturschutzes fordern mehr Rücksichtnahme insbesondere auf Vögel und Fledermäuse (Ohlhorst und Schön 2009).

Von besonderer Bedeutung ist eine Senkung des Energieverbrauchs durch mehr Energieeinsparung und -effizienz. Eine naturverträgliche Energiewende ist nur möglich, wenn wir weniger Energie verbrauchen und damit den Ausbau erneuerbarer Energien, der Netze und Speicher minimieren. Nur so können die negativen Auswirkungen auf Natur und Landschaft begrenzt werden.

8 Die Debatte um den Kohleausstieg in Deutschland

Bisher werden noch mehr als 40 % des deutschen Stroms aus Kohle produziert. Viel Kohle wird außerdem zum Heizen sowie in der Chemie- und Stahlindustrie verwendet. Die Kohleverbrennung ist schädlich für Klima, Umwelt und Gesundheit. Beim Verbrennungsprozess wird Kohlenstoffdioxid, also das Klimagas CO_2 freigesetzt. Die CO_2-Emissionen sind bei der Verbrennung von Braunkohle deutlich höher als bei Steinkohle. Der Eingriff in die Landschaft durch den Braunkohletagebau ist massiv, auch der Grundwasserverbrauch ist sehr hoch. Zwar können die Tagebaue rekultiviert werden, der Verlust von Tier- und Pflanzenarten, von Biotopen und auch von abgebaggerten Dörfern ist jedoch nicht reversibel. Hinzu kommt, dass Kohlekraftwerke unsere Umwelt mit Feinstaub, Schwefeldioxid und Schwermetallen wie zum Beispiel Arsen und Quecksilber belasten. Die Kosten, die durch die Kohleverstromung für Umwelt und Gesundheit entstehen, werden größtenteils durch die Allgemeinheit getragen.

Deutschland wird seine für 2020 selbst gesteckten Klimaschutzziele voraussichtlich verfehlen, wenn der Ausstieg aus der Kohleverstromung nicht gelingt. Dennoch wurde über mehrere Jahre eine heftige politische Debatte um den Kohleausstieg geführt, begleitet durch Demonstrationen und Proteste (oekom 2017). Widerstand gegen den Kohleausstieg kommt vor allem von der Industrie, die durch die Nutzung der Kohle profitiert. Ein wirtschaftliches Problem für einige Energieversorger besteht darin, dass in den letzten Jahren in Kohlekraftwerke investiert wurde. Im Zuge des Kohleausstiegs müssen relativ junge Kohlekraftwerke (z. B. Moorburg bei Hamburg oder Datteln in NRW) abgeschaltet werden, obwohl die Investitionen sich noch nicht amortisiert haben. Widerstand kommt auch aus den deutschen Bergbauregionen wie z. B. der Lausitz und dem rheinischen Braunkohlerevier. Diese Regionen verlangen eine soziale Abfederung, finanzielle Unterstützung und auch Unterstützung dabei, dass hier neue Arbeitsplätze geschaffen werden – zum Beispiel im Bereich der Erneuerbaren Energien.

Vor allem Umweltverbände betonen die Dringlichkeit des Kohleausstiegs aufgrund des fortschreitenden Klimawandels. Sie betonen, dass die Energieversorgung in Deutschland auch ohne Kohle sicher ist. Aus ihrer Sicht ist der Kohleausstieg technisch und ökonomisch machbar, ebenso die aktive Gestaltung des Strukturwandels in den betroffenen Regionen. Etwa seit 2007 formierte sich in Deutschland eine aktive sozial-ökologische Bewegung, die sich u. a. mit Aktionen zivilen Ungehorsams für den Kohleausstieg einsetzt (Kampagne „Ende Gelände").

Im Juni 2018 setzte die Bundesregierung eine Kommission für Wachstum, Strukturwandel und Beschäftigung ein, die einen Plan für einen Kohleausstieg erarbeiten sollte. Diese Kommission beschloss im Januar 2019 den Kohleausstieg bis spätestens 2038. Das Datum ist jedoch aus Sicht vieler Kritiker nicht ambitioniert genug.

9 Zusammenfassung

In diesem Kapitel wurde die Biographie der deutschen Energiewende im Strombereich dargestellt, die ihren Anfang bereits in den 1970er-Jahren nahm. Dabei wurden wesentliche historische Wendepunkte skizziert: von der Nuklearkatastrophen in

Tschernobyl im Jahr 1986 sowie in Fukushima im Jahr 2011 über die Verabschiedung des Erneuerbare-Energien-Gesetzes im Jahr 2000, den Atomausstieg und die Verabschiedung einer Energiewende-Strategie im Jahr 2011 bis hin zum Abschlussbericht der Kohlekommission für einen Ausstieg aus der Kohleverstromung im Jahr 2019. Seit Beginn der Energiewende konnten zuvor nicht für möglich gehaltene Wachstumsquoten in der Stromerzeugung aus Erneuerbaren Energien erreicht werden. Dabei wurde deutlich, dass sowohl die Politik mehrerer Ebenen – von der kommunalen bis zur internationalen Ebene – als auch das Engagement von Technikentwicklern und Forschern, engagierten Bürgerinnen und Bürgern, Umweltorganisationen sowie Wirtschaftsakteuren und Branchenverbänden eine maßgebliche Rolle spielten.

Der Politik- und Innovationsprozess verlief nicht gradlinig, sondern als ein Aushandlungsprozess zwischen unterschiedlichen staatlichen, privaten und gesellschaftlichen Akteuren und deren Interessen. Einschneidende Ereignisse wie die Atomreaktorkatastrophen in Tschernobyl und Fukushima öffneten Gelegenheitsfenster für einen politischen Wandel. Auf Bundesebene wurde der Innovationsprozess durch die Bildung ungewöhnlicher politischer Konstellationen und die Unterstützung der einschlägigen Forschung und Entwicklung in Gang gesetzt. Entscheidend für die Entwicklungsdynamik war jedoch, dass seit 1990 zunehmend bessere Rahmenbedingungen für Investoren geschaffen wurden und sich die Branchen der Erneuerbaren Energien aus einem Nischendasein zu starken Marktteilnehmern entwickeln konnten. Allerdings zeigten die durch das StrEG und das EEG ausgelösten Steuerungsimpulse für die Entwicklung der Stromerzeugung aus Wind, Sonne, Biogas/Biomasse sowie Wasserkraft und Geothermie jeweils verschiedene Wirkungen, da die Ausbreitung dieser Technologien durch Einflussfaktoren wie zum Beispiel Kosten, Naturverträglichkeit oder Flächenverbrauch in unterschiedlichem Maße beeinflusst wird.

Leider basiert die Energieversorgung in Deutschland noch immer zu etwa 80 Prozent auf fossilen Energieträgern. Deutschland kann seine Klimaziele deutlich verfehlen, wenn dies nicht substanziell geändert wird. Hierfür wird es nicht ausreichen, die Energiewende im Stromsektor weiter zu treiben. Fossile Energieträger müssen umfangreicher und dynamischer als bisher durch andere, klimafreundliche Energieträger wie erneuerbare Energien oder Wasserstoff ersetzt und Effizienzpotenziale ausgeschöpft werden. Dafür ist es erforderlich, das Energiesystem, das sich aus den Sektoren Strom, Wärme und Verkehr zusammensetzt, stärker in seiner Gesamtheit zu betrachten. Wenn die Klimaschutzziele erreicht werden sollen, muss das Energiesystem durch Kopplung dieser Sektoren integriert und ganzheitlich optimiert werden.

Literatur

Abdolvand, B., & Liesener, M. (2009). *Was treibt den Ölpreis? Oder: Der Versuch die Pyramide auf die Füße zu stellen*. Potsdam: Universitätsverlag Potsdam.

Agentur für Erneuerbare Energien. (2012). *Bürger stehen weiterhin hinter dem Ausbau der Erneuerbaren Energien*. Repräsentative Umfrage des Meinungsforschungsinstituts TNS Infratest im Auftrag der Agentur für Erneuerbare Energien von August bis Oktober 2012. Berlin: Agentur für Erneuerbare Energien.

Bechberger, M., & Reiche, D. (2004). Renewable energy policy in Germany: Pioneering and exemplary regulations. *Energy for Sustainable Development, 8*(1), 25–35.

Bechberger, M., & Reiche, D. (2007). Diffusion of renewable feed-in tariffs in the EU-28: An instrumental contribution for the dissemination of renewable energies. In L. Mez (Hrsg.), *Green power markets: Support schemes, case studies and perspectives* (S. 31–50). Brentwood: Multi-Science Publishing.

Beck, U. (1986). *Die Risikogesellschaft. Auf dem Weg in eine andere Moderne*. Frankfurt a. M.: Suhrkamp.

Boscheck, R. (2014). State aid, national energy policy and EU governance. *Intereconomics, 49*(5), 256–261.

Bruns, E., Ohlhorst, D., Wenzel, B., & Köppel, J. (2010). *Erneuerbare Energien in Deutschland. Rückblick und Stand des Innovationsgeschehens*. Berlin: Universitätsverlag der TU Berlin.

Bruns, E., Ohlhorst, D., Wenzel, B., & Köppel, J. (2011). *Renewable energies in Germany's electricity market. A biography of the innovation process*. Dordrecht/Heidelberg/London/New York: Springer.

Bruns, E., Futterlieb, M., Ohlhorst, D., & Wenzel, B. (2012). *Netze als Rückgrat der Energiewende. Hemmnisse für die Integration erneuerbarer Energien in Strom-, Gas- und Wärmenetze*. Unter Mitarbeit von Frank Sailer und Thorsten Müller. Berlin: Universitätsverlag der TU Berlin.

Busch, P.-O., & Jörgens, H. (2012). Governance by diffusion: Exploring a new mechanism of international policy coordination. In J. Meadowcroft, O. Langhelle & A. Ruud (Hrsg.), *Governance, democracy and sustainable development: Moving beyond the impasse?* (S. 221–248). Cheltenham/Northampton: Edward Elgar.

Enquête-Kommission. (1990). Schutz der Erde – Eine Bestandsaufnahme mit Vorschlägen zu einer neuen Energiepolitik. Dritter Bericht der Enquête-Kommission „Vorsorge zum Schutz der Erdatmosphäre" des 11. Deutschen Bundestages, Band I und II. Bonn: Enquete-Kommission.

European Commission. (2005). *Annex to the Communication from the Commission. The support for electricity from renewable energy sources – Impact assessment*; Commission staff working document, COM(2005) 627 final, SEC(2005) 1571, 7. Dezember 2005. Brüssel: European Commission.

forsa – Gesellschaft für Sozialforschung und statistische Analysen. (2009). *Umfrage zum Thema „Erneuerbare Energien" 2009*. Berlin: forsa.

Geden, O., & Fischer, S. (2014). *Moving targets – Negotiations on the EU's energy and climate policy objectives for the post-2020 period and implications for the German energy transition*. Berlin: SWP research paper 3.

Grashof, K. (2007). *„Wollen wir wirklich so einen strengen Regulierer?" Regulierung von Stromnetzentgelten*. Discussion paper. Berlin: Öko-Institut.

Gruhl, H. (1975). *Ein Planet wird geplündert. Die Schreckensbilanz unserer Politik.* Frankfurt a. M.: Fischer.

Hauff, V. (Hrsg.). (1987). *Unsere gemeinsame Zukunft. Der Brundtland-Bericht der Weltkommission für Umwelt und Entwicklung.* (Engl.: World Commission on Environment and Development (WCED): Our common future).

Hemmelskamp, J., & Jörg, S. (1999). Innovationswirkungen der Umweltpolitik im Windenergiebereich. In P. Klemmer (Hrsg.), *Innovationen und Umwelt. Innovative Wirkungen umweltpolitischer Instrumente. Fallstudien zum Anpassungsverhalten in Wirtschaft und Gesellschaft* (Bd. 3, S. 81–112). Berlin: Analytica.

Hinrichs-Rahlwes, R. (2013). *Sustainable energy policy for Europe – Towards 100 % renewable energy.* Leiden: CRC Press/Balkema.

Hirschl, B. (2008). *Erneuerbare Energien-Politik – Eine Multi-Level Policy-Analyse mit Fokus auf den deutschen Strommarkt.* Wiesbaden: Springer.

Hofmann, G. (1978). Arbeit oder blauer Himmel. *DIE ZEIT*, Nr. 3 vom 13.01.1978.

Jacobsson, S., & Lauber, V. (2006). The politics and policy of energy system transformation – Explaining the German diffusion of renewable energy technology. *Energy Policy, 34*(3), 256–276.

Mangels-Voegt, B. (2004). *Erneuerbare Energien – Erfolgsgaranten einer nachhaltigen Politik? Die Novelle des EEG im Zeichen der Nachhaltigkeit.* Aus Politik und Zeitgeschichte, Nr. 37. Bonn: Bundeszentrale für politische Bildung.

Mautz, R., Byzio, A., & Rosenbaum, W. (2008). *Auf dem Weg zur Energiewende: die Entwicklung der Stromproduktion aus Erneuerbaren Energien in Deutschland.* Göttingen: Universitätsverlag.

Meadows, D. L., Meadows, D. H., & Zahn, E. (1972). *Die Grenzen des Wachstums. Bericht des Club of Rome zur Lage der Menschheit.* Stuttgart: Rowohlt TB.

Mez, L. (2009). Renewables in electricity generation. Germany as pioneer? In B. Eberlein & B. G. Doern (Hrsg.), *Governing the energy challenge. Canada and Germany in a multilevel regional and global context* (S. 371–395). Toronto: University of Toronto Press.

Monstadt, J. (2004). *Die Modernisierung der Stromversorgung. Regionale Energie- und Klimapolitik im Liberalisierungs- und Privatisierungsprozess.* Wiesbaden: Springer.

Müller, T., & Kahl, H. (Hrsg.). (2015). *Energiewende im Föderalismus.* Baden-Baden: Nomos.

Münchmeyer, H., Kahles, M., & Pause, F. (2014). *Erfordert das europäische Beihilferecht die Einführung von Ausschreibungsverfahren im EEG?* Würzburger Berichte zum Umweltenergierecht Nr. 5, 16. Juli 2014.

Oekom e.V. (Hrsg.). (2017). *Kursbuch Kohleausstieg. Szenarien für den Strukturwandel.* München: Oekom.

Ohlhorst, D. (2009). *Windenergie in Deutschland. Konstellationen, Dynamiken und Regulierungspotenziale im Innovationsprozess.* Wiesbaden: Springer.

Ohlhorst, D. (2017). Akteursvielfalt und Bürgerbeteiligung im Kontext der Energiewende in Deutschland – das EEG und seine Reformen. In J. Radke & L. Holstenkamp (Hrsg.), *Energiewende und Partizipation – Transformationen von Gesellschaft und Technik.* Wiesbaden: Springer.

Ohlhorst, D., & Schön, S. (2009). Windenergienutzung in Deutschland im dynamischen Wandel von Konfliktkonstellationen und Konflikttypen. In T. Saretzki & P. H. Feindt (Hrsg.), *Umwelt- und Technikkonflikte.* Wiesbaden: Springer.

Oschmann, V., & Sösemann, F. (2007). Erneuerbare Energien im deutschen und europäischen Recht – Ein Überblick. *Zeitschrift für Umweltrecht (ZUR), 18*(1), 1–8.

Radkau, J. (2011). *Die Ära der Ökologie*. München: C.H. Beck.
Saretzki, T. (2001). Energiepolitik in der Bundesrepublik Deutschland 1949–1999. Ein Politikfeld zwischen Wirtschafts-, Technologie- und Umweltpolitik. In U. Willems (Hrsg.), *Demokratie und Politik in der Bundesrepublik Deutschland 1949–1999* (S. 195–221). Opladen: Leske und Budrich.
Solorio, I., Öller, E., & Jörgens, H. (2014). The German energy transition in the context of the EU renewable energy policy. In A. Brunnengräber & M. R. Di Nucci (Hrsg.), *Im Hürdenlauf zur Energiewende* (S. 189–200). Wiesbaden: Springer.
Staiß, F. (2003). *Jahrbuch Erneuerbare Energien 2003*. Radebeul: Stiftung Energieforschung Baden-Württemberg.
Stern, N. (2007). *The economics of climate change. The Stern review*. Cambridge: Cambridge University Press.
Vogelpohl, T., Ohlhorst, D., Bechberger, M., & Hirschl, B. (2017). German renewable energy policy – Independent pioneering versus creeping Europeanization? In I. Solorio & H. Jörgens (Hrsg.), *A guide to EU renewable energy policy. Comparing Europeanization and domestic policy change in EU member states* (S. 45–64). Cheltenham/Northampton: Edward Elgar.

Quellen/Texte im Internet

Informationsportal des Bundesministeriums für Wirtschaft und Energie mit aktuellen und weiterführenden Informationen: http://www.erneuerbare-energien.de/EE/Navigation/DE/Home/home.html
Website der Agentur für Erneuerbare Energien mit vielen themenbezogenen Informationen, Statistiken und einer Mediathek: https://www.unendlich-viel-energie.de
Website der Agora Energiewende – ein „Think Tank", der wissenschaftlich fundierte Beiträge zum Verständnis, zu Herausforderungen, Handlungsoptionen sowie zur politischen Umsetzung der Energiewende erarbeitet. https://www.agora-energiewende.de
Website der deutschen Bundesregierung zur Energiewende: https://www.bundesregierung.de/Webs/Breg/DE/Themen/Energiewende/_node.html

Dokumentationen/Filme/Romane

Der Film „*Die Vierte Revolution – Energy Autonomy*" von Carl A. Fechner ist ein deutscher Dokumentarfilm aus dem Jahr 2010, der den Umstieg auf erneuerbare Energien zum Thema hat. Der Filmtitel spielt auf technische Revolutionen der Vergangenheit an: Die Agrarrevolution, die industrielle Revolution und die digitale Revolution, auf die nun als vierte Revolution die Energiewende folgt.
Gegenstand des Thrillers „*Blackout – Morgen ist es zu spät*" von Marc Elsberg aus dem Jahr 2012 sind die katastrophalen Folgen eines großflächigen Stromausfalls. Der Blackout nimmt seinen Anfang in Italien, wo die üblichen Stromzähler durch Smart-Meter ersetzt werden. Über deren Software legen Terroristen die Stromversorgung in ganz Europa lahm.

Im Dokumentarfilm „*Die große Stromlüge*" aus dem Jahr 2016, der von dem deutsch-französischen Sender ARTE produziert wurde, wird die Thematik der Energiearmut kritisch in verschiedenen europäischen Ländern diskutiert.

Im Roman „*Solar*" von Ian McEwen aus dem Jahr 2012 geht es um einen Physiker, der mit Hilfe von Mikro-Energietechnologie die Klimakrise abwenden möchte.

Teil II

Die Energiewende in den verschiedenen Sektoren

Märkte und Regulierung der Elektrizitätswirtschaft

Dominik Möst, Constantin Dierstein, Hannes Hobbie, Matthew Schmidt und Michael Zipf

Zusammenfassung

Die politische Gestaltung der Energiewirtschaft in Deutschland war in den letzten Jahren durch zwei wesentliche Herausforderungen geprägt: einerseits durch Klimaschutzbemühungen (woraus sich die entsprechenden Maßnahmen der Energiewende ableiten) und andererseits durch die Liberalisierung der Energiemärkte (woraus sich der Wunsch nach mehr Wettbewerb und entsprechend dafür eingerichtete Märkte begründet). Wegen ökonomischer und technischer Besonderheiten auf den einzelnen Stufen der Wertschöpfungskette in der Energiewirtschaft stehen beide Bemühungen zumindest teilweise in einem Zielkonflikt und es konnte bisher keine übergreifende Lösung geschaffen werden, die beiden Zielen vollständig nachkommt. Auf der Erzeugungsseite von Strom ist der Großhandel an den Börsen wie auch der Endkundenvertrieb zu großen Teilen wettbewerblich organisiert. Eine Sonderrolle nehmen die erneuerbaren Energien ein. Die Börsenstrompreise reichen in der Regel nicht aus, um Investitionen in erneuerbare Energien wirtschaftlich zu ermöglichen. Da deren

---

D. Möst (✉) · C. Dierstein · H. Hobbie · M. Schmidt · M. Zipf
TU Dresden, Professur für Energiewirtschaft, Dresden, Deutschland
E-Mail: Dominik.Moest@tu-dresden.de; constantin.dierstein@tu-dresden.de; hannes.hobbie@tu-dresden.de; matthew.schmidt@tu-dresden.de; michael.zipf@tu-dresden.de

Ausbau jedoch aufgrund der geringeren Umweltauswirkungen im Vergleich zur konventionellen Erzeugung politisch und gesellschaftlich gewünscht ist, werden finanzielle Förderinstrumente zur Unterstützung eingesetzt. Im Gegensatz zur Erzeugung und Nachfrage von Strom stellen Stromnetze aus wettbewerbspolitischer Sicht ein natürliches Monopol dar. Somit ist der Transport einer staatlichen Regulierungspolitik unterworfen.

In diesem Buchkapitel werden Grundlagen der Märkte und Regulierung der Elektrizitätswirtschaft behandelt. Hierfür werden die folgenden vier Fragen beantwortet: Wie funktioniert der Großhandel für Strom und welche Märkte für Strom lassen sich differenzieren? Warum werden erneuerbare Energien gefördert und welche Instrumente existieren hierfür? Warum sind die Stromnetze reguliert und welche Ansätze zur Regulierung bestehen? Welche Arten von Stromkonsumenten lassen sich unterscheiden und wie setzt sich deren Stromtarif zusammen?

Der folgende Abschnitt soll als kurzer Einstieg für energiewirtschaftlich interessierte Leser dienen und ist wie folgt gegliedert. Nach einer kurzen Einführung zum Hintergrund der Liberalisierung der Energiemärkte (Abschn. 1) werden in diesem Beitrag energiewirtschaftliche Grundlagen zu Strommärkten und Preisbildung (Abschn. 2), zu prinzipiellen Förderungsmechanismen für erneuerbare Energien (Abschn. 3), zu Regulierung von Stromnetzen (Abschn. 4) sowie zum Endkundenmarkt und Endkundenpreise (Abschn. 5) behandelt.

1 Liberalisierung der Energiemärkte, Energiewende und die Folgen

Energieversorgungsunternehmen in Europa verfügten bis Mitte der 1990er-Jahre über eine Monopolstellung. Diese wurde einerseits mit der Durchführung der öffentlichen Aufgabe der Elektrizitätsversorgung, andererseits mit der Existenz eines natürlichen Monopols im Bereich der Energieversorgung begründet.[1] Mit dem technischen Fortschritt haben die Größenvorteile der Großkraftwerke allerdings an Bedeutung verloren: Einerseits aufgrund der zunehmenden Wettbewerbsfähigkeit kleinerer Anlagen, andererseits aufgrund der dadurch reduzierten Subadditivität[2] der

---

[1] Energieversorgern wurde auf regional abgegrenzten Märkten eine Monopolstellung eingeräumt, abgesichert durch sogenannte Konzessions- und Demarkationsverträge. Um Missbrauch der Monopolstellung auszuschließen, waren die Energieversorgungsunternehmen verschiedenen Aufsichtsbehörden unterstellt, bspw. einer Aufsicht für die Strompreise sowohl für Tarifkunden als auch für Sondervertragskunden.

[2] Subadditivität bezeichnet einen Marktzustand, in dem ein Gut bzw. eine Dienstleistung von einem einzigen Anbieter günstiger bereitgestellt wird als von mehreren Anbietern.

Kosten insbesondere vor dem Hintergrund einer zunehmenden europäischen Vernetzung des Stromhandels. Mit dem Ziel, Überkapazitäten abzubauen und Strompreise zu senken, wurden mit der Richtlinie 96/92/EG des Europäischen Parlaments (European Commission 1996) die europäischen Strommärkte liberalisiert. In der Folge trat in Deutschland im April 1998 das Gesetz zur Neuregelung des Energiewirtschaftsrechts in Kraft, dessen Ziel die Überführung des bislang monopolistisch strukturierten Bereichs der Energiewirtschaft (Elektrizität und Gas) in einen wettbewerbsorientierten Markt war. Damit sollten möglichst viele Teile der Lieferkette wettbewerblichen Strukturen unterliegen. Zentrale Elemente, um dieses Ziel zu erreichen, waren die Gewährung des Netzzugangs für Dritte und die Entflechtung der Versorgungsstrukturen der vertikal integrierten Energieversorgungsunternehmen. Ein attraktiver Markt für Anbieter, bspw. gekennzeichnet durch überhöhte Preise durch ausgeübte Marktmacht, zieht automatisch neue Akteure an, so dass der freie Netzzugang ein wichtiges Element darstellt, damit neue Akteure Marktzutritt erhalten und damit der Wettbewerb zunimmt. Damit wirkt ein freier Netzzugang den Möglichkeiten von Marktmacht entgegen, da so lange neue Akteure angezogen werden, bis sich wettbewerbliche Preise einstellen. Die Entflechtung ist deshalb notwendig, da bspw. die Erzeugung wettbewerblich organisiert werden kann, während der Netzbetrieb weiterhin in einem regulierten Umfeld stattfindet. Damit keine Anreize bspw. zur Abschottung des Marktes entstehen, sollen mit der Entflechtung die bis dahin vertikal integrierten Energieversorgungsunternehmen eigenständige Einheiten für die verschiedenen Stufen der Wertschöpfungskette bilden. Hierbei können verschiedene Anforderungen an die Entflechtung des Netzbereiches von den übrigen Unternehmenstätigkeiten unterschieden werden:[3]

- **Buchhalterische Entflechtung**: in der Regel durch eine bilanzielle Trennung der Bereiche (z. B. separate Bilanzierung der Geschäftseinheiten Netz und Erzeugung)
- **informatorische Entflechtung**: durch eine Trennung der Informationsflüsse und nichtdiskriminierende Verwendung von Informationen, die dem Netzbereich entstammen (z. B. durch garantierten Zugang/Offenlegung von Daten zu gleichen, klar festgelegten und nichtdiskriminierenden Bedingungen sowie transparente und nachvollziehbare Regeln für den Datenzugang),
- **funktionale Entflechtung**: durch eine organisatorische Trennung des Netzbereiches innerhalb einer Unternehmung, z. B. Personen, Räumlichkeiten etc.,

---

[3] Eine gesetzlich angeordnete Entflechtung stellt einen Eingriff in die Wirtschaftsfreiheit dar, sodass vor dem Hintergrund des Zielkonfliktes zwischen Entflechtungsgrad (und der Möglichkeit weiterhin diskriminierend im wettbewerblichen Sinne tätig sein zu können) einerseits und Wahrung der Eigentumsrechte andererseits die Verhältnismäßigkeit auszutarieren ist.

- **rechtliche Entflechtung:** durch die Überführung des Netzes in eine eigene juristische Person (z. B. durch Gründung einer eigenen Unternehmung für den Netzbetrieb, wie bspw. TransnetBW GmbH als eigenständige Unternehmung und 100 % Tochter der EnBW Energie Baden-Württemberg AG) sowie
- **eigentumsrechtliche Entflechtung:** durch die Trennung des Eigentums vom Netz (z. B. durch Veräußerung der für den Netzbetrieb zuständigen Tochterunternehmen, wie bspw. Amprion GmbH, Tennet TSO GmbH und 50 Hertz Transmission GmbH als (anteilig oder vollständig) veräußerte Ausgründungen aus den ehemals vertikal integrierten Energieversorgungsunternehmen RWE AG, E.ON SE und Vattenfall Europe AG).

In Deutschland sind die genannten Stufen der Entflechtung weitestgehend (mit Ausnahmen bei der eigentumsrechtlichen Entflechtung) im Energiewirtschaftsgesetz festgelegt (vgl. §§ 8–10 EnWG) und durch die ehemaligen vertikal integrierten Energieversorgungsunternehmen umgesetzt. Auch der Netzzugang für Dritte ist gewährleistet.

In den folgenden Abschnitten wird auf die verschiedenen Glieder der Wertschöpfungskette im Elektrizitätssektor im Einzelnen eingegangen (vgl. Abb. 1). Dies umfasst einerseits die regulierten Bereiche der **Übertragungs- und Verteilernetze** (Abschn. 4) sowie andererseits den wettbewerblich organisierten **Großhandel** (Abschn. 2), bei dem die Erzeugungseinheiten im Wettbewerb miteinander stehen, sowie den **Endkundenvertrieb** (Abschn. 5), bei dem die Energievertriebsunternehmen sich um die Stromnachfrager im Endkundenmarkt bemühen.

Neben dem mit der Liberalisierung verbundenen Ziel, einen Wettbewerb zu befördern, wurden zu Beginn der 1990er-Jahre mit dem Stromeinspeisegesetz und spätestens mit dem Erneuerbare-Energien-Gesetz (EEG) im Jahr 2000 weitere energiepolitische Ziele für die Energiewirtschaft formuliert. Hierzu zählen insbesondere die Ermöglichung einer nachhaltigen Entwicklung der Energieversorgung im Interesse des Klima- und Umweltschutzes (vgl. § 1 EEG), die Verringerung der volkswirtschaftlichen Kosten der Energieversorgung durch die Einbeziehung langfristiger externer Effekte (Internalisierung externer Kosten), die Schonung fossiler Energieressourcen und die Förderung der Weiterentwicklung von Technologien zur Erzeugung von Strom aus erneuerbaren Quellen.

Die Energiewirtschaft wurde hierbei durch zwei Herausforderungen bei der politischen Gestaltung in den letzten Jahren geprägt: Einerseits durch **Klimaschutzbemühungen** (woraus sich die entsprechenden Maßnahmen der Energiewende ableiten lassen) und andererseits durch die **Liberalisierung der Energiemärkte** (woraus sich der Wunsch nach mehr Wettbewerb und entsprechend dafür eingerichtete Märkte begründen lässt). Da beide Bemühungen in einem offensichtlichen Zielkonflikt stehen, wurde bisher keine übergreifende Lösung gefunden

Märkte und Regulierung der Elektrizitätswirtschaft

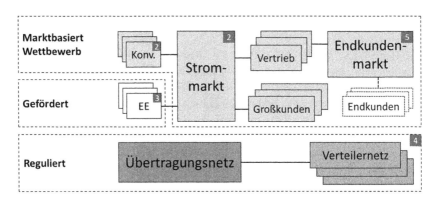

Abb. 1 Wertschöpfungskette in der Energiewirtschaft. (eigene Darstellung)

bzw. auch nicht gesucht, sondern auf kleinteiligeren Ebenen Lösungen herausgearbeitet bzw. versucht, sich schrittweise dieser Problematik zu nähern.[4] Da die erneuerbaren Energien[5] vor dem Hintergrund der genannten Ziele eine Sonderrolle einnehmen, werden sowohl ihre Förderung als auch die Marktauswirkungen in diesem Beitrag in einem separaten Abschnitt behandelt (Abschn. 3).

Im Folgenden wird ein Überblick über die Elektrizitätswirtschaft vermittelt, wobei die einzelnen Stufen entlang der Wertschöpfungskette näher dargestellt werden. Folgende Fragen stehen hierbei im Mittelpunkt und werden beantwortet:

- Wie funktioniert der *Großhandel für Strom* und welche *Strommärkte* lassen sich differenzieren?
- Warum werden *erneuerbare Energien* gefördert und welche *Instrumente* existieren hierfür?
- Warum sind die *Stromnetze* reguliert und welche Ansätze zur *Regulierung* bestehen?
- Welche *Endkunden* lassen sich unterscheiden und wie setzt sich deren *Tarif* zusammen?

---

[4] Im Gegensatz zu den Anfängen des EEGs mit fester (und politisch vorgegebener) Einspeisevergütung für 20 Jahre werden im EEG 2017 die Fördersätze (größtenteils) über Ausschreibungsverfahren bestimmt.

[5] Ausgehend von den Hauptsätzen der Thermodynamik kann Energie nicht erzeugt und somit nicht erneuert werden. Im allgemeinen Sprachgebrauch hat sich dieser Begriff etabliert und wird deshalb in diesem Beitrag verwendet.

2 Strommärkte

Der Handel von Strom ist seit der Liberalisierung der Elektrizitätsmärkte an Strombörsen organisiert. Auf stündlicher Basis werden für jeden Folgetag im sogenannten Day-Ahead-Handel die 24-stündlichen Strompreise aus Schnittpunkten der jeweiligen Angebots- und Nachfragefunktionen bestimmt. Zum Verständnis der Funktionsweise der Strommärkte werden im Folgenden die Besonderheiten des Elektrizitätssystems, insbesondere bedingt durch technische Eigenschaften, dargelegt. Weiterhin werden zwei Methoden und Konzepte näher erläutert, die es ermöglichen, langfristige sowie kurzfristige Effekte in der Elektrizitätswirtschaft zu untersuchen und Veränderungen zu bewerten. Abgeschlossen wird dieser Abschnitt mit einer Übersicht zu aktuell existierenden Strommärkten in Deutschland.

2.1 Nachfrageseite

Die Bedürfnisse und Gewohnheiten der unterschiedlichen Endverbraucher (Haushalte, Industrie, Gewerbe, Handel und Dienstleistung sowie Verkehr) ergeben die charakteristische **Lastganglinie**, die typischerweise eine tägliche, wöchentliche und saisonale Struktur[6] aufweist. Die Anteile des jeweiligen Sektors im Jahr 2015 sind in Tab. 1 zusammengefasst. Sowohl die gesamte Nachfrage als auch der relative Anteil der Sektoren hat sich seit 2002 nahezu nicht verändert und stagniert auf einem relativ konstanten Niveau.

Jeder Sektor weist dabei ein unterschiedliches Nachfrageprofil über den Zeitverlauf auf, welches sich durch unterschiedliche Einflussfaktoren erklären lässt. Zusammenfassend ist in Abb. 2 auf der linken Seite ein Nachfrageprofil in Deutschland für ein gesamtes Jahr dargestellt.

> **Infobox 1: Jahresdauerlinie**
> Die Jahresdauerlinie beschreibt eine Funktion, welche den Lastgang eines Jahres innerhalb eines Versorgungsgebietes in absteigender Sortierung darstellt (siehe hierzu auch Abb. 2).

---

[6] Die tägliche Struktur ist wesentlich durch den unterschiedlichen Stromkonsum im Tag im Vergleich zur Nacht geprägt, die wöchentliche Struktur durch den Unterschied im Stromkonsum zwischen Werk- und Wochenendtag und die saisonale Struktur durch den Unterschied der Nachfrage im Sommer und Winter, insbesondere bedingt durch das Heizverhalten und den Bedarf an Licht. Der Anteil von Strom an der Wärmebereitstellung beträgt zwischen 5 und 10 % und zudem ist bei fast allen Heizungssystemen Strom für Nebenaggregate wie Umlaufpumpen notwendig.

Tab. 1 Stromverbrauch je Sektor in Deutschland im Jahr 2015. (Quelle: Umweltbundesamt (2017))

Sektorbezeichnung	Stromverbrauch [TWh]	Stromverbrauch [%]
Haushalte	132	25
Industrie	228	44
Gewerbe, Handel, Dienstleistung	149	29
Verkehr	12	2
Summe	**521**	**100**

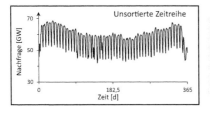 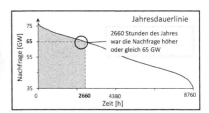

Abb. 2 Unsortierte Nachfragezeitreihe (links); Resultierende Jahresdauerlinie (rechts). (eigene Darstellung)

Deutlich zu erkennen ist dabei die tägliche, wöchentliche und saisonale Struktur der Nachfrage. Wird die Lastganglinie eines Jahres der Größe nach absteigend sortiert, so resultiert daraus die **Jahresdauerlinie** (vgl. Abb. 2 rechts).

Mittels der Jahresdauerlinie lassen sich direkt Leistungsbereiche und deren Dauer bestimmen. Zur beispielhaften Illustration ist in Abb. 2 ersichtlich, dass für 2660 Stunden des Jahres die Nachfrage größer oder gleich 65 Gigawatt (GW) war. Mit Hilfe der Jahresdauerlinie lässt sich ermitteln, wie hoch die Auslastung für bestimmte Erzeugungskapazitäten ist oder wie eine kostenoptimale Struktur der Erzeugungskapazitäten sein sollte.

Eine zentrale Eigenschaft der Stromnachfrage ist die bisher sehr geringe *Preiselastizität*. Die Preiselastizität der Nachfrage ist definiert als das Verhältnis der relativen Nachfrageänderung eines Gutes und der sie auslösenden relativen Veränderung des Preises desselben Gutes (Gabler Wirtschaftslexikon 2017).

Die sehr geringe Elastizität der Nachfrage ist

- durch die begrenzte technische Speicherbarkeit von Elektrizität,
- sehr geringen Möglichkeiten kurzfristiger Substitution,
- fehlender Anreize/Preise für Endkunden den Stromverbrauch zu ändern sowie
- der Eigenschaft von Elektrizität als Grundbedürfnis

begründet. Zukünftig kann durch intelligente Zähler ggf. ein Preissignal an den Endkunden weitergegeben werden, so dass eine zwar immer noch geringe aber tendenziell etwas höhere Preiselastizität zu erwarten ist.

> **Infobox 2: Intelligenter Zähler**
> Ein intelligenter Zähler ist ein Stromzähler, der Stromverbrauch kontinuierlich bzw. in der Regel mindestens viertelstündlich messen, speichern und senden sowie digital Daten empfangen kann und dazu in ein Kommunikationsnetz (sowohl im Haus als auch zum Messstellenbetreiber bzw. Versorger) eingebunden ist. Empfangene Daten sind z. B. Tarifänderungen, gesendete Daten z. B. der viertelstündliche Stromverbrauch.

2.2 Angebotsseite

Auf der Angebotsseite in Deutschland kommen verschiedene Strombereitstellungstechnologien zum Einsatz. Konventionelle Technologien lassen sich in der Regel dadurch charakterisieren, dass ein Brennstoff oder die Kernspaltung genutzt wird, um durch die frei werdende Wärme Wasserdampf zu erzeugen und damit eine Dampfturbine zu betreiben. Zudem kommen auch reine Gasturbinen oder Kombinationen in Form von Gas- und Dampfturbinen zum Einsatz. Der interessierte Leser wird für weitere Ausführungen auf (Strauss 2016) verwiesen. Gemein ist diesen Technologien, dass diese in der Regel **steuerbar** sind, d. h. sie können ihre Erzeugung dem Bedarf anpassen. Allerdings sind mit der Stromerzeugung meist Kuppelprodukte mit negativen Umweltwirkungen verbunden, wie etwa Treibhausgas-, NO_x- SO_x-Emissionen. Die Stromerzeugung aus Anlagen, die regenerative Ressourcen wie Wind, solare Einstrahlung oder auch Wasser nutzen, ist aufgrund der Abhängigkeit vom Dargebot der erneuerbaren Ressource nur **bedingt steuerbar**. Dafür entstehen bei der Stromerzeugung in der Regel keine unerwünschten Kuppelprodukte, sodass die Umweltauswirkungen im Betrieb geringer sind.

Die installierte Leistung für das Jahr 2016 sowie die resultierende Erzeugung ist in Abb. 3 dargestellt. Der Unterschied zwischen installierter Leistung und erzeugter Strommenge ist durch die unterschiedlichen Volllaststundenzahlen begründet. Bei erneuerbaren Energien sind diese aufgrund der Abhängigkeit vom Dargebot der regenerativen Ressource in der Regel deutlich geringer als bei konventionellen Technologien, d. h. damit ist die installierte Kapazität relativ hoch, während der Beitrag zur Stromerzeugung geringer ausfällt. Im Jahr 2000 lag die

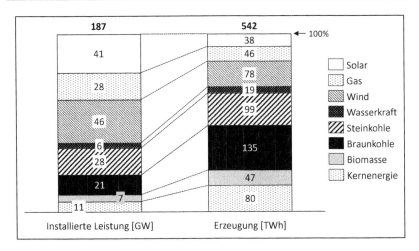

Abb. 3 Installierte Leistung und Erzeugung in Deutschland im Jahr 2016. (Quelle: Energy Charts (2017))

installierte Leistung bei knapp etwas über der Hälfte der heutigen Kapazität, wobei die Stromerzeugung in einer ähnlichen Größenordnung lag. Der starke Anstieg der Kapazitäten seit dem Jahr 2000 ist wesentlich durch den Ausbau erneuerbarer Energien begründet, deren Volllaststunden deutlich niedriger sind als bei typischen Grundlasttechnologien, so dass höhere Kapazitäten zur Strombereitstellung notwendig sind.

Die einzelnen Erzeugungstechnologien unterscheiden sich hinsichtlich ihrer spezifischen Investitionen, variablen Kosten sowie Treibhausgasemissionen. In Tab. 2[7] sind die unterschiedlichen **Charakteristika der Technologien** ersichtlich. Aus ökonomischen Gründen werden Technologien mit hohen spezifischen Investitionen und geringen variablen Kosten für die Bereitstellung der Grundlast verwendet und weisen somit eine hohe Auslastung auf. Dies lässt sich dadurch erklären, dass bei einer hohen Auslastung diese Technologien niedrigere Stromgestehungskosten aufweisen. Im Gegensatz dazu werden Technologien mit niedrigen spezifischen Investitionen und hohen variablen Kosten, wie beispielsweise Gasturbinen, nur für kurze Zeiträume eingesetzt.

---

[7]Externe Kosten der Stromerzeugung sind hierbei nicht berücksichtigt, welche insbesondere in der öffentlichen Diskussion eine große Rolle bei Kern- und Kohlekraftwerke spielen. Siehe hierzu auch den Beitrag von Märkte und Regulierung der Elektrizitätswirtschaft in diesem Band.

> **Infobox 3: Stromgestehungskosten**
> Stromgestehungskosten beziffern die durchschnittlichen Kosten zu denen eine Technologie eine Kilowattstunde Strom erzeugen kann. Die Stromgestehungskosten berechnen sich damit aus dem Quotient der (diskontierten) Gesamtausgaben der Anlagen und der über die Laufzeit erzeugten Strommenge.

Tab. 2 Qualitative Einordnung der betriebswirtschaftlichen Kosten und Treibhausgasemissionen einzelner Technologien zur Stromerzeugung. (Quelle: eigene Darstellung)

Energieträger/ Technologie	Spezifische Investitionen	Variable Kosten	Treibhausgas-emissionen
Kernenergie	Hoch	Sehr Niedrig	–
Braunkohle	Gering	Gering	Sehr hoch
Steinkohle	Mittel	Mittel	Hoch
Gas	Niedrig	Hoch	Mittel
Wind/Solar	Sehr hoch	–	–

2.3 Langfristige Kraftwerksinvestitionen

Im Folgenden wird ein einfaches Modell beschrieben, welches die **optimale Kraftwerkskapazität** in einem Marktgleichgewicht bei sofortiger Kapazitätsanpassung beschreibt. Da Kraftwerkszubau und -rückbau in der Realität mehrere Jahre benötigen, dient das Modell nur als Anhaltspunkt für ein langfristiges Marktgleichgewicht und trägt damit als Orientierung sowie grundsätzlich zum Verständnis der Kapazitätsbedarfe und -anpassungen bei.

> **Infobox 4: Marktgleichgewicht bei sofortiger Kapazitätsanpassung**
> Das Marktgleichgewicht beschreibt einen Zustand in einem vollkommenen Markt, bei dem die angebotene Menge eines Gutes der nachgefragten Menge entspricht. Das Marktgleichgewicht bei sofortiger Kapazitätsanpassung bezeichnet dabei die Anpassung der Angebotsseite (Produktionstechnologien) auf Veränderungen des Marktumfeldes (bspw. Höhe und Struktur der Nachfrage, Veränderung der Anbieterstruktur) um einen vollkommenen Markt herzustellen und wird deshalb häufig auch als langfristiges Marktgleichgewicht bezeichnet.

Um die Stromnachfrage so günstig wie möglich zu bedienen, wird in dem Ansatz eine effiziente, d. h. **ausgabenminimale Technologiezusammensetzung** bestimmt. Diese Zusammensetzung ist von der Auslastung der jeweiligen Technologie abhängig. Dazu

Märkte und Regulierung der Elektrizitätswirtschaft

wird je Technologie eine Funktion der Gesamtausgaben ermittelt, die das Verhältnis von investitionsabhängigen Ausgaben und variablen Ausgaben berücksichtigt.

Die Funktion der Gesamtausgaben für jedes Kraftwerk i lässt sich durch die Gleichung

$$K_i = ANF * I_i + c_i * KF_i$$

beschreiben, wobei K_i die gesamten Ausgaben, ANF der Annuitätenfaktor, I_i die Investition, c_i die variablen Ausgaben und KF_i den Kapazitätsauslastungsfaktor des Kraftwerkes i bezeichnen. Diese Funktion wird oftmals auch als *Screening-Curve* bezeichnet.

> **Infobox 5: Screening Curve**
> Die Screening Curve bildet die sich aus fixen und variablen Bestandteilen zusammensetzende Kostenfunktion eines Kraftwerks bzw. einer Erzeugungstechnologie in Abhängigkeit der Auslastung ab.

In der Abb. 4 ist das Vorgehen beschrieben, um den **ausgabenminimalen Kraftwerkspark** zu bestimmen. In dem oberen Teil der linken Abbildung sind drei beispielhafte Technologien dargestellt. Die drei Technologien unterscheiden sich hinsichtlich der Investition (siehe Ordinatenabschnitt) und der variablen Ausgaben. Aufgrund dieser ökonomischen Parameter wird die Technologie I_3 als Grundlast-, I_2 als Mittellast- und I_1 als Spitzenlastkraftwerk bezeichnet.

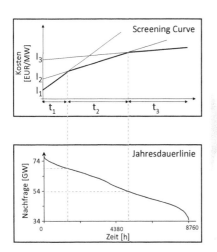
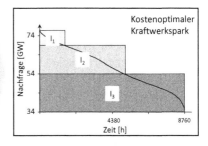

Abb. 4 Vorgehen zur Ermittlung des ausgabenoptimalen Kraftwerkparks. (eigene Darstellung)

Die unterschiedlichen variablen Ausgaben werden anhand der Steigung der jeweiligen Funktion ersichtlich. In einem ersten Schritt werden die Schnittpunkte der einzelnen Screening-Curves bestimmt, um die günstigste Bereitstellungsoption je nach Auslastungsfaktor zu ermitteln. Als Ergebnis resultiert die für jede Technologie optimale Einsatzzeit ($t_1 - t_3$). In Kombination mit der Jahresdauerlinie lassen sich anschließend die optimalen Kapazitäten ableiten. Dazu werden die optimalen Einsatzzeiten in das Diagramm der Jahresdauerlinie übertragen. Die Schnittpunkte der optimalen Einsatzzeiten mit der Jahresdauerlinie bestimmen anschließend die optimale Kraftwerkskapazität je Technologie und damit den ausgabenoptimalen Kraftwerkspark. Grundsätzlich lässt sich dieses vereinfachte Modell zum langfristigen Marktgleichgewicht noch um weitere relevante Faktoren, wie bspw. die Berücksichtigung des Stromaustausches oder auch des Laständerungsverhaltens von Technogien erweitern.

2.3.1 Exkurs: Auswirkungen Erneuerbarer Energien auf den Ausgaben-optimalen Kraftwerkspark

Aufgrund des Erneuerbare-Energien-Gesetzes (EEG) kam es insbesondere in den Jahren ab 2009 zu einem starken Zubau der erneuerbaren Energien. Mit Hilfe des zuvor vorgestellten Konzeptes soll kurz erläutert werden, welche Auswirkungen der Ausbau der erneuerbaren Energien auf den ausgabenoptimalen Kraftwerkspark hat. Zunächst wird der Begriff der **Residuallast** eingeführt und erläutert. Die Residuallast ist definiert als die Differenz zwischen der stündlichen Nachfrage und der Einspeisung aus erneuerbaren Energien in der korrespondierenden Stunde. Die Residuallast ist somit diejenige Nachfrage, die durch konventionelle Kraftwerke inkl. Stromspeicher gedeckt werden muss. In Abb. 5 sind dabei zwei unterschiedliche Residuallasten absteigend sortiert dargestellt. Dabei unterscheiden sich die beiden Residuallasten durch den Anteil an erneuerbaren Energien. Bereits durch die Abbildung wird ersichtlich, dass die Maximalresiduallast sich kaum verändert. Dies ist dadurch begründet, dass das Maximum der Nachfrage und die Einspeisung aus erneuerbaren Energien nur sehr schwach korrelieren. Das heißt während es viele Tage mit einer hohen Nachfrage gibt, ist an diesen Tagen nicht immer eine hohe Einspeisung aus wetterabhängigen erneuerbaren Energien gegeben. Außerdem zeigt sich, dass die Residuallast bei erhöhtem Anteil an erneuerbaren Energien für einige Stunden des Jahres negativ werden kann. Dies bedeutet, dass die Stromproduktion aus erneuerbaren Energien zu gewissen Stunden die Nachfrage übersteigt.

Mit Hilfe der Screening-Curves lässt sich auch hierfür der ausgabenoptimale Kraftwerkspark ermitteln. Dieser ist für den jeweiligen Fall im rechten Teil der Abb. 5 dargestellt. Zum einen wird ersichtlich, dass sich das Maximum des Kraftwerksparks nur geringfügig reduziert, da das Maximum der Residuallast nahezu unverändert bleibt und der Kraftwerkspark für diese (geringe Anzahl an) Stunden

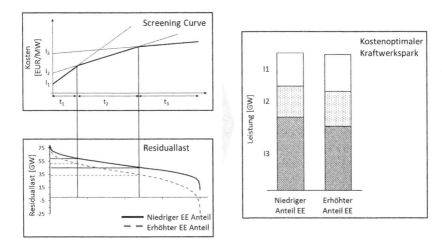

Abb. 5 Auswirkungen von erhöhten Kapazitäten erneuerbarer Energien auf den konventionellen Kraftwerkspark. (eigene Darstellung)

dennoch die Nachfrage decken muss. Zum anderen ändert sich die Zusammensetzung des Kraftwerkparks dahingehend, dass eine Reduktion der installierten Leistung von Technologie I_3 und eine Erhöhung der Leistung von Technologie I_2 und I_3 stattfindet. Dies bedeutet, dass mit einem erhöhten Anteil an erneuerbaren Energien sich ein Marktgleichgewicht mit weniger Kapazität an Grundlast und dafür einer höheren mit Mittel- bzw. Spitzenlastkraftwerke in dem Modell einstellt.

2.4 Kurzfristige Kraftwerkseinsatzentscheidungen

Im Gegensatz zum langfristigen Marktgleichgewicht basiert die kurzfristige Angebotserstellung lediglich auf entscheidungsrelevanten Kosten. Diese sind in der Regel die Grenzkosten der Technologie und meist durch die variablen Kosten begründet. Die **Grenzkosten** beschreiben die Kosten, welche durch die Produktion einer zusätzlichen Mengeneinheit eines Produktes entstehen. Somit sind für die konventionellen Technologien diejenigen Kosten relevant, die durch den Betrieb der Anlage entstehen. Diese sind die Brennstoff- und Betriebskosten sowie Kosten für die CO_2-Zertifikate. Für erneuerbare Energien hingegen sind die Grenzkosten in der Regel nahe null, da keine variablen Kosten für die Nutzung der erneuerbaren Ressource anfallen und die Kapazität zur Nutzung der Ressource bereits installiert ist.

Nicht entscheidungsrelevant sind hingegen die Investitionen, da diese zu dem Zeitpunkt der Angebotsabgabe nicht mehr beeinflussbar sind. Die Investitionen sind irreversibel und bereits in Vorperioden entstanden. Somit finden die Investitionen bei der Angebotserstellung keine Berücksichtigung. Um die Investition zu refinanzieren sind ausreichend hohe Deckungsbeiträge notwendig. Die Deckungsbeiträge ergeben sich aus der Differenz des Marktpreises und den Grenzkosten der jeweiligen Technologie.

Die kurzfristige Angebotskurve basierend auf den Grenzkosten der Erzeugungseinheiten wird im Strommarkt auch häufig *Merit-Order* genannt. Dabei werden die Angebote entsprechend der Gebotspreise aufsteigend sortiert und die Gebotsmengen werden aufsummiert.

> **Infobox 6: Merit order**
> Unter der Merit Order wird die kurzfristige Kraftwerkseinsatzrangfolge auf Grundlage der Grenzkosten der Elektrizitätserzeugung verstanden.

Eine beispielhafte Merit-Order, wie sie in Deutschland aktuell zu finden ist, ist in Abb. 6 dargestellt. In der Angebotskurve werden die Brennstoff- und Betriebskosten sowie die Zertifikatskosten für CO_2-Emissionen separat ausgewiesen, wobei die Kosten für die Emissionszertifikate in dieser Darstellung sehr niedrig angenommen sind, da aktuell die CO_2-Zertifikatspreise auch auf einem sehr niedrigen Niveau liegen.

Hinzu kommen vier Einflussfaktoren auf die Preisbildung (s. Abb. 6):

1. Die **Kosten der CO_2-Zertifikate** haben je nach CO_2-Intensität der Erzeugungstechnologie einen unterschiedlichen Einfluss auf die Grenzkosten der Technologie. Beispielsweise kann ein hoher CO_2-Zertifikatepreis dazu führen, dass Technologien mit geringer CO_2-Intensität und hohen Brennstoffpreisen kostengünstiger Elektrizität bereitstellen können als Technologien mit hoher CO_2-Intensität und geringen Brennstoffpreisen. Dadurch würden diese Technologien die Position in der Merit-Order tauschen und zu einer Reduktion des CO_2-Ausstoßes beitragen – bedingt durch niedrigere Volllaststunden der CO_2-intensiveren Technologie. Dieses Phänomen wird häufig auch als *CO_2-preisbedingter Brennstoffwechsel* bezeichnet.
2. Die **Brennstoffpreise** für Erdgas und Steinkohle werden auf internationalen Rohstoffmärkten gebildet und wirken entsprechend auf die Grenzkosten der Strombereitstellung und damit auf den Verlauf der Angebotskurve. Daher sind diese Brennstoffpreise abhängig von der globalen Wirtschaftslage und der Nachfrage nach diesen Brennstoffen in anderen Märkten weltweit.

Märkte und Regulierung der Elektrizitätswirtschaft

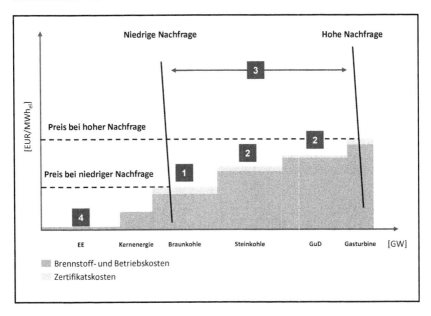

Abb. 6 Merit-Order und Einflussfaktoren auf die Preisbildung. (eigene Darstellung)

3. Die **Nachfrage nach Elektrizität** folgt den Bedürfnissen der einzelnen Sektoren und ist relativ gut abschätzbar. Die Nachfragekurve ist aufgrund der geringen Preiselastizität in der Regel nahezu senkrecht. Der Marktpreis für Strom resultiert aus dem Schnittpunkt zwischen Angebots- und Nachfragekurve.
4. Im Zuge der Marktintegration erneuerbarer Energien partizipieren Anbieter an **Großhandelsmärkten** für Strom und beeinflussen mit ihrem Gebotsverhalten die Preisbildung. Dabei sortieren sich die erneuerbaren Energien bei Geboten zu Grenzkosten am linken Rand der Merit-Order ein. Bei ansteigendem Marktvolumen verschiebt sich nun die Merit-Order-Kurve nach rechts und es stellt sich ein Gleichgewicht zu einem geringeren Marktpreis ein. Dieser preissenkende Effekt erneuerbarer Energien wird *Merit-Order-Effekt* genannt (siehe Abb. 7).

Werden zunehmend erneuerbare Energien mit ähnlichem Einspeiseprofil zugebaut, verringert sich stetig der **Marktwert der Technologie**. Bei hohen Einspeisungen aus erneuerbaren Energien lassen sich bereits heute Strompreise nahe null bzw. teilweise sogar im negativen Bereich beobachten. Mit zunehmend hohen Kapazitäten an wetterabhängigen erneuerbaren Energien mit ähnlichen Einspeiseprofil nimmt die **Selbstmarginalisierung** zu, d. h. dass die durchschnittlich zu erzielenden Börsenpreise stark abnehmen.

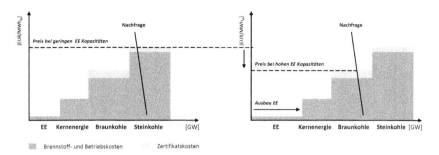

Abb. 7 Merit-Order-Effekt. (eigene Darstellung)

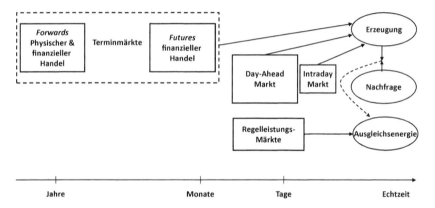

Abb. 8 Handelsoptionen in der Energiewirtschaft und deren zeitliche Abfolge. (eigene Darstellung)

2.5 Märkte in der Elektrizitätswirtschaft

Die Ausführungen oben beschreiben die Funktionsweise des **Day-Ahead-Marktes**. Darüber hinaus existieren in der Elektrizitätswirtschaft noch weitere relevante Märkte. Diese können nach ihren Zeithorizonten und spezifischen Anforderungen klassifiziert werden. In Abb. 8 werden die einzelnen Märkte sowie die zeitliche Abfolge der einzelnen Handelsoptionen skizziert. Da die Nachfrage in der Elektrizitätswirtschaft sehr **volatil** und gleichzeitig **preisunelastisch** ist, ist die Preisvolatilität in der Elektrizitätswirtschaft sehr hoch. Um diesem **Preisrisiko** entgegenzuwirken, existiert die Möglichkeit mittels der folgenden Märkte das Risiko für die Akteure der Elektrizitätswirtschaft zu steuern.

Terminmärkte sind Märkte mit einer langen Vorlaufzeit und können in börsliche und außerbörsliche Terminmärkte unterschieden werden. Der außerbörsliche Terminhandel wird auch OTC-Handel (*over the counter*) genannt und erfolgt bilateral zwischen Handelspartnern.

> **Infobox 7: Termingeschäft**
> Liegt der Lieferzeitpunkt bei einem Handelsgeschäft für ein Stromkontrakt weit nach dem Vertragsschluss in der Zukunft, wurde ein Termingeschäft am Terminmarkt geschlossen.

Der Vorteil dieser Geschäfte ist der Handel mit nicht standardisierten Produkten und diese können entsprechend den Bedürfnissen der Handelspartner angepasst werden. So kann beispielsweise die Abdeckung eines spezifischen Nachfrageprofiles von einem Verbraucher direkt mit einem Erzeuger ausgehandelt werden. Demgegenüber steht der börsliche Terminhandel: Hier werden standardisierte Produkte, typischerweise in vordefinierten Zeitscheiben, über eine Handelsplattform gehandelt. So existieren Monats-, Quartals- und Jahresfutures, wobei diese nochmals unterteilt werden in Peak- und Basefutures. Die Peakzeiten umfassen dabei nur Werktage von 8:00 Uhr bis 20:00 Uhr und die Basezeiten gelten für den gesamten Zeitraum. Der Verkauf eines Base-Monatsfutures verpflichtet beispielsweise zu der konstanten Lieferung von 1 Megawatt (MW) Leistung zu jeder Stunde über den gesamten Zeitraum.

Spotmärkte hingegen weisen deutlich reduzierte Vorlaufzeiten auf. Außerdem sind die Mindestkontraktgrößen in den Spotmärkten nur 0,1 MW groß und somit deutlich geringer als im Terminmarkt.

> **Infobox 8: Spotgeschäft**
> Spotmärkte sind im Allgemeinen als Märkte für die sofortige Lieferung des gehandelten Produktes definiert. Diese Definition ist nicht spezifisch für den Strom- oder Energiemarkt, sondern gilt allgemein für die Rohstoff- und Finanzmärkte.

In Deutschland bestehen derzeit zwei Märkte, die als Spotmärkte bezeichnet werden: der *Day-Ahead Markt* und der *Intraday Markt*. Der Day-Ahead Markt ermöglicht den stündlichen Handel von Elektrizität einen Tag vor Lieferdatum. Die Auktion läuft nach dem *Einheitspreisverfahren* ab, wobei das letzte akzeptierte

Gebot in der Angebotskurve den Marktpreis bestimmt, welcher dann für alle akzeptierten Gebote gilt. Dieser Markt gilt in Deutschland auch häufig als **Referenzmarkt**, da dieser Markt eine hohe Liquidität aufweist und die meisten kurzfristigen Handelsgeschäfte darüber abgewickelt werden.

Der Intraday Markt hat eine kürzere Vorlaufzeit als der Day-Ahead Markt. Auf diesem Markt kann bis zu 30 Minuten vor Lieferzeitpunkt gehandelt werden. Der Intraday Markt ist als kontinuierlicher Handel gestaltet und somit besteht kein fest gesetzter Zeitpunkt, an dem der markträumende Preis bestimmt wird. Der Preis wird nicht wie am Day-Ahead Markt mittels des Einheitspreisverfahrens ermittelt, sondern mit einem offenen Gebotsbuch, was prinzipiell zu sogenannten *Pay-as-Bid* Preisen führt. Dabei erhalten die Bieter der akzeptierten Gebote exakt denjenigen Preis, den sie geboten haben. Gerade durch den hohen Anteil an dargebotsabhängiger[8] Erzeugung aus erneuerbaren Energien hat dieser Markt kontinuierlich an Bedeutung gewonnen. Die Prognose über die tatsächliche Einspeisung aus Wind- und Solarenergie ist 24 Stunden im Voraus noch mit hohen Unsicherheiten behaftet. Bessere Prognosen sind meist erst mit kürzerer Vorlaufzeit, d. h. kurz vor Lieferzeitpunkt verfügbar. Aufgrund dieser Prognoseungenauigkeit werden die Fehlmengen zu großen Teilen auf dem Intraday Markt ausgeglichen.

Im Anschluss an den Intraday Markt müssen alle Fehlmengen ausgeglichen sein, also die Über- bzw. die Unterdeckung des gesamten Elektrizitätssystems aufgrund der technischen Notwendigkeit, dass die Einspeisung der Entnahme entsprechen muss. Dazu werden Kraftwerkskapazitäten genutzt, die zuvor in eigens dafür konzipierten Ausschreibungen kontrahiert wurden. Diese Leistungen wurden mit entsprechender Vorlaufzeit in den sogenannten *Regelleistungsmärkten* beschafft. Die Regelleistung deckt somit kurzfristig entstandene Ungleichgewichte zwischen Angebot und Nachfrage ab. Da Regelleistung meist teurer zu beschaffen ist als Strom auf den Spotmärkten, besteht ein Anreiz in der Regel nur darin, die Ungleichgewichte, die nach Schluss des Intraday Marktes auftreten, darüber auszugleichen.

3 Förderung erneuerbarer Energien in liberalisierten Elektrizitätsmärkten

Wie im vorherigen Abschnitt erläutert, basieren langfristige Entscheidungen wie der Zu- und Rückbau von Kraftwerken als auch kurzfristige Entscheidungen wie der Kraftwerkseinsatz auf den wettbewerblichen Preisen an den Strombörsen. Ein sehr

---

[8] Dargebotsabhängig bedeutet, dass die Stromproduktion vom Wetter abhängt (bspw. Wind-/Sonnenverfügbarkeit), sie richtet sich nicht nach der Nachfrage oder dem Börsenpreis.

hohes Preisniveau, welches etwa bei knappen Kapazitäten möglich ist, reizt den Zubau neuer Anlagen an, während hingegen ein sehr niedriges Preisniveau die Marktteilnehmer dazu veranlasst, Kraftwerke still zu legen. Damit stehen die unterschiedlichen Kraftwerke und Kraftwerkstypen über den Börsenpreis miteinander im Wettbewerb. Für die **Wettbewerbsfähigkeit** sind jedoch nicht nur alleine die Stromgestehungskosten einzelner Technologien entscheidend, sondern auch deren investitionsabhängige und variable Kosten sowie deren mögliches Einsatzprofil, da in manchen Stunden aufgrund einer höheren Nachfrage auch höhere Preise zu erzielen sind.

Die durchschnittlichen **Stromgestehungskosten** von erneuerbaren Energien sind (in der Regel) höher als die durchschnittlichen Preise an den Strombörsen. Damit reichen die Börsenstrompreise in der Regel nicht aus, um eine Investition in erneuerbare Energien wirtschaftlich zu ermöglichen. Da der Ausbau erneuerbarer Energien aufgrund der geringeren Umweltauswirkungen im Vergleich zur konventionellen Stromerzeugung dennoch in zahlreichen Ländern politisch und gesellschaftlich gewünscht ist, ist in der Regel eine finanzielle Unterstützung notwendig. Auf eine Auswahl möglicher politischer Instrumente zur finanziellen Unterstützung von neuen Technologien, die erneuerbare Quellen nutzen, wird im Folgenden kurz eingegangen.

Infobox 9: Preisbasierte Förderinstrumente
Preisbasierte Instrumente reizen den Ausbau von erneuerbaren Energien durch finanzielle Unterstützung an. Die im Erneuerbaren-Energien-Gesetz genutzten Einspeisetarife und Prämienmodelle zählen zu den preisbasierten Instrumenten.

Grundsätzlich lassen sich bei den finanziellen Instrumenten preis- und mengenbasierte Instrumente unterscheiden. Für einen detaillierteren Überblick ist der interessierte Leser auf Enzensberger et al. (2002) verwiesen. *Preisbasierte Förderinstrumente* sind Instrumente, bei denen Investitionsanreize auf Grundlage eines festgelegten monetären Wertes, zum Beispiel die Stromgestehungskosten einer erneuerbaren Erzeugungstechnologie, gesteuert werden. Im Gegensatz dazu werden bei *mengenbasierten Förderinstrumenten* Investitionsanreize auf Grundlage einer festgelegten Menge, zum Beispiel eine definierte Gesamtleistung an installierter erneuerbarer Erzeugungskapazitäten, gesteuert.

Infobox 10: Mengenbasierte Förderinstrumente
Förderinstrumente die den Ausbau erneuerbarer Energien auf Grundlage einer festgesetzten Menge, bspw. eine definierte Gesamtleistung oder Zubaurate, steuern, werden als mengenbasierte Förderinstrumente bezeichnet.

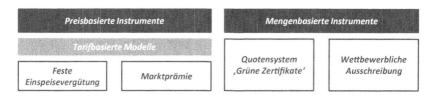

Abb. 9 Preis- und mengenbasierte Förderinstrumente. (eigene Darstellung)

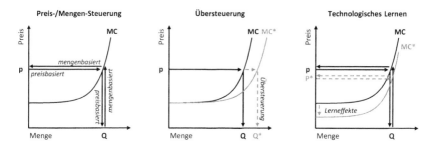

Abb. 10 Einspeisevergütung und Marktprämie. (Quelle: In Anlehnung an Meyer (2003))

Abbildung 9 zeigt eine schematische Einordnung unterschiedlicher preis- und mengenbasierter Förderinstrumente.

Bei den preisbasierten Instrumenten dominieren tarifbasierte Modelle. In *tarifbasierten Modellen* wird dem Anbieter von elektrischer erneuerbarer Energie in der Regel eine gesetzlich festgeschriebene monetäre Förderrate für eine vorgegebene Laufzeit garantiert. Diese Förderrate kann entweder fix oder variabel ausgestaltet sein. Die grundsätzliche Wirkungsweise tarifbasierter Modelle ist in der Abb. 10 in einem Preis-Mengen-Diagramm dargestellt.

Die Stromgestehungskosten sind aufgrund verschiedener Standortqualitäten und Erfahrungen in der Projektierung unterschiedlich. Anbieter erneuerbarer Energien bauen eine neue Anlage, sofern ihre Stromgestehungskosten MC niedriger sind als der staatlich festgesetzte Fördertarif p und sie damit ihre Kosten decken können. Werden die Ausbaupotenziale (in der Regel hauptsächlich abhängig von der Standortqualität) aufsteigend sortiert, ergibt sich dadurch eine theoretische Angebotsmenge MC auf Basis der langfristigen Grenzkosten (Abb. 10, links). Über den gegebenen Fördertarif ergibt sich also als Ergebnis die ausgebaute Menge erneuerbarer Energien. Aus gesamtwirtschaftlicher Perspektive lässt sich damit schwer abschätzen, wie viel Erzeugungskapazität Q zugebaut wird, da einerseits das Gesamtpotential an erneuerbaren Ressourcen nicht exakt bekannt ist und zudem auch nicht die Kapazität an Anlagenherstellern und Projektierern. Werden nun etwa das Potenzial und die Herstellerkapazitäten unterschätzt, so kommt es zu einer Übersteuerung der anvisierten Ausbauziele (Abb. 10, Mitte). Zudem verringern sich die Stromgestehungskosten aufgrund von Lerneffekten mit der Zeit und der Fördertarif muss kontinuierlich angepasst werden (Abb. 10, rechts). Damit lässt sich die zu erwartende zugebaute Kapazität nur grob vom Staat schätzen. Entsprechend kann es sein, dass die vom Regulator anvisierten Ausbauziele verfehlt werden. Die tarifbasierten Modelle lassen sich in die

- feste Einspeisevergütung und in sogenannte
- Marktprämienmodelle unterteilen.

Bei der *festen Einspeisevergütung* wird den Anbietern erneuerbarer Energien ein gesetzlich festgeschriebener Abnahmepreis für ihren Strom, die sogenannte feste Einspeisevergütung, garantiert. Die Einspeisevergütung orientiert sich an den lokalen Stromgestehungskosten einer Technologie und ist somit vollständig unabhängig von dem Marktpreis für elektrische Energie. Meist wird die feste Einspeisevergütung mit einer Vorrangeinspeisung kombiniert. Bei der Vorrangeinspeisung werden Netzbetreiber verpflichtet, jederzeit den erneuerbaren Strom von den Erzeugern abzunehmen und auf Großhandelsmärkten zu veräußern. So wird gewährleistet, dass Betreiber erneuerbarer Technologien keinem Abnahmerisiko unterliegen.

Beim *Marktprämienmodell* wird Erzeugern erneuerbarer Energien eine feste oder variable Prämie auf den Marktpreis für elektrische Energie gesetzlich garantiert, wenn diese ihren Strom auf Großhandelsmärkten verkaufen. In der Regel sollen die Anlagenbetreiber kein Investitionsrisiko tragen, aber die Kraftwerke sollen markbasiert eingesetzt werden. Entsprechend ermittelt sich die Marktprämie aus der Differenz der Stromgestehungskosten einer Technologie und dem so genannten Marktwert.[9] Anlagenbetreiber haben nun zwei Erlösströme: Zum einen Erlöse aus dem Verkauf des Stroms am Großhandelsmarkt, zum anderen, indem sie vom Regulator die Marktprämie erhalten.[10] Damit ist die Kraftwerksinvestition weiterhin abhängig von dem langfristig sowie politisch definierten Förderniveau und unabhängig von den Strompreisen. Der Kraftwerkseinsatz wird dadurch maßgeblich marktbasiert

---

[9] Der Marktwert einer Technologie entspricht den durchschnittlichen erzielbaren Markterlösen aller am Marktprämienmodell partizipierender Erzeuger, bewertet zu den jeweiligen Großhandelspreisen für elektrische Energie.

[10] Betreiber von Kleinanlagen, welche die eigenständige Vermarktung ihres Stromes vermeiden wollen, können über so genannte Direktvermarktungsunternehmen am Marktprämienmodell partizipieren, welche den erneuerbaren Strom in ihrem Auftrag auf dem Großhandelsmarkt veräußern.

bestimmt. Wenn sich nun etwa aufgrund der Angebots- und Nachfragestruktur ein niedriger (oder sogar negativer) Börsenpreis einstellt, würden Betreiber erneuerbarer Energien ihre Anlage abschalten. Somit weist das Marktprämienmodell eine stärkere Marktintegration im Vergleich zur festen Einspeisevergütung auf.

Im Gegensatz zu den preisbasierten Fördersystemen lassen sich mit mengenbasierten Fördersystemen die zugebauten Kapazitäten besser steuern. Dafür kann die Höhe der Förderung nur schwer abgeschätzt werden. Zu den mengenbasierten Fördersystemen zählen das

- Quotensystem und das
- Ausschreibungsmodell,

die im Folgenden kurz erläutert werden.

Beim **Quotensystem** wird den Versorgungsunternehmen eine Mindestquote für den Anteil an erneuerbaren Energien gesetzlich vorgeschrieben. Nachgewiesen werden kann die Quote, ähnlich wie beim Emissionshandel, über handelbare, meist sogenannte **grüne Zertifikate**. Regulierende Institutionen stellen diese Zertifikate aus und weisen sie gemessen an der Produktion den Betreibern von Erneuerbare-Energien-Anlagen zu. Energieversorger können nun ihre Quote entweder über die eigene Produktion von erneuerbarem Strom oder dem Zukauf von Zertifikaten weiterer Produzenten erfüllen. Produzenten von erneuerbarem Strom verfügen neben den reinen Markterlösen aus dem Stromverkauf nun über zusätzliche Erlöse aus dem Verkauf der Zertifikate und können dadurch ihre Gestehungskosten decken. Die grundsätzliche Wirkungsweise von handelbaren grünen Zertifikaten ist im Preis-Mengen-Diagramm (Abb. 11) dargestellt.

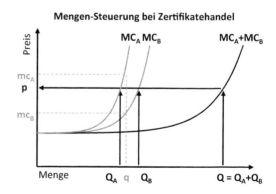

Abb. 11 Quotensystem. (Quelle: In Anlehnung an Meyer (2003))

Beispiel

Zwei Anbieter A und B von Strom unterliegen jeweils der Quote q. Aufgrund eines unterschiedlichen Zugangs zu erneuerbaren Energien, beispielsweise durch unterschiedliche Standortqualitäten, kann Anbieter A die Quote zu Grenzkosten mc_A und Anbieter B zu deutlich geringeren Grenzkosten mc_B erfüllen. Dadurch, dass die grünen Zertifikate gehandelt werden, wird Anbieter B zusätzliche Zertifikate an A veräußern bis sich der Preis p einstellt, zu dem beide Anbieter zu geringsten Kosten ihre Quote erfüllen. Mittelfristig bildet sich also ein Gleichgewicht heraus, welches zu einer effizienten Nutzung von erneuerbaren Ressourcen führt. Aufgrund der festgelegten Quote kann der Regulator die anvisierten Ausbauziele in einem wettbewerblichen Verfahren sehr gut erreichen und der Fördertarif für Anlagenbetreiber erneuerbarer Erzeugungsanlagen stellt sich als Reaktion auf die festgesetzte Menge ein. Dabei können sowohl technologiespezifische Quoten (zum Beispiel separat für Photovoltaik und Wind) als auch technologieübergreifende Gesamtziele formuliert werden.

Beim *Ausschreibungsmodell* hingegen werden einzelne Projekte oder aber Kapazitätsblöcke in auktionsbasierten Verfahren von der regulierenden Institution ausgeschrieben. Teilnehmer an den Auktionen bieten auf den von ihnen benötigten Fördertarif. Die Gebote werden aufsteigend sortiert und die gebotenen Mengen zugeschlagen. Exemplarisch ist die Wirkungsweise des Ausschreibungsmodells in dem Preis-Mengen-Diagramm (Abb. 10, links) skizziert.

Auktionsteilnehmer bieten in einem wettbewerblichen Umfeld üblicherweise mit einem Gebot in Höhe der Grenzkosten ihrer Erzeugung, woraus sich die Angebotskurve MC ergibt. Am Schnittpunkt mit der von dem Regulator ausgeschriebenen Menge Q bestimmt sich der Auktionspreis p und somit der Fördertarif für die zugeschlagenen Anbieter erneuerbarer Energien.[11] Durch das in einer Auktion umgesetzte Verfahren weisen Ausschreibungsmodelle in der Regel einen starken Wettbewerbscharakter und eine hohe Markttransparenz auf. So sind nach der Auktion Informationen zu den Grenzkosten der Auktionsteilnehmer bekannt, sofern die Gebote nicht durch strategische Erwägungen beeinflusst sind, welche hingegen bei preisbasierten Instrumenten vom Regulator geschätzt werden müssen.

Die Tab. 3 fasst allgemeine Vor- und Nachteile der unterschiedlichen Förderinstrumente zusammen.

---

[11] Hierbei können unterschiedliche Preisgebungsverfahren (z. B. Pay-as-Bid, Uniform-Pricing) Anwendung finden. Bei standortunabhängigen Auktionen auf Erzeugungsleistungen werden Referenzertragsmodelle eingesetzt. Das Gebot der Teilnehmer bzw. der von ihnen zur Deckung der Stromgestehungskosten erforderliche Fördertarif wird dabei auf einen Referenzstandort bezogen, sodass die Gebote aller an der Auktion teilnehmenden Anbieter trotz unterschiedlicher Standortqualitäten (Windverhältnisse, solare Einstrahlungsverhältnisse) vergleichbar sind.

3.1 Exkurs: Förderung erneuerbarer Energien in Deutschland

Im Zuge der Bemühungen zur Liberalisierung der Energiemärkte wurde Anfang der 1990er-Jahre auch der Grundstein für eine klimaschonende und umweltfreundliche Energieversorgung mit der Einführung des Strom-Einspeise-Gesetzes (StrEG) gelegt, das Anbietern erneuerbarer Energien eine feste Einspeisevergütung garantierte. Seither durchlief der regulatorische Rahmen zur Förderung des Ausbaus kontinuierlich Anpassungen, die in den darauffolgenden Jahren in Form des Erneuerbare-Energien-Gesetzes (EEG) erfolgten (Siehe Abb. 12) (*vergleiche hierzu auch das Kapitel „Biographie der Energiewende"*). Nachdem das EEG ab dem Jahr 2001 für einen enormen Anschub an Investitionen in erneuerbare Energien sorgte, wurde mit dem EEG 2012 die feste Einspeisevergütung um ein optionales Marktprämienmodell erweitert. Im Bestreben, eine verstärkte Marktintegration erneuerbarer Energien zu erreichen, die aktive Partizipation der Anlagenbetreiber an Großhandelsmärkten zu ermöglichen und das Marktverständnis von Anbietern erneuerbarer Energien zu stärken wurde dann mit dem EEG 2014 für viele Neuinstallationen das Marktprämienmodell verpflichtend. In

Tab. 3 Vor- und Nachteile möglicher Förderinstrumente (eigene Darstellung)

		Vorteile	Nachteile
Preisbasiert	Einspeise-vergütung	– Geringe Risiken für Investoren – Einfache Implementierung – I. d. R. starker Investitionsschub	– Schlechte Mengensteuerung – Kaum Wettbewerb zwischen Anbietern – Ineffizienzen bei Fördertarifbestimmung
	Markt-prämie	– Stärkere Marktintegration – Mittleres Risiko für Investoren	– Schlechte Mengensteuerung – Ineffizienzen bei Fördertarifbestimmung – Marktrisiken wie Vorhersagefehler, etc.
Mengenbasiert	Quoten-modell	– Marktbasierte Allokation von Zertifikaten – Mögliche internationale Implementierung	– Hoher administrativer Aufwand – Fehlallokation bei Zertifikate Überschuss – Hohes Risiko für Investoren hinsichtlich zukünftiger Erlöse
	Ausschrei-bungen	– Hoher Wettbewerb – Hohe Kostentransparenz – Hohe Kosteneffizienz	– Strategisches Bieterverhalten – Fehlallokation bei Nichtrealisierung von zugeschlagenen Projekten – Hoher administrativer Aufwand

Märkte und Regulierung der Elektrizitätswirtschaft

Abb. 12 Förderung erneuerbarer Energien in Deutschland. (eigene Darstellung)

der jüngsten Novellierung des EEG ist seit 2017 dieses Marktprämienmodell an ein Ausschreibungsmodell gekoppelt.

Als ein Beispiel kann die Ausschreibung für Windenergieanlagen auf See von der Bundesnetzagentur am 1. April 2017 (Bundesnetzagentur, Beschlusskammer 6 2017) genannt werden. In dieser Pilotausschreibung wurden insgesamt 1550 MW Windleistung mit konkretem Projektbezug in der Nord- und Ostsee und einer Inbetriebnahme bis spätestens zum Jahr 2025 offeriert. Teilnehmer an der Auktion boten auf den anzulegenden Wert für den Strom aus den Windenergieanlagen. Durch Differenz des anzulegenden Wertes und den mittleren Markterlösen eines jeden Monats ergibt sich die monatliche Marktprämie, welche die Anbieter zusätzlich zu den Markterlösen erhalten. Die Ergebnisse dieser Ausschreibung zeigten einen niedrigsten zugeschlagenen Gebotswert von 0,00 ct/kWh und einen höchsten von 6,00 ct/kWh. Der mengengewichtete durchschnittliche Zuschlagswert betrug 0,44 ct/kWh. Im Umkehrschluss bedeutet dies, dass einzelne zugeschlagene Anbieter während des Betriebes ihres Windparks keine (bzw. im Durchschnitt eine sehr geringe) Marktprämie erhalten werden. Gründe dieses Gebotsverhaltens aus heutiger Perspektive mit eher höheren EE-Stromgestehungskosten als der Marktpreis können

- spekulative Erwartungshaltungen auf steigende Strompreise und/oder
- sinkende Investitionen für die Errichtung der Windparks durch Lern- und Erfahrungskurven wie aber auch
- generelle strategische Überlegungen zur Erreichung marktdominierender Stellungen oder aber zur anteiligen Refinanzierung bereits getätigter Investitionen sein.

4 Stromnetze und Regulierung

Wie zu Beginn des Kapitels erläutert, hat in den letzten zwanzig Jahren auf mehreren Stufen der Wertschöpfungskette des deutschen Elektrizitätsmarktes eine Liberalisierung und Entflechtung stattgefunden. Hierbei wurde das Ziel der Förderung von Wettbewerb und Kosteneffizienz in bestehenden monopolistischen Strukturen einzelner Teilmärkte verfolgt. Diese Marktumstrukturierung änderte dennoch nichts daran, dass die Elektrizitätswirtschaft weiterhin einen **leitungsgebundenen Charakter** besitzt. Die netzgebundene Infrastruktur von Übertragungs- und Verteilerstromnetzen, die das Verbindungsglied zwischen den stromerzeugenden Kraftwerken und den zu versorgenden Endverbrauchern bildet, weist nach wie vor alle wesentlichen Charakteristika eines natürlichen Monopols auf. Demzufolge ist die Netzinfrastruktur wie bei anderen leitungsgebundenen Märkten staatlich reguliert. Dabei kommen unterschiedliche regulatorische Ansätze zum Einsatz, die im Folgenden näher betrachtet werden.

4.1 Regulierungsansätze, Ziele und prinzipielle Funktionsweise

Die Stromnetze stellen aus wettbewerbspolitischer Sicht ein **natürliches Monopol** dar. Dies begründet sich in ihrer geographischen Struktur sowie langer Lebensdauer (marktspezifische Irreversibilität), der hohen Investitionen und Fixkosten und niedrigen variablen Kosten und daraus resultierenden Subadditivität der Gesamtkostenfunktion (vgl. auch Kap. „Grundlagen der Energiepolitik" in diesem Band).

> **Infobox 11: Natürliches Monopol**
> Natürliche Monopole sind Marktkonstellationen, in denen spezifische Kostenstrukturen zur Bereitstellung eines Gutes zu einer Marktsituation führen, in der ein (bzw. wenige) Anbieter das Gut kostengünstiger als viele miteinander konkurrierende Unternehmen bereitstellen kann.

Der Netzbetrieb in einer Region durch einen einzigen Betreiber ist also volkswirtschaftlich effizienter als ein Wettbewerb zwischen mehreren Netzbetreibern. Aus diesem Grund sind die Stromnetze einer staatlichen Regulierungspolitik unterworfen. Hiermit ergibt sich ein **zweiteiliges Regulierungsproblem**: Zum einen muss unterbunden werden, dass die Bereitstellung der Dienstleistung Stromtransport nicht aufgrund der Marktmacht der jeweiligen Netzbetreiber zu überhöhten Preisen erfolgt und zum anderen muss durch regulatorische Mittel gewährleistet sein, dass Teilnehmern der Zugang zur Infrastruktur gewährt wird, um deren Wettbewerbsintensität zu fördern (Knieps 2007).

Der Hauptzweck der Regulierung im Bereich der Stromnetze ist aus ökonomischer Sicht die **Verringerung von monopolbedingten Marktverzerrungen** und gesamtwirtschaftlicher **Wohlfahrtsverluste** bei der Netzinanspruchnahme. Unter wohlfahrtsmaximierenden Gesichtspunkten versucht der Regulator eine sogenannte *Zweitbestlösung* herbeizuführen (vgl. Abb. 13): Da die Preisbildung nicht wettbewerblich erfolgt – wobei der Preis den Grenzkosten des jeweiligen Netzbetreibers entspräche (MC = P) – zielt die Regulierung darauf ab, die regulierten Unternehmen dazu zu bewegen, ihre Preise entsprechend ihrer Durchschnittskosten festzusetzen (AC = P) (Laffont und Tirole 1993). Hierdurch sollen die Monopolrenten der Unternehmen begrenzt werden. In diesem Fall wird den regulierten Unternehmen die Erhebung kostendeckender Preise bei einem gleichzeitig effizienten Einsatz von Betriebsmitteln zugestanden. Hiermit geht ein gewisser Wohlfahrtverlust einher, der mit der schattierten Fläche im Diagramm gekennzeichnet ist. Dennoch stellt dieses Marktergebnis gegenüber dem nichtregulierten Monopolfall (GK = GE) eine Wohlfahrtsverbesserung dar.

In der klassischen **Monopolregulierungstheorie** werden zur Erreichung dieses Ziels Methoden genutzt, die sich an den Kosten des Unternehmens anlehnen und deshalb kostenorientierte Verfahren genannt werden. Die vom Unternehmen ausgewiesenen betriebsnotwendigen Kosten zuzüglich einer angemessenen Rendite auf eine bestimmte Kostenbasis werden überprüft und meist jährlich genehmigt. Hierbei wird die Interaktion zwischen Unternehmen und Regulator als *Prinzipal-Agent-Problem* beschrieben. Das Unternehmen ist der Agent, dessen Kostenstruktur der Regulator in der Rolle des Prinzipals nicht kennt. Das Unternehmen kann diese Informationsasymmetrie zu seinem strategischen Vorteil nutzen. Die Regulierungsbehörde ver-

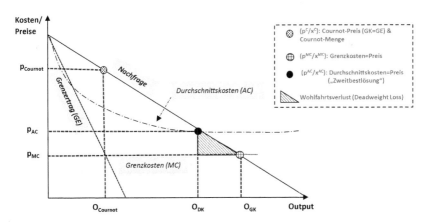

Abb. 13 Erzielung der Zweit-Best-Lösung im Fall eines regulatorischen Eingriffs. (Quelle: In Anlehnung an (Varian 2016))

sucht durch geeignete Regulierungsinstrumente Informationen über deren wahre Kostenstrukturen zu erlangen und optimale Anreize unter Berücksichtigung dieser unvollständigen Informationslage zu setzen (Laffont und Tirole 1986). Hierbei stellt sich das regulatorische Dilemma, wie der rechtliche Mehraufwand (z. B. Informationsbeschaffung) gegenüber dem allokativen Effizienzgewinn abzuwiegen ist. Diese Überlegungen mündeten schließlich in der Entwicklung anreizorientierter Verfahren.

Kostenorientierte Verfahren
Die kostenorientierten Regulierungsverfahren bestimmen den zulässigen Erlös durch eine kalkulatorische Kostenrechnung. Ziel ist es, die effizienten Kosten des Netzbetriebes zu bestimmen. In Abhängigkeit der zugrunde gelegten Kostenbasis lassen sich die Verfahren weiter unterteilen. So findet in der Praxis die ***Rate-of-Return*** (RoR) bzw. Rentabilitätsregulierung Anwendung. Da bei diesem Verfahren die zulässige Kapitalrendite beschränkt wird, bestehen für das Unternehmen Anreize, Kosten als Investitionen zu deklarieren, das heißt zu kapitalintensiv zu „produzieren" und eine Art Überqualität zu erzeugen und somit den Unternehmensgewinn zu steigern (Averch und Johnson 1962). Dies wird im Fachjargon als sogenanntes ***Gold-Plating*** bezeichnet.

> **Infobox 12: Kostenorientierte Verfahren**
> Bei Anwendung von kostenorientierten Verfahren werden Monopolerlöse von Netzbetreibern auf Grundlage der kalkulatorischen Kostenrechnung des Netzbetriebes reguliert.

Neben der RoR-Regulierung ist als weitere Variante der kostenorientierten Regulierungsansätze die ***Cost-Plus-Regulierung*** bzw. Kostenzuschlagsregulierung zu erwähnen. Hier wird nicht eine Kapitalrendite gewährt, sondern ein Gewinnzuschlag auf die gesamten ausgewiesenen Kostensätze. Der oben beschriebene Anreiz zwischen Kapital- und Betriebskosten zu substituieren besteht in diesem Fall nicht, da nun die Gesamtkosten betrachtet werden.

Anreizorientierte Verfahren
Die oben beschriebene Problematik der defizitären Informationslage wird versucht durch die anreizorientierten Verfahren zu beheben. Diese lassen sich in die **Cap-Regulierung** und **Yardstick-Competition** bzw. **Benchmark-Verfahren** unterteilen. Durch die Entkopplung der Erlöse von den Kosten sollen die Unternehmen zu Effizienzsteigerungen angeregt werden.

> **Infobox 13: Anreizorientierte Verfahren**
> Bei anreizorientierten Regulierungsverfahren werden Umsatzerlöse von den Kosten des Netzbetriebes entkoppelt und Effizienzsteigerungen im Netzbetrieb angereizt, in dem durch Kostensenkungen erzielte Gewinne beim Netzbetreiber verbleiben.

Durch Effizienzsteigerungen und Kostensenkungen erwirtschaftete Gewinne müssen nicht abgeführt werden und verbleiben zumindest für die Dauer einer Regulierungsperiode im Unternehmen. Mit diesem Regulierungsansatz werden den Netzbetreibern Anreize gesetzt, den Netzbetrieb effizienter zu gestalten. Durch die Aussicht auf Gewinn erschließt der Netzbetreiber aus eigenem wirtschaftlichen Kalkül Effizienz- und Kostensenkungspotentiale, die der Regulierungsbehörde aufgrund der Informationsasymmetrie ansonsten teilweise verborgen bleiben würden.

Bei der Cap-Regulierung wird zwischen **Revenue-Cap** (Erlösobergrenze), bei dem eine Obergrenze für den Gesamterlös des Unternehmens festgelegt wird, und **Price-Cap** (Preisobergrenzen) unterschieden. Unter dem Preis ist im Zusammenhang mit Netzbetreibern das Entgelt für die Netznutzung zu verstehen (siehe Abschn. 4.2).

In der Praxis wird oft nach der Einführung einer Cap-Regulierung auf eine Yardstick-Regulierung bzw. ein Benchmark-Verfahren übergegangen. Hierbei wird die Obergrenze aufgrund der **Durchschnittskosten vergleichbarer Unternehmen** festgesetzt (Shleifer 1985). Hiermit wird versucht, das Problem der unvollständigen Information des Regulierers zu umgehen, indem vergleichbare Unternehmen, die in geografisch abgegrenzten Gebieten operieren, anhand der übermittelten Kostendaten ihrer Vergleichsgruppe reguliert werden. Somit entfällt der Anreiz, die eigene Kostenbasis verzerrt darzustellen. Senkt das Unternehmen innerhalb der Regulierungsperiode die Kosten stärker als der Erlöspfad vorschreibt, können die erwirtschafteten Gewinne einbehalten werden. In Deutschland wird diese Verschärfung durch den **Produktivitätsfaktor** (X) gesteuert (Abb. 14) und somit sollen Anreize zur Kostensenkung gesetzt werden.

In Deutschland wird die Anreizregulierung (AReqV) seit Januar 2009 zur Vergütung der Bereitstellung und des Betriebes der Stromnetze angewendet und löste die bis dahin genutzte kostenbasierte Regulierung ab. Bei der Anreizregulierung handelt es sich um einen hybriden Revenue-Cap, der ähnlich zu der Beschreibung oben eine Erlösobergrenze auf Basis von zugestandenen Kostensätzen und Vergleichsparametern festlegt. Hierbei wird eine Benchmarking-Methode herangezogen, um die für den Erlöspfad relevanten Effizienzwerte zu bestimmen. Um nachhaltige Änderungen der Versorgungsaufgaben eines Netzbetreibers während einer

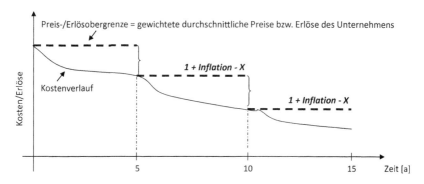

Abb. 14 Stilisierte Darstellung des Regulierungsansatzes der Preis- bzw. Erlösobergrenze. (eigene Darstellung)

Regulierungsperiode sowie der Gefahr einer Qualitätsreduktion bei sinkenden Ausgaben vorzubeugen, wird das Regulierungsinstrument um weitere Faktoren und Elemente bei der Festlegung der Erlösobergrenzen ergänzt. Dementsprechend nimmt die Cap-Regulierung einen hybriden Charakter an.

4.2 Wälzungs- und Umlagemechanismus zur Bestimmung der Netznutzungsentgelte am Beispiel Deutschland

In Deutschland existieren vier Regelzonen, die sich in vier Übertragungsnetzgebiete unterteilen. In jedem Netzgebiet betreibt jeweils ein **Übertragungsnetzbetreiber** (ÜNB) operativ die Höchstspannungsebenen der Übertragungsnetze von 220 kV und 380 kV zum überregionalen Stromtransport. Die Anzahl der Verteilungsnetzbetreiber (VNB), die die nachgelagerten Netzebenen im Niederspannungs-, Mittelspannungs- und im Hochspannungsbereich zur regionalen Stromverteilung unterhalten, liegt dagegen in etwa bei 800 (Bundesnetzagentur 2016).

Die **Netznutzungsentgelte** dienen als Refinanzierungsvehikel für die Bereitstellung und den Betrieb dieser Netzinfrastruktur. Wie im vorherigen Abschnitt erklärt, werden sie auf Grundlage der von der regulatorischen Aufsicht gewährten Erlöse gebildet. Abb. 15 zeigt das Berechnungsschema für die Bestimmung der Netznutzungsentgelte in Deutschland. Die Grundlage hierfür bildet der rechtliche Rahmen. Dieser ergibt sich in Deutschland nach dem Energiewirtschaftsgesetz (EnWG), der Stromnetzentgeltverordnung (StromNEV) und der Anreizregulierungsverordnung (ARegV).

Als Ausgangspunkt der Kalkulation werden die in die Erlösobergrenze einfließenden Netzkosten des jeweiligen Netzbetreibers anhand einer kalkulatorischen Rechnung erfasst. Die entstandenen Kosten werden einzelnen Kostenarten, z. B. den aufwandsgleichen Kosten, kalkulatorischen Abschreibungen, kalkulatorischen

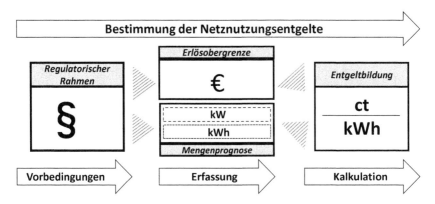

Abb. 15 Bestimmung der Nutznutzungsentgelte in Deutschland. (eigene Darstellung)

Steuern und der kalkulatorischen Eigenkapitalverzinsung zugeordnet. Darüber hinaus sind sonstige Netzkosten, z. B. Aufwendungen an vorgelagerte Netzbetreiber und sogenannte vermiedene Netzentgelte, darzulegen. Anhand der Kostenstellenrechnung werden die erfassten Netzkosten auf die Haupt- (Netz- bzw. Umspannebenen) und Nebenkostenstellen (Messung und Abrechnung) kontiert.

Demnach ergeben sich **regionale Unterschiede** je nach Kostenstruktur des jeweiligen Netzgebietes (vgl. Abb. 16). Die ermittelten Kosten der Netz- bzw. Umspannebene werden abzüglich der Entnahmen, die direkt der Netzebene zugeordnet werden können, nach dem Prinzip der vertikalen Kostenwälzung auf die Entnahmen aus den nachgelagerten Netz- bzw. Umspannebenen verteilt. Die anteilige Übertragung der Kosten der vorgelagerten Netz- und Umspannungsebenen geht auf den physischen Stromfluss zurück, welcher klassisch im Höchstspannungsnetz eingespeist wird und erst alle untergeordneten Spannungs- und Umspannungsebenen durchläuft, bevor er dem Endkunden im Niederspannungsnetz zur Entnahme zur Verfügung steht. Das Stromnetz erfüllt somit die Dienstleistung des Durchleitens elektrischen Stroms an den Verbraucher, der entsprechend für diese Dienstleistung ein Entgelt entrichtet.

Die Bestimmung und Umlegung der Netzentgelte richtet sich maßgeblich nach der **Jahreshöchstlast** der jeweiligen Netzebene. Dies geht aus dem Grundgedanken hervor, dass die Netzdimensionierung und somit die Netzkosten am stärksten von der Jahreshöchstlast der Netzebene beeinflusst werden. Da Netznutzer[12] unterschiedlich zur Jahreshöchstlast der Netzebene beitragen, werden die Kosten verursachungsgerecht den entsprechenden Netznutzern zugeteilt.

---

[12] Hierunter werden Endverbraucher als auch nachgelagerte Netzbetreiber verstanden.

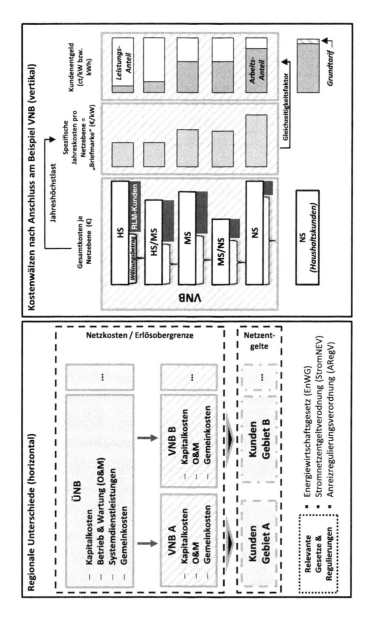

Abb. 16 Schematische Darstellung der Netzentgeltbildung in Deutschland. (Quelle: In Anlehnung an Bundesnetzagentur (2015))

Als Ausgangspunkt der Entgeltbildung dient die Ermittlung der spezifischen **Jahreskosten** (EUR/kW) oder die sogenannte „Briefmarke" der Netzebene. Diese ergibt sich aus der Aufteilung der Gesamtkosten auf die gleichzeitigen Höchstleistungsanteile einer Netzebene. Die Höchstleistungsanteile werden in Netzebenen oberhalb der Niederspannung fast ausschließlich auf Basis registrierender Leistungsmessung (RLM-Kunden) ermittelt. In der Niederspannung werden für Kunden, die keiner Leistungsmessung unterliegen, repräsentative Lastgänge für unterschiedliche Nutzergruppen zu Grunde gelegt (SLP-Kunden). Auf Grundlage dieser Werte erfolgt die Bestimmung der nutzerspezifischen Entgelthöhen unter Anwendung des sogenannten **Gleichzeitigkeitsgrades**. Dieser stellt einen Zusammenhang zwischen dem Anteil der Netznutzer an der zeitgleichen Jahreshöchstlast der Netzebene in Abhängigkeit von der Benutzungsdauer dar. Netznutzer mit hohen Benutzungsstunden beteiligen sich mit höherer Wahrscheinlichkeit am Auftreten der Netzhöchstlast. Die herangezogene Funktion ermöglicht eine Umrechnung der Entgeltbestandteile in Arbeits- und Leistungspreise jeweils für Netznutzer mit mehr bzw. weniger als 2500 Benutzungsstunden im Jahr.

Leistungspreise sind wie oben dargestellt entnahmeunabhängig und ergeben sich als Produkt der spezifischen Jahreskosten der Netzebene und des absoluten Terms der Gleichzeitigkeitsfunktion. Sie setzen somit einen Anreiz, durch eine möglichst konstante Entnahme die Stromnetze gleichmäßiger zu belasten. Bei nichtleistungsgemessenen Kunden, vor allem in der Niederspannungsebene, wird der Leistungspreis durch einen jährlichen Grundpreis ersetzt (vgl. Abb. 16). **Arbeitspreise** richten sich nach der tatsächlich abgenommenen Strommenge und ergeben sich konkret aus der Multiplikation der Briefmarke und dem Anstieg der Gleichzeitigkeitsfunktion. Der Arbeitspreisanteil steigt mit fallender Netzebene. Dahingehend fallen bei Haushaltskunden der Niederspannungsebene überwiegend Arbeitspreise an. Hierdurch wird eine effiziente Nutzung des Stroms angereizt.

In Deutschland haben sich die Netznutzungsentgelte im Zuge des voranschreitenden Ausbaus erneuerbarer Energien und damit einhergehenden Netzinfrastrukturmaßnahmen sowohl auf Übertragungs- wie auch Verteilernetzebene **kontinuierlich erhöht**. Gerade in den letzten Jahren hat mit der Zurechnung der Kosten eines regional unterschiedlichen Ausbaus erneuerbarer Energien zu den jeweils lokalen Netzentgelten die regionale Ungleichverteilung der Netzentgelte weiterhin zugenommen. Da der betroffene Endkunde die Kosten des Ausbaus erneuerbarer Energien nicht verursacht hat, wird eine Anpassung der aktuellen Netzentgeltbestimmung politisch diskutiert.

4.3 Netzentwicklungspläne und deren Bedeutung für Stromnetze

Im Zusammenhang mit den regulatorischen Anforderungen und dem Refinanzierungsrahmen der Stromnetze stehen die Ertüchtigung und Erweiterung der **Netzinfrastruktur**. Insbesondere aufgrund der sich derzeit im Wandel befindenden

Versorgungsstruktur der Stromwirtschaft, von einem traditionell fossilbasierten zentral ausgerichteten System hin zu einer dekarbonisierten dezentralen Erzeugerlandschaft, steigt der Bedarf an Ausbaumaßnahmen.

Auf der Übertragungsebene in Deutschland werden seit 2012 im Rahmen des **Netzentwicklungsplans** (NEP) die zukünftigen Netzausbauprojekte erarbeitet. Bei der Erstellung wird vor allem die Ausgestaltung des Ausbaus der Elektrizitätsübertragungsnetze über einen Zeitraum von 10 bis 20 Jahren festgelegt. Die Planungen werden von der **Bundesnetzagentur** als regulatorische Instanz in Zusammenarbeit mit den vier deutschen Übertragungsnetzbetreibern ausgeführt. Der NEP wird dabei in zwei Teile untergliedert. Während der NEP „Strom" den Netzausbau auf dem Festland des deutschen Bundesgebiets umfasst, wird im NEP „Offshore" (O-NEP) der Anbindungsbedarf der anvisierten Windkapazitäten auf See geprüft.

In unterschiedlichen **Szenariorahmen** werden die als wahrscheinlich geltenden Entwicklungsrichtungen der Stromversorgung in Deutschland mit Annahmen zu installierten Kapazitäten, Lasten, Verbräuchen und Versorgung an allen Netzknoten des Übertragungsnetzes abgebildet. Mittels einer modellgestützten Lastflussanalyse des heutigen Übertragungsnetzes und der sich im Bau befindenden Projekte werden aus den sich ergebenden kritischen Netzbelastungen ausbaubedürftige Leitungen identifiziert. Nach einem mehrstufigen iterativen Entwurfs- und Konsultationsprozess wird auf Grundlage des genehmigten NEP der **Bundesbedarfsplan** (BBP) erstellt. Dieser wird anschließend ins Bundesbedarfsplangesetz überführt. Für eine kritische Diskussion der Erstellung des NEP sowie der Barrieren zur Realisierung von Netzausbauprojekten im Züge der Energiewende ist der interessierte Leser auf (Kemfert et al. 2016) und (Bertsch et al. 2016) verwiesen.

Die im NEP ausgewiesenen Ausbaumaßnahmen lassen sich schließlich von den jeweiligen Übertragungsnetzbetreibern im Rahmen der Anreizregulierung ohne Zeitverzug zur Bestimmung der Erlösobergrenze heranziehen und haben somit einen großen Einfluss auf den Investitionsrahmen eines Übertragungsnetzbetreibers.

Auf europäischer Ebene wird auf ähnlicher methodischer Grundlage der sogenannte *Ten Year Network Development Plan* (TYNDP) von den europäischen Übertragungsnetzbetreibern (ENTSO-E) erstellt. Der Netzausbauplan wird im zweijährlichen Turnus überarbeitet. Da Deutschland als ein Transitland in das europäische Verbundnetz eingebettet ist, beeinflussen die nationalen Netzausbauvorhaben stark die erforderlichen Maßnahmen auf europäischer Ebene. Diese Wechselwirkungen müssen in den jeweiligen Planungsgrundlagen berücksichtigt werden.

5 Endkundenmarkt und Endkundenpreise

Schon zu Beginn der Liberalisierung der Energiemärkte wurde 1998 in Deutschland festgelegt, dass Verbraucher ihren Energielieferanten frei wählen können. In der Konsequenz entwickelte sich über die Jahre ein Endkundenmarkt mit zunehmender Anzahl an Stromlieferanten. Aktuell können Endkunden aus über 1200 unterschiedlichen Anbietern deutschlandweit wählen. Welche Preise die Lieferanten auf dem Endkundenmarkt anbieten hängt einerseits von der Endkundengruppe, andererseits aber auch von den Begebenheiten in den einzelnen Stufen der Wertschöpfungskette ab. Somit spiegelt der Endkundenpreis die jeweils für Deutschland zutreffenden Mechanismen und gewählten Vorgehensweisen der in den vorherigen Abschnitten ausgeführten Bereiche der Liberalisierung wider.

5.1 Strompreisbildung für unterschiedliche Endkundengruppen

Der Strompreis für Endkunden setzt sich in Deutschland aus unterschiedlichen Bestandteilen zusammen. In welcher Höhe sich diese auf den Strompreis auswirken, beruht weitestgehend darauf, wie häufig und wie viel Strom bezogen wird. Darüber hinaus wird die Höhe von unterschiedlichen Mechanismen festgelegt. Während bestimmte Kostenbestandteile fest durch den Staat vorgeschrieben sind, sind andere in einem regulierten Bereich von den Unternehmen frei(er) gestaltbar. Andere werden wiederum im wettbewerblichen Umfeld, d. h. marktbasiert, bestimmt. Die einzelnen Bestandteile lassen sich wie folgt zusammenfassen:

> **Infobox 14: Endverbraucherstrompreise**
> Die Stromtarife für den Endverbraucher setzen sich aus Steuern und Abgaben, staatlichen Umlagen, Kosten für die Energiebereitstellung sowie Infrastrukturkosten zusammen.

Steuern & Abgaben
Unter Steuern und Abgaben fallen insbesondere die **_Mehrwertsteuer_**, die **_Stromsteuer_** und die **_Konzessionsabgabe_**. Die Stromsteuer beträgt 2,05 ct/kWh und wurde im Rahmen des „Gesetzes zum Einstieg in die ökologische Steuerreform"

im Jahr 1999 (häufig als „Ökosteuer" bezeichnet) eingeführt.[13] Konzessionsabgaben fallen insbesondere für die Nutzung des öffentlichen Grund und Bodens durch elektrische Leitungen an und sind an einen öffentlich-rechtlichen Rechtsträger (in der Regel die Gemeinde) für die eingeräumte Konzession zu zahlen. Die zulässige Höhe der Konzessionsabgaben ist abhängig von der Größe der Gemeinde sowie ggf. weiteren Sonderkonditionen (u. a. Sondervertragskunden oder Schwachlasttarife) und kann bis zu 2,39 ct/kWh betragen.[14]

Umlagen
Im Gegensatz zu den Steuern und Abgaben gehören die Umlagen zwar ebenfalls zu den staatlich erhobenen Gebühren, werden aber zweckgebunden für die Integration erneuerbarer Energien oder die Förderung ressourcenschonender Technologien eingesetzt. Zu den Umlagen zählen:

- die *EEG-Umlage* welche seit der Einführung einen steigenden Trend aufweist und im Jahr 2018 bei 6,79 ct/kWh für alle Endkundengruppen lag,
- die *KWKG-Umlage* mit 0,45 ct/kWh (Haushalt) bzw. 0,06 ct/kWh (Industrie), welche insbesondere in den letzten drei Jahren deutlich zugelegt hat,
- die *Offshore-Haftungsumlage*, mit aktuell niedrigeren Werten aufgrund von Überschüssen aus den Vorjahren (0,04 ct/kWh für Haushaltskunden und 0,03 ct/kWh für Industriekunden),
- die *Umlage für abschaltbare Lasten*, welche seit 2014 erhoben wird und im Jahr 2016 einheitlich 0 ct/kWh[15] betrug und
- die *StromNEV-Umlage* mit ebenfalls seit 2015 wieder steigenden Werten von 0,38 ct/kWh (Haushalt) bzw. 0,06 ct/kWh (Industrie).

---

[13] Die Ökosteuer hat eine Lenkungswirkung im Sinne des Umweltschutzes (durch die Internalisierung externer Kosten) und zwar durch höhere Preise auf den Energieverbrauch, die eine Reduktion des Energieverbrauches anreizen soll.

[14] Die exakte Höhe ist in der Konzessionsabgabenverordnung geregelt und liegt aktuell bei 0,61 ct/kWh im Schwachlastbereich, bei 1,32 ct/kWh bei kleinen Gemeinden und bei bis zu maximal 2,39 ct/kWh bei Gemeinden mit über 500.000 Einwohnern. Die Verordnung erlaubt in Sonderfällen sogar eine komplette Befreiung von der Abgabe.

[15] Zum Zeitpunkt der Umlagenveröffentlichung für das Jahr 2016 war keine Verlängerung der bestehenden Verordnung absehbar. Daher wurde für das Jahr 2016 von den Übertragungsnetzbetreibern keine Umlage für abschaltbare Lasten erhoben. Dies stellt eine Ausnahme dar und seit dem Jahr 2017 wird wieder eine Umlage ausgewiesen sowie erhoben.

Energiebereitstellung

Die Energiebereitstellung besteht ausschließlich aus den Bestandteilen **Beschaffung**, **Vertrieb & Marge**. Die jeweilige Höhe hängt dabei wesentlich von den sich auf dem Markt einstellenden Preisen ab (vgl. Abschn. 2). In den letzten Jahren lagen die Börsenpreise durchschnittlich bei ca. 3 bis 4 ct/kWh.

Infrastrukturkosten

Netzentgelte beinhalten Kosten für die Netzinfrastruktur und für Systemdienstleistungen und damit auch Kosten für den stabilen Netzbetrieb. Neben den **Netzentgelten** zählen auch **Abrechnung**, **Messung** und **Messstellenbetrieb** zu den Infrastrukturkosten. Die Netzentgelte sind regional unterschiedlich und hängen zudem von der Spannungsebene ab, an die der Kunde angeschlossen ist. Für Haushalte bewegen sich die Netzentgelte in einer Bandbreite zwischen etwa 5 bis 9 ct/kWh (Möst et al. 2015).

Endkunden-Typen

Wie anfangs erwähnt, lässt sich grundsätzlich eine Vielzahl an **Endkundentypen** identifizieren. Vereinfacht können diese allgemein in **Haushaltskunden** und **Industriekunden** unterschieden werden. Der stündliche Strombedarf von Haushaltskunden wird über ein **standardisiertes Lastprofil** (SLP) abgeschätzt (vgl. Abschn. 4) und dementsprechend an den Börsen eingekauft (vgl. Abschn. 2). Im Gegensatz dazu wird der Stromverbrauch von Industriekunden exakt gemessen und muss sich mit den angeforderten Strommengen decken.

> **Infobox 15: Standardlastprofil**
> Das Standardlastprofil ist ein repräsentativer Lastgang einer spezifischen Verbrauchergruppe, der zur Lastprognose im Netzbetrieb sowie zur Strombeschaffung durch Energieversorger herangezogen wird.

In Konsequenz entsteht dadurch für Industriekunden die Möglichkeit flexible Tarife zu erhalten, welche sich entsprechend der Begebenheiten an der Börse und in den Übertragungs-/Verteilernetzen in wechselnden Preisen widerspiegeln. Für Haushaltskunden existiert zumeist nur ein fixer Preis für jede bezogene Kilowattstunde, welcher für den Lieferanten auch als Absicherung gegen mögliche Preisschwankungen oder Abweichung des Endkunden vom SLP dient. Die nachfolgenden Preise sind deshalb immer als Durchschnittswerte über alle Endkunden in der jeweiligen Gruppe sowie deren gesamte jährliche Kosten zu verstehen.

Zusammensetzung der Strompreise

Einem typischen Haushalt in Deutschland wird 2016 ein Strompreis von 29,82 ct/kWh (Bundesnetzagentur 2016) in Rechnung gestellt, welcher sich zu über 50 % aus staatlich erhobene Abgaben und Gebühren (Steuer, Abgaben und Umlagen) zusammenstellt. Jeweils ungefähr ein Viertel entfällt auf die Energiebereitstellung und die Infrastrukturkosten. Für Industriekunden liegt der staatlich erhobene Anteil am Strompreis sogar über 60 %, allerdings bei mit im Durchschnitt 14,20 ct/kWh deutlich geringerem Gesamtpreis. **Industriestrompreise** sind aufgrund verschiedener Faktoren geringer: Durch die Abnahme des Stromes auf einer meist höheren Spannungsebene und der Lage von Industrieunternehmen sind die durchschnittlichen Netzentgelte im Vergleich zu den Haushaltskunden geringer. Zusätzlich können Industriekunden durch ihren großen Strombedarf günstigere Konditionen im Einkauf erzielen. Dies gilt insbesondere dann, wenn die Unternehmen ihren Energiebedarf direkt an der Börse einkaufen können (vgl. Abschn. 2). Die erhobene Mehrwertsteuer entfällt, da sie über die hergestellten Produkte an den Kunden weitergereicht wird. Zudem können energieintensive Unternehmen eine reduzierte EEG-Umlage erhalten. Je nach Einzelfall ist zusätzlich ein noch weiter verringertes Netzentgelt und sogar eine komplette Befreiung bzw. Rückerstattung der Stromsteuer möglich.[16] Für einen hier skizzierten typischen Industriekunden würde dies bedeuten, dass zwar die Energiebereitstellungskosten gleichblieben, alle weiteren Preisbestandteile sich jedoch deutlich reduzieren würden. Unter Berücksichtigung aller Vergünstigungen würde sich im Idealfall für einen Industriekunden dadurch ein Preis von ca. 4,3 ct/kWh einstellen (vgl. Abb. 17).

> **Infobox 16:** Energieintensive Unternehmen, Schienenbahnen und die EEG-Umlage
>
> Im Jahr 2015 wurden 717 Anträge auf teilweise oder vollständige Befreiung von der EEG-Umlage beim Bundesamt für Wirtschaft und Ausfuhrkontrolle gestellt. Für das Jahr 2018 beantragten 2252 Unternehmen eine teilweise Befreiung von der EEG-Umlage. Damit der Antrag bewilligt wird, müssen die Unternehmen ein Energiemanagementsystem nutzen, der jährliche Stromverbrauch muss mindestens eine Gigawattstunde betragen und zudem muss der Anteil der Stromkosten an der Bruttowertschöpfung bei mindestens 20 % liegen. Dann kann die EEG-Umlage auf bis zu minimal 0,05 ct/kWh

---

[16] Für ein Industrieunternehmen mit 24 GWh ist im theoretischen Maximalfall eine Reduzierung auf einen Strompreis von 4,29 ct/kWh inkl. Beschaffung möglich (EEG-Umlage 0,31 ct/kWh, Stromsteuer 0 ct/kWh, Netzentgelt (0,41 ct/kWh), weitere Umlagen 0,09 ct/kWh) (Bundesnetzagentur 2016).

Märkte und Regulierung der Elektrizitätswirtschaft

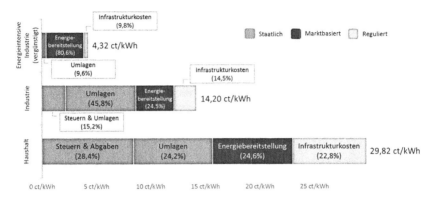

Abb. 17 Durchschnittliche mengengewichtete Preise für Haushaltskunden (2500–5000 kWh), Industriekunden (24 GWh) und energieintensiver Kunden mit max. Vergünstigung im Jahr 2016. (Quelle: Bundesnetzagentur (2016))

herabgesetzt werden. Die Reduzierung der Umlage soll dazu dienen, diese Unternehmen im (inter)nationalen Wettbewerb nicht zusätzlich zu belasten. Insgesamt belief sich die finanzielle Entlastung für die bewilligten Anträge auf 3,4 Mrd. Euro. Die finanzielle Entlastung der energieintensiven Unternehmen und Schienenbahnen wird von den nicht befreiten Unternehmen und privaten Haushalten kompensiert, was sich in der jährlichen Anpassung der EEG-Umlage niederschlägt.

Infobox 17: Prosumer

Der Begriff Prosumer setzt sich aus Produzent und Konsument (engl. consumer) zusammen. Unter dem Begriff werden in der Energiewirtschaft Akteure verstanden, welche Strom sowohl konsumieren als auch produzieren. Dieser Begriff wird als Abgrenzung zu dem klassischen Verbraucher verwendet, welcher lediglich Konsument und kein Produzent ist. Aufgrund der hohen Strompreise für Haushaltskunden, den niedrigen Stromgestehungskosten für dezentrale PV Systeme sowie einer niedrigen Einspeisevergütung für PV Strom kommt es zu verstärktem Eigenverbrauch von selbsterzeugtem PV Strom auf Haushaltsebene. Neben der Photovoltaik können auch andere Technologien, wie bspw. dezentrale Kraft-Wärme-Kopplungsanlagen, zur

Bereitstellung von Strom und Wärme zum Einsatz kommen. Neben den Haushaltskunden können auch Industriekunden als Prosumer agieren. Meist sind Prosumer weiterhin an das Stromnetz angeschlossen und nutzen dieses in Zeiten in denen die Produktion Ihrer Anlage nicht ausreichend ist. Entsprechend nimmt die Strombezugsmenge des Haushaltes aus dem Netz ab, wobei er weiterhin von der Versorgungssicherheit des Netzanschlusses profitiert. Insbesondere bei einem weiteren Anstieg der Infrastrukturkosten sowie der Umlagen, welche dann zu höheren Strompreisen führen, und sinkenden Stromgestehungskosten, insbesondere der PV, nimmt der Anreiz für Endkunden zu, den Strom selbst zu erzeugen.

5.2 Strompreise im europäischen Vergleich

Der Vergleich der europäischen Strompreise zeigt, dass der staatlich bedingte Anteil an den Strompreisen in Deutschland im Vergleich zu den anderen 27 Ländern der europäischen Union sehr hoch ausfällt (s. Abb. 18).

Insgesamt befindet sich der deutsche Strompreis in allen Endkundengruppen weit über dem EU-Durchschnitt. Der Endkundenpreis liegt im Haushaltsbereich lediglich in Dänemark – aufgrund des höchsten europäischen Steuersatzes – über jenem in Deutschland. Im Industriebereich weist Deutschland zwar im Vergleich etwas reduzierte Endkundenpreise auf, liegt aber immer noch auf Platz 23.

5.3 Entwicklung der Strompreisbestandteile und Wettbewerbsintensität im Endkundenmarkt

Die Höhe der einzelnen Bestandteile des Strompreises verändert sich in der Regel von Jahr zu Jahr. In den letzten Jahren ist der Endkundenpreis kontinuierlich auf knapp 30 ct/kWh angestiegen. Die Bundesregierung geht auch für die Zukunft von einem **weiteren Anstieg des Strompreises** bis zum Jahr 2025 aus (BMWi 2012).

Dem entgegen spricht ausgehend von Abb. 19 auf den ersten Blick ein tendenziell **sinkender Großhandelspreis** (Energiebeschaffung), begründet im Rückgang der Preise für CO_2-Emissionszertifikate und für Brennstoffe, dem Nachfragerückgang durch die Finanzkrise sowie der vermehrten Einspeisung von Wind- und Solarkraftanlagen (Kallabis et al. 2016). Dem gegenüber haben der Netzausbau und die Netzmodernisierung zu steigenden Netzentgelten in den letzten Jahren

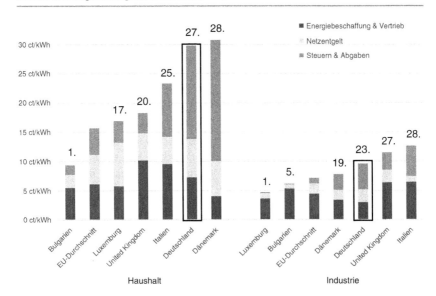

Abb. 18 Zusammensetzung des Strompreises in ausgewählten Ländern für einen Verbrauch zwischen 2500 kWh und 5000 kWh für Haushalte bzw. 20 GWh und 70 GWh für Industrie. (Quelle: EuroStat (2017))

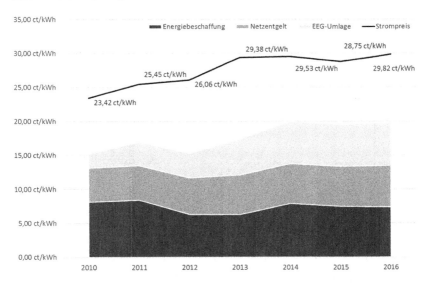

Abb. 19 Durchschnittliche mengengewichtete Strompreise und ausgewählte Bestandteile von Haushaltskunden je Vertragskategorie für das Abnahmeband zwischen 2500 kWh und 5000 kWh im zeitlichen Verlauf. (Quelle: Bundesnetzagentur (2010–2017))

geführt. Hauptsächlich ist die prognostizierte und aktuelle Strompreisentwicklung auf dem Endkundenmarkt aber der steigenden EEG-Umlage geschuldet. Der Anstieg geht dabei auf den EEG-bedingten Zubau an erneuerbaren Energien sowie auf den bereits erwähnten Rückgang der Großhandelspreise zurück.

Warum steigt der Strompreis an?
Vor diesem Hintergrund stellt sich daher die Frage, weshalb sinkende Beschaffungspreis sich negativ auf die EEG-Umlage auswirken und der Endkundenpreis davon kaum profitiert. Die Erklärung dieser Entwicklung hängt u. a. mit der garantierten Vergütung für die Einspeisung von Strom aus erneuerbaren Energieanlagen und dem Merit-Order-Effekt zusammen.

Die EEG-Umlage dient zur Finanzierung der Differenz zwischen dem gewährten Fördertarif (in der Regel in der Größenordnung der Stromgestehungskosten der Anlagen) und dem volatilen Marktpreis. Der Merit-Order Effekt führt zu einer Reduzierung des Marktpreises bei gleicher Nachfrage (vgl. hierzu Abb. 20). Da die Stromgestehungskosten bzw. der Fördertarif für die Anlagen gleichbleiben, erhöht sich die EEG-Umlage pro kWh vereinfacht betrachtet ungefähr im gleichen Umfang wie der Marktpreis sinkt. Der Endkunde kann davon letztendlich nicht profitieren, weil die zusätzlich entstehenden Aufwendungen der EEG-Umlage die durch den Merit-Order-Effekt erzielte Kostenreduktion bei den Beschaffungspreisen übersteigen. In Kombination mit weiteren, in den letzten Jahren ansteigenden Preisbestandteilen (u. a. den Netzentgelten) kommt es somit in Summe zu einem Preisanstieg trotz niedriger Beschaffungspreise an den Börsen und steigender Wettbewerbsintensität auf dem Endkundenmarkt.

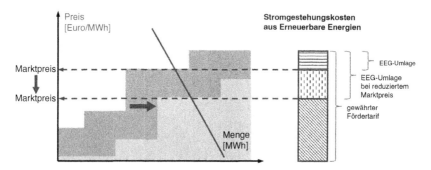

Abb. 20 Schematische Darstellung des Merit-Order-Effekts und dessen Auswirkung auf die EEG-Umlage. (eigene Darstellung)

Funktioniert der Wettbewerb?
Wesentliche Messgrößen für einen funktionierenden Wettbewerb sind die **Anzahl** der pro Netzgebiet zur Verfügung stehenden **Stromlieferanten** und die Anzahl der **Lieferanten- und Vertragswechsel**. Neben der Anzahl an Stromlieferanten hat auch die Anzahl der Lieferantenwechsel in den letzten Jahren kontinuierlich zugenommen. Bei den Haushaltskunden wechseln aktuell pro Jahr etwa 4 % auf eigenes Betreiben hin den Lieferanten. Bei den Industriekunden liegt die Wechselquote sogar bei etwa 12 % (Bundesnetzagentur 2016). Eine hohe Wechselrate spricht für einen funktionierenden Wettbewerbsmarkt, welcher es für Stromlieferanten unattraktiv macht, nicht fundamental bedingte Preiserhöhungen durchzusetzen. Der Stromlieferant verliert durch die hohe Wechselrate den Anreiz, Strompreise über dem Wettbewerbsniveau zu setzen, da durch den damit drohenden Verlust an Kunden der Gesamtumsatz in der Regel niedriger ausfällt. Grundsätzlich kann festgehalten werden, dass sowohl auf dem Großhandelsmarkt als auch auf dem Endkundenmarkt für Strom mit vorangeschrittener Liberalisierungsbemühungen eine **hohe Wettbewerbsintensität** gegeben ist.

6 Zusammenfassung

Energieversorgungsunternehmen verfügten bis Mitte der 1990er-Jahre in Europa über eine Monopolstellung. Um den Wettbewerb zu befördern, wurden mit der Richtlinie 96/92/EG des Europäischen Parlaments die europäischen Strommärkte liberalisiert. Zentrale Elemente sind dabei die Gewährung des Netzzugangs für Dritte und die Entflechtung der Versorgungsstrukturen der vertikal integrierten Energieversorgungsunternehmen. Zu Beginn der 1990er-Jahre wurden mit dem Stromeinspeisegesetz und spätestens mit dem Erneuerbare-Energien-Gesetz im Jahr 2000 weitere energiepolitische Ziele in die Energiewirtschaft eingetragen, welche einerseits durch **Klimaschutzbemühungen** (Maßnahmen zur Energiewende) und andererseits durch die **Liberalisierung der Energiemärkte** (mehr Wettbewerb) in einem Zielkonflikt zueinander stehen.

Der Handel von Strom ist seit der Liberalisierung der Elektrizitätsmärkte an Strombörsen organisiert. Anhand der Vorlaufzeiten zur Lieferung lassen sich Terminmärkte von Spotmärkten unterscheiden. Ein relevanter Teil des Stromhandels findet auf dem Day-Ahead-Markt statt, welcher eine physische Lieferung nach sich zieht. Auf dem Day-Ahead-Markt werden stündliche Produkte für den Folgetag gehandelt. Dabei ist die Nachfrage durch eine geringe Preiselastizität und starke Unterschiede im Tagesverlauf geprägt. Das Angebot wird derzeit durch großtechnische konventionelle Kraftwerke und mit zunehmenden Anteil durch erneuerbare Ressourcen bereitgestellt, welche auch eine Veränderung der kostenoptimalen Zusammensetzung des konventionellen Kraftwerksparks mit sich bringen.

Um Investitionen in erneuerbare Energien zu fördern, werden in vielen Ländern Förderinstrumente eingesetzt. Finanziell unterstützende Fördermechanismen sind die preis- und mengenbasierten Instrumente. Zu den preisbasierten Instrumenten zählen die feste Einspeisevergütung sowie Marktprämienmodelle, welche den Anbietern von elektrischer Energie aus erneuerbaren Energien eine festgeschriebene monetäre Förderrate für eine vorgegebene Laufzeit garantieren. Das Quotensystem und wettbewerbliche Ausschreibungsmodelle sind mengenbasierte Instrumente. Hierbei wird der Ausbau erneuerbarer Energien nicht über einen Fördertarif, sondern über festgelegte Mengen gesteuert, die entweder als Quote von Versorgern zu erfüllen sind oder aber durch wettbewerbliche Auktionsverfahren erreicht werden.

Die Netzinfrastruktur bildet das Verbindungsglied zwischen den Kraftwerken und den zu versorgenden Endkunden. Stromnetze gelten weiterhin als Monopol, so dass ihr Betrieb und ihre Unterhaltung weiterhin staatlicher Regulierung unterworfen sind. Zu diesem Zweck werden kosten- und anreizorientierte Verfahren eingesetzt. Zur Refinanzierung der Netzinfrastruktur werden die Gesamtkosten des Netzes (inkl. Kosten für den Systembetrieb) auf die Netznutzer verursachergerecht umgelegt (Netznutzungsentgelte). Die notwendige Ertüchtigung und Erweiterung der Netzinfrastruktur werden von der Bundesnetzagentur in Zusammenarbeit mit den Übertragungsnetzbetreibern im Netzentwicklungsplans (NEP) sowie auf europäischer Ebene im sogenannten Ten Year Network Development Plan (TYNDP) erstellt.

Der Strompreis für Endkunden setzt sich aus *Steuern & Abgaben*, *Umlagen*, Kosten für die *Energiebereitstellung* und *Infrastrukturkosten* zusammen. Dabei variieren Anteile wie auch Höhe der einzelnen Komponenten stark je nach Kundengruppe. Während Haushaltskunden einen durchschnittlichen Strompreis von etwa 30 ct/kWh bezahlen, liegt der Strompreis für Industriekunden bei etwa 14 ct/kWh, wobei sich dieser je nach Energieverbrauch, Netzanschluss, etc. stark unterscheiden kann. Die Unterschiede entstehen insbesondere durch die *Steuern & Abgaben* und *Umlagen,* von denen sich energieintensive Kunden teilweise bzw. ganz befreien lassen können. Trotz der vielen staatlichen Komponenten des Strompreises entstand seit der Liberalisierung im Endkundensegment durch steigende Anbieterzahlen und zunehmende Wechselbereitschaft der Endkunden eine hohe Wettbewerbsintensität.

Literatur

Averch, H., & Johnson, L. L. (1962). Behavior of the firm under regulatory constraint. *The American Economic Review, 52*(5), 1052–1069.

Bertsch, V., Hall, M., Weinhardt, C., & Fichtner, W. (2016). Public acceptance and preferences related to renewable energy and grid expansion policy: Empirical insights for Germany. *Energy, 114*, 465–477.

BMWi. (2012). *Entwicklung der Energiemärkte – Energiereferenzprognose.* https://www.bmwi.de/Redaktion/DE/Publikationen/Studien/entwicklung-der-energiemaerkte-energiereferenzprognose-endbericht.pdf?__blob=publicationFile&v=7. Zugegriffen am 22.07.2017.

Bundesnetzagentur. (2015). *Monitoring Bericht 2015.* https://www.bundesnetzagentur.de/SharedDocs/Downloads/DE/Allgemeines/Bundesnetzagentur/Publikationen/Berichte/2015/MonitoringBericht2015.pdf. Zugegriffen am 20.07.2017.

Bundesnetzagentur. (2016). *Monitoring Bericht 2016.* https://www.bundesnetzagentur.de/SharedDocs/Downloads/DE/Sachgebiete/Energie/Unternehmen_Institutionen/Datenaustausch-UndMonitoring/Monitoring/Monitoringbericht2016.pdf. Zugegriffen am 20.07.2017.

Bundesnetzagentur, Beschlusskammer 6. (2017a). *Bekanntmachung der Ausschreibung nach § 29 WindSeeG.* Von BK6-17-001, Beschlusskammer 6, WindSeeG – 1. Ausschreibung für bestehende Projekte. www.bundesnetzagentur.de.

Bundesnetzagentur, Beschlusskammer 6. (2017b). *WindseeG – 1. Ausschreibung für bestehende Projekte nach § 26 WindSeeG, Ergebnisse der 1. Ausschreibung vom 01.04.2017, Bekanntgabe der Zuschläge.* Von BK6-17-001, Beschlusskammer 6, Ergebnisse der 1. Ausschreibung vom 01.04.2017: www.bundesnetzagentur.de. Zugegriffen am 20.07.2017.

Energy Charts. (2017). https://www.energy-charts.de/power_inst_de.htm?year=2016&period=annual&type=power_inst. Zugegriffen am 18.07.2017.

Enzensberger, N., Fichtner, W., & Rentz, O. (2002). Policy instruments fostering wind energy projects – A multi-perspective evaluation approach. *Energy Policy, 30*(9), 793–801.

European Commission. (1996). *Richtlinie 96/92/EG des Europäischen Parlaments und des Rates betreffend gemeinsame Vorschriften für den Elektrizitätsbinnenmarkt.* Brüssel.

EuroStat. (2017). *Electricity prices components for domestic consumers.* http://appsso.eurostat.ec.europa.eu/nui/show.do?dataset=nrg_pc_204_c&lang=en. Zugegriffen am 22.07.2017.

Gabler Wirtschaftslexikon. (2017). http://wirtschaftslexikon.gabler.de/Definition/nachfrageelastizitaet.html. Zugegriffen am 18.07.2017.

Kallabis, T., Pape, C., & Weber, C. (2016). A parsimonious fundamental model for wholesale electricity markets – Analysis of the plunge in German futures prices. *Energy Policy, 95*, 280–290.

Kemfert, C., Kunz, F., & Rosellón, J. (2016). A welfare analysis of electricity transmission planning in Germany. *Energy Policy, 94*, 446–452.

Knieps, G. (2007). *Netzökonomie: Grundlagen -Strategien-Wettbewerbspolitik.* Wiesbaden: Gabler.

Laffont, J.-J., & Tirole, J. (1986). Using cost observation to regulate firms. *Journal of Political Economy, 94*(3), 614–641.

Laffont, J.-J., & Tirole, J. (1993). *A theory of incentives in regulation and procurement.* Cambridge, MA/London: The MIT Press.

Meyer, N. I. (2003). European schemes for promomting renewables in liberalised markets. *Energy Policy, 31*(7), 665–676.

Möst, D., Hinz, F., Schmidt, M., & Zöphel, C. (2015). *Kurzgutachten zur regionalen Ungleichverteilung*. Dresden: Lehrstuhl für Energiewirtschaft.
Shleifer, A. (1985). A theory of Yardstick competition. *The RAND Journal of Economics, 16*(3), 319–327.
Strauss, K. (2016). *Kraftwerkstechnik: zur Nutzung fossiler, nuklearer und regenerativer Energiequellen*. Berlin/Heidelberg: Springer.
Umweltbundesamt. (2017). http://www.umweltbundesamt.de/daten/energiebereitstellung-verbrauch/stromverbrauch. Zugegriffen am 18.07.2017.
Varian, H. R. (2016). *Grundzüge der Mikroökonomik*. Berlin/Boston: de Gruyter Oldenbourg.

Energiewende im Wärmesektor – noch ein langer Weg

Dörte Ohlhorst

Zusammenfassung
In diesem Kapitel geht es um die Energiewende im Wärmesektor, also die Umstellung von Heizungen auf erneuerbare Energien sowie eine Verbesserung der Energieeffizienz von Gebäuden. Im Fokus des Kapitels steht der politische Steuerungsrahmen, wichtige Akteure im Politikfeld der erneuerbaren Wärme sowie die zentralen Herausforderungen und Hemmnisse einer Energiewende im Wärmesektor. Das Kapitel konzentriert sich auf drei ausgewählte Wärmeerzeugungstechnologien: Solarkollektoren zur Nutzung der Wärme aus der Sonne, Holzheizungen zur Nutzung biogener Wärme sowie Wärmepumpen zur Nutzung von Umweltwärme. Das Hauptaugenmerk liegt dabei auf der Wärmeerzeugung durch kleine Anlagen in Wohngebäuden (individuelle Wärmeversorgung).

D. Ohlhorst (✉)
TU München, München, Deutschland
E-Mail: doerte.ohlhorst@hfp.tum.de

© Springer Fachmedien Wiesbaden GmbH, ein Teil von Springer Nature 2019
J. Radtke, W. Canzler (Hrsg.), *Energiewende*,
https://doi.org/10.1007/978-3-658-26327-0_6

1 Energiewende im Wärmesektor?

Die Energiewende in Deutschland ist bisher vor allem eine Stromwende: im Stromsektor ist der Anteil der erneuerbaren Energien seit 1990 rasant angestiegen. Im Wärmesektor dagegen vollzieht sich der Anstieg weit weniger dynamisch, obwohl es auch hier einen energiepolitischen Steuerungsrahmen mit spezifischer Regulierung gibt und obwohl innovative Technologien zur Erzeugung erneuerbarer Wärme verfügbar sind.[1]

Mehr als 50 Prozent des Endenergiebedarfs wird in Deutschland für die Wärmeerzeugung verwendet (AEE 2014, S. 5). Haushalte verbrauchen über 80 Prozent ihres Energiebedarfs für Raumheizung und warmes Wasser. Diese Energie kommt hauptsächlich aus Gas, Öl (für Heizungen im Haus) und Kohle (für Fernwärme). Überdies sind in mehr als 50 Prozent der deutschen Haushalte die Heizungsanlagen veraltet.

Der Anteil der erneuerbaren Energien am Endenergieverbrauch für Wärme lag 2017 nach Angaben des Bundeswirtschaftsministeriums bei nur 12,9 Prozent (BMWi 2018) und ist damit sogar leicht rückläufig (2016: 13,2 Prozent). Der Wärmesektor wird daher im Hinblick auf seine Potenziale zur Energieeinsparung und CO_2-Minderung vom Geschäftsführer des Bundesverbands der Deutschen Heizungsindustrie e. V. (BDH) als „schlafender Riese" bezeichnet. Das große CO_2-Minderungspotenzial lässt sich jedoch nur schwer mobilisieren, denn die Aufgabe ist komplex.

2 Politische Steuerungsstrategien und -maßnahmen zur Energiewende im Wärmesektor

Um die hohen CO_2-Minderungspotenziale im Wärmesektor zu erschließen, verfolgt die Bundesregierung verschiedene Strategien:

- Verringerung des Wärmebedarfs durch eine erhöhte Gebäudeenergieeffizienz,
- Verbesserung der Wärmeerzeugung durch eine erhöhte Heizanlageneffizienz sowie
- Deckung des verbleibenden Wärmebedarfs durch die Nutzung erneuerbarer Energien.

---

[1] Die Ausführungen zu diesem Kapitel stützen sich maßgeblich auf das Forschungsprojekt ‚EE-Waerme-INNO', das vom Bundesministerium für Wirtschaft und Energie gefördert wurde (vgl. Wenzel at al. 2015).

Je geringer der Wärmebedarf der Haushalte ist, desto niedriger ist der Aufwand der Beheizung. Und je höher der Wirkungsgrad einer Heizung, desto höher ist ihre Effizienz. Die politische Steuerung zielt daher darauf, den Wärmebedarf möglichst zu verringern, den Anteil der erneuerbar gewonnenen Wärme zu erhöhen und möglichst moderne und hocheffiziente Anlagentechnik einzusetzen. Wenn die Nachfrage nach Anlagen zur Erzeugung von Wärme aus erneuerbaren Energien steigt, können damit technische Innovationen und Skaleneffekte einhergehen – und dies kann die Kosten senken. Die politischen Entscheidungen stehen in Wechselwirkung mit dem Marktgeschehen, dem Handeln gesellschaftlicher Akteure, ihren Motiven und Interessen, mit der fortlaufenden Technikentwicklung im Bereich der Wärmeerzeugung sowie den Auswirkungen der Technik auf die Umwelt.

Die verschiedenen CO_2-Minderungsstrategien im Wärmesektor führen allerdings zu einem breiten, nur schwer überschaubaren Spektrum von Einflussfaktoren auf den Prozess.

Eine Wärmewende herbeizuführen ist aber auch technisch herausfordernd (Fraunhofer IWES/IBP 2017). Das gesamte Heizsystem eines Gebäudes ist möglichst optimal einzustellen. Oft müssen mehrere Komponenten der Wärmeerzeugung aufeinander abgestimmt werden – von Rohrleitungen über Pumpen bis zu den Heizkörpern – und all dies muss in jedem Haus individuell erfolgen. Zudem sollte der Einbau einer modernen Heizungsanlage – so lautet die Ansicht vieler Experten – möglichst mit einer Wärmedämmung des Gebäudes einhergehen. Hieran entfacht sich jedoch eine kontroverse Debatte: Kritiker diese Haltung vertreten die Ansicht, dass nicht erst dann in eine neue Heizungsanlage investiert werden sollte, wenn umfangreiche Sanierungsarbeiten anstehen. Denn dies würde den Prozess der Umstellung auf moderne Heizungsanlagen erheblich verlangsamen. In vielen Fällen ist auch ohne eine Komplettsanierung die Anschaffung einer modernen Heizungsanlage sinnvoll.

Allerdings sind die Rahmenbedingungen für die Anwendung der erneuerbaren Wärme in Stadt und Land sowie für Eigenheimbesitzer und Vermieter unterschiedlich. Zudem kommen für eine nachhaltige Deckung des Wärmebedarfs immer mehrere Wärmeerzeugungstechniken sowie verschiedene Optimierungsmöglichkeiten der Gebäudeenergie- und Anlageneffizienz in Frage. Daher spielt die Innovationsbereitschaft des Sanitär-Heizung-Klima-Handwerks eine wichtige Rolle, denn viele Eigentümer folgen den Empfehlungen der Handwerker.

Die wichtigsten bundespolitischen Steuerungsinstrumente für den Klimaschutz im Wärmesektor sind die Energieeinsparverordnung (EnEV), das Marktanreizprogramm (MAP) und das Erneuerbare-Energien-Wärmegesetz (EEWärmeG) (vgl. Bundesverband Erneuerbare Energien (BEE) 2016; EEWärmeG. 2011; EnEV. 2007).

2.1 Die Energieeinsparverordnung (EnEV) von 2002

Auf Bundesebene wurden Mitte der 1990er-Jahre die Wärmeschutzverordnung (1995) sowie die Heizungsanlagenverordnung (1994 und 1998) novelliert. Die Verordnungen stellten hohe Effzienanforderungen an Heizungsanlagen und trieben so eine Optimierung der Technologien voran. 2002 wurden die beiden Verordnungen zur Energieeinsparverordnung (EnEV) zusammengeführt. Die EnEV ist das zentrale Instrument zur Förderung der Gebäudeenergieeffizienz – d. h. zur Senkung des Wärmebedarfs in Gebäuden. Um dabei nicht nur die zur Verfügung gestellte Nutzenergie, sondern den Endenergieverbrauch für die Beheizung eines Gebäudes zu erfassen, wird bei der Energiebilanz auch die Anlagentechnik (Verluste bei der Erzeugung und Verteilung von Wärme) berücksichtigt. Der Energiebedarf wird zudem durch einen Primärenergiefaktor bewertet, der die durch Gewinnung, Umwandlung und Transport des jeweiligen Energieträgers entstehenden Verluste in die Energiebilanz des Gebäudes einbezieht. Somit berücksichtigt die EnEV in der Gesamtbilanz eines Gebäudes sowohl Anlagentechnik als auch den baulichen Wärmeschutz. Ihre Wirkung entfaltet die Verordnung vor allem im Neubau.

Problematisch ist jedoch die Kontrolle der Einhaltung der Standards: hierfür wäre eine Überprüfung sowohl der *Planung* von Gebäudehülle und Anlagentechnik als auch deren bautechnische *Ausführung* wichtig. Für den Vollzug der EnEV sind die Bundesländer zuständig, es ist jedoch mit hohem Aufwand verbunden, die notwendigen Voraussetzungen für die Vollzugskontrolle zu treffen – der Vollzug ist daher sehr defizitär.

2.2 Das Marktanreizprogramm (MAP) von 1999

Der Regierungswechsel zu Rot-Grün im Jahr 1998 ging mit einer Bedeutungszunahme von umwelt- und klimaschutzpolitischen Strategien und Leitbildern einher. Damit eröffnete sich ein politisches Handlungsfenster für den beschleunigten Ausbau der erneuerbaren Energien. Die neue Regierung setzte 1999 die „Richtlinien zur Förderung von Maßnahmen zur Nutzung erneuerbarer Energien" in Kraft, die als Marktanreizprogramm (MAP) bezeichnet wurden. Das MAP wurde durch Einnahmen aus der Stromsteuer finanziert. Förderpolitisch und im Hinblick auf die Mittelausstattung war das MAP ein „Quantensprung" gegenüber vorangegangenen Maßnahmen. Es reizte die Nachfrage spürbar an und förderte die Markteinführung der erneuerbaren Wärmetechniken. Das Programm setzte hohe technische Maßstäbe – wie maximale Emissionswerte und Mindestanlageneffizienz – als Fördervoraussetzung und sorgte damit für einen Innovationsschub bei der Anlagenentwicklung. Die Finanzierung des MAP ist allerdings von den jährlichen Haushaltsverhandlungen abhängig und schwankt daher. Verschiedene Unterbrechungen in der Förderung aufgrund zu hoher Nachfrage nach Fördergeldern verunsicherten die Interessenten. Dennoch sorgte das MAP für eine beginnende Verbreitung der EE-Wärmetechnologien: die Anzahl der installierten EE-Wärmeanlagen stieg deutlich (Wenzel et al. 2014).

Da die Installation einer auf regenerativen Energien basierenden Heiztechnik deutlich teurer ist als eine konventionelle Heizung, werden die Mehrkosten mit einer durchschnittlichen Förderquote von 10 bis 15 Prozent der Investitionskosten in der Regel nicht gedeckt. Obwohl der wirtschaftliche Anreiz also begrenzt ist, nahmen zahlreiche Interessenten die Förderung an, denn sie sehen sich durch die MAP-Förderung in ihrer Entscheidung für eine moderne, klimafreundliche Heizung bestätigt und unterstützt.

Das MAP hatte durch seine Effizienz- und Umweltanforderungen zudem eine Wirkung auf die Fortentwicklung der Anlagentechnik. Anlagen, die die im MAP verankerten Anforderungen nicht erfüllen oder bestimmte technische Komponenten nicht aufweisen, können sich am Markt in der Regel nicht behaupten.

Seit 2015 profitieren neben Hausbesitzern auch Unternehmen und Genossenschaften von den erhöhten Fördermitteln aus dem MAP. Die angehobenen Fördersätze gelten nun auch für die Modernisierung des gesamten Heizungssystems, so z. B. auch für die Erneuerung der Heizkörper. Auch Kommunen werden durch das MAP unterstützt – es fördert den Aus- und Neubau von Wärmenetzen zur Versorgung von Gebäuden, die mit einem hohen Anteil erneuerbarer Wärme versorgt werden.

2.3 Das Erneuerbare-Energien-Wärmegesetz (EEWärmeG) von 2008

Die Verabschiedung des Erneuerbare-Energien- Wärmegesetzes (EEWärmeG) gelang im Jahr 2008. Im selben Jahr hatte die EU-Kommission einen Entwurf für eine Erneuerbare-Energien-Richtlinie (EG/2009/28) vorgelegt. Darin wurden erstmals europaweit verbindliche Ausbauziele für die Nutzung erneuerbarer Energien formuliert. Zwar wurden für den Wärmesektor keine konkreten Ziele festgeschrieben, dennoch entschloss sich die Bundesregierung den Ausbau erneuerbarer Energien in diesem Bereich voranzutreiben und bis 2020 auf 14 Prozent zu erhöhen. Dieses Ziel wurde 2008 im Erneuerbare-Energien-Wärmegesetz (EEWärmeG) festgeschrieben.

Es setzte – nach dem Vorbild Baden-Württembergs – erstmals verpflichtende Vorgaben zur Nutzung erneuerbarer Energien in Wohngebäuden, zunächst allerdings nur im Neubau (BMU 2008). Im Zuge der Novellierung 2011 wurde die Nutzungspflicht auf Bestandsgebäude der öffentlichen Hand ausgeweitet. Die öffentliche Hand muss nun ihre Vorbildfunktion erfüllen und bei Sanierungen die Vorgaben zur Nutzung von erneuerbarer Wärme einhalten. Eine Ausweitung der Gesetzesregelungen auf den allgemeinen Wohngebäudebestand fand bisher keine politische Mehrheit. Derzeit stagniert der Anteil erneuerbarer Energien im Wärmesektor. Im Jahr 2017 sank ihr Anteil am Wärmeverbrauch um 0,3 Prozentpunkte auf 12,9 Prozent (UBA 2018b).

Infobox 1: Baden-Württemberg setzt rechtliche Impulse

Noch bevor die Bundesebene Nutzungspflichten für erneuerbare Wärme eingeführt hatte, nahm das Land Baden-Württemberg 2007 eine Vorreiterrolle ein. Das Bundesland erließ das „Erneuerbare-Wärme-Gesetz" (EWärmeG), mit dem zum 01. Januar 2008 Nutzungspflichten für erneuerbare Wärme im Neubau und auch im Gebäudebestand eingeführt wurden. Die Initiative des Landes hatte eine Antriebswirkung für den Gesetzgebungsprozess auf Bundesebene. Jedoch zeigte sich, dass einer umfassenden Nutzungspflicht auf Bundesebene mehr Widerstand entgegengesetzt wurde und eine breite politische Unterstützung fehlte.

Baden-Württemberg ist das einzige Bundesland, in dem über die Bundesgesetzgebung hinaus gehende Anforderungen bestehen: Hier müssen nicht nur im Neubau, sondern auch im Gebäudebestand zehn bzw. fünfzehn Prozent des Wärmebedarfs durch erneuerbare Energien gedeckt werden – allerdings nur dann, wenn ohnehin eine Heizungsanlage ausgetauscht wird (MUKE 2011). Durch die Kopplung der Nutzungspflicht mit dem Sanierungsfall wurde der Innovationsprozess gedämpft. Zudem gibt es Ausnahmen von der Verpflichtung zur Nutzung erneuerbarer Wärme (z. B. für sehr kleine Gebäude). Und die Vorgabe kann auch durch Ersatzmaßnahmen – wie zum Beispiel durch die Installation einer Photovoltaikanlage zur Stromerzeugung oder einer Kraft-Wärme-Kopplungsanlage – erfüllt werden. Von dieser Option machten zahlreiche Eigentümer Gebrauch (Wenzel et al. 2015).

3 Technologien zur Erzeugung von Wärme aus erneuerbaren Energien

Die Klimaschutzziele der Bundesregierung verhalfen den Technologien zur Wärmeerzeugung mit Holz und solarer Wärme zu neuer Aufmerksamkeit. Auch die elektrisch angetriebenen Wärmepumpen, die die Umgebungswärme aus Wasser, Boden und Luft nutzen, profitierten davon. Heute steht die Technologie der Wärmepumpen zunehmend im Fokus der Aufmerksamkeit.

3.1 Holzheizungen

Der größte Anteil an Wärme aus erneuerbaren Energien kommt aus biogenen Festbrennstoffen, vor allem Holz und Holzprodukten (Kaltschmitt et al. 2009). Wesentlich für die Entwicklung von Holzheizungen war die Nutzung von Brennstoffen, die eine kontinuierliche und vollautomatische Materialzuführung ermöglichten: Hackschnitzel und Holzpellets (FNR 2018). Ausgangspunkt hierfür waren Pioniere im holzreichen Österreich. Eine kleine Zahl von Kessel- und Heizungsbauern hatte sich hier das Ziel gesetzt, Anlagen zu entwickeln, die so komfortabel wie Öl- und Gasheizungen waren und einen Dauerbetrieb ohne „Holznachlegen" ermöglichten. Holzpellets – Presslinge aus Sägemehl – wurden bereits in skandinavischen Heizkraftwerken verwendet. Daneben eigneten sich auch Hackschnitzel – geschreddertes Schwachholz – für einen vollautomatischen Kesselbetrieb. Bei Pellets war die Einigung auf Qualitätsnormen wichtig, um gesicherte Brennstoffqualitäten zu erreichen. Die Nachfrage konzentrierte sich zunächst auf süddeutsche Regionen.

Infobox 2: KfW, C.A.R.M.E.N. und Fachagentur Nachwachsende Rohstoffe – Wichtige Akteure im Politikfeld der erneuerbaren Wärme
KfW
Die KfW („Kreditanstalt für Wiederaufbau") ist die weltweit größte nationale Förderbank. Die Bank fördert nicht nur energieeffizientes Bauen (Energie-Effizienzhäuser) durch attraktive Darlehen, sondern auch Sanierungen, die zu einer erhöhten Energieeffizienz führen, wie z. B. Wärmedämmung oder Heizungsanlagen auf Basis erneuerbarer Energien in Wohngebäuden. Wer eine alte Heizungsanlage modernisiert oder beim Neubau effiziente Heizungssysteme einbaut, kann von der KfW mit zinsgünstigen Krediten

und Zuschüssen unterstützt werden. Die Bundesregierung stellt im Rahmen der Förderinitiative „Wohnen, Umwelt, Wachstum" seit 2006 jährlich eine Milliarde Euro für diese Maßnahmen zur Verfügung.

C.A.R.M.E.N.
Das Centrale Agrar-Rohstoff-Marketing- und Energie-Netzwerk e. V. (C.A.R.M.E.N.) wurde auf Betreiben des Bayerischen Landtags 1992 gegründet. Zunächst konzentrierten sich die Aktivitäten darauf, Überkapazitäten bei der Produktion nachwachsender Rohstoffe (abgekürzt: NawaRo) durch den Landwirtschaftssektor abzubauen.

Ab Mitte der 1990er-Jahre initiierte C.A.R.M.E.N. zunehmend Projekte, in denen die technische Machbarkeit, wirtschaftliche Tragfähigkeit und ökologische Verträglichkeit der energetischen Nutzung von NawaRo untersucht und belegt werden sollten. Das Netzwerk C.A.R.M.E.N. befasst sich mit allen Teilen der Wertschöpfungskette von NawaRo und ist eine zentrale deutsche Anlaufstelle für Informationen zur industriellen und energetischen Nutzung von Biomasse, darüber hinaus auch für die Themenfelder Windenergie, Solarenergie, Geothermie, Wasserkraft sowie Energie- und Ressourceneinsparung. Es ist Teil des Kompetenzzentrums für Nachwachsende Rohstoffe mit Sitz in Straubing.

Fachagentur nachwachsende Rohstoffe e. V. (FNR)
Die FNR wurde vom Bundeslandwirtschaftsministerium gegründet, sie ist für die Planung und treuhänderische Durchführung von Förderprogrammen des Bundes im Bereich nachwachsender Rohstoffe zuständig. Sie ist eine wichtige Informationsbörse und Dokumentationsplattform für die Forschung zu diesem Thema. Das Hauptaugenmerk lag zunächst auf dem Biokraftstoffsektor, seit 1995 stärker auf dem Bereich Biogas. Für den Wärmesektor spielt die Förderung von Kurzumtriebsplantagen (schnell wachsende Bäume) als Quelle für Biomasse eine wichtige Rolle.

3.1.1 Die Zahl moderner Holzheizungen bleibt gering

Zwar heizen ca. 20 Prozent aller deutschen Haushalte mit Pellets, Holzbriketts, Scheitholz oder Hackschnitzeln und die Nachfrage nach Holzheizkesseln und Pelletöfen steigt (Mantau 2012). So ist der Anteil der Holzwärme am gesamten Wärmeverbrauch stark angestiegen. Dennoch ist die Verbreitung moderner Holzheizungen noch gering. Was also sind die bremsenden Faktoren?

Die Verbreitung von Holzheizungen ist nicht nur davon abhängig, dass genug Platz im Haus verfügbar ist für die Heizung und die Lagerung des Brennstoffs, sondern auch davon, dass günstiges Holz verfügbar ist. Es bestehen jedoch Konflikte um die Frage, wie viel Holz dem Wald entnommen werden darf. Nicht nur Energieholzproduzenten und Holzindustrie, auch viele Waldbesitzer und Landesforstverwaltungen sind an der Vermarktung von Holz zur Wärmeerzeugung interessiert. Umwelt- und Naturschutzorganisationen hingegen sind besorgt, dass eine zu hohe Entnahme von Holz aus dem Wald die nachhaltige Waldbewirtschaftung und den Erhalt der Biodiversität gefährden (vgl. zum Beispiel SRU 2012). Aus ihrer Perspektive muss die Holzentnahme begrenzt werden. Zudem wächst die Konkurrenz zwischen Energieholznutzung und industrieller Holznutzung (zum Beispiel als Baumaterial oder für Möbel). Aufgrund zunehmender Konkurrenzen um die Nutzung von Holz stieg ab 2006 der Holzpreis deutlich an. Dies dämpfte die Marktperspektiven für Energieholz.

> **Infobox 3: AG Deutscher Waldbesitzerverbände e. V. und AG Rohholzverbraucher e. V. – Interessenvertreter des Waldes**
>
> Der Wald ist in Deutschland nicht nur wertvoller Naturraum, kulturelles Symbol und wichtiger Kohlenstoffspeicher, sondern auch die wichtigste Quelle nachwachsender Rohstoffe und wirtschaftliches Rückgrat des ländlichen Raums. Die Arbeitsgemeinschaft deutscher Waldbesitzerverbände e. V. ist ein Dachverband für 13 Landesverbände. Seit 1948 vertritt sie die Interessen von ca. zwei Millionen privaten und kommunalen Waldbesitzern in Deutschland. Die Verbandsarbeit ist geprägt durch die verschiedenen Waldbesitzstrukturen, die differenzierten Anforderungen auf politischer Ebene und die sich wandelnden ökologischen und ökonomischen Bedingungen. Die Arbeitsgemeinschaft sieht ihre Aufgabe darin, den wirtschaftlichen Erfolg des Waldeigentums zu sichern, damit die bisherigen Waldfunktionen auch in Zukunft zur Verfügung stehen. Waldeigentümer tragen dabei ein ökonomisches Risiko und eine ökologische sowie soziale Verantwortung.
>
> Die wirtschaftliche Lage der Forstbetriebe entwickelte sich über einen langen Zeitraum positiv, bevor die Wirtschaftskrise nach 2008 auch in diesem Sektor eine Trendwende auslöste. Holzeinschlag und Verkaufserlöse gingen zurück. Dies führte zeitweise zu sinkenden Erträgen der Forstbetriebe. Kalte Winter steigerten allerdings die Nachfrage nach dem umweltfreundlichen und nachhaltigen Brennstoff Holz wieder – und damit stiegen auch die Preise für Scheitholz, Hackschnitzel und Pellets. Im Vergleich zu Heizöl und Gas sind die Kosten der Energiegewinnung aus Holz jedoch günstiger.

> Die AG Rohholzverbraucher (AGR) hat das Ziel, die Interessen rohholzverbrauchender Branchen zu bündeln und in enger Zusammenarbeit mit der Forstwirtschaft, den Waldbesitzern und Fachpolitikern die wirtschaftlichen und politischen Rahmenbedingungen für einen nachhaltigen Holzverbrauch in Deutschland zu verbessern. Sie setzt sich ein für möglichst geringe Nutzungseinschränkungen auf forstwirtschaftlichen Flächen, die Mobilisierung von Nutzungsreserven und eine „Kaskadennutzung" von Holz – damit ist eine erst stoffliche und anschließend thermische Verwertung gemeint. Denn der Druck auf das Holz in den Wäldern nimmt stetig zu – es ist bereits von einer „Holzversorgungslücke" die Rede. Aus Sicht der AGR sind die aktuellen Holzeinschlagsmengen nicht ausreichend, um die ambitionierten Ziele der Bundesregierung zur Produktion erneuerbarer Energie aus Holz zu realisieren. Die AGR befürchtet daher einen zunehmenden Wettbewerb zwischen stofflicher und energetischer Verwendung von Holz.

Um die Verfügbarkeit des Brennstoffs zu verbessern, wurde damit begonnen Energieholz auf landwirtschaftlichen Flächen anzubauen. Der Anteil von Anbauflächen für Energieholz ist zwar bis heute gering, die Tendenz ist jedoch steigend. Ein Energieholzimport aus dem Ausland ist unter dem Aspekt der CO_2-Vermeidung und unter Nachhaltigkeitsaspekten kritisch zu sehen.

Holzheizungen sind in der Investition gegenüber Gasheizungen in der Regel deutlich teurer. Die Wettbewerbsfähigkeit gegenüber Ölheizungen ist besser, da der Preis für Heizöl erheblich höher ist als der für Erdgas. Die staatliche Förderung kompensiert jedoch die höheren Anschaffungskosten für eine vollautomatische Holzheizung nicht – hierin besteht ein wesentliches Hemmnis für die Verbreitung moderner Holzheizungen (Wenzel et al. 2015).

3.1.2 Steigende Feinstaubbelastung durch Holzfeuerungen

Die zunehmend beliebte „Wohlfühlwärme" eines prasselnden Feuers und das Bedürfnis nach mehr Eigenversorgung führten zu einer stark wachsenden Verbreitung von technisch einfachen und gegenüber Pelletheizungen viel emissionsintensiveren Holzöfen, Kaminen und Kachelöfen. Diese einfachen Heizungen sind nicht vergleichbar mir den modernen, hocheffizienten und emissionsarmen Scheitholz- oder Pelletheizkesseln (die einen Wirkungsgrad von deutlich über 90 Prozent aufweisen). So zeigt sich, dass das Heizen mit Holz zwar unter dem Aspekt der CO_2-Minderung zu begrüßen ist. Zugleich ist es aber mitverantwortlich für eine steigende Feinstaubbelastung. Kamine und Öfen sind nicht nur ineffizient, sondern auch aus Gründen der Luftreinhaltung und des Gesundheitsschutzes nachteilig

(UBA 2006; BINE Informationsdienst 2015). Überdies verschärft die Holzverbrennung in Kaminöfen die Konkurrenz um das begrenzte Brennholz.

Um die Emissionen aus Holzheizungen und Kaminöfen zu verringern, wurden ab 2010 in der Bundes-Immissionsschutz-Verordnung (1. BImSchV) stufenweise Emissionsgrenzwerte eingeführt. Für alle Feuerstätten (Kamine, Kaminöfen, Pelletöfen, Kachelöfen etc.), die 2015 oder später in Betrieb genommen wurden, gelten nun strenge Grenzwerte für Staubemissionen. Moderne Pelletheizungen haben eine optimierte Verbrennungstechnik und können die Feinstaubgrenzwerte in der Regel ohne zusätzliche Staubfilter einhalten. Für Scheitholzkessel, die vor allem in waldreichen Gegenden genutzt werden, erschweren die abgesenkten Grenzwerte die Anwendung.

Im Marktanreizprogramm wurden entsprechende technische Standards als Bedingung für die Förderung gesetzt. Ab 2009 wurde zudem der Einbau von Filtertechnik mit 50 Prozent Mindestreduzierung der Staubemissionen förderfähig (Wenzel et al. 2015).

Infobox 4: Verbrennen die Deutschen zu viel Holz?
Nach Untersuchungen des Zentrums für Holzwirtschaft der Universität Hamburg gibt es einen deutlichen Trend zum Heizen mit Holz, sodass der Holzverbrauch in privaten Haushalten in den letzten Jahren dynamisch anstieg. Der Gesamtbestand an Holzheizungen in deutschen Privathaushalten liegt laut der Fachagentur Nachwachsender Rohstoffe e. V. (FNR 2017a, b) bei rund 15 Mio. Anlagen. Laut Umweltbundesamt waren 2016 etwa 11,7 Millionen so genannter Einzelraumfeuerungsanlagen im Einsatz – wie beispielsweise Kamine oder Kachelöfen.

Zwar können Holzheizungen für die Umwelt vorteilhaft sein, da Holz ein nachwachsender Rohstoff ist. Bei der Verbrennung entsteht nur so viel klimaschädliches Kohlendioxid (CO_2), wie der Baum zuvor während seines Wachstums aus der Atmosphäre gebunden hat. Zugleich verursachen Holzfeuerungsanlagen jedoch einen hohen Ausstoß an Feinstaub und anderen Schadstoffen, zum Beispiel organischen Verbindungen aus einer unvollständigen Verbrennung (UBA 2018b). Einige dieser Stoffe können Krebs verursachen. Hinzu kommt, dass bei einer hohen Holznachfrage die Ökosystemfunktionen des Waldes gefährdet sind und die Biodiversitätsziele im Wald ggf. nicht erreicht werden können (SRU 2012).

Allerdings ist künftig bei Privathaushalten mit einem sinkenden Holzverbrauch zu rechnen. Denn die Bundesimmissionsschutzverordnung (1. BImSchV) gibt Impulse zur Stilllegung bzw. zum Austausch solcher Öfen. Wenn Haushalte, die mit Holz heizen, ergänzend auch andere regenerative Energiequellen, wie z. B. Solarthermie nutzen, sinkt der Holzbedarf. Auch durch Gebäudesanierung und Dämmung kann der der Heizbedarf sinken. Außerdem ist aufgrund des Klimawandels häufiger mit milden Wintern und entsprechend sinkendem Bedarf an Heizungswärme zu rechnen. Das Heizen mit Holz ist zudem stark abhängig von den Preisen für fossile Brennstoffe. Es wird dann zunehmen, wenn die Preise für fossile Brennstoffe wie zum Beispiel Öl steigen.

3.2 Solarthermie – Wärme aus Sonne

In Folge der Ölpreiskrisen Mitte der 1970er-Jahre stieg das Interesse an Solarkollektoren stark an. Viele frühe Anwender der Solarthermie waren in der Umwelt- und der Anti-AKW-Bewegung engagiert. Eigenheimbesitzer installierten Solarthermie-Anlagen, um unabhängiger vom Preisdiktat der Öl- und Gasanbieter zu sein und um mit der CO_2-neutralen Energie zum Klima- und Umweltschutz beizutragen. In den Folgejahren wurde die Solarthermietechnik erheblich verbessert (Jannsen 2005).

Seit Beginn der 1990er-Jahre geht es bei der technischen Entwicklung nicht nur die Verbesserung der Kollektoren, sondern zunehmend um die Einbindung der Kollektoren in komplexe Heizungsanlagen, die sich zusammensetzt aus dem Kollektor (Flach- oder Vakuumröhrenkollektor) oder Absorber, einem Wasserspeicher, einer Umwälzpumpe und der Steuerungstechnik.

3.2.1 Förderpolitik für Solarkollektoren

In einigen Bundesländern wurden schon früh Förderprogramme für Solarthermieanlagen aufgelegt. Baden-Württemberg war ein Pionier, denn es führte bereits 1977 vor dem Hintergrund der Ölkrisen ein Programm mit Investitionszuschüssen für Solarkollektoren ein. Auch das Programm „Rationelle Energieverwendung und Nutzung unerschöpflicher Energiequellen" (REN) in Nordrhein-Westfalen, das 1987 startete, und die „Solaroffensive" in Niedersachen (1999 bis 2003) stellten Fördermittel für Solarthermieanlagen bereit. Auf Bundesebene wurden im Programm „Solarthermie 2000" vor allem Großanlagen mit Kollektorflächen über 100 m2 gefördert (Jannsen 2005).

Allerdings waren Solarthermie-Komplettanlagen vergleichsweise teuer. Um die Kosten zu senken, installierten viele der frühen Nutzer die Anlagen in Eigenleistung oder gaben Sammelbestellungen bei Herstellern in Auftrag – z. B. in der Einkaufsinitiative „Phönix" von 1994 bis 2002, initiiert vom Bund der Energieverbraucher. Die Verbreitung der Solarthermie wurde jedoch von der im Stromsektor einsetzenden Förderung der Photovoltaik (1000- und 100.000-Dächer-Programme, ab 2000 das Erneuerbare-Energien-Gesetz; vgl. Kap. „Biographie der Energiewende im Stromsektor" in diesem Band) überlagert. So entstand eine Konkurrenz zwischen Photovoltaik- und Solarthermie-Anlagen um die Investitionsmittel.

3.2.2 Herausforderungen für das Handwerk

Der Einbau einer Solarthermie-Anlage, die aus mehreren, aufeinander abzustimmenden Komponenten besteht, ist eine komplexe Aufgabe. Die Einbindung der schwankenden Solarwärme in die Warmwasser- und Heizwärmekreisläufe und die bedarfsgerechte Anlagenauslegung erwiesen sich als Herausforderungen. Handwerker aus spezialisierten Betrieben, die die Anlagen fachgerecht auslegen und installieren können, waren zunächst schwer zu finden. Erst ab 2003 gehört Solarthermie im SHK-Handwerk (Sanitär-Heizung-Klima) zum regulären Ausbildungsinhalt. Heute ist der Einbau von Solarthermie-Anlagen Standard, die damit verbundenen Herausforderungen gelten als beherrschbar. Dennoch scheuen viele Installateure den mit dem Einbau verbundenen Mehraufwand für Beratung, Installation und Wartung. Die Verbreitung der Technologie ist jedoch auch von der Bereitschaft und Motivation des Handwerks zu deren Anwendung abhängig (Wenzel et al. 2015).

3.2.3 Solarthermie – bisher nur begrenzter Erfolg

Der Anteil der Solarthermie an der Wärmeversorgung blieb trotz der Fortschritte gering. Zwar verbesserten sich ab 1999 die Voraussetzungen und steigende Öl- und Gaspreise sowie Solarkampagnen trugen zur Verbesserung der Absatzzahlen bei. Das MAP setzte in der zweiten Förderphase (1999–2008) Nachfrageimpulse durch erhöhte Fördersätze. Ein weiterer Meilenstein war ab 2003 das europaweite Zertifizierungsprogramm „Solar Keymark" mit Normen zur Prüfung der Anlagenqualität. Die technischen Mindestanforderungen für eine Förderung wurden sukzessive verschärft.

Die Effizienz von Solarthermieanlagen ist allerdings vom Zusammenspiel von drei Komponenten abhängig: Kollektor, Heizkessel und Warmwasserspeicher müssen gut aufeinander abgestimmt sein. Da im Winterhalbjahr der höchste Wärmebedarf anfällt, die nutzbare Sonneneinstrahlung aber gering ist, kann eine solarthermische Anlage selbst im gut isolierten Neubau meist nur einen Teil des Wärmebedarfs decken. In der Regel ist deshalb zusätzlich ein Heizkessel erforderlich. Auch sind

Solarthermieanlagen noch immer vergleichsweise teuer. Die Solarthermie steht – wie oben erwähnt – zudem mit ihrem Platzbedarf in Konkurrenz mit der rasant wachsenden solaren Stromerzeugung mit Photovoltaik – diese Anlagen sind für viele Hausbesitzer aufgrund garantierter Einnahmen für PV-Strom und des geringeren Wartungsaufwands vorteilhafter. So entsteht eine Flächenkonkurrenz auf den Dächern.

Bei Neubauten konkurriert die Solarthermie mit der Wärmepumpentechnik. Denn obwohl die Anlagenkosten deutlich gesunken sind, ist die Wirtschaftlichkeit von Solarthermie-Anlagen – verglichen mit traditionellen Gasheizungen und Wärmepumpen – meist geringer. So hatte die Solarthermie 2015 einen Anteil von nur knapp fünf Prozent an der Wärmebereitstellung aus erneuerbaren Energien. Der Solarthermie-Anteil am gesamten Wärmebedarf beträgt lediglich 1 Prozent (Bundesverband Solarwirtschaft). Dennoch liegt Deutschland in Europa im Hinblick auf die installierte Kollektorleistung auf Platz 1.

> **Infobox 5: Öl- und Gaspreise**
> Neben dem Umweltbewusstsein und der individuellen finanziellen Situation sind auch die Öl- und Gaspreise ein Faktor, der die Investitionsentscheidungen potenzieller Anwender von Technologien zur Wärmeerzeugung mit erneuerbaren Energien beeinflusst. Phasen des Preisanstiegs führen in der Regel zu Absatzsteigerungen bei den Wärmetechnologien. Fallende Preise verringern hingegen den Druck, auf erneuerbare Energiequellen umzustellen und können so zu Absatzeinbrüchen führen. Die staatlichen Zuschüsse aus dem Marktanreizprogramm können diese Nachfrageschwankungen nur begrenzt ausgleichen. Die Preisentwicklung von Öl und Gas liegt außerhalb des nationalen Steuerungsrahmens und ist somit ein unsicherer, kaum vorhersehbarer Einflussfaktor.

3.3 Wärmepumpen – die thermische Energie der Umwelt nutzen

Mit einer Wärmepumpe wird die Wärme der Umwelt zu Heizzwecken genutzt. Sie entzieht der Außenluft, der Erdwärme oder dem Grundwasser die thermische Energie und macht sie als Heizenergie nutzbar. Das technische Prinzip ähnelt dem eines Kühlschranks: in einem Verdampfer befindet sich ein Kältemittel mit einem geringen Siedepunkt, das bei geringer Wärme verdampft. Mit einem Verdichter wird das Volumen des Dampfs reduziert, wodurch sich sowohl der Druck als auch die Temperatur des Gases erhöht und somit für den Heizzweck genutzt werden kann. Zu unterscheiden sind Kompressions-Wärmepumpen (mechanischer Antrieb) und Sorptions-Wärmepumpen (thermischer Antrieb). Die meisten Wärmepumpen in Deutschland werden mit Kompressoren angetrieben (Zogg 2008).

In Deutschland wurde die Technologie seit den 1990er-Jahren vor allem durch Unternehmen aus der Elektrobranche vorangetrieben. Diese wurden von Energieversorgungsunternehmen unterstützt, die spezielle Wärmepumpentarife anboten, um ihren Stromabsatz zu sichern. Der Kaufpreis für eine Wärmepumpe ist deutlich höher als der Preis für eine konventionelle Heizung. Durch die preisgünstigeren Stromtarife konnten die hohen Anfangsinvestitionen über die Betriebsdauer ausgeglichen werden. Die reduzierten Stromtarife reizten eine wachsende Nachfrage an.

Wichtiger Unterstützer der Technologie ist der Bundesverband Wärmepumpe, dessen Interessen sich überschneiden mit denjenigen des Bundesverbands Geothermie und der Lobby der erneuerbaren Energien zur Stromerzeugung. Diese Interessenkoalition stellt in ihrer Lobby- und Öffentlichkeitsarbeit vor allem das Potenzial der Wärmepumpentechnik für das Lastmanagement und das Abfedern von Lastspitzen im Stromnetz und damit als wichtige Schnittstelle zwischen Strom- und Wärmeversorgung heraus.

Für die Effizienz einer Wärmepumpe ist eine bedarfsgerechte Dimensionierung und Installation von hoher Bedeutung – die Wirksamkeit ist vom guten Zusammenspiel aus Wärmeverteilung im Gebäude, Wärmequelle (Erdreich, Wasser oder Luft) und der technischen Leistungsfähigkeit der Wärmepumpe abhängig. Bei Erdwärmepumpen ist zudem eine richtige Dimensionierung des Erdwärmekollektors oder der Erdsonden wesentlich, denn bei einer zu hohen Wärmeentnahme kann das Erdreich lokal gefrieren. Daher ist eine gute Auslegung der Anlagenkomponenten durch einen erfahrenen Planer der springende Punkt für eine hohe Effizienz im Betrieb. Wärmepumpen haben den Vorteil, dass sie auch kühlen können – dies gewinnt mit angesichts der im Zuge des Klimawandels zunehmenden Temperaturen an Bedeutung (Zogg 2008; Bollin 2009).

3.4 Umweltrisiken der Wärmepumpe und Zweifel am Klimaschutzbeitrag

Im Verlauf der Technikentwicklung der Wärmepumpen mussten klima- und umweltschädliche Kältemittel (FCKW und Halone) durch Fluorkohlenwasserstoffe (FKW; HFKW) ersetzt werden. Diese Mittel schädigen zwar nicht die Ozonschicht, besitzen aber ein sehr hohes Treibhausgaspotenzial, wenn sie in die Atmosphäre entweichen und wurden daher 1997 als Treibhausgase in das Kyoto-Protokoll aufgenommen. Die

EU verabschiedete 2006 eine entsprechende F-Gase-Verordnung, um Treibhausgasemissionen zu mindern. Insbesondere bei Erdwärmepumpen besteht das Risiko, dass Kühlmittel bei Installationsmängeln oder Störfällen ins Grundwasser gelangen. Dennoch wurden die schädlichen Kühlmittel bisher nur partiell durch weniger schädliche, „natürliche" Kältemittel (Ammoniak, CO_2) ersetzt.

Die Bundesregierung möchte Wärmepumpen nur dann fördern, wenn ihr Klimaschutzbeitrag höher ist als derjenige einer Gasheizung. Wärmepumpen benötigen Strom als Betriebsenergie, um die Umweltwärme aus Luft, Wasser oder Boden für Heizzwecke nutzen zu können. Da jedoch die Stromerzeugung in Deutschland noch immer zu einem hohen Anteil auf Kohle basierte, wurde die Wärmepumpe unter der rot-grünen Regierung von 2001 bis 2008 aus der MAP-Förderung genommen. Ihr Klimaschutzbeitrag sollte durch die Vorgabe hoher Effizienzwerte (Jahresarbeitszahlen), differenziert nach Typ und Gebäudeart, sichergestellt werden. Im Jahr 2009 wurde sie schließlich als Klimaschutztechnologie akzeptiert, als die „Richtlinie des EU Parlaments und des Rates zur Förderung der Nutzung von Energie aus erneuerbaren Quellen" (EG/2009/28) Wärmepumpen als gleichberechtigte erneuerbare Energietechnologie anerkannte. Die Förderfähigkeit von Wärmepumpen wurde allerdings an bestimmte Voraussetzungen (EU-Umweltzeichen, Zertifizierungssysteme oder äquivalente Qualifikationssysteme für Installateure) geknüpft (Art. 13 und 14 der Richtlinie).

3.4.1 Wärmepumpen auf dem Vormarsch

Seit der Jahrtausendwende begünstigen sowohl die steigenden Öl- und Gaspreise als auch die gestiegenen gesetzlichen Anforderungen an die Gebäudeeffizienz bei Neubauten (EnEV- Anforderungen) die Verbreitung von Wärmepumpen – sie sind vor allem für den Neubau geeignet. Trotz der Zweifel und Risiken stieg der Einsatz von Wärmepumpen von ca. 500 verkauften Anlagen im Jahr 1990 auf über 20.000 Stück im Jahr 2005. 2017 wurde mit 78.000 Heizungswärmepumpen das bis dahin absatzstärkste Jahr erreicht. Der Bundesverband der Deutschen Heizungsindustrie e. V. (BDH), der die Heizsysteme produzierenden Unternehmen vertritt, verkündete in einer Pressemitteilung von 2018, dass die Zahl der installierten Wärmepumpen in Deutschland erstmals eine Million Stück übersteigt.

Damit wird deutlich, dass die Wärmepumpe zunehmend konkurrenzfähig ist. Inzwischen liegt der Marktanteil im Neubau bei über 30 Prozent. Sie werden überwiegend in Ein- und Zweifamilienhäusern, aber auch in Mehrfamilienhäusern und Nicht-Wohngebäuden eingesetzt. Vor allem die in der Anschaffung kostengünstigeren Luft-Wärmepumpen konnten ihren Marktanteil steigern. Erdwärmepumpen sind insbesondere aufgrund der aufwendigen Erdarbeiten deutlich teurer als Luftwärmepumpen. Ihr Marktanteil kann daher künftig weiter abnehmen. Sie haben aber den Vorteil, dass im Sommer ohne großen Strombedarf das Erdreich auch zur Kühlung des Gebäudes genutzt werden kann.

In der jüngeren Vergangenheit erwerben immer mehr Hersteller aus Asien Anteile am deutschen Wärmepumpenmarkt. Ihr Erfolg basiert vor allem auf Erfahrungen mit der Herstellung umschaltbarer Klimageräte zur kombinierten Heizung und Kühlung (in der Regel mit Gebläse). Sie modizierten die Geräte für die in Deutschland nachgefragte Heizung mit Umgebungswärme.

Trotz des gestiegenen Vertrauens in die Leistungsfähigkeit von Wärmepumpen haben potenzielle Anwender jedoch immer wieder Zweifel an der Steuerbarkeit, Zuverlässigkeit und Wirtschaftlichkeit der Technologie und sind unsicher, ob die Wärmeleistung zu jedem Zeitpunkt ausreicht. Denn insbesondere bei Luftwärmepumpen muss bei länger anhaltender, starker Kälte (unter -10 °C) bei vielen Modellen ein elektrischer Heizstab zur Deckung des Wärmebedarfs eingesetzt werden. Je geringer der Wärmebedarf, desto besser funktioniert die Technik. Das heißt auch: je besser die Gebäudeenergieeffizienz und je niedriger das erforderliche Temperaturniveau im Heizungsvorlauf ist (zum Beispiel bei Fußboden- oder Wandheizungen), desto wirtschaftlicher sind Wärmepumpen. Daher konnte die Wärmepumpe nicht nur von verbesserten Förderbedingungen und gestiegenen Öl- und Gaspreisen, sondern auch von einer deutlich verbesserten Gebäudeeffizienz bei Neubauten profitieren. Insbesondere Luftwärmepumpen können zudem recht einfach zur Wärmerückgewinnung genutzt werden, die in Niedrigstenergie- und Passivhäusern erforderlich ist.

Obwohl also die Verbreitung von Wärmepumpen in den letzten Jahren überproportional zunimmt, ist ihr Anteil an der gesamten Wärmebereitstellung noch immer klein. Sie decken weniger als ein Prozent des Gesamtwärmebedarfs in Deutschland ab. Dennoch wird davon ausgegangen, dass die Verbreitung von Wärmepumpen maßgeblich zunehmen muss, wenn Deutschlands Klimaschutzziele bis 2050 erreichen werden sollen (Fraunhofer IWES/IBP 2017). Die künftige Wirtschaftlichkeit wird vor allem von der Entwicklung der Strompreise abhängen. Zudem benötigen Wärmepumpen einen niedrigen Wärmebedarf, damit sie hocheffizient arbeiten – daher ist eine energetisch gute Gebäudehülle von hoher Bedeutung.

4 Erneuerbar gekühlt

Nicht nur Wärme, sondern auch Kälte kann mit erneuerbaren Energien erzeugt werden. Dies funktioniert am einfachsten, indem eine Anlage zur Stromerzeugung mit erneuerbaren Energien – z. B. eine Photovoltaikanlage – mit einer Standard-Kompressionskälteanlage kombiniert wird. Der Kompressor wird in diesem Fall durch den Solarstrom angetrieben. Insbesondere in Regionen mit hoher Sonneneinstrahlung kann diese Technologie genutzt werden. Technisch deutlich aufwendiger ist die Kombination einer Sorptionskältemaschine mit Solarwärme. Hier wird der Kompressor durch die über den Kollektor gewonnene Wärme angetrieben. Diese Technik wird bisher jedoch kaum genutzt.

In Deutschland sind die Klimaverhältnisse für eine Kühlung über das Erdreich geeignet, zum Beispiel durch Zuführung kühler Luft über Erdrohre. Wenn eine Erdwärmepumpe vorhanden ist, kann im Sommer der Prozess in der Wärmepumpe umgekehrt werden: Die warme Luft im Haus wird in das Erdreich abgeführt und dort gekühlt. Notwendig ist dafür ein geringer Stromeinsatz für den Betrieb der Kühlmittelpumpe. Ein Kompressor ist für die Kühlung nicht notwendig – nur für den Heizungsbetrieb. Bisher kommt diese Kühltechnik in Deutschland nur wenig zur Anwendung, da in der Vergangenheit selbst im Sommer selten Kühlbedarf über längere Zeiträume bestand. Auch erwärmen sich gut gedämmte Gebäude mit entsprechenden Sonnenschutzeinrichtungen nur langsam. Sollten jedoch die Sommer in der Zukunft im Zuge des Klimawandels wärmer werden, wird vermutlich die Bedeutung der Kühlung mit erneuerbaren Energien und Wärmepumpen zunehmen.

5 Dämmung der Gebäude

Für den Klimaschutz ist nicht nur der Einsatz erneuerbarer Energien, sondern auch die Dämmung der Gebäudehülle wichtig, um den Wärmebedarf zu senken. Mit ca. 40 % des Gesamtenergieverbrauchs kommt der energetischen Sanierung der öffentlichen und privaten Gebäude eine Schlüsselrolle bei der Energiewende zu. Zur Erreichung der Energiewendeziele bedarf es daher neben des Ausbaus innovativer Umwelttechnologien einem massiven Einsatz von Fördermitteln zur Gebäudesanierung. Am umweltfreundlichsten ist es, die Sanierung der Gebäudehülle mit einer Modernisierung des Heizungssystems zu kombinieren. Insbesondere mineralische und nachwachsende Rohstoffe eignen sich als ökologische Dämmstoffe, deren Einsatz zu geringfügig höheren oder gleichen Kosten möglich ist wie der herkömmlicher Dämmstoffe (Dunkelberg und Weiß 2016).

6 Die Rolle der Kommunen

Kommunen spielen eine entscheidende Rolle bei der Wärmewende: Um einen möglichst hohen Anteil der Wärmeversorgung durch erneuerbare Energien zu decken, müssen sie möglichst auf eine netzgebundene Wärmeversorgung umstellen.

Hierfür ist eine strategische Wärmeplanung notwendig, denn Wärmenetze werden auf ca. drei Jahrzehnte ausgelegt. Kommunen verbrauchen in ihren eigenen Liegenschaften Energie und kommen zudem für die Heizkosten von Hartz-IV-Empfängern auf. Durch eine Erhöhung der Gebäudeeffizienz können Kommunen daher langfristig Geld sparen. Zudem können sie Vorbild und Multiplikator sein für Bürger und Unternehmen. Ihre Glaubwürdigkeit wird in der Öffentlichkeit oftmals daran gemessen, ob sie in ihren eigenen Liegenschaften Klimaschutzmaßnahmen umsetzt. Die kommunale Wertschöpfung kann zudem durch vermiedene Kosten, Steuereinnahmen, die Schaffung von Arbeitsplätzen und entsprechende Erhöhung der Kaufkraft sowie weitere positive Wirtschaftseffekte gesteigert werden (AEE 2016).

7 Zusammenfassung: der schlafende Riese ist nicht leicht zu wecken

Der Überblick zur Energiewende im Wärmesektor hat gezeigt, dass die erneuerbaren Energien bislang einen nur geringen Anteil an der Wärmebereitstellung haben und hier noch ein langer Weg zu gehen ist. Der Wärmemarkt ist heterogen und komplex – mehr noch als der Strommarkt für erneuerbare Energien. Viele Technologien sind miteinander zu kombinieren und eine hohe Anzahl relevanter Akteure spielen eine Rolle. Zudem sind die Preise fossiler Energien in den letzten Jahren gesunken, was die Konkurrenzfähigkeit der Technologien zur Nutzung erneuerbarer Wärme beeinträchtigt. Der politische Regulierungsrahmen ist entsprechend komplex und es ist eine enorme Herausforderung, einen Konsens für wirksame Regelungen herzustellen, um die Wärmeversorgung nachhaltiger und klimafreundlicher zu machen. Steigende Mieten tragen dazu bei, dass die Haushalte auf eine möglichst preisgünstige Wärmeversorgung Wert legen. Überdies steigt der Anspruch auf Wohnraum: die Zahl der bewohnten Quadratmeter pro Person steigt – und entsprechend wächst der Wärmebedarf. Auch dieser Rebound-Effekt wirkt dem Nachhaltigkeitsziel entgegen. Seit 2009 ist mit dem Inkrafttreten des EEWärmeG eine zumindest anteilige Nutzungspflicht für erneuerbare Energien eingeführt worden. Diese Verpflichtung gilt allerdings nur für neue Wohngebäude. Der weitaus größere Teil – der Wohngebäudebestand – ist von der Nutzungspflicht ausgenommen. Eine politische Herausforderung besteht daher darin, auf Bundesebene die politischen Mehrheiten für eine Ausweitung der Nutzungspflichten für regenerative Wärmequellen im EEWärmeG zu schaffen – in Verbindung mit verbesserten Marktanreizen.

Literatur

AEE (Agentur für Erneuerbare Energien). (2014). *Holzenergie in Deutschland. Status Quo und Potenziale*. Renews Spezial 2014. Berlin: AEE

AEE (Agentur für Erneuerbare Energien). (2016). *Argumente für die kommunale Wärmewende*. Berlin: AEE.

BINE Informationsdienst. (2015). *Energieträger Holz*. Bonn. http://www.bine.info/fileadmin/content/Publikationen/Basis_Energie/Basis_Energie_Nr._13/basisEnergie_13_internetx.pdf. Zugegriffen am 07.10.2019.

BMU (Bundesministerium für Umwelt, Naturschutz und Reaktorsicherheit). (2008). *Wärme aus erneuerbaren Energien. Was bringt das neue Wärmegesetz?* Berlin: BMU. https://www.gfa-online.com/PDF/Unternehmen_PDF/broschuere_waermegesetz.pdf. Zugegriffen am 07.10.2019.

Bollin, E. (Hrsg.). (2009). *Regenerative Energien im Gebäude nutzen. Wärme- und Kälteversorgung, Automation, Ausgeführte Beispiele*. Wiesbaden: Springer Vieweg.

Bundesministerium für Wirtschaft und Energie. (2018). *Zeitreihen zur Entwicklung der erneuerbaren Energien in Deutschland unter Verwendung von Daten der Arbeitsgruppe Erneuerbare Energien-Statistik* (AGEE-Stat). www.erneuerbare-energien.de. Zugegriffen am 07.10.2019.

Bundesministerium für Wirtschaft und Energie. (2019). *Informationsportal Erneuerbare Energien*. https://www.erneuerbare-energien.de. Zugegriffen am 07.10.2019.

Bundesverband Erneuerbare Energien (BEE). (2016). *Kursbuch Energiewende*. Berlin: BEE.

Dunkelberg, E., & Weiß, J. (2016). *Ökologische Bewertung energetischer Sanierungsoptionen*. Gebäude-Energiewende, Arbeitspapier 4, Berlin.

EEWärmeG. (2011). *Gesetz zur Förderung erneuerbarer Energien im Wärmebereich (Erneuerbare-Energien-Wärmegesetz – EEWärmeG)*, BGBl. I, S. 1658. https://www.gesetze-im-internet.de/eew_rmeg/BJNR165800008.html. Zugegriffen am 07.10.2019.

EnEV. (2007). *Verordnung über energiesparenden Wärmeschutz und energiesparende Anlagentechnik bei Gebäuden (Energieeinsparverordnung – EnEV)*, BGBl. I S. 1519. https://www.enev-profi.de/wp-content/uploads/EnEV-2014-Lesefassung.pdf. Zugegriffen am 7.10.2019.

FNR (Fachagentur Nachwachsende Rohstoffe). (2017a). *Hackschnitzelheizungen*. Gülzow-Prüzen.

FNR (Fachagentur Nachwachsende Rohstoffe). (2017b). Energieträger Holz. Gülzow-Prüzen. http://www.bine.info/fileadmin/content/Publikationen/Basis_Energie/Basis_Energie_Nr._13/basisEnergie_13_internetx.pdf. Zuletzt aufgerufen am 7.10.2019.

FNR (Fachagentur Nachwachsende Rohstoffe). (2018). *Basisdaten Bioenergie Deutschland*. Gülzow-Prüzen.

Fraunhofer IWES/IBP. (2017). *Wärmewende 2030. Schlüsseltechnologien zur Erreichung der mittel- und langfristigen Klimaschutzziele im Gebäudesektor. Studie im Auftrag von Agora Energiewende*. https://www.agora-energiewende.de/fileadmin2/Projekte/2016/Sektoruebergreifende_EW/Waermewende-2030_WEB.pdf. Zugegriffen am 7.10.2019.

Jannsen, S. (Hrsg.). (2005). *Auf dem Weg in die solare Zukunft* (Festschrift 30 Jahre DGS). München: Deutsche Gesellschaft für Sonnenenergie.

Mantau, U. (2012). *Holzrohstoffbilanz Deutschland*. Hamburg. https://literatur.thuenen.de/digbib_extern/dn051281.pdf. Zugegriffen am 07.10.2019.

MUKE (Ministerium für Umwelt, Klima und Energiewirtschaft Baden-Württemberg). (2011). *Erfahrungsbericht zum Erneuerbare-Wärmegesetz Baden-Württemberg*. Stuttgart. https://um.baden-wuerttemberg.de/fileadmin/redaktion/m-um/intern/Dateien/Dokumente/5_Energie/Neubau_und_Gebäudesanierung/Erfahrungsbericht_EWaermeG.pdf. Zugegriffen am 07.10.2019.

SRU (Sachverständigenrat für Umweltfragen). (2012). Umweltgerechte Waldnutzung. In *Umweltgutachten 2012. Verantwortung in einer begrenzten Welt*, 209–240. Berlin: Erich Schmidt.

UBA (Umweltbundesamt). (2006). *Die Nebenwirkungen der Behaglichkeit: Feinstaub aus Kamin und Holzofen*. Hintergrundpapier.

UBA (Umweltbundesamt). (2018a). Emissionen von Feinstaub der Partikelgröße PM 2,5. Dessau-Roßlau. https://www.umweltbundesamt.de/daten/luft/luftschadstoff-emissionen-in-deutschland. Zugegriffen am 07.10.2019.

UBA (Umweltbundesamt). (2018b). Erneuerbare Energien in Zahlen. https://www.umweltbundesamt.de/themen/klima-energie/erneuerbare-energien/erneuerbare-energien-in-zahlen#textpart-1. Zugegriffen am 07.10.2019.

Wenzel, B., Bruns, E., Adolf, M., & Ohlhorst, D. (2014). *Erneuerbare Energien für die individuelle Wärmeversorgung – Treiber und Hemmnisse seit 1990*. Berlin (zweisprachig auf Deutsch und Englisch). http://ee-waerme-info.i-ner.de/images/1/13/Broschuere_EE-Waerme.pdf. Zugegriffen am 07.10.2019.

Wenzel, B., Bruns, E., Adolf, M., & Ohlhorst, D. (2015). *Erneuerbare Energien zur individuellen Wärme- und Kälteerzeugung – Innovationen und Herausforderungen auf dem Weg in den Wärmemarkt*. Institut für nachhaltige Energie- und Ressourcennutzung, Berlin. http://www.ifne.de/download/W-Inno%20Bericht%20final.pdf. Zugegriffen am 07.10.2019.

Zogg, M. (2008). *Geschichte der Wärmepumpe. Schweizer Beiträge und internationale Meilensteine*. Oberburg. https://www.ub.unibas.ch/digi/a125/sachdok/2009/IBB_1_004662046.pdf. Zugegriffen am 07.10.2019.

Quellen/Texte im Internet

Informationsportal des Bundesministeriums für Wirtschaft und Energie zum Gesetz zur Förderung Erneuerbarer Energien im Wärmebereich mit aktuellen und weiterführenden Informationen: http://www.erneuerbare-energien.de/EE/Navigation/DE/Recht-Politik/Das_EEWaermeG/das_eewaermeg.html

Informationsportal des Bundesministeriums für Wirtschaft und Energie zum Marktanreizprogramm („Richtlinien zur Förderung von Maßnahmen zur Nutzung erneuerbarer Energien im Wärmemarkt") mit aktuellen und weiterführenden Informationen: http://www.erneuerbare-energien.de/EE/Navigation/DE/Foerderung/Marktanreizprogramm/marktanreizprogramm.html

Wärme aus erneuerbaren Energien. Info-Plattform. http://ee-waerme-info.i-ner.de/index.php?title=Wärme_aus_erneuerbaren_Energien

Website der Agentur für Erneuerbare Energien mit vielen themenbezogenen Informationen, Statistiken und einer Mediathek: https://www.unendlich-viel-energie.de/themen/waerme

Website der Agora Energiewende – ein „Think Tank", der wissenschaftlich fundierte Beiträge zum Verständnis, zu Herausforderungen, Handlungsoptionen sowie zur politischen Umsetzung der Energiewende erarbeitet. https://www.agora-energiewende.de
Website der deutschen Bundesregierung zur Energiewende: https://www.bundesregierung.de/Webs/Breg/DE/Themen/Energiewende/_node.html
Website des Bundesverbands Erneuerbare Energien mit Informationen zum „Schlafenden Riesen" – den Erneuerbaren im Wärmesektor: https://www.bee-ev.de/der-schlafende-riese/

Dokumentationen/Filme/Romane

„*Die Wärmemacher*" ist ein Film über regenerative Energien, der 2013 auf ZDF und Arte gelaufen ist. Er ist ca. 28 Minuten lang.

Der Dokumentarfilm von Carl-A. Fechner „Power to change – Die EnergieRebellion" kam 2016 in die Kinos. Er nimmt den Zuschauer mit auf die Reise in die Welt der erneuerbaren Energien, in der die unterschiedlichsten Charaktere für die Energierevolution kämpfen. Der Film ist ein Plädoyer für eine demokratische, nachhaltige und bezahlbare Energieversorgung aus 100 % erneuerbaren Energien.

Der Film *„Die Vierte Revolution – Energy Autonomy"* von Carl A. Fechner ist ein deutscher Dokumentarfilm aus dem Jahr 2010, der den Umstieg auf erneuerbare Energien zum Thema hat. Der Filmtitel spielt auf technische Revolutionen der Vergangenheit an: Die Agrarrevolution, die industrielle Revolution und die digitale Revolution, auf die nun als vierte Revolution die Energiewende folgt.

Im Roman *„Solar"* von Ian McEwen aus dem Jahr 2012 geht es um einen Physiker, der mit Hilfe von Mikro-Energietechnologie die Klimakrise abwenden möchte.

Grundlagen der Verkehrspolitik und die Verkehrswende

Oliver Schwedes

> **Zusammenfassung**
>
> Das Kapitel thematisiert die Bedeutung des Verkehrssektors für eine erfolgreiche Energiewende. Dazu wird zunächst auf die Besonderheit des Verkehrssektors eingegangen, bevor das Politikfeld Verkehr skizziert wird, in dem die notwendige Verkehrswende erkämpft werden muss. Anschließend wird diskutiert, welche Schlussfolgerungen sich aus den Erfahrungen mit der Energiewende für die notwendige Verkehrswende ziehen lassen. Es wird gezeigt, dass die Analyse der Macht- und Herrschaftsverhältnisse im Verkehrssektor dazu beitragen kann, die verkehrspolitische Gestaltungskraft im Sinne einer Verkehrswende zu steigern. Der Beitrag will zu einem besseren Verständnis des Politikfelds Verkehr beitragen und die für eine erfolgreiche Energie- und Verkehrswende relevanten verkehrspolitischen Entscheidungen aufzeigen.

O. Schwedes (✉)
TU Berlin, Berlin, Deutschland
E-Mail: oliver.schwedes@tu-berlin.de

1 Einleitung

Der Verkehrssektor basiert zu über 90 Prozent auf Erdöl. Mit einem Anteil von rund 20 Prozent der gesamten CO_2-Emissionen ist er der zweitgrößte Produzent von Klimagasen nach dem Energiesektor. Darüber hinaus zeichnet sich der Verkehr durch ein Alleinstellungsmerkmal aus, er ist der einzige Sektor, in dem die CO_2-Emissionen bis heute steigen (UBA 2017a; EEA 2017).

Diese wenigen Kennziffern verdeutlichen zum einen die Bedeutung des Verkehrssektors für eine erfolgreiche Energiewende. Zum anderen stellt der Verkehrssektor offenbar eine besondere politische Herausforderung dar. Während in allen anderen Sektoren bei der Reduzierung der CO_2-Emisionen mehr oder weniger große Erfolge erzielt wurden, ist dies im Verkehrssektor nicht gelungen.

Die Europäische Kommission hat in ihrem Weißbuch Verkehr ein Zukunftsszenario für den Fall beschrieben, dass sich die aktuellen politischen Rahmenbedingungen nicht grundlegend ändern:

> „Geht alles seinen bisherigen Gang, dürfte die Ölabhängigkeit des Verkehrs weiterhin nur geringfügig weniger als 90 % betragen, und erneuerbare Energiequellen werden das Ziel von 10 % für 2020 nur unwesentlich überschreiten. Der CO_2-Ausstoß des Verkehrs würde bis 2050 ein Drittel höher ausfallen als nach dem Stand von 1990. Die überlastungsbedingten Kosten werden bis 2050 um rund 50 % steigen. Die Schere zwischen zentralen Regionen und Randgebieten wird sich weiter öffnen, was die Zugänglichkeit angeht. Die gesellschaftlichen Kosten von Unfällen und Lärmbelastung würden weiter steigen" (KOM 2011, S. 5).

Gemessen an den gravierenden Auswirkungen des skizzierten Trendszenarios sind die verkehrspolitischen Aktivitäten bis heute jedoch völlig unzureichend. Dementsprechend hat das Europäische Parlament in einer Zwischenbilanz des Weißbuchs Verkehr die unbefriedigende Situation noch einmal bestätigt und für weitreichende politische Maßnahmen plädiert, um die angestrebten Nachhaltigkeitsziele im Verkehr zu erreichen (EP 2015). Auch die von der Bundesregierung eingesetzte Expertenkommission zum Monitoring-Prozess „Energie der Zukunft" hat festgestellt, dass die politischen Maßnahmen zur Zielerreichung im Verkehrssektor noch unzureichend sind (EMP 2015, S. 57).

Vor dem Hintergrund der geschilderten, unter energiepolitischen Gesichtspunkten unbefriedigenden Situation im Verkehrssektor, die sich durch eine tiefgreifende Diskrepanz von politischem Anspruch einerseits und tatsächlicher Verkehrsentwicklung andererseits auszeichnet und eine erfolgreiche Energiewende gefährdet, soll im Folgenden der Frage nachgegangen werden, unter welchen Bedingungen der Verkehrssektor einen positiven energiepolitischen Beitrag leisten kann. Um die Besonderheit des Verkehrssektors zu verstehen, wird zunächst das Wirkgefüge von

Energie und Verkehr dargestellt. Daraufhin erfolgt eine Beschreibung des Politikfeldes Verkehr, in dem die Verkehrswende erkämpft werden muss. Schließlich wird der Weg von der Energie- zur Verkehrswende skizziert.

2 Energie & Verkehr

In diesem Kapitel wird der Energieverbrauch im Verkehrssektor untersucht und mit dem Energiesektor verglichen. Aus den Erfahrungen im Energiesektor werden zentrale Einsichten für den Verkehrssektor abgeleitet.

Mit dem Klimaschutzplan 2050 hat sich Deutschland verpflichtet, die Treibhausgasemissionen bis 2020 um 40 Prozent im Vergleich zu Basisjahr 1990 zu reduzieren. Bis zum Jahr 2030 sollen die CO_2-Emissionen auf 55 Prozent im Vergleich zu 1990 gesenkt werden und bis 2050 werden sogar Einsparungen von 80 bis 95 Prozent angestrebt (BMUB 2016). Damit dieses Ziel erreicht werden kann, soll der Verkehrssektors rund 40 Prozent seiner Emissionen vermeiden. Deshalb hat sich die Bundesregierung in ihrer Nachhaltigkeitsstrategie zum Ziel gesetzt, den Endenergieverbrauch im Verkehrssektor bis 2050 um bis zu 20 Prozent im Vergleich zum Jahr 2005 zu senken (Die Bundesregierung 2017).

Das erste Etappenziel, die Senkung der Treibhausgasemissionen um 40 Prozent bis 2020, kann voraussichtlich nicht mehr erreicht werden, weil die Einsparungen in den anderen Sektoren durch die Steigerungen der Treibhausgasemissionen im Verkehrssektor überkompensiert werden. Anstatt der angestrebten Senkung der Treibhausgasemissionen im Verkehrssektor um 10 Prozent gegenüber 1990 steigen der Endenergieverbrauch und damit die CO_2-Emissionen seit 2010 kontinuierlich an (zum Folgenden UBA 2017b).

Infobox 1: Steigender Primärenergieverbrauch im Verkehr
Insgesamt umfasst der Energieverbrauch im Verkehrssektor etwa 25 Prozent des gesamten Primärenergieverbrauchs in Deutschland, wobei 70 Prozent auf den Personen- und 30 Prozent auf den Güterverkehr fallen. Die CO_2-Emissionen im Verkehrssektor liegen heute insgesamt rund 16 Prozent höher als 1995. Im Personenverkehr ist der Primärenergieverbrauch in diesem Zeitraum insgesamt um drei Prozent gestiegen, wobei ein Großteil auf den Luftverkehr zurückzuführen ist, der zwar nur rund ein Prozent der Personenverkehrsleistungen ausmacht, wo aber der Energieverbrauch mit 58 Prozent besonders stark gewachsenen ist. Demgegenüber konnte der Energieverbrauch im Schienenverkehr, der einen Anteil von knapp zehn Prozent

der Verkehrsleistungen hat, um 35 Prozent gesenkt werden, während der Energieverbrauch im Straßenverkehr, der den Verkehrssektor mit rund 80 Prozent der Verkehrsleistungen dominiert, weitgehend konstant blieb.

Im Güterverkehr hingegen ist der Primärenergieverbrauch im selben Zeitraum mit 31 Prozent deutlich stärker gestiegen als im Personenverkehr. Dabei entfallen allein 82 Prozent der Güterverkehrsleistung auf den Straßengüterverkehr, in dem der Energieverbrauch um 32 Prozent zugenommen hat. Im Luftverkehr, der nur 12 Prozent des Güterverkehrs ausmacht, stieg der Energieverbrauch sogar um 78 Prozent. Schiene und Binnenschifffahrt hingegen, die jeweils einen Güterverkehrsanteil von drei Prozent halten, verzeichnen Energieeinsparungen von 24 bzw. 14 Prozent.

Insgesamt zeigt sich, dass die tendenziell nachhaltigeren Verkehrsträger im Personen- wie auch im Güterverkehr, die Schiene und die Binnenschifffahrt, deutliche Energieeinsparungen verzeichnen, aber weiterhin nur einen geringen Anteil an den Verkehrsleistungen haben oder sogar Verluste verzeichnen. Demgegenüber dominieren weiterhin die wenig nachhaltigen Verkehrsträger Straße und Luft den Verkehrssektor und gewinnen sogar noch Anteile hinzu. Durch ihr überproportionales Wachstum im Personen- wie im Güterverkehr, steigt der Energieverbrauch im Verkehrssektor weiter an.

Aus energie- und verkehrspolitischer Sicht ist bemerkenswert, dass in dem selben Zeitraum der durchschnittliche Energieverbrauch im Güter- wie im Personenverkehr um 31 bzw. 13 Prozent gesunken ist. Diese Einsparungen sind das Ergebnis von Effizienzgewinnen, die zum einen das Resultat technologischer Innovationen wie sparsame Motoren sind. Zum anderen wurden die Effizienzgewinne durch die Erhöhung von Auslastungsgraden sowohl bei Güterzügen wie bei Lkw erreicht. Das heißt, in den letzten Jahrzehnten wurden im Verkehrssektor Effizienzgewinne erzielt, die durch das absolute Verkehrswachstum wieder aufgezehrt wurden. Dabei wirken sich sogenannte ‚Rebound Effekte' aus, womit Effekte bezeichnet werden, die dazu führen, dass die Einsparpotentiale durch Effizienzgewinne nicht oder nur teilweise realisiert werden. Beispielsweise werden die Einsparungen durch effizientere Motoren konterkariert durch den anhaltenden Trend zu immer größeren und schwereren Autos (SUV – Sport Utility Vans). Wenn die Reaktion auf Effizienzgewinne im Ergebnis größer ist als die ursprüngliche Einsparung, wie das im Verkehrssektor immer wieder der Fall ist, spricht man auch von ‚Backfire'.

Aus dieser Erfahrung resultiert die basale verkehrswissenschaftliche Einsicht, dass durch technologische Innovationen gewonnene Effizienzsteigerungen nicht ausreichen, um im Verkehrssektor zu einer nachhaltigen Verkehrsentwicklung zu gelangen. Vielmehr ist die Effizienzstrategie nur eine von insgesamt drei Nachhaltigkeitsstrategien, die das ursprüngliche Nachhaltigkeitskonzept auszeichnet (Tremmel 2004). Während die Effizienzstrategie darauf zielt, die Kosten zur Erreichung eines Ziels möglichst gering zu halten, also ein ökonomisches Maß darstellt, ist die Effektivitäts- bzw. Konsistenzstrategie darauf gerichtet, ein Ziel möglichst wirksam zu verfolgen. Mit Blick auf die Nutzung natürlicher Ressourcen ist damit gemeint, dass diese nicht nur effizient verbraucht, sondern auf eine Art verwendet werden, dass sie nach Möglichkeit immer wieder genutzt werden können. Die Effektivitätsstrategie verfolgt mithin das Ziel des Recyclings, wobei im Idealfall künstliche Stoffkreisläufe entwickelt werden, in denen künstlich erzeugte Materialien nach der Nutzung immer wieder eingespeist werden können, ohne dass sie verbraucht werden und dadurch Abfälle entstehen.

Anders als im Verkehrssektor wurden im Energiesektor signifikante Einsparungen erreicht. Das war insbesondere deshalb möglich, weil die privaten und gewerbli-

---

Infobox 2: Unterschied zwischen Effizienz und Effektivität

Der Ökonom, Peter Drucker (1963), hat den Unterschied zwischen Effizienz und Effektivität so definiert, dass es im ersten Fall darum geht, die Dinge richtig zu tun, während im zweiten Fall angestrebt wird, die richtigen Dinge zu tun. Um die Relevanz der analytischen Unterscheidung zu verdeutlichen, stellte Drucker fest, dass es wohl kaum sinnvoll ist, auf besonders effiziente Weise Ziele zu verfolgen, die man besser gar nicht verfolgen sollte. Aus dieser Einsicht folgt, dass man sich zunächst darüber verständigen sollte, was die richtigen Ziele sind. Verkehrsplanung und -politik verfolgen bis heute das primäre Ziel, den Verkehrsfluss aufrecht zu erhalten (Schmucki 2001). Dementsprechend ist auch der neue 2016 verabschiedete Bundesverkehrswegeplan darauf gerichtet, die wachsenden Verkehrsmengen möglichst schnell von A nach B zu leitet. Effizienz und Effektivität bemessen sich demnach daran, wie kostengünstig und im Ergebnis wirkungsvoll das Ziel erreicht wird, immer mehr Verkehr mit immer größeren Geschwindigkeiten über immer größere Distanzen zu organisieren. Allerdings stellt sich zunehmend die Frage, ob dieses jahrzehntelang gültige Ziel auch weiterhin erstrebenswert ist, da es immer stärker mit neuen gesellschaftlich relevanten Zielen kollidiert, insbesondere der Energiewende.

chen Nutzerinnen und Nutzer von einem energiesparenden Verhalten überzeugt wurden. Damit ist die dritte Nachhaltigkeitsstrategie angesprochen, die neben der Effizienz- und der Effektivitätsstrategie das Nachhaltigkeitskonzept umfasst – die Suffizienzstrategie. Der Begriff der Suffizienz leitet sich vom Lateinischen sufficere (ausreichen, genügen) ab und steht für „das richtige Maß". Die Suffizienzstrategie thematisiert gesellschaftliche Konsummuster und geht davon aus, dass der Lebensstil von Menschen in entwickelten Industrieländer, die rund zehn Prozent der Weltbevölkerung ausmachen, nicht auf die anderen 90 Prozent der Weltbevölkerung übertragbar ist, weil der Ressourcenverbrauch und die damit verbundene Umweltbelastung zu groß wären. Daher zielt die Suffizienzstrategie darauf, dass Menschen ihren Konsum auf ein angemessenes Maß begrenzen. Die Erfolge im Energiesektor sind u. a. darauf zurückzuführen, dass die privaten Haushalte ihren in der Vergangenheit teilweise exzessiven Energieverbrauch entsprechend reduzierten. Die Möglichkeiten, in privaten Haushalten Energie zu sparen, sind vielfältig. So kann man Elektrogeräte nicht im Standby-Modus laufen lassen, nicht das Licht in leeren Räumen brennen lassen, die Wäsche nicht zu heiß waschen oder etwa einen Pullover anziehen anstatt die Heizung aufzudrehen. Im Ergebnis konnte die Entwicklung des Energieverbrauchs teilweise von der Wirtschaftsentwicklung entkoppelt werden. Deshalb wurden die Effizienzgewinne im Energiesektor, anders als im Verkehrssektor, nicht aufgrund steigender Wachstumsraten bei der wirtschaftlichen Entwicklung überkompensiert.

Aus den Erfahrungen im Energiesektor lassen sich für den Verkehrssektor zwei zentrale Einsichten ableiten: *Erstens* müssen die anzustrebenden verkehrspolitischen Ziele neu überdacht werden. So wie sich im Energiesektor das politische Ziel durchgesetzt hat, dass Energie eingespart werden muss, ist auch im Verkehrssektor eine politische Neuorientierung notwendig, die weniger Verkehr zum Ziel erhebt. Dabei ist die begriffliche Unterscheidung zwischen Verkehr und Mobilität hilfreich. Während mit Verkehr die physische Bewegung gemeint ist, bezeichnet Mobilität die subjektiv empfundene potentielle Beweglichkeit der Menschen, die sich am Grad gesellschaftlicher Teilhabe bemisst (Schwedes et al. 2018). Verkehrspolitik hat dann die Aufgabe, das Verkehrsaufkommen im Sinne einer nachhaltigen Verkehrsentwicklung zu reduzieren und gleichzeitig die Mobilität der Menschen zu erhalten, indem ihre gesellschaftliche Teilhabe gewährleistet wird. Demnach ist ein Arbeitnehmer der jeden Tag einhundert Kilometer zur Arbeit pendeln muss und als Geringverdiener nur über ein bescheidenes Einkommen verfügt, das es ihm und seiner Familien nicht erlaubt, bestimmte gesellschaftliche Angebote wahrzunehmen, nur wenig mobil. Anders als ein gutverdienender Stadtbewohner, der seinen Arbeitsplatz fußläufig erreicht und das vielfältige soziale und kulturelle Angebot ausschöpfen kann, ohne dabei viel Verkehrsaufwand zu produzieren. Das Beispiel macht deutlich, dass eine solche, sogenannte integrierte Verkehrspolitik und -planung viele gesellschaftliche Umfelder berücksichtigen muss, die nicht direkt zum Verkehrssektor zählen. Ein besonderes Augenmerk gilt dabei der Raumentwicklung, da die Raumstrukturen ganz wesentlich die Verkehrsentwicklung beeinflussen und z. B. über mehr oder weniger lange Pendlerwege entscheiden. Wenn das verkehrspolitische Ziel im Sinne einer nachhaltigen Verkehrsentwicklung, die ein Beitrag zur Energiewende leisten soll, darin besteht, Verkehr zu vermeiden, muss das gemeinsame Leben zukünftig stärker als in der Vergangenheit in kompakten Raumstrukturen organisiert werden.

Zweitens müssen Verkehrspolitik und -planung stärker als in der Vergangenheit im Sinne der Suffizienzstrategie eine Verhaltensänderung der Nutzerinnen und Nutzer unterstützen, um das Verkehrsaufkommen auf ein angemessenes Maß zu beschränken. Wichtig ist, dass die drei Nachhaltigkeitsstrategien nicht gegeneinander ausgespielt, sondern, wie im ursprünglichen Nachhaltigkeitskonzept vorgesehen, systematisch aufeinander bezogen werden. Das heißt, im Verkehrssektor sollten sowohl technologische Entwicklungen gefördert werden, die Effizienzgewinne ermöglichen, wie auch Anstrengungen unternommen werden, Materialien zu recyceln, um den Ressourcenverbrauch zu reduzieren. Schließlich sollten neue Konzeptideen dazu beitragen, dass Menschen ihr Zusammenleben mit einem angemessenen Verkehrsaufwand organisieren können. Erst in der Summe der Maßnahmen aller drei Nachhaltigkeitsstrategien ist zu erwarten, dass sich eine nachhaltige Verkehrsentwicklung einstellen wird.

Der Vergleich der Entwicklung in den Sektoren Energie und Verkehr hat gezeigt, dass der Energieverbrauch im Verkehrssektor, anders als im Energiesektor nicht reduziert werden konnte. Die wesentliche Einsicht lautet, dass neben technischen Innovationen, die schon in der Vergangenheit zu Effizienzgewinnen beigetragen haben, in Zukunft stärker auf eine Neuorganisation des Verkehrssystems gesetzt werden muss, das eine gesellschaftliche Teilhabe gewährleistet, ohne wachsende Verkehrsmengen zu erzeugen.

Infobox 3: Das nachhaltige Elektroauto
Das Elektroauto gilt vielen als Hoffnungsträger einer nachhaltigen Verkehrsentwicklung. Dem liegt die Vorstellung zugrunde, dass die Fahrzeuge mit Verbrennungsmotor einfach ersetzt werden müssten durch solche mit Elektromotor. Die sog. Konversionsstrategie hat bis heute die deutsche Automobilindustrie verfolgt, indem sie die traditionellen Verbrennungsfahrzeuge mit

Elektromotoren ausgestattet haben. Ist ein solches Elektroauto, gemessen an den drei Nachhaltigkeitsstrategien, ein Beitrag zu einer nachhaltigen Verkehrsentwicklung? Setzen wir einmal voraus, die Energiewende sei erfolgreich abgeschlossen und das Elektroauto fährt auf Basis erneuerbarer Energie. Der Elektromotor nutzt über 90 Prozent der Energie, im Gegensatz zum Verbrennungsmotor, der höchstens auf 30 Prozent kommt, während über 70 Prozent ungenutzt als Wärme abgegeben werden. Damit leistet das Elektroauto zweifellos einen Beitrag zur Effizienzstrategie. Wie sieht es mit den Ressourcen aus, die zum Bau eines Elektroautos benötigt werden? Setzen wir auch hier einmal voraus, dass wir dem Volkswagenkonzern glauben dürfen, dann bestehen nach eigenen Angaben 30 Prozent eines Neufahrzeugs aus recycelten Materialien. Das ist nicht so beeindruckend, zumal die Materialien in der Regel nur einmal wiederverwendet werden können und dann als Abfall entsorgt werden müssen. Gemessen an der Effektivitätsstrategie leistet das Elektroauto also nur einen bescheidenen Beitrag. Wie sieht es schließlich mit der Suffizienzstrategie aus? Alle Bemühungen der Automobilindustrie sind bisher darauf gerichtet, das Elektroauto als gleichwertige Alternative zum privaten Verbrennungsfahrzeug zu entwickeln. Abgesehen von seinen Effizienzgewinnen, schleppt das private Elektroauto aber auch eine Reihe von Problemen des Verbrennungsfahrzeugs mit sich herum: Es besetzt über 90 Prozent des Tages als ‚Stehzeug' große Flächen im öffentlichen Stadtraum; da ab 30 km/h die Abrollgeräusche gegenüber den Motorengeräuschen überwiegen, ist das leise Elektroauto dann genauso laut wie der Verbrenner; die Verkehrsunfälle werden mit Elektroautos nicht abnehmen; zur Produktion eines Elektroautos sind nach wie vor große Mengen endlicher Ressourcen notwendig, die teilweise energieintensiv gefördert werden müssen, insbesondere für die Akkumulatoren. Steigen die weltweiten Zulassungszahlen von Fahrzeugen wie bisher weiter an, würde sich die Zahl der Fahrzeuge von heute gut 1 Mrd. Kfz bis 2030 auf 2 Mrd. Elektroautos verdoppeln und bis 2050 auf 3 Mrd. anwachsen. Zusammenfassend kann also festgestellt werden, dass das Elektroauto, unter gleichbleibenden Rahmenbedingungen und gemessen an den drei Nachhaltigkeitsstrategien, bis 2050 keinen signifikanten Beitrag für eine nachhaltige Verkehrsentwicklung leisten wird.

3 Das Politikfeld Verkehr

Im Folgenden wird das Politikfeld Verkehr vorgestellt, wobei zunächst auf das weitverbreitete Leitbild einer integrierten Verkehrspolitik eingegangen wird. Daraufhin werden zentrale verkehrspolitische Akteure entsprechend ihrer jeweiligen Interessen im Nachhaltigkeitsdreieck positioniert. Dabei zeichnen sich tiefgreifende Konfliktlinien ab, die das Politikfeld Verkehr durchziehen und die bei einer Verkehrswendepolitik zu berücksichtigen sind.

a) Integrierte Verkehrspolitik

Bei der integrierten Verkehrspolitik handelt es sich um einen konzeptionellen Ansatz, der fünf Integrationsmodi umfasst und von dem weithin angenommen wird, dass er eine nachhaltige Verkehrsentwicklung befördert.

Zum einen soll eine *politische* Integration stattfinden, die zum Ziel hat, dass die Verkehrspolitik mit anderen politischen Ressorts zusammenarbeitet, die für die Verkehrsentwicklung relevant sind, wie etwa die Umweltpolitik. Dem liegt der Gedanke zugrunde, dass verkehrspolitische und -planerische Überlegungen von Anfang an unter dem Gesichtspunkt ihrer Umwelteffekte diskutiert werden und die Umweltpolitik nicht erst dann hinzugezogen wird, wenn sich die negativen Folgen von Verkehrsentwicklungsprojekten schon eingestellt haben.

Neben dieser politischen wird auch eine *technische* Integration angestrebt, die darauf zielt, die Schnittstellen zwischen den verschiedenen Verkehrssystemen zu optimieren und damit den Übergang zwischen einzelnen Verkehrsmitteln zu vereinfachen. Die technische Integration strebt ein vollintegriertes Verkehrssystem an, in dem man sich frei und ohne Hindernisse bewegen kann. Beispielsweise wurden immer wieder schienengeführte Kabinensysteme entwickelt, die aus kleinen Einheiten bestanden, die individuelle Ziele ansteuern konnten und sich damit an den Vorzügen des Automobils orientierten. Während die Kabinensysteme von der Schiene aus gedacht waren, setzt das Carsharing beim Auto an. Die Idee des Autoteilens überträgt das Prinzip der kollektiven Nutzung auf das Automobil und verbindet damit die Vorteile des Kollektiv- und des Individualverkehrs.

Der dritte Integrationspfad im Rahmen einer integrierten Verkehrspolitik ist die *soziale* Integration. Sie zielt darauf, möglichst alle von verkehrspolitischen Entscheidungen betroffenen gesellschaftlichen Gruppen einzubeziehen und am Entscheidungsprozess zu beteiligen. Im Ergebnis sollen die widerstreitenden Interessensgruppen einen für die Beteiligten tragbaren Kompromiss aushandeln.

Während es sich bei der politischen, der technischen und auch der sozialen Integration um relativ etablierte verkehrspolitische Themen handelt, erfährt die *ökologische* Integration erst in jüngerer Zeit wachsende Aufmerksamkeit. Demnach sollen bei verkehrspolitischen Entscheidungen systematisch die Konsequenzen für die Umwelt berücksichtigt werden. Die Umwelt tritt gleichsam als neue Akteurin auf die verkehrspolitische Agenda, der bestimmte Rechte zugebilligt werden, die in Konkurrenz zu den Rechten anderer Akteure treten. Vertreten durch Anwälte sitzt die Umwelt demzufolge als gleichberechtigte Interessensvertreterin mit am Verhandlungstisch und nicht mehr nur als Anhängsel relativ schwacher Umweltverbände.

Im Gegensatz zur politischen, technischen, sozialen, und ökologischen Integration, die jeweils Formen der Kooperation anstreben, liegt der fünfte Integrationsmodus, die *ökonomische* bzw. Marktintegration, quer dazu. Da das Prinzip der über den Markt vermittelten ökonomischen Integration auf dem Wettbewerb und der Konkurrenz der Marktteilnehmenden beruht, wird es auch als negative Integration bezeichnet. Demnach konkurrieren die Verkehrsträger miteinander um Marktanteile. Das heißt, der Einsatz von bestimmten Verkehrsträgern richtet sich nach einem strikten Kosten-Nutzen-Kalkül und dem daraus resultierenden Verhältnis von Angebot und Nachfrage. Die in diesem Zusammenhang zu beantwortende entscheidende Frage, wie die durch den Verkehr erzeugten Kosten bzw. Nutzen berechnet werden können, ist jedoch bis heute heftig umstritten. So schlägt ein Verkehrsunfall positiv in der volkswirtschaftlichen Gesamtrechnung zu Buche, indem eine Reihe gut ausgebildeter Arbeitskräfte davon profitieren und durch ihre Löhne zur Steigerung des Bruttosozialprodukts beitragen.

Darüber hinaus stellt sich die Frage, inwieweit sich die beiden gegensätzlichen Funktionslogiken der Kooperation und der Konkurrenz miteinander vereinbaren lassen. Die historische Bestandsaufnahme jedenfalls zeigt, dass das Leitbild einer integrierten Verkehrspolitik gerade an der Frage der Vereinbarkeit von Kooperation und Konkurrenz bis heute immer wieder scheitert (Schöller-Schwedes 2010). So mündet die über den Markt vermittelte Integration des Verkehrssystems bei weitem nicht immer in einer nachhaltigen Verkehrsentwicklung. Vielmehr provoziert das Konkurrenzprinzip im Verkehrssektor die Verfolgung betriebswirtschaftlicher Partikularinteressen, ohne die gesamtgesellschaftlichen Folgewirkungen zu berücksichtigen. Sie werden ausgelagert und als sog. externalisierte Kosten von der Allgemeinheit bezahlt. Die Verkehrspolitik sieht sich vor der Herausforderung, die marktgetriebene negative Integration und die dadurch verursachten externalisierten Kosten durch politische Maßnahmen wieder einzufangen.[1]

---

[1] Jüngstes Beispiel ist der 2017 von der Bundesregierung eingeführte und mit 1 Mrd. EUR

Wenn wir uns vergegenwärtigen, dass mit dem Leitbild einer integrierten Verkehrspolitik der Anspruch verbunden ist, alle fünf genannten Integrationspfade – den politischen, den technischen, den sozialen, den ökologischen und den ökonomischen – gleichzeitig zu beschreiben und in einer verkehrspolitischen Gesamtstrategie münden zu lassen, dann wird der ambitionierte Charakter dieses Ansatzes deutlich. Verschiedene politische Ressorts, wie z. B. für Stadtentwicklung oder Umwelt, sollen demnach systematisch mit dem Ressort Verkehr zusamenarbeiten, um im Vorfeld gemeinsam zu klären, welche Konsequenzen bestimmte verkehrspolitische Entscheidungen für die Stadt- und Siedlungsentwicklung haben würden und welche Umwelteffekte damit möglicherweise verbunden sind. Aber auch umgekehrt sollen die durch eine bestimmte Stadt- und Raumplanung provozierte Verkehrsentwicklung und die damit verbundenen Umwelteinflüsse berücksichtigt werden. Das Ziel besteht darin, das wechselseitige Bedingungsgefüge zwischen den politischen Ressorts im Sinne einer nachhaltigen Verkehrsentwicklung zu nutzen.

Die technische Integration wiederum würde die Kooperation zwischen den Entwicklern, Produzenten und Betreibern der verschiedenen Verkehrsträger erfordern. Demnach müsste schon die universitäre (Ingenieurs-)Ausbildung besser aufeinander abgestimmt werden, um eine dauerhafte Zusammenarbeit der verkehrsmittelspezifisch orientierten Fachgebiete vorzubereiten, die bis heute weitgehend nebeneinander existieren. Das gleiche gilt für die Produzenten, die ihre technischen Standards aufeinander abstimmen müssten, um eine reibungslose Kommunikation zwischen den Verkehrsträgern bzw. -mitteln zu gewährleisten. Auch die Betreiber müssten ihre Modelle kompatibel gestalten, damit die Schnittstellen zwischen den verschiedenen Verkehrsträgern und -mitteln sich nicht als Hürden erweisen. Beispielsweise würde der öffentliche Verkehr an Attraktivität gewinnen, wenn man sich innerhalb eines Systems und zwischen verschiedenen Betreibersystemen problemlos bewegen könnte, ohne komplizierte Preiszonen und wechselnde Tarifsysteme berücksichtigen zu müssen.

Auch die soziale Integration, mit der das Ziel verfolgt wird, die von verkehrspolitischen Entscheidungen betroffen Akteure in den Entscheidungsprozess mit einzubeziehen, macht neue Formen der Kooperation notwendig. Dem liegt die Einsicht zugrunde, dass verkehrspolitische Entscheidungen und daraus resultierende

---

ausgestattete Mobilitätsfonds. Der Anlass waren die drohenden Fahrverbote in über 90 deutschen Städten, in denen die Stickoxidwerte aufgrund der Softwaremanipulation der deutschen Automobilkonzerne regelmäßig überschritten werden. Die Kommunen sollen das Geld nutzen, um Maßnahmen zu finanzieren, die zur Reduktion der Stickoxid-Belastungen beitragen.

Planungen immer schwerer gegen widerstreitende Interessen der verschiedenen gesellschaftlichen Akteure durchzusetzen sind. Während sich die politisch Verantwortlichen in der Vergangenheit darauf verlassen konnten, dass verkehrliche Großprojekte, wie etwa eine Stadtautobahn, durch eine zentral gefällte Entscheidung von oben nach unten durch die zuständigen Ebenen weitergereicht und schließlich umgesetzt wurden, muss heute mit organisiertem Protest aus den unterschiedlichsten Richtungen gerechnet werden. Indem die verschiedenen Interessensvertreter_innen an runden Tischen zusammengeführt werden, erhofft man sich zum einen, das potentielle Konfliktpotential schon im Vorfeld durch gemeinsam erarbeitete Kompromissformeln einzugrenzen. Zum anderen soll diese Art der sozialen Integration dazu beitragen, dass alle Interessen in einem offenen Entscheidungsprozess berücksichtigt werden und sich später auch in den realisierten Maßnahmen wiederfinden.

Weitere Kooperationen erfordert schließlich auch die ökologische Integration. So wird immer öfter die Frage der Umweltgerechtigkeit thematisiert. Ist es etwa sozial gerecht, wenn eine ökologisch motivierte verkehrspolitische Maßnahme wie die City Maut dazu führt, dass untere Einkommensschichten in ihrem Verkehrsverhalten eingeschränkt werden, da sie sich die Anfahrt mit dem Auto nicht mehr leisten können? Hier zeigen sich ein weiteres Mal die in der politischen Wirklichkeit auftretenden engen Wechselbeziehungen zwischen den genannten Themenfeldern, die von einer integrierten Verkehrspolitik abgewogen und einer kollektiv bindenden Entscheidung zugeführt werden müssen.

Die vier geschilderten, auf Kooperation basierenden Integrationsstrategien – politisch, technisch, sozial und ökologisch – erfordern umfangreiche politische Koordinationsmaßnahmen, s. Abb. 1. Es gibt die Auffassung, die Verkehrspolitik sei mit diesen Anforderungen, die das Leitbild der integrierten Verkehrspolitik an sie richtet, heillos überfordert. Die staatlichen Instanzen seien nicht mehr in der Lage, die komplexen Verhältnisse in hochgradig ausdifferenzierten modernen Gesellschaften zu überblicken, geschweige denn gezielt zu gestalten.

Hier setzen die Vertreter_innen der ökonomischen Integrationsstrategie an, die den Markt mit seiner über den Wettbewerb vermittelten negativen Integration als das effektivste Koordinationsmedium begreifen. Demnach lenkt die „Invisible Hand" (Adam Smith) das Geschick jedes einzelnen Marktteilnehmers zum Wohle aller. Demgegenüber wird staatliche bzw. politische Einflussnahme, die über das Setzen rechtlicher Rahmenbedingungen für eine reibungslose Marktregulierung hinausgeht, weitgehend abgelehnt. Mit dem Widerspruch zwischen Kooperation versus Konkurrenz bzw. politischer versus marktvermittelter Integration durchzieht das Leitbild der integrierten Verkehrspolitik eine tiefe Konfliktlinie.

Die politische Wissenschaft vom Verkehr muss bezüglich des Konzepts einer integrierten Verkehrspolitik drei Fragen beantworten. *Erstens* muss geklärt werden, ob es

Abb. 1 Die fünf Integrationsstrategien einer integrierten Verkehrspolitik. (Quelle: Eigene Darstellung)

sich um ein realistisches Leitbild handelt. Daraufhin wäre dann *zweitens* zu untersuchen, unter welchen gesellschaftspolitischen Rahmenbedingungen die Realisierung des Leitbilds einer integrierten Verkehrspolitik überhaupt denkbar ist. Wir haben gesehen, dass es sich dabei um eine weitreichende, alle gesellschaftlichen Teilbereiche umfassende Aufgabe handelt, die nicht weniger als eine gesamtgesellschaftliche Transformation erfordert. Wenn jene gesellschaftlichen Voraussetzungen umrissen wurden, die notwendig sind, um das Leitbild umzusetzen, dann stellt sich schließlich *drittens* die Frage, ob wir bereit sind, die mit den weitreichenden gesellschaftlichen Veränderungen verbundenen Konsequenzen zu tragen. Kurz, das Leitbild einer integrierten Verkehrspolitik – und mit ihm das Konzept einer nachhaltigen Verkehrsentwicklung – steht und fällt mit der Bereitschaft und Fähigkeit der Menschen, in modernen kapitalistischen Gesellschaften ihr Leben zu verändern (Luks 2010).

b) Die verkehrspolitischen Akteure[2]

Die Diskussion der Integrierten Verkehrspolitik hat gezeigt, dass es sich um einen ambitionierten Ansatz handelt, bei dem die Herausforderung darin besteht, unterschiedliche, sich teilweise widersprechende Integrationslogiken miteinander zu

---

[2] Die folgende Untersuchung ist im Rahmen des Forschungsprojekts „Mobilitätsmanagement. Möglichkeiten und Grenzen verkehrspolitischer Gestaltung am Beispiel Mobilitätsmanagement" entstanden, das von 2015 bis 2017 vom *Bundesministerium für Bildung und Forschung* gefördert wurde. Die vollständige Studie findet sich unter dem folgenden Link: http://www.ivp.tu-berlin.de/menue/forschung/abgeschlossene_projekte/.

verbinden. Diese abstrakte Beschreibung des Politikfeldes Verkehr wird umso komplexer und unübersichtlicher, je konkreter die Analyse wird und die Vielfalt der Akteure in den Blick gerät. Für ein besseres verkehrspolitisches Verständnis ist es hilfreich, eine Vorstellung von den verschiedenen Akteuren zu bekommen, die sich mit sehr unterschiedlichen Interessen im Politikfeld Verkehr bewegen und teilweise äußerst widerstrebende Ziele verfolgen.

Zur Systematisierung der Handlungsfelder innerhalb des Diskurses der integrierten Verkehrspolitik wird das *integrierende Nachhaltigkeitsdreieck* (IND) nach Hauff und Kleine (2005) angewendet. Ausgehend vom allgemeingültigen Leitbild der nachhaltigen Entwicklung, welches bekanntermaßen auf den drei Säulen Ökonomie, Ökologie und Soziales fußt, kritisieren die Autoren, dass die jeweiligen Säulen bisher zu stark isoliert voneinander betrachtet werden. Hierdurch werden nicht nur wichtige Zusammenhänge zwischen den drei Integrationsstrategien vernachlässigt, auch bildet das Drei-Säulen-Modell in nicht ausreichender Form die Komplexität der politischen Inhalte bzw. Handlungsfelder ab. Ein ausdifferenziertes Nachhaltigkeitsdreieck, welches die drei Säulen als äußere Gravitationspunkte eines Dreiecks begreift und die Grenzen zwischen diesen auflöst, könnte demnach für eine feinkörnigere Verortung von Indikatoren, politischen Inhalten und Akteuren sorgen. Auch ließe sich die Zielbeziehung von unterschiedlichen Programmatiken besser beschreiben und somit mögliche Konfliktlinien bzw. positive Beziehungen ersichtlich machen.

Im Folgenden wird das IND zunächst dazu genutzt, das Politikfeld Verkehr im Sinne des Leitbilds der integrierten Verkehrspolitik inhaltlich zu strukturieren (s. Abb. 2). Demnach sind die drei Säulen Ökonomie, Ökologie und Soziales als die Eckpunkte des Dreiecks zu verstehen, die das Gravitationsfeld der Verkehrspolitik aufspannen. In den *äußeren Dreiecken* Ökonomie, Ökologie und Soziales finden sich jene Handlungsfelder, die ausschließlich den jeweiligen politischen Inhalt bearbeiten. Hierbei ist zu beachten, dass von den Akteuren in diesen Handlungsfeldern die jeweils anderen beiden Dimensionen nicht berücksichtigt werden, weshalb es sich um die am wenigsten integrativen Handlungsfelder der Verkehrspolitik handelt.

Die eingangs angesprochenen Schnittmengen zwischen zwei der drei Nachhaltigkeitsdimensionen werden durch die *Hybriddreiecke* Ökonomisch-Ökologisch, Sozial-Ökonomisch und Sozial-Ökologisch repräsentiert. Die Grenzen zwischen den „klassischen" drei Säulen werden dadurch aufgelöst, während sich der Grad der Integration von Handlungsfeldern erhöht. Weiterhin existieren drei *Subdreiecke* (Vorwiegend Ökologisch, Vorwiegend Ökonomisch, Vorwiegend Sozial), die zwar immer noch einen ausgeprägten Bezug zu jeweils einem der drei Gravitationspunkte aufweisen, jedoch ebenso in schwacher Ausprägung Handlungsfelder der beiden gegenüberliegenden Dimensionen tangieren.

Grundlagen der Verkehrspolitik und die Verkehrswende

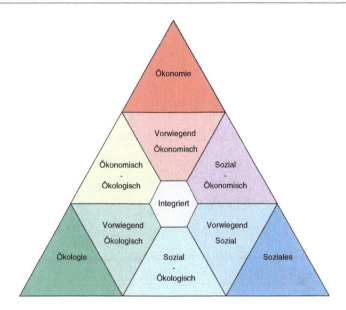

Abb. 2 Ausprägungen des integrierenden Nachhaltigkeitsdreiecks (IND). (Quelle: Eigene Darstellung)

Abschließend ist das mittig liegende Sechseck der integrierten Verkehrspolitik als das oben skizzierte politische Leitbild der vollen Integration aller Dimensionen zu verstehen. Hier versammeln sich alle Handlungsfelder, die ein ausgewogenes Verhältnis zwischen den drei Nachhaltigkeitsdimensionen repräsentieren. Dies kann beispielsweise auch ein ausgewogenes Mischverhältnis aus den jeweils drei Eckdreiecken, Hybriddreiecken und Subdreiecken sein.

Die Analyse der über einhundert relevanten Akteure im Politikfeld Verkehr zeigt, dass sich alle unter dem Leitbild einer integrierten Verkehrspolitik und -planung wiederfinden, diese bei genauer Betrachtung jedoch sehr unterschiedliche Integrationsverständnisse haben. Die verschiedenen Fraktionen lassen sich mit ihren unterschiedlichen inhaltlichen Positionen in dem integrierten Nachhaltigkeitsdreieck verorten. Demnach stehen Verbände wie der *Bund für Umwelt und Naturschutz Deutschland* (BUND), *Naturschutzbund Deutschland* (Nabu) und der *World Wide Fund Deutschland* (WWF) für eine ökologische Integrationsstrategie, während die ökonomische und die soziale Dimension bei den verkehrspolitischen Forderungen eine nachgeordnete Rolle spielen (s. Abb. 3). Anders die *Verbraucherzentrale Bundesverband* (vzbv), der *Deutsche Verkehrssicherheitsrat e.V.*

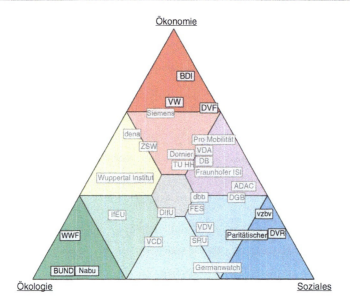

Abb. 3 Die Akteurstopographie im integrierenden Nachhaltigkeitsdreieck. (Quelle: Eigene Darstellung)

(DVR) und der *Paritätische Wohlfahrtsverband* (DPW), die sich im Sinne ihrer Klientel für die sozialen Folgen verkehrspolitischer Maßnahmen befassen, wobei die ökonomischen und ökologischen Aspekte eine untergeordnete Rolle spielen. Die Wirtschaftsvertreter schließlich, wie beispielsweise der *Bundesverband der Deutschen Industrie* (BDI), die *Volkswagen AG* (VW) oder das *Deutsche Verkehrsforum* (DVF), repräsentieren die ökonomische Integrationsstrategie, also die über den Wettbewerb vermittelte Marktintegration.

Neben den drei Polen des Integrierten Nachhaltigkeitsdreieck lassen sich andere Akteure in den erwähnten Übergangsbereichen des Integrierten Nachhaltigkeitsdreiecks verorten, womit sich zugleich mögliche Koalitionen zwischen unterschiedlichen Akteursgruppen abzeichnen. Hier würde es zu weit führen, die komplexe Topographie der Akteure im Politikfeld Verkehr weiter zu entfalten.[3]

---

[3] Das Fachgebiet Integrierte Verkehrsplanung an der Technischen Universität Berlin bietet zur freien Verfügung das Internet-Tool „Analyse-Politikfeld-Verkehr" an, mit dem auf Basis der vorliegenden Daten, eigenständige Politikfeldanalysen durchgeführt werden können. Darüber hinaus kann die Datenbasis durch eigene Untersuchungen erweitert werden, um auf diese Weise die Transparenz im Politikfeld Verkehr weiter zu steigern: http://apv.ivp.tu-berlin.de/.

Dennoch sollte deutlich geworden sein, dass das Politikfeld Verkehr durch drei wesentliche Konfliktlinien gekennzeichnet ist, die sich aus dem ökonomischen, ökologischen und sozialen Integrationsverständnis speisen und jeweils durch bestimmte Akteursgruppen mit ihren spezifischen Partikularinteressen repräsentiert werden, die dort um Deutungsmacht kämpfen. Welche konflikthaften politischen Auseinandersetzungen um die Verkehrswende sich abzeichnen, wird im Folgenden vor dem Hintergrund der Erfahrungen mit der Energiewende diskutiert.

Infobox 4: Hermann Scheer: Vorkämpfer für die Erneuerbaren Energien
Hermann Scheer (1944–2010) war Politiker und einer der bedeutendsten Vorkämpfer der Energiewende. Seit 1980 war er Abgeordneter der SPD-Fraktion im Deutschen Bundestags und initiierte dort eine ganze Reihe von Gesetzen zur Förderung erneuerbarer Energien, insbesondere das im Jahr 2000 verabschiedete *Erneuerbare Energie Gesetz* (EEG). Er gehörte zu den Mitinitiatoren der 1988 gegründeten gemeinnützigen *Vereinigung für Erneuerbare Energie* EUROSOLAR. Seit Juni 2001 war Scheer zudem Mitgründer und ehrenamtlicher Präsident des neu gegründeten Weltrats für Erneuerbare Energien (*World Council for Renewable Energy*, WCRE). Als sein größter Erfolg gilt die Gründung der *Internationalen Organisation für Erneuerbare Energien* (International Renewable Energy Agency, IRENA), die nach fast zwanzigjähriger Vorarbeit am 26. Januar 2009 in Bonn eröffnet wurde. Da er früh die energiepolitische Bedeutung des Verkehrs erkannte, engagierte sich Scheer auch in der Initiative „Bürgerbahn statt Börsenbahn" gegen die Privatisierung der Deutschen Bahn und ihren Börsengang.

Die bis heute gültige zentrale Einsicht von Hermann Scheer lautet, dass Energiepolitik als Gesellschaftspolitik praktiziert werden muss. Das gilt gleichermaßen für die Verkehrspolitik. So schrieb er in seinem Buch „Der Energetische Imperativ":„Mein Ausgangspunkt sind nicht die Erneuerbaren Energien, sondern die Gesellschaft – aus der Erkenntnis, welche elementare Bedeutung der Energiewechsel für deren Zukunftsfähigkeit hat. Ich bin nicht von den erneuerbaren Energien zur Politik für diese gekommen, sondern aus meiner Problemsicht und von meinem Verständnis politischer Verantwortung zu den erneuerbaren Energien. Der Wechsel zu erneuerbaren Energien hat eine zivilisationsgeschichtliche Bedeutung. Deshalb müssen wir wissen, wie wir ihn beschleunigen können" (Scheer 2010, S. 31).

4 Von der Energie- zur Verkehrswende

Im folgenden Kapitel wird die Frage diskutiert, wie eine Verkehrswende von den Erfahrungen der weiter vorangeschrittenen Energiewende profitieren kann. Ausgehend von den strukturellen Gemeinsamkeiten zwischen dem Energie- und dem Verkehrssektor werden zunächst Kriterien identifiziert, an denen sich eine Verkehrswendepolitik orientieren sollte. Daraufhin werden die politischen Instrumente vorgestellt, mit denen eine Verkehrswende umgesetzt werden kann. Schließlich wird eine Verkehrswendepolitik im aktuellen Spannungsfeld von Ökonomie und Politik skizziert.

4.1 Kriterien einer Verkehrswendepolitik

Die Debatte über eine Energiewende reicht zurück bis die 1980er-Jahre (Öko-Institut 1980, vgl. auch Ohlhorst in diesem Band). Bis zur abschließenden politischen Entscheidung für den Ausstieg aus der Atomenergie sowie den fossilen Energieträgern und die Hinwendung zu erneuerbaren Energien im Jahr 2010 hat es dreißig Jahre gedauert, in denen um die Energiewende politisch gerungen wurde (Radkau und Hahn 2013). Die Verkehrswendediskussion setzte zehn Jahre später, Anfang der 1990er-Jahre, ein und knüpfte direkt an die Energiewende an. Den Begriff der Verkehrswende prägte damals der Stadt- und Verkehrswissenschaftler Markus Hesse (1993) mit seinem gleichnamigen Buch, das bis heute das einschlägige Werk darstellt. Hesse hatte damals als erster den engen Zusammenhang sowie die – bei allen Unterschieden – strukturellen Gemeinsamkeiten zwischen dem Energie- und dem Verkehrssektor herausgearbeitet. Demnach haben sich im Zuge der fordistischen Industrialisierung, die auf eine zentralstaatlich organisierte Massenproduktion und -konsumption gerichtet war, in beiden Sektoren monopolartige Monostrukturen herausgebildet: „Die tendenzielle Dominanz des Stromsektors im Energiebereich hat mit dem Automobil ein entsprechendes Pendant im Verkehrswesen" (Hesse 1993, S. 86). Während der deutsche Energiesektor durch die vier großen Energiekonzerne beherrscht wurde, die sich den Markt untereinander aufgeteilt hatten, wird das Verkehrswesen bis heute durch vier Automobilkonzerne dominiert. Beide Großtechnologien sind auf umfangreiche staatliche Unterstützungsleistungen angewiesen, seien es Vorleistungen im Bereich der Infrastrukturerstellung oder die nachträgliche Schadensbegrenzung aufgrund sozialer und ökologischer Folgekosten. Ohne diese steuerfinanzierten Leistungen wären diese Wirtschaftszweige nicht überlebensfähig: „Daraus erklärt sich auch der heftige Widerstand der in beiden Fällen wohlorganisierten politischen Machtblöcke gegen eine Internalisierung der externen (Folge-)Kosten und eine volle Absicherung der Folgerisiken" (Hesse 1993, S. 86). Schließlich produzieren die auf quantitatives Wachstum gerichteten standardisierten Großsysteme strukturelle Zwänge, die alternative Entwicklungspfade weitgehend ausschließen. Dabei geraten die konkreten Bedürfnisse der Menschen zunehmend aus dem Blick.

> **Infobox 5: Die Autoindustrie und die Verkehrung der Zweck-Mittel-Relation**
> Die Automobilindustrie produziert möglichst viele Autos nicht deshalb, um die Mobilität der Bürger zu erhöhen, sondern um sich gegenüber den Konkurrenten am Markt zu behaupten. Statt zu mehr Mobilität tragen sie in wachsendem Maße zu Verkehrsbelastungen bei, die durch immer größere Infrastrukturinvestitionen wieder kompensiert werden müssen, von den negativen sozialen und ökologischen Effekten ganz zu schweigen. Auf diese Weise erfolgt eine Verkehrung der Zweck-Mittel-Relation. Es wird nicht mehr danach gefragt, wie die Mobilität der Menschen erhalten oder sogar gesteigert werden kann, sondern am Anfang aller Überlegungen steht das Auto, das als machtvoller Imperativ von der Automobilindustrie gesetzt ist. Das ursprüngliche Mittel wird zum Zweck, die Automobilproduktion zum Selbstzweck: „Ein zentraler Ansatzpunkt der Verkehrswende ist es, diese Mittel-Zweck-Bindung wieder in eine Zweck-Mittel-Bindung umzukehren" (Hesse 1993, S. 87).

Anstatt wie bisher seine verkehrspolitischen Entscheidungen an den Kfz-Zulassungszahlen auszurichten, habe Verkehrspolitik zukünftig die Aufgabe, ganz im Sinne der Suffizienzstrategie, jenes Maß an Mobilität zu gewährleisten, das notwendig ist, um allen Bürgerinnen und Bürgern gesellschaftliche Teilhabe zu garantieren. Dabei besteht das primäre Ziel darin, das Verkehrsmengenwachstum zu stoppen oder die erreichte Verkehrsmenge sogar zu reduzieren. Die Automobilproduzenten sollen sich zu Verkehrsdienstleistern wandeln und Verkehrsangebote entwickeln, die den Menschen das notwendige Maß an Mobilität anbieten, um die gesellschaftliche Teilhabe ohne privaten Pkw zu gewährleisten. Auf diese Weise geraten dann Alternativen zum privaten Pkw stärker in den Blick als zuvor, als das Auto den Benchmark gebildet hat. Auch der traditionelle Öffentliche Verkehr muss diese Neuorientierung vollziehen und sich dem Wachstumszwang im Verkehrssektor entziehen. Anstatt mit dem motorisierten Individualverkehr zu konkurrieren und immer größere Distanzen möglichst komfortabel und immer schneller zu überwinden, müssen die Verkehrsdienstleistungen zukünftig besser an die spezifischen Bedürfnisse der Nutzerinnen und Nutzer angepasst werden. Das Ziel besteht dann nicht mehr darin, öffentlichen Verkehr zu produzieren, sondern Öffentliche Mobilität zu gewährleisten (Schwedes 2014).

Wie schon mehrfach deutlich wurde, besteht eine zentrale Herausforderung darin, die für den Verkehr bestimmende Größe des Raums zu berücksichtigen. Um das Verkehrswachstum einzudämmen, ist es notwendig, die Stadt-, Siedlungs- und Raumentwicklung so zu organisieren, dass wenig Verkehr entsteht. Das heißt, die heute noch schwache Regionalplanung muss systematisch mit der Verkehrsplanung verzahnt und insgesamt politisch gestärkt werden (Fürst 2010).

Zusammenfassend ergeben sich eine Reihe von Gemeinsamkeiten zwischen der Energie- und der Verkehrswende, die zur Orientierung bei der politischen Umsetzung dienen können (s. Tab. 1).

Ausgehend von den strukturellen Gemeinsamkeiten im Energie- und Verkehrssektor, identifizierte Hesse schon damals sechs Kriterien, an denen sich eine Verkehrswendepolitik orientieren sollte und die bis heute ihre Gültigkeit haben. Auch hier ergeben sich Gemeinsamkeiten zwischen der angestrebten Energie- und der Verkehrswende. Erstens wird in beiden Fällen der dominante Entwicklungspfad der Konzentration abgelöst von einer *dezentralen Organisationsstruktur (vgl. auch Hirschl/Vogelpohl und Praetorius in diesem Band)*. So wie das fossile Oligopol der vier großen Energiekonzerne durch eine wachsende Zahl ganz unterschiedlicher Produzenten erneuerbarer Energie ergänzt werden, sollte eine Verkehrswendepolitik auf eine dezentrale Organisation des Verkehrs gerichtet sein. Anstatt etwa wie bisher Bildungszentren für regionale Einzugsgebiete zu schaffen, zu denen die Schülerinnen und Schüler über weite Strecken anreisen müssen, sollten polyzentrische

Tab. 1 Von der Energie- zur Verkehrswende. (Quelle: Hesse (1993, S. 89))

	Energiewende	Verkehrswende
Ökolog. Orientierung	Energiesparen	Verkehrsvermeidung
Zielkonzept	Energiedienstleistung	Verkehrsdienstleistung
Handlungsrahmen	Weniger Verbrauch, mehr Effizienz (Bsp. Raumwärme)	Weniger Verkehr, bessere Mobilität (Bsp. Erreichbarkeit)
Raumdimension	Rekommunalisierung	Regionalisierung
Ökonomischer Ansatz	Strukturwandel der Energiedienstleistungsunternehmen	Strukturwandel der Verkehrsdienstleistungsunternehmen

Stadtstrukturen etabliert werden, die sich jeweils durch eine Funktionsvielfalt auszeichnen. Auf diese Weise wird es den Menschen vor Ort möglich, ihr Leben kleinräumig zu organisieren, ohne viel Verkehrsaufkommen zu produzieren. Zweitens drückt sich in dieser räumlichen Ausdifferenzierung zugleich eine *Bedürfnisdifferenzierung* aus. Eine Verkehrswendepolitik sollte die spezifischen Anforderungen der Menschen vor Ort berücksichtigen und mit vielfältigen Verkehrsdienstleistungen auf die unterschiedlichen Mobilitätsbedürfnisse eingehen, anstatt standardisierte Flächenangebote zu machen. Das wiederum erfordert drittens Möglichkeiten der aktiven *Partizipation* der Nutzerinnen und Nutzer im Rahmen verkehrspolitischer und -planerischer Entscheidungsprozesse. Die Politik hat die Aufgabe die dazu notwendigen Rahmenbedingungen zu schaffen und private Haushalte wie Unternehmen in eine Verkehrswendestrategie mit einzubinden. Viertens erfordert die Verkehrswendepolitik eine *Vernetzung* der beiden bisher relativ unverbunden nebeneinander existierenden Systeme des öffentlichen Kollektivverkehrs und des privaten motorisierten Individualverkehrs. Sie sollten im Sinne der Individualisierung des öffentlichen Kollektivverkehrs und der Veröffentlichung des privaten motorisierten Individualverkehrs systematisch miteinander verknüpft werden. Ein Beispiel ist der kollektiv genutzte Autobaustein, der den öffentlichen Kollektivverkehr ergänzen kann oder von Carsharing-Unternehmen als Alternative zum privaten Pkw angeboten wird. Fünftens muss die konzeptionelle Neuorganisation des Verkehrswesens im Rahmen einer Verkehrswendepolitik, die auf eine nachhaltige Verkehrsentwicklung gerichtet ist, durch Maßnahmen flankiert werden, die eine *Begrenzung* des Verkehrswachstums bewirken. Nur so kann erreicht werden, dass die relativen Effizienzgewinne zukünftig nicht durch das absolute Verkehrswachstum aufgezehrt werden. Sechstens schließlich sollte *Langsamkeit* als Strukturprinzip im Verkehrswesen eingeführt werden und sich an den Grenzen sozialer und ökologischer Verträglichkeit orientieren. Spätestens hier wird der disruptive Charakter einer Verkehrswendepolitik deutlich, die mit wesentlichen Strukturprinzipien des aktuellen Verkehrssystems bricht.

4.2 Instrumente für eine Verkehrswendepolitik

Im Folgenden werden die Instrumente vorgestellt, die der Politik zur Verfügung stehen, um die Verkehrswende zu gestalten. Entsprechend den drei Nachhaltigkeitsstrategien (Effizienz, Effektivität, Suffizienz), werden dabei drei Zielfenster unterschieden: erstens, die Verkehrsverbesserung, womit jede Maßnahme gemeint ist, die den Verkehrsfluss optimiert; zweitens, die Verkehrsverlagerung, womit der Wechsel von weniger nachhaltigen Verkehrsmitteln zu nachhaltigeren gemeint ist, insbesondere der Wechsel vom privaten Auto zum öffentlichen Kollektivverkehr; drittens die Verkehrsvermeidung, die alle Maßnahmen umfasst, die im Ergebnis zu insgesamt weniger Verkehr beitragen. Ebenso wie bei den drei Nachhaltigkeitsstrategien geht es auch hier nicht darum, sich für ein Zielfenster zu entscheiden,

Abb. 4 Kategorisierung politischer Instrumente nach Verkehrsträgern, Lenkungswirkung und betroffenen Akteuren. (Quelle: AEE 2016, S. 10)

vielmehr sollten alle drei Ziele so kombiniert werden, dass sie im Ergebnis das übergeordnete Ziel einer nachhaltigen Verkehrsentwicklung erreichen.

Die *Agentur für Erneuerbare Energie* hat die einschlägigen Studien zu Reformen im Verkehrssektor studiert und in einer Metaanalyse die wichtigsten Instrumente identifiziert (AEE 2016). Dabei können vier Kategorien von Instrumenten unterschieden werden (s. Abb. 4):

1) Ökonomische Instrumente
   Dazu zählen Steuern und Abgaben, von denen man sich eine Lenkungswirkung zugunsten einer nachhaltigen Verkehrsentwicklung erwartet, wie beispielsweise die Kraftstoff- und Kraftfahrzeugsteuern. Aber auch Mautsysteme wie die Lkw-Maut, Pkw-Maut und City-Maut fallen darunter. Schließlich sind auch Subventionen und Fördermittel wie etwa die privilegierte Dienstwagenbesteuerung und die Entfernungspauschale ökonomische Lenkungsinstrumente. Aber auch die Steuerbefreiungen und staatlichen Subventionen im Luftverkehr werden immer wieder als negative Anreize erwähnt und ihre Abschaffung gefordert.
2) Ordnungsrechtliche Instrumente
   Hierunter fallen rechtliche Vorgaben, die ein Verhalten erzwingen, das eine nachhaltige Verkehrsentwicklung unterstützt. Besonders hervorgehoben wird das regulatorische Instrument der Flottengrenzwerte, die vorgeben, wieviel CO_2-Emissionen erlaubt sind. Als weitere ordnungsrechtliche Instrumente werden Zugangsbeschränkungen für den Kfz-Verkehr genannt sowie Tempolimits.
3) Planerische Instrumente
   Darunter fällt das gesamte Arsenal der oben ausführlich beschriebenen integrierten Verkehrsplanung. Das wichtigste Planungsinstrument sehen die meisten Studien in Infrastrukturmaßnahmen zugunsten der jahrzehntelang vernachlässigten nachhaltigen Verkehrsmittel Fahrrad und Fußverkehr auf Kosten des Autoverkehrs. Die Integration von Verkehrs-, Stadt- und Raumplanung soll aber auch dazu genutzt werden, kompakte, verkehrsarme Raumstrukturen zu etablieren. Alle Studien sind sich darin einig, dass der Bundesverkehrswegeplan diesem Ziel nicht gerecht wird und langfristig falsche Impulse setzt.
4) Weiche Instrumente
   Hiermit sind alle Formen der Information und Kommunikation gemeint, die über eine nachhaltige Verkehrsentwicklung aufklären. Angefangen von Leitsystemen, die den städtischen Parksuchverkehr reduzieren, Schulungen zum sparsamen Fahren sowie Informationen über die jährlichen Kosten von Pendlerverkehr. Das Ziel ist es, bei den Verbrauchern die Problemwahrnehmung zu schärfen und sie anzuregen, ihr eigenes Mobilitätsverhalten nachhaltig zu gestalten.

Die von allen Studien am häufigsten genannten Instrumente waren Anpassungen bei der Kraftstoffsteuer, der Maut für Lastkraftwagen (Lkw), die Verschärfung der Flottengrenzwerte für den CO_2-Ausstoß von Pkw, Tempolimits, die Förderung des Öffentlichen Verkehrs (ÖV) und der Ausbau des Schienennetzes.

4.3 Zur Politischen Ökonomie der Verkehrswende

Wie schon gezeigt wurde, bewegen sich im Politikfeld Verkehr eine Vielzahl von Akteuren mit unterschiedlichen Interessen, die verschiedene Positionen im Nachhaltigkeitsdreieck einnehmen. Jeder gesellschaftliche Akteur verfolgt dabei grundsätzlich legitime Partikularinteressen. Welche Interessen sich mehr oder weniger stark durchsetzen, ist das Ergebnis konfliktreicher politischer Kämpfe, wobei die einzelnen Akteure mit unterschiedlichen Machtressourcen ausgestattet sind. Die Politik in demokratischen Gesellschaften hat die Aufgabe, die widerstrebenden Machtinteressen im Sinne des Gemeinwohls zu moderieren. Dabei ist die Vorstellung davon, wodurch sich Gemeinwohl auszeichnet, ihrerseits ständig politisch umkämpft. Diesbezüglich sind die Erfahrungen bei der politischen Durchsetzung der Energiewende besonders aufschlussreich und liefern auch für die angestrebte Verkehrswendepolitik wichtige Anhaltspunkte (siehe auch Ohlhorst in diesem Band).

Im Jahr 2000 wurde von der damaligen rot-grünen-Regierung sowohl das *Erneuerbare Energie Gesetz* (EEG) verabschiedet wie auch der Ausstieg aus der Atomenergie beschlossen. Diesem energiepolitischen Paradigmenwechsel sind jahrzehntelange politische Kämpfe vorausgegangen. Diese energiepolitischen Konflikte setzten sich auch nach der Entscheidung für den Atomausstieg fort und wurden von den Oppositionsparteien CDU/CSU und FDP im Sinne der Energiewirtschaft weitergetragen. Mit der Wahl der schwarz-gelben-Regierung im Jahr 2005 geriet die Kritik am Atomausstieg wieder auf die politische Agenda und mündete 2010 in der politischen Entscheidung für den Ausstieg aus dem Ausstieg (Becker 2010). Nur kurze Zeit später, im Frühjahr 2011, bewirkte die Nuklearkatastrophe im japanischen *Fukushima* erneut einen politischen Kurswechsel mit der Entscheidung, aus der Atomenergie auszusteigen und den Ausbau erneuerbarer Energien konsequent zu unterstützen. Die vier bis dahin vermeintlich allmächtigen Deutschen Energiekonzerne kämpfen seitdem um ihr Überleben.

Eine vergleichende Analyse der Verkehrswende kommt zunächst zu dem Ergebnis, dass es in der Verkehrspolitik bisher keine dem EEG vergleichbare Gesetzesinitiative gibt. Das bringt eindrucksvoll die Mobilitäts- und Kraftstoffstrategie der Bundesregierung zum Ausdruck, die einseitig auf technologische Innovationen und Effizienzgewinne zielt (BMVI 2013). Die wissenschaftliche Einsicht hingegen, dass eine nachhaltige Verkehrsentwicklung auch auf Verkehrsvermeidung angewiesen ist und dazu Verhaltensänderungen notwendig sind (EEA 2015), hat sich im Politikfeld Verkehr noch nicht etablieren können. Das ist im Rahmen des sog. „Dieselskandal"[4] sehr deutlich geworden, als die Bundesregierung mit den Automobilkonzernen auf dem Dieselgipfel darüber beriet, wie auf die drohenden Fahrverbote für Dieselfahrzeuge in Innenstädte zu reagieren sei. Während die Bundesregierung den Automobilkonzernen folgte, die auf technische Lösungen setzt, hat das Umweltbundesamt berechnet, dass technische Lösungen allein nicht zum politisch angestrebten Ziel führen.

Wie im Fall der Energiekonzerne ist auch mit Blick auf die Automobilkonzerne bisher nicht erkennbar, dass sie selbst reformfähig sind. Dementsprechend stellt sich die Frage, ob der „Dieselskandal" den im doppelten Wortsinn entscheidenden Anlass für die Verkehrswende bilden wird, so wie *Fukushima* für die Energiewende. In dem Fall müssten die Machtverhältnisse im Politikfeld Verkehr im Sinne einer nachhaltigen Verkehrsentwicklung neu justiert werden. Die im Nachhaltigkeitsdreieck aktuell dominierenden ökonomischen Interessen müssten zugunsten der sozialen und ökologischen Interessen beschnitten werden. Wie seinerzeit im Energiesektor, als der Gesetzgeber durch die Definition neuer energiepolitischer Rahmenbedingungen im Sinne der Energiewende die kalte Enteignung des Oligopols der vier Energiekonzerne erzwang, müsste der Gesetzgeber heute mit Blick auf die Verkehrswende die verkehrspolitischen Rahmenbedingungen so setzen, dass die Automobilkonzerne soweit entmachtet werden, dass sie die notwendigen Reformen nicht weiter blockieren können. Darüber hinaus muss die politische Beeinflussung von Verkehrs- und Raumentwicklung erreicht werden. Das erfordert eine grundlegende Neuorganisation gesellschaftlicher Arbeitsteilung, die nahräumliche Produktionsverhältnisse erlaubt und wenig Verkehrsaufwand erfordert, also nicht weniger als eine gesamtgesellschaftliche Transformation (Schwedes 2017). In diesem Kapitel wurden zunächst wesentliche Kriterien identifiziert, an denen sich eine erfolgreiche Verkehrswendepolitik orientieren sollte. Daraufhin wurden zentrale Instrumente benannt, mit denen die Verkehrspolitik eine nachhaltige Verkehrsentwicklung aktiv gestalten kann. Abschließend wurde auf die vielfältigen Akteure im Politikfeld Verkehr mit ihren unterschiedlichen Interessen eingegangen und gezeigt mit welchen politischen Widerständen eine Verkehrswendepolitik zu rechnen hat, die einen tiefgreifenden Transformationswandel des Verkehrssektors anstrebt. Die zentrale Einsicht lautet, dass es wie im Fall der Energiewende, einer politischen Entscheidung für die Verkehrswende bedarf, die sich zugleich gegen jene mächtigen Akteure wendet, die von dem bestehenden Verkehrsregime profitieren.

---

[4] Das Kartell von Politik, Automobilindustrie und Gewerkschaften, das zum „Dieselskandal" geführt hat, war jahrzehntelang erfolgreich praktizierte Normalität. Vor diesem Hintergrund ist der Begriff ‚Skandal' ein Euphemismus, der von den strukturellen Machtverhältnissen ablenken soll.

5 Fazit

Die Energie- und die Verkehrswende sind wechselseitig aufeinander angewiesen. Die Energiewende kann nicht gelingen, wenn der Verkehrssektor nicht seinen Teil dazu beiträgt. Umgekehrt gilt aber auch, dass die Verkehrswende eine erfolgreiche Energiewende voraussetzt. Das Elektroauto wird nur dann einen Beitrag zu einer nachhaltigen Verkehrsentwicklung leisten, wenn es auf Basis erneuerbarer Energien fährt. Anders jedoch als im Falle der Energiewende, erfordert eine nachhaltige Verkehrsentwicklung neben den erneuerbaren Energien die Berücksichtigung weiterer Nachhaltigkeitskriterien. Dazu zählen der Flächen- und Ressourcenverbrauch, die Lärmemissionen sowie die Unfallzahlen. Für eine erfolgreiche Verkehrswende bildet die Energiewende mithin eine notwendige, aber nicht hinreichende Voraussetzung. Vielmehr muss das auf Basis erneuerbarer Energien betriebene Elektroauto in neue Nutzungskonzepte eingebettet werden. Hier beginnen wieder die Gemeinsamkeiten von Energie- und Verkehrswende, denn beide erfordern eine Verhaltensänderung bei den Nutzerinnen und Nutzern, die den Energieverbrauch senkt und weniger Verkehr erzeugt.

Das private Elektroauto benötigt die gleiche Fläche wie ein Auto mit Verbrennungsmotor und wie dieses steht auch das private Elektroauto 23 Stunden am Tag nutzlos herum. Der Bau eines Elektroautos erfordert den Verbrauch endlicher Ressourcen, die zudem energieintensiv gefördert werden müssen. Elektroautos sind nur leiser, wenn sie unter 30 Stundenkilometer fahren und nur dann, also bei einer Verhaltensänderung, würden sich auch die Unfallzahlen verringern. Weniger Verkehr würde eine effektivere, das heißt kollektive, Nutzung des Autobausteins erfordern. Im Ergebnis würden weniger Autos benötigt, die insgesamt besser ausgelastet wären und mit weniger energieintensiven Ressourcenverbrauch verbunden wären. Darüber hinaus müsste das Zusammenleben so reorganisiert werden, dass die räumlichen Distanzen, die überwunden werden müssen, um gesellschaftliche Teilhabe, also Mobilität, zu gewährleisten, nicht wachsen, sondern geringer werden.

Spätestens an dieser Stelle wird deutlich, wie groß die Herausforderung einer Verkehrswende ist. Vor dem Hintergrund der aktuellen Verkehrsentwicklungsdynamik eines ‚höher, schneller, weiter', also wachsende Verkehrsmengen, die immer schneller über immer größere Distanzen organisiert werden, erscheint das Ziel der Verkehrswende, kürzere Distanzen, geringere Geschwindigkeiten und weniger Verkehr, als Paradigmenwechsel. Die Konsequenz ist, dass das gesellschaftliche Zusammenleben grundlegend neu zu organisieren ist und Verkehrs- und Energiepolitik als Gesellschaftspolitik begriffen werden müssen.

Literatur

AEE – Agentur für Erneuerbare Energie. (2016). *Forschungsradar Energiewende Juli 2016. Metaanalyse: Maßnahmen und Instrumente für die Energiewende im Verkehr.* Berlin: AEE

Becker, P. (2010). *Aufstieg und Krise der deutschen Stromkonzerne.* Bochum: Ponte Press.

BMUB – Bundesministerium für Umwelt, Naturschutz, Bau und Reaktorsicherheit. (2016). *Klimaschutzplan 2050. Klimaschutzpolitische Grundsätze und Ziele der Bundesregierung.* https://www.bmu.de/fileadmin/Daten_BMU/Download_PDF/Klimaschutz/klimaschutzplan_2050_bf.pdf. Zugegriffen am 04.11.2018.

BMVI – Bundesministerium für Verkehr und digitale Infrastruktur. (2013). *Die Mobilitäts- und Kraftstoffstrategie der Bundesregierung. Energie auf neuen Wegen.* https://www.bmvi.de/SharedDocs/DE/Publikationen/G/energie-auf-neuen-wegen.pdf?__blob=publicationFile. Zugegriffen am 04.11.2018.

Die Bundesregierung. (2017). *Deutsche Nachhaltigkeitsstrategie.* Berlin: Die Bundesregierung.

Drucker, P. F. (1963). Managing for business effectiveness. *Harvard Business Review, 3*, 53–60.

EEA – European Environment Agency. (2015). *Evaluating 15 years of transport and environmental policy integration. TERM 2015: Transport indicators tracking progress towards environmental targets in Europe.* European Environment Agency Report, No. 7/2015. Luxembourg: EEA.

EEA – European Environment Agency. (2017). *EU greenhouse gas emissions from transport increase for the second year in a row.* Kopenhagen: EEA.

EMP – Expertenkommission zum Monitoring-Prozess „Energie der Zukunft". (2015). *Stellungnahme zum vierten Monitoring-Bericht der Bundesregierung für das Berichtsjahr 2014.* Berlin/Münster/Stuttgart. https://www.bmwi.de/Redaktion/DE/Downloads/S-T/stellungnahme-derexpertenkommission-zum-sechsten-monitoring-bericht.pdf?_blob=publicationFile&v=8. Zugegriffen am 07.10.2019.

EP – Europäisches Parlament. (2015). *Über die Umsetzung des Weißbuchs Verkehr von 2011: Bestandsaufnahme und künftiges Vorgehen im Hinblick auf nachhaltige Mobilität.* (2015/2005(INI)). Ausschuss für Verkehr und Fremdenverkehr. Brüssel: EP.

Fürst, D. (2010). Raumplanung: Herausforderungen des deutschen Institutionensystems. *Raumforschung und Raumordnung, 69*(1), 67–69.

von Hauff, M., & Kleine, A. (2005). *Das Integrierende Nachhaltigkeits-Dreieck. Methodischer Ansatz zur Systematisierung von Handlungsfeldern und Indikatoren einer Nachhaltigkeitsstrategie.* https://d-nb.info/1026821851/34. Zugegriffen am 04.11.2018.

Hesse, M. (1993). *Verkehrswende: Ökologisch-ökonomische Perspektiven für Stadt und Region.* Marburg: Metropolis-Verlag GmbH.

KOM – Kommission der Europäischen Gemeinschaften. (2011). *Weißbuch. Fahrplan zu einem einheitlichen europäischen Verkehrsraum – Hin zu einem wettbewerbsorientierten und ressourcenschonenden Verkehrssystem.* Brüssel: Europäische Kommission.

Luks, F. (2010). *Endlich im Endlichen. Warum die Rettung der Welt Ironie und Großzügigkeit erfordert.* Marburg: Metropolis-Verlag GmbH.

Öko-Institut. (1980). *Energiewende. Wachstum und Wohlstand ohne Erdöl und Uran.* Freiburg: Öko-Institut.

Radkau, J., & Hahn, L. (2013). *Aufstieg und Fall der deutschen Atomwirtschaft.* München: Ökom.

Scheer, H. (2010). *Der Energetische Imperativ. Wie der vollständige Wechsel zu erneuerbaren Energien zu realisieren ist.* München: Kunstmann.

Schmucki, B. (2001). *Der Traum vom Verkehrsfluss. Städtische Verkehrsplanung seit 1945 im deutsch-deutschen Vergleich.* Frankfurt/New York: Campus.

Schöller-Schwedes, O. (2010). The failure of integrated transport policy in Germany: A historical perspective. *Journal of Transport Geography, 18*(1), 85–96.

Schwedes, O. (Hrsg.). (2014). *Öffentliche Mobilität. Perspektiven für eine nachhaltige Verkehrsentwicklung* (2. Aufl.). Wiesbaden: Springer VS.

Schwedes, O. (2017). *Verkehr im Kapitalismus.* Münster: Westfälisches Dampfboot.

Schwedes, O., Daubitz, S., Sternkopf, B., Rammert, A., & Hoor, M. (2018). *Kleiner Begriffskanon der Mobilitätsforschung.* Zweite überarbeitete Auflage. IVP-Discussion Paper.

Tremmel, J. (2004). *Nachhaltigkeit als politische und analytische Kategorie. Der deutsche Diskurs um nachhaltige Entwicklung im Spiegel der Interessen der Akteure.* München: Ökom.

UBA – Umweltbundesamt. (2017a). *Treibhausgas-Emissionen in Deutschland.* Dessau-Roßlau. https://www.umweltbundesamt.de/daten/klimawandel/treibhausgas-emissionen-in-deutschland#textpart-1. Zugegriffen am 26.08.2017.

UBA – Umweltbundesamt. (2017b). *Homepage Verkehr.* http://www.umweltbundesamt.de/daten/verkehr. Zugegriffen am 04.11.2018.

Teil III
Die Energiewende in der Gesellschaft

Das Recht der Energiewende

Michael Rodi

Zusammenfassung

Im folgenden Kapitel wird das Recht der Energiewende in seinen Grundstrukturen dargestellt. Dazu werden seine rechtlichen Charakteristika, seine wesentlichen Elemente sowie sein Verhältnis zu anderen Bereichen der Rechtsordnung, insbesondere dem Klimaschutzrecht analysiert. Ein besonderer Fokus wird auf die wesentlichen aktuellen Herausforderungen gelegt, denen die Rechtspolitik gegenwärtig auf dem Weg zu einer erfolgreichen Energiewende begegnet.

1 Energiewenderecht

Unter der Energiewende ist die Transformation des Wirtschafts- und Gesellschaftssystems zu verstehen, mit der der Ausstoß von Treibhausgasen auf ein niedriges, klimaverträgliches Niveau zurückgeführt wird. Das Recht der Energiewende ist die

---

„Ich danke den Mitarbeiter(inn)en des IKEM (Institut für Klimaschutz, Energie und Mobilität) für die kenntnisreiche Zuarbeit, allen voran Frau Denise Held und Herrn Simon Schäfer-Stradowsky."

M. Rodi (✉)
Universität Greifswald, Greifswald, Deutschland
E-Mail: lsrodi@uni-greifswald.de

Gesamtheit der Rechtsnormen, die diesen Transformationsprozess steuern und einen Ausgleich mit seinen politischen Zielen herstellen. Energiewenderecht ist ein Teilbereich des Klimaschutzrechts, das zusätzlich das Recht der Klimaanpassung umfasst.

Das Energiewenderecht umfasst zwei bedeutende Säulen, die den wesentlichen Ansätzen der Klimaschutzpolitik entsprechen: Das Recht der Erneuerbaren Energien sowie das Energieeffizienzrecht. Mit Fortschreiten der Transformation wird zunehmend das gesamte Energiewirtschaftsrecht zum Energiewenderecht.

Theoretisch gibt es auch andere Optionen für eine klimaneutrale Energiegewinnung (Atomenergie in den Formen der Kernspaltung und der Kernfusion sowie der Einsatz fossiler Energieträger verbunden mit einer CO_2-Speicherung). Eine Flankierung der Energiegewinnung durch Atomenergie wird zumindest in Deutschland durch einen breiten politischen Konsens grundsätzlich, der Einsatz fossiler Energieträger verbunden mit einer CO_2-Speicherung zumindest gegenwärtig abgelehnt. Eine Energiegewinnung aus Kernfusion ist nach dem Stand der Forschung zurzeit keine planbare Option. Damit zusammenhängende Rechtsfragen werden deshalb vorliegend nicht behandelt (zu Rechtsfragen einer CO_2-Speicherung vgl. etwa Kohls et al. 2015).

2 Energiewenderecht als Querschnittsrecht und vertikales Verbundrecht

Das Recht der Energiewende ist ein zersplittertes Rechtsgebiet, was seine Erforschung, Systematisierung und konsistente Weiterentwicklung erheblich erschwert. Dies wurde im Rahmen der Diskussion über die Kodifizierung eines Klimaschutzgesetzbuchs deutlich (vgl. dazu Rodi et al. 2015).

Die höchste Ebene des Energiewenderechts ist das Klimavölkerrecht. Dieses findet seine zentrale Grundlage im Klimarahmenabkommen der Vereinten Nationen vom 09. Mai 1992. Mit dem Übereinkommen von Paris vom 12. Dez. 2015 (Inkrafttreten 4. Nov. 2016) hat dieses zukunftsweisende Konkretisierungen erfahren (für einen problemorientierten Überblick vgl. Kreuter-Kirchhof 2017; zu rechtlicher Bedeutung und Wirksamkeit Böhringer 2016 und Till 2016). Mit seinem prozessorientierten Bottom-up-Ansatz ist es mehr ein Monitoringsystem für die nationalen Klimaschutzpolitiken als wirksames materielles Recht. Abgesehen von den für die Rechtspraxis selten relevanten allgemeinen Regeln des Völkerrechts (Art. 25 S. 1 GG) wird das Völkerrecht im Hinblick auf Staatsverträge für die nationale Rechtsordnung erst mit einem parlamentarischen Zustimmungsgesetz verbindlich (Art. 59 Abs. 2 S. 1 GG); es hat damit auch nur den Rang einfachen Rechts und kann jederzeit durch abweichendes Recht verändert werden („treaty override"). Wichtiger noch ist der Umstand, dass die Normen völkerrechtlicher Verträge regelmäßig innerstaatlich nicht unmittelbar (etwa durch Behörden oder Gerichte) anwendbar sind, weil sie häufig keine konkreten individuellen Rechte und Pflichten normieren, sondern nur die Staaten verpflichten.

Dagegen prägt das Recht der Europäischen Union den Transformationsprozess sehr weitgehend und zunehmend auch tiefgehend. Art. 194 AEUV schafft weitreichende Kompetenzen der EU im Bereich Energiepolitik (dazu Held und Wiesner 2015, S. 48–58). Dabei verwendet der europäische Gesetzgeber nur ausnahmsweise die Form der Verordnung, die wie Gesetze in allen Teilen verbindlich ist und in jedem Mitgliedstaat unmittelbar gilt (Art. 288 Abs. 2 AEUV). Typisches Regelungsinstrument ist vielmehr die Richtlinie, die auf eine Umsetzung in nationales Recht angelegt ist (Art. 288 Abs. 3 AEUV). So sind wesentliche Teile des nationalen Energiewenderechts europarechtlich determiniert.

Das Energiewenderecht wird weiter dadurch verkompliziert, dass es Rechtsakte des Bundes, der Länder sowie der Kommunen umfasst.

3 Wesentliche Elemente des Energiewenderechts

3.1 Treibhausgasminderungsrecht

Die übergeordnete Zielsetzung des Energiewenderechts entspricht dem Klimaschutzrecht. Sein Kernelement besteht daher aus Instrumenten und Regelungen, die eine Reduktion des Ausstoßes von Treibhausgasen zur Erreichung der klimapolitischen Ziele bezwecken. Man kann hier von Treibhausgasminderungsrecht sprechen.

In der Anfangszeit wurden dazu drei instrumentelle Ansätze diskutiert: (1.) der Einsatz von Ordnungsrecht im Rahmen des Immissionsschutzrechts, (2.) eine steuerliche Belastung des Ausstoßes von Treibhausgasen, vor allem im Wege einer CO_2-Steuer, sowie (3.) ein Treibhausgaszertifikatehandel. Die Grundentscheidung fiel auf europäischer Ebene im Rahmen der Umweltkompetenz der Europäischen Union (heute Art. 170 ff. AEUV) durch die Emissionshandelsrichtlinie – ET-RL (Richtlinie 2003/87/EG vom 13.10.2003 über ein System für den Handel mit Treibhausgasemissionsberechtigungen in der Gemeinschaft und zur Änderung der RL 96/61/EU des Rates, ABl. 2003 L 275, 32, i.d.F. der RL vom 23.04.2009, ABl. L 140/63). Zuletzt geändert wurde die Richtlinie mit Wirkung zum 8. April 2018 durch die Änderungsrichtlinie 2018/410/EU. Der ordnungsrechtliche Ansatz wurde als zu kostspielig und ineffizient abgelehnt. Lange verfolgte die Kommission die Idee einer CO_2-Steuer, die letztlich vor allem am Erfordernis der Einstimmigkeit im Rahmen der EU-Steuerkompetenz (heute Art. 113 AEUV) scheiterte (dazu näher Rodi 2018).

Dem Emissionshandelssystem unterliegen gegenwärtig etwa 11.000 Anlagen der energieintensiven Industrie und der Energiewirtschaft; seit 2012 sind auch mehr als 500 Luftverkehrsunternehmen mit innereuropäischen Flügen einbezogen. Damit erfasst das System etwa 45 % der europäischen Treibhausgasemissionen. Über die (weitere) Einbeziehung des Verkehrssektors wurde bisher lediglich diskutiert (Engel und Mailänder 2016). Die Menge der zur Verfügung stehenden Zertifikate sinkt bis 2020 jährlich um 1,74 %; dieser Reduktionsfaktor soll danach auf 2,2 % erhöht werden (s.u. 4.1).

In Deutschland wurde die Richtlinie insbesondere mit dem Treibhausgas-Emissionshandelsgesetz (TEHG) in nationales Recht umgesetzt. Die Änderungen durch die Richtlinie 2018/410/EU müssen die Mitgliedstaaten bis zum 9. Oktober 2019 in nationales Recht umsetzen.

3.2 Das Recht der erneuerbaren Energien

3.2.1 Das Recht der erneuerbaren Energien im Verbund der klimapolitischen Instrumente

Parallel zum Treibhausgasminderungsrecht entwickelte sich ein Recht erneuerbarer Energien. Vielfach wurde darauf hingewiesen, dass dies neben dem Emissionshandel überflüssig sei. Dem ist nicht zuzustimmen. Denn einerseits hat sich die Befürchtung bewahrheitet, dass der Emissionshandel aus Gründen der politischen Ökonomie (v. a. Lobbyismus) nicht ehrgeizig genug ausgestaltet worden ist (Rodi 2017a, S. 196). Andererseits hat das Recht der erneuerbaren Energien einen anderen Fokus: Ökonomisch gesehen ist es ein Kapazitätsinstrument, das einen bestimmten Anteil erneuerbarer Energien an den Sektoren Strom, Wärme und Verkehr gewährleisten soll. Die angestrebte Kapazität kann sich auch auf einzelne Formen erneuerbarer Energien beziehen wie etwa Windkraft onshore und offshore, Photovoltaik, Geothermie etc.

3.2.2 Das Recht der erneuerbaren Energien in der Europäischen Union

Die Europäische Union verfolgt seit den ausgehenden 1980er-Jahren eine Politik zur Förderung erneuerbarer Energien, zunächst in Form von Forschungs- und Technologieprogrammen. Diese mündete in den Erlass einer Richtlinie zur Förderung erneuerbarer Energien im Jahre 2001 (EE-RL), mit der die Förderung der Stromerzeugung aus erneuerbaren Energiequellen bis zum Jahre 2010 harmonisiert werden sollte (Richtlinie 2001/77/EG vom 27.09.2001 zur Förderung der Stromerzeugung aus erneuerbaren Energien im Elektrizitätsbinnenmarkt, ABl. L 283/33).

Das Streben der Kommission nach einem harmonisierten Förderungsinstrumentarium auf der Basis von Einspeisevergütungen konnte sich jedoch nicht durchsetzen, da die Mitgliedstaaten diesbezüglich auf das Subsidiaritätsprinzip pochten und einige zudem nicht bereit waren, von ihrem Förderungsansatz (Quotensysteme, steuerliche Fördersysteme etc.) abzugehen. Heute ist weitgehend anerkannt, dass der Europäischen Union zwar eine weitreichende Kompetenz im Bereich der Klimapolitik, nicht aber im Bereich der Förderung erneuerbarer Energien zusteht (Behm 2016, S. 81 ff.). Dies ergibt sich schon daraus, dass andere Strategien zur Dekarbonisierung (Atomenergie, CO_2-Abscheidung und -speicherung) europarechtlich zulässige alternative Strategien darstellen; zudem ist der energiepolitische Souveränitätsvorbehalt der Mitgliedstaaten aus Art. 194 Abs. 2 AEUV zu wahren.

Parallel bemühte sich die Kommission mit Erfolg darum, das nationale Recht durch Beihilfenaufsicht zu beeinflussen (Pause und Kahles 2017). Dies betrifft insbesondere die Einführung von Ausschreibungen. Kompetenzrechtlich ist das ein umstrittenes Vorgehen. Denn zum einen ist noch unklar, inwieweit das EE-Recht überhaupt Beihilfen enthält, und zum anderen ist die Reichweite der Beihilfenaufsichtskompetenz der Kommission strittig (Frenz 2016).

Seit dem 23. April 2009 gilt die EE-Richtline 2009/28/EG zur Förderung der Nutzung von Energie aus erneuerbaren Quellen und zur Änderung und anschließenden Aufhebung der Richtlinien 2001/77/EG und 2003/30/EG. Eine erneute Novellierung hat die Europäische Kommission in ihrem umfangreichen Reformpaket „Saubere Energie für alle Europäer" (COM/2016/0860 final) vorgeschlagen.

3.2.3 Das nationale Recht der erneuerbaren Energien in Deutschland

Das nationale Recht der erneuerbaren Energien konzentrierte sich von Anfang an auf die Förderung der Stromproduktion aus erneuerbaren Energiequellen. Im Jahre 2009 trat mit dem Gesetz zur Förderung Erneuerbarer Energien im Wärmebereich (Erneuerbare-Energien-Wärmegesetz – EEWärmeG) ein Pendant für den Bereich der Wärmeversorgung in Kraft. Kein eigenes umfassendes Fördergesetz existiert dagegen für den Verkehrssektor.

Ziel des EEWärmeG ist die Erhöhung des Erneuerbare Energien Anteils an der Wärme- und Kälteversorgung von Gebäuden (§ 1 Abs. 2). Enthalten sind eine prozentuale Nutzungspflicht für Erneuerbare Energien (§ 3) und Ersatzmaßnahmen sowie Bestimmungen zur finanziellen Förderung für Maßnahmen, die über die Nutzungspflichten hinausgehen.

Den Mittelpunkt des Rechts zur Förderung erneuerbarer Energien bildeten im Stromsektor über lange Zeit der Einspeise- und Vergütungsanspruch der Erzeuger erneuerbarer Energien, zunächst im Verhältnis zu den Energieversorgungsunternehmen (zu Geschichte und Vorläufern des EEG vgl. Müller 2012). Im Zeitraum von 1950 bis 1990 entwickelten sich diese Ansprüche auf kartellrechtlich überformter privatrechtlicher Regelung; Berechnungsgrundlage für den Vergütungsanspruch war das sog. Prinzip der vermiedenen Kosten. Dieses basiert(e) auf der Annahme, dass durch eine verbrauchernahe, dezentrale Einspeisung auf Verteilnetzebene die Hochspannungsleitungen entlastet würden. Mit dem Stromeinspeisegesetz (StrEG) trat ab 1991 ein Paradigmenwechsel ein: Der Einspeiseanspruch wurde verrechtlicht und der Vergütungsanspruch in einem Prozentsatz der Durchschnittserlöse einer kWh berechnet; dabei wurde nach umweltpolitischer Förderungswürdigkeit der jeweils eingesetzten Energieträger differenziert (z. B. Wasserkraft mindestens 75 %, Sonnenenergie und Windkraft mindestens 90 %). Ein zweiter Paradigmenwechsel erfolgte im Rahmen der Reform des EnWG von 1998, mit der zentrale Forderungen des EU-Binnenmarktpakets umgesetzt wurden. Mit der Entflechtung („Unbundling") von Netzbetrieb und Erzeugung sowie Netzbetrieb und Versorgung wurde ein Wettbewerb in den Netzen ermöglicht.

> **Entflechtung** („Unbundling") beschreibt die Trennung von Unternehmensteilenintegrierter Energieversorgungsunternehmen zur Herstellung der Unabhängigkeitdes Netzbetriebs von den Stufen Erzeugung und Vertrieb. Die Entflechtung erfolgt in informationeller, gesellschaftsrechtlicher, operationeller und eigentumsrechtlicher Hinsicht (vgl. §§ 6 ff. EnWG).

Einen weiteren Paradigmenwechsel brachte das Erneuerbare-Energien-Gesetz (EEG) von 2000 mit sich. Es regelte in § 3 einen Einspeisevorrang für erneuerbare Energien und legte für einzelne Erzeugungsanlagen differenzierte Mindestvergütungshöhen fest, die für eine Dauer von 20 Jahren gewährleistet wurden. Zudem führte es eine noch rudimentäre bundesweite Umlagefinanzierung ein; 2003 wurde zudem ein Ausgleichsmechanismus für stromintensive Verbraucher geschaffen, der diese nur noch zu einem verhältnismäßig geringen Teil an den Kosten der Förderung beteiligte.

Mit dem EEG 2004 wurden die europäische Richtlinie zur Förderung erneuerbarer Energien (EE-RL 2001) in nationales Recht umgesetzt und die Vergütungssätze angepasst. Hervorzuheben ist ein Vermarktungsgebot für erneuerbare Energien. Gemäß der Ausgleichsmechanismusverordnung (AusglMechV) dürfen die

Übertragungsnetzbetreiber den in EEG-Anlagen erzeugten und mit einer festen Einspeisevergütung vergüteten Strom „... *nur am Spotmarkt einer Strombörse nach Maßgabe der Ausgleichsmechanismus-Ausführungsverordnung vermarkten*". Damit erweitern sie das Stromangebot und verdrängen am oberen Ende der Merit Order – der aus den unterschiedlichen Produktionskosten der einzelnen Kraftwerke entstehenden Angebotskurve – die jeweils teuersten Anbieter vom Markt.

> **Merit Order** beschreibt die Einsatzreihenfolge der Kraftwerke. Diese richtetsich nach den Grenzkosten für die Stromerzeugung. Die günstigsten Kraftwerke werden aufsteigend zugeschaltet, bis die Nachfrage gedeckt ist. Das teuerste, noch eingesetzte Kraftwerk bestimmt den Börsenpreis. So werden die teuersten Kraftwerke vom Markt verdrängt. Aufgrund der Förderung haben Erneuerbare-Energien-Anlagen Grenzkosten von 0 €, sodass mit steigendem Anteil erneuerbarer Energien andere Kraftwerke aus dem Markt gedrängt werden. Tendenziell sinkt aufgrund dieses Effekts der Börsenstrompreis.

Mit dem EEG 2009 erfolgten etliche, allerdings weniger systemrelevante Änderungen; Kernanliegen des EEG 2012 war die weitere Marktintegration der erneuerbaren Energien, einerseits durch eine Förderung des Eigenverbrauchs, andererseits durch Einführung einer Marktprämie.

> **Marktprämie**
> Anlagenbetreiber können ihren Strom selbst verkaufen (Direktvermarktung) und erhalten neben dem Erlös am Markt eine Marktprämie. Die Marktprämie deckt die Differenz zwischen der Einspeisevergütung (anzulegender Wert) und dem mittleren Marktwert des Stroms an der Börse (§ 20 EEG).
> Das EEG 2014 legte den Grundstein für eine zweistufige Reform der Förderung von Strom aus erneuerbaren Energien. Im Mittelpunkt der ersten Stufe steht die Einführung der Verpflichtung zur Direktvermarktung für Neuanlagen ab einer bestimmten Leistungsgrenze. Die Anlagen können nur in Ausnahmefällen und dann zu reduzierten Vergütungssätzen die klassische Einspeisevergütung in Anspruch nehmen. Die zweite Stufe der grundlegenden EEG-Reform sieht die Einführung von Ausschreibungen zur wettbewerblichen Ermittlung der Förderhöhe vor.

Für das EEG 2017 ist das langfristige Ziel den Anteil erneuerbarer Energien am Stromverbrauch bis zum Jahr 2050 auf 80 % zu erhöhen. Auch die gesteckten Zwischenziele von einem Anteil von 40–45 % im Jahr 2025 und von 55–60 % im Jahr 2035 bleiben erhalten. Erneuerbare Energien spielen somit langfristig die zentrale Rolle in der Stromversorgung, was eine Transformation des gesamten Energiesystems verlangt. In einem ersten Schritt wurden erneuerbare Energien mittels der Direktvermarktung schrittweise an den Markt herangeführt. In einem nächsten Schritt erfolgte, auf der Grundlage europäischer Vorgaben, mit dem EEG 2017 die Umstellung der Förderungssysteme auf Ausschreibungen. Das EEG 2014 wurde von der Kommission unter beihilferechtlichen Aspekten nur unter der Bedingung genehmigt, dass ab dem Jahre 2017 ein wettbewerblicher Bieterprozess eingeführt würde. Dem ist der Bundesgesetzgeber nun mit den §§ 22 ff. EEG nachgekommen. Nachdem im Rahmen des EEG 2014 lediglich testweise für große Photovoltaik-Freiflächenanlagen Ausschreibungen vorgesehen waren, sind diese jetzt flächendeckend für Windenergie- und Solaranlagen mit mehr als 750 kW installierter Leistung und Biomasseanlagen von mehr als 150 KW sowie für Offshore Windenergieanlagen grundsätzlich verpflichtend.

> **Ausschreibungen**
> Die vormals feste gesetzliche Einspeisevergütung wird nun wettbewerblich ermittelt, indem die niedrigsten Gebote für die Förderung einen Zuschlag erhalten. Dieser Betrag wird bei der Berechnung der Marktprämie als anzulegender Wert zugrunde gelegt.

Die Förderhöhe entspricht grundsätzlich dem abgegebenen Gebot. Lediglich für sogenannte *Bürgerenergiegesellschaften* (s.u. 4.2.4), die der politischen Akzeptanzsteigerung in der betroffenen Gemeinde dienen sollen, bestimmt der höchste bezuschlagte Wert in einer Ausschreibungsrunde die Höhe der Förderung für diese Anlagen. Die Gebote werden durch einen Gebotshöchstwert gedeckelt. Bei Teilnahme am Ausschreibungsverfahren ist die Nutzung der Eigenversorgungsprivilegien ausgeschlossen, § 27a EEG 2017.

Ab 2018 sind für Wind- und Solarenergie gemeinsame Ausschreibungen vorgesehen, sodass der Preiswettbewerb nicht nur innerhalb der jeweiligen Technologie, sondern auch technologieübergreifend stattfindet, § 39i EEG 2017 i. V. m. der Verordnung zu den gemeinsamen Ausschreibungen (GemAV). Das Volumen der gemeinsamen Ausschreibungen von Photovoltaik und Wind beträgt bis einschließlich 2020 200 MW pro Ausschreibungsrunde, die zweimal jährlich stattfinden. Der Schwerpunkt der Erzeugung von Strom aus erneuerbaren Energien liegt nach wie vor auf Solar- und Windenergieanlagen. Über die festgelegten Ausschreibungsvolumina

Tab. 1 Ausschreibungsvolumina nach Technologie und Jahr

	Wind an Land	Wind auf See	Solar	Biomasse
2017	2800 MW		2500 MW	150 MW
2018	2800 MW		2500 MW	150 MW
ab 2020	2900 MW	6500 MW	2500 MW	200 MW
2021		500 MW		
2022		500 MW		
2023 bis 2025		700 MW		
2030		15.000 MW	2500 MW	

Quelle: eigene Darstellung

erfolgt eine Steuerung des Zubaus. In der Tab. 1 sind die Ausschreibungsvolumina nach Technologie und Jahr aufgeschlüsselt. Details regelt die Verordnung zu den gemeinsamen Ausschreibungen (GemAV).

3.3 Energieeffizienzrecht

3.3.1 Begriff und Bedeutung

> **Energieeffizienz** ist das Verhältnis von Ertrag an Leistung, Dienstleistung, Waren oder Energie zu Energieeinsatz, Art. 2 Nr. 4 EnEff-RL (RL 2012/27/EU vom 25. Okt. 2012).

Es ist heute anerkannt, dass der Endenergieverbrauch soweit wie möglich gesenkt werden sollte, um dann den verbleibenden Bedarf durch den (direkten) Einsatz erneuerbarer Energien zu decken (*BMUB*, Klimaschutzplan 2050, S. 14, zum Vorrang von Energieeffizienz).

3.3.2 Europäisches Energieeffizienzrecht

Den europäischen Rahmen für die Förderung der Energieeffizienz bildet die Energieeffizienzrichtlinie (2012/27/EU – EnEff-RL). Sie legt das Ziel einer Steigerung der Energieeffizienz um 20 % bis zum Jahre 2020 als Ziel fest, Art. 1 Abs. 1 EnEff-RL. Gemäß Art. 3 EnEff-RL bestimmt jeder Mitgliedstaat ein nationales Energieeffizienzziel. Es ist ein Energieeffizienzverpflichtungssystem einzuführen, das gewährleistet, dass die jährlichen Einsparungen mindestens 1,5 % des jährlichen Energieabsatzes betragen. Eine Anpassung der Richtlinie erfolgte durch die RL 2018/844/EU vom 30. Mai 2018, die bis zum 10. März 2020 von den Mitgliedstaaten umzusetzen ist.

Von der Änderungsrichtlinie betroffen ist auch die RL 2010/31/EU. Speziell der Energiebedarf von Gebäuden soll mit dieser Richtlinie über die Gesamtenergieeffizienz von Gebäuden gesenkt werden. Enthalten sind Vorschriften für die Berechnung der Energieeffizienz und diesbezügliche Mindestanforderungen für Neubauten und die Sanierung von Bestandsgebäuden. Neubauten müssen ab 2019 dem Kriterium eines sog. Niedrigenergiegebäudes entsprechen. Energieausweise sind durch die Mitgliedstaaten zu implementieren.

Energieverbrauchsrelevante Produkte adressiert die Ökodesign-Richtlinie 2009/125/EU und schafft Mindeststandards für die Produkte im Binnenmarkt, sofern das Verkaufs- und Handelsvolumen und die Umweltauswirkungen erheblich sind und Verbesserungspotenzial besteht. Daneben war die Energieverbrauchskennzeichnungs-Richtlinie 2010/30/EU für die Energieeffizienz relevant, die der Information der Endverbraucher dient, indem Energieverbrauchsetiketten mit Energieeffizienzklassen von A+++ bis G vorgeschrieben wurden. Aufgehoben wurde sie durch die Verordnung 2017/1369/EU zur Festlegung eines Rahmens für die Energieverbrauchskennzeichnung mit Wirkung vom 31. Juli 2017.

3.3.3 Nationales Energieeffizienzrecht in Deutschland

Die gesetzlichen Regelungen, die die Energieeffizienz betreffen, sind in Deutschland auf verschiedene Gesetze verteilt. Ein bündelndes Rahmengesetz existiert nicht.

Die EnEff-RL wurde in Deutschland insbesondere durch das KWKG (Kraft-Wärme-Kopplungs-Gesetz) und das Energiedienstleistungsgesetz (EDL-G) umgesetzt. Durch die Kopplung der Strom- mit der Wärmeerzeugung (Kraft-Wärme-Kopplung) wird die Effizienz des Brennstoffeinsatzes erhöht. 2016 trat das novellierte KWKG in Kraft. Die Stromerzeugung aus KWK-Anlagen soll bis zum Jahre 2020 110 TWh und bis 2025 120 TWh betragen, § 1 Abs. 1 KWKG. Verbraucht der Anlagenbetreiber den Strom nicht selbst, ist er grundsätzlich zur Direktvermarkung des Stroms verpflichtet. Bei Anlagen bis zu 100 kW kann er den Strom alternativ zum üblichen Preis an den Netzbetreiber verkaufen. Anlagenbetreiber erhalten Zuschlagszahlungen für KWK-Strom und Wärme- und Kältenetze und -speicher. Das EDL-G adressiert die effiziente Energienutzung durch den Endkunden. Endkunden sind Informationen zu Energiedienstleistungen (bspw. Verbraucherorganisationen und Energieagenturen) zur Verfügung zu stellen. Unternehmen (außer KMU) müssen grundsätzlich mindestens alle vier Jahre Energieaudits durchführen.

Nach § 1 des Gesetzes zur Einsparung von Energie in Gebäuden (Energieeinsparungsgesetz – EnEG) müssen Gebäude so errichtet werden, dass vermeidbare Energieverluste beim Kühlen oder Heizen unterbleiben. Details regelt die Energieeinsparverordnung (EnEV), die bestimmte Standards und Höchstwerte festlegt. Das EnEG enthält darüber hinaus Vorgaben für Heizungs- und Warmwasserversorgungsanlagen.

Das Gesetz über die umweltgerechte Gestaltung energieverbrauchsrelevanter Produkte (EVPG) setzt die Ökodesign-RL um. Nach § 4 Abs. 1 ist Voraussetzung für das Inverkehrbringen energieverbrauchsrelevanter Produkte die Einhaltung der in einer Durchführungsrechtsvorschrift festgelegten Anforderungen.

Das Energieverbrauchskennzeichnungsgesetz (EVKG) und die Energieverbrauchskennzeichnungsverordnung (EnVKV) setzen die Energieverbrauchskennzeichnungs-RL um. Sie dienen der Information der Verbraucher über den Energieverbrauch von Produkten. Die Pkw-Energieverbrauchskennzeichnungsverordnung (Pkw-EnVKV) enthält Kennzeichnungspflichten für Pkw. Schadstoffarme und effiziente Kfz werden durch das Kraftfahrzeugsteuergesetz (KraftStG) steuerlich begünstigt, um die Kaufentscheidungen der Verbraucher zu lenken.

Das EEG sieht (wie auch das Energiesteuerrecht, vgl. § 45 ff. EnergieStG) eine Privilegierung für stromkostenintensive Unternehmen vor. Diese entrichten eine begrenzte EEG-Umlage. Damit keine Fehlanreize hin zu einer Erhöhung des Verbrauchs entstehen, müssen Unternehmen, die von der Privilegierung profitieren möchten, Energie- und Umweltmanagementsysteme betreiben, § 64 Abs. 1 Nr. 3 EEG.

4 Aktuelle rechtliche Herausforderungen für das Gelingen der Energiewende

4.1 Übergeordnete Fragestellungen

4.1.1 Reform und/oder Ergänzung des Emissionshandels

Mit gutem Grund wird das Emissionshandelssystem theoretisch als wichtigstes Instrument zur Erreichung der Dekarbonisierungsziele angesehen. Es konnte jedoch bisher die erwünschten Lenkungswirkungen angesichts eines Überangebots von Zertifikaten und des damit verbundenen Preisverfalls nicht erreichen. Der Preis hat sich im Jahr 2018 von etwa 5 € pro Tonne CO_2-Äquivalent zu Beginn des Jahres auf einen Bereich um die 20 € pro Tonne zur Mitte des Jahres erholt. Die Preise sind dennoch weit von dem für notwendig Gehaltenen, dazu die UBA-Empfehlungen zu den Klimakosten in Abb. 1, entfernt (siehe auch Hirschl/Vogelpohl in diesem Band). Das Umweltbundesamt hat im Jahr 2013 die folgenden Klimakosten von einer Tonne

UBA-Empfehlung zu den Klimakosten

Klimakosten in $Euro_{2010}$ pro Tonne Kohlendioxid	Kurzfristig 2010	Mittelfristig 2030	Langfristig 2050
Unterer Wert	40	70	130
Mittlerer Wert	80	145	260
Oberer Wert	120	215	390

Quelle: Umweltbundesamt 2013, Best-Practice-Kostensätze für Luftschadstoffe, Verkehr, Strom- und Wärmeerzeugung (Anhang B der Methodenkonvention 2.0)

Abb. 1 Empfohlene Klimakosten

Kohlendioxid ermittelt. An diesen Werten müssten sich die Preise für Emissionszertifikate orientieren, um die tatsächlichen Kosten abzubilden.

Reformbemühungen auf europäischer Ebene haben bisher noch nicht zum Erfolg geführt. Dies gilt für die bereits umgesetzte Entscheidung im Rahmen eines „backloading", dem Markt in drei Stufen von 2014 bis 2016 900 Mio. Zertifikate zu entziehen (VO Nr. 176/2014/EU der Kommission vom 25. Feb. 2014, ABl. 2014 L 56, 11). Zudem wurde im Oktober 2015 von Rat und Parlament beschlossen, die entzogenen Zertifikate dem Markt nicht, wie ursprünglich geplant, ab dem Jahr 2019 wieder zuzuführen, sondern in eine Marktstabilitätsreserve zu überführen (Beschluss (EU) 2015/1814 des Europäischen Parlamentes und des Rates vom 06. Okt. 2015 über die Einrichtung und Anwendung einer Marktstabilitätsreserve für das System für den Handel mit Treibhausgasemissionszertifikaten in der Union und zur Änderung der RL 2003/87/EG, ABl. 2015 L 264, 1.; vgl. dazu Kreuter-Kirchhof 2017, S. 414 ff.); Der Europäische Gerichtshof hat eine Klage Polens hiergegen mit Urteil vom 21. Juni 2018 (Rs. C-5/16) abgewiesen.

Eine Änderung der Richtlinie 2003/87/EG erfolgte durch die oben genannte Richtlinie 2018/410/EU mit Wirkung zum 8. April 2018. Im Mittelpunkt steht dabei ein von 1,74 % auf 2,2 % erhöhter Reduktionsfaktor. Soweit Zertifikate zur Vermeidung von Carbon Leakage nicht versteigert werden, werden die Richtwerte für die kostenlose Zuteilung von Emissionsberechtigungen („benchmarks") verschärft und über einen Kürzungsfaktor an den technologischen Fortschritt angepasst. Aus Versteigerungserlösen wird auf europäischer Ebene ein Modernisierungsfonds (zur Modernisierung der Energiesysteme in einkommensschwachen Mitgliedstaaten) und ein Innovationsfonds geschaffen. Darüber hinaus soll die Kommission mit erheblich stärkeren Durchführungskompetenzen betraut werden (vgl. im Einzelnen Kreuter-Kirchhof 2017, S. 416 ff.).

Gleichwohl wird auf nationaler Ebene gegenwärtig darüber diskutiert, ob nicht der Kohleausstieg mit nationalen Instrumenten beschleunigt werden sollte. Es wird befürchtet, dass die Preise für Treibhausgasemissionszertifikate irgendwann dramatisch steigen werden, sollten die Dekarbonisierungsziele ernst gemeint sein; neue Investitionen in Kohlekraftwerke könnten dann unrentabel werden („stranded assets"). Während einige Mitgliedstaaten bereits konkrete Ausstiegsszenarien festgelegt haben (Frankreich bis 2023, GB bis 2025), erfolgte in Deutschland hierzu erst ein erster kleiner Schritt. Im Rahmen des Strommarktgesetzes 2016 wurden einige ältere Braunkohlekraftwerke in eine strategische Kapazitätsreserve verschoben. Vor dem Hintergrund einer Fülle denkbarer Maßnahmen läge es besonders nahe, einen Neubau von Kohlekraftwerken sofort gesetzlich auszuschließen (bzw. Neuplanungen an eng definierte Kriterien der Energiewendetauglichkeit zu koppeln) und die ohnehin überfällige Reform des Energiesteuerrechts anzugehen (vgl. im Einzelnen näher Rodi 2017a).

4.1.2 Sektorenkopplung: Wärme- und Verkehrswende

Bisher wurde die Energiewende ganz überwiegend als „Stromwende" gedacht. Doch eine umfassende Dekarbonisierung erfordert mehr als nur den Stromsektor (weitestgehend) CO_2-frei zu gestalten. Auch in den Bereichen Mobilität und Wärme werden erhebliche Mengen CO_2 freigesetzt. Der Anteil erneuerbarer Energien liegt im Strombereich mittlerweile bei mehr als 30 %, im Wärmesektor hingegen bei erst 13 % und im Verkehrssektor nur bei 5 %. Der Fokus muss also neben der Stromversorgung auch auf eine „Wärme- und Mobilitätswende" gelegt werden. Erneuerbare Energien lassen sich in großem Umfang am besten im Stromsektor erzeugen. Dieser erneuerbare Strom muss genutzt werden, um auch die Sektoren Mobilität und Wärme direkt oder indirekt zu versorgen und so zu dekarbonisieren. Die drei Sektoren müssen eng miteinander verknüpft und die Durchlässigkeit erheblich erhöht werden. Damit ist die Aufgabe einer Sektorenkopplung oder Sektorenintegration adressiert. (siehe auch Praetorius in diesem Band, Buchmüller et al. 2016).

> **Sektorenkopplung** bezeichnet den effizienten Einsatz von Strom aus erneuerbaren Energien auch im Wärme- und Verkehrssektor durch direkte oder indirekte Elektrifizierung, um den Anteil der erneuerbaren Energien sektorenübergreifend auf annähernd 100 % zu erhöhen.

Angesichts der Volatilität erneuerbarer Energien stellt dies den Gesetzgeber vor große Herausforderungen, da Anlagen zur Erzeugung von erneuerbaren Energien nicht in beliebigen Umfang zugebaut (und die Stromnetze entsprechend ausgebaut) werden können. Deshalb müssen neben der Steuerung von Erzeugungsanlagen und einer Anpassung des Bedarfs an die Erzeugung insbesondere Speicheroptionen vorangetrieben werden (s.u. 4.3.3).

4.1.3 Digitalisierung der Energiewende

Die Digitalisierung erfasst nahezu alle Lebens- und Wirtschaftsbereiche. Im Hinblick auf die Energiewende wird sie ein Schlüsselfaktor zur Gewährleistung der Netzstabilität in Zeiten erneuerbarer, fluktuierender Erzeugung sein. Die perfekte Abstimmung von Erzeugung und Verbrauch erfordert eine umfassende Datenerhebung und -verarbeitung. Im Jahr 2016 ist das Gesetz zur Digitalisierung der Energiewende in Kraft getreten (BGBl. Teil I 2016 Nr. 43, S. 2034). Dessen Herzstück, das Messstellenbetriebsgesetz, normiert eine flächendeckende Rolloutpflicht von intelligenten Zählern („Smart Meter").

Über das Smart-Meter-Gateway werden die erhobenen Messwerte sternförmig an die Marktakteure übermittelt. Die Visualisierung des Verbrauchs soll die Kunden zu Energieeffizienz anhalten, indem sie „Stromfresser" identifizieren und sodann ersetzen können. Den Lieferanten wird die technische Möglichkeit eröffnet, lastvariable Tarife anzubieten (§ 40 Abs. 5 Satz 1 EnWG).

> **Lastvariable Tarife** sind Stromtarife, bei denen sich der Preis pro kWh mit der aktuell vorhandenen Stromnachfrage und der Netzauslastung ändert (BNetzA). § 40 Abs. 5 EnWG verpflichtet Lieferanten, grundsätzlich einen Tarif anzubieten, der Anreize zu Energieeinsparung und Steuerung des Energieverbrauchs setzt, insbesondere lastvariable und tageszeitabhängige Tarife.
>
> **Standardisiertes Lastprofil (SLP)** Ein Lastprofil beschreibt den zeitlichen Verlauf des Strombezugs eines Verbrauchers. Bei Kleinverbrauchern lohnt sich eine Echtzeitmessung nicht. Für die Prognose des Strombezugs wird ein standardisiertes Profil zugrunde gelegt, das im Querschnitt vieler Kunden atypisches Verhalten eines einzelnen Kunden ausgleicht. (Held und Wiesner 2015, Rn. 788 f.) § 12 Abs. 2 StromNZV definiert Lastprofile für Letztverbraucher.

Dabei wird die Bilanzierung und Abrechnung auf Basis von Zählerstandsgängen anstatt der bisherigen standardisierten Lastprofile (SLP) durchgeführt. Da der Lieferant mit dem zunehmenden Anteil fluktuierender Erzeugung seinen Bilanzkreis über den Einkauf von Graustrom nicht mehr bewirtschaften können wird, ist er zur Bewirtschaftung auf eine aktive Laststeuerung angewiesen. Die Laststeuerung wird dabei ein Smart-Home-Dienstanbieter vornehmen. Es ist gegenwärtig noch nicht prognostizierbar, welche Branchen diese Marktrolle künftig ausfüllen werden. In Betracht kommen neben den klassischen Energieversorgungsunternehmen vor allem Stakeholder aus der Digitalbranche.

Den Netzbetreibern werden über die Smart-Meter-Gateways der Erzeuger und Verbraucher die notwendigen Informationen zur Wahrnehmung der Regelverantwortung übermittelt. Von besonderer Bedeutung ist dabei die Übermittlung der von den Smart Metern erhobenen Netzzustandsdaten (§§ 56, 64 Messstellenbetriebsgesetz).

In datenschutzrechtlicher Hinsicht gewähren die von den Smart Metern erhobenen Daten einen tiefen Einblick in die Privatsphäre, mithin entsteht ein Stromverbrauch-Fingerabdruck. Die umfassende Rolloutpflicht (ohne eine Opting-out-Möglichkeit für den Letztverbraucher) sollte daher noch einmal überdacht werden. Die sternförmige Kommunikation des Smart-Meter-Gateways dient der Datensparsamkeit. Zu kritisieren sind die fehlenden Entflechtungsvorgaben: Insbesondere wenn die G4 der Digitalwirtschaft (Google, Facebook, Amazon, Apple) als Smart-Home-Dienstanbieter auftreten sollten, würde eine informatorische Sektorenkopplung der Energiedaten mit Informationen aus anderen Geschäftsfeldern die Privatsphäre massiv einschränken und wirtschaftlich die weitere Verstärkung von Oligopolen fördern. Diese übergeordneten Zusammenhänge hat der Gesetzgeber bei der Ausgestaltung der Digitalisierung der Energiewende ebenso wie die seit dem 25. Mai 2018 geltende EU-Datenschutzgrundverordnung bisher nicht berücksichtigt. Dabei wäre ein effektiver Datenschutz die Grundvoraussetzung für die Akzeptanz der Digitalisierung in der Gesellschaft (siehe auch Hildebrand/Renn in diesem Band).

4.2 Stromerzeugung

4.2.1 Marktintegration: Begrenzung des Stromeinspeisevorrangs

> **Einspeisevorrang**
> Netzbetreiber sind nach § 11 Abs. 1 EEG zur vorrangigen Abnahme, Übertragung und Verteilung von Strom aus erneuerbaren Energien verpflichtet.

Kommt es zu Netzengpässen, die sich durch das Abschalten fossiler Kraftwerke und andere Maßnahmen nicht beheben lassen, dürfen Erneuerbare-Energien-Anlagen nur als Ultima Ratio durch den Netzbetreiber im Rahmen des Einspeisemanagements abgeregelt werden, § 14 Abs. 1 EEG. Ziel ist es, dass so viel erneuerbarer Strom wie möglich abgenommen und genutzt werden kann. Kommt es dennoch zu einer Abregelung, haben die Anlagenbetreiber einen Anspruch auf 95 % bzw. 100 % der entgangenen Einnahmen, § 15 Abs. 1 EEG. Durch diese Privilegien steigt die Investitions- und Planungssicherheit für Anlagenbetreiber. In Kombination mit der Marktprämie bzw. den festen Vergütungssätzen lässt sich der

Ertrag der Anlage und damit die Wirtschaftlichkeit relativ genau vorhersagen. So soll der Ausbau der erneuerbaren Energien beschleunigt werden.

Die Europäische Kommission schlägt nun im sogenannten „Clean Energy Package" vom 30. Nov. 2016 vor, den Einspeisevorrang im Wesentlichen abzuschaffen. Der Einspeisevorrang soll auf Anlagen mit weniger als 500 kW begrenzt werden und in Ländern mit mehr als 15 % Anteil erneuerbarer Energien an der Stromerzeugung ganz wegfallen. Entschädigungen für die Abschaltung sollen nicht mehr gezahlt werden.

Mit dem Ausschreibungssystem nähert sich das EEG immer weiter an wettbewerbliche Bedingungen an. Mit dem Wegfall oder der Begrenzung des Einspeisevorrangs, wie er auf Ebene der EU und dem Bund im Gespräch ist, müssten die Erneuerbare-Energien-Anlagen mit den fossilen Kraftwerken um den günstigsten Preis pro Kilowattstunde konkurrieren. Für alle Anlagen würde dann das Merit-Order-Prinzip (dazu 3.2.3) gelten, sodass nur die günstigsten Kraftwerke eingesetzt werden bis die Stromnachfrage gedeckt ist. So sollen die volkswirtschaftlichen Kosten der Stromversorgung gesenkt werden. Zwar sind die Anlagen für erneuerbare Energien keine Nischentechnologie mehr. Es ist jedoch zweifelhaft, ob die Technologien auch ohne die jetzigen Privilegien am Markt bestehen könnten. Die Betreiber hätten keine finanzielle Planungssicherheit mehr, was die Kreditfinanzierung erschweren würde. In Netzengpasszeiten könnte es dazu kommen, dass CO_2-intensive Anlagen weiter einspeisen, während erneuerbare Energien abgeregelt würden. Es bestünde also das Risiko, dass die Investitionen in Erneuerbare-Energien-Anlagen zurückgehen und der Ausbau gebremst wird.

4.2.2 Ausschließlichkeitsprinzip

> **Ausschließlichkeitsprinzip**
> Der Förderanspruch nach dem EEG (§ 19 Abs. 1 EEG) und andere Privilegierungen (Stromsteuerbefreiung, § 9 Abs. 1 Nr. 1 StromStG, § 3 Abs. 2 Satz 2 der 37. BImSchV, § 20 Abs. 1 Satz 1 Nr. 4, § 61a Nr. 3 EEG, Anlage II Nr. 3 lit. b, cc EEWärmeG) gelten nur, wenn die Stromerzeugungsanlage zu 100 % mit erneuerbaren Energien oder Grubengas gespeist wird.

Um eine Förderung nach dem EEG zu erhalten, müssen bestehende fossil gespeiste Kraftwerke in einem Schritt vollständig auf erneuerbare Energieträger umgestellt werden, § 19 Abs. 1 EEG. Bei einer schrittweisen Umstellung würden keine Privilegien gewährt bis die Umstellung abgeschlossen ist. Doch gerade ein schrittweiser Übergang würde die Umstellung erleichtern und attraktiver machen. Ein weiterer

Vorteil ist, dass Bestandsanlagen bereits gut an das Netz angebunden sind und die Kosten der Umrüstung geringer sind als die für die Errichtung einer ganz neuen Anlage. Es könnte also in Erwägung gezogen werden, auch eine sogenannte „Mischfeuerung" zu vergüten. Ein ähnliches Problem stellt sich bei Speichergasen – auch dort werden nur solche Gase berücksichtigt, die ausschließlich unter Einsatz von Strom aus erneuerbaren Energien erzeugt werden, § 3 Nr. 42 EEG.

Auf europäischer Ebene sind die Vorgaben weniger restriktiv. Der Begriff der erneuerbaren Energiequellen wird weiter verstanden (Art. 2 lit. a RL 2009/28/EG). Der deutsche Gesetzgeber hat daher durchaus Spielraum, Abweichungen vom Ausschließlichkeitsprinzip zu normieren. Denkbar ist es, neben der Mischfeuerung auch die Nutzung von Überschussstrom mit der Nutzung von 100 % erneuerbarem Strom gleichzusetzen. Einen ersten Schritt in diese Richtung geht die 37. BImSchV mit § 3 Abs. 2 S. 3 Nr. 2, indem Strom, der in einem Netzausbaugebiet von einer Anlage verbraucht wird, auf die der Übertragungsnetzbetreiber auf vertraglicher Basis zugreift, wie Strom aus erneuerbaren Energien behandelt wird. § 3 Nr. 10c EnWG lässt zudem für die Eigenschaft des Biogases genügen, wenn zur Elektrolyse eingesetzter Strom und das zur Methanisierung eingesetzte Kohlendioxid oder Kohlenmonoxid jeweils nachweislich weit überwiegend aus erneuerbaren Energiequellen im Sinne der Richtlinie 2009/28/EG stammen. Dieser Gedanke könnte auf den Stromsektor übertragen werden.

Damit könnten jedoch Fehlanreize für die Fortsetzung des Betriebs fossiler Kraftwerke, insbesondere schadstoffintensiver Kohlekraftwerke, geschaffen werden. Die Vergütung der Mischfeuerung müsste zu einer Umrüstung auf 100 % erneuerbare Energien führen und dürfte keine Dauerlösung darstellen. Abhilfe könnte eine Mindest-Erneuerbare-Energien-Beimischungsquote schaffen, die dem Anteil der erneuerbaren Energien am Strommix entspricht und entsprechend der Ziele für die Steigerung des Erneuerbare-Energien-Anteils (§ 1 Abs. 2 EEG) angehoben wird. Alternativ könnte die EEG-Vergütung anteilig steigen – für einen Anteil von 50 % erneuerbarer Energien könnten beispielsweise 35 % der Vergütung gezahlt werden.

Überschussstrom
Aufgrund des Einspeisevorrangs erneuerbarer Energien (3.2.3) werden die EE-Anlagen erst abgeregelt, wenn keine fossilen Kraftwerke mehr heruntergefahren werden können, § 14 Abs. 1 EEG. Ist so viel Strom im Netz, dass Erneuerbare-Energien-Anlagen abgeschaltet werden müssen, kann man davon ausgehen, dass der überschüssige Strom weit überwiegend aus erneuerbaren Energiequellen stammt. Gleiches gilt in den Stunden, in denen der Wert der Stundenkontrakte am Spotmarkt in der vortägigen Auktion negativ ist.

Der Überschussstrom könnte einer Nutzung beispielsweise in Power-to-Heat- oder Power-to-Gas-Anlagen zugeführt werden. So würden Emissionen vermieden, die entstünden, wenn Strom aus fossilen Energieträgern eingesetzt würde. Auf diese Weise könnten Anreize geschaffen werden, die Anlagen netz- und systemdienlich zu fahren und so zur Stabilität des Energiesystems beizutragen (siehe auch Thomas in diesem Band).

> **Netzdienlich** ist der Strombezug, wenn er verhindert, dass Anlagen zur Erzeugung erneuerbaren Stroms nicht im Rahmen des Engpassmanagements nach § 13 Abs. 2 EnWG, § 14 EEG abgeregelt werden müssen.

> **Systemdienlich**
> Dieses Kriterium bezieht sich auf den Markt. Der Strombezug ist systemdienlich, wenn die Nutzung von Überschussstrom dazu führt, dass sich keine oder weniger stark negative Preise am Spotmarkt der Strombörse bilden.

4.2.3 Dezentrale Erzeugungsstrukturen

Mit der fortschreitenden Umstellung der Energieerzeugung auf erneuerbare Energiequellen verändert sich auch die Erzeugungsstruktur. Das traditionelle Energiesystem war in erster Linie durch Großkraftwerke und damit eine zentrale Energieerzeugung geprägt. An diesem zentralen Aufbau des Energiesystems ist auch das EnWG orientiert. Erneuerbarer Strom wird jedoch im Wesentlichen aus Wind und Sonne gewonnen, wobei die entsprechenden Anlagen geringer dimensioniert und dafür räumlich verteilt sind. Heute existieren allein 1,5 Millionen Solarstromerzeuger (Agora 2017a, S. 10). Damit entwickelt sich eine immer dezentralere Struktur, die vom Gesetzesrahmen jedoch lediglich in Fragmenten abgebildet wird (beispielsweise mit den Regionalnachweisen in § 79a EEG).

> **Eigenversorgung**
> Die Pflicht zur Zahlung der EEG-Umlage entfällt gemäß § 61a Nr. 3 EEG, wenn sich ein Eigenversorger vollständig selbst versorgt. Eigenversorger ist, wer ausschließlich selbst erzeugten erneuerbaren Strom in unmittelbarem räumlichen Zusammenhang, also auf dem gleichen Grundstück oder einem Bereich, der räumlich von diesem nicht wesentlich abgegrenzt ist, in eigener Person verwendet. Vollständige Selbstversorgung setzt voraus, dass innerhalb eines Jahres zu keinem Zeitpunkt Strom von Dritten bezogen wird (viertelstundengenaue Betrachtung). Wird ein Stromüberschuss an Dritte geliefert, darf hierfür keine Zahlung nach § 19 Abs. 1 oder § 50 EEG in Anspruch genommen werden.

Eigenversorgungsmodelle bieten Anreize, erneuerbaren Strom selbst zu erzeugen und zu nutzen. Durch solche Modelle kann der Ausbau der erneuerbaren Energien vorangebracht werden und sie leisten einen sinnvollen Beitrag zum Umbau des Energiesystems. Wird der Strom vor Ort erzeugt, muss er nicht über das Netz transportiert werden. Die Netzentgeltpflicht entfällt insofern. Nur noch der Strombedarf, der nicht durch die eigene Anlage gedeckt werden kann (Residuallast), muss aus dem Netz bezogen werden. Dies entlastet die Netze und verringert den Ausbaubedarf. Wer mittels einer Photovoltaikanlage auf dem Dach Strom erzeugt, profitiert von der grundsätzlich verringerten EEG-Umlage nach § 61b EEG, wenn er den Strom selbst verbraucht und nicht an Dritte liefert (sog. Letztverbrauch). Wesentliches Merkmal der Eigenversorgung ist die Personenidentität von Anlagenbetreiber und Verbraucher. Versorgt sich der Anlagenbetreiber aus einer Stromerzeugungsanlage mit einer installierten Leistung von höchstens 10 kW Nennleistung selbst verbrauchten Stroms, kommt (für bis zu 10 MW pro Kalenderjahr) sogar ein Entfallen der EEG-Umlage in Betracht, § 61a Nr. 4 EEG. Durch diese Privilegierungen wird die Investition in eine Photovoltaikanlage für Hauseigentümer wirtschaftlich interessant. Bei sogenannten Inselanlagen besteht gar kein Netzanschluss mehr; hier erfolgt die Versorgung vollständig autark und es fällt keine EEG-Umlage an, § 61a Nr. 3 EEG. Problematisch ist jedoch, dass aufgrund der Volatilität der Stromerzeugung trotz Speichermöglichkeiten ein erhöhtes Risiko für Versorgungsunterbrechungen besteht.

Wegen der Voraussetzung der „Personenidentität" zwischen Anlagenbetreiber und Verbraucher konnten Vermieter, die ihre Mieter versorgen wollten, von diesem Modell nicht profitieren. Es handelt sich insofern um ein Lieferverhältnis und keinen Letztverbrauch. Um das große Potenzial an Dächern für Photovoltaikanlagen zu nutzen, wurde §§ 19 Abs. 1 Nr. 3, 21 Abs. 3 EEG eingefügt. Die Photovoltaikanlagen werden über eine feste Vergütung (statt einer Umlagenreduzierung) gefördert, sogenannter „Mieterstromzuschlag". Hintergrund ist, dass keine weiteren Ausnahmen von der Verpflichtung zur Zahlung der EEG-Umlage normiert werden sollten. Die Regelung berücksichtigt zudem Versorgungskonzepte, bei denen mit einer PV-Anlage auch Gebäude in unmittelbarer räumlicher Nähe ohne Netznutzung versorgt werden.

Die Eigenversorgungsmodelle und ihre Privilegien werfen immer die Frage nach der Solidarität auf. Die Energiewende ist ein gesamtgesellschaftliches Projekt, das über die EEG-Umlage finanziert werden soll. Werden Versorgungsmodelle privilegiert und damit aus der EEG-Umlagenverpflichtung herausgenommen, sind die übrigen Zahlungsverpflichteten relativ stärker belastet. Auf der anderen Seite tragen auch die autarken Lösungen zur Energiewende bei – ohne dabei die Netze zu belasten.

4.2.4 Akzeptanz und Bürgerbeteiligung

Mit der Energiewende erfolgt die Energieerzeugung nicht mehr in Großanlagen fernab von den Bürgern, sondern rückt mit unzähligen kleinen Anlagen nahe an diese heran. Das schafft neue Probleme durch eine Veränderung des Landschaftsbildes, Belästigungen wie Lärm und Schattenwurf und Nachteile wie etwa sinkende Grundstückswerte. Die Akzeptanz der Energiewende sinkt deshalb zunehmend, nicht zuletzt, weil die (finanziellen) Vorteile einigen Wenigen (Windenergieanlagen-Projektoren, Landwirten) und oft Ortsfremden zukommen.

Dem wird versucht einerseits dadurch gegenzusteuern, dass man Bürger an den Investitionen direkt beteiligt. Auf Landesebene wird eine solche Beteiligung teilweise zwingend vorgeschrieben; Vorreiter war hier das Bürger- und Gemeindebeteiligungsgesetz von Mecklenburg-Vorpommern aus dem Jahr 2016.[1]

Auch der Bundesgesetzgeber hat zunächst durch eine Privilegierung von Bürgergesellschaften im Ausschreibungsverfahren reagiert (§ 36g EEG).

---

[1] Gegen die §§ 3, 4, 6, 11 und 12 des Bürger- und Gemeindebeteiligungsgesetzes M-V ist eine Verfassungsbeschwerde mit dem Aktenzeichen 1 BvR 1187/17 beim Bundesverfassungsgericht anhängig. Eine Entscheidung zur Verfassungsmäßigkeit wird noch 2018 erwartet.

> **Bürgerenergiegesellschaften** sind Gesellschaften von mindestens zehn natürlichen Personen als stimmberechtigte Mitglieder oder Anteilseigner, bei denen natürliche Personen über mindestens 51% der Stimmrechte verfügen, die seit mindestens einem Jahr in der kreisfreien Stadt oder dem Landkreis, in der die Anlage errichtet werden soll, mit ihrem Hauptwohnsitz gemeldet sind. Zusätzlich darf kein Mitglied mehr als 10 % der Stimmrechte halten, § 3 Nr. 15 EEG.

Wird der Bürgerenergiegesellschaft ein Zuschlag erteilt, erhält die Anlage als Förderung nicht lediglich den Gebotswert, sondern den höchsten noch bezuschlagten Wert. In der ersten Ausschreibungsrunde für Windenergie an Land entfielen über 90 % der Zuschläge auf Bürgerenergiegesellschaften. In § 104 Abs. 8 EEG 2017 wurde als Reaktion auf die nicht beabsichtigte Lenkungswirkung des § 36g EEG 2017 ein Anwendungsausschluss für die Gebotstermine bis Juni 2020 eingefügt. Das Ergebnis der ersten Ausschreibungsrunde soll evaluiert werden und eventuell die Vorschriften zu den Bürgerenergiegesellschaften reformiert werden (BT-Drs. 18/12988, S. 38).

Darüber hinaus verfolgt der Gesetzgeber den Ansatz, dass die Kommunen stärker von den finanziellen Vorteilen der Energiewende profitieren sollten. Durch eine Mittelverwendung zugunsten der Betroffenen könnte deren Akzeptanz mittelbar gesteigert werden; zudem könnten dadurch die Kommunen motiviert werden, stärker als bisher Windeignungsgebiete auszuweisen. Der Versuch, dies durch eine Verbesserung der Standortkommunen am Gewerbesteueraufkommen zu tun, ging weitgehend ins Leere, da in der Anfangszeit von Windenergieanlagen ohnehin kaum Gewerbesteuern anfallen. Weitere Optionen sind mögliche Sonderabgaben für Windenergieanlagen und/oder Landwirte; mit Letzteren könnten ungerechtfertigte Planungsgewinne abgeschöpft werden (zum Ganzen Agora Energiewende 2017b).

4.3 Energienetze

4.3.1 Rechtsfragen des Netzausbaus

Im Rahmen der Energiewende wird die (erneuerbare) Energie in der Regel nicht mehr dort produziert, wo sie gebraucht wird. Deshalb ging man bisher von einem erheblichen Bedarf an neuen Energienetzen aus (so etwa die dena-Verteilnetzstudie „Ausbau- und Innovationsbedarf in den Stromverteilnetzen in Deutschland bis 2030" von 2012).

Dies führt nicht nur zu einer großen Herausforderung für den infrastrukturellen Planungsprozess, sondern auch zu erheblichen Akzeptanzproblemen. Die Öffentlichkeit wird in den Planungsprozess erst im Anhörungsverfahren im Rahmen der Planfeststellung (§ 43a EnWG), also zu einem späten Zeitpunkt, einbezogen. Für die Planfeststellung ist der Bundesbedarfsplan als formelles Gesetz aber bereits verbindlich, § 12e Abs. 4 Satz 2 EnWG. In der Folge fühlen sich viele Menschen unzureichend eingebunden und meinen, keine Einflussmöglichkeit zu haben. Auch hier ist der Gesetzgeber gefordert, den Planungsprozess akzeptanzsteigernder auszugestalten.

4.3.2 Vermeidung von Netzausbau I: Örtliche Steuerung des Zubaus von Erzeugungsanlagen über die Netzentgelte

Um den Netzausbaubedarf nicht weiter zu steigern, sieht das EEG in § 36c sogenannte Netzausbaugebiete vor, in denen der weitere Zubau von Erneuerbare-Energien-Anlagen begrenzt wird.

Die Lage würde sich deutlich entspannen, wenn der Zubau neuer Erneuerbare-Energien-Anlagen vermehrt dort stattfände, wo die Netzkapazitäten für die Aufnahme der volatilen Stromeinspeisung ausreichen und keine Netzengpässe drohen. Die Standortauswahl darf nicht allein betriebswirtschaftlichen Erwägungen folgen, sondern muss die Folgekosten durch Netzausbau und -bewirtschaftung mit einbeziehen. Die aktuelle Netzentgeltsystematik läuft diesen Interessen zuwider. Weil die Verbraucher für die Netzentgelte aufkommen (§ 15 Abs. 1 S. 3 StromNEV), müssen die Betreiber die Netzkosten nicht mit in ihre Kalkulationen einbeziehen.

Abhilfe könnte geschaffen werden, indem die Erzeuger statt der Verbraucher zur Zahlung der Netzentgelte herangezogen würden. Dies hätte den Vorteil, dass eine Steuerungswirkung über die Höhe des Netzentgeltes erreicht werden könnte. Damit ließen sich die standortbedingten Folgekosten in der Höhe der Netzentgelte berücksichtigen und so in diese einpreisen. Höhere Folgekosten würden zu höheren Netzentgelten führen. Auf diese Weise ließen sich regionale Investitionsanreize setzen, die zu volkswirtschaftlich sinnvollen Standortentscheidungen führen könnten (vgl. z. B. Monopolkommission 2017, 3.3.4). Eine Alternative bestünde darin, die Netzausbauplanung durch eine Erzeugungsplanung für erneuerbare Energien zu ergänzen; eine „Definitivplanung" der Windkraftstandorte könnte auf dieser Grundlage durch Planfeststellungsverfahren erfolgen, in deren Rahmen – wie bei anderen Infrastrukturvorhaben – auch Landeigentümer (teilweise) enteignet werden könnten (vgl. zu diesem Vorschlag Rodi 2017b).

4.3.3 Vermeidung von Netzausbau II: Speicheroptionen und Sektorenkopplung

Speichertechnologien
Die Speichertechnologien unterscheiden sich hinsichtlich der Speicherdauer. Sie reichen von Kurzzeitspeichern hin zu saisonalen Speichern. Die wichtigsten Technologien sind aktuell Batteriespeicher, Gasspeicher sowie das Gasnetz zur Aufnahme von Speichergas, Pumpspeicherkraftwerke und Wärmespeicher, wie Warmwasserspeicher. Für die Speicherung von Wasserstoff bieten sich künftig eventuell Salzkavernen an.

Der Netzausbaubedarf lässt sich möglicherweise reduzieren, indem ergänzend zur direkten Stromnutzung mit dem Zwischenprodukt Gas, gewonnen durch die Power-to-Gas-Technologie, die Fluktuation aufgefangen wird. Der Einsatz der Technologie könnte daher volkswirtschaftlich sinnvoll sein, obwohl die Umwandlung mit erheblichen Wirkungsgradverlusten verbunden ist. Im aktuellen Rechtsrahmen bestehen jedoch viele Hürden für die Nutzung von Power-to-Gas-Anlagen, wie etwa die beschriebene Verteuerung des Stroms durch Umlagen (vgl. dazu etwa Schäfer-Stradowsky und Boldt 2015).

Neben der fehlenden Privilegierung des Einsatzstoffes Strom für die Sektorenkopplungstechnologien erschwert der Rechtsrahmen auch die Vermarktung der Produkte dieser Anlagen, wie beispielsweise Gas aus Power-to-Gas-Anlagen. Im Gesetz sind nur punktuell Privilegierungen der Produkte normiert, wie die Anrechenbarkeit von Kraftstoffen auf die Treibhausgasminderungsquote, die mit Überschussstrom aus Netzausbaugebieten hergestellt wurden, § 3 Abs. 2 Satz 3 Nr. 2 der 37. BImSchV. Im Wesentlichen werden diese Produkte wie das fossile Pendant behandelt. Aufgrund der höheren Gestehungskosten ist die Nutzung erneuerbarer Energien in Sektorenkopplungsanlagen nicht wirtschaftlich, weil die „grüne" Eigenschaft des Produktes nicht nachgewiesen werden kann.

Nah- und Fernwärmenetze könnten eine weitere vielversprechende Option mit hohem Flexibilitätspotenzial sein. Für den direkten Einsatz von Strom in den Haushalten zur Wärmeversorgung ist eine Umrüstung der Heizungsanlage erforderlich. Eine Umstellung auf erneuerbare Energiequellen für die Speisung des Fernwärmenetzes macht diese Investitionen zunächst nicht erforderlich. Wärmenetze selbst können Wärme zu einem gewissen Grad speichern und kostengünstig mit anderen Wärmespeichern kombiniert werden. Dies würde eine Einspeicherung überschüssiger Wärme und deren Abgabe im Bedarfsfall ermöglichen.

So würde vermieden, dass allein die Stromnetze die Mehrbelastungen auffangen müssten und ein damit Netzausbau erforderlich würde, der aufgrund gesellschaftlicher und politischer Widerstände nicht zeitnah realisiert werden kann.

4.3.4 Zentralität und Dezentralität von Netzstrukturen – Systemverantwortung von Verteil- und Übertragungsnetzbetreiber

Aus Netzsicht ist Dezentralität in dem Sinne vorteilhaft, dass die Erzeugung in räumlicher Nähe zum Verbrauch stattfindet. Die Übertragungsnetzebene wird so nicht beansprucht, sondern nur das Verteilnetz. Auf der anderen Seite speisen dezentrale Windenergie- und Photovoltaikanlagen volatil Strom in das Netz, was besondere Herausforderungen für die Netzstabilität mit sich bringt. Dem könnte mit dem erzeugungsnahen Bau von Stromspeichern oder Sektorenkopplungsanlagen und Laststeuerung begegnet werden. Zudem erhöht sich die Anzahl der Erzeugungsanlagen erheblich, sodass die Organisation von Ein- und Ausspeisung immer komplexer wird. Aufgrund der erforderlichen starken Verästelung der Netze steigen die Ausbaukosten. Zudem befinden sich die Verbraucher nicht zwingend in räumlicher Nähe zu den Erzeugungsanlagen, was insbesondere für Offshore-Windenergieanlagen gilt.

Die Einspeisung von Strom auf einer niedrigen Netzebene wird aktuell mit den sogenannten vermiedenen Netzentgelten – einer Zahlung seitens der Netzbetreiber an die Erzeugungsanlagenbetreiber, die auf die Verbraucher umgelegt wird – honoriert. Eingeführt wurden diese, als die Einspeisung noch ganz überwiegend auf den oberen Spannungsebenen stattfand und der Strom in die Verteilnetze weitergeleitet („verteilt") wurde. Damit sollten Anreize für den Anschluss von Anlagen an das Verteilnetz geschaffen werden, um die Netzkosten zu senken. Allerdings kehrt sich der Effekt aktuell um und die Verteilnetze stoßen hinsichtlich der steigenden Einspeisung an ihre Grenzen. Folge ist zudem, dass viele Kraftwerke lediglich an das Verteilnetz „umgehängt" werden und die Zahlungen die Wirtschaftlichkeit vieler konventioneller Erzeugungsanlagen erhöhen (Agora Energiewende 2017a, S. 143). An Erneuerbare-Energien-Anlagen werden die vermiedenen Netzentgelte nicht ausbezahlt, sondern mindern die EEG-Umlage. Nun wurde eine schrittweise Abschaffung der Entgelte beschlossen und im EnWG verankert. Zunächst wurden die Zahlungen auf dem Niveau von 2015 eingefroren. Für konventionelle Neuanlagen entfällt die Zahlung ab 2023, für neu errichtete volatil erzeugende Anlagen bereits 2018 (§ 120 Abs. 1 EnWG).

Aus Netzsicht könnten kleine Versorgungsinsellösungen Entlastung bringen, die größtmögliche Eigenbedarfsdeckung und Unabhängigkeit bei der Stromversorgung ermöglichen sollen. Es muss eine Lösung für die Integration der erneuerbaren Energien in das Gesamtsystem gefunden werden. Eine stärkere Wabenstruktur des Netzes und der Ausgleich von Erzeugung und Verbrauch innerhalb dieser Waben könnte zur Entlastung der Netze beitragen (siehe u. a. VDE 2015).

> **Aus der Forschung**
> Im Rahmen des LaNEG-Forschungsprogramms wurde ein Anwenderleitfaden zu den Einsatzmöglichkeiten von Energiespeichern bei genossenschaftlichen Energieprojekten entwickelt. Energiegenossenschaften fungieren durch ihre Investitionen in Erneuerbare-Energie-Projekte als lokale Akteure für die Energiewende. Es besteht hohes Interesse, dieses Engagement auf dem Gebiet der Speichertechnologien fortzusetzen, da Speicher das Potenzial bieten, den Eigenverbrauch von lokal erzeugtem Strom oder Wärme und somit die Unabhängigkeit von externen Versorgern zu erhöhen. Der Leitfaden gibt den Genossenschaften mit Interesse am Thema Energiespeicher die wichtigsten Informationen zu Technologien, Rechtsbedingungen und Geschäftsmodellen.

Die *Rolle von Verteil- und Übertragungsnetzbetreibern* sollte hinsichtlich der Systemverantwortung überdacht werden. Trotz der beschriebenen dezentralen Strukturen und dem Anschluss vieler Erzeuger auf Verteilnetzebene statt auf Übertragungsnetzebene liegt die Systemverantwortung weiterhin beim Übertragungsnetzbetreiber. Dieser ist mit einem kraftwerksähnlichen Agieren der Verteilnetze konfrontiert, indem sie nicht nur Strom aus dem Übertragungsnetz aufnehmen, sondern auch in dieses einspeisen. Für die Übertragungsnetzbetreiber wird es immer schwieriger, der Koordinierungsaufgabe zwischen Ein- und Ausspeisung gerecht zu werden und die Spannung im Netz konstant zu halten.

Eine Lösung könnte darin liegen, den Verteilnetzbetreibern mehr Verantwortung zu übertragen. So könnten die Verteilnetze selbst für einen Ausgleich von Ein- und Ausspeisung sorgen und auf diese Weise so autark wie möglich agieren. Die Integration der erneuerbaren Energien ließe sich leichter auf der Verteilnetzebene als derjenigen Netzebene organisieren, in die eingespeist wird. Denkbar ist ein „Operation-Center", das vom Verteilnetzbetreiber oder einem Zusammenschluss mehrerer Verteilnetzbetreiber, die physisch verbunden werden, betrieben wird. Dieses Operation-Center könnte neben derjenigen Erzeugung, die noch steuerbar ist, flexible Lasten steuern und so für ein Gleichgewicht sorgen, um das Übertragungsnetz nicht zu überfordern.

> **Aus der Forschung**
> WindNODE ist ein vom Bundesministerium für Wirtschaft und Energie (BMWi) im Rahmen des SINTEG-Programms gefördertes Projekt und steht für die effiziente Integration von großen erneuerbaren Erzeugungskapazitäten, Stromnetzen und Energienutzern auf Basis einer digitalen Vernetzung. WindNODE ist das Schaufenster der deutschen Hauptstadtregion und Nordostdeutschlands, in dem die Energiewende für das nationale und internationale Publikum anschaulich präsentiert wird. Innovative, nutzerorientierte Produkte und Dienstleistungen der Industrie 4.0 werden hier in einem großflächigen Reallabor erprobt.

4.3.5 Ist „Entflechtung" noch zeitgemäß?

Die Entflechtung (dazu 3.2.3) verfolgt das Ziel, Wettbewerbsverzerrungen entgegenzuwirken. Vertreibt der Netzbetreiber selbst Strom, könnte er die eigene Vertriebssparte gegenüber Konkurrenten bei der Durchleitung bevorzugen. Die für die Energiewende erforderliche Sektorenkopplung (s.o. 4.1.2) erfordert eine enge Verflechtung der verschiedenen Sektoren. Insbesondere die Integration großer Mengen fluktuierenden erneuerbaren Stroms setzt eine vertiefte Zusammenarbeit und Informationsaustausch zwischen Erzeugern, Netzbetreibern sowie Speichern und Lasten voraus. Doch gerade die Entflechtung hat dazu geführt, dass die einzelnen Sparten der integrierten Energieversorgungsunternehmen in verschiedene Gesellschaften ausgegliedert wurden und so viele einzelne Akteure agieren. Deren Zusammenarbeit und Abstimmung gestaltet sich insbesondere auch wegen der informatorischen Entflechtung schwierig. Den Kommunen wird durch die Sektorenkopplung verwehrt, die örtliche Energieversorgung aus einer Hand zu steuern. Doch gerade dieser dezentrale Ansatz könnte die Systemstabilität erhöhen und die Entwicklung „smarter" Lösungen begünstigen. Überregionale entflochtene Unternehmen können dies nicht leisten. Kleinere Stadtwerke, die unter die bestehende De-Minimis-Regelung für Versorger mit weniger als 100.000 Anschlussnehmern fallen und für die einige Erleichterungen gelten (§ 7 Abs. 2, 7a Abs. 7 EnWG), sind positive Beispiele. Doch auch kleinere Stadtwerke sind aktuell durch die Entflechtungsvorschriften erheblich eingeschränkt.

Netzbetreiber sind bei den Netzentgelten gerade nicht völlig frei, sondern durch die Anreizregulierungsvorschriften gebunden und können die Preise nicht nutzerspezifisch festlegen, § 17 ARegV i.V.m. §§ 12 ff. StromNEV. § 17 Abs. 1 EnWG statuiert darüber hinaus eine Verpflichtung der Netzbetreiber zum diskriminierungsfreien Netzanschluss. Es muss abgewogen werden, ob die Aufrechterhaltung der Entflechtung für den Wettbewerb im Netz weiterhin erforderlich oder der nächsten Phase der Umgestaltung des Energiesystems abträglich ist.

Ein erster Schritt zur Durchbrechung der strikten Entflechtungsvorschriften ist in den Regelungen zur Netzreserve zu sehen. Im Rahmen der Netzreserve dürfen Netzbetreiber Anlagen zur Stromerzeugung betreiben (§ 13d EnWG).

4.3.6 Bilanzkreise

> **Bilanzkreise**
> Jedes Kraftwerk und jede Stromentnahmestelle müssen einem virtuellen Energiemengenkonto, dem sogenannten Bilanzkreis, zugeordnet sein. Einspeisung und Stromentnahme jedes Bilanzkreises müssen in jeder Viertelstunde ausgeglichen sein. Dies soll dem Umstand Rechnung tragen, dass zu jedem Zeitpunkt nur genau die Energiemenge verkauft und geliefert werden kann, die auch produziert wurde, §§ 4 f. StromNZV, §§ 22 f. GasNZV. Abweichungen zwischen Einspeisungen und Entnahmen sollen durch ihre Durchmischung minimiert und die Abwicklung von Handelstransaktionen ermöglicht werden, § 3 Nr. 10a EnWG.

Für jeden Bilanzkreis gibt es einen Bilanzkreisverantwortlichen, der dafür zu sorgen hat, dass Ein- und Ausspeisung ausgeglichen sind. Der Übertragungsnetzbetreiber berechnet dem Verursacher von Ungleichgewichten Ausgleichsenergie in der Höhe, in der eine Differenz zwischen Ein- und Ausspeisung aller Bilanzkreise einer Regelzone verbleibt. Der Preis für die Ausgleichsenergie liegt zwar über dem Börsenpreis. Es besteht aber kein ausreichender Anreiz, die Ausgeglichenheit des Bilanzkreises durch die Vorhaltung von flexiblen zu- und abschaltbaren Lasten abzusichern. Durch die Erhöhung der Kosten für Bilanzkreisabweichungen könnte der Betrieb lastseitiger Flexibilitäten attraktiv werden, da sich (höhere) Kosten sparen ließen, wenn die Ausgleichsenergie teuer genug ist.

4.3.7 Weiterentwicklung des Konzessionsverfahrens

> **Konzessionsverträge** räumen das ausschließliche Recht ein, öffentliche Straßen etc. zur Verlegung und zum Betrieb von Strom- und Gasversorgungsanlagen zu nutzen (Wegerecht).

Für fast 200 Jahre wurden auslaufende Konzessionsverträge durch Kommunen lediglich bekannt gemacht und in der Regel ohne spezifisches Verfahren neu verhandelt und abgeschlossen. Die Praxis der Konzessionsverträge hat sich in den letzten Jahren jedoch zu einem komplexen und langwierigen Vergabeverfahren gewandelt. Dies liegt daran, dass sich in dem Markt ein hart umkämpfter Wettbewerb eingestellt hat und nun das Kartellrecht auch in diesem Bereich angewandt wird. Hierauf reagierte der Gesetzgeber mit einer Neufassung des § 46 EnWG, die am 03. Februar 2017 in Kraft getreten ist. Jetzt müssen umfangreiche Kriterienkataloge den Entscheidungen zugrunde gelegt werden. Insbesondere die Verpflichtung, die Entscheidung an allen in § 1 EnWG genannten Zielen zu orientieren, ist in der Erfüllung sehr aufwändig. Im aktuellen System ist es den Kommunen nicht möglich, in ihre Gewichtung einzubeziehen, inwieweit die Energiewende durch die Netzbetreiber vorangebracht wird. Die Verfahren dauern im Durchschnitt bereits zwei Jahre und die Entscheidungen können aufgrund der Vielzahl möglicher Beschwerdepunkte und ungeklärter Rechtsfragen oft leicht angegriffen werden. Insbesondere für kleine Kommunen ist es daher schwierig, eine Entscheidung für einen neuen Netzbetreiber zu treffen.

Die Netzkosten insgesamt sollen auf einem möglichst niedrigen Niveau gehalten werden. Um zu verhindern, dass das Höchstpreisrecht für Konzessionen durch die Bepreisung von Nebenleistungen umgangen wird, legt § 3 Abs. 2 KAV fest, dass in Konzessionsverträgen nur bestimmte festgelegte Leistungen vereinbart werden dürfen. Die Regelung ist jedoch aufgrund der strengen regulatorischen Vorgaben mittlerweile überflüssig geworden. Zur Förderung erneuerbarer Energien erscheinen hier jedoch Lockerungen sinnvoll. Zudem ist denkbar, als Bemessungsgrundlage der Konzessionsabgabe die letztverbrauchte kWh zugrunde zu legen. Auch könnten die Erzeuger für die Einspeisung mit der Abgabe belegt werden. Dies trüge dem Aspekt der Dezentralität Rechnung.

4.4 Energiemärkte

4.4.1 Gewährleistung der Verfügbarkeit von Kapazitäten zur Systemstabilisierung

Der bestehende Energiemarkt ist ein sogenannter Energy-Only-Markt, also ein Markt, der auf tatsächliche Energielieferungen beschränkt ist. Die Bereitstellung von Kapazität (Leistung) wird dagegen nicht vergütet. Gegenwärtig wird darüber diskutiert, ob dies auch bei einem Fortschreiten der Energiewende so bleiben kann. Einerseits wird wegen des Ausscheidens der Atomkraftwerke eine Deckungslücke befürchtet, die erneuerbare Energien nicht schnell genug füllen können; dieses

Problem würde im Falle eines beschleunigten Kohleausstiegs verschärft. Anderseits muss gerade in der Energiewende vermehrt Kapazität vorgehalten werden, solange das Problem fluktuierender Energieerzeugung nicht gelöst ist (etwa durch Speicherung). Es wird befürchtet, dass der Energy-Only-Markt das Problem der Stromknappheit durch hohe Spitzenpreise nicht lösen kann. Denn die Investition in Kapazitäten ist langfristig angelegt und es ist fraglich, ob mögliche künftige Spitzen bei Strompreisen dafür eine verlässliche Basis darstellen (vgl. zu dieser Diskussion Agora Energiewende 2013).

Lösungen können außerhalb des Marktes durch Kapazitäts- und Netzreserven, wie sie die §§ 13d und 13e EnWG vorsehen, geschaffen werden.

> **Kapazitätsreserve**
> Es werden Kapazitäten ausgeschrieben und die reine Bereitstellung von Anlagen vergütet. Die Anlagen dürfen nicht am Strommarkt aktiv sein. Die Reserve wird aktiviert, wenn die Sicherheit oder Zuverlässigkeit des Elektrizitätsversorgungssystems infolge des nicht vollständigen Ausgleichs von Angebot und Nachfrage an den Strommärkten gefährdet ist. Eine solche Reserve wird auf Übertragungsnetzebene durch § 13e EnWG geschaffen, bezieht auch regelbare Lasten und Speicher mit ein und umfasst zunächst 2 GW.

Kritisiert wird, dass Stromkunden bei diesem Modell neben den zeitweise extrem hohen Strompreisen auch noch die Kosten für die Reserve, die über die Netzentgelte abgerechnet wird, tragen müssen. Das Modell sei ineffizient, weil flexible Kapazitäten zur Verfügung stehen, aber nicht am Strommarkt teilnehmen dürfen (Agora Energiewende 2013, S. 9).

> **Netzreserve**
> Kapazitäten, die außerhalb des Marktes für die Gewährleistung der Zuverlässigkeit des Netzes bei Netzengpässen, für die Spannungshaltung und zur Sicherstellung eines möglichen Versorgungswiederaufbaus bereitgehalten werden, § 13d EnWG.

Ein anderer Ansatzpunkt könnte ein Kapazitätsmarkt sein, also ein Markt, an dem Kapazitäten gehandelt werden. Mit einem Kapazitätsmarkt ist das Risiko verbunden, dass sich die Knappheitssituation ins Gegenteil verkehrt und Kraftwerke betriebsbereit gehalten werden, die zur Systemstabilisierung gar nicht mehr benötigt würden. Zur Sicherung der Stabilität sind zudem zukünftig nicht nur zuschaltbare Kapazitäten, sondern auch Speicher und ein flexibler Verbrauch erforderlich. Statt auf Kohlekraftwerke zurückzugreifen, könnten Übertragungsnetzbetreiber Batterien und andere Speicher betreiben, um die Volatilität auszugleichen und Verbrauchsspitzen abzudecken. Zudem kommt neben der Quantität auch der Qualität der Kapazität eine immer größere Bedeutung zu, denn die Kapazitäten müssen sich mit hoher Geschwindigkeit an Schwankungen des Angebots an erneuerbaren Energien anpassen können (Agora Energiewende 2013, S. 8).

4.4.2 Regionale Grünstromvermarktung

Der Ausbau der erneuerbaren Energien wird maßgeblich durch die EEG-Förderung vorangetrieben. Die Förderung ist für die jeweilige Anlage auf 20 Jahre befristet. Die ersten Anlagen erreichen im Jahre 2020 das Ende des Förderzeitraums. Im Bereich Windenergie an Land sind 2020 etwa 4,5 MW betroffen. Angesichts der aktuellen Börsenstrompreise mit einer Spanne von 3 bis 4 ct/kWh ist fraglich, ob sich mit nicht mehr geförderten Anlagen kostendeckende Erlöse realisieren lassen. Es muss eine Lösung gefunden werden, wie die Anlagen unter Berücksichtigung der Weiterbetriebsinvestitionskosten und den Betriebskosten weiter wirtschaftlich Windstrom produzieren können. Ein möglicher Ansatz ist eine Kennzeichnung des erneuerbaren Stroms, um dessen „grüne" bzw. „regionale" Eigenschaft kommerzialisierbar zu machen.

> **Aus der Forschung**
> Die großangelegte Forschungsinitiative „Kopernikus" wurde vom Bundesministerium für Bildung und Forschung (BMBF) mit dem Ziel gestartet, innovative technologische und wirtschaftliche Lösungen für den Umbau des Energiesystems zu entwickeln. Über einen Zeitraum von 10 Jahren arbeiten über 230 Partner aus Wissenschaft, Wirtschaft und Zivilgesellschaft zu den vier Themenfeldern „Neue Netzstrukturen", „Speicherung erneuerbarer Energien", „Neuausrichtung von Industrieprozessen" sowie „Systemintegration".
> Unter dem Arbeitstitel „ENavi" ist die Systemintegration ein zentrales Element um nicht nur eine Stromwende, also die Substitution fossiler Brennstoffe allein bei der Erzeugung elektrischer Energie, sondern vielmehr eine umfassende Energiewende zu erreichen. Dieser ganzheitliche Ansatz umfasst neben Strom auch die Sektoren Wärme, Gas sowie Kraftstoff. Ziel ist es, mit grünem Strom alle Sektoren zu versorgen. Es soll ein Entscheidungstool für Entscheidungsfinder entwickelt werden, das hilft, Wirkungen und Nebenfolgen von Entscheidungen abzuschätzen.

> **Regionalnachweise**
> Für Strom, der mit der Marktprämie des EEG gefördert wird, können Lieferanten diesen in der Kennzeichnung für ihre Kunden bestimmten Anlagen aus der Region zuordnen, § 79a EEG.

Die Regionalnachweise sind kein geeignetes Mittel, weil sie auf den Förderzeitraum beschränkt sind. Sie können aber als Anregung dienen. Anders ist dies bei Herkunftsnachweisen. Diese sollen – laut den Erwägungsgründen der zugrundeliegenden Richtlinie 2009/28/EG – auch noch nach Ende des Förderzeitraums genutzt werden dürfen.

Durch die *Herkunftsnachweise* wird die grüne Eigenschaft des Stroms vom physischen Strom entkoppelt. Dadurch, dass die Eigenschaft „grün" separat gehandelt wird, wird der Strom im Netz grau. Der Strom aus erneuerbaren Energien wird zunächst in einem eigenen Bilanzkreis verbucht, § 20 Abs. 1 S. 1 Nr. 4 EEG, § 11 StromNZV. An der Börse wird der Strom aus erneuerbaren Energiequellen jedoch nicht separat gehandelt, sodass es dort zu einer Vermischung kommt und der Strom im Folgenden nicht mehr abgrenzbar ist. Physisch kann so keine Lieferung von grünem Strom erfolgen. Wünschenswert ist ein Instrument zur Erhaltung der erneuerbaren Eigenschaft über die gesamte Lieferkette. Dies hätte den Vorteil, dass Power-to-Heat- und Power-to-Gas-Anlagen mit grünem Strom gespeist werden könnten und so auch das Produkt „grün" werden könnte. Die Wärme und das Gas aus erneuerbarem Strom könnten so einen höheren Wert bekommen – die Wirtschaftlichkeit der Anlagen würde verbessert. Der Ankauf von Herkunftsnachweisen ist keine Alternative, weil vielfach Herkunftsnachweise aus anderen europäischen Staaten auf den deutschen Markt transferiert werden, in denen erneuerbare Stromerzeugung in großem Umfang möglich ist, wie beispielsweise Norwegen mit großen Anteilen an Wasserkraft.

Eine neue Kennzeichnung könnte Grünstrommengen ausweisen, damit erneuerbar erzeugter Strom auch andernorts abgerufen werden kann. Zum Nachweis der grünen Eigenschaft des Stroms könnten sortenreine grüne Bilanzkreise eingesetzt werden. Anders als bei den Herkunftsnachweisen sollte die Kennzeichnung jedoch einen Bezug zu der real erzeugten und verbrauchten Strommenge behalten. (Lerm et.al 2018). Ein digitalisiertes Vertriebssystem könnte die Erzeugung und den Verbrauch entsprechend der vertraglichen Abreden in Echtzeit visualisieren und steuern. Außerdem sollte diese Möglichkeit auch für Strommengen eröffnet werden, die nicht nach dem EEG gefördert werden.

4.4.3 Wärmezertifikate

Das Gesetz zur Förderung Erneuerbarer Energien im Wärmebereich (EEWärmeG) enthält eine Quotenverpflichtung für Eigentümer neu errichteter Gebäude, §§ 3 ff. Der Wärme- und Kältebedarf muss anteilig durch erneuerbare Energien gedeckt werden. So soll der Anteil erneuerbarer Energien im Wärmesektor erhöht werden. Obwohl dies für einige aufgrund des Standortes leichter ist und für andere weniger, muss jeder Eigentümer die Quote erfüllen. Dafür muss entweder die (erneuerbare) Wärme oder der Stoff, aus dem sie produziert wird, transportiert werden. Der Transport von Biomasse ist aufwändig und läuft den ökologischen Zielen zuwider. Wärmetransporte sind durch hohe Verluste gekennzeichnet, weswegen der Transport über weite Strecken ausscheidet. Daher sind die Wärmenetze regional ausgestaltet und untereinander physisch nicht verbunden. Aus diesem Grunde scheidet ein Massenbilanzierungssystem aus. Im Gassektor ist es auf diese Weise möglich nachzuvollziehen, ob für eine Gasmenge, die entnommen wird, an anderer Stelle eine entsprechende Menge erneuerbares Gas in das Netz eingespeist wurde.

Für den Wärmebereich könnte sich ein Zertifikatesystem eignen, weil dieses keine physische Verknüpfung der Netze erfordert. So könnte die „grüne" Eigenschaft der Wärme losgelöst von der Wärme selbst gehandelt werden. Die Erneuerbare-Energien-Richtlinie der EU (Art. 15 Abs. 2 S. 2 RL 2009/28/EG) ermächtigt die Mitgliedstaaten bereits dazu, Herkunftsnachweise für Wärme oder Kälte auszustellen. Es könnten Transportwege und damit auch Kosten für die Erhöhung des Erneuerbaren-Energien-Anteils im Wärmebereich eingespart werden. Die erneuerbare Wärme würde dort erzeugt, wo es kostengünstig möglich ist, weil Biomasse vor Ort vorhanden ist oder regionale Stromüberschüsse auftreten, die in Power-to-Heat-Anlagen eingesetzt würden. Voraussetzung ist jedoch, dass dieser Strom zukünftig als „grün" gekennzeichnet werden kann. Verwendet ein Gebäudeeigentümer mehr Wärme aus erneuerbaren Quellen als die Quotenverpflichtung vorsieht, könnte er den „überschüssigen" Anteil erneuerbarer Wärme mittels Zertifikaten verkaufen. Dies könnte eine Möglichkeit eröffnen, die Installation einer Erneuerbare-Energien-Heizungsanlage zu finanzieren. Der Erneuerbare-Energien-Anteil insgesamt ließe sich durch die schrittweise Anhebung der Quote im EEWärmeG kontinuierlich erhöhen, bis so der Wärmemarkt vollständig auf erneuerbare Energien umgestellt ist.

4.5 Verbrauch

4.5.1 Stromseitige Belastungen als Wettbewerbsnachteil gegenüber fossilen Energieträgern

Wie ausgeführt (4.1.2) erfordert die Energiewende den Einsatz von Strom auch in den Sektoren Wärme und Verkehr. Der Einsatz der Power-to-Gas-Technologie ist voraussichtlich erforderlich, um das Energiesystem zu stabilisieren. Strom ist im Vergleich zu anderen fossilen Energieträgern erheblich teurer. Dabei verursacht nicht die Erzeugung des Stroms die hohen Kosten, sondern die staatlich veranlassten Lasten, die rund 75 % des Strompreises ausmachen. Diese Kostenbestandteile setzen sich aus der EEG-Umlage, der Stromsteuer, den Stromnetzentgelten, den an das Netzentgelt gekoppelten Umlagen und Abgaben und der auf den Betrag anfallenden Umsatzsteuer zusammen (siehe Abb. 2)

> **Beispiele für Sektorenkopplungstechnologien**
> **Power-to-Gas**: Durch Elektrolyse wird unter Einsatz elektrischer Energie aus Wasser Wasserstoff herausgelöst. Der gewonnene Wasserstoff kann entweder direkt verwendet oder in einem zweiten Schritt – der Methanisierung – unter Einsatz von Kohlenstoff zu Methan umgewandelt werden.
>
> **Power-to-Heat** bezeichnet die elektrothermische Energiespeicherung, also die Umwandlung elektrischer Energie in thermische und deren zeitweise Speicherung. Dies erfolgt beispielsweise durch Wärmepumpen oder elektrische Widerstandsbeheizung.

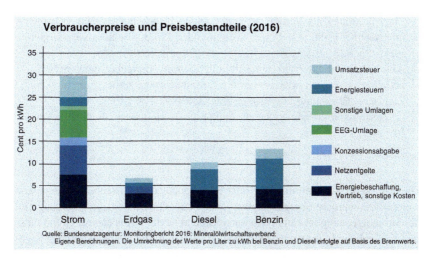

Abb. 2 Zusammensetzung der Verbraucherpreise. (Quelle: Eigene Berechnungen auf Basis: Bundesnetzagentur, Monitoringbericht 2016; Mineralölwirtschaft, https://www.mwv.de/statistiken/preiszusammensetzung/)

Für den Einsatz von Strom in Sektorenkopplungstechnologien gibt es zwar einzelne Privilegierungen. Diese sind aber entweder technologiespezifisch oder auf eine bestimmte Nutzung des Stroms bzw. in zeitlicher und mengenmäßiger Hinsicht beschränkt. Zumeist dienen die Privilegierungen lediglich dazu, doppelte Belastungen der Strommengen zu vermeiden und nicht der Förderung der Sektorenkopplungstechnologien. So entfällt beispielsweise auf die Umwandlung von Strom in Gas zu Speicherzwecken die EEG-Umlage, wenn das Gas andernorts rückverstromt wird (§ 61k EEG). Bei dem Letztverbrauch dieses Stroms fällt dann aber die EEG-Umlage an. Die Privilegierungen genügen bei weitem nicht, den Wettbewerbsnachteil von Strom gegenüber den anderen fossilen Energieträgern auszugleichen. Der Einsatz der Sektorenkopplungstechnologien ist daher bisher grundsätzlich nicht in Geschäftsmodellen wirtschaftlich darstellbar.

4.5.2 Integration von zu- und abschaltbaren Lasten

> **Zuschaltbare Lasten** sind Stromverbraucher, die vom Netzbetreiber aktiviert werden können, wenn die Stromnachfrage zeitweise wegen Netzengpässen erhöht werden soll. So sollen Abregelungen von Erneuerbare-Energien-Anlagen im Rahmen des Einspeisemanagements vermieden werden. In Frage kommen als Verbrauchseinrichtungen insbesondere Sektorenkopplungstechnologien, wie Power-to-Heat- oder Power-to-Gas-Anlagen oder Elektromobile.
>
> **Abschaltbare Lasten** sind spiegelbildlich Stromverbraucher, die vom Netzbetreiber deaktiviert werden, um die Stromnachfrage zeitweise zu senken. Ziel ist es, Erzeugungsengpässe auszugleichen.
>
> Zusammenfassend werden zu- und abschaltbare Lasten als **flexible Verbraucher** bezeichnet.

Die Fahrweise konventioneller Kraftwerke konnte dem Strombedarf angepasst werden. Erneuerbare Energien stehen jedoch nur schwankend zur Verfügung und die Stromerzeugung ist nicht mehr entsprechend flexibel. Aus diesem Grund muss nun der Verbrauch, soweit dies möglich ist, an die fluktuierende Erzeugung angepasst werden. Flexible Verbrauchseinheiten können in Zeiten, in denen die Stromerzeugung den Bedarf übersteigt, einspringen und die vorhandenen Netze vor Überlastung schützen bzw. im Falle von Stromspeichern Energie auf Zeiträume verlagern, in denen der Bedarf die Erzeugung übersteigt. Zudem können die Sektoren Wärme und Verkehr dazu beitragen, das Stromsystem zu stabilisieren, indem sie Strom zu Überschusszeiten aufnehmen.

Insbesondere *Sektorenkopplungstechnologien* sind grundsätzlich in der Lage, hoch flexibel zu agieren. Jedoch gibt es Hemmnisse für den flexiblen Einsatz von Sektorenkopplungsanlagen. Erzeugungsanlagen für erneuerbaren Strom, die an Ausschreibungen teilgenommen haben, müssen den erzeugten Strom prinzipiell vollständig in das Netz einspeisen (§ 27a EEG). Zwar sind Ausnahmen normiert, dennoch steht die Regelung einigen Geschäftsmodellen entgegen.

§ 14a EnWG sieht reduzierte Netzentgelte vor, wenn Netzbetreiber ermächtigt werden, steuerbare Verbrauchseinrichtungen in Niederspannung netzdienlich zu steuern. Dies kann insbesondere im Gebäudesektor relevant werden, wenn die Gebäude selbst Flexibilitäten ermöglichen; flexibel gesteuert werden können beispielsweise Elektro-Wärmepumpen oder auch Elektromobile. § 13 Abs. 6a EnWG regelt einen Sonderfall auf höheren Spannungsebenen: KWK-Anlagen, die zur Flexibilisierung mit elektrischen Wärmeerzeugern gekoppelt werden. Es soll ermöglicht werden, dass die Stromerzeugung reduziert wird, ohne dass die gekoppelte Wärmeerzeugung wegfällt. Der netzentlastende Effekt wird dadurch verstärkt, dass der elektrische Wärmeerzeuger zusätzlichen Strom aus dem Netz entnimmt.

5 Zusammenfassung

Die Betrachtung des „Energiewenderechts" hat rechtliche Rahmenbedingungen der Energiewende aufgezeigt und dabei deutlich gemacht, dass die Rechtspolitik vor große Herausforderungen gestellt ist, um der Energiewende erfolgreich zu begegnen. Neben der Schaffung und Absicherung des infrastrukturellen Rahmens durch intelligenten Netzausbau und akzeptanzsteigernde Maßnahmen sind vor allem die rechtlichen und ökonomischen Grundvoraussetzungen für eine erfolgreiche Sektorenkopplung zu schaffen, um einerseits die Sektoren Wärme und Verkehr weitestgehend emissionsfrei zu versorgen, aber auch um Versorgungsunsicherheiten vorzubeugen. Dabei sind Konzepte zur Eigenbedarfsdeckung perspektivisch und die Notwendigkeit einer Entflechtung, gerade in Bezug auf die Sektorenkopplung, kritisch in den Blick zu nehmen. Überdies soll die Energiewende durch (weitere) ökonomische Anreizsysteme mitgesteuert werden und insoweit das Emissionshandelssystem reformiert, eine CO_2-Bepreisung in Betracht gezogen und Kennzeichnungsmöglichkeiten für „grüne" Energieprodukte (Strom, Gas, Wärme) verbessert werden.

Literatur

Agora Energiewende. (2013). Kapazitätsmarkt oder strategische Reserve. Was ist der nächste Schritt?

Agora Energiewende. (2017a). Energiewende und Dezentralität. Zu den Grundlagen einer politisierten Debatte.

Agora Energiewende. (2017b). Ausgestaltungsoptionen und -empfehlungen zur finanziellen Beteiligung von Kommunen beim Ausbau von Windenergie an Land.

Behm, A. J. (2016). *Perspektiven einer vollharmonisierten Förderung erneuerbarer Energien in der Europäischen Union*. Berlin: VWB Wissenschaftlicher.

Böhringer, A.-M. (2016). Das neue Pariser Klimaübereinkommen. Eine Kompromisslösung mit Symbolkraft und Verhaltenssteuerungspotenzial. *ZaÖRV, 76*, 753–795.

Buchmüller, C., Henning, B. (2016). Zuschaltbare Lasten, Innovationsausschreibungen, Experimentierklauseln und vieles mehr – Die Entstehung eines Rechtsrahmens für die Sektorkopplung? *ZNER*, 384–391.

Bundesnetzagentur (BNetzA). Tarife und Preisbestandteile. https://www.bundesnetzagentur. de/DE/Sachgebiete/ElektrizitaetundGas/Verbraucher/PreiseRechnTarife/preiseundRechnungen-node.html. Zugegriffen im Okt 2019.

Deutsche Energie-Agentur (dena), et al. (2012). Ausbau- und Innovationsbedarf in den Stromverteilnetzen in Deutschland bis 2030 (kurz: dena-Verteilnetzstudie).

Engel, G.-R., & Mailänder, M. (2016). Einbeziehung des Automobilverkehrs in den Emissionshandel. *NVwZ*, 270–275.

Frenz, W. (2016). Energiewende zwischen Warenverkehrsfreiheit und Beihilfenverbot. *JA*, 321–325.

Held, C., & Wiesner, C. (2015). Energierecht und Energiewirklichkeit, Ein Handbuch für Ausbildung und Praxis nicht nur für Juristen.

Kohls, M., Lienemann, A., Warnke, M., & Wittrock, E. (2015). Umweltvorsorge bei der unterirdischen Speicherung von Kohlendioxid. Ein Beitrag zu den fachlichen und rechtlichen Grundlagen der Umweltvorsorge bei der Potenzialanalyse und bei Zulassungsverfahren nach dem Kohlendioxid-Speicherungsgesetz. *ZUR*, 140–148.

Kreuter-Kirchhof, C. (2017). Das Pariser Klimaschutzübereinkommen und die Grenzen des Rechts – eine neue Chance für den Klimaschutz. *DVBl*, 97–104.

Kühling, J., Rasbach, W., & Busch, C. (2017). *Energierecht* (4. Aufl.). Baden-Baden: Nomos.

Lerm, V., Schäfer-Stradowsky, S., & Albert, D. (2018). Regionale Grünstromvermarktung. https://www.ikem.de/wp-content/uploads/2018/03/IKEM_Regionale-Grünstromvermarktung.pdf. Zugegriffen im Okt 2019.

Mitto, L., & Krimphove, D. (2018). *Energierecht (Kompass Recht)* (2. Aufl.). Stuttgart: Kohlhammer.

Monopolkommission, E. (2017). Gezielt vorgehen, Stückwerk vermeiden, Sondergutachten 77 der Monopolkommission gemäß § 62 EnWG.

Müller, T. (2012). Vom Kartell- zum Umwelt(energie)recht. In T. Müller (Hrsg.), *20 Jahre Recht der Erneuerbaren Energien* (S. 129–161). Baden-Baden: Nomos.

Pause, F., & Kahles, M. (2017). Der Einfluss der EU-Kommission auf das EEG 2014 und das EEG 2017. *ER*, 55–61.

Rodi, M. (2017a). Kohleausstieg – Bewertung der Instrumentendebatte aus juristischer und rechtspolitischer Sicht. *EnZW*, 195–203.

Rodi, M. (2017b). Das Recht der Windkraftnutzung zu Lande unter Reformdruck – Zwingen Planungs- und Akzeptanzdefizite zu einer Neujustierung der Rechte von Staat, Kommunen, Anlagenbetreibern, Landeigentümern und betroffenen Bürgern? *ZUR, 658-666*.

Rodi, M. (2018). Die Zukunft der Energiesteuern im Rahmen der Energiewende. In Dünkel, et al. (Hrsg.), *Strafrecht – Wirtschaftsstrafrecht – Steuerrecht, Gedenkschrift für Wolfgang Joecks* (S. 739). München C.H. Beck.

Rodi, M., Stäsche, U., Jacobshagen, U., Kachel, M., Fouquet, D., Guarrata, A., Nyste, J. V., Nusser, J., & Halstenberg, M. (2015). Rechtlich-institutionelle Verankerung der Klimaschutzziele der Bundesregierung, Internetveröffentlichung. www.ikem.de. ISBN 978-3-00-049966-1, Juni 2015.

Schäfer-Stradowsky, S., & Boldt, B. (2015). „Power-to-Gas" – gesetzlich konturierte Verwertungspfade für den Weg in die energiepolitische Gegenwart. *ZUR*, 451.

Till, M. (2016). Die Problemwirksamkeit des internationalen Klimaschutzrechts – Ein Beitrag zur Diskussion um die Effektuierung völkerrechtlicher Verträge. *ZaöRV, 76*, 715–752.

VDE. (2015). *Der zellulare Ansatz, Grundlage einer erfolgreichen, regionenübergreifenden Energiewende Studie der Energietechnischen Gesellschaft im VDE (ETG)*. Frankfurt a. M: VDE.

Akzeptanz in der Energiewende

Jan Hildebrand und Ortwin Renn

Zusammenfassung

Die gesellschaftliche Akzeptanz von Energieinfrastrukturen und klimapolitischen Maßnahmen stellt einen wesentlichen Erfolgsfaktor für die Transformation des Energiesystems dar. Das folgende Kapitel beschreibt konzeptionelle Grundlagen bezüglich der Definition und Dimensionierung des Akzeptanzbegriffs sowie deren psychologische Grundlagen und beleuchtet relevante Einflussfaktoren auf die Akzeptanz von Energieinfrastrukturen wie Erneuerbaren Energien und dem Ausbau des Stromnetzes. Es werden Praxisbeispiele aus unterschiedlichen Anwendungsfeldern berichtet und konkrete Möglichkeiten diskutiert, auf lokaler Ebene akzeptable Lösungen zu erreichen, wobei die besondere Rolle einer konstruktiven Partizipationskultur für die Akzeptanz und die gesellschaftliche Transformation aufgezeigt wird.

J. Hildebrand (✉)
Institut für ZukunftsEnergie- und Stoffstromsysteme an der Hochschule für Technik und Wirtschaft (HTW), Saarbrücken, Deutschland
E-Mail: hildebrand@izes.de

O. Renn
Institute for Advanced Sustainability Studies e.V. (IASS), Potsdam, Deutschland
E-Mail: ortwin.renn@iass-potsdam.de

1 Akzeptanz

Der Beitrag beleuchtet das Themenfeld *gesellschaftliche Akzeptanz* im Zuge der Energiewende aus umweltpsychologischer bzw. sozialwissenschaftlicher Perspektive und stellt dabei sowohl relevante Akzeptanzmodelle als auch aktuelle Forschungsergebnisse hinsichtlich akzeptanzbezogener Einflussfaktoren im Kontext von Energieinfrastrukturen wie Erneuerbaren Energieanlagen und Stromleitungen vor.

In den letzten Jahren hat nicht zuletzt aufgrund teilweise massiver Proteste gegenüber neuen Erneuerbaren-Energieanlagen vor Ort die Frage nach der gesellschaftlichen Akzeptanz von Energiewendeprojekten stark zugenommen. Damit verbunden erfuhr der Akzeptanzbegriff einen häufig heterogenen Gebrauch, auch in Forschung und Praxis existieren verschiedene Begrifflichkeiten und Perspektiven. Seinen Ursprung hat Akzeptanz im lateinischen *accipere*, was *annehmen oder empfangen* bedeutet, beispielsweise eines Vorschlags oder im Rechtssystem eines Vertrags. Hier wird bereits deutlich, dass es sich bei Akzeptanz nicht nur um eine Bewertungsreaktion handelt, sondern auch ein nachfolgendes Verhalten impliziert wird: Ein Vertrag, der ausgehandelt wurde, wird auch befolgt, es ist folglich ein Einfluss auf zukünftige Verhaltensentscheidungen festzustellen. Dementsprechend kann Akzeptanz definiert werden als das positive, zeitlich relativ konstante Ergebnis eines an bestimmte Rahmenbedingungen (Akzeptanzkontext) geknüpften Bewertungsprozesses gegenüber eines Akzeptanzobjektes (z. B. EE-Anlage) durch ein Akzeptanzsubjekt (z. B. Person, Organisation) (= **Bewertungsebene**). Diese positive Bewertung kann zudem mit einer diesem Bewertungsurteil und dem wahrgenommenen Handlungsrahmen und -möglichkeiten entsprechenden Handlungsabsicht bis hin zu konkreten unterstützenden Handlungen einhergehen (= **Handlungsebene**) (vgl. Zoellner et al. 2011; Lucke 1995).

Ein zentraler Unterscheidungsaspekt hinsichtlich der Verwendung des Akzeptanzbegriffs in der Forschung und Praxis ist vor allem, ob die Handlungsebene miteinbezogen wird oder Akzeptanz ausschließlich auf der Bewertungsebene verortet wird. Die Bedeutung unterschiedlicher zugrundeliegender Akzeptanzdefinitionen liegt vor allem in deren Konsequenz bzgl. entsprechender Aussagen über das Ausmaß von Akzeptanz: Bei einem Akzeptanzverständnis, welches bereits eine positive Bewertung als ausreichend erachtet, wird der Anteil der „akzeptierenden Personen" höher ausfallen, als wenn als zusätzliches Kriterium auch entsprechendes Verhalten miteinbezogen wird (siehe Abb. 1). In der Praxis ist oftmals ein eher pragmatischer Umgang zu finden, frei nach dem Motto „so lange man keinen aktiven Widerstand erkennen kann, wird die Anlage wohl akzeptiert"; analog zu den in der Abbildung dargestellten Akzeptanzdimensionen würde nach diesem Ansatz auch die Duldung unter Akzeptanz fallen.

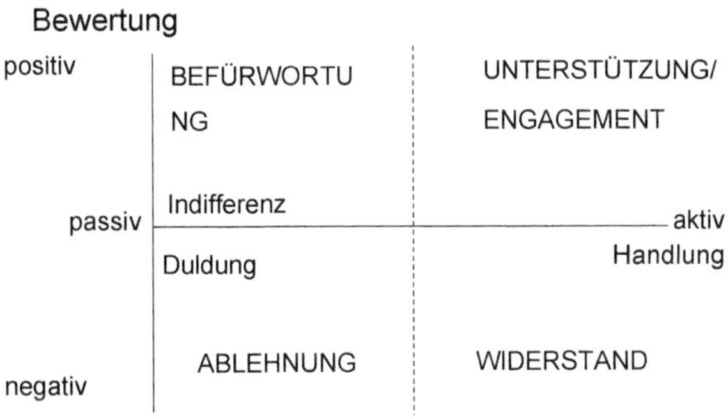

Abb. 1 Dimensionen des Akzeptanz-Begriffs (Hildebrand et al. 2018, S. 201)

	Bewertung	
positiv	BEFÜRWORTUNG	UNTERSTÜTZUNG/ ENGAGEMENT
passiv — Indifferenz		aktiv
	Duldung	Handlung
negativ	ABLEHNUNG	WIDERSTAND

Aus wissenschaftlicher Sicht ist dies jedoch eine unzulässige Zuteilung, da eine tendenziell negative Bewertung wie bei der Duldung sich nicht mit dem psychologischen Konstrukt Akzeptanz vereinbaren lässt; Akzeptanz beinhaltet wie oben definiert immer ein letztendlich positives Bewertungsergebnis.

In dieser Akzeptanzdefinition werden die beiden oberen Quadranten (Befürwortung und aktive Unterstützung/Engagement) als Akzeptanz verstanden. Das entscheidende Kriterium ist „Positive Bewertung"; Aktivität kann, muss aber nicht sein. Duldung fällt in dieser Definition nicht in das Akzeptanzspektrum bzw. ist Übergangsgrad zur Nicht-Akzeptanz = Ablehnung und Widerstand (untere Quadranten).

Um die oben genannte Definition angemessen auf den Gegenstandsbereich EE anwenden zu können, muss exakt spezifiziert werden: Um welches Akzeptanzobjekt geht es ganz konkret (z. B. Windenergienutzung allgemein, Anlagenbau vor Ort mit entsprechenden spezifischen Projektcharakteristika)? Ebenso muss klar sein, wer die bewertende Entität ist (z. B. Anwohnende, Naturschutzorganisationen, Investoren?) und wo bzw. in welchem Rahmen der Bewertungsprozess stattfindet, d. h. auf welche Bedingungen sich die Bewertung bezieht (z. B. gesetzlicher Rahmen, Standorteigenschaften lokaler Kontext). Zudem muss expliziert werden, welche Handlungsmöglichkeiten den Anwohnenden bei existierender Handlungsabsicht gegeben sind und welche sie davon letztendlich in die Tat umsetzen (z. B. die Teilnahme an einer Unterschriftenaktion). Eine beispielhafte Konkretisierung könnte folgendermaßen lauten:

„Die Akzeptanz des geplanten Windparks in der Gemeinde X zeigt sich im zustimmenden Antwortverhalten im Rahmen einer Befragung der Anwohnenden zum Zeitpunkt Y, wobei gute lokale Standorteigenschaften bzgl. des Windes, die vereinbarte Anlagenzahl, die gesetzliche Abstandsregelung sowie die Vergütung nach EEG als günstige Faktoren von den befragten Personen genannt wurden. Zudem unterstützen viele der befragten Anwohnenden den geplanten Bau per Unterschrift."

Bisherige Untersuchungen zeigen, dass ein Großteil der befragten Personen sich in den Bereich „Befürwortung" einordnen lässt. Diese Befürwortung wird dabei vor allem durch die positive Bewertung definiert. Die Tendenz, entsprechend dieser Bewertung im Sinne einer „aktiven Akzeptanz" zu handeln, ist eher gering ausgeprägt, eine wichtige Ausnahme bilden die Bürgerenergieprojekte, in denen sich Menschen aktiv engagieren. Für den weiteren Ausbau von EE in Deutschland und hinsichtlich der ambitionierten Ziele im Klimaschutz wäre es aber dringend ratsam darüber nachzudenken, wie breite gesellschaftliche Schichten aktiviert und zu konkretem unterstützenden Engagement animiert werden können. Die gilt für die Energieerzeugung durch EE gleichermaßen wie auch für weitere Bereiche der Energiewende, insbesondere hinsichtlich Fragen der *Energienutzung* in Strom und Wärme sowie veränderte Nutzungsroutinen bei der Verkehrsmittelwahl.

> **Infobox 1: Was ist Akzeptanz?**
> Die Begriffe Akzeptanz bzw. Nicht-Akzeptanz beschreiben ein Spektrum an möglichen Reaktionen der Öffentlichkeit oder anderer Akteursgruppen auf neue geplante Projekte oder Maßnahmen. Die Reaktionen können auf einer Bewertungsebene (Zustimmung/Ablehnung) und einer Verhaltensebene (Unterstützung/Widerstand) stattfinden. Im Rahmen der Energiewende findet der Begriff vor allem auf lokaler Ebene im Bereich der Planung von Energieinfrastruktur, d. h. erneuerbare Energieanlagen oder Stromleitungen, Anwendung. Übergeordnete gesellschaftliche Akzeptanzdebatten gab es aber auch bzgl. des Einsatzes von Biokraftstoffen wie E10 (Tank/Teller-Diskussion) oder der Umstellung auf Energiesparlampen. Hier stand entsprechend die Konsumentenakzeptanz im Sinne einer Kaufentscheidung bzw. konkreten Nutzung im Vordergrund.

Akzeptanzbedingungen

Akzeptanz ist vor allem an vier Bedingungen geknüpft:[1]

Orientierung und Einsicht: Liegt eine Einsicht in die Notwendigkeit der politischen Entscheidung vor und steht man hinter den mit diesem Beschluss angestrebten Zielen und Mitteln, dann ist eher mit Akzeptanz zu rechnen. Damit sich

---

[1] Die hier vorgenommene Zuspitzung auf vier Akzeptanzbedingungen findet sich in Renn, O. (2014): Das Risikoparadox. Warum wir uns vor dem Falschen fürchten. Frankfurt: Fischer Taschenbuch, S. 536 ff.

Menschen aber eine Vorstellung davon machen können, was sie bei komplizierten Entscheidungen zu erwarten haben, benötigen sie Informationen über das, was auf sie zukommt. Dazu gehört auch die Frage, ob Alternativen verfügbar sind und, wenn ja, warum diese nicht gewählt wurden. Schlüsselworte hier sind Transparenz und offene Auseinandersetzung um die Zielkonflikte und die Art und Weise, wie sie aufgelöst wurden.

Selbstwirksamkeit: Hat man den Eindruck, dass die eigenen Handlungsmöglichkeiten durch die anstehende politische Entscheidung eingeschränkt werden, ist bei den meisten Bürgerinnen und Bürgern Skepsis angesagt. Zu den Errungenschaften der pluralen Gesellschaft gehört die Schaffung und der Erhalt von Freiheitsräumen, in denen ich souverän agieren darf, so lange ich niemand anderen an seiner oder ihrer Entfaltung hindere. Habe ich aber den Eindruck, dass eine politische Maßnahme diesen Handlungsspielraum einengt oder beschädigt, reagiere ich in der Regel mit Ablehnung. Nehmen wir ein anderes Beispiel aus der Energiepolitik: Von der zunehmenden Digitalisierung der Elektrizitätsversorgung versprechen sich Energiewirtschaft und Politik mehr Effizienz in der Energienutzung und einen Ausgleich von Belastungsspitzen. Für die betroffenen Bürgerinnen und Bürger könnte die Digitalisierung aber auch bedeuten, dass sie ihre Souveränität, wann und wie sie Elektrizität im Haushalt einsetzen, an ein automatisch agierendes Steuerungssystem oder an den örtlichen Stromversorger abgeben. Für viele ist es völlig inakzeptabel, wenn ein Stromversorger ihnen vorschreibt, wann sie die Waschmaschine anstellen dürfen und wann nicht. Diese Aussicht auf Einengung des eigenen Handlungsspielraums führt folgerichtig zu einer Ablehnung der geplanten Digitalisierung, es sei denn, die Souveränität der betroffenen Individuen würde wiederhergestellt (etwa durch eigene Apps, über die man die Stromnutzung mit Hilfe des Smartphones selber steuern kann, ohne die Daten an andere weiterzuleiten).

Das Argument der Selbstwirksamkeit gilt aber auch für den Entscheidungsprozess selber. Nur hier verkehrt sich das Argument: Hat man nämlich den Eindruck, dass die eigenen Handlungsmöglichkeiten zur Veränderung oder sogar Verhinderung der unerwünschten Großvorhaben nicht ausreichen, um politisch etwas bewegen können, dann werden die Maßnahmen auf der Basis einer fatalistischen Grundeinstellung toleriert, was für eine positive Akzeptanz nicht ausreicht. Erst wenn man daran glaubt, dass das eigene Handeln an dem Planungsvollzug etwas zu ändern vermag, greift man zu einer öffentlich wirksamen Form der Akzeptanzverweigerung. Daraus kann sich ein paradoxer Zustand ergeben: je mehr Menschen durch öffentliche Zugeständnisse und Partizipationsangebote die Möglichkeit erhalten, an den Planungen mitzuwirken, desto größer wächst das Zutrauen in die eigene Selbstwirksamkeit und desto mehr müssen die Planungsträger mit öffentlich wirksamer Akzeptanzverweigerung rechnen. Allerdings sollte die Aussicht auf Fatalismus nicht als eine Einladung zu Einschüchterung der Standortbevölkerung oder zu hoheitlicher Durchsetzung von Planungsoptionen gewertet werden. Fatalismus zerstört Vertrauen und vergrößert die Politikverdrossenheit. Von daher ist es im Interesse der Planungsbehörden, die Selbstwirksamkeit der betroffenen Menschen zu stärken. Allerdings ist es wichtig, sich darauf einzustellen, dass mit der Verbesserung der Partizipationschancen sich auch diejenigen ermutigt fühlen, deren Toleranz allein auf der Überzeugung mangelnder Selbstwirksamkeit beruhte. Proteste werden zumindest zu Beginn solcher Maßnahmen erst einmal ansteigen.

Positive Nutzen-Risiko-Bilanz: Akzeptanz ist umso eher zu erwarten, je mehr die geplanten Konsequenzen der Entscheidung einem selbst oder den Gruppen und Individuen zugutekommen, die man besonders schätzt. Ohne Informationen über den Nutzen kann man auch schwer die Wünschbarkeit der zur Entscheidung stehenden Optionen beurteilen.[2] Zur Erfahrung eines Nutzens für einen selbst bzw. andere, die man wertschätzt, gehört auch die Wahrnehmung eines geringen oder zumindest akzeptablen Risikos. Dabei sind die Risikoabschätzungen vieler Experten und die Risikowahrnehmungen der Laien oft wenig kongruent, wie man es etwa bei der Einschätzungen der Gesundheitsauswirkungen von Windkraftanlagen sehen kann.

Bei der Risiko-Nutzenbilanz sind also beide Komponenten, Risiko und Nutzen, von besonderer Bedeutung. In der Regel versuchen die Menschen, kognitive Dissonanz, d. h. widersprüchliche Argumente und Gegensätze, zu vermeiden. Empirische Untersuchungen zeigen, dass die meisten Menschen ein hohes Risiko gleichzeitig mit einem geringen Risiko und umgekehrt einen hohen Nutzen mit einem geringen Risiko verbinden (vgl. Slovic 1993). Sobald also eine Energiequelle in der Öffentlichkeit als riskant oder gefährlich eingestuft wird, wird automatisch auch der Nutzen für die Gesamtheit als weniger relevant eingestuft. Von daher ist die Risikowahrnehmung eine wichtige Größe bei der Bestimmung der Akzeptabilität einer Maßnahme.

Identität: Je mehr man sich mit einer Maßnahme auch emotional identifizieren kann, desto größer ist die Akzeptanzbereitschaft. Im Rahmen von politischen Entscheidungen, vor allem im Bereich Infrastruktur und Siedlungsplanung, sind also die Informationen von Bedeutung, die den Anwohnern helfen, den Stellenwert der Entscheidung für die weitere Entwicklung des eigenen Umfeldes zu erfassen und die Passgenauigkeit des geplanten Vorhabens in den vertrauten Lebenskontext zu beurteilen. Auf die Energiewende übertragen heißt das, dass die Maßnahmen zur

---

[2] Siehe Deutsche Akademie der Technikwissenschaften (acatech) (2011): Akzeptanz von Technik und Infrastrukturen. Anmerkungen zu einem aktuellen Problem. acatech Bezieht Position, Band 9. Springer: Heidelberg, S. 7.

Infrastruktur, etwa neue Überlandleitungen oder eine Windkraftanlagen, als Elemente des eigenen Lebensumfeldes auch emotional anerkannt werden müssen. Dies geschieht um so eher, je mehr diese Anlage von lokalen Genossenschaften, möglichst mit Eigentumsrechten der Anwohner, betrieben wird.

Nimmt man die vier Bedingungen für die Akzeptanz von politischen Entscheidungen zum Maßstab, dann finden wir große Defizite in Deutschland bei der Umsetzung der Energiewende. Oft sind alle vier nicht oder nur teilweise erfüllt. Will man diese vier Aspekte zugunsten einer größeren Akzeptanz der geplanten Vorhaben beeinflussen, dann ist zumindest erforderlich, dass die Informationen und Kommunikationsangebote auf alle vier Aspekte bezogen sind. Nur wenn man deutlich machen kann, wie die geplanten Vorhaben den Nutzen für einen selbst und andere verbessern und in welchem Ausmaß positive Identifikation ermöglicht wird, kann mit höherer Akzeptanz gerechnet werden.

Die Wirksamkeit von Kommunikation zur Beeinflussung der Akzeptanz ist aber begrenzt. Vor allem wenn es um Vorhaben geht, die Belastungen für die Anwohner mit sich bringen und bei denen der Allgemeinnutzen gesellschaftlich umstritten ist, ist es nahezu unmöglich, allein durch Information und Kommunikation, auch wenn sie in Form eines Dialogs angeboten werden, eine Veränderung der Akzeptanz zu erreichen. Hinzu kommt, dass großflächige Veränderungen eher als Fremdkörper und weniger als Bereicherung des örtlichen Umfeldes angesehen werden. Hier hat der Kommunikator schlechte Karten.

Insofern ist es schon aufgrund der mangelnden Effektivität von Kommunikation angebracht, den betroffenen Menschen größere Beteiligungschancen einzuräumen, so dass sie selbst anhand von unterschiedlichen Varianten entscheiden können, in welchem Maße die vier Akzeptanzkriterien erfüllt sind. Die Perspektive der Beteiligung verändert den politischen Entscheidungsprozess. Kommunikation ist darauf ausgerichtet, den betroffenen Menschen eine einmal legal gefällte Entscheidung zu Gunsten einer bestimmten Option nahezubringen in der Hoffnung, dass sie diese Sicht auch anerkennen oder zumindest tolerieren. Dagegen geht die Perspektive der Beteiligung von offenen Willensbildungsprozessen aus und überlässt es innerhalb der gesetzlichen Grenzen den in den Prozess einbezogenen Bürgerinnen und Bürgern, auf der Basis der eigenen Vorstellungen und Bewertungen neue Optionen zu schaffen und bestehende zu bewerten. In dem Moment, wo Entscheidungsbetroffene zu Entscheidungsträgern werden, wird Identität schon allein durch das Verfahren geschaffen (vgl. Fisch et al. 2010, S. 177).

Akzeptanzbemühungen im Rahmen der Mehrebenen-Governance
Bei allen geplanten kommunikativen und partizipativen Maßnahmen ist es sinnvoll, Kommunikationsstrategien nach den Ebenen der Governance (europäisch/

national, regional, kommunal) zu gliedern und Kommunikationsprozesse auf jeweils ebenenspezifische Ziele auszurichten (Huget 2007):

- Auf nationaler Ebene geht es vor allem darum, die Gesamtstrategie der Energiewende und deren Implikationen für die lokale, regionale, nationale und europäische Ebene zu verdeutlichen. Der Zweck dieser Kommunikation besteht darin, die innere Konsistenz der Maßnahmen zur Energiewende den Bürgern und Bürgerinnen plausibel zu vermitteln. Dabei geht es um eine übergeordnete Einsicht in die Notwendigkeit auch von zum Teil unpopulären Infrastrukturmaßnahmen. Die grundlegende Zustimmung zu der Energiewende ist in der Bevölkerung vorhanden. Man kann also Vertrauen in diese grundlegende Akzeptanz der Gesamtstrategie voraussetzen, aber nicht unbedingt eine Einsicht in die damit verbundenen Maßnahmen. Hier gilt es also, Ziele und Umsetzungsstrategien nachvollziehbar zu verbinden. Eine klare, von allen relevanten gesellschaftlichen Gruppen getragene Basisstrategie zur Umsetzung der Energiewende macht es der Politik im regionalen und kommunalen Umsetzungsprozess wesentlich leichter, Fragen nach der grundlegenden Notwendigkeit einer Maßnahme und dem übergeordneten Nutzen zu beantworten und nicht immer von neuem gezwungen zu sein, langwierige Grundsatzdiskussionen zu führen.
- Auf der regionalen Ebene geht es vor allem darum, den Nutzen für die Region und die Verteilung von Belastungen und Risiken innerhalb der betroffenen Region (etwa die Einrichtung eines Windparks in einer idyllisch gelegenen Landschaft) für die Allgemeinheit herauszustellen und die generelle Akzeptabilität der mit den Maßnahmen verbundenen Risiken und Nebenwirkungen zu verdeutlichen. Ein wesentliches Kennzeichen ist dabei, dass die auftretenden Belastungen als fair verteilt angesehen werden. Die heutige Diskussion um Energiearmut und Energieprivilegien zeugt von einer besonderen Sensibilität gegenüber Verteilungswirkungen. Hier ist es auch politisch geboten, durch entsprechende Gestaltung eine faire Verteilung von Nutzen und Lasten herbeizuführen.
- Auf der lokalen Ebene müssen vor allem Aspekte der Selbstwirksamkeit und der emotionalen Identifikation angesprochen werden. Wenn Menschen den Eindruck haben, dass sie die Souveränität über ihr eigenes Energieverhalten einbüßen, ist mit Akzeptanzverweigerung zu rechnen. Ebenfalls werden Infrastrukturanlagen nur auf Akzeptanz stoßen, wenn sie nicht als Eingriff in die gewachsene soziale und kulturelle Umgebung angesehen werden. Von daher sind vor allem Geschäftsmodelle gefragt, die eine aktive Einbindung der lokalen Bevölkerung ermöglichen.

Es ist sinnvoll, die Kommunikation auf allen drei Ebenen zumindest teilweise parallel voranzutreiben, sie aber gezielt in den Ebenen einzusetzen, in denen die entsprechenden Umsetzungen der Energiewende stattfinden. Ein sinnvoller Dialog setzt aber voraus, dass auf nationaler Ebene weitgehend ein Konsens über die Ausbaustrategien besteht. Sonst paralysieren sich nationale und regionale Ebene gegenseitig (etwa bei der Planung von neuen Windkraftanlagen).

Akzeptanz der Energiewende: Ergebnisse
Zur Einordnung von Akzeptanzfragen ist es hilfreich, diese auf unterschiedlichen Ebenen zu verorten. Es existiert nicht die *eine* Öffentlichkeit und korrespondierende Akzeptanz, vielmehr lassen sich nach dem Modell der „Triangle of Social Acceptance" von Wüstenhagen et al. (2007), s. Abb. 2, drei Ebenen differenzieren:

- *Socio-Political Acceptance* bezieht sich auf die Förderung von Windkraftanlagen und unterstützende politische Maßnahmen von der breiten Öffentlichkeit, Politikern und von Schlüsselpersonen und ist somit zugleich gewissermaßen die Summe von und der Rahmen für *Community* und *Market Acceptance*
- *Community Acceptance* beschreibt Auswirkungen der Technologie vor Ort sowie die Verfahrensgerechtigkeit und Verteilungsgerechtigkeit bei Planungs- und Entscheidungsprozessen, Vertrauen von Anwohnenden auf lokaler Ebene
- *Market Acceptance* stellt die Ebene der Investoren und Konsumenten dar sowie die Intra-Organisationale Perspektive (z. B., inwieweit sich Firmen auf erneuerbare Energien in ihrer Unternehmensstrategie einstellen)

In den letzten Jahren wurden regelmäßig repräsentative Umfragen auf Ebene der sozio-politischen Akzeptanz sowie Fallstudien vornehmlich zur lokalen Akzeptanz (community Acceptance) durchgeführt. Bis dato liegen relativ wenig Studien zur

Abb. 2 Dimensionen der Akzeptanz (Wüstenhagen et al. 2007, S. 2684)

Marktakzeptanz vor, was sich u. a. auch daher erklären lässt, dass hier keine Bürgerinitiativen oder lokale Proteste öffentlichkeitswirksam sichtbar werden, sondern mehr die Branchenvertreter über ihre spezifischen Kommunikationskanäle einwirken.

Sowohl die Energiewende allgemein als auch erneuerbare Energien erfahren in den repräsentativen Umfragen eine stabile Zustimmung, die sich 2016 und 2017 nur unwesentlich verändert hat, s. Abb. 3 und 4a, b.

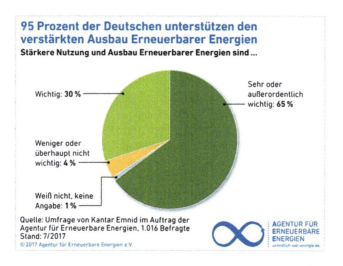

Abb. 3 Allgemeine Zustimmung zum Ausbau Erneuerbarer Energien (AEE 2017)

Abb. 4 Zustimmung zum Ausbau Erneuerbarer Energien im eigenen Wohnumfeld ((**a**) AEE 2016; (**b**) AEE 2017)

Dabei werden die einzelnen Technologien nicht gleich bewertet, bspw. liegen Biogasanlagen im Jahr 2017 mit einer Zustimmung in der Nähe des eigenen Wohnorts von 38 %, deutlich hinter Windenergie- (57 %) und PV-Anlagen (72 %), EE-Anlagen allgemein kamen auf 65 % Zustimmung.[3] Differenziert nach dem Kriterium „Befragte mit entsprechenden Anlagen in der eigenen Nachbarschaft" verschiebt sich die Zustimmung leicht nach oben, so kommen Biogasanlagen auf 51 %, Windenergieanlagen auf 69 % und Solarparks auf 94 % Zustimmung. Diese Ergebnisse verdeutlichen die Relevanz der Untersuchung von konkreten Erfahrungswerten mit Akzeptanzobjekten, da die Betrachtung sonst auf Ebene einer hypothetischen Bewertung verbleibt und entsprechend fehleranfälliger ist.

Diese positiven Ergebnisse der Umfragen auf der sozio-politischen Ebene stehen scheinbar in Widerspruch zu den wahrnehmbaren Protesten auf der lokalen Ebene. In diesem Zusammenhang bilden Theorien und Prozesse der Landschaftswahrnehmung eine wichtige Komponente neben anderen. Devine-Wright et al. (2013) untersuchte in verschiedenen Studien die Bedeutung von Ortsidentität und Ortsbindung (place attachment, place identity), er kommt zu dem Ergebnis, dass sich lokales Protestverhalten oftmals als ortsprotektives Verhalten erklären lässt. Die Ergebnisse verdeutlichen aber vor allem den Umstand, dass einzelne Methoden in ihrer Aussagekraft begrenzt sind und daher sich stets eine Methodenkombination empfiehlt. Zudem zeigt sich, dass bzgl. des Akzeptanz-Objektes zwischen globaler und lokaler Akzeptanz (Energiewende vs. spezifisches EE-Projekt), sowie Kontextaspekten wie z. B. Akzeptanz von Verfahren, Akzeptanz von Planungsergebnissen und -entscheidungen sowie der Akzeptanz von Akteuren, zu unterscheiden ist.

2 Formen von Akzeptanz

Wie beschrieben kann das Akzeptanzspektrum auf einer Bewertungs- und einer Verhaltensdimension abgebildet werden. Dementsprechend gibt es unterschiedliche Formen von Akzeptanzausdrucksformen. Insbesondere die möglichen Verhaltensweisen unterscheiden sich abhängig vom betrachteten Akzeptanzsubjekt

---

[3] Umfrage von Kantar Emnid im Auftrag der AEE: Akzeptanzumfrage Stand 07/2017 (https://www.unendlich-viel-energie.de/mediathek/grafiken/grafik-dossier-akzeptanzumfrage-2017).

(z. B. Individuum, Kommune oder Organisation) dem Akzeptanzobjekt (z. B. Stromtrasse oder smart meter) sowie dem Akzeptanz-Kontext; hierbei ist auch zu beachten, ob die Ebene lokaler, sozio-politischer oder der Marktakzeptanz adressiert wird. Für die Erklärung einer aktiven (Nicht-)Akzeptanz ist zu beachten, dass neben inhaltlichen Aspekte auch die Verhaltenskosten eine Rolle spielen: sich aktiv und dauerhaft für oder gegen etwas zu verhalten bedeutet einen nicht unerheblichen Aufwand an Ressourcen wie Zeit oder fachlichen Kompetenzen; dieser Ressourcenbedarf wirkt oftmals einschränkend auf das gezeigte Verhalten.

Das Spektrum von unterstützenden oder protestbezogenen Verhaltensweisen kann von einer Positionierung in Gesprächen, politischem Wahlverhalten bis zur inhaltlichen Beteiligung bei Planungs- und Genehmigungsverfahren reichen. Nicht unterschätzt werden sollte die Bedeutung der Kommunikation in den sozialen Bezugssystemen wie Familie und Freundeskreis oder auch den sozialen Medien, da hier wichtige Informationen geteilt und Stimmungen erzeugt werden können und dementsprechend Einfluss auf den öffentlichen Diskurs genommen wird. Eine der stärksten Formen der aktiven Akzeptanz ist die Gründung oder das Engagement in einer Bürgerenergiegenossenschaft, die sowohl die inhaltliche Überzeugung als auch die finanzielle Beteiligung verbindet.

Eine zentrale Form der Nicht-Akzeptanz stellt der Protest oder Widerstand dar. Dieser kann sich passiv ausdrücken, z. B. in einer ablehnenden Haltung oder fehlenden Unterstützung, oder aktiv gezeigt werden, z. B. in Unterschriftenlisten gegen ein Vorhaben. Eine deutlich sichtbare Form des Widerstandes ist die Bildung einer Bürgerinitiative (BI). Diese Institutionalisierung führt zudem zu einer Professionalisierung, der Vernetzung mit anderen Gruppen und der stärkeren Sichtbarkeit und Gewichtung im Verfahren als Akteur. In der letzten Dekade ist ein starker Anstieg von Bürgerinitiativen zu verzeichnen mit den Schwerpunkten Windenergieprojekte und Netzausbau. Zum einen liegt dies in dem weiteren Ausbau von EE und Stromnetzen (insbesondere ab 2011) begründet, zum anderen haben die Digitalisierung und die verstärkte Präsenz im Internet und sozialen Medien die Bildung und überregionale bzw. bundesweite Vernetzung wesentlich unterstützt. Anfang 2018 waren auf der Anti-Wind-Plattform www.windwahn.com ca. 1100 Bürgerinitiativen gelistet, was beispielhaft diesen Trend verdeutlicht. Gründe für die Nicht-Akzeptanz können projektbegründet und mit spezifischen Projekteigenschaften verbunden sein oder sich auch auf die Energiewende als Ganzes beziehen, was ebenfalls zeigt, dass der Protest sich nicht nur lokal vollzieht, sondern auch eine sozio-politische Komponente hat.

Ein populäres Konzept zur Beschreibung und Erklärung von Widerständen ist der so genannte NIMBY-Effekt (Not In My BackYard). Bechtel und Churchman (2002) beschreibt den NIMBY-Effekt als ein in unserer heutigen Gesellschaft bzw.

Kultur wachsendes Einstellungsphänomen. Dabei wird durch die bewertende Person bezüglich eines Einstellungsobjektes zwar eine prinzipielle Zustimmung auf allgemeiner Ebene ausgedrückt, wenn es aber um eine konkrete Realisierung in der unmittelbaren Nachbarschaft bzw. auf lokaler Ebene geht, ist teilweise massiver Widerstand die Folge. In diesem Zusammenhang scheint der Grad der wahrgenommenen persönlichen Betroffenheit eine wichtige Rolle zu spielen, d. h., inwieweit sich eine Person von Vorteilen und Nachteilen der Neuerung bzw. der geplanten Technologie betroffen fühlt. Ein Beispiel für den NIMBY-Effekt wäre die Aussage einer Person, dass die Nutzung von Windenergie notwendig und sinnvoll sei und man deren weiteren Ausbau auch sehr unterstütze, die Errichtung von Windkraftanlagen in der direkten Umgebung jedoch ablehne. Der inflationäre Gebrauch des NIMBY-Begriffes zur Erklärung jeglicher Art von Protesten hat inzwischen zu starker Kritik aus Forschungskreisen geführt. Insbesondere Maarten Wolsink (z. B. 2000, 2007) weist in seinen zahlreichen Publikationen darauf hin, dass das NIMBY-Konzept einen spieltheoretischen Hintergrund und daher einen ganz klar umrissenen und daraus resultierend eingeschränkten Geltungsbereich hat. Die spieltheoretische Basis für dieses Konzept besagt, dass Personen bezogen auf ein begrenztes Gut bzw. eine zu teilende Ressource immer danach streben, den eigenen Nutzen bzw. Gewinn zu maximieren und Verluste zu minimieren, auch zu Lasten ihrer Mitmenschen. Durch die unkritische Verwendung des Begriffs würden aber auch Proteste ungerechtfertigter Weise unter dem NIMBY-Label subsumiert, welche aus anderen (und möglicherweise sogar guten) Gründen resultieren.

Die Hauptargumentation Wolsinks hinsichtlich des destruktiven Effektes des NIMBY-Begriffs in der Praxis ist (z. B. 2000) ist, dass die Verwendung des NIMBY-Konzeptes wenig Erklärungsvarianz für weitere konstruktive Prozesse bietet: Die betroffenen Personen werden als „NIMBYs" gelabelt, es erfolgt jedoch keine Information darüber, wie das weitere Vorgehen inhaltlich gestaltet werden soll. Um eine stärkere Differenzierung in der Beschreibung von Widerständen zu erhalten schlägt Wolsink (ebd.) statt des ausschließlichen NIMBY-Konzeptes eine Typologisierung in vier Widerstandformen vor:

- Typ A: Generelle positive Einstellung gegenüber Windkraftanlagen, weil Person den Nutzen sieht, bei sich in der Nähe möchte diese Person aufgrund der Kosten (z. B. landschaftliche Einbußen) die Windkraftanlagen jedoch nicht = **NIMBY**
- Typ B: Generelle Ablehnung von Windkraftanlagen überall = **NIABY** (**N**ot-**i**n-**a**nyones-**b**ackyard)

- Typ C: Positive Einstellung generell, die negativ wird durch konkrete Prozesse am geplanten Standort, wie z. B. negativ empfundene Planungs- und Entscheidungsprozesse
- Typ D: Ablehnung oder Zustimmung immer von Fall zu Fall bezogen auf konkrete Mängel oder Schwächen des Standortes bzw. der Planung, Landschaft an diesem Standort

In diesem Zusammenhang ist eine interessante Beobachtung aus der Zusammenschau der Ergebnisse verschiedener Studien, dass die Bewertung der Anlage nicht konstant bleibt, sondern sich über die Zeit ändert; so berichten Devine-Wright (2005) und Wolsink (2007) von einem U- bzw. V-förmigen Verlauf (siehe Abb. 5). Inwieweit mögliche Gewöhnungseffekte, kognitive Umbewertungen bzw. Umdeutungen im Sinne der Vermeidung von Dissonanzerleben, das überraschende Erleben unerwarteter positiver Konsequenzen oder auch das Nicht-Eintreten von befürchteten negativen Folgen zu diesem Verlauf führen, ist nicht ganz eindeutig. Zudem verweisen die Autoren darauf, dass dieser Verlauf keinesfalls als Automatismus zu verstehen ist, sondern erst dann möglich wird, wenn vorher die Planungs- und Entscheidungsprozesse konstruktiv angelegt bzw. durchgeführt wurden.

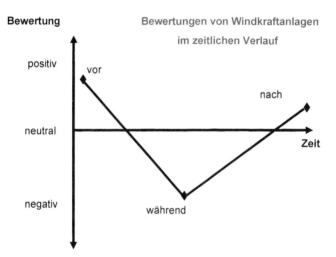

Abb. 5 Schema der Bewertungen von Windkraftanlagen im zeitlichen Verlauf: Vor, während und nach der Planungsphase (vgl. Devine-Wright 2005; Wolsink 2007)

Dementsprechend sollte Akzeptanz nicht als ein statischer Zustand verstanden werden, sondern im Sinne einer Prozessperspektive als veränderbares Konstrukt. Für die Planung von Beteiligung bedeutet das, sich nicht nur punktuelle Formate zu beschränken, sondern einen systematisch angelegten Beteiligungsprozess anzustreben.

3 Ausgewählte Praxisbeispiele

In der Praxis lassen sich verschiedene Beispiele für Ansätze und Strategien finden, die eine Akzeptanzsteigerung oder zumindest eine Konfliktbefriedung zum Ziel haben. Je nach Projektcharakteristika, Konflikttyp und involvierten Akteuren unterscheiden sich dabei Ansatzpunkt, Dauer und Umfang. Prinzipiell kann zwischen standort- oder technologiebezogenen, prozessbezogenen und strukturbezogenen bzw. institutionellen Lösungen unterschieden werden. Folgend werden ausgewählte Praxisbeispiele zur Veranschaulichung beschrieben, in denen auch deutlich wird, dass diese Prozesse weder Selbstläufer sind noch Akzeptanz garantieren können.

Standort-/ Technologiebezogene Lösungen (Bsp.: Windenergieanlagen, Biogasanlagen)
Sowohl bei der Planung als auch im Betrieb von Energieanlagen liegen Gestaltungsmöglichkeiten, welche zur Erreichung akzeptabler Lösungen genutzt werden können. Basis hierfür sind die Kenntnis potentieller Konfliktpunkte, Offenheit für Planungsveränderungen sowie eine Erhebung der Bedarfe lokaler Akteure, um die Prioritäten vor Ort einzuschätzen und Maßnahmen angemessen gestalten zu können.
Prozess-/ Kontextbezogene Lösungen (Bsp.: Netzausbau, Trassenplanung)
Beteiligungsmöglichkeiten bei Planungs- und Genehmigungsverfahren sind in ein zentrales Zeitfenster, in dem sich Akteure begegnen und innerhalb dessen das jeweilige Projekt und seine Charakteristika diskutiert werden. Dementsprechend sollte besonderes Augenmerk auf der Gestaltung von Beteiligung liegen. Dabei ist zu beachten, dass bei der Wahl der Beteiligungsformate insbesondere die Passung zum regionalen Kontext beachtet wird.
Strukturbezogene- / Institutionelle Lösungen (Bsp.: Servicestelle Windenergie Zukunftskreis Steinfurt, Energiedialoge)
Durch die Institutionalisierung von Beteiligung innerhalb dafür eingerichteter Stellen werden Strukturen geschaffen, welche als neutrale Akteure

vermittelnd agieren können. Diese stellen kontinuierliche und kompetente Anlaufpunkte zur Information und Moderation dar und genießen durch ihre Projekt- und Interessenunabhängigkeit Vertrauen.

Standort-/ Technologiebezogene Lösungen (WEA, Biogasanlagen)
Bei den hier möglichen Maßnahmen geht es vor allem darum, die potentiellen Freiheitsgrade bei der Projektplanung zu nutzen. Dazu zählen beim Beispiel Windenergieanlagen vor allem die Anlagenanzahl, die Anlagenhöhe und Aufstellungsmuster, die Betriebsweise hinsichtlich Lärm- und Lichteffekten (Nachtbefeuerung) sowie die Abstände zur Wohnbebauung. Diese Parameter sind akzeptanzrelevant und können im partizipativen Planungsverfahren zum Teil variiert werden, um Anwohnern entgegenzukommen. Gleichwohl bestehen für den Projektierer hier Grenzen durch u. a. das Baurecht sowie die dem Projekt zu Grunde liegende ökonomische Kalkulation. Gerade die Anlagenzahl und -höhe stehen im unmittelbaren Zusammenhang mit der Wirtschaftlichkeitsbetrachtung und sind daher nicht beliebig veränderbar. Neben den Möglichkeiten, bereits bei der Projektplanung akzeptanzrelevante Aspekte zu berücksichtigen, besteht auch in der Phase des Betriebs Potential, potentielle Konflikte zu minimieren. Das Beispiel einer Biogasanlage zeigt, dass durch das flexible und unbürokratische Vorgehen des Betreibers durchaus Akzeptanz gewonnen werden kann. Bei der Planung von Biogasanlagen stehen aus Perspektive der Anwohnenden neben der drohenden Geruchsbelästigung auch die steigenden Lärm- und Staubbelästigung durch vermehrten Verkehr bei An- und Abtransport der Substrate im Fokus. Der Betreiber nahm die Befürchtungen und Anliegen der Anwohnenden ernst und beschloss folgende Maßnahmen: Die Anwohnenden der Anlage bekamen auf den der Anlage zugewandten Häuserseiten auf Kosten des Betreibers neue Fenster, als bauliche Schutzmaßnahmen vor Lärm und Geruch. Zudem wurden die Fahrer angewiesen, freiwillig nur 30 km/h im Ort zu fahren, weiterhin wurden die LKW mit speziellen Dichtungen ausgestattet, welche eine Geruchsentwicklung bei Be- und Entladung weiter einschränkten. Als weitere Maßnahme wurde Anwohnenden das Angebot gemacht, für den Fall einer auftretenden Störung durch Geruchsentwicklung auf Kosten der Betreiber im besten Hotel der Stadt zu übernachten, bis die Geruchsproblematik behoben wurde. Das Maßnahmenpaket, welches sowohl technische Lösungen auf Seiten der Anlage als auch über das Verkehrskonzept die Standortbesonderheiten miteinbezogen hat, führte zu einer hohen lokalen Akzeptanz (vgl. Hildebrand et al. 2012).

Prozessbezogene Lösungen (Netzausbau, Trassenplanung)
Neben dem Ausbau der Erneuerbaren Energien hat in den letzten Jahren insbesondere der Ausbau des Stromnetzes auf Übertragungsnetzebene zu gesellschaftlichen Konflikten geführt, der sog. „Südlink" ist hier als ein prominentes Beispiel zu nennen. Seit 2012 werden umfangreiche Konsultationsverfahren für die einzelnen Planungsschritte der Bedarfsermittlung (Szenariorahmen, Netzentwicklungsplan) durch die Bundesnetzagentur und die Übertragungsnetzbetreiber durchgeführt. Auch auf Ebene einzelner Trassenvorhaben haben die Übertragungsnetzbetreiber ihre Bemühungen intensiviert, Akzeptanz vor Ort zu gewinnen. Regionale Infomärkte und partizipative Elemente bei der Suche nach der konkreten Trassenführung sind inzwischen in allen vier Regelzonen Standard geworden. Dass Beteiligung aber zum einen kein Garantieschein für Akzeptanz ist und zum anderen die Beteiligungsformate und -ziele zum kontextuellen Rahmen passen müssen, zeigt ein Beispiel aus Baden-Württemberg (IZES 2015). Der Übertragungsnetzbetreiber (ÜNB) wollte in einem umfangreichen Bürgerbeteiligungsverfahren mit Hilfe eines professionellen Kommunikations-Instituts den genauen Verlauf einer neu geplanten Stromtrasse festlegen. Das Verfahren stieß jedoch auch massive Ablehnung in der Bevölkerung, sodass es schließlich aufgegeben wurde.

In den akteurszentrierten Interviews im Rahmen einer wissenschaftlichen Analyse dieses Beispiels zeigte sich, dass das Grundproblem in der fehlenden Passung zwischen Beteiligungsformat und öffentlichem Bedarf lag: ein Teil der Bevölkerung war nicht bereit über das „wie" (Trassenführung) zu sprechen, wenn das „ob" (Notwendigkeit) nicht geklärt ist.. Den Befragten reichte es nicht, dass der ÜNB sich auf das zu Grunde liegende Gesetz (in diesem Fall EnLAG, Energieleitungsausbaugesetz) berief, um die Notwendigkeit der Stromtrasse zu begründen. Die aus Bürgersicht mehrfach wechselnden Begründungen des ÜNB, warum die Stromtrasse notwendig ist, führten zudem zu einem massiven Vertrauensverlust in den ÜNB. . Dementsprechend gilt es zu beachten, dass ein Fokus auf Beteiligungsmethoden bzw. -formate zu kurz greift, stattdessen wird die besondere Bedeutung der Planung von Beteiligung im Akzeptanzkontext deutlich: Es geht nicht um das einzelne Format, sondern um ein grundlegendes Verständnis des Anwendungskontextes, d. h. des Verfahrenstandes und der Projektcharakteristika in Verbindung mit dem regionalen Setting und korrespondierender Akteurskonstellationen, hier insbesondere die Bedarfe der verschiedenen Akteursgruppen sowie die (Vertrauens-)Beziehungen zwischen den Akteuren.

Strukturbezogene/Institutionelle Lösung: Servicestelle Windenergie Zukunftskreis Steinfurt

Die Gründe für Konflikte beim Ausbau der Windenergie an Land sind vielfältig: Unerwünschte Veränderungen des Landschaftsbildes, befürchtete negative Auswirkungen auf Immobilienpreise, Angst vor gesundheitlichen Beeinträchtigungen. Der Kreis Steinfurt hat hierfür proaktiv eine Servicestelle Windenergie eingerichtet, welche sich mit möglichen Konflikten befasst und eine kompetente Anlaufstelle für interessierte und betroffene Personen darstellt. Eine solche Institutionalisierung von Beteiligung und Akzeptanzfragen weist verschiedene Vorteile auf. Wichtige Faktoren neben der frühzeitigen und kontinuierlichen Information und Transparenz sind dabei eine klare Verantwortungs- und Rollenverteilung, die Ausstattung mit den notwendigen Kompetenzen und Ressourcen an Personal und finanziellen Mitteln sowie die Neutralität und Unabhängigkeit von ökonomischen Motiven.

Der Ansatz zeigt sich als erfolgsversprechend. Aufkommende Planungskonflikte bei neuen Windenergieanlagen werden zufriedenstellend gelöst und Klimaschutzziele mit den Interessen der Kommunen und Anwohnenden vereinbart.[4] Weitere Beispiele für die Strategie, eine intermediäre und allparteiliche Akteursebene einzubeziehen, um auf diese Weise Konflikte zu verhindern bzw. im Bedarfsfall kompetente Konfliktmoderation anbieten zu können, sind das *Forum Energiewende Dialog (FED)* des Landes Baden-Württemberg und das ebenfalls landesgetragene *Bürgerforum Energieland Hessen*. In beiden Bundesländern umfassen die Angebote eine breite Palette an Informationsmaterialien, Konsultation, vergleichende Bewertung von existierenden Datenlagen („Faktenchecks") sowie moderative Unterstützung für die Kommunikation vor Ort.

4 Diskussion: Energiewende & Akzeptanz

Die gesellschaftliche Akzeptanz ist für die Umsetzung der Energiewende eine relevante Größe. Dies gilt gleichermaßen für die Energieerzeugungstechnologien, die Transport- und Verteilungsinfrastruktur sowie die sektorale Energienutzung. Aufgrund der Sichtbarkeit wie auch der Projektvolumina standen bisher vor allem die Akzeptanzfragen hinsichtlich größerer Energieinfrastrukturen wie den Energieerzeugungsanlagen und den Stromtrassen für Transport und Verteilung im Zentrum

---

[4] https://www.kreis-steinfurt.de/kv_steinfurt/Kreisverwaltung/%C3%84mter/Amt%20 f%C3%BCr%20Klimaschutz%20und%20Nachhaltigkeit/Themen%20und%20Projekte/Erneuerbare%20Energien/Windenergie%3A%20Startseite/Downloads%20und%20Links/ Flyer%20Servicestelle%20Windenergie%20-%20Ansicht.pdf.

der Aufmerksamkeit. Für eine erfolgreiche Transformation bedarf es aber zukünftig auch einer verstärkten aktiven Akzeptanz im Bereich der Energienutzung, welche von Effizienzmaßnahmen bis hin zur Entwicklung suffizienter Lebensstile gehen kann. Und auch im Bereich der Energieinfrastruktur stehen neben EE und Netzausbau große gesellschaftliche Herausforderungen zu verzeichnen, welche wesentlich mit Akzeptanzfragen verknüpft sind. Dazu zählen u. a. der Kohleausstieg, die Suche nach einem Atommülllager oder auch noch schwer einzuschätzende Technologiepfade wie CCS (Carbon Capture and Storage), BECCS (Bioenergie verbundene CO_2-Abscheidung und -Speicherung) sowie P2X-Verfahren (Power to X, also die Umwandlung von Erneuerbarem Strom in mechanische, thermische oder chemische Energiespeicher). Hier kann das vorliegende Wissen hinsichtlich der Technologieakzeptanz und relevanter Faktoren (Wahrnehmung von Nutzen und Risiko, Gerechtigkeitserleben, Kontrollüberzeugung & Beteiligungsmöglichkeiten etc.) übertragen und genutzt werden, dennoch werden auch zukünftig für die Detailbetrachtung einzelner Projekte noch spezifische Analysen kontextualisiert im jeweiligen Projektzusammenhang notwendig sein.

Bei der differenzierten Betrachtung von Akzeptanz sind keine einfachen Zusammenhangsaussagen möglich, es sind vielmehr unterschiedliche Projekt- und Kontextfaktoren sowie Akteurskonstellationen zu beachten. Obgleich schon viele Forschungsarbeiten durchgeführt und wichtige Ergebnisse erzielt wurden, bleiben für die praktische Umsetzung weiterhin wichtige Fragen offen, wohlwissend, dass es das *eine* Rezept so nicht gibt und komplexitätsbedingt auch nicht geben kann. Die Erfahrungen haben gezeigt, dass einseitige technische oder rechtliche Betrachtungen nicht zielführend sind, sondern unbedingt die sozio-technische Dimension einbezogen werden muss. Gleichwohl ist in diesem Zusammenhang bei der Akzeptanzbetrachtung neben der Konkretisierung (lokal, sozio-politisch, Marktebene) auch die Erwartungshaltung an Akzeptanz zu beachten. Eine 100 %-ige Akzeptanz ist weder realistisch noch zwangsläufig notwendig. Natürlich ist für eine gesellschaftliche Transformation wie die Energiewende eine breite Unterstützung hilfreich, gerade hinsichtlich der noch anstehenden Schritte. In Anbetracht der Vielfalt involvierter Akteure und ihrer jeweiligen Interessen wird nicht jeder Einzelfall im Detail konfliktfrei gelöst oder jede Lösung von allen akzeptiert. Auch eine zu begrüßende verstärkte Partizipationskultur kann und wird nicht alle Konflikte lösen. Vielmehr sollte es darum gehen, ein sozio-technisches Systemverständnis aufzubauen, in dem Akzeptanz ein wichtiges Kriterium neben anderen ist und in welchem fehlende Akzeptanz bzw. Planungskonflikte wichtige Hinweise darüber geben, wie ggf. Planungen und Entwicklungen fehlerhaft sind und verbessert werden können. Als Konsequenz daraus sollte vor allem der Weg, d. h. das Prozedere als

Rahmen der Entscheidungsfindung, im Sinne einer Verfahrensakzeptanz möglichst hohe Zustimmung und Unterstützung erfahren, hier sollten als gerecht wahrgenommene Verfahren das Ziel sein.

Zusammenfassung Akzeptanz in der Energiewende

1. Die gesellschaftliche Akzeptanz ist einem sozio-technischen Systemverständnis folgend eine notwendige Bedingung für die Umsetzung der Energiewende; insbesondere im Bereich der Energieinfrastrukturen können Projekte durch Formen der Nicht-Akzeptanz substantiell verlangsamt oder verhindert werden. Dies zählt für gegenwertig verfügbare wie auch für zukünftige Technologieoptionen wie CCS, BECCS, P2X etc.
2. Hinsichtlich der verschiedenen Energieinfrastrukturen wie erneuerbaren Energietechnologien wie Windkraft, PV und Bioenergieanlagen sowie die Übertragungs- und Verteilnetze steht bei der Akzeptanzbetrachtung vor allem die Bewertungsebene im Vordergrund, während bei Effizienz- oder Klimaschutzmaßnahmen insbesondere die Verhaltensebene im Sinne einer Nutzung von Bedeutung ist.
3. Das Akzeptanzdreieck unterscheidet die Ebenen lokale Akzeptanz, soziopolitische Akzeptanz und Marktakzeptanz. Während repräsentative Meinungsumfragen auf Ebene der soziopolitischen Akzeptanz kontinuierlich eine hohe Zustimmung zur Energiewende und zum Ausbau Erneuerbarer Energien belegen, sind auf Ebene der lokalen Akzeptanz manifeste Konflikte sichtbar. Die Marktakzeptanz ist unmittelbar mit den wirtschaftlichen Rahmenbedingungen wie EEG und Ausschreibungsverfahren verknüpft.
4. Für das Verständnis von Akzeptanz sind prinzipiell die Ebenen Akzeptanzsubjekt, -objekt und -kontext zu unterschieden und zu konkretisieren. Sie bilden den inhaltlichen Zusammenhang für das sozio-technische System, in dem sich der Akzeptanzbildungsprozess vollzieht.
5. Aus Sicht der Psychologie sind verschiedene theoretische Zugänge relevant. Neben der Einstellungsforschung und der Unterscheidung von kognitiver (z. B. Kosten-Nutzen-Analyse) und emotionaler (z. B. Identifikation) sowie verhaltensbezogener Ebenen (z. B. Verhaltenskontrolle & Selbstwirksamkeit) sind weiterhin Attributionen (Zuschreibungen), wahrgenommene Verteilungs- und Verfahrensgerechtigkeit, Risikowahrnehmung sowie Landschaftswahrnehmung in Verbindung mit Ortsidentität und Ortsbindung wichtige Theorien mit Akzeptanzbezug.
6. Die zunehmende Digitalisierung ist auch für die Akzeptanzbildung relevant. Zum einen sind Informationen zu Projekten und inhaltlichen Sachfragen we-

sentlich schneller und direkter einer breiten Bevölkerungsmasse zugänglich, bisheriges Herrschaftswissen wird dadurch zum Teil aufgelöst. Zum anderen unterstützt und das Internet die Vernetzung und Professionalisierung von Bürgerinitiativen, zudem spielen social media eine wichtige Rolle bei Information, Kommunikation und Mobilisierung.

7. Akzeptanz sollte nicht das alleinige Entscheidungskriterium zur Ausgestaltung des Energiesystems sein, ist aber ein wichtiger Gradmesser für gesellschaftliche Stimmungen und Befindlichkeiten. Sich in Bürgerprotesten äußernde Akzeptanzprobleme sind prinzipiell legitim und können eine wichtige Korrektivfunktion übernehmen und lokal zu qualitativ besseren Planungsergebnissen führen. Ziel und Anspruch sollten eine Verfahrensakzeptanz im Sinne transparenter, fairer und demokratisch legitimierter Entscheidungen sein.

Der Überblick zur Akzeptanzforschung in der Energiewende hat zentrale Konzepte und Einflussfaktoren vorgestellt und dabei die komplexe Interaktion von Einflussfaktoren und Akzeptanzebenen verdeutlicht. Die besondere Bedeutung von Beteiligungsverfahren im Zuge der Planung und Genehmigung von Energieinfrastrukturen wurde dabei herausgestellt.

Literatur

AEE. (2016). https://www.unendlich-viel-energie.de/mediathek/grafiken/akzeptanz-umfrage-2016. Zugegriffen am 07.10.2019.

AEE. (2017). https://www.unendlich-viel-energie.de/mediathek/grafiken/grafik-dossier-akzeptanzumfrage-2017. Zugegriffen am 07.10.2019.

Bechtel, R. B., & Churchman, A. (Hrsg.). (2002). *Handbook of environmental psychology*. New York: Wiley.

Devine-Wright, P. (2005). Beyond NIMBYism: Towards an integrated framework for understanding public perceptions of wind energy. *Wind Energy, 8*(2), 125–139.

Devine-Wright, P. (2013). Explaining „NIMBY" objections to a power line: The role of personal, place attachment and project-related factors. *Environment and Behavior, 45*(6), 761–781.

Fisch, R., Frey, D., & von Rosenstiel, L. (2010). Innovationen in der öffentlichen Verwaltung Deutschlands sowie Erfolgsfaktoren und Stolpersteine bei Veränderungen in Verwaltungen. In R. Oerter et al. (Hrsg.), *Neue Wege wagen: Innovation in Bildung, Wirtschaft und Gesellschaft* (S. 163–184). Stuttgart: Lucius und Lucius.

Hildebrand, J., Schweizer-Ries, P., Ehrenstein, U., & Strauch, S. (2012). Konflikte bei Biogasanlagen – Ursachen und Lösungsstrategien. *Die Wirtschaftsmediation, 2*, 43–46.

Hildebrand, J., Rau, I., & Schweizer-Ries, P. (2018). Beteiligung und Akzeptanz – ein ungleiches Paar. In L. Holstenkamp & J. Radtke (Hrsg.), *Handbuch Energiewende und Partizipation*. Wiesbaden: Springer.

Huget, H. (2007). *Demokratisierung der EU: Normative Demokratietheorie und Governance-Praxis im europäischen Mehrebenensystem*. Wiesbaden: Springer.

IZES. (2015). Begleit- und Akzeptanzforschung zu aktuellen Fragen des Stromnetzausbaus in Deutschland – Wissenschaftliche Begleitung der Planungspraxis. Gefördert durch das Bundesministerium für Wirtschaft und Energie (BMWi), Förderkennzeichen 03 ET 2043. Projektabschlussbericht.

Lucke, D. (1995). *Akzeptanz. Legitimität in der „Abstimmungsgesellschaft"*. Opladen: Leske & Budrich.

Slovic, P. (1993). Perceived risk, trust and democracy. *Risk Analysis, 13*, 675–682.

Wolsink, M. (2000). Wind power and the NIMBY-Myth: Institutional capacity and the limited significance of public support. *Renewable Energy, 21*, 49–64.

Wolsink, M. (2007). Wind power implementation: The nature of public attitudes: Equity and fairness instead of 'backyard motives'. *Renewable & Sustainable Reviews, 11*(6), 1188–1207.

Wüstenhagen, R., Wolsink, M., & Bürer, M. J. (2007). Social acceptance of renewable energy innovation: An introduction to the concept. *Energy Policy, 35*(5), 2683–2691.

Zoellner, J., Schweizer-Ries, P., & Rau, I. (2011). Akzeptanz Erneuerbarer Energien. In T. Müller (Hrsg.), *20 Jahre Recht der Erneuerbaren Energien* (S. 91–106). Baden-Baden: Nomos Verlagsgesellschaft.

Partizipation und bürgerschaftliches Engagement in der Energiewende

Jörg Radtke und Ortwin Renn

Zusammenfassung

In diesem Kapitel wird Partizipation in der Energiewende, also die Beteiligung von Einzelpersonen, Institutionen und anderen Akteuren an Planungsverfahren, Energiewende-Strategien, konkreten Umsetzungsmaßnahmen und an Energieanlagen selbst behandelt. Die Beteiligungsformen werden differenziert in politische und soziale Partizipation (z. B. Öffentlichkeitsbeteiligung), bürgerschaftliches Engagement und materiell-finanzielle Partizipation (z. B. Bürgerenergie) sowie Optionen der direkten Demokratie (z. B. Referenden) und Arrangements partizipativer Governance (z. B. Klimaschutzrat) dargestellt. Näher betrachtet werden das Warum von Partizipation und die Effekte von Beteiligung. Abschließend werden Transformationen von Beteiligungsarten und -verhalten der vergangenen Jahre werden diskutiert.

J. Radtke
Universität Siegen, Siegen, Deutschland
E-Mail: radtke@politikwissenschaft.uni-siegen.de

O. Renn (✉)
Institute for Advanced Sustainability Studies e.V. (IASS), Potsdam, Deutschland
E-Mail: ortwin.renn@iass-potsdam.de

© Springer Fachmedien Wiesbaden GmbH, ein Teil von Springer Nature 2019
J. Radtke, W. Canzler (Hrsg.), *Energiewende*,
https://doi.org/10.1007/978-3-658-26327-0_10

1 Überblick

In diesem Kapitel werden die verschiedenen Möglichkeiten von Partizipation und Entfaltungsformen bürgerschaftlichen Engagements im Kontext der Energiewende dargestellt. Im Mittelpunkt steht dabei die Beteiligung der Bevölkerung. Zunächst wird als wesentliche Grundlage von Partizipation die Idee demokratischer Legitimation erläutert. Im Anschluss werden verschiedene Beteiligungsarten systematisch differenziert: Politische Partizipation, soziale Partizipation und bürgerschaftliches Engagement, finanziell-materielle Partizipation, direktdemokratische Elemente sowie partizipative Governance. Schließlich werden Besonderheiten und Probleme der Energiewende-Partizipation und Veränderungstendenzen bürgerschaftlichen Engagements diskutiert. Die Energiewende wird als Beispiel für ein besonders beteiligungsintensives politisches Projekt gewertet.

Die Energiewende nahm in Deutschland seit Einführung des Erneuerbare-Energien-Gesetzes (EEG) bereits im Jahre 2000 an Fahrt auf. Die Themen Akzeptanz und Beteiligung standen zu Beginn allerdings nicht auf der politischen Agenda. Doch mit dem Ausbau der technischen Anlagen (vor allem der Windkraft) in den folgenden Jahren zeigte sich, dass die lokale Bevölkerung den erneuerbaren Energien nicht nur positiv gegenüberstand. Protest formierte sich, in zahlreichen Gemeinden brachen enorme **Konflikte** aus, heftige Debatten entluden sich und erfassten die gesamte Energiewende. Es bildeten sich in der Folge sowohl Bürgerinitiativen, die gegen Energieanlagen demonstrierten, als auch solche, die dafür kämpften und schließlich eigene Gesellschaften wie etwa Energiegenossenschaften gründeten, um die Energiewende vor Ort selbst in die Hand zu nehmen. An diesem Beispiel zeigt sich bereits, dass ein einfaches Verständnis der Energiewende als eine rein technische Umstellung der Energieproduktion und -distribution zu kurz greift: Die Energiewende ist vielmehr gleichzeitig eingebunden in übergreifende politische Richtungsentscheidungen und lokale soziale und ökonomische Verhältnisse. So bedeutet die Energiewende Gewinne und Verluste: Auf der einen Seite bedeuten Windenergieanlagen oder Höchstspannungsleitungen für Anwohner Wertminderung und Belastung, auf der anderen Seite werden durch die Nutzung erneuerbarer Energien Einnahmen erwirtschaftet, Arbeitsplätze geschaffen und regionale Wertschöpfung erzeugt. Naheliegend ist daher aus wissenschaftlicher Perspektive ein **integriertes Systemverständnis**, wonach die Energiewende als Teil eines (gesamt)gesellschaftlichen Transformationsprozesses zu begreifen ist, in dem neue Technologien mit neuen Formen sozialer Organisation von Arbeit, Wirtschaft, Eigentum, politischer und räumlicher Gestaltung Hand in Hand gehen. Die Etablierung neuer Technologie bedeutet dabei grundsätzlich die Chance einer Teilhabe der Bevölkerung an materieller Technologie, ökonomischen Gewinnen und politischen Gestaltungs- und Planungsprozessen.

Die Energiewende kann hierbei aus zwei unterschiedlichen Perspektiven betrachtet werden, welche ihre zum Teil stark divergierenden Implikationen gut verdeutlichen. Zum einen existiert die Vision einer **Energiewende „von unten"** (*bottom-up*), welche vor allem von Einzelpersonen (z. B. engagierten Bürgern), Vereinen und Verbänden, kleineren lokalen Unternehmen, Banken etc. befördert und von lokalen Gemeinschaften (also der Bevölkerung und Kommunalpolitik) hinsichtlich der Spezifika und Rahmenbedingungen gestaltet und gesteuert wird (z. B. wo und wie viele Anlagen gebaut werden und wer diese baut und betreibt) (*invented space*: Raum für Beteiligung wird durch Individuen selbst erschaffen und kann selbst gestaltet werden). Diese lokale Energiewende setzt stark auf die Zivilgesellschaft und ein soziales Unternehmertum. Hoffnungen liegen dabei auf sozialen Innovationen und lokalen Experimenten. Die Annahme ist, dass neue Problemlösungen und Aushandlungsprozesse eher durch kleinere, unkonventionelle Projekte und Unternehmungen befördert werden als dies innerhalb etablierter Strukturen geschieht, welche meist über ein eher unflexibles Standardrepertoire verfügen. Bei dieser Idee einer „Energiedemokratie" sind daher Aspekte der Beteiligung der Bevölkerung und lokaler Stakeholder für eine breite Akzeptanz von hoher Bedeutung.

In der entgegengesetzten Vision einer **Energiewende „von oben"** (*top-down*) findet sich ein eher konventionelles Betreiber- und Steuerungsmodell, indem etablierte Energieerzeuger Standorte erschließen und ohne – oder nur mit der gesetzlich vorgeschriebenen Form der Beteiligung – Verhandlungen mit lokaler Administration und Eigentümern führen (*invited space*: Beteiligungsangebote beziehen sich auf einen vordefinierten Raum, der für Beteiligte nicht zur Disposition steht), wobei Politik und Verwaltung Entscheidungen treffen, die sich aus den Beschlüssen von Gremien speisen, die weitestgehend ohne Einbezug der Öffentlichkeit gefasst werden.

Die Realität der Energiewende bewegt sich vermutlich zwischen diesen beiden Polen. Vor diesem Hintergrund haben sowohl die Bundesregierung und Landesregierungen als auch Landkreise, Städte und Kommunen die Beteiligung in der Energiewende zu einem übergreifenden Ziel erhoben. Die partizipative Energiewende bedeutet sowohl das **Engagement** zahlreicher Bürgerinnen und Bürger, **Beteiligungsangebote** von Kommunen, Verwaltungen und Unternehmen an Planungen und Verfahren als auch eine stärkere **Zusammenarbeit** von organisierten Interessenvertreter (*partizipative Governance*) sowie die Schaffung diverser Möglichkeiten des **diskursiven Austauschs**. Partizipation hat viele Facetten vor Ort in den Regionen und bedeutet eine nahezu natürliche Symbiose zwischen der Technikimplementation und einem partizipativen Stil bei Entscheidungen, Planungen und in der Kommunikation: Energiewende erfordert heute in der Regel eine aktive Beteiligung der Bevölkerung und eine explizite Berücksichtigung der Akzeptanz. Der Begriff der Beteiligung ist dabei vielschichtig und sollte nicht eindimensional gedacht werden (Arnstein 1969; Kersting 2008; Straßburger und Rieger 2019). Er beschränkt sich nicht nur auf finanzielle, ökonomische und politische Aspekte beim Bau und Betrieb von Infrastruktur: er ist auch eine Frage sozialer Praktiken, psychologischer Faktoren, kultureller Phänomene, räumlicher Bedingungen und Handlungsweisen des Alltags.

Tausende Bürgerinnen und Bürger haben sich in den vergangenen Jahren im Kontext der Energiewende an Verfahren beteiligt oder sich beispielsweise für oder gegen erneuerbare Energien engagiert. Es existieren zahlreiche Möglichkeiten, sich zu beteiligen und einzubringen – im Folgenden werden diese systematisch dargestellt. Von großer Bedeutung ist hierbei auch der Aspekt der Akzeptanz: Wie akzeptiert ist die Energiewende in Deutschland? Wie lässt sich Akzeptanz wissenschaftlich messen? Welcher Zusammenhang besteht zwischen Beteiligung der Bevölkerung und Akzeptanz? (Hinweis: Dieser Aspekt wird in diesem Kapitel nicht weiter vertieft, vgl. dazu den Beitrag von Hildebrand und Renn in diesem Lehrbuch).

Verschiedene **Fallbeispiele** zeigen auf, dass in der Praxis zahlreiche Beteiligungsvarianten bestehen und lokale Faktoren gefunden werden können, welche die Akzeptanz beeinflussen. Die wichtigsten werden in diesem Kapitel dargestellt. Schließlich werden neue Möglichkeiten der Partizipation dargestellt, die sowohl unmittelbar in der Energiewende als auch durch die fortschreitende Digitalisierung entstehen.

> **Infobox 1: Betonung der Beteiligung im Koalitionsvertrag**
> **Auszug aus dem Koalitionsvertrag der Großen Koalition (2018–2022)**
>
> Wir gestalten die Energiewende mit den Menschen, Kommunen und Unternehmen: Stärkere Berücksichtigung des Naturschutzes und berechtigter Bürgerinteressen, u. a. durch mehr Erdverkabelung. Sicherung der Akteursvielfalt. Beteiligung Standortgemeinden an Wertschöpfung. Gewährleistung der Wettbewerbsfähigkeit energieintensiver Industrien.
>
> Wir werden: (...) beim weiteren Ausbau der Windenergie an Land einen besseren Interessenausgleich zwischen Erneuerbaren-Branche einerseits und Naturschutz- und Anwohneranliegen andererseits gewährleisten; (...)
>
> Wir werden unter breiter Beteiligung eine ambitionierte und sektorenübergreifende Energieeffizienzstrategie des Bundes erarbeiten und darin das Leitprinzip „Efficiency First" verankern mit dem Ziel, den Energieverbrauch bis zum Jahr 2050 um 50 Prozent zu senken.

2 Legitimationsprobleme

Der Umgang mit öffentlichen Flächen und Infrastrukturen verdeutlicht einen fundamentalen Zusammenhang zwischen Politik und Öffentlichkeit: die Legitimation von Entscheidungen und politischen Maßnahmen, wenn Planung und Gestaltung von Politik, Wirtschaft und Zivilgesellschaft vorgenommen werden, die nicht nur Einzelne, sondern die **Allgemeinheit** betreffen. Prominente Beispiele der letzten Jahre sind die Diskussionen um den Hambacher Forst im Rheinischen Braunkohlerevier und das Tempelhofer Feld in Berlin – im Zentrum stehen öffentliche Investitionen und die Frage, was mit Flächen im Sinne des Gemeinwohls geschehen soll. Eine ähnliche Frage betrifft auch die Energie-Infrastruktur: Sie dient der Allgemeinheit für eine zuverlässige Strom- bzw. Wärmeversorgung, folglich ist sie Gegenstand **öffentlicher Debatten**. Unklar ist aber, wie weit die Bevölkerung eine Mitsprache bei Entscheidungsfindungsprozessen haben soll – die Vorstellungen reichen hier von einer „Energiewende in Bürgerhand" bis zu ausschließlich privatwirtschaftlicher Verantwortung, Steuerung und Kontrolle.

Damit ist das Problem der *Legitimation* angesprochen (Blatter 2007; Schmidt 2010). Legitimation bedeutet, dass kollektiv wirksame Entscheidungen politisch *gerechtfertigt* werden müssen. Legitimation umfasst zwei Elemente: Zum einen müssen die durch die politischen Organe vorgenommenen Abwägungsergebnisse öffentlich und normativ konsistent begründet werden und zum anderen müssen diese Rechtfertigungen auf ein ausreichendes Maß an gesellschaftlicher Akzeptanz stoßen. Beides, die Notwendigkeit zur Rechtfertigung und die prinzipielle Bereitschaft der betroffenen Bürgerschaft, solche Abwägungsergebnisse zu akzeptieren, sind konstitutive Bestandteile einer legitimen politischen Ordnung (Habermas 1973; Schmelzle 2012). Wichtige Garanten der Legitimation sind die demokratische Verfassung, demokratisch kontrollierte Verfahren, Grundrechte sowie das Vertrauen der Bürger in die demokratische Ordnung. Unterschieden werden in der Politikwissenschaft drei Dimensionen von Legitimation:

- die **Input-Legitimation**, d. h. die Beeinflussung eines öffentlichen bzw. politischen Prozesses vorab, z. B. via Wahl,
- die **Throughput-Legitimation**, d. h. die Beeinflussung eines öffentlichen bzw. politischen Prozesses durch Beteiligung bzw. Mitsprache in einem Verfahren und
- **Output-Legitimation**, d. h. Beeinflussung über das Ergebnis eines öffentlich-politischen Prozesses, z. B. Bereitstellung öffentlicher Güter (Scharpf 1999; Schmidt 2012).

In einer Gesellschaft, in der schon das Wissen über die Konsequenzen der Energieversorgung umstritten ist, ist ein Konsens über Akzeptabilität der Energiewende und ihrer Implikationen erst recht nicht in Sicht. Nach wie vor befürworten zwar fast 90 Prozent der deutschen Bevölkerung die Energiewende – so die Ergebnisse einer Untersuchung zur sozialen Nachhaltigkeit der Energiewende – aber mehr als die Hälfte der Befragten hält ihre Umsetzung für teuer und ungerecht (Setton und Renn 2018). Das gilt interessanterweise nicht nur für die Personen, die direkt vor Ort betroffen sind, sondern auch für Bürgerinnen und Bürger, die fernab von jeder Windkraftanlage oder anderen Einrichtungen der Infrastruktur leben. Skepsis über die Umsetzung der Energiewende ist also keine Folge des NIMBY-Syndroms (*not in my backyard*). Inzwischen bröckelt auch die Zustimmung zu konkreten Zielen der Energiewende, vor allem dort, wo konkrete Anlagen geplant sind oder gebaut werden; gleichzeitig wünschen sich die Bürgerinnen und Bürger politische Partizipation bei Maßnahmen der Energiewende beispielsweise via Bürgerentscheid, z. B. wenn Windenergieanlagen geplant werden (Setton 2019, S. 26, 29).

Daher ist die naheliegende Lösung des Legitimationsproblems auf Einsicht und Nachvollzug der Begründung zu setzen, beim Thema Energiewende wenig erfolgversprechend. In dieser Schwierigkeit, politische Entscheidungen in einer pluralen und zersplitterten Wertewelt legitimieren zu müssen, greifen die politischen Gremien meist auf eine von drei Ersatzstrategien zurück (analog zum Konzept der Input-, Throughput- und Output-Legitimation): Absicherung durch Expertentum, Legitimation durch Verfahren oder Einbindung der gesellschaftlichen Kräfte in ein diskursives Abwägungsverfahren.

Die erste Strategie besteht darin, den Konflikt über die wünschenswerte Zukunftsgestaltung als Frage der Expertise auszugeben und die Entscheidungen an Expertenteams oder Fachbehörden zu delegieren. Dies wird in der Politikwissenschaft häufig als *Technokratie* oder *Expertokratie* bezeichnet (Habermas 1968; Grunwald 2008). Fragen der Wünschbarkeit sind aber genuin politische, d. h. wertgebundene Entscheidungen, bei denen Expertinnen und Experten ebenso viel oder ebenso wenig beitragen können wie jeder andere politisch aktive Staatsbürger oder jede Staatsbürgerin. Mit dem Hinweis auf Expertenwissen kann die Politik Konflikten aus dem Weg gehen und sich auf die angebliche Unausweichlichkeit der getroffenen Entscheidung berufen. In der Regel gelingt dies jedoch nicht, weil selbst bei vollständigem Wissen immer auch andere Prioritäten bei der Auswahl von Handlungsoptionen möglich gewesen wären. Alternativlos sind politische Handlungen so gut wie nie (außer in extremen Krisensituationen).

Die zweite Strategie heißt *Legitimation durch Verfahren* (Luhmann 2001; Bekkers und Edwards 2007). Die Rechtfertigung erfolgt dann nicht über eine inhaltliche Auseinandersetzung zu den Kriterien und Prinzipien, nach denen man die

Entscheidung getroffen hat, sondern über den Prozess, der zu der Entscheidung geführt hat. Wenn alle demokratischen Prozessregeln eingehalten sind, ist eine Entscheidung legitimiert, ohne dass man dafür eine inhaltliche Begründung benötigt, die auch bei den Betroffenen prinzipiell akzeptiert werden kann. Das Problem dieser Form der Legitimation besteht darin, dass die Bürgerinnen und Bürger eine Legitimation allein über das Verfahren der Entscheidungsfindung häufig nicht akzeptieren. Die Auseinandersetzung um Stuttgart 21 ist ein Beispiel dafür, dass es zu virulenten Bürgerprotesten kommen kann, selbst wenn alle politischen Gremien mehrheitlich für eine bestimmte Lösung gestimmt haben (Thaa 2013).

Die dritte Strategie besteht in einem ausgedehnten *Diskurs* zwischen denjenigen, die politisch dazu legitimiert sind, die entsprechende Entscheidung zu treffen, und denjenigen, die von den Folgen der Entscheidung betroffen sind oder sein können.[1] In einer Gesellschaft mit hoher Wertepluralität und hoher Heterogenität von Vorlieben reicht die hoheitliche oder auch prozessuale Begründung von Abwägungsurteilen oft nicht aus, um bei den betroffenen Bürgerinnen und Bürgern Akzeptanz zu finden (dazu später mehr).

Im besten Fall wird Legitimation durch alle drei Strategien geschaffen. Entscheidend sind dann im Sinne qualitativer Kriterien folgende Bedingungen:

- *Grundkonsens in der Bevölkerung gegenüber Verfahren: Wird es überwiegend akzeptiert?*
- *Genügt das Verfahren qualitativen Maßstäben (wie Transparenz, Evidenz, Fairness, Offenheit, Kompetenz, Effizienz, Angemessenheit, Verhältnismäßigkeit)?*
- *Ergebnis des Verfahrens muss nachvollziehbar und intersubjektiv begründbar sein: Wurde ein fairer Konsens oder Kompromiss erzielt, der mehrheitlich getragen wird?*

Im Falle der Energiewende lassen sich die einzelnen Dimensionen von Legitimation (Input, Throughput, Output) nicht eins zu eins übertragen. Doch annäherungsweise kann modifiziert für die Phasen einer Implementation von Energietechnik und -infrastruktur oder in Energiewende-Diskursen unterschieden werden:

- *Input: Einfluss von Bürgern und Stakeholdern auf Entscheidungsfindungsprozesse – Beteiligung an Verfahren (z. B. beim Bau von Energieanlagen),*

---

[1] Diese diskursive Form der Legitimation durch Einbindung der unterschiedlichen Gruppen einer Gesellschaft in den politischen Entscheidungsprozess wird von vielen Diskurstheoretikern und Anhängern deliberativer Entscheidungsprozesse vertreten (Fischer 2003; Dryzek 2010).

Abstimmungen/Volksentscheide, Beeinflussung öffentlicher und politischer Diskurse (z. B. Kontakt mit Politikern, Demonstrationen).
- *Throughput: Gestaltung der Verfahren – Fairness, Transparenz, tatsächliche Einflussnahme, Offenheit, Kompetenz. Entscheidend sind die Struktur und Kommunikation von Verfahren.*
- *Output: Ergebnis von Verfahren – im Falle der Energiewende geht es häufig um die Frage, ob gebaut wird, und an welchen Standorten (sind diese akzeptiert?) sowie wer profitiert.*

Legitimation kann also im Falle der Energiewende durch die Akzeptanz und die Beteiligung der Bevölkerung erreicht werden – und zwar in dem Maße, in dem es über die Kanäle der repräsentativen Demokratie (siehe Abschnitt Partizipationsarten) möglich ist. Indirekt wirken etwa auch Wahlentscheidungen auf die Legitimation der Energiewende, indem sich Parteien beispielsweise für oder gegen den Ausbau von erneuerbaren Energien einsetzen.

Aus der Energiewende-Forschung ist bekannt, dass es häufig zu Problemen bei der Erzeugung von Legitimation kommt: Verfahren werden nicht akzeptiert, Entscheidungen abgelehnt und Prozesse als nicht fair empfunden. Ein typisches und zentrales Kernproblem betrifft den **Zeitpunkt** und die **Passfähigkeit** von Beteiligung: Am Beispiel von Stuttgart 21 wird deutlich, dass ab einem bestimmten Zeitpunkt in einem Verfahrensprozess, bei dem bereits die Grundentscheidung, nämlich der Abriss und Neubau des Bahnhofs, getroffen wurde, nicht mehr auf diese eingewirkt werden kann. Dieses Dilemma ist beim Bau von Energieanlagen oder beim Netzausbau häufig zu beobachten, indem nicht zur Disposition steht, ob und wo gebaut wird. Gleichzeitig sind aber viele Fälle bzw. Verfahren bekannt, in denen versucht wird, zunächst einen Grundkonsens herzustellen, im Verfahrensprozess verschiedene Optionen fair diskutiert werden und schließlich ein Ergebnis erzeugt wird, das mehrheitlich akzeptiert wird. Das betrifft beispielsweise die Suche eines breit akzeptierten Standortes, die Anzahl und Größe von Anlagen oder Abschaltungen in Brutphasen von Vögeln. Energiewende-Konflikte sind häufig ein Indiz dafür, dass keine ausreichende Legitimation bei der Bevölkerung erreicht worden ist. Doch selbst im Falle von Legitimitätserzeugung durch Partizipation besteht ein weiteres zentrales Problem in mangelnder Repräsentativität der Beteiligten gegenüber der Gesamtbevölkerung (indem nur verhältnismäßig wenige Personen an Beteiligungsverfahren teilnehmen). Zusätzlich wird hierbei soziale Ungleichheit widergespiegelt: einige Bevölkerungsgruppen wirken seltener als andere an partizipativen Prozessen mit und verbinden dann häufig einen geringeren Grad an Legitimation mit den energiepolitischen Entscheidungen. In einer Demokratie ist also die Erreichung von hohen Graden an Input-Legitimität nicht nur hinsichtlich von Wahlbeteiligung, sondern auch bei allen Entscheidungen, die öffentliche Belange betreffen, wie im Falle von Energiewende- und Infrastrukturvorhaben von enormer Bedeutung (Renn et al. 2017).

> **Infobox 2: Was ist politische Legitimation?**
> Mit dem Begriff der Legitimation wird eine Rechtfertigung bezeichnet, welche in einer Demokratie der Regierung bzw. dem Staat gegenüber dem Souverän (Volk) aufgrund der Repräsentativfunktion (in der Regel und vor allem via Wahlakt) auferlegt ist. Da die Bevölkerung die Regierung quasi als Interessenvertretung beauftragt, ist die Regierung ihr gegenüber rechenschaftspflichtig (z. B. Informations- und Transparenzpflicht). Sie muss zudem kontrollierbar und abwählbar sein. Wichtige Garanten der Legitimation sind die demokratische Verfassung, demokratisch kontrollierte Verfahren, Grundrechte sowie das Vertrauen der Bürger in die demokratische Ordnung.

3 Partizipation in der Energiewende: Vielfältige Formen

Es gibt viele Gründe, die bei komplexen Planungsentscheidungen, wie sie auch für die Umsetzung der Energiewende von Nöten sind, für eine stärkere Einbindung der Bürgerinnen und Bürger in die Entscheidungsfindung sprechen. Einige dieser Gründe werden im Folgenden aufgeführt (BVBS 2012):

- Durch eine frühzeitige Bereitstellung von Informationen können potenziell betroffene Bürgerinnen und Bürger ihre Belange zu einem frühen Zeitpunkt geltend machen, sodass Konflikte bereits im Vorfeld des förmlichen Verfahrens gelöst werden können.
- Gerichtliche Auseinandersetzungen können infolge der Beteiligung von Anfang an und aufgrund des frühzeitigen Erkennens von Konflikten vermieden werden, wodurch Verfahrensverzögerungen durch nachträglich erforderliche Änderungen reduziert werden.
- Durch Einbezug von örtlich betroffenen Bevölkerungsteilen kann die Wissensbasis zur Entscheidungsfindung erweitert werden. Neben dem systematischen Wissen der Experten und dem Prozesswissen der Entscheidungsträger kann für viele Entscheidungsprobleme auch das Erfahrungswissen der betroffenen Bevölkerung von besonderer Bedeutung sein. Weiterhin vermittelt Bürgerbeteiligung

den jeweiligen Entscheidungsträgern wichtige Informationen über die Verteilung der Präferenzen und Werte der Bürgerinnen und Bürger. Es ist häufig unverzichtbar, die Wahrnehmung der Wünschbarkeit der Folgen explizit zu erheben und als Grundlage für die eigene Entscheidung zu nehmen. Dieses Wissen ist vor allem dann gefragt, wenn die Ursache-Wirkungszusammenhänge regional stark streuen oder die Wirkungen mit davon beeinflusst werden, wie sich die lokale Bevölkerung verhält.
- Bürgerbeteiligung vermag, auf der Basis eines intensiven Austauschs von Begründungen, kollektive Entscheidungen robuster und abgewogener ausfallen zu lassen. Ziel eines solchen Beteiligungsverfahrens ist die diskursive Austragung von begründeten Standpunkten unter den Rahmenbedingungen einer konsistenten Ableitung und gegenseitigen Prüfung der jeweils vorgebrachten Argumente.
- Bürgerbeteiligung kann als ein Element der Gestaltung der eigenen Lebenswelt betrachtet werden. In dieser Funktion wird den betroffenen Menschen die Möglichkeit gegeben, in Form von Selbstverpflichtungen oder von Verantwortungszuschreibungen Veränderungen in ihrer eigenen Lebenswelt herbeizuführen. Die Nutzungsinteressen und Bedürfnislagen der Betroffenen können in erster Linie von diesen selbst formuliert werden.

Eine aktive Beteiligung der Bürgerinnen und Bürger an öffentlichen Planungen ist jedoch nicht bedingungslos zu haben. Sie setzt zweierlei voraus: eine Legitimation durch das Verfahren (siehe oben) und eine offene, transparente Auseinandersetzung mit den betroffenen Bevölkerungsgruppen. Ein offener Dialog darf sich hierbei nicht auf die Information der Betroffenen beschränken, sondern muss auch Mitwirkungsrechte der Betroffenen an der Entscheidungsfindung einschließen. Ohne eine solche Rückkopplung wird jeder Dialog letztendlich im Sande der Frustration verlaufen. Aktive Mitwirkung und Offenheit des Ergebnisses sind also notwendige Bedingungen für einen erfolgreichen Beteiligungsprozess (Renn 2013).

Dimensionen der Beteiligung
In der Energiewende ergeben sich zahlreiche Möglichkeiten für Bürger und organisierte Interessen, sich aktiv an Verfahren, bei Initiativen und Aktionen zu beteiligen oder sich zu engagieren. Hierbei fallen zwei gegenwärtige Trends zusammen: Zum einen ist in der Gesellschaft ein steigender gesellschaftlicher Wunsch nach politischer bzw. öffentlicher Mitbestimmung und Einflussnahme bei allen Infrastrukturplanungen und -entscheidungen feststellbar. Zum anderen wird in der Energiewende ein Anspruch an Demokratisierung und Partizipationsmöglichkeiten formuliert, wenn es um die Planung von Energieanlagen und Infrastruktur oder finanzielle Beteiligung wie Bürgerenergie geht. Sowohl politische Vertreter und

Regierungen auf kommunaler, Landes- und Bundesebene als auch Unternehmen und Bürger betonen den Aspekt der Beteiligung, wenn auch mit unterschiedlicher Stoßrichtung. Diese zunächst rhetorischen Ansätze werden im Kontext der Energiewende entsprechend in unterschiedlichen Beteiligungsformen widergespiegelt (z. B. über Meinungsaustausch, Abstimmung oder finanzielle Beteiligung). Aus Sicht des einzelnen Bürgers ist Beteiligung im Wesentlichen in den drei Dimensionen der politischen Partizipation, sozialen Partizipation bzw. durch bürgerschaftliches Engagement und damit verbundene materiell-finanzielle Partizipation möglich. Zwei benachbarte Dimensionen kommen noch hinzu: Die Optionen der direkten Demokratie (bezogen auf die Partizipation der Bevölkerung z. B. an Referenden) sowie die Arrangements partizipativer Governance (v. a. bezogen auf die Partizipation organisierter Interessen z. B. an Runden Tischen). Diese insgesamt fünf Dimensionen werden im Folgenden näher dargestellt und mithilfe von Fallbeispielen beschrieben.

Erste Dimension – Politische Beteiligung Im Rahmen der sog. Öffentlichkeitsbeteiligung können formell, d. h. als gesetzlich vorgeschriebene Eingaben im Sinne einer Stellungnahme bei der jeweils zuständigen Fachverwaltung, vorgenommen werden. Nicht nur Einzelpersonen, sondern auch verschiedene Behörden (z. B. Umweltamt), Kommunen und andere Akteure (z. B. Feuerwehr, Militär) werden beteiligt, indem sie Stellungnahmen abgeben können. Häufig werden auch informell von der Stadt bzw. Kommune Veranstaltungen (Erörterungen) durchgeführt, um Bürger zu informieren, Anregungen und Ideen aufzunehmen und gemeinsam im Plenum zu diskutieren. Politische Partizipation in der Energiewende kann aber auch Beteiligung durch Widerstand bedeuten: Organisiert in Protest-Initiativen oder bei Demonstrationen und über Petitionen. Einfluss auf den politischen Willensbildungsprozess ist daneben auch direkt auf Politiker, Fachverwaltungen oder über Vereine und Verbände möglich.

Infobox 3: Was ist politische Partizipation?
Gemeint sind hiermit sämtliche Verhaltensweisen von Bürgern, die freiwillig mit dem Ziel unternommen werden, Einfluss auf politische Entscheidungen auf den verschiedenen Ebenen des politischen Systems zu nehmen (van Deth 2009; Gabriel 2013). Unterschieden werden formell-konventionelle und verfasste (Wahlen und Parteien) und informell-unkonventionelle und unverfasste (Demonstrationen und Bürgerinitiativen) Formen (Kersting 2008). Diese lassen sich weiter unterteilen in repräsentative (Wahlen), direkte (Referendum,

Petition), deliberative (Forum, Bürgerversammlung, Planungszelle, Beirat) und demonstrative bzw. symbolische Beteiligung (Demonstration, Leserbrief) (Vetter und Remer-Bollow 2017). Unklar ist, wie weit politische Partizipation reicht, was sich am Beispiel von politisch motiviertem Konsum und digitalen Sozialen Medien oder durch fehlende Trennschärfe zu sozialer Partizipation zeigen lässt (van Deth 2001). Insgesamt wurde der Begriff immer weiter ausgedehnt, indem er immer mehr expressive Handlungsformen (z. B. ein befristetes Bürgerprojekt) umfasst (Theocharis und van Deth 2018).

Fallbeispiele Öffentlichkeitsbeteiligung bei Windkraft- und Netzausbau-Planungsverfahren

In einer Gemeinde soll ein Windpark errichtet werden. Einige Bürger sind damit grundsätzlich nicht einverstanden, einige möchten einen anderen Standort vorschlagen. Hierzu geben sie in einem festgelegten Zeitraum schriftliche Stellungnahmen bei der Stadt-/Gemeindeverwaltung ab. Die Eingaben werden von der Verwaltung geprüft, sie gelangen zudem in die zuständigen Fachausschüsse und werden ggf. Gegenstand des politischen Diskurses im Stadt- bzw. Gemeinderat. Hier werden die entscheidenden Beschlüsse gefasst, ob die Kommune beispielsweise Vorrangzonen für Windenergie ausweisen soll – also Gebiete, die sie speziell für die Nutzung von Windkraft zur Verfügung stellen möchte. Eine Gruppe von Bürgern ist mit den Planungen und dem formellen Prozess (Eingaben bei der Kommune) nicht einverstanden und gründet eine Protestinitiative. Sie besucht die Gemeinderatssitzungen und äußert sich im öffentlichen Teil der Sitzung, organisiert Informationsveranstaltungen und sammelt Unterschriften für eine Petition, um den Planungsprozess zu stoppen; sie prüft zudem Möglichkeiten einer Klage vor einem Verwaltungsgericht. Vertreter der Fachverwaltung und des Gemeinderats entschließen sich daraufhin, Bürgerversammlungen im Rathaus zu veranstalten, an der auch die Protestinitiative und mögliche Windkraftanlagenbauer und -projektierer teilnehmen. Daneben finden Ortsbegehungen an potentiellen Standorten und benachbarten Windparks statt, Visualisierungshilfen werden erstellt, Windkraft-Experten eingeladen. Lokale Medien berichten über das Verfahren. Schließlich wird erneut diskutiert und ein Kompromiss gefunden, welcher zwar nicht die Windkraft-Nutzung in der Kommune ausschließt, aber auf einige Bedenken von Bürgern eingeht. Der größte Teil der ansässigen Bevölkerung ist mit der Lösung einverstanden, ein kleiner Teil bleibt unzufrieden.

Ein weiteres Beispiel für Öffentlichkeitsbeteiligung findet sich im Bereich des Netzausbaus und wurde von der Bundesnetzagentur durchgeführt: In den verschiedenen Phasen der Netzausbau-Planung konnten Bürger erstmals auch online Eingaben vornehmen, zudem wurden zahlreiche Antragskonferenzen und Erörterungstermine an verschiedenen Orten durchgeführt. So wie es grundsätzlich in öffentlichen Planungsverfahren der Fall ist, wurde der Spielraum einer möglichen Einflussnahme auf den Prozess und das Ergebnis immer geringer. Zu Beginn des Prozesses kann im Rahmen der Bedarfsermittlung bei der Erstellung von Szenariorahmen und Netzentwicklungsplänen für die Erstellung des Bundesbedarfsplans noch z. B. auf wesentliche Trassenverläufe eingewirkt werden. Bei den weiteren Schritten in der Vorhabenphase im Rahmen der Bundesfachplanung und im Planfeststellungsverfahren bestehen dann immer weniger Optionen der Einflussnahme und Gestaltungsspielräume (sog. Beteiligungstrichter). Die öffentliche Konsultation und damit die Möglichkeit der Stellungnahmen für den Netzentwicklungsplan wurde im Jahre 2012 eingeführt. Diese wurde auch rege und überwiegend von Privatpersonen in Anspruch genommen: Etwa 47.500 Stellungnahmen erfolgten zwischen 2012 und 2017. Dennoch kommen Auswertungen der Beteiligungsverfahren zu einem ernüchternden Ergebnis: Häufig können Stellungnahmen nicht berücksichtigt werden, da sie zu einem zu späten Zeitpunkt eingehen oder die Inhalte der Stellungnahmen nicht passfähig sind – die Bundesnetzagentur nimmt nur Aspekte auf, die unmittelbar mit der Trassenplanung in Zusammenhang stehen. Dies führt zu einem doppelt negativen Effekt: Zum einen können Bürger frustriert sein, deren Einwände zwar gehört, aber nicht berücksichtigt werden, und zum anderen entsteht ein Problem für die Politik, da die anvisierte Legitimation der Verfahren nicht erreicht werden kann. Interessant an diesen Beispielen ist der Umstand, dass es nicht am Willen zur Beteiligung und auch nicht an der Inanspruchnahme gemangelt hat, sondern strukturelle Bedingungen der Verfahren und fehlende Passfähigkeiten im administrativ-politischen System den Beteiligungserfolg eingeschränkt haben. Die Folgen dieser Dynamiken sind wechselnde Politisierungs- und Entpolitisierungseffekte: Einerseits wird eine Politisierung der Bevölkerung durch ihre Aktivierung und Auseinandersetzung mit den Fachthemen sowie dem politischen Prozedere erreicht, die aber andererseits einer Entpolitisierung durch Verfahren und Regulierungsbehörden (insbesondere durch Experteneinwirkung) gegenübersteht. Es kommt dann nicht selten wieder zu einer Politisierung des Verfahrens durch Einspeisung in das politische System (indem die Thematik der Trassenplanung etwa von der Landespolitik aufgegriffen wird), die dann ihrerseits wieder auf die laufenden Verfahren einwirken. Ergebnis dieser Prozesse ist damit eine Zusammenwirkung und Auseinandersetzung verschiedener gesellschaftlicher Sphären (Bürger, Unternehmen,

Politik, Fachverwaltung), was allerdings negative Implikationen nach sich ziehen kann: Wenig Verständnis gegenüber dem Handeln und den Argumentationen der jeweiligen Interessenvertreter. Im Idealfall werden Bürger zur Mitwirkung an Entscheidungsprozessen überzeugt und eine einvernehmliche Vermittlung divergierender Interessen erreicht – im Negativfall werden Erwartungen enttäuscht, verschärfen sich Differenzen und Blockaden werden erzeugt.

> **Infobox 4: Das SES-Standardmodell von politischer Partizipation**
> Im Jahr 1963 stellten die amerikanischen Politologen Sidney Verba und Gabriel Almond ihre Studie „Civic Culture" vor, welche eine Bestandsaufnahme demokratischer Einstellungen und Praktiken auf individueller Ebene darstellte (Almond und Verba 1963). Darin wurde auch die politische Partizipation untersucht und festgestellt, dass Personen umso stärker partizipieren, je höher Bildungs- und Einkommensgrad sowie berufliche Stellung sind. Offenbar hängt die Bereitschaft zu partizipieren von individuellen Voraussetzungen ab, dem *socioeconomic status* (SES). Die Gültigkeit dieses Standarderklärungsmodells ist immer noch gegeben: Auch bei heutigen Wahlen, Parteimitgliedschaften, aber auch bei Energiewende-Partizipation kann das SES-Modell bestätigt werden. Allerdings wendeten Verba, Almond und Kollegen später ein, dass in einem komplexeren Verständnis eher von Kapazitäten (kommunikativ und organisational: Zeit, Geld, staatsbürgerliche Kompetenzen) gesprochen werden sollte (sog. *civic voluntarism model*), welche die Basis für Partizipationsbereitschaft und -praxis sind (Verba et al. 1995).

Zweite Dimension – Soziale Beteiligung und bürgerschaftliches Engagement Eine weitere Form der Beteiligung und des Einflusses auf Prozesse der Energiewende entfaltet sich stärker indirekt, z. B. in organisierter Form durch Mitwirkung in Klimaschutz-Foren, Initiativen, Vereinen und Verbänden. Diese organisierten Interessen beteiligen sich häufig an Veranstaltungen oder beeinflussen den öffentlichen Diskurs durch Stellungnahmen. Teilweise greifen sie auch direkt durch Klageverfahren in konkrete Prozesse ein. Aber auch Einzelpersonen oder Bürgergruppen (z. B. Nachbarschaftsverein, Club) können ihre Stimme insbesondere über diskursive Verfahren (Gesprächsrunden, Forum etc.) einbringen. Gegenstand und Ziel dieser Beteiligungsformen ist häufig weniger ein konkretes Projekt (wie Windkraftausbau), als vielmehr die generelle Thematisierung von Klimaschutz und

Nachhaltigkeit. Dies kann das konkrete Umfeld (Nachbarschaft, Quartier) beeinflussen, aber auch den Arbeitsplatz, Familie oder Freizeit.

In der Forschung zu Sozialen Bewegungen wird soziale Partizipation als Beteiligung bzw. freiwillige Tätigkeit von Bürgern im öffentlichen oder halböffentlichen Raum bezeichnet (**Zivilgesellschaft**) (Roßteutscher 2009; Keil 2013). Typischerweise sind dies Einzel- oder Gruppenaktivitäten von Bürgern, z. B. in der Nachbarschaft (Kultur, Sport etc.), welche häufig in Vereinen oder Verbänden mehr oder weniger organisiert sind (zivilgesellschaftliche Assoziationen). Partizipation wird hierbei breit verstanden und meint jegliche Form der Beeinflussung von Entscheidungsfindung. Die Repräsentation von Interessen durch Verbände hat gerade in Deutschland eine lange Tradition („Verbändedemokratie"). Innerhalb der Organisationen betrifft ein wesentlicher Aspekt die „Binnendemokratie" – gemeint ist damit **organisationale Partizipation**, welche im Wesentlichen auf Mitbestimmung der Mitglieder basiert (z. B. durch Abstimmungen, Wahlen), aber auch Deliberation, Kooperation und Kollaboration bedeuten, also etwa auf Gruppenarbeit, Diskussionsforen und Co-Management beruhen kann (Heller et al. 1998).

> **Fallbeispiel Protest-Bürgerinitiativen in der Energiewende**
>
> Gegen den Bau von Windenergieanlagen und den Netzausbau haben sich an verschiedenen Orten Bürgerinnen und Bürger zusammengeschlossen, um gegen die Planungen und den Bau zu protestieren und an den Entscheidungsfindungs- bzw. Umsetzungsprozessen mitzuwirken. Berichte aus der Praxis legen nahe, dass Widerstand und kritische Haltungen zugenommen haben, auch wird eine Professionalisierung des Protests beobachtet (Walter et al. 2013; Hoeft et al. 2017; Eichenauer 2018). Untersuchungen zeigen auf, dass ein Kernproblem darin liegt, dass die Beteiligungspraxis in diesen Fällen scheitert und nur wenig Einfluss auf die Maßnahmen möglich ist. Konkrete Ursachen sind weniger auf simple Dagegen-Haltungen (NIMBY-Phänomen, vgl. Beitrag von Hildebrand und Renn in diesem Band) zurückzuführen, sondern neben ineffektiver Beteiligung auch auf neue konservative Bewegungen und populistische Politik (Fraune und Knodt 2018; Radtke et al. 2019). Tendenziell stellen die Bürgerinitiativen die politische Praxis in der gegebenen Form zunächst in Frage und weisen auf Legitimationsdefizite hin, was aus demokratietheoretischer Perspektive gerade im Falle defizitärer „invited participation" nicht unbedingt als demokratiegefährdend zu werten ist (Cuppen 2018). Zudem sind verschiedene Typen von Bürgerinitiativen zu unterscheiden (Neukirch 2017).

Beispiele für nicht-organisationale soziale Partizipation, die im Rahmen von **diskursiven** bzw. **deliberativen Verfahren** gewährt wird, sind im Kontext der Energiewende das Bürgerforum Energieland Hessen, Bürgerforum Münster Klimaschutz 2050, Bürgerforum Energie und Klimaschutz der Stadt Ludwigshafen oder das Bürgerforum München. Gemeinsam mit Bürgern werden hier Ideen für ein Klimaschutz-Konzept gesammelt. Ein groß angelegter Bürgerdialog fand zudem im Rahmen der Entwicklung des **Klimaschutzplans 2050** der Bundesregierung statt, den das Bundesumweltministerium durchführte. Ähnlich dem Fallbeispiel Endlagersuche wurden auch in diesem Prozess per Zufallsauswahl Bürger bestimmt, welche an einem Tag des Bürgerdialogs sowohl online als auch vor Ort diskutierten und einen Bürgerreport erstellten, der von ausgewählten Bürger-Delegierten an Entscheidungsträger überreicht wurde. Zudem wurden auch Rückmeldungen von organisierten Interessen bzw. Stakeholdern berücksichtigt (**Verbändeanhörung**). Sowohl das Ministerium als auch die Bundesregierung wirkten jedoch letztlich erheblich auf den Klimaschutzplan ein und schwächten die Zielformulierungen ab. In einem solchen Prozess einer partizipativen Governance (siehe hierzu auch eigener Abschnitt im Folgenden) sollen letztlich Interessen konsensual austariert werden. Allerdings führt dies häufig dazu, dass in derart strukturierten Verfahren ehrgeizige Ziele, im Klimaschutz-Bereich etwa Reduzierung von Autoabgasen und fossile Energiegewinnung, durch die Letztinstanz der Regierung verschlankt werden, was zwei Nachteile impliziert. Zum einen wird der erhoffte Outcome trotz umfassender Partizipation gerade nicht erreicht, zum anderen werden beteiligte Bürger frustriert, da ihre Einbringung nicht den erhofften Erfolgt zeigt.

Infobox 5: Was ist Deliberation?
Deliberation meint einen (Interessen)Austausch, der darauf ausgerichtet ist, im gemeinsamen Gespräch gegenseitig Argumente zu hören, um schließlich nach Abwägungsprozessen zu einem Konsens bei Entscheidungs- und Meinungsfindungsprozessen zu gelangen. Es stellt eine Art Idealmodell einer Diskussion dar, welche sich auf thematische Inhalte bezieht. In Deutschland war es insbesondere *Jürgen Habermas*, der die Idee einer deliberativen Demokratie entwickelte: Hier werden von allen Bürgern in einem „herrschaftsfreien" öffentlichen Diskurs Themen verhandelt, was die Legitimation von Entscheidungen erhöhen soll, allerdings hohe Ansprüche an den Input (Teilnehmer) und die Qualität des Diskurses stellt. Partizipative Instrumente, wie Dialoge und Foren, welche auf Austausch der Beteiligten setzen, werden

daher deliberative Verfahren genannt. Wesentliche Kritik daran bezieht sich auf mangelnde Zielgerichtetheit und Output sowie Ungleichheit im Rahmen der Kommunikation (Dominanzen): Habermas wollte dem durch Diskursregeln begegnen, die eine „ideale Sprechsituation" ermöglichen sollen (Habermas 1983, 1991).

Diskursive Foren eignen sich daher besonders, um in einem offenen Prozess Anregungen und Impulse aufzunehmen, welche dann später in konkreteren Maßnahmenplänen und Strategien münden können. Allerdings lauert bei diesem zweiten Schritt, wie aufgezeigt wurde, latent die Gefahr, dass nach der Überarbeitungsphase durch Politik und Verwaltung übrigbleiben nur solche Ideen, welche mit den bereits vorgegebenen politischen Vorstellungen konform gehen, was dann in der Folge zu Kritik und Enttäuschung führen kann. Ein weiteres Beispiel hierfür war der Bürgerdialog „Gut leben in Deutschland" der Bundesregierung, welcher in einem Abschlussbericht mündete, an dem kritisiert wurde, dass er wesentliche Anliegen von Bürgerinnen und Bürgern nicht mehr enthalte. Unklar blieb die Frage des konkreten Einflusses von Bürgern jenseits der Bereitstellung von Daten und Informationen, da Implikationen für das Regierungshandeln nur wenig erkennbar wurden. Beteiligungsprozesse lassen sich allerdings durch eine geeignete Zusammenstellung der Instrumente, eine durchdachte Beteiligungsstrategie mit fest definierten Ansprüchen und Zielen sowie einer stimmigen zeitlichen Sequenzierung so ausrichten, dass den erwähnten Problemen von Enttäuschung auf Input-Seite und geringem Output bzw. Outcome begegnet werden kann.

Fallbeispiel Endlagersuche

Bereits seit langer Zeit wird in Deutschland nach einem geeigneten Endlagerstandort für radioaktive Abfälle gesucht. Im derzeitigen, langfristig angelegten Verfahren, welches im Rahmen des Arbeitsprogramms der „Kommission Lagerung hoch radioaktiver Abfallstoffe" von Vertretern aus Wissenschaft, Politik und zivilgesellschaftlicher Gruppen ausgearbeitet wurde, sind diverse Beteiligungsformate vorgesehen (Nationales Begleitgremium, Partizipations-Beauftragter, Fachkonferenzen, Erörterungstermine etc.).

Das Nationale Begleitgremium besteht aus sechs Persönlichkeiten des öffentlichen Lebens (von Bundestag und Bundesrat vorgeschlagen) und drei BürgervertreterInnen. Diese werden per Zufallsauswahl (**aleative** Beteiligungsverfahren) ermittelt – dies entspricht einem anerkannten und altbekannten Mittel zur repräsentativen Auswahl etwa im antiken Griechenland, der sog. **Demarchie**, um der sozialen Ungleichheit entgegenzuwirken (Buchstein 2009).[2] Zunächst wurden Bürger per Telefonauswahl eingeladen, um an fünf Bürgerforen mit je 24 Teilnehmern teilzunehmen, wo sie in einem nächsten Schritt 30 weitere Personen in ein Beratungsnetzwerk wählten. Dieses wählte wiederum die drei Personen zur Teilnahme im Nationalen Begleitgremium für zunächst drei Jahre aus.

Dritte Dimension – Bürgerschaftliches Engagement und finanziell-materielle Beteiligung Die Energiewende ist geradezu ein Paradebeispiel für die Entfaltung von bürgerschaftlichem Engagement, indem Bürger in Eigenverantwortung konkrete Energiewende-Projekte anstoßen, organisieren und initiieren. Ein bekanntes Beispiel hierfür ist die Bürgerenergie, bei der Bürger selbst Energieanlagen betreiben und sich finanziell beteiligen und hierdurch auch profitieren können (Radtke 2016). Das Engagement betrifft aber sämtliche Maßnahmen, welche Bürger entweder einzeln oder organisiert in Gemeinschaften mit dem Ziel unternehmen, sich für (aber auch gegen) die Energiewende zu engagieren. Da in diesem Fall die Beteiligung häufig konkreter mit einem Gegenstand verbunden ist (z. B. einer Photovoltaikanlage), spricht man auch von materieller Partizipation (Marres 2012).

Die Grenze zwischen politischer und sozialer Partizipation verläuft nicht immer eindeutig, da die gesellschaftlichen Sphären von Zivilgesellschaft, Politik, Wirtschaft, Staat fließend ineinander übergehen. Das Beispiel Bürgerenergie verdeutlicht dies im Folgenden.

> **Infobox 6: Bürgerenergie in Deutschland**
> In Deutschland gründeten sich um das Jahr 2010 herum zahlreiche Energiegenossenschaften und ähnliche Projekte. Viele Bürgerinnen und Bürger sahen sich veranlasst, die Energieversorgung selbst in die Hand zu nehmen, indem sie Geld sammelten, um Energieanlagen zu erwerben und zu betreiben. Schon eine kleinere Gruppe konnte mithilfe günstiger öffentlicher Dachflächen, z. B. auf Schuldächern, mehrere Photovoltaik-Anlagen in Betrieb nehmen. Das Phänomen Bürgerenergie reicht von einer solchen kleinen Photovoltaik-Energiegenossenschaft bis zu Bürgerwindparks, Bürgerinitiati-

---

[2] Seit den 1970er-Jahren wird die Zufallsauswahl bei Planungszellen eingesetzt (Dienel 2009). Sie stellen ein typisches Merkmal so genannter Mini Publics dar (Goodin und Dryzek 2006).

ven für die Nutzung von Geothermie, Nahwärme und Betrieb von Stromnetzen bis hin zu größeren Verbänden, die zahlreiche Energieanlagen betreiben, Ökostrom vertreiben und Beteiligungen über Mitgliedschaft, Anteile oder Sparbriefe anbieten.

Heute existieren in Deutschland circa 1700 Bürgerenergie-Gesellschaften. Diese haben in den vergangenen 20 Jahren einen enormen Boom erlebt. In den letzten Jahren kam es zu einem starken Absinken der Neugründungen, vor allem im Bereich der Genossenschaften und Photovoltaik-Nutzung, weniger im Windenergie-Sektor, was u. a. auf die abgesenkten Einspeisevergütungen für Solarstrom zurückgeführt werden kann.

In ca. 1000 Energiegenossenschaften sind 140.000 Mitglieder beteiligt – zum Vergleich: im Jahre 2012 waren es noch 80.000 Mitglieder. Neue Energiegenossenschaften betätigen sich immer stärker in den Bereichen Elektromobilität und Carsharing, Energieeffizienz, Kraft-Wärme-Kopplung, Nahwärme und Beteiligung an Stadtwerken.

Ein Hauptproblem von Bürgerenergie liegt darin, dass Bürgerenergie-Projekte nur einen Teil der lokalen Bevölkerung beteiligen – ein Großteil partizipiert und profitiert daher nicht an dem Engagement. Eine Alternative zu einer nicht konventionell privatwirtschaftlich organisierten Energiewirtschaft liegt bei der öffentlichen Hand in Form von Stadtwerken, welche öffentlich legitimiert sind und kontrolliert werden und nicht ausschließlich gewinnorientiert agieren.

In Deutschland bislang erstmalig und einmalig **gesetzlich vorgeschrieben** ist eine Bürgerbeteiligung an Erneuerbare-Energien-Anlagen in Mecklenburg-Vorpommern (orientiert am Vorbild Dänemark). Das Gesetz verpflichtet Investoren bzw. Projektierer, sowohl Bürger als auch Gemeinden an Windparks in einem Fünf-Kilometer-Umkreis zu beteiligen, indem ihnen 20 Prozent der Gesellschafteranteile zum Kauf angeboten werden müssen (alternativ Ausgleichsabgabe an Gemeinden und Sparprodukte für Bürger). Die Landesregierung möchte auf diese Weise **Akzeptanz** steigern und **regionale Wertschöpfung** erhöhen, was jenseits von Klimaschutz die wesentlichen Motive im Kontext von finanziell-materieller Beteiligung in der Energiewende darstellen. Das Gesetz ist allerdings umstritten, einerseits aufgrund rechtlicher Bedenken, andererseits aber auch hinsichtlich der Frage, ob Beteiligung grundsätzlich vorgeschrieben werden oder eher auf freiwilligen Initiativen und Maßnahmen beruhen sollte, welche von Bürgern und Unternehmen mit Überzeugung verfolgt werden (Milstein 2016; Bovet und Lienhoop 2017).

> **Fallbeispiel: Bürgerleitung TenneT**
> Ein Beispiel für finanzielle Beteiligung in der Energiewende findet sich im Kontext des Netzausbaus in Schleswig-Holstein: Hier konnten Anwohner in der Nähe der neu errichteten Westküstenleitung im Jahr 2013 Anteile in Form einer Bürgeranleihe von dem Netzbetreiber TenneT erwerben. Die Zinsen der Bürgeranleihe liegen bei etwa 5 Prozent. Das Modell hat sich allerdings in Deutschland nicht durchgesetzt, es ist bislang einzigartig. Der Begriff „Bürgerleitung" suggeriert ferner, dass es sich um einen Netzabschnitt handelt, der sich im Eigentum der Bürger befindet, diese profitieren jedoch nur indirekt über die Anleihe des Unternehmens. Auch zahlreiche Bürgerenergie-Beteiligungsmodelle beruhen auf dem Modell einer Finanzanlage, was nicht bedeutet, dass sich das Projekt gänzlich „in der Hand" von Bürgern befinden muss.

Eine weitere Beteiligungsmöglichkeit ist das **Anrainer-** bzw. **Anwohnerstrommodell**: Haushalte, welche sich in der Nähe von Energieanlagen befinden, können beispielsweise von einem „Windkraftbonus" beim Strombezug profitieren, den einige wenige Gesellschaften anbieten. Weitere alternative „bürgernahe" Ansätze sind Bürgersparmodelle und Patenschaften, bei denen eine Einrichtung wie Kindergarten oder Schule an Veranstaltungen partizipiert und der Betreiber z. B. die Milchversorgung sponsert. Daneben sind als sonstige Formen **indirekter Beteiligung** die Förderung wirtschaftlich schwächerer Akteure oder ein Engagement von Betreibern in sozial marginalisierten Quartieren zu nennen, welche allerdings kaum ausgeprägt und/oder wenig bekannt sind.

Vierte Dimension – Direkte Demokratie in der Energiewende
Über die formale Beteiligung der Bevölkerung an der politischen Willensbildung und der Planung hinaus spielen in der Energiewende auch direktdemokratische Instrumente eine erhebliche Rolle. Auf kommunaler Ebene sind Einwohneranträge und **Bürgerbegehren** (auf Landes- und Bundesebene: Volksbegehren) sowie meist in einer zweiten Stufe **Bürgerentscheide** vorgesehen. Bei ersterem wird ein Gemeinderat dazu verpflichtet, sich mit einer bestimmten Angelegenheit zu befassen, im zweiten Fall erfolgt eine Abstimmung zu der Sachfrage. Daneben sind **Petitionen** auf allen politischen Ebenen an verschiedenen öffentlichen Einrichtungen möglich. Sehr beliebt sind seit einigen Jahren Online-Petitionen, die häufig von Klimaschutzorganisationen initiiert werden. Eine weitere Form ist das **Referendum**, welches auf kommunaler Ebene etwa in Form eines Ratsbegehrens durchgeführt werden kann, indem die Bevölkerung durch die Gemeinde selbst befragt wird; daneben sind unverbindliche Bevölkerungsbefragungen möglich. Weitere Beispiele für direktdemokratische Elemente sind Bürgerhaushalte und

Planungszellen (bzw. Bürgergutachten; im angloamerikanischen Raum als *Citizen Jury* bekannt), bei denen Bürger z. B. in der Vergangenheit auch Konzepte zur Energie- und Verkehrswende in Stadtquartieren entwickelt haben.

Eine Abfrage der Datenbank Bürgerbegehren von Mehr Demokratie e. V. zeigt, dass in den letzten Jahren zahlreiche Bürgerbegehren, Petitionen und Referenden im Bereich Windkraft zu finden sind. Sowohl Bürgerbegehren und Petitionen für oder gegen Windkraft-Planungen/Projekte als auch Referenden zur Abstimmung über Windkraftnutzung und Standorte sind im Themenfeld „Wirtschaftsprojekte" überproportional stark vertreten. Ein weiterer häufig thematisierter Aspekt ist die **Rekommunalisierung** und der Erhalt von Stadtwerken, indem entweder die regionale Energieversorgung (Energieproduktion und -distribution, Anbietung von Strom/Wärme etc.) von einem bisherigen Unternehmen übernommen werden oder Stadtwerke reaktiviert oder auch neue Versorgungsleistungen (z. B. Aufbau eines Nahwärmenetzes) initiiert werden sollen (Schäfer 2014). Die Bemühungen basieren häufig auf dem Umstand, dass nach Auslaufen von Konzessionsverträgen, welche für einen längeren Zeitraum zwischen öffentlicher Gebietskörperschaft (also z. B. einer Gemeinde oder Region) und einem Versorgungsunternehmen geschlossen wurden, eine Neuverhandlung möglich wurde und zunehmend mehr Bürger und organisierte Interessen davon überzeugt sind, dass eine kommunal-regionale Energieversorgung in öffentlicher Hand mehr Vor- als Nachteile bietet.

> **Fallbeispiele Rekommunalisierung Stromnetze Berlin und Hamburg**
> Überregional bekannt wurden die Volksentscheide zur Konzessionsvergabe und dem Betrieb von Stromnetzen bzw. der kommunalen Energieversorgung in Berlin und Hamburg. Im Jahr 2010 gründete sich in Hamburg die Volksinitiative „Unser Hamburg – Unser Netz", welche im Jahr 2011 ein Volksbegehren initiierte, das in einem Volksentscheid parallel zur Bundestagswahl im Jahr 2013 mündete. Mit knapper Mehrheit stimmten die Hamburger Bürger für eine Rekommunalisierung, das Netz wurde damit von Vattenfall durch die Stromnetz Hamburg GmbH übernommen. Damit hat die Stadt Hamburg mehr Einfluss und Kontrolle über die Gestaltung der Energieversorgung, z. B. bei der Modernisierung des Netzes und beim Ausbau von Ladeinfrastruktur.
> Eine ähnliche Entwicklung spiegelte sich in Berlin, wo ebenfalls ein Bündnis aus zahlreichen organisierten Interessen sowie dem „Berliner Energietisch" per Volksbegehren einen Volksentscheid im Jahr 2013 herbeiführte. Doch hier scheiterte der Volksentscheid „Neue Energie" trotz hoher Zustimmungswerte (83 Prozent) sehr knapp an einem Quorum.

Fünfte Dimension – Partizipation auf Akteursebene: Partizipative Governance

In der neueren Forschung werden Steuerung und Koordination öffentlicher Angelegenheiten als Governance – im Gegensatz zum reinen Regierungshandeln (Government) – bezeichnet. Gemeint ist damit eine Abgrenzung zu einem top-down-strukturierten Regierungs- bzw. Handlungsstil, in dem etwa Gesetze ohne Auseinandersetzungen schlicht erlassen werden. Governance hingegen beschreibt Steuerungsmechanismen jenseits dessen – etwa über die Prinzipien Markt, Hierarchie, Gemeinschaft, Vertrauen und Regulierung. Eine partizipative Governance basiert insbesondere auf **horizontaler Koordination** und dem Zusammenwirken von Akteuren – und hierbei sind sowohl staatliche als auch **nicht-staatliche Akteure** gemeint (Grote und Gbikpi 2002; Papadopoulos 2004). Dies soll einen Austausch im Sinne **kooperativer** und **kollaborativer Praktiken** stärken, mit weniger hierarchischen Prinzipien und Handlungsmustern und zudem mehr Einflussmöglichkeiten für Bürger und mehr oder weniger organisierte Interessengruppen.

Diese partizipative Praxis, die also Bürger als auch Stakeholder miteinbezieht, ist im Falle der Energiewende eine häufig zu beobachtende Praxis – in Teilen aufgrund gesetzlicher Bestimmungen, in Teilen aber auch aufgrund freiwilliger Initiative. Die Vorteile dessen liegen auf der Hand: Ein Mehr an Legitimation, Vertrauen, Akzeptanz und Compliance (= Regeltreue). Doch auch Nachteile sind möglich: Insbesondere informelle Absprachen, ungleiche Machtverhältnisse und das Verlagern „harter" Entscheidungen hinter verschlossene Türen werden häufig thematisiert.

> **Fallbeispiel Klimaschutzrat Berlin**
>
> Der im Jahr 2017 eingerichtete Klimaschutzrat Berlin vereint neun Mitglieder aus Wissenschaft, Wirtschaft und Verbänden sowie Vertreter der Verwaltungen und Regierung als Gäste zu einem Gremium, das den Berliner Senat und das Abgeordnetenhaus in Fragen des Klimaschutzes und der Energiewende beraten soll. Angedacht ist eine Vermittlerposition zwischen der Bevölkerung bzw. zivilgesellschaftlichen Akteuren und der Verwaltung, hinzu kommt eine wissenschaftliche Fundierung von Klimaschutzvorschlägen.
>
> Das Beispiel verdeutlicht die häufig zu beobachtende enge Zusammenarbeit zwischen staatlich-politischen Einrichtungen und Wirtschaft, Wissenschaft und Zivilgesellschaft. Ein unmittelbarer Einfluss der Bevölkerung wird damit aber nicht ermöglicht, weswegen diese Partizipationsformen auf Akteursebene mitunter mit dem Argument kritisiert werden, dass es sich lediglich um die Verständigung von Eliten handle.

Bottom-up und Top-down-Beteiligung sowie Ebenen in der Energiewende
Unabhängig von den verschiedenen Formen der Partizipation lassen sich übergreifend weitere Dimensionen differenzieren, welche jeweils eine bestimmte Perspektive beinhalten und Beteiligung näher beschreiben und definieren lassen. Zwei wesentliche Punkte betreffen die Ausrichtung eines Beteiligungsprozesses sowie die politischen und räumlichen Ebenen, auf denen Partizipation stattfindet. Zunächst zum ersten Aspekt: Die Beispiele von Bürgerenergie, Beteiligungsgesetzen und Beteiligungsmaßnahmen von Unternehmen zeigen auf, dass grundsätzlich zwei verschiedene Modi existieren, durch die Beteiligung bottom-up oder top-down strukturiert sein kann. Gründungen von Energiegenossenschaften durch Bürger, Bürgerinitiativen gegen Windkraft und Nachbarschaftsprojekte, die Ladestationen errichten, sind Beispiele für Partizipation „von unten", also von einzelnen Individuen motiviert und initiiert (**Bottom-up-Initiative**: Zivilgesellschaftliche Initiativen und Assoziationen initiieren zum Beispiel ein Bürgerenergie-Projekt, sog. **Graswurzelbewegung**) (Seyfang et al. 2014). Beteiligungsangebote wie im Netzausbau, bei der Planung von Windenergieanlagen oder auch diskursive (z. B. Dialoge) oder finanzielle Beteiligungsofferten durch Unternehmen oder organisierte Interessen wie Verbände sind hingegen Beispiele für Top-down-Partizipation, da Individuen in der Regel in der Rolle als Teilnehmende agieren und auf die Rahmenbedingungen (Konzept, Strategie) keinen Einfluss haben (**Top-down-Beteiligung**: Eine Energiegesellschaft beteiligt Bürger durch Angebote einer Finanzanlage oder bietet Gespräche bzgl. des Neubaus von Energieinfrastruktur an). Sie können das Angebot annehmen, haben jedoch keinerlei Einfluss auf den Beteiligungsprozess, das Projekt oder die Organisation dessen. Beide Stoßrichtungen haben ihre Berechtigung, können sich in der Praxis ergänzen, gegenseitig beeinflussen und auch ineinander überfließen (vgl. zur Kritik an „invited participation": Cuppen 2018).

Fallbeispiel Elektrizitätswerke Schönau (EWS)
Ein Beispiel für eine Bottom-up-Energiewende-Initiative sind die Elektrizitätswerke Schönau, die unmittelbar aus einer Bürgerinitiative als Reaktion auf die Tschernobyl-Reaktorkatastrophe im Jahr 1986 hervorgingen. Verschiedene niederschwellige Aktivitäten (Energiesparberatung und -wettbewerb, kleine Wasserkraftwerke) bildeten die Ausgangsbasis für die Idee, das lokale Stromnetz der Gemeinde Schönau im Schwarzwald im Jahre 1997 zu übernehmen, um es selbst zu betreiben. Da das Angebot von der Kommune abgelehnt wurde, waren langwierige Initiativen in Form von zwei Bürgerentscheiden notwendig – bekannt wurde die Gruppierung um das Ehepaar Michael und Ursula Sladek unter dem Namen „Stromrebellen". Im Jahre 1999 konnte die EWS bundesweit Ökostrom

anbieten und seitdem den Kundenstamm stetig ausweiten (auf 194.000 Personen im Jahr 2018). Das Unternehmen ist genossenschaftlich organisiert (6.200 Mitglieder Ende 2017) und betreibt bzw. investiert in Energiewende-Projekte in Deutschland und Europa mit einem Jahresumsatz von zuletzt 175 Mio. Euro, daneben werden auch soziale und ökologische Aktionen sowie Kampagnen unterstützt.

In der wissenschaftlichen Analyse können dann im Falle von Bottom-up-Aktivitäten die **sozialen Gemeinschaften** hinsichtlich verschiedener Dimensionen auf unterschiedlichen **Ebenen** (relationale Community (z. B. beruflich, spezifische Netzwerke), territorial-räumliche Community (z. B. Nachbarschaft, räumliche Handlungsebenen), Engagement-Community (z. B. politisches, soziales Engagement) oder soziale Community (Aufbau von Sozialkapital, Identitätsbildungsprozesse) untersucht werden.

Bei Top-down-Beteiligung sind die **Akteure** selbst von Interesse (was bewirkt die Beteiligung: partizipative Stile und Governance), der **Beteiligungsprozess** (offen vs. geschlossen, Qualität) sowie die **Output**- bzw. **Outcome**-Ebene (Akzeptanz, Gemeinwohl, Nutzen). Übergreifend lassen sich zudem **Mikro-**, **Meso-** und **Makroebene** voneinander unterscheiden, auf denen sich einige spezifische Technologien, Akteure und Partizipationsformen etabliert haben (vgl. Abb. 1). So können kleinere, regionale Energieprojekte (z. B. eine Windenergieanlage) von größeren, nationalen Vorhaben (z. B. Netzausbau) mit jeweils eigenen Logiken und Strukturen unterschieden werden. Allerdings betreffen viele Energiewende-Projekte in der Praxis mehrere Ebenen und überlappen sich, sie lassen sich nur schwerlich einordnen und voneinander abgrenzen.

	Geography	Technologies	Actors	Forms of participation
Macro	International	Electricity interconnectors	International Energy Agency, European Union	Representation through national governments, lobbying, actor networks
	National	Centralised power generation plants	National governments and regulators, State utilities	Voting, consultations, collective switching, consumer choice
Meso	Region or city	Regional electricity networks	District network operators, Municipal energy companies	Regional voting, consultations, forums, local actor networks, campaigns
	Town/neighbourhood	District heating systems	Community energy initiatives	Neighbourhood forums
Micro	Buildings	Microgeneration	Households	Material installations, eco-open home events,

Abb. 1 Partizipationsformen der Energiewende auf unterschiedlichen Ebenen des Energiesystems. (Quelle: Radtke et al. 2018, S. 32)

> **Infobox 7: Was ist Sozialkapital?**
> Der Begriff wurde von dem französischen Soziologen Pierre Bourdieu und dem amerikanischen Politologen Robert Putnam geprägt und meint die sozialen Praktiken und Werte, welche für ein funktionierendes Zusammenleben in Gemeinschaften erforderlich sind, also etwa Vertrauen, kooperatives Verhalten, Gegenseitigkeit und Zusammenarbeit. Putnam hatte den Niedergang zivilgesellschaftlicher Assoziationen in verschiedenen Ländern untersucht und dabei die Bedeutung von Sozialkapital als Kitt bzw. Schmiermittel für eine funktionierende Demokratie herausgestellt (Putnam et al. 1993; Putnam 2000). Er unterscheidet allerdings bindendes von überbrückendem Sozialkapital: Während letzteres zwischen verschiedenen Individuen und Gemeinschaften Verbindungen herstellt, entsteht bindendes Sozialkapital innerhalb von Gemeinschaften (z. B. in einem Verein), welches zwar die Gruppe zusammenhält, allerdings dazu führt, dass Abgrenzungen nach außen entstehen, was Hürden für die Integration Außenstehender bedeuten kann.

Die Zukunft: Digitalisierung von Partizipation in der Energiewende

Ohne Zweifel werden digitale Beteiligungsformate immer weiter zunehmen. Die hier beschriebenen Partizipationsformen der Energiewende haben überraschend häufig einen überwiegend analogen Charakter. Dennoch ist die Digitalisierung längst in der Beteiligungspraxis angekommen: Eingaben von Bürgern in den Netzausbau-Verfahren wurden vorwiegend online vorgenommen, Kommunikation und Organisation von Bürgerenergie-Initiativen, Klimaschutzforen, Vereinen und Verbänden laufen heute überwiegend onlinebasiert, auch Soziale Medien spielen dabei eine immer größere Rolle. Alles deutet darauf hin, dass in Zukunft der Kontakt der Bürger mit der Verwaltung ebenfalls durch das Internet ermöglicht und sogar der Standard wird – **E-Government** bzw. **Open Government** wird von allen deutschen Bundesländern vorangetrieben.

Und die Energiewende selbst bietet zahlreiche Ansatzpunkte und Möglichkeiten: Der Weg in Richtung **Smart Energy**, Mobility und Grids, verbunden mit einer kompletten digitalen Vernetzung, bedeutet theoretisch einen vollständigen Zugriff und Kontrolle über Energieproduktion, -speicherung und -konsum. Denkbar wird damit eine Zukunft der Beteiligung, die auf den ersten Blick ungeahnte Möglichkeiten der Entfaltung bedeuten könnte: Anstelle aufwendiger und komplizierter Verfahren vor Ort könnten sich virtuell alle Bürger und Akteure im Netz informieren, an Abstimmungen teilnehmen, Stellungnahmen abgeben und sich an Diskussionen beteiligen – die Auswertung könnte mithilfe elektronischer Instrumente nahezu automatisch erfolgen. Sowohl den Bürgern, als auch Verwaltungen und Unternehmen wäre damit geholfen und schließlich bestünde sogar die Möglichkeit, dass sich alle Interessierten beteiligen – das Problem der Ungleichheit könnte so gelöst werden. Doch diese Erwartungen können wahrscheinlich bereits im Vorfeld der **„digitalen Beteiligungsrevolution"** gedämpft werden: Erste Erfahrungen mit Online-Partizipation zeigen bereits, dass online wie offline wieder bestimmte Bevölkerungsgruppen stärker partizipieren (Schlozman et al. 2010). Zudem lässt sich eine reale Erfahrung, z. B. eine lebendige Diskussion nicht virtuell ersetzen. Online-Möglichkeiten werden daher auch bereits jetzt vorwiegend zur Abstimmung, Koordination und Kommunikation genutzt – wichtige Entscheidungen treffen auch Gemeinschaften jüngerer Menschen vorwiegend in realen Treffen, zumal Online-Kommunikation nicht automatisch weniger Aufwand bedeutet. Hinzu kommen Risiken wie Datenschutz, Kommerzialisierung, Mobbing und Cyberkriminalität. Bestimmte Vorteile der Online-Partizipation wie die Teilhabe älterer und behinderter Menschen bleiben aber bestehen. Für Beteiligungsexperten ist daher offensichtlich, dass das geeignete Mittel der Wahl ein **Mix aus Online- und Offline-Beteiligung** darstellt, der auf die spezifischen Erfordernisse des jeweiligen Kontextes eingeht.

> **Fallbeispiele App „Flash Poll" und „Creactive Citizen"**
> Von der TU Berlin wurde gemeinsam mit Unternehmen eine App entwickelt, welche es ermöglicht, via Smartphone an einer Abstimmung zu einer bestimmten Sachfrage teilzunehmen, sofern sich die abstimmende Person in räumlicher Nähe befindet (z. B. am Standort von geplanten Baumaßnahmen). Auf diese Weise soll sichergestellt werden, dass eine konkrete Auseinandersetzung mit der Angelegenheit stattfindet. Derzeit wird ein weiteres Online-Tool im Forschungsprojekt „Creactice Citizen" an der Universität Siegen entwickelt, welches speziell für Energiewende- und Infrastrukturvorhaben designt wird. Theoretisch sind hier diverse kreative Gestaltungsoptionen möglich, viele Personen können erreicht werden und eine Verzahnung mit Offline-Veranstaltungen kann die Qualität erhöhen. Doch die Probleme digitaler Partizipation in diesem Kontext sind bereits bekannt: Aufgrund der geringen Zugangsschwelle – was einen großen Vorteil gegenüber ortsgebundener Präsenz-Partizipation darstellt – besteht umgekehrt die Gefahr, dass Abstimmungen in großer Anzahl ohne fundierte Auseinandersetzung mit der Angelegenheit vorgenommen werden. Beteiligungsforscher weisen darauf hin, dass gerade der vorgeschaltete Prozess einer Befassung mit einer Thematik inklusive einer Sondierung mit Abwägungsprozessen von entscheidender Bedeutung für gelungene Beteiligung ist. Online-Instrumente können diese Anforderungen nicht ersetzen, sie können allerdings wertvolle Hilfestellungen bieten, indem sie Informationen aufbereiten, einordnen und visualisieren. In der Energiewende ist dies bei der Planung von Energieanlagen sinn-

voll, da Standorte und Anlagen vorab dargestellt und Rückmeldungen eingeholt werden können.

4 Fazit: Umbruch von Partizipations- und Engagementformen

Schon seit längerer Zeit ist in der Partizipationsforschung ein Umbruch der Beteiligungsformen bekannt: Auf der einen Seite verzeichnen klassisch-konventionelle Organisationen (Parteien, Gewerkschaften) einen kontinuierlichen Mitgliederrückgang und gehen politische Wahlbeteiligungen zurück, auf der anderen Seite kommen neue, kreative und unkonventionelle Formate stetig hinzu: Zum Beispiel **neue Engagementformen** in der Flüchtlingshilfe oder in Urban Gardens und Repair Cafés, **digitale Formate** wie Voting-Tools, kollaborative Apps oder Petitionen sowie diskursive z. B. kreative Foren und finanziell-materielle Beteiligung in Bürgerenergieprojekten. Daher kann allgemein nicht von einem Rückgang der Partizipationsbereitschaft oder des bürgerschaftlichen Engagements gesprochen werden (zum Teil steigen diese sogar an), sondern eher von einer Verschiebung und Verlagerung hin zu anderen Formen. Der Wandel des bürgerschaftlichen Engagements in Deutschland wird schon seit einigen Jahren beobachtet – er ist insbesondere dadurch gekennzeichnet, dass sich einige größere Organisationen wie z. B. Umweltschutzverbände immer stärker **professionalisieren**, womit das Ehrenamt zunehmend durch kontinuierliche Erwerbsarbeit ersetzt wird. Ein weiterer Aspekt ist die **Monetarisierung** und Ökonomisierung, indem Kosten-Nutzen-Kalküle, Management und Gewinnzielung an Bedeutung zunehmen. Dieser Trend geht einher mit dem Problem der **Überlastung** des Ehrenamtes: Die immer komplexer werdenden Anforderungen hinsichtlich der Organisiertheit und Professionalisierung erzeugen hinsichtlich der Übernahme von dauerhaften Aufgaben eine abschreckende Wirkung.

Die neuen Partizipationsformen zeichnet hingegen aus, dass sie im Gegensatz zu klassischer Arbeit in Organisationen weniger formalisiert sind. Sie sind viel stärker **pragmatisch** und **flexibel** ausgerichtet, häufig zeitlich auf situative Aktionen befristet (**projektorientiert**) und **individualisiert**. Für den Einzelnen bedeutet dies, dass es ohne große Eintritts- bzw. Hemmschwelle möglich ist, eine selbst gewählte Form des Beitrages in einem Ausmaß und einem Zeitraum nach persönlicher Präferenz zu leisten.

Die Energiewende spiegelt interessanterweise diesen Umbruch wider: Die hier vorgestellten Partizipationsformen und Instrumente weisen eine große

Übereinstimmung mit den Merkmalen der zeitgenössischen **Beteiligungskultur** auf. Dies kann einerseits darauf zurückgeführt werden, dass die Energiewende in den letzten Jahren ein neues Betätigungsfeld für Bürger und organisierte Interessen gebildet hat – andererseits weist die Energiewende selbst einen pragmatischen projektorientierten Ansatz auf, der sich sehr gut mit einem technokratisch-materiellen Stil verbinden lässt: Energiewende-Projekte können vergleichsweise überschaubar in einem bestimmten Zeitrahmen digital gemanagt werden und die Partizipation kann darauf ausgerichtet werden.

In der Energiewende besteht ein häufig kritisiertes Problem darin, dass bei Standortentscheidungen insbesondere im Fall von Windkraft kein Einfluss durch partizipative Verfahren möglich ist (*„participation for what?"*). Diese Kritik lässt sich einordnen in übergreifende Diagnosen, welche hier etwa von einer „Mitmachfalle" sprechen oder von einer bloßen Simulation oder Inszenierung von Partizipation und *Fishing for Legitimation*, um geplante Projekte durch die Ausgestaltung der Verfahren „absegnen" zu lassen.

Jenseits dieser Bedenken kann im Fall der Energiewende konstatiert werden, dass zahlreiche Bürger über diverse Instrumente und Kanäle politisch, sozial und monetär-materiell beteiligt wurden – herausragende Beispiele sind die Netzausbau-Beteiligung und Bürgerenergie. Zwar weisen diese Beteiligungsvarianten auch Nachteile und Probleme auf (im Falle von Netzausbau-Partizipation die Wirkungslosigkeit und fehlende Passfähigkeit, im Fall von Bürgerenergie die ungleich verteilte Beteiligung), allerdings sind diese vermutlich letztlich unvermeidlich. Aus Sicht der Partizipationsforschung ist einerseits zu bedenken, dass ein **Austarieren** der Prinzipien einer funktionierenden Demokratie (Offenheit und politische Gleichheit, Machtkontrolle und Legitimität, Rationalität und Transparenz, Effizienz und Effektivität) ein kontinuierlicher Prozess ist, andererseits ist es heute herrschende Meinung, dass je **nach Situation kontextuell angepasst** partizipative Instrumente verwendet werden sollten und sich daher Pauschalurteile verbieten. Spezifische Nachteile von Beteiligungsverfahren und Engagement in zivilgesellschaftlichen Assoziationen sind typenabhängig und in den Konstruktionen selbst begründet – sie sind damit unabhängig von der Energiewende zu beurteilen. Ein Hauptproblem der Energiewende-Partizipation liegt jedoch in der **sozialen Ungleichheit**, da nicht alle Bevölkerungsteile gleichmäßig verteilt in Verfahren, Engagementformen und materiellen Angeboten partizipieren. Herausragende Vorteile sind auf lokaler Ebene erkennbar, insbesondere bei der **Lösung von Energiewende-Konflikten**.

Die Energiewende wird nur gelingen, wenn gesellschaftliche Interessen ausreichend berücksichtigt werden. Dazu bedarf es der **frühzeitigen Einbindung** der Bevölkerung bei der Problemdefinition, Problemanalyse und Entscheidungsfindung. Denn nur wenn Bürgerinnen und Bürger von Beginn an in die Prozesse zur Umsetzung der Energiewende einbezogen werden, kann es gelingen, diese Transformation als gesamtgesellschaftliche Aufgabe wahrzunehmen und erfolgreich umzusetzen.

Die konkrete Ausgestaltung von Beteiligungsverfahren ist entscheidend. Hierfür gibt es kein Allgemeinrezept. Es hat sich jedoch gezeigt, dass vor allem zu Beginn des Verfahrens die zentralen Eckpunkte für alle Beteiligten **transparent** gemacht werden müssen. Es bedarf Klarheit darüber, in welcher Form und mit welcher Verbindlichkeit Bürgerinnen und Bürger zum Gelingen des Verfahrens beitragen können. Gleichzeitig muss der Beteiligungsprozess **fair** ablaufen, **Vertrauen** aufgebaut werden und es muss klar ersichtlich sein, wo die **Grenzen des Verfahrens** liegen. Dies zu kommunizieren, ist eine große Herausforderung, da schon im Vorfeld der Beteiligung klar Position bezogen werden soll. Es beugt aber auch der Gefahr von späterer **Enttäuschung** vor, wenn weniger Einfluss als erhofft durch die Bürgerinnen und Bürger genommen werden kann. Eine realistische und möglichst konkrete Vorstellung über die Möglichkeiten und Grenzen des Verfahrens ist deshalb von zentraler Bedeutung für alle Beteiligten, um die Energiewende als gesamtgesellschaftlichen Transformationsprozess erfolgreich gestalten zu können.

Im Folgenden werden die wesentlichen Aussagen des Kapitels zu Partizipation und Akzeptanz in jeweils zehn Punkten zusammengefasst:

Zusammenfassung Partizipation in der Energiewende

Der Überblick zu Partizipation und bürgerschaftlichem Engagement verdeutlicht, dass es sich dabei nicht um flankierende Maßnahmenprogramme, sondern um wesentliche Designmerkmale der Energiewende handelt. Die wichtigsten Aussagen des Kapitels werden im Folgenden in zehn Punkten zusammengefasst.

1. Die Energiewende in Deutschland ist in vielen Fällen bereits heute schon partizipativ angelegt und umfasst einen komplexen **Beteiligungskorridor**, der einen politischen Anspruch, Gestaltung von Planungen und Verfahren und eine konkrete themenfeldspezifische Beteiligungspraxis beinhaltet.
2. Die Energiewende ist auf **Legitimation** angewiesen. Sie kann durch Verfahren via **Verfahrensrationalität**, durch einen im politischen Meinungsprozess ausgehandelten **Minimalkonsens** sowie durch **Diskurs** zwischen beteiligten Gruppen erreicht werden.
3. Es lassen sich verschiedene **Partizipationsformen** in der Energiewende unterscheiden: **Politische Beteiligung** (v. a. Verfahren), **soziale bzw. diskursive**, **organisationale** Beteiligung und **bürgerschaftliches Engagement** (v. a. Bür-

gerinitiativen, Organisationen und Dialoge), **finanziell-materielle** Beteiligung (v. a. Projekte) sowie **direktdemokratische** Instrumente (v. a. Bürgerbegehren, Bürgerentscheide und Petitionen) und Partizipation bzw. Zusammenarbeit auf Akteursebene (**partizipative Governance**).
4. Typische **Beispiele** für die Partizipationsformen sind politische und diskursive Beteiligung im Kontext von **Windkraft** und **Netzausbau**, **Bürgerenergie** als finanziell-materielle Beteiligungs- und Engagementform, **Klimaschutz-Foren** und Dialoge sowie Umweltorganisationen als sozial-diskursive Beteiligungs- und Engagementform. **Bürgerbegehren** und **Bürgerentscheide** werden häufig im Fall von Windkraft und Betrieb von Strom- bzw. Energienetzen sowie Stadtwerken bemüht. Beispiele für partizipative Governance sind kooperativ-kollaborative Formate wie **Runde Tische** und Beiräte.
5. Partizipation in der Energiewende verläuft häufig **unkonventionell**, weniger formalisiert, **projektorientiert**, situativ-angepasst und **zeitlich begrenzt**. Sie entspricht damit den neueren Formen von Partizipation und Engagement wie nachhaltigem Konsum, Urban Gardening und Flüchtlingshilfe im Gegensatz zu dem klassischen Engagement in Parteien und Gewerkschaften.
6. Verschiedene Beteiligungsformen existieren auf unterschiedlichen **Ebenen** (Mikro-, Meso- und Makroebene) und können **bottom up** und **top-down** strukturiert sein. Bottom-up-Prozesse wachsen aus Einzelinitiativen und Engagement von Gruppen heraus, während Top-down-Beteiligung ein Angebot bedeutet, das kaum verhandelbar ist.
7. Partizipative **Governance** bedeutet ein kooperativ und kollaborativ (auf Zusammenarbeit ausgelegtes) **horizontales** Zusammenwirken von Akteuren bei Willensbildungs- und Entscheidungsfindungsprozessen zur **Koordination** und **Steuerung**. Hiermit sollen besser akzeptierte, legitimierte sowie effiziente Entscheidungen erreicht werden.
8. **Digitale** Partizipation schließt in der Energiewende sowohl onlinebasierte Beteiligungstools wie Voting, Kommentierung, Visualisierung, als auch elektronische Instrumente für die Überwachung und Steuerung von individuellem Energiekonsum, -erzeugung und -speicherung (**Smart Energy**) ein. Die Verknüpfung von erneuerbaren Energien und Elektromobilität bedeutet ein enormes Potential für digitale Gestaltung.
9. Partizipation erzeugt sowohl positive als auch negative **Effekte**. Wesentliche Vorteile bestehen im Fall der Energiewende in der **Konfliktlösung** sowie im **Wissens- und Kompetenzerwerb**, das größte Problem besteht in der sozialen **Ungleichheit**.
10. Partizipation in der Energiewende bedeutet eine **demokratische Gestaltung** des Transformationsprozesses. Daher ist das Funktionieren dieser Prozesse für den Fortbestand von **Demokratie** und liberaler Gesellschaft von erheblicher Bedeutung.

Literatur

Almond, G. A., & Verba, S. (1963). *The civic culture: Political attitudes and democracy in five nations*. Princeton: Princeton University Press.

Arnstein, S. R. (1969). A ladder of citizen participation. *Journal of the American Institute of Planners, 35*(4), 216–224.

Bekkers, V., & Edwards, A. (2007). Legitimacy and Democracy: A Conceptual Framework for Assessing Governance Practices. In V. Bekkers, G. Dijkstra, & M. Feng (Hrsg.), *Governance and the Democratic Deficit: Assessing the Democratic Legitimacy of Governance Practices* (S. 35-60). London/New York: Routledge.

Blatter, J. (2007). Demokratie und Legitimation. In A. Benz, S. Lütz, U. Schimank & G. Simonis (Hrsg.), *Handbuch Governance: Theoretische Grundlagen und empirische Anwendungsfelder* (S. 271–284). Wiesbaden: Springer.

Bovet, J., & Lienhoop, N. (2017). Trägt die wirtschaftliche Teilhabe an Flächen für die Windkraftnutzung zur Akzeptanz bei? Zum Gesetzesentwurf eines Bürger- und Gemeindebeteiligungsgesetzes unter Berücksichtigung von empirischen Befragungen. In J. Schippl, A. Grunwald & O. Renn (Hrsg.), *Die Energiewende verstehen – orientieren – gestalten: Erkenntnisse aus der Helmholtz-Allianz ENERGY-TRANS* (S. 569–591). Baden-Baden: Nomos.

Buchstein, H. (2009). *Demokratie und Lotterie: das Los als politisches Entscheidungsinstrument von der Antike bis zur EU*. Frankfurt a. M.: Campus.

BVBS – Bundesministerium für Verkehr, Bau und Stadtentwicklung. (2012). *Planung von Großvorhaben im Verkehrssektor. Handbuch für eine gute Bürgerbeteiligung*. Berlin: BVBS.

Cuppen, E. (2018). The value of social conflicts. Critiquing invited participation in energy projects. *Energy Research & Social Science, 38*, 28–32.

van Deth, J. W. (2001). Soziale und politische Beteiligung: Alternativen, Ergänzungen oder Zwillinge? In A. Koch, M. Wasmer & P. Schmidt (Hrsg.), *Politische Partizipation in der Bundesrepublik Deutschland. Empirische Befunde und theoretische Erklärungen* (S. 195–220). Opladen: Leske + Budrich.

van Deth, J. W. (2009). Politische Partizipation. In V. Kaina & A. Römmele (Hrsg.), *Politische Soziologie* (S. 141–161). Wiesbaden: Springer.

Dienel, P. C. (2009). *Demokratisch, praktisch, gut: Merkmale, Wirkungen und Perspektiven der Planungszelle*. Bonn: Dietz.

Dryzek, J. S. (2010). In S. Niemeyer (Hrsg.), *Foundations and frontiers of deliberative governance*. Oxford: Oxford University Press.

Eichenauer, E. (2018). Energiekonflikte – Proteste gegen Windkraftanlagen als Spiegel demokratischer Defizite. In J. Radtke & N. Kersting (Hrsg.), *Energiewende. Politikwissenschaftliche Perspektiven* (S. 321–347). Wiesbaden: Springer.

Fischer, F. (2003). *Reframing public policy: Discursive politics and deliberative practices*. Oxford: Oxford University Press.

Fraune, C., & Knodt, M. (2018). Sustainable energy transformations in an age of populism, post-truth politics, and local resistance. *Energy Research & Social Science, 43*, 1–7.

Gabriel, O. W. (2013). Politische Partizipation. In J. W. van Deth & M. Tausendpfund (Hrsg.), *Politik im Kontext: Ist alle Politik lokale Politik?* (S. 381–411). Wiesbaden: Springer.

Goodin, R. E., & Dryzek, J. S. (2006). Deliberative impacts: The macro-political uptake of mini-publics. *Politics & Society, 34*(2), 219–244.

Grote, J. R., & Gbikpi, B. (Hrsg.). (2002). *Participatory governance: Political and societal implications.* Opladen: Leske + Budrich.
Grunwald, A. (2008). *Technik und Politikberatung.* Frankfurt a. M.: Suhrkamp.
Habermas, J. (1968). *Technik und Wissenschaft als ‚Ideologie'.* Frankfurt a. M.: Suhrkamp.
Habermas, J. (1973). *Legitimationsprobleme im Spätkapitalismus.* Frankfurt a. M.: Suhrkamp.
Habermas, J. (1983). *Moralbewußtsein und kommunikatives Handeln.* Frankfurt a. M.: Suhrkamp.
Habermas, J. (1991). *Erläuterungen zur Diskursethik.* Frankfurt a. M.: Suhrkamp.
Heller, F. A., Pusić, E., Strauss, G., & Wilpert, B. (Hrsg.). (1998). *Organizational participation: Myth and reality.* Oxford: Oxford University Press.
Hoeft, C., Messinger-Zimmer, S., & Zilles, J. (Hrsg.). (2017). *Bürgerproteste in Zeiten der Energiewende: lokale Konflikte um Windkraft, Stromtrassen und Fracking, Christoph Hoeft, Sören Messinger-Zimmer, Julia Zilles (Hg.).* Bielefeld: transcript.
Keil, S. I. (2013). Soziale Partizipation. In J. W. van Deth & M. Tausendpfund (Hrsg.), *Politik im Kontext: Ist alle Politik lokale Politik?* (S. 157–189). Wiesbaden: Springer.
Kersting, N. (2008). *Politische Beteiligung. Einführung in dialogorientierte Instrumente politischer und gesellschaftlicher Partizipation.* Wiesbaden: Springer.
Luhmann, N. (2001). *Soziale Systeme: Grundriß einer allgemeinen Theorie* (Nachdruck). Frankfurt a. M.: Suhrkamp.
Marres, N. (2012). *Material Participation. Technology, the Environment and Everyday Publics.* Houndmills, Basingstoke: Palgrave Macmillan.
Milstein, A. (2016). Die Beteiligung der Bürger und Gemeinden an Windparks in privater Trägerschaft durch Landesgesetz: verfassungs- und unionsrechtliche Grenzen. *Zeitschrift für Umweltrecht, 27*(5), 269–278.
Neukirch, M. (2017). *Die Dynamik des Konflikts um den Stromtrassenbau: Stabilität, Wandel oder Stagnation?* (Working Paper No. 2017-04). Stuttgarter Beiträge zur Organisations- und Innovationsforschung, SOI Discussion Paper. Stuttgart: Universität Stuttgart.
Papadopoulos, Y. (2004). Governance und Demokratie. In A. Benz (Hrsg.), *Governance – Regieren in komplexen Regelsystemen: Eine Einführung* (S. 215–237). Wiesbaden: Springer.
Putnam, R. D. (2000). *Bowling alone: The collapse and revival of American community.* New York: Simon & Schuster.
Putnam, R. D., Leonardi, R., & Nanetti, R. Y. (1993). *Making democracy work: Civic traditions in modern Italy.* Princeton: Princeton University Press.
Radtke, J. (2016). *Bürgerenergie in Deutschland. Partizipation zwischen Rendite und Gemeinwohl.* Wiesbaden: Springer.
Radtke, J., Holstenkamp, L., Barnes, J., & Renn, O. (2018). Concepts, formats, and methods of participation: Theory and practice. In L. Holstenkamp & J. Radtke (Hrsg.), *Handbuch Energiewende und Partizipation* (S. 21–42). Wiesbaden: Springer.
Renn, O. (2013). Partizipation bei öffentlichen Planungen. Möglichkeiten, Grenzen, Reformbedarf. In S. I. Keil & S. I. Thaidigsmann (Hrsg.), *Zivile Bürgergesellschaft und Demokratie* (S. 71–96). Wiesbaden: Springer.
Renn, O., Köck, W., Schweizer, P.-J., Bovet, J., Benighaus, C., Scheel, O., & Schröter, R. (2017). Öffentlichkeitsbeteiligung bei Planungsverfahren der Energiewende. In J. Schippl, A. Grunwald & O. Renn (Hrsg.), *Die Energiewende verstehen – orientieren – gestalten: Erkenntnisse aus der Helmholtz-Allianz ENERGY-TRANS* (S. 547–567). Baden-Baden: Nomos.

Roßteutscher, S. (2009). Soziale Partizipation und Soziales Kapital. In V. Kaina & A. Römmele (Hrsg.), *Politische Soziologie* (S. 163–180). Wiesbaden: Springer.
Scharpf, F. W. (1999). *Regieren in Europa: effektiv und demokratisch?* Frankfurt a. M.: Campus.
Schäfer, M. (2014). *Kommunalwirtschaft: eine gesellschaftspolitische und volkswirtschaftliche Analyse.* Wiesbaden: Springer Gabler.
Schlozman, K. L., Verba, S., & Brady, H. E. (2010). Weapon of the strong? Participatory inequality and the Internet. *Perspectives on Politics, 8*(02), 487–509.
Schmidt, M. G. (2010). *Demokratietheorien: eine Einführung.* Wiesbaden: Springer.
Schmelzle, C. (2012). Zum Begriff politischer Legitimität. In A. Geis, F. Nullmeier, & C. Daase (Hrsg.), *Der Aufstieg der Legitimitätspolitik. Rechtfertigung und Kritik politisch-ökonomischer Ordnungen* (S. 419–435). Baden-Baden: Nomos.
Schmidt, R. (2012). *Soziologie der Praktiken: Konzeptionelle Studien und empirische Analysen.* Frankfurt a. M.: Suhrkamp.
Setton, D. (2019). *Soziales Nachhaltigkeitsbarometer der Energiewende 2018.* Potsdam: IASS.
Setton, D., & Renn, O. (2018). Deutsche wollen mehr Kostengerechtigkeit und Bürgernähe bei der Energiewende. *Energiewirtschaftliche Tagesfragen, 1*(2), 27–31.
Seyfang, G., Hielscher, S., Hargreaves, T., Martiskainen, M., & Smith, A. (2014). A grassroots sustainable energy niche? Reflections on community energy in the UK. *Environmental Innovation and Societal Transitions, 13*, 21–44.
Straßburger, G., & Rieger, J. (Hrsg.). (2019). *Partizipation kompakt. Für Studium, Lehre und Praxis sozialer Berufe* (2. Aufl.) . Weinheim/Basel: Beltz Juventa.
Thaa, W. (2013). „Stuttgart 21" – Krise oder Repolitisierung der repräsentativen Demokratie? *Politische Vierteljahresschrift, 54*(1), 1–20.
Theocharis, Y., & van Deth, J. W. (2018). *Political participation in a changing world. Conceptual and empirical challenges in the study of citizen engagement.* New York: Routledge.
Verba, S., Schlozman, K. L., & Brady, H. E. (1995). *Voice and equality: Civic voluntarism in American politics.* Cambridge: Harvard University Press.
Vetter, A., & Remer-Bollow, U. (2017). *Bürger und Beteiligung in der Demokratie: Eine Einführung.* Wiesbaden: Springer.
Walter, F., Geiges, L., Butzlaff, F., & Marg, S. (2013). *Die neue Macht der Bürger: was motiviert die Protestbewegungen?* Reinbek bei Hamburg: Rowohlt.

Ausgewählte Literatur zur Vertiefung

Alcántara, S., Bach, N., Kuhn, R., & Ullrich, P. (2016). *Demokratietheorie und Partizipationspraxis. Analyse und Anwendungspotentiale deliberativer Verfahren.* Wiesbaden: Springer.
Bickerstaff, K., Walker, G., & Bulkeley, H. (Hrsg.). (2013). *Energy Justice in a Changing Climate: Social Equity and Low-Carbon Energy.* London/New York: Zed Books.
Brettschneider, F. (Hrsg.). (2020). *Bau- und Infrastrukturprojekte: Dialogorientierte Kommunikation als Erfolgsfaktor.* Wiesbaden: Springer.
Devine-Wright, P. (Hrsg.). (2011). *Renewable energy and the public: From NIMBY to participation.* London/Washington, DC: Routledge.

Fraune, C., Knodt, M., Gölz, S., & Langer, K. (Hrsg.). (2019). *Akzeptanz und politische Partizipation in der Energietransformation. Gesellschaftliche Herausforderungen jenseits von Technik und Ressourcenausstattung.* Wiesbaden: Springer VS.

Gobert, J. (2016). *Widerstand gegen Großprojekte: Rahmenbedingungen, Akteure und Konfliktverläufe.* Wiesbaden: Springer.

Großmann, K., Schaffrin, A., & Smigiel, C. (Hrsg.). (2017). *Energie und soziale Ungleichheit. Zur gesellschaftlichen Dimension der Energiewende in Deutschland und Europa.* Wiesbaden: Springer.

Holifield, R., Chakraborty, J., & Walker, G. (Hrsg.). (2018). *The Routledge handbook of environmental justice.* Milton Park/New York: Routledge.

Holstenkamp, L., & Radtke, J. (Hrsg.). (2018). *Handbuch Energiewende und Partizipation.* Wiesbaden: Springer.

Krebber, F., & Zerfaß, A. (2016). *Akzeptanz durch inputorientierte Organisationskommunikation: Infrastrukturprojekte und der Wandel der Unternehmenskommunikation.* Wiesbaden: Springer.

Kuppler, S. (2017). *Effekte deliberativer Ereignisse in der Endlagerpolitik: Deutschland und die Schweiz im Vergleich von 2001 bis 2010.* Wiesbaden: Springer.

Lorenz, A., Hoffmann, C. P., & Hitschfeld, U. (Hrsg.). (2019). *Partizipation für alle und alles? Fallstricke, Grenzen und Möglichkeiten.* Wiesbaden: Springer.

Mast, C., & Stehle, H. (2016). *Energieprojekte im öffentlichen Diskurs: Erwartungen und Themeninteressen der Bevölkerung.* Wiesbaden: Springer.

Morris, C., & Jungjohann, A. (2016). *Energy democracy: Germanys Energiewende to renewables.* Basingstoke: Palgrave Macmillan.

Nanz, P., & Fritsche, M. (2012). *Handbuch Bürgerbeteiligung: Verfahren und Akteure, Chancen und Grenzen.* Bonn: Bundeszentrale für Politische Bildung.

Radtke, J., & Kersting, N. (2018). *Energiewende. Politikwissenschaftliche Perspektiven.* Wiesbaden: Springer.

Radtke, J., Canzler, W., Schreurs, M., & Wurster, S. (Hrsg.). (2019). *Energiewende in Zeiten des Populismus.* Wiesbaden: Springer VS.

Renn, O., Ulmer, F., & Deckert, A. (Hrsg.). (2020). *The Role of Public Participation in Energy Transitions.* Cambridge, MA: Academic Press.

Rosenberger, N., & Kleinberger, U. (Hrsg.). (2017). *Energiediskurs: Perspektiven auf Sprache und Kommunikation im Kontext Der Energiewende.* Bern: Peter Lang Pub.

Schmalz, I. M. (2019). *Akzeptanz von Großprojekten. Eine Betrachtung von Konflikten, Kosten- und Nutzenaspekten und Kommunikation.* Wiesbaden: Springer.

Schönhuth, M., & Jerrentrup, M. T. (2019). *Partizipation und nachhaltige Entwicklung. Ein Überblick.* Wiesbaden: Springer.

Sommer, J. (Hrsg.). (2017). *Kursbuch Bürgerbeteiligung #2.* Berlin: Deutsche Umweltstiftung.

Sovacool, B. K., & Dworkin, M. H. (2014). *Global energy justice: Problems, principles, and practices.* Cambridge: Cambridge University Press.

Teil IV

Die Energiewende im weiteren politischen Kontext

Die Energiewende als sozio-technische Transformation – Von der Analyse zur Gestaltung

Ulrich Dewald, Armin Grunwald, Witold-Roger Poganietz und Jens Schippl

Zusammenfassung

Dieses Kapitel geht der Frage nach, mit welchen unterschiedlichen Wissenstypen die komplexen Transformationsdynamiken der Energiesysteme beschrieben werden können. Eingangs wird an Beispielen die Komplexität des Energiesystems beschrieben, um dann anhand der Wissenstypen System-, Orientierungs- und Gestaltungswissen jeweilige Ziele, Methoden und Grenzen der wissenschaftlichen Betrachtung der Energiesysteme zu veranschaulichen.

Im folgenden Kapitel geht es darum, Strukturen und Dynamiken der Energiesysteme aus einer Metaperspektive zu analysieren. System-, Handlungs- und Orientierungswissen stellen unterschiedliche Wissensarten dar, die Grundlage zur Analyse als auch Gestaltung komplexer sozio-technischer Wandlungsprozesse wie der

U. Dewald (✉)
GEFAK – Gesellschaft für angewandte Kommunalforschung mbH,
Marburg, Deutschland
E-Mail: dewald@gefak.de

A. Grunwald · W.-R. Poganietz · J. Schippl
Karlsruher Institut für Technologie, Karlsruhe, Deutschland
E-Mail: armin.grunwald@kit.edu; witold-roger.poganietz@kit.edu;
jens.schippl@kit.edu

Energiewende sind. Diese Wissenstypen werden hier konkretisiert: Die Transitionsforschung stellt Systemwissen bereit, Szenarien generieren Orientierungswissen. Abschließend wird der Frage nachgegangen, inwieweit daraus Handlungswissen abgeleitet werden kann.

Die Transformation der Energieversorgung mit dem Ziel der Substitution fossil basierter Energieerzeugungstechnologien durch Erneuerbare Energien (EE) stellt einen der herausragenden globalen technologischen Wandlungsprozesse im 21. Jahrhundert dar und damit ein wesentliches Handlungsfeld nachhaltigkeitsorientierter Politik. Zwar kann man für den Betrachtungsraum Deutschland – mit Blick auf erste Förderprogramme der Bundesländer sowie die nationale Gesetzgebung[1] zur Förderung der EE – auf nunmehr fast 30 Jahre Transformation zurückblicken (vgl. Beiträge von Ohlhorst und Praetorius in diesem Band, Hirschl 2008). Dies zeigt sich eingängig am Anstieg des Anteils der EE am Bruttostromverbrauch von 6,2 % in 2000 auf über 35 % im Jahr 2017. Dennoch zeichnen sich die Konturen eines zukünftigen Energiesystems nur vage ab, was an einigen Beispielen deutlich wird:

- Zentrale oder dezentrale Energieversorgung: Die Energiewende geht mit der Förderung dezentraler Technologien wie der Photovoltaik einher. Die großen Energieversorgungsunternehmen priorisieren zentrale Technologien, wie etwa Offshore-Windenergie. In den letzten Jahren wird eine Tendenz zur Förderung zentraler Energieinfrastrukturen beobachtet.
- Strategien für Wärme und Verkehr: Im Verkehrs- und Wärmesektor ist die Energiewende weit weniger vorangeschritten als im Stromsektor. Für die Verkehrswende wurde zunächst die Förderung von Biokraftstoffen vorangetrieben. In den letzten Jahren erfolgte hingegen ein Wandel hin zur Elektromobilität, was die Variabilität bzw. Instabilität von Entwicklungspfaden im Bereich Verkehr verdeutlicht.
- Nationale, internationale und regionale Herausforderungen: Die Gestaltung der Energiewende ist eng an räumliche Voraussetzungen gebunden. Ballungsgebiete, industrialisierte Räume und ländlich-periphere Gebiete weisen unterschiedliche räumliche Voraussetzungen für die Gestaltung der Energiewende auf. Lösungsstrategien erfordern überregionale Kooperationen und somit komplexe Governance-Prozesse.

---

[1] In diesem Beitrag fokussieren wir auf die nationale Dimension des Wandels der Energieversorgung, wenngleich sowohl das Problem als auch Lösungsstrategien selbstverständlich die Einbeziehung der globalen, nationalen und lokalen Ebene bedürfen.

- Die zentralen erneuerbaren Energieträger im Stromsektor, Wind und Sonne fluktuieren stark. Um das System trotzdem stabil zu halten bedarf es umfassender Speicher- und Transportmöglichkeiten für Überschussstrom. Ein klares Systemdesign für das Zusammenspiel aus Speicherung und Transport ist bislang nicht erkennbar.

Diese Beispiele weisen auf die Offenheit künftiger Entwicklungspfade und die Bandbreite an Herausforderungen hin. Dabei reicht ein Blick, der nur das Zusammenspiel von Technologieangebot, Markt und Politikgestaltung adressiert, allerdings nicht aus. Eine wichtige Betrachtungsebene im Kontext der Energiewende ist die soziale Dimension, wie sie in der Bezeichnung des Energiesystems als *soziotechnisches* System zur Geltung kommt. Der Wandel der Energieversorgung muss auch vom Blickwinkel der sozialen Einflussfaktoren und Bedingungen auf den Ebenen der Verbraucher, der von energiepolitischen Maßnahmen betroffenen Bürgerinnen und Bürgern her und in Bezug auf den Wandel traditioneller Rollen verstanden werden. Welche Rolle nehmen bestimmte Akteure gegenwärtig und zukünftig ein? Der Wandel vom Konsumenten zum Produzenten bis hin zum Anbieter von Systemdienstleistungen bzw. das Entstehen neuer Rollenmodelle wie das des ‚Prosumers' stehen stellvertretend für neue Rollenzuschreibungen. In Bezug auf die Betroffenheit stellen sich z. B. Fragen nach der Verteilungsgerechtigkeit der Kosten. So ergeben sich bspw. für den wohlhabenden Teil der Bevölkerung vielfache Möglichkeiten, monetär von der Energiewende zu profitieren, während weniger wohlhabende Bevölkerungsteile von Energiearmut bedroht werden können.

Somit stellt sich die Transformation der Energieversorgung als komplexer, gesellschaftlich relevanter Wandlungsprozess dar, für den ein großer Beratungsbedarf in Politik, Verwaltung, Unternehmen und bei den Konsumenten besteht. Dazu muss Wissen aus ganz unterschiedlichen Disziplinen (z. B. Ökonomie, Sozialwissenschaften, Ingenieurwissenschaften und weitere) bereitgestellt werden. Jedoch geht es nicht nur um die Erarbeitung wissenschaftlichen Wissens für Publikationen oder Konferenzen, sondern es geht vor allem um die Lösung gesellschaftlicher Probleme, es geht um Auslöser, Umsetzungshemmnisse oder nicht beabsichtigte Folgen sozio-technischer Transformationen. So sind für die Erforschung des Energiesystems und seiner erfolgreichen Transformation unterschiedliche Wissensbestände gefragt und zu integrieren. In der Konzeptualisierung problemorientierter Forschung hat sich eine Dreiteilung nach den Wissenstypen Systemwissen, Orientierungswissen und Handlungswissen bewährt (Schippl et al. 2017).

- Systemwissen: Vorschläge zur weiteren Gestaltung der Energiewende bedürfen selbstverständlich einer guten Kenntnis des Energiesystems und seiner

Wechselwirkungen. Diese Kenntnis muss sowohl die technischen Zusammenhänge als auch die institutionellen, regulatorischen, ökonomischen und verhaltensbezogenen Aspekte des Energiesystems umfassen, darüber hinaus aber auch und im Besonderen die Wechselwirkungen zwischen diesen Größen.
- Orientierungswissen: Die Energiewende bedarf orientierender Kriterien, die nachvollziehbare und transparente Unterscheidungen zwischen normativ verschiedenen Pfaden erlauben. Als normative Basis steht hier das Leitbild der nachhaltigen Entwicklung im Vordergrund (Grunwald und Kopfmüller 2012). Zum Orientierungswissen wird üblicherweise auch das prospektive Wissen gezählt. Szenarien erlauben die Einbettung von Transformationspfaden des Energiesystems in übergeordnete Zukunftsbilder und Kontexte, sie erlauben die integrative Zusammenschau heterogener, sich aber teils beeinflussender Entwicklungen und schaffen dadurch eine andere Form von Orientierung als normative Überlegungen.
- Handlungswissen: Die Verfügbarkeit von Wissen über Maßnahmen der Transformation und ihre voraussichtlichen Wirkungen stellt eine entscheidende Voraussetzung einer informierten Entscheidungsfindung im Fortgang der Energiewende dar. Handlungswissen kann auf unterschiedlichen Ebenen bereitgestellt werden, z. B. in Form von Maßnahmen, die das individuelle Handeln beeinflussen, als regulatorische Interventionen oder als Einführung von monetären Anreizsystemen zur Erreichung bestimmter Effekte. Dieses Wissen basiert üblicherweise auf der Kombination von System- und Orientierungswissen.

Dieses Grundmuster verstehen-orientieren-gestalten soll diesen Beitrag gliedern. Nach einer Einleitung wird in Abschn. 2 die Multi-Level-Perspektive als ein wissenschaftliches Analysekonzept der Transformationsforschung vorgestellt. Darauf folgend werden in Abschn. 3 mit verschiedenen Szenariomethoden prospektiv ausgerichtete Analysekonzeptionen eingeführt. Diese dienen der Antizipation zukünftiger Entwicklungspfade und stellen damit Orientierungswissen bereit. In Abschn. 4 werden Chancen und Grenzen der Gestaltung der Transformation adressiert. Somit wird die Energiewende aus einer übergeordneten Perspektive betrachtet: es geht darum grundlegende Strukturen und Übergangsprozesse analytisch zu erfassen und Gestaltungsprozesse zu informieren und damit Chancen und Grenzen der Gestaltbarkeit aufzuzeigen.

1 Die Transformation des Energiesystems als gesellschaftliche Herausforderung

Ein strukturelles Merkmal des Energiesystems im Jahr 2017 besteht darin, dass bereits Teile eines neuen, dezentral ausgerichteten Energiesystems verwirklicht sind, während wesentliche Elemente des alten Energiesystems gleichzeitig fortbestehen. Somit koexistieren unterschiedliche Modi der Energieerzeugung und -nutzung. Nicht nur in dieser Hinsicht ist der Begriff der „Wende" somit irreführend. Überdies verdeckt „Wende" den Blick auf einen jahrzehntelangen Wandlungsprozess, der historisch viel früher beginnt, als der im Jahr 2011 kurz nach dem Reaktorunglück von Fukushima von der Bundesregierung beschlossene Ausstieg aus der Kernenergie, mit dem die Energiewende bisweilen vordergründig assoziiert wird. Mit Vorläufern des EEGs wie dem StrEG, mit vielfältigen Förderansätzen auf Ebene der Bundesländer, und mit technologiespezifischen Marktanzeizprogrammen (wie bspw. das 1000-Dächer-Programm zur Erprobung der Photovoltaik) kann auf eine Chronologie von Fördermaßnahmen verwiesen werden, die zum Teil schon weit vor den 1990er-Jahren die Diffusion der EE einleiteten (Hirschl 2008). Daher ist es zielführender, die Energiewende als langfristigen Transformationsprozess einer Infrastruktur zu beschreiben (Monstadt 2004).

Die Größe der Herausforderungen der Transformation wird anhand der Komplexität netzgebundener Infrastrukturen nachvollziehbar. Zu deren Merkmalen gehören eine weiträumige Vernetzung heterogener technischer Komponenten, die dauerhafte Erfüllung von Infrastrukturfunktionen, ihre organisatorische und institutionelle Ausdifferenzierung, die Abhängigkeit anderer gesellschaftlicher Teilsysteme von ihnen, ihre institutionelle Nähe zum öffentlichen Sektor und ihr hoher Grad an Selbstorganisation. Nicht das einzelne Artefakt, sondern das Zusammenwirken vieler technischer und nichttechnischer Komponenten in der Erfüllung bestimmter Infrastrukturfunktionen wie der Bereitstellung von Elektrizität, Wärme oder Mobilität kennzeichnen Infrastruktursysteme. Neben technische Artefakte treten komplexe Organisations- und Managementanforderungen und darüber hinaus ist das Nutzerverhalten von Bedeutung. Infrastruktursysteme als soziotechnische Systeme können ohne Berücksichtigung der sozialen Bestimmungsfaktoren und Folgen weder in ihrer Funktionsweise verstanden, noch können tragfähige Vorschläge für die zukünftige Gestaltung abgeleitet werden.

Kennzeichnend für eine Transformation ist dabei, dass wesentliche Bestandteile neuartig sind und in ihrem Zusammenwirken neu organisiert werden müssen. Dies umfasst letztlich alle systembildenden Bestandteile und damit verschiedene Formen des Wandels:

- Technischer Wandel: Bestehende Energietechnologien wie die Stromerzeugung basierend auf Braun- oder Steinkohle werden mittel- bis langfristig von neuen Erzeugungstechnologien abgelöst, in einer Übergangsphase überlagern sich die verschiedenen alten und neuen Energieerzeugungstechnologien, es müssen neue Netz- und Speichertechnologien entwickelt und integriert werden.
- Regulatorischer Wandel: Institutionen wie Gesetze werden auf die neuen Erzeugungstechnologien ausgerichtet und ermöglichen erst, wie im Falle des EEGs, die Etablierung grundsätzlich neuer Formen der Energieerzeugung. Der Betrieb von Anlagen zur Stromerzeugung durch Privatpersonen ist ein Beispiel für einen regulatorisch ermöglichten sozio-technischen Wandlungsprozess. Der institutionelle Rahmen muss ständig überprüft und angepasst werden.
- Ökonomischer Wandel: Frühere preisbildende Mechanismen werden durch neue Erzeugungsprofile obsolet, so dass neue Marktdesigns erforderlich werden. Zentrale Akteure, wie die großen EVU auf dem Strommarkt, sind gegenwärtig durch einen massiven Wandel ihrer Geschäftsmodelle und Umbau ihrer Unternehmensstrukturen gekennzeichnet und sehen sich Schwierigkeiten einer Neuausrichtung ausgesetzt.
- Sozialer Wandel: Jahrzehntelang eingeübte Verhaltensmuster auf der Verbrauchsseite müssen sich ebenfalls verändern. So beeinflusst bspw. der Übergang von Verbrennungsmotoren im Straßenverkehr zur Elektromobilität gewohnte Verhaltensstrukturen bzw. kommt in Konflikt mit eingebürgerten Gewohnheiten, was die Transformationsgeschwindigkeit begrenzt.

Die Transformation ist darüber hinaus mit einer Reihe von Herausforderungen verbunden. Neben der Steigerung des Anteils der EE auch im Wärme- und Verkehrssektor ist die Integration in den europäischen Energiemarkt zu nennen, ebenso wie die Steigerung der Energieeffizienz. Die oben genannten für sich bereits eingriffstiefen und voraussetzungsvollen Herausforderungen müssen unter Bewahrung der Energieversorgungssicherheit bewältigt werden. Standortentscheidungen etwa für Windparks oder Festlegungen von Stromtrassen zum überregionalen Ausbau der Netze bergen lokale Konfliktpotenziale. Zur Realisierung der vorgenannten vornehmlich technischen Herausforderungen ist daher gesellschaftliche Akzeptanz für die Maßnahmen erforderlich. Diese hängt wiederum davon ab, wie Bürger etwa in Planungsprozesse eingebunden werden und wie die Kosten der Energiewende verteilt werden (siehe auch Radtke/Renn in diesem Band).

Für die Gestaltung der Energiewende ergeben sich aus der Komplexität vielfache Wechselwirkungen, deren Antizipation herausfordernd ist. Die weitläufige Vernetzung impliziert, dass Eingriffe an einer Stelle vielfache Auswirkungen anderswo haben. Mitunter treten kontra-intuitive Effekte auf.

> **Infobox 1: Kontraintuitive Effekte**
> Das Energiewende-Paradox beschreibt den Anstieg der absoluten CO_2-Emissionen trotz Zunahme des Anteils der EE im Strommix in den Jahren 2009–2013. Dieser Anstieg geht auf die gestiegene Kohleverstromung zurück, der gegenüber die umweltfreundlicheren Gaskraftwerke kostenmäßig nicht konkurrieren konnten. Auch trägt die fehlende Preiswirkung aus dem EU-Emissionshandel zur Entstehung des Phänomens bei. Für den Zusammenhang wird auch der Begriff „coal conundrum" verwendet.

Zwar wird mit der Energiepolitik ein Steuerungsanspruch formuliert, allerdings ist es herausfordernd, verlässliche Vorhersagen zu Infrastruktursystemen im Umbruch zu formulieren. Politik ist dennoch auf Beratung bei der Gestaltung der Energiewende angewiesen. Die Einmaligkeit in Komplexität und Tragweite machen deutlich: es gibt keine Blaupause für den Umbau. Somit gestaltet sich dieser als Lernprozess, zu dem eben auch Umwege, Fehler und Überraschungen gehören. Diese dennoch weitestgehend zu reduzieren und über Strukturen und Prozesse der Energiewende aufzuklären ist der Anspruch von Analyse, Beratungs- und Gestaltungskonzeptionen.

2 Systemwissen: Erfassung von Strukturen und Dynamiken der Energiesysteme

Der Orientierungsbedarf und damit Nachfrage nach wissenschaftlicher Expertise seitens der Politik, aber auch die Neuartigkeit und Radikalität der Transition der Energiesysteme haben zu regem Forschungsinteresse nicht nur in den Technik- und Wirtschaftswissenschaften, sondern auch in den Sozialwissenschaften geführt. Entstanden sind dabei Heuristiken und Analysekonzepte zur Erfassung der Strukturen und Dynamiken der Energiesysteme, mit denen letztlich Systemwissen generiert wird.

2.1 Grundlagen der Transitionsforschung

Die Transitionsforschung hat es sich zur Aufgabe gemacht, komplexe, lang andauernde Transformationen wie die Energiewende theoretisch-konzeptionell zu erfassen und gestalterisch zu orientieren.

> **Infobox 2: Definition Soziotechnische Transition**
>
> „A socio-technical transition is a set of processes that lead to a fundamental shift in socio-technical systems (…). A transition involves far-reaching changes along different dimensions: technological, material, organizational, institutional, political, economic, and socio-cultural. Transitions involve a broad range of actors and typically unfold over considerable time spans (e. g., 50 years and more). In the course of such a transition, new products, services, business models, and organizations emerge, partly complementing and partly substituting for existing ones. Technological and institutional structures change fundamentally, as well the perceptions of consumers regarding what constitutes a particular service (or technology)." Markard et al. (2012, S. 956)

Die Transitionsforschung hat sich zu einem interdisziplinären Forschungsfeld entwickelt, in das sich neben den Science and Technology Studies (STS) und Technikgeschichte auch Ingenieurswissenschaften, Politikwissenschaften und Raumwissenschaften wie die Stadtplanung einbringen. Die Transition der Energieversorgung ist darin ein zentraler empirischer Gegenstand (Markard et al. 2012), neben anderen Infrastruktursektoren. Dabei widmet sich die Transitionsforschung dem Spannungsverhältnis von Stabilität und Wandel im technologischen Fortschritt. Ihre theoretischen Grundlagen liegen in der evolutorischen Ökonomik und der sozialwissenschaftlichen Technik- und Innovationsforschung (Geels 2004). Ein wesentlicher Impuls aus der evolutorischen Ökonomik ist ihr Erklärungsansatz zur Herausbildung von stabilen technologischen Trajektorien. Im Zentrum stehen sogenannte technologische Regime als Ergebnis der Reproduktion von organisatorischen und kognitiven Routinen. Diese erzeugen Stabilität und bedingen inkrementelle Innovationsmuster entlang bestehender Trajektorien. Während diese kognitiven Routinen in der evolutorischen Ökonomie aus den Praktiken der Ingenieure und damit verbunden den technisch orientierten Interaktionsformen abgeleitet werden, erweitert die sozio-technische Transitionsforschung ihr Akteurskonzept. Neben Ingenieurshandeln wird die Rolle der Nutzer, der Zivilgesellschaft, der Politiker mit einbezogen und somit ein breiteres, jedoch auch schwieriger abzugrenzendes Spektrum an Akteuren und Prozessen abgebildet. Diese Erweiterung macht den Ansatz jedoch erst für die Analyse komplexer sozio-technischer Systeme wie des Energiesystems anwendbar.

Ein Impuls aus der sozialwissenschaftlichen Technik- und Innovationsforschung ist in der grundlegenden systemisch orientierten Denkweise zu sehen. Dem liegen wiederum Arbeiten zu großtechnischen Systemen, technologischen Systemen und zu Innovationssystemen zugrunde, mit denen die Abkehr von einem linearen hin zu einem interaktiven Innovationsverständnis und die Hinwendung zu Rückkopplungs- und Interaktionsprozessen vielfältiger Akteure, Netzwerke und Institutionen verbunden ist.

2.2 Technologische Innovationssysteme

Seit Ende der 1980er-Jahre ist die Idee der Innovationssysteme in unterschiedlichen Ausprägungen bzw. analytischen Rahmungen ausformuliert worden, in regionalen, nationalen, sektoralen und technologischen Innovationssystemen. Grundlegend ist auch hier die Erkenntnis, dass Innovationsprozesse als Ausgangspunkt technologischen Wandels nicht linear verlaufen, hingegen vielfältige Akteure und Prozesse in der Entstehung, Diffusion und Anwendung ineinander greifen. Charles Edquist (2005, S. 185) beschreibt folgende generische Merkmale der Innovationssysteme, die auch zum Verständnis der Energiesysteme beitragen:

- Innovationssysteme sind als Analyseperspektive interdisziplinär und holistisch angelegt, in dem organisatorische, soziale, ökonomische und politische Aspekte berücksichtigt werden.
- Sie betonen eine evolutionäre Perspektive. Es gibt keine idealen Systeme, sondern es bilden sich zu spezifischen Zeitpunkten jeweils unterschiedliche Systemarchitekturen heraus, die in ihrem Verlaufspfad oder räumlich vergleichend beobachtet werden können.
- Innovationssysteme betonen Interdependenzen und Nichtlinearität. Innovationen gehen aus den Wechselwirkungen verschiedener Prozesse und Akteure hervor.
- Innovationen beziehen sich nicht ausschließlich auf Technologien, sowohl Produkt- und Prozessinnovationen als auch soziale Innovationen werden adressiert.
- Institutionen spielen in allen Varianten von Innovationssystemen eine Rolle, wobei unterschiedliche Verständnisse von Institutionen bestehen.

In der Transitionsforschung hat sich neben der Multi-level-Perspektive (MLP) der Ansatz Technologischer Innovationssysteme (TIS) als ein Kernkonzept etabliert (Markard et al. 2012). Im Gegensatz zur MLP, bei der die Analyse etablierter Sektoren im Wechselwirkung zu neuen Technologien im Zentrum steht, adressiert der TIS-Ansatz die Herausbildung neuer technologischer Systeme. Dabei wird davon ausgegangen, dass es je Technologie spezifische Merkmale gibt, die es zu erfassen gilt. Für adäquate Förderpolitiken ist es erforderlich, diese Spezifika zu erkennen. TIS werden wie folgt definiert: „A technological system may be defined as the network of agents interacting in a specific economic/industrial area under a particular institutional infrastructure or set of infrastructures and involved in the generation, diffusion, and utilization of technology" (Carlsson und Stankiewicz 1991, S. 111).

Somit werden Akteure, Netzwerke und Institutionen als strukturelle Bestandteile von Innovationssystemen ausgewiesen. Ausgehend von der Frage, wie die Dynamik von Innovationssystemen erfasst werden kann, entstand in den letzten Jahren eine Reihe von Arbeiten, die neben strukturellen Parametern die in TIS ablaufenden Kernprozesse erfassen. Im funktionalen TIS-Ansatz (Hekkert et al. 2007) wird das Zusammenspiel verschiedener Kernprozesse wie Wissensgenerierung, Marktformierung und Unternehmensdynamik und die Entstehung von Legitimität für eine neue Technologie adressiert.

Infobox 3: Entwicklung des Photovoltaik-TIS in Deutschland

Die Komplexität der Entwicklungsverläufe einzelner Energietechnologien kann am Beispiel der Photovoltaiktechnologie verdeutlicht werden, die 2016 mit 6,4 Prozent zur Deckung des Strombedarfs in Deutschland beitrug. Nach der Basisinnovation in den Bell Laboratories in den USA im Jahr 1954 entwickelte sich die Photovoltaiktechnologie zunächst im Kontext der Satellitentechnologie und war somit forschungsseitig an den Kontext der Raumfahrt gebunden. Frühe Akteure im Innovationssystem waren Unternehmen der Nachrichten- und Satellitentechnik (Bsp. AEG-Telefunken) und Weltraumtechnik (Bsp. MBB), deren Forschung staatlich gefördert wurde. Die Ölkrisen der 1970er-Jahre markierten eine verstärkte Ausweitung hin zu terrestrischen Nutzungsformen der Technologie, vor allem an netzfernen Standorten. Viele Projekte wurden in den 1970er-Jahren auch im Rahmen der Entwicklungshilfe umgesetzt. Mit dem Aufkommen der Umweltbewegung und befördert durch die Tschernobyl-Katastrophe wurde die Photovoltaiktechnologie zunehmend als Alternative zu fossilen Energieerzeugungstechnologien propagiert. Mit dem 1000-Dächer und dem 100.000-Dächer-Programm wurden in den 1990er-Jahren herausragende Markteinführungsprogramme in Deutschland realisiert, was einen wichtigen Wandel in der Forschungsförderung von der Technologieentstehung zur -nachfrage markierte. Parallel unterstützten vielerorts regionale und lokale Förderprogramme die Diffusion der Technologie, wobei seit den 1990er-Jahren die Netzintegration im Vordergrund stand. Schon zum Zeitpunkt der Einführung des EEG 2000 konnte somit auf fast 40-Jahre Technologie- und Marktentwicklung zurückgeblickt werden. Mit dem

EEG und den verschiedenen Novellen entwickelte sich Deutschland im neuen Jahrtausend schnell zum wichtigsten Markt für die Photovoltaik. Der Aufbau einer heimischen Industrieproduktion – ein wichtiges Motiv zur Legitimation der umfangreichen Marktförderung – schlug dabei fehl. Die Zentren der Produktion entstanden in China, während die Formierung der ostdeutschen Photovoltaikindustrie nicht von Dauer war. Industriell bedeutsam ist hingegen auch heute die Produktion von Systemkomponenten (Wechselrichter, Nachführtechnik) und von Produktionsanlagen für Solarzellen und -module. Nach den Boomjahren bis 2012 erfolgte eine Reduktion der Förderung im EEG im Nachgang auf eine zunehmend geführte Kostendebatte, womit der Markt rasch auf ein niedriges Niveau sank. Die gegenwärtige Herausforderung stellt die Verzahnung von Eigenverbrauch und Einspeisung dar, womit Netzferne (PV-Inselsysteme) und Netzintegration (netzintegrierte Photovoltaik) nicht mehr alternative Ausprägungen der Technologie darstellen, so wie in den Jahrzehnten zuvor, sondern vereinbar sind.

2.3 MLP – Multi-level-Perspektive

Wie eingangs des Kapitels deutlich wurde ist die Transformation des Energiesystems gerade durch die Vielschichtigkeit vieler parallel ablaufender Prozesse gekennzeichnet. Entsprechend voraussetzungsvoll ist sie für die Technikforschung. Vielfache Verwendung findet die Multi-Level-Perspektive (MLP), die ein Kernkonzept der Transitionsforschung darstellt. Der Ansatz implementiert auch die oben beschriebenen Elemente von Innovationssystemen, geht dabei aber weiter. So wird die fehlende Berücksichtigung der Anwender, somit eine Engführung auf die Entstehungsseite von neuen Technologien, kritisiert. Als Unterschied zu bisherigen Konzeptionen sozio-technischen Wandels fokussiert die MLP auf das Zusammenspiel etablierter und neuer Technologien und bietet dazu eine Typologie von idealtypischen Transformationspfaden an. In der MLP werden grundlegend drei Analyseebenen unterschieden: die Mikroebene der Nischen, die Mesoebene der Regime und die Makroebene der sozio-technischen Landschaft (landscapes) (Geels 2004).

Regime Im Zentrum stehen die Regime, die definiert sind als „grammar or ruleset comprised in the coherent complex of scientific knowledge, engineering practices, production process technologies, product characteristics, skills and procedures, ways of handling relevant artefacts and persons, ways of defining problems – all of them embedded in institutions and infrastructures" (Rip und Kemp

1998, S. 338). Regime konstituieren sich durch etablierte und stabile Regeln und Normen in den unterschiedlichen Domänen von Produktion und Anwendung einer Technologie. Sie umfassen die verschiedenen Subsysteme Forschung, Wissenschaft, Politik, Markt und Kultur in ihrem Zusammenwirken. Technologischer Wandel erfolgt in etablierten Regimen vor allem durch inkrementelle Innovationen, in denen das Grundgerüst aus Akteuren, Netzwerken, Institutionen und Artefakten erhalten bleibt. Ein Beispiel stellen etwa Technologien zur Wirkungsgradsteigerung bei der Verfeuerung von Stein- und Braunkohle dar, somit solche technologischen Neuerungen, die auf dem bestehenden Wissensstock aufbauen, in einen bestehenden Technologiepfad implementiert werden und diese verfestigen bzw. verlängern.

Nischen Unterhalb der Mesoebene der Regime bilden Nischen die Keimzellen neuer technologischer Entwicklungen. Basierend auf evolutionsökonomischen Überlegungen werden dabei zwei Formen, Marktnischen und technologische Nischen unterschieden. Marktnischen stellen Variationen am Rande von ausgebildeten Märkten dar, die neue Funktionen erfüllen und nicht in Konkurrenz zu etablierten Technologien stehen. Für Kontexte wie die Energiewende sind insbesondere technologische Nischen relevant. Diese bezeichnen Schutzräume (‚protected spaces'), in denen explorativ neue Technologievarianten ausgetestet werden können. Ein Beispiel sind lokale Demonstrationsprojekte für Elektromobilität und erneuerbare Energien. In diesen Schutzräumen werden die neuen Technologien vom Markt abgeschottet, etwa durch besondere finanzielle Fördermechanismen. So können Lernprozesse eingeleitet und Netzwerke etabliert werden. Die Entwicklungsrichtung in den Nischen ist noch vergleichsweise offen, da Heuristiken und technologische Designs noch nicht verfestigt sind.

Landschaft Wandlungsimpulse größerer Tragweite können neben der Nische auch von der Ebene der Landschaft (landscape) als Makroebene ausgehen. Auf dieser Ebene werden die übergreifenden Rahmenbedingungen für technologischen Wandel konzeptualisiert, die sich nur langsam ändern. Sie umfasst übergreifende Paradigmen wirtschaftlich-gesellschaftlicher Entwicklung, wie beispielsweise Liberalisierung, Individualisierung, und darüber hinaus Wandlungsprozesse der natürlichen Umwelt, demographische Entwicklungen, jedoch auch singuläre Ereignisse großer Tragweite wie politische Krisen und Katastrophen. Kennzeichnend ist für diese Einflüsse auf der Ebene der Landschaft, dass sie zwar ihrerseits einen starken Einfluss auf Veränderungen der Nischen und Regime entfalten, selbst jedoch nicht unmittelbaren, sondern nur mittel- oder langfristigen Veränderungen unterliegen.

Aus dem Zusammenspiel dieser verschiedenen Ebenen lassen sich verschiedene Formen sozio-technischen Wandels ableiten (Geels et al. 2016):

- Neuorientierung/Transformation: Externer Druck von der Ebene der ‚landscape' führt zu graduellen Anpassungsprozessen des Regimes. Der Wandel geht von Regimeakteuren aus, die bestehende Strukturmerkmale der Regime nicht grundlegend ändern. Neuerungen werden in bestehende Trajektorien eingebunden.
- Rekonfiguration: Im Gegensatz zur Transformation führt die Einbettung von Nischeninnovationen in das bestehende Regime zu einem Wandel der Basisarchitektur des Regimes.
- Technologische Substitution: Verfügbare disruptive Nischeninnovationen und gleichzeitig auftretender Wandlungsdruck von der Ebene der ‚landscape' leiten eine Substitution des Regimes ein. Nischentechnologien treten dabei in Konkurrenz zum etablierten System auf.
- Abwendung und Neuausrichtung: Großer Druck der ‚landscape' bei gleichzeitiger fehlender Verfügbarkeit von Nischeninnovation führen zwar zur Destabilisierung des Regimes. Erst allmählich konstituiert sich ein neues Regime um eine Nische. Kennzeichnend sind Suchprozesse mit der Koexistenz vieler Nischentechnologien.

Dabei ist davon auszugehen, dass sich verschiedene Pfadverläufe aneinander anschließen und zudem überlagern können. Solche Typologien erfassen Wandlungsprozesse auf einer aggregierten Ebene. Sie sagen wenig aus über die Mikroebene, die die Rolle einzelner Akteure und Mikroprozesse fokussiert.

Infobox 4: Vergleich von Transitionsverläufen im Stromsektor in Deutschland und Großbritannien

Die MLP wurde vielfach in Arbeiten zum Wandel der Energiesysteme eingesetzt. So haben Geels et al. (2016) vergleichend die Formierung der Erneuerbaren Energien im Stromsektor in Deutschland und Großbritannien im Hinblick auf die Strategien der etablierten Energieversorgungsregime in Wechselwirkung zu den Nischen der EE und sich daraus ergebender struktureller Merkmale und Übergänge untersucht. Demnach folgte Deutschland einem *Substitutionspfad*: Abgesichert durch institutionelle Rahmenbedingungen wie das StrEG und das spätere EEG konnten sich seit den 1990er-Jahren neue Akteure in der Stromerzeugung wie Bürger, Landwirte, Genossenschaften etablieren, die den Einsatz dezentraler und damit von Merkmalen des bestehenden Versorgungsregimes abweichender Technologien verfolgten (vgl. Ohlhorst in diesem Band). Befördert durch zunehmende Diskussionen um Versorgungssicherheit, Kosten der Einspeisevergütung und den Eingriff der EE in das Marktdesign wurde der Förderrahmen jedoch seit 2009 zunehmend an Bedarfen der Regimeakteure ausgerichtet und auf einen langsameren Zubau der EE-Technologien ausgerichtet. EEG-Vergütungen wurden stark reduziert, was bspw. zu einer erheblichen Verlangsamung des Ausbaus der Photovoltaik ab dem Jahr 2012 führte, und die Markt- und Systemintegration vorangetrieben. Damit wurde der Substitutionspfad dahingehend verändert, dass das Förderregime für die Nischentechnologien stärker an den Interessen der Regimeakteure ausgerichtet wurde. Erst zu einem späten Zeitpunkt wandten sich etablierte Regimeakteure der Stromerzeugung gezielt den EE-Technologien zu. Über den Entwicklungspfad hinweg hat sich das Spektrum der Akteure ausgeweitet: von Bürgern, Genossenschaften, Landwirten hin zu Investoren, Kapitalgesellschaften und den großen EVU. Die Einführung von Ausschreibungen ist ein Beispiel für ein Förderinstrument, das auf finanzstarke und überregionale Betreiber zugeschnitten ist und das exemplarisch für den Wandel des Transformationspfades der EE in Deutschland steht.

Hingegen folgte Großbritannien einem *Transformationspfad*. Dieser setzte zeitlich später ein. Von Beginn an adressierte er die etablierten Akteure des Energieversorgungssystems. Im Gegensatz zur technologiespezifisch ausgerichteten Förderung durch das EEG in Deutschland wurden Instrumente wie Auktionen eingesetzt. In der Folge weist die Transition des Stromsektors in Großbritannien einen Verlauf auf, der besonders zentrale Technologien der EE begünstigte und etablierte Unternehmen der Energieversorgung Gestaltungsoptionen eröffnete. Fördernde Faktoren für einen Transformationspfad, bei dem existierende Regime sich graduell neuen Technologien zuwenden, sind auch in grundlegenden gesellschaftlichen Strukturen Großbritanniens zu verorten. So wird etwa auf die neoliberale Ideologie mit Präferenz marktbasierter Politikinstrumente, eine schwach ausgeprägte Zivilgesellschaft, und eine Tradition geschlossener policy-Netzwerke hingewiesen.

Der Nutzen der MLP als Forschungsperspektive ist darin zu sehen, dass mit ihr Wechselwirkungen zwischen verschiedenen Technologien unterschiedlicher Reife anschaulich werden. Technologischer Wandel kann aus dem Zusammenspiel von Stabilität erzeugenden mit Änderungen anstoßenden Prozessen aus einer übergeordneten Perspektive erklärt werden.

3 Orientierungswissen: Szenarien für die prospektive Technikbewertung

3.1 Szenarien zur Abschätzung von Transformationspfaden

Die Energiewende als Transformation eines Systems ist offensichtlich zukunftsorientiert. Entsprechend bedarf es zur Abschätzung von Transformationspfaden geeigneter Methoden, die eine wissenschaftlich-systematische und möglichst transparente Vorgehensweise erlauben. Die Methode zur Abschätzung möglicher Transformationspfade muss hierbei zwei Eigenschaften von Transformationsprozessen komplexer Systeme berücksichtigen: Zum einen die Unsicherheit bezüglich der Entwicklung der Systemelemente und zum anderen eben die Komplexität des zu betrachtenden Systems.

Die Unsicherheit bezieht sich hierbei nicht nur auf die Veränderung heute bekannter einzelner Elemente, wie bspw. die Stromnachfrage im Energiesystem. Vielmehr können einzelne Systemelemente an Bedeutung verlieren, wie bspw. die Kernkraft in einem zukünftigen deutschen Energiesystem, oder auch gewinnen, wie bspw. Energiegenossenschaften. Hierdurch ergeben sich dann auch Änderungen in den Wirkzusammenhängen von Politikmaßnahmen, die heute anerkannte Annahmen über Systemzusammenhänge ad absurdum führen können. Zu guter Letzt sind Ereignisse nicht auszuschließen, die heute noch nicht bekannt sind oder nicht erwartet werden.

Gespeist wird die Unsicherheit über mögliche Transformationspfade auch durch die Komplexität von transformierenden Systemen. Dies gilt insbesondere für den Umbau komplexer, aber für Gesellschaft und Wirtschaft bedeutsamer Infrastruktursysteme, wie sie Energiesysteme darstellen.

Eine Methode, die helfen kann mit Unsicherheit in komplexen Systemen umzugehen, sind Szenarien. Szenarien sind ein Ansatz systematisch über die Zukunft nachzudenken. Sie unterstellen, dass die Zukunft grundsätzlich offen ist und sich nie vollständig vorhersagen oder planen lässt. Die Treiber für Veränderungen in sozialen Systemen sind vielschichtig und wechselhaft. Auch wenn Änderungen in sozialen und ökonomischen Systemen durchaus gerichtet sein und bestimmten Pfaden folgen können, so sind Neuerungen und Überraschungen über einen längeren Zeithorizont doch eher die Regel als die Ausnahme. Aufgrund der Vielzahl an möglichen Entwicklungen einzelner Systemelemente, die sich wiederum gegenseitig beeinflussen, ergeben sich aus heutiger Sicht sehr unterschiedliche Entwicklungsmöglichkeiten – die Erreichung der klima- und energiepolitischen Ziele der Bundesregierung lassen nicht nur ein ganz bestimmtes Energiesystem zu. Vielmehr können die Ziele nach heutigen Erkenntnissen mit unterschiedlichen Kombinationen von Technologien und Formen der Marktorganisation erreicht werden. Aus heutiger Sicht gibt es daher nicht nur eine mögliche Zukunft, sondern eine Mehrzahl von Zukünften (Grunwald 2002).

Szenarien gehen damit davon aus, dass mehrere zukünftige Entwicklungen möglich und nach aktuellem Kenntnisstand auch plausibel sein können. Dabei zeigen Szenarien aus heutiger Sicht begründbare Möglichkeitsräume auf. Der in Abb. 1 dargestellte Szenariotrichter verdeutlicht, je weiter man in die Zukunft blickt, desto größer wird der Möglichkeitsraum.

Für eine sinnvolle Orientierung auf politischer Ebene oder für Unternehmen – und das ist eines der zentralen Ziele von Szenarien – ist es unerlässlich, dass Szenarien nicht völlig beliebig sind, sondern sich an nachvollziehbaren Gültigkeitskriterien orientieren. Entscheidungen bedürfen begründeter und damit nicht rein-spekulativer Zukunftsbilder.

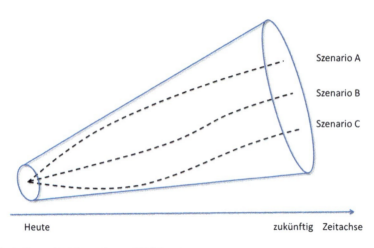

Abb. 1 Szenariotrichter (eigene Abbildung)

In der Literatur kann man eine Reihe von Güte- und Prozesskriterien für Szenarien finden (Grunwald 2002; Kosow und Gaßner 2008):

- Plausibilität: dargestellte Entwicklungen müssen möglich sein, aber nicht unbedingt wahrscheinlich oder wünschenswert
- Konsistenz: Zukunftsbilder und Pfade müssen in sich stimmig sein
- Verständlichkeit/Nachvollziehbarkeit: „sinnvolle" Aggregationsebene/Granularität, d. h. nicht zu komplex, aber detailliert genug
- Trennschärfe: alternative Szenarien müssen „verschiedene" Zukunftsentwürfe zeigen
- Transparenz: Um wissenschaftliche Kriterien wie Nachvollziehbarkeit und Legitimität zu erhöhen, sollten Annahmen und Entscheidungen offen gelegt werden – über die Reflexivität des Vorgehens kann ein hohes Maß an intersubjektiver Nachvollziehbarkeit erreicht werden

Die Güte- und Prozesskriterien können aber den grundsätzlichen strukturellen Nachteil von Szenarien nicht überdecken: wissenschaftsbasierte Szenarien liefern kein „richtiges" wissenschaftliches Wissen, das verifiziert oder falsifiziert werden kann. Man kann aus heutiger Sicht nicht beweisen, dass ein Szenario eintreffen wird. Dazu müsste man ja in die „reale" Zukunft schauen können.

3.2 Typisierung von Szenarien

Die Vielzahl von Szenarioansätzen macht eine Typisierung unumgänglich, auch um die Aussagen besser einordnen bzw. bewerten zu können. Wohl am häufigsten lässt sich in der Literatur eine Unterteilung in drei Typen finden, die auch hier beschrieben werden soll (vgl. z. B. Börjeson et al. 2006):

- prädiktive
- explorative
- normativ-zielorientierte Ansätze

Diese Typisierung weist auf ganz zentrale Unterschiede hinsichtlich der Entwicklung und Anwendung von Szenarien hin. In der Literatur bezeichnet man explorative auch als deskriptive Szenarien und normativ-zielorientierte als antizipierende Szenarien

Diese Unterteilung liegt auch dem in Tab. 1 dargestellten Schema zu Grunde und soll im Folgenden näher erläutert werden.

Tab. 1 Typologie von Szenarien (nach Börjeson et al. 2006)

	Prädiktive Szenarien	Explorative Szenarien	Normative Szenarien
Zentrale Fragestellung	Was wird sein? Was ist wahrscheinlich?	Was könnte sein wenn …? Was ist möglich?	Wie lässt sich ein bestimmtes Ziel erreichen? Was ist wünschenswert?
Ziel	Es wird versucht, die wahrscheinlichste zukünftige Entwicklung zu bestimmen	Es wird versucht zu zeigen, welche unterschiedlichen Zukünfte möglich sind	Es wird versucht zu zeigen, wie eine gewünschte Zukunft erreicht werden kann.
Typische Methoden	Trendextrapolation; Business-as-usual Szenario	Identifikation und Variation von zentralen Treibern	Backcasting

Prädiktive „Szenarien" basieren typischer Weise auf der Verlängerung von Trends, zum Beispiel in dem man die Wachstumsraten im Bereich erneuerbare Energien in die Zukunft fortschreibt. Damit weisen solche Szenarien häufig Elemente von Prognosen auf, was aus methodischer Sicht die Frage aufkommen lässt, ob man solche Ansätze überhaupt als Szenario betrachten sollte.

In der Praxis werden prädikative Szenarien oft zur Konstruktion eines Referenz- oder Business-as-Usual(BAU)-Szenarios genutzt. In einem solchen Szenario wird ein Referenzszenario konstruiert das aufzeigen soll, wie bspw. das Energiesystem aussehen würde, wenn alles so weiter liefe „wie bisher". Einem Referenzszenario können dann andere, explorative oder auch normative Szenarien, gegenübergestellt werden. Das „prädiktive Szenario" ist in diesem Fall eben nur ein Szenario unter mehreren.

Explorative Szenarien versuchen mögliche zukünftige Entwicklungen aufzuzeigen; hierbei spielt es keine Rolle, ob diese Zukünfte erwünscht sind. Die Erreichung eines bestimmten Ziels steht zumindest nicht explizit im Vordergrund. Man spricht auch gerne von deskriptiven Szenarien, was ihre Hauptfunktion beschreibt: eben ausgehend von einem konsistenten Satz an Annahmen mögliche zukünftige Entwicklungslinien zu beschreiben. Die zentrale Frage lautet „was könnte sein, wenn ….".

Gerne werden in explorativen Szenarien auch sogenannte „Wildcards" verwendet. Es handelt sich um eher unwahrscheinliche oder nicht vorhersehbare Ereignisse, die eine große Wirkung auf andere Entwicklungen in den Szenarien erwarten lassen – diese Ereignisse werden dann als Black Swans definiert. Ein Black Swan könnte der Einschlag eines Kometen in 2032 sein, der die Atmosphäre über aufgesprengten Staub mehrere Jahre verdunkelt. Die Folge könnte ein Verlangsamung des Klimawandels oder auch ein weltweiter Rückgang der Rentabilität von Photovoltaikanlagen sein. Ebenso sind zahlreiche andere Auswirkungen zu erwarten, wie eine Verminderung der Erträge in der Landwirtschaft mit entsprechenden Folgen für die Versorgung der Bevölkerung.

> **Infobox 5: Beispiel für ein exploratives Szenario: „Die Grenzen des Wachstums" (Meadows et al. 1972)**
> Ein gutes Beispiel für ein explorative Szenario bietet die bereits mehrfach erwähnte Arbeit „Die Grenzen des Wachstums". Hier wird in 4 Szenarien beschrieben bzw. „exploriert", wie sich die Welt entwickeln könnte und welche Konsequenzen das für die Tragfähigkeit der Erde haben würde.
>
> Die Studie wurde im Auftrag des Club of Rome erstellt und 1972 vorgestellt. Die Autoren benutzen ein Weltmodell in Form einer Computersimulation und spielen durch, was passiert, wenn man verschiedene Trends variiert. Zu diesen Trends gehören: Industrialisierung, Bevölkerungswachstum, Unterernährung, Ausbeutung von Rohstoffreserven und Zerstörung von Lebensraum. So wurden Szenarien mit unterschiedlich hoch angesetzten Rohstoffvorräten der Erde berechnet oder eine unterschiedliche Effizienz von landwirtschaftlicher Produktion, Geburtenkontrolle oder Umweltschutz angesetzt.
>
> Zentrales Ergebnis ist, dass bei einem Fortschreiben der Wachstumsraten in den Bereichen Weltbevölkerung, Industrialisierung, Umweltverschmutzung Nahrungsmittelproduktion und Ausbeutung natürlicher Ressourcen die Wachstumsgrenzen der Erde in den nächsten hundert Jahren erreicht werden.

Ein weiterer Ansatz, um Szenarien zu typologisieren, ist die Unterscheidung zwischen *qualitativen und quantitativen* Szenarien. Sowohl explorative wie auch normative Szenarien können quantitativ oder qualitativ sein.

Normativ-zielorientierte Szenarien machen sicherlich schon durch ihre Bezeichnung deutlich, wo der Unterschied zu den explorativen Szenarien liegt. Hier werden Normen und Werte ganz bewusst und gut erkennbar einbezogen. Es geht zum einen darum wie – unter einem bestimmten Blickwinkel – eine wünschenswerte Zukunft aussieht und wie diese erreicht werden kann (Kosow und Gaßner 2008). Oft handelt es sich dabei um größere gesellschaftliche Transformationen, wie eben einer Transformation des Energiesystems. Nicht unbedingt muss Veränderung das eigentliche Ziel sein, gerade bei Umweltfragen geht es ja oft um die Erhaltung eines Zustands (also z. B. Klima erhalten, die Artenvielfalt erhalten etc.).

Die hier skizzierte Einteilung hat sich vielfach als hilfreich erwiesen, um Szenarien zu strukturieren. Natürlich finden sich die Idealtypen in der Praxis nur selten in der Reinform. So kommen explorative Szenarien letztlich auch nicht ganz ohne normative Setzungen aus, denn schon die Entscheidung welche Parameter als wichtig erachtet und einbezogen bzw. variiert werden, schließt eine gewisse Wertung mit ein.

> **Infobox 6: Beispiel für ein normativ-zielorientiertes Szenario „Klimaschutzszenario 2050" (Öko-Institut und Fraunhofer-ISI 2015)**
>
> Das Bundesministerium für Umwelt, Naturschutz, Bau und Reaktorsicherheit hat vor dem Hintergrund der bestehenden klima- und energiepolitischen Ziele der Bundesregierung und unter Berücksichtigung der Ergebnisse der Pariser Klimaschutzkonferenz im Jahr 2015 das Öko-Institut und Fraunhofer-ISI beauftragt, Szenarien mit verschiedenen klimapolitischen Zielen für den Zeithorizont bis 2050 zu erstellen und zu analysieren. Die zentralen Fragestellungen waren u. a.:
>
> - Welche Maßnahmen und Strategien sind notwendig, um die Klimaziele zu erreichen?
> - Welche Kosten/Nutzen-Relationen ergeben sich daraus für die Verbraucher und die Volkswirtschaft?
>
> Neben einem Referenzszenario, das die klima- und energiepolitischen Maßnahmen, die bis zum Jahr 2012 realisiert wurden, bis zum Jahr 2050 fortschreibt, wurden zwei weitere Szenarien definiert:
>
> - Klimaschutzszenario 80: Hier wird bezüglich der Treibhausgasemissionen ein Minderungsziel von 80 % gegenüber 1990 angenommen.
> - Klimaschutzszenario 95: Hier wird bezüglich der Treibhausgasemissionen ein Minderungsziel von 95 % gegenüber 1990 angenommen.
>
> Nach Ansicht der Autoren erfordern die Ergebnisse der Klimaschutzkonferenz, dass das relevante Klimaschutzziel nunmehr eine Reduktion der Treibhausgasemissionen in Deutschland um 95 % gegenüber 1990 vorsehen muss. Andernfalls könnte Deutschland keinen Beitrag dazu leisten, dass der durchschnittliche Temperaturanstieg bis 2050 auf weniger als 2 °C begrenzt wird.

Von qualitativen Ansätzen spricht man, wenn es sich um Narrative („Storylines") handelt, die in Worten ein Bild von der Zukunft aufzeigen und eventuell auch einen Weg, über den dieses Zukunftsbild erreicht werden kann. Auch für diese narrativen Zukunftsbeschreibungen gilt, dass sie plausibel und in sich konsistent sein sollen. Bei quantitativen Szenarien stehen numerische Situationsbeschreibungen, also Zahlen im Vordergrund. Das können sowohl einfache Rechnungen oder bloße Indikatoren sein, häufig sind damit aber komplexere Modelle gemeint, die nur computergestützt anwendbar sind.

Auch hier gilt, dass Mischformen fast häufiger anzutreffen sind als Reinformen. Oft werden Narrative mit Zahlen unterfüttert oder dienen als Ausgangsbasis für komplexere Modellierungen. Eine stark systematisierte Kombination qualitativer und quantitativer Ansätze lässt sich bei Joseph Alcamo finden, der seine Vorgehensweise als Story-and-Simulation Ansatz bezeichnet (Alcamo 2008). Neben den beiden oben skizzierten Typologien gibt es zahlreiche weitere Möglichkeiten, um Szenarien zu klassifizieren.

3.3 Energieszenarien

Quantitative Energieszenarien sind heute ein etabliertes Instrument, die Öffentlichkeit aber auch Unternehmen über mögliche Zukünfte, Optionen und politische Wirkungen von Maßnahmen zu informieren. Die Grundlage für solche Szenarien bilden mathematische Modelle, die das zu untersuchende System formal abbilden. Verschiedenen Modellansätzen ist gemein, dass sie bestimmte Facetten des Energiesystems herausheben und dadurch andere Aspekte eher vernachlässigen. Die techno-ökonomischen Modelle betonen die vorhandenen Energietechnologien und vernachlässigen darüber eine adäquate Abbildung von Marktbeziehungen. Allgemeine Gleichgewichtsmodelle wiederum erfassen i.A. die gesamte Volkswirtschaft, einschließlich der Nachfrageseite, mit allen möglichen Marktbeziehungen zwischen den Sektoren, während die Technologien in den Modellen nur durch volkswirtschaftliche Produktionsfunktionen abgebildet werden. Agentenbasierte und systemdynamische Modelle wiederum möchten speziell die Dynamik der Interdependenzen zwischen den Wirtschaftsagenten abbilden; auch hier ist die Abbildung der Energietechnologien eher kursorisch, im Vergleich zu techno-ökonomischen Modellen.

Durch den Einsatz von Modellen fokussieren modell-basierte Energieszenarien auf die technischen und energieökonomischen Dimensionen der Zukunft. Determinanten außerhalb des unmittelbaren Energiesystems wie demographische und wirtschaftliche Entwicklungen, Innovationsdynamik, mögliche Veränderungen der Präferenzen, sozialer Werte oder des Konsumverhaltens werden trotz bestehender und bekannter Unsicherheiten meist als feste Rahmenannahmen behandelt. Beispielsweise wird für die Entwicklung der Bevölkerung meist ein mittleres Wachstum angenommen, basierend auf Ergebnissen von Bevölkerungsszenarien. So nutzt die IEA für die WEO-Szenarien ein bestimmtes Bevölkerungsszenario der UNPD (IEA 2013). Infolgedessen könnten die von der IEA veröffentlichten Szenarien nur ein sehr beschränktes Spektrum möglicher Entwicklungen widerspiegeln. Auf der anderen Seite ist der ausgeprägte Einfluss der Rahmenannahmen auf Modellergebnisse den Energiemodellierern bekannt. Tatsächlich beachten modell-basierte Energieszenarien die Unsicherheit des Kontextrahmens durch Einsatz von Sensitivitätsanalysen. Diese folgen aber jeweils einer bestimmten mathematischen Logik, ohne die mögliche Interdependenz zwischen den einzelnen Elementen, die die Rahmenbedingungen bestimmen, zu beachten. Deshalb stellt sich die Frage, wie zuverlässig die Ergebnisse und die daraus abgeleiteten Schlussfolgerungen sind, wenn man die ungewissen Annahmen bedenkt und diese nur unzureichend beachtet werden.

Ein angemessener Umgang mit der „Kontextunsicherheit" in der Energiemodellierung ist jedoch keine leichte Aufgabe (Weimer-Jehle et al. 2017). Für jede relevante Annahme bezüglich der Größen, die den Rahmen des zu untersuchenden Systems bestimmen, müsste eine Unsicherheitsbewertung unter Berücksichtigung der Interdependenzen zwischen den verschiedenen Kontextentwicklungen erfolgen. Dem vorgeschaltet sollte aber zunächst die Frage nach den geeigneten Rahmengrößen bzw. Einflussgrößen und deren Verflechtung beantwortet werden. Es zeigt sich nämlich, dass sich Modelle typischerweise auf wenige Kenngrößen beschränken und den vollständigen Kontext unzureichend erfassen.

Mit der Identifikation des geeigneten Kontexts muss die interne Konsistenz zwischen den Annahmen gesichert werden, wobei sich dies mit quantitativen Ansätzen leichter handhaben lässt als mit qualitativen Ansätzen. Allerdings haben quantitative Ansätze den Nachteil, dass nur qualitativ erfassbare Einflussfaktoren entweder mehr oder weniger ignoriert oder implizit als konstant angenommen werden. Hinzu kommt, dass Modelle i.A. nur implizit enthaltene Annahmen an Verhaltensmustern, Einstellungen zu technischen Veränderungen oder öffentliche Akzeptanz als unverändert annehmen und somit eine gewisse Stabilität des gesellschaftlichen und politischen Umfelds unterstellen. Insbesondere bei Szenarien, die einen Zeithorizont über mehrere Jahrzehnte abdecken wollen, wie es die meisten Energieszenarien tun, stellt sich die Frage nach der Robustheit und Konsistenz der Schlussfolgerungen. Als Gedankenspiel sei nur darauf hingewiesen, dass das gesellschaftliche und politische Umfeld heute anders ausschaut als vor 30 Jahren. Warum sollte das Umfeld sich nicht bis 2050 ebenfalls so stark ändern, wie es seit 1987 zu beobachten ist?

In der Literatur findet man verschiedene Ansätze, das gesellschaftliche und politische Umfeld von Systemen zu erfassen. Die meisten basieren auf einer intuitiven

Logik. Ein Ansatz, der den Kontext stärker systematisch und formalisiert beschreibt, ist die Cross Impact Balance-(CIB) Analyse. Die Formalisierung der Kontextbeschreibung vereinfacht die Anbindung der Kontextanalyse an die modellbasierte Analyse.

Der CIB-Ansatz wird in vier Schritten umgesetzt. Hierbei werden zunächst die wichtigsten Einflussgrößen, die das Energiesystem bestimmen, und deren mögliche zukünftige Ausprägungen identifiziert und in Wirkzusammenhänge gebracht. Mit Hilfe eines CIB-Bilanzalgorithmus (s. www.cross-impact.de) werden dann Konfigurationen gesucht, in denen sich die den Faktoren zugeordneten Ausprägungen möglichst stark gegenseitig fördern und möglichst wenig hemmen. So lassen sich aus der kombinatorischen Vielfalt möglicher Entwicklungen diejenigen Konfigurationen identifizieren, die ein „konsistentes" Geflecht aus sich gegenseitig plausibilisierenden Annahmen bilden.

Im gezeigten Demonstrationsbeispiel identifizierte der Bilanzalgorithmus aus 31.104 kombinatorisch möglichen Konfigurationen vier konsistente Kontextszenarien, die in Abb. 2 dargestellt sind.

Scenario no. I Consensus in a lucky environment	Scenario no. II D21 -Revolution from above	Scenario no. III 'It the economy, stupid!'	Scenario no. IV Stormy waters ahead
A. Global development A1 convergence and prosperity		A. Global development: A2 divergence	A. Global development: A3 confrontation
B. Oil price B2 rapid growth		B. Oil price: B1 moderate growth	B. Oil price: B2 rapid growth
C. Population: C1 slowly decreasing			C. Population: C2 strongly decreasing
D. Economic growth: D2 strong			D. Economic growth: D1 weak
E. Political priority: E1 Energy Change		E. Political priority: E3 economy	E. Political priority: E2 security
F. Acceptance Energy Change: F2 approval		F. Acceptance Energy Change: F1 scepticism	
G. Planning legislation: G3 promoting participation	G. Planning legislation: G2 promoting speed	G. Planning legislation: G1 incoherent	G. Planning legislation: G2 Promoting speed
H. Infrastructure extension: H2 fast		H. Infrastructure extension: H1 slow	H. Infrastructure extension: H2 fast
I. Growth of renewable energies: I3 fast	I. Growth of renewable energies: I2 medium	I. Growth of renewable energies: I1 slow	I. Growth of renewable energies: I2 medium
J. Domestic energy savings: J2 strong		J. Domestic energy savings: J1 small	
K. Industrial energy savings: K2 strong		K. Industrial energy savings: K1 small	K. Industrial energy savings: K2 strong
L. Mobility: L3 downscaling and e-cars		L. Mobility: L1 persistent structures	L. Mobility: L2 downscaling

Abb. 2 Die konsistenten Kontextszenarien des „ENERGY-TRANS Demonstrators". Die Grautöne deuten den Unterschied zu Szenario I an: Hellgrau steht für Entwicklungen, die (etwas) anders als in Szenario I verlaufen, Mittelgrau steht für deutlich andere Entwicklungen als in Szenario I. (Quelle: Weimer-Jehle et al. 2017)

Die vier Szenarien stellen einen weiten Möglichkeitsraum für den Kontext der Energiewende dar. Szenario I stellt eine Situation mit günstigen Bedingungen für eine Energietransformation dar, während Szenario II den Kontext mit einer durch rigide Maßnahmen verärgerten und skeptisch gewordenen Bevölkerung darstellt. Szenario III sieht eine Priorisierung der wirtschaftlichen Entwicklung, während in Szenario IV sicherheitsorientierte Zielsetzungen dominieren. Die angegebenen Szenarienmotti sind Interpretationen der Szenarien durch das Szenarioteam.

Die CIB-Methode stellt eine gute Möglichkeit dar, systemanalytisch mögliche Zukünfte zu ergründen und diese weitgehend transparent Dritten zur Verfügung zu stellen. Hierbei muss man aber beachten, dass die Faktorenauswahl und die Interdependenzen auf Experteneinschätzungen beruhen und die Analyse daher nur den Anspruch haben kann, die Implikationen der Systemsicht der beteiligten Experten deutlich zu machen und zu analysieren. Andererseits gilt dies in einer analogen Art und Weise auch für modell-basierte Szenarien.

Aufgrund der gewählten Systematik eignet sich die CIB-Methode, um Kontextszenarien mit modell-basierten Energieszenarien zu verbinden. Die grundsätzliche Idee ist hierbei, die Kontextszenarien als einen (zusätzlichen) Input für die Berechnung der modell-basierten Szenarien zu nehmen (s. Abb. 3). Tatsächlich ist

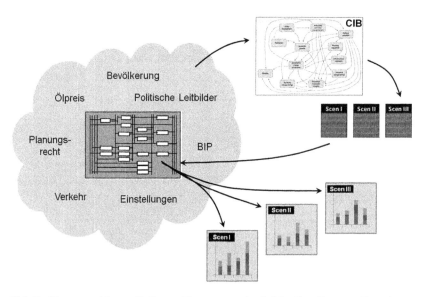

Abb. 3 Die vorgeschlagene Rolle von Kontextszenarien bei der Erstellung von Energieszenarien. (Quelle: Weimer-Jehle et al. 2017)

die Kopplung der Kontextszenarien mit modell-basierten Energieszenarien aber nicht ohne methodische Herausforderungen.

Anzumerken bleibt, dass auf Kontextszenarien basierte Energieszenarien in der Literatur als sozio-technische Energieszenarien bezeichnet werden.

4 Handlungs- und Transformationswissen

Der Umbau von Infrastrukturen, insbesondere also die Energiewende, ist durch spezifische Herausforderungen gekennzeichnet: Entscheidungen müssen trotz hoher Unsicherheiten getroffen werden, dadurch können weit reichende Pfadabhängigkeiten entstehen, der sozio-technische Charakter des Energiesystems (vgl. Abschn. 2) erfordert die enge Involvierung gesellschaftlicher Akteure, und während des Umbaus muss zu jeder Zeit die volle Funktionalität der Energieversorgung erhalten bleiben. Handlungswissen muss also immer im Systemkontext eines komplexen Transformationsprozesses gesehen und beurteilt werden, wozu die zuvor diskutierten Wissenstypen Hilfestellungen bieten können. Es stellt sich nun die Frage, unter welchen Bedingungen daraus Handlungswissen abgeleitet werden kann.

4.1 Handlungsdruck und Pfadabhängigkeiten

Die Energiewende erfordert Entscheidungen über zukünftige Elemente der Energieinfrastruktur, z. B. über Hochspannungsleitungen und Pumpspeicherkraftwerke, über Smart Grids und Anreize zur Beschleunigung der Einführung der Elektromobilität, über Kraftwerke mit oder ohne CCS, über neue Pipelines für russisches Erdgas. Häufig involvieren diese Entscheidungen auch Technikentscheidungen, etwa wenn es um die Alternative zwischen einer Wasserstoff- oder einer Elektro-Infrastruktur für die automobile Zukunft geht. Entscheidungen dieser Art müssen getroffen werden, weil ansonsten kein neues Stadium im Transformationsprozess erreicht wird, die Transformation sozusagen nicht weitergeht. So wurden beispielsweise in den 1950er- und 1960er-Jahren weit reichende Entscheidungen zum Einstieg in die Kernenergie und dafür erforderliche Infrastrukturen getroffen (z. B. Forschungs- und Versuchseinrichtungen, Transportlogistik für radioaktive Stoffe).

Allerdings sind Entscheidungen dieses Typs in der Regel umstritten, nicht nur gesellschaftlich und politisch, sondern auch zwischen den technischen Experten. Häufig sind diese auch Befürworter einer bestimmten Technikrichtung. Angesichts der Offenheit der Zukunft bzw. der Unsicherheit des Zukunftswissens sind derartige Entscheidungen mit hohen Risiken behaftet. Vor allem sind sie kostenintensiv. Beispielsweise haben Entscheidungen zum Einstieg in die Brüter- und Wiederaufarbeitungstechnologie in der Nutzung der Kernenergie angesichts des gesellschaftlichen Widerstands und des nachlassenden Interesses der Industrie zu milliardenschweren Investitionsruinen geführt (Kalkar, Wackersdorf).

Ein anderes Risiko derartiger Infrastrukturentscheidungen besteht in den entstehenden Pfadabhängigkeiten (vgl. Abschn. 2.1) (Hughes 1993; Garud und Karnoe 2001; Fischedick und Grunwald 2017). Einmal getroffen und umgesetzt, haben Entscheidungen über Infrastrukturen häufig Folgen für Jahrzehnte. Wenn Autobahnen und Eisenbahntrassen, die im 19. oder 20. Jahrhundert gebaut wurden, heutigen Anforderungen und Wünschen nicht mehr entsprechen, können sie nicht einfach verlegt werden, aus finanziellen, aber auch aus planungsrechtlichen und Akzeptanzgründen. Infrastrukturentscheidungen legen zukünftige Entwicklungen maßgeblich und oft für lange Zeit fest. Die entsprechenden Infrastrukturen stellen, einmal Realität geworden, zentrale Randbedingungen für die zukünftige gesellschaftliche Entwicklung dar. Erst die automobile Infrastruktur beispielsweise hat das Aufkommen der Einkaufszentren auf der grünen Wiese ermöglicht. Daran wiederum haben sehr viele Menschen ihre Einkaufsgewohnheiten adaptiert. Es ist ein sozio-technisches System entstanden, das physische Infrastrukturen, Wertschöpfungsketten und Investitionen, Geschäftsmodelle und Verhaltensgewohnheiten miteinander verbindet und auf diese Weise eine erhebliche Stabilität, man kann auch sagen: Widerstandsfähigkeit gegen Veränderungen gewonnen hat. Derartige Pfadabhängigkeiten führen also einerseits zu verlässlichen Systemen mit Planungssicherheit für die Akteure, schränken jedoch andererseits die Flexibilität von Wirtschaft, Politik und Konsumenten in Transformationsprozessen zum Teil für Jahrzehnte ein.

Da aber nun einmal Entscheidungen getroffen werden müssen, kann es nicht das Ziel sein, Pfadabhängigkeiten in der Festlegung von Infrastrukturen zu vermeiden, das wäre eine sinnlose Forderung. Jede Infrastrukturentscheidung setzt Pfadabhängigkeiten in die Welt. Die Herausforderung an entsprechendes Handlungswissen bzw. an Transformationsprozesse ist einerseits vielmehr, mögliche Pfadabhängigkeiten frühzeitig zu erkennen und zu reflektieren, damit Politik, Wirtschaft und Gesellschaft nicht blind in sie hineinlaufen. In der Energiewende ergeben sich besondere Unsicherheiten durch Wechselwirkungen in einem komplexen hochdynamischen sozio-technischen System. Andererseits sind Überlegungen anzustellen, welche Aspekte zukünftiger Infrastrukturen zu welchem Zeitpunkt festgelegt werden müssen. Wenn bestimmte Optionen längere Zeit offen gehalten werden können, bestehen mehr Möglichkeiten eines wissensbasierten und reflektierten Vergleichs.

Dahinter steht der Wunsch nach möglichst weitgehender Lernfähigkeit und Adaptivität, etwa im Rahmen einer „Reflexive Governance" (Voß et al. 2006). Der Wunsch, aufgrund der Unsicherheiten des Zukunftswissens formbare und adaptive Energie-Infrastrukturen zu implementieren, die nach Bedarf angepasst und modifiziert werden können, klingt jedoch naiv. Denn Infrastrukturen sind häufig *gerade nicht* adaptiv, sondern umgekehrt adaptieren sich oft gesellschaftliche Prozesse an bereits vorhandene Infrastrukturen und verfestigen sich dann zu sozio-technischen ‚Komplexen', die gegen Transformationsprozesse besonders widerständig sind.

In konkreten Transformationsschritten sowohl zukünftige Infrastrukturen und Technologien der Energiebereitstellung und -verteilung festzulegen, dabei aber möglichst reflektiert vorzugehen und Lern- und Adaptationsmöglichkeiten nicht zu früh zu verschließen, stellt eine erhebliche methodische Herausforderung an entsprechende Entscheidungsprozesse und die vorbereitende Analysen dar.

4.2 Instrumente und Maßnahmen

Konkrete Maßnahmen und Entscheidungen müssen auf Systemwissen und Orientierungswissen zurückgreifen. Hier ist zunächst zu fragen, wer auf welcher Ebene was entscheiden kann bzw. entscheidet. In der MLP (Abschn. 2.3) wird das Zusammenwirken unterschiedlicher Ebenen der Governance betrachtet, die verschiedene Politikebenen (von europäisch bis lokal) und unterschiedliche gesellschaftliche Akteure von Unternehmen bis hin zu den Haushalten und Konsumenten umfasst. Entsprechend sind die Handlungsmöglichkeiten und die verfügbaren Instrumente sehr unterschiedlich und umfassen beispielsweise Regulierung, Anreizsysteme wie Subventionen, Ausweisung von Flächen für Windparks, Investitionen und Konsumentscheidungen zum Energieverbrauch.

Nach gängiger Diagnose sind viele dieser Elemente zu wenig aufeinander abgestimmt, obwohl sie offenkundig nicht unabhängig voneinander zu betrachten sind. Europäische Vorgaben konkurrieren zum Teil mit nationalen Zielen, landespolitische Alleingänge erschweren eine gemeinsame Linie und Kommunalverwaltungen verfolgen oft eine eigene Agenda. Ein übergreifender Ansatz steht aus. Er müsste die *nationale* Ebene umfassen, um eine Einigung über die grundlegenden Strategien beim Ausbau des erneuerbaren Energieangebots zu erzielen (etwa die Mischung zwischen zentralen und dezentralen Versorgungseinrichtungen), die *regionale* Ebene des jeweiligen Bundeslandes, um über die angemessene Mischung der verschiedenen Energieträger und deren regionale Verteilung Einvernehmen zu erzielen, und schließlich die *lokale* Ebene, um Absprachen über Standortfestlegung von Infrastruktur und Anlagen zur Bereitstellung und zum Transport von Energie zu treffen.

Infobox 7: Herausforderungen auf unterschiedlichen räumlichen Ebenen
Auf der *nationalen* Ebene betraf eine zentrale Diskussion der letzten Jahre das Thema der Kapazitätsmärkte: Soll die Bereithaltung von Kraftwerkskapazitäten zur Sicherstellung der Stabilität des Systems – z. B. im Falle des Ausbleibens der stark fluktuierenden Energieträger Wind und Sonne – finanziell vergütet werden? Angesichts des starken Zuwachses des Eintrags der EE und aufgrund des gesetzlich geregelten Vorrangs der Einspeisung dieser Energieformen wurden konventionelle Kraftwerke zusehends mit geringerer Laufzeit betrieben, so dass teils ihre Stilllegung ökonomisch sinnvoll erschien. Hier kam es jedoch zu Sorgen, dass dann das Gesamtsystem zu anfällig für Instabilitäten werden könnte. Lehmann et al. (2017) kommen zu dem Ergebnis, dass die Einführung sogenannter Kapazitätszahlungen derzeit nicht erforderlich ist, um die Versorgungssicherheit in Deutschland zu gewährleisten. Sinnvoller wäre vielmehr ein Maßnahmenmix, welcher den Strommarkt ertüchtigt, die Einspeisung Erneuerbarer Energien bedarfsgerechter gestaltet und Anreize zum Ausbau von Netzen, Speichern und Nachfragemanagement setzt.

Auf der *lokalen* Ebene geht es vor allem um die Ausgestaltung kleinräumiger dezentraler Energiesysteme sowie um die Flächennutzung im Rahmen der Erzeugung Erneuerbarer Energie durch Wind- oder Photovoltaik-Anlagen oder der Biomasse-Erzeugung. Aber auch Standortentscheidungen wie über die Trassenführung von Hochspannungsleitungen oder den Bau von Pumpspeicherkraftwerken betreffen direkt die lokale Ebene. Entsprechende Maßnahmen erfordern hohe Investitionen, organisatorisches Geschick, Kooperationsbereitschaft unter den Beteiligten und innovative politische Initiativen. Hier sind insbesondere Maßnahmen und Strategien gefragt, entsprechende Infrastrukturentscheidungen gemeinsam mit der lokalen Bevölkerung zu planen und umzusetzen, um Verwerfungen durch Akzeptanzverweigerung und Protest oder Verzögerungen durch langwierige Rechtstreitigkeiten zu vermeiden. Auch wenn Umfragen zufolge die große Mehrheit der Deutschen für die Energiewende ist, folgt daraus nicht die Akzeptanz von Umsetzungsmaßnahmen auf der lokalen Ebene. Vor allem gilt dies, weil es meist auch Alternativen gibt, so z. B. zur Trassenführung von Hochspannungsleitungen, etwa die Wahl anderer Trassen oder die Verlegung als Erdkabel. Entsprechend ist, wenn neue Netze verlegt, wenn Windanlagen gebaut, wenn zu neuen Smart-Modellen in der Elektromobilität und in der Stromversorgung Vorleistungen bei der Infrastruktur getätigt werden müssen, bei denen auch die Autonomie des Verbrauchers ein Stück weit eingeschränkt werden soll, mit kritischen Nachfragen und Widerständen der betroffenen Bevölkerung zu rechnen.

Partizipation ist eine wesentliche Bedingung für die Umsetzung der drei Aufgaben, Systemwissen ortsspezifisch zu generieren, Orientierungswissen in einer pluralen Gesellschaft zu begründen und Handlungswissen sozialverträglich wirksam werden zu lassen (Renn 2013, siehe auch Radtke/Renn in diesem Band). Eine aktive Beteiligung der Bürgerinnen und Bürger an öffentlichen Planungen setzt zweierlei voraus: eine Legitimation durch das Verfahren und eine offene, transparente Auseinandersetzung mit den betroffenen Bevölkerungsgruppen. Ein offener Dialog darf sich hierbei nicht auf die Information der Betroffenen beschränken, sondern muss auch Mitwirkungsrechte der Betroffenen an der Entscheidungsfindung einschließen. Ohne eine solche Rückkopplung wird jeder Dialog letztendlich im Sande der Frustration scheitern. Mitwirkung und Offenheit über Optionen sind also notwendige Bedingungen für einen erfolgreichen Beteiligungsprozess.

Maßnahmen zur Transformation des sozio-technischen Energiesystems müssen daher unterschiedliche Akteure integrieren. Angesichts der Mehrebenen-Governance und der Komplementaritäten zwischen zentralen und dezentralen Lösungen bestehen Kommunikations- und Integrationsnotwendigkeiten, die über alle politischen Ebenen gehen, die Platz für die großen EVU als auch die dezentralen Erzeuger haben, die die Endverbraucher einbeziehen, aber auch die von Infrastrukturentscheidungen Betroffenen.

4.3 Grenzen der Steuerbarkeit

Immer wieder wird beklagt, dass es keinen Masterplan für die Energiewende gebe. Die Frage ist jedoch, ob die Forderung nach einem solchen Plan angesichts der Komplexität der Transformation überhaupt sinnvoll ist (Voß et al. 2006). Die extrem komplexe Akteurskonstellation, die Vermischung unterschiedlicher Governance-Ebenen, die Unvorhersehbarkeit technologischer Durchbrüche, die systemischen Wechselwirkungen zwischen den technischen, den ökonomischen und den sozialen Anteilen in der Transformation lassen daran Zweifel entstehen. Diese Zweifel werden durch empirisch beobachtbare Effekte in den letzten Jahren bestärkt (vgl. Abschn. 1 zu kontra-intuitiven Effekten).

Der Ansatz des Transition Managements hat versucht, diesen erwartbaren Schwierigkeiten Rechnung zu tragen. Seine Implementierung im niederländischen System hat jedoch ebenfalls eher die Grenzen der Steuerbarkeit als einen Königsweg einer reflexiven und lernfähigen Steuerung aufgezeigt. Die ständige Notwendigkeit der Abwägung von Interessen und eines adäquaten Umgangs mit unterschiedlich mächtigen Akteuren birgt die Gefahr des Nachsteuerns zur Erfüllung von eher kurzfristigen Partikularinteressen, was die Aussichten auf einen langfristig angelegten Masterplan reduziert. Energiepolitik erscheint dann häufig als Nachregulierung und als „muddling through" denn als langfristig zielgerichtetes und strategisches Handeln. Auch durch singuläre und in keiner Weise vorhersehbare und überhaupt nicht einplanbare Ereignisse ist die langfristige Planbarkeit begrenzt. So geschah wenige Monate nach Einsetzen des Energiekonzepts der deutschen Bundesregierung (2010) mit der damals geplanten teils erheblichen Laufzeitverlängerung für deutsche Kernkraftwerke die Reaktorkatastrophe von Fukushima, welche zumindest in Bezug auf die Rolle der Kernenergie in der deutschen Energiezukunft eine ganz erhebliche Umsteuerung nach sich zog. Aber auch geopolitische Ereignisse oder weltwirtschaftliche Entwicklungen, welche z. B. den Weltmarktpreis für Erdöl stark in die eine oder andere Richtung drücken oder sogar für echte Verknappungen sorgen können (Beispiel Ölkrisen der 1970er-Jahre) lassen sich nicht einplanen. Der langfristigen Steuerbarkeit sind jedenfalls klare Grenzen gesetzt.

Allerdings sind Entscheidungen zu treffen, auch wenn langfristige Entwicklungen unklar sind. Nun betrifft dieses Entscheidungsdilemma – Festlegungen für lange Zeiträume treffen zu müssen, ohne diese auf belastbares Wissen abstützen zu können – nur einen Teilbereich des Energiesystems: große Infrastrukturelemente wie Stromtrassen und Kraftwerke. In zwei anderen Richtungen liegen die Dinge einfacher: (1) Je kleiner die technischen Elemente sind, desto weniger stark sind der Festlegungscharakter und desto höher die Lern- und Modifikationsmöglichkeiten aufgrund von empirischen Erfahrungen. Ein weitgehend dezentrales Energiesystem dürfte in Vielem adaptiver sein als ein auf großen Strukturen basierendes zentrales System. (2) Einige der ‚sozio'-Anteile des Energiesystems sind recht flexibel handhabbar. Insbesondere politische Eingriffe sind bei Bedarf rasch korrigierbar, auch wenn sie dann mit Wünschen nach Planungssicherheit in Konflikt geraten können. Dies kann man einerseits als Aktionismus und Kurzlebigkeit kritisieren (wie mit der Kürzung der Förderung der Photovoltaik in den EEG-Novellen geschehen); andererseits eröffnet dies gerade Möglichkeiten des Lernens und der flexiblen Anpassung von Rahmenbedingungen an beobachtete Entwicklungen und damit des wissensbasierten und erfahrungsgestützten Nach- oder sogar Umsteuerns. Es kommt also in der Ausgestaltung von Maßnahmen auf eine diesbezügliche Differenzierung an.

Jedenfalls kann die Transformation des Energiesystems nicht als klassische Planung verstanden werden, d. h. als die Festlegung von Handlungsschritten in Richtung auf ebenfalls festgelegte Ziele. Auch wenn die Ziele der Energiewende definiert sind, determinieren sie nicht den Weg, diese zu erreichen. Ob nun räumliche Fluktuationen im Energieangebot durch Speicher oder durch Transport des überzähligen Stroms in Mangelregionen abgepuffert wird; ob, auf welche Weise und in welchem Umfang ein ‚Demand Side Management' zur Systemstabilität erforderlich ist oder praktisch beitragen wird; welche Rolle der zwischenstaatliche europäische Ausgleich spielen wird; wie rasch Effizienzgewinne und Stromeinsparung möglich werden; ob Elektromobilität wirklich der Königsweg ist, den Abschied von fossilen Energieträgern im Mobilitätsbereich einzuläuten; wie stark das zukünftige Energiesystem dezentralisiert sein wird … all das ist heute nicht sicher, sondern muss sich erst herausstellen. Die heute geltenden Ziele sind also keine Planungsziele in strengem Sinn, sondern Orientierungsmarken, an denen sich die jeweils nächsten Schritte ausrichten können. In diesen ‚nächsten Schritten' kann dann wieder für die übernächsten gelernt werden usw. Dieser letztlich inkrementelle Prozess kann sogar dazu führen, dass Ziele neu adjustiert werden müssen.

Die Transformation des Energiesystems kann also nur als ein ständiger Lernprozess verstanden und betrieben werden, in dem allein eine grobe Orientierung in Richtung auf nachhaltige Entwicklung erhalten bleibt und alles andere im Laufe der Transformation selbst verändert werden kann. In der Suche nach Lösungen werden sowohl die Wissens- als auch die normativen Anteile einer Weiterentwicklung unterworfen. Jeder einzelne Schritt kann trotz der Langfristanforderungen der Energiewende nur inkrementell erfolgen. Bereits der jeweils nächste Schritt kann erst im Laufe dieses Prozesses festgelegt werden – allerdings nicht in beliebiger, sondern durch die langfristigen Zielvorgaben und das Leitbild der Nachhaltigkeit eingeschränkter bzw. orientierter Weise (Grunwald und Kopfmüller 2012).

5 Fazit

Die Energiewende ist ein Lernprozess, der nicht ohne Nachjustierungen auskommen wird. Ein Planungsoptimismus mit einem Masterplan, der nur abgearbeitet werden muss, ist jedoch eine Illusion, auch wenn viele sich das wünschen. Trotz solcher und anderer Restriktionen gilt es, belastbares Wissen zu den vielfachen Ausprägungen und Auswirkungen der Energiewende zu erzeugen und dies Entscheidungsträgern an die Hand zu geben. Die hier vorgestellten Werkzeuge fokussierten dabei eine hohe Aggregationsebene, auf der die Verständigung, Beratung und Planung von weiteren Umsetzungsschritten stattfindet, und somit eine neben anderen relevanten Ebenen. Letztlich bleibt der Wunsch, dass die hier vorgestellten Wissenstypen trotz aller Unwägbarkeiten und Einschränkungen eine reflektierte Verständigung über die Gestaltung der Energiewende fördern.

Kern-Aussagen: Dieses Kapitel ist der Frage nachgegangen mit welchen Ansätzen und Konzepten Strukturen und Dynamiken der Energiesysteme analysiert werden können. Dazu wurden unterschiedliche Wissenstypen unterschieden: Systemwissen, Orientierungswissen und Handlungswissen. Systemwissen generiert die Grundlagen zum Verständnis von Energiesystemen. Es umschreibt sowohl die technischen als auch nicht-technischen Bestandteile dieser und ihre komplexen Wechselwirkungen. Einen Zugang dazu stellt die Multi-level-perspective dar, die Energiesysteme als sozio-technische Systeme versteht. Zum Orientierungswissen zählt prospektives Wissen in Form von Szenarien, die die Einbettung von Transformationspfaden eines Energiesystems in übergeordnete Zukunftsbilder und Kontexte ermöglichen. Beide Wissenstypen zusammen bilden die Basis, um konkrete Maßnahmen und Instrumente der Gestaltung der Energiesysteme abzuleiten und somit Handlungswissen bereitzustellen. Diesen ausgefeilten Konzeptionen und Instrumenten stehen überdeutlich die Grenzen der Gestaltbarkeit von Energiesystemen gegenüber. So gestaltet sich der Fortschritt als ständiger Lernprozess, dem nur grob die Einpassung beispielsweise in das Ziel einer nachhaltigen Entwicklung eingeschrieben werden kann. Im Detail ist er jedoch von ständigen Anpassungen bis hin zu Kehrtwenden geprägt, für die die vorgestellten Wissenstypen dennoch als Rahmen einer reflektierten Verständigung unerlässlich sind.

Literatur

Alcamo, J. (2008). *Environmental futures: The practice of environmental scenario analysis*. Amsterdam: Elsevier Science.

Börjeson, L., Höjer, M., Dreborg, K.-H., Ekvall, T., & Finnveden, G. (2006). Scenario types and techniques: Towards a user's guide. *Futures, 38*, 723–739.

Carlsson, B., & Stankiewicz, R. (1991). On the nature, function and composition of technological systems. *Journal of Evolutionary Economics, 1*(2), 93–118.

Edquist, C. (2005). Systems of innovation. Perspectives and challenges. In J. Fagerberg, D. C. Mowery, & R. R. Nelson (Hrsg.), *Oxford handbook of innovation* (S. 181–208). Oxford: Oxford University Press.

Fischedick, M., & Grunwald, A. (Hrsg.). (2017). *Pfadabhängigkeiten in der Energiewende. Das Beispiel Mobilität* (Schriftenreihe Energiesysteme der Zukunft). München: acatech.

Garud, R., & Karnøe, P. (Hrsg.). (2001). *Path dependence and creation*. Mahwah/London: Lawrence Erlbaum Associates.

Geels, F. W. (2004). From sectoral systems of innovation to socio-technical systems. Insights about dynamics and change from sociology and institutional theory. *Research Policy, 33*(6), 897–920.

Geels, F. W., Kern, F., Fuchs, G., Hinderer, N., Kungl, G., Mylan, J., Neukirch, M., & Wassermann, S. (2016). The enactment of socio-technical transition pathways: A reformulated typology and a comparative multi-level analysis of the German and UK low-carbon electricity transitions (1990–2014). *Research Policy, 45*(4), 896–913.

Grunwald, A. (2002). *Technikfolgenabschätzung – eine Einführung*. Berlin: Edition Sigma.

Grunwald, A., & Kopfmüller, J. (2012). *Nachhaltigkeit* (2. Aufl.). Frankfurt a. M.: campus.

Hekkert, M. P., Suurs, R. A. A., Negro, S. O., Kuhlmann, S., & Smits, R. E. H. M. (2007). Functions of innovation systems: A new approach for analysing technological change. *Technological Forecasting and Social Change, 74*(4), 413–432.

Hirschl, B. (2008). *Erneuerbare Energien-Politik*. Wiesbaden: Springer.

Hughes, T. (1993). *Networks of power: electrification in Western society, 1880–1930*. Baltimore: JHU Press.

IEA. (2013). *World energy outlook 2013*. Paris: OECD/IEA.

Kosow, H., & Gaßner, R. (2008). *Methods of future and scenario analysis: Overview, assessment, and selection criteria* (Studies, 39). Bonn: Deutsches Institut für Entwicklungspolitik.

Lehmann, P., Brandt, R., & Gawel, E. (2017). Braucht Deutschland jetzt Kapazitätszahlungen für eine gesicherte Stromversorgung? In J. Schippl, A. Grunwald, & O. Renn (Hrsg.), *Die Energiewende verstehen – orientieren – gestalten. Erkenntnisse aus der Helmholtz-Allianz ENERGY-TRANS* (S. 449–464). Baden-Baden: Nomos.

Markard, J., Raven, R., & Truffer, B. (2012). Sustainability transitions: An emerging field of research and its prospects. *Research Policy, 41*(6), 955–967.

Meadows, D. H., Meadows, D. L., Randers, J., & Behrens, W., III. (1972). *The limits to growth*. New York: Universe Books.

Monstadt, J. (2004). *Die Modernisierung der Stromversorgung: Regionale Energie-und Klimapolitik im Liberalisierungs-und Privatisierungsprozess*. Wiesbaden: Springer.

Öko-Institut, & Fraunhofer ISI. (2015). *Klimaschutzszenario 2050*. Berlin/Karlsruhe: Öko-Institut e. V./Fraunhofer ISI.

Renn, O. (2013). Partizipation bei öffentlichen Planungen. Möglichkeiten, Grenzen, Reformbedarf. In S. I. Keil & S. I. Thaidigsmann (Hrsg.), *Zivile Bürgergesellschaft und Demokratie. Aktuelle Ergebnisse der empirischen Politikforschung* (S. 71–96). Wiesbaden: Springer.

Rip, A., & Kemp, R. (1998). Technological change. In S. Rayner & E. Malone (Hrsg.), *Human choice and climate change – Vol. II Resources and technology* (S. 327–399). Columbus: Battelle Press.

Schippl, J., Grunwald, A., & Renn, O. (Hrsg.). (2017). *Die Energiewende verstehen – orientieren – gestalten. Erkenntnisse aus der Helmholtz-Allianz ENERGY-TRANS*. Baden-Baden: Nomos.

Voß, J.-P., Bauknecht, D., & Kemp, R. (Hrsg.). (2006). *Reflexive governance for sustainable development*. Cheltenham: Edward Elgar.

Weimer-Jehle, W., Prehofer, S., Vögele, S., Buchgeister, J., Hauser, W., Kopfmüller, J., Naegler, T., Poganietz, W.-R., Pregger, T., Rösch, C., & Scholz, Y. (2017). Kontextszenarien. Ein Konzept zur Behandlung von Kontextunsicherheit und Kontextkomplexität bei der Entwicklung von Energieszenarien und seine Anwendung in der Helmholtz-Allianz ENERGY-TRANS. In J. Schippl, A. Grunwald, & O. Renn (Hrsg.), *Die Energiewende verstehen – orientieren – gestalten. Erkenntnisse aus der Helmholtz-Allianz ENERGY-TRANS* (S. 257–294). Baden-Baden: Nomos.

Zur internationalen Dimension der Energiewende

Lutz Mez

Zusammenfassung

In diesem Kapitel wird die internationale Dimension der Energiewende behandelt. Obwohl in den meisten Industrie- und Entwicklungsländern fossile Energieträger wie Kohle, Erdöl und Erdgas noch den Löwenanteil zur Energieversorgung beitragen, hat weltweit ein Umdenken in Richtung auf eine verstärkte Nutzung von Energieeffizienz und erneuerbare Energien begonnen. Das Kapitel erläutert, wie dieser Prozess begonnen hat, welche Länder eine Vorreiterrolle übernommen haben und mit welchen Politikinstrumenten und Institutionen die Energiewende vorangetrieben wird. Die Energiewende zielt auf einen kompletten Umbau des Energiesystems. Der Leser erhält einen Überblick über die zentralen Akteure der Energiewende. Ferner wird der Zusammenhang von Energiewende und ökologischem Problemdruck – Katastrophen wie Tschernobyl oder Fukushima oder dem immer deutlicher werdenden Klimawandel – erläutert.

L. Mez (✉)
Freie Universität Berlin, Berlin, Deutschland
E-Mail: lutz.mez@fu-berlin.de

1 Einleitung

Die naturwissenschaftliche Grundlage für das Verständnis der Energiewende sind die Hauptsätze der Thermodynamik. Nach dem 1. Hauptsatz, dem Energieerhaltungssatz, bleibt die Summe von Exergie und Anergie in einem geschlossenen System erhalten, wobei Exergie den Teil der Gesamtenergie bezeichnet, der Arbeit leisten kann. Exergie kann jedoch vernichtet werden, d. h. sie kann in Anergie umgewandelt werden.

> **Infobox 1: Exergie und Anergie**
> Der 1. Hauptsatz der Thermodynamik (Energiesatz) lautet: In einem abgeschlossenen System bleibt bei reversiblen und irreversiblen Prozessen die Summe aus Exergie und Anergie, also die Energie, konstant (Energieerhaltung).
> Mit dem Begriff Exergie wird der Teil der Gesamtenergie eines Systems bezeichnet, der Arbeit verrichten kann, wenn er in ein thermodynamisches Gleichgewicht mit seiner Umgebung gebracht wird.
> Exergie kann anders als Energie durchaus vermindert oder sogar vernichtet werden. Exergie wird dann in Anergie umgewandelt. Da die Energie erhalten bleibt, gilt die Gleichung:
> Energie = Exergie + Anergie
> Der 2. Hauptsatz der Thermodynamik (Entropiesatz) lautet: In einem abgeschlossenen System bleiben bei reversiblen Prozessen Exergie und Anergie jeweils konstant. Bei irreversiblen Prozessen wird Exergie in Anergie umgewandelt. Anergie kann nicht in Exergie umgewandelt werden.

Umgangssprachlich wird statt von Exergie häufig von nützlicher Energie oder Nutzenergie gesprochen. Formen der Nutzenergie sind z. B. Wärme zur Raumheizung, Kälte zur Raumkühlung, Licht zur Beleuchtung von Wohnungen, Straßen, Produktionsanlagen usw. oder Elektrizität für mechanische Arbeit. Ferner müssen die Energieströme, also woher kommt die Energie und wo geht sie hin, bekannt sein. Bei der Energiebilanzierung gibt es dafür Energieflussbilder.

In der Energiediskussion und in den Medien wird Energie häufig als Synonym für elektrischen Strom verwandt, obwohl dieser in fast allen Ländern dieser Welt nur einen Anteil zwischen 10 und 20 Prozent am Endenergieverbrauch ausmacht.

Ausnahmen mit einem höheren Anteil sind Länder wie Norwegen, Österreich, die Schweiz oder Kanada, in denen die Wasserkraft – auch „weiße Kohle" genannt – schon seit über 100 Jahren zur Strom- und Wärmeerzeugung eingesetzt wird.

Die Energiewende betrifft einerseits die Substitution von fossiler und nuklearer Energie im gesamten Energiesystem und keineswegs nur im Elektrizitätssektor. Deswegen muss nicht nur die Förderung und der Einsatz von Primärenergie, die Umwandlung der Primär- in Sekundärenergiequellen sowie die Struktur des Endenergieverbrauchs in den verschiedenen Sektoren – Verkehr, Industrie, Haushalten, Gewerbe und Dienstleistungen – betrachtet werden.

Zum anderen betrifft die Energiewende die Optimierung der Energieeffizienz. Unter Energieeffizienz wird die rationelle Verwendung von Energie verstanden. Durch Minimierung von Verlusten, die bei der Umwandlung, beim Transport oder bei der Speicherung von Energie auftreten, sollen der Einsatz von Primär- und Endenergie optimiert werden. Wegen der Übertragungs- und Umwandlungsverluste ist auch die Nutzenergie immer geringer als die bei der Übergabe gemessene Endenergie.

Zur Einschätzung des Status quo und dem Erreichen von Energiewendezielen sind belastbare Daten und Verbrauchstrends für die vielen verschiedenen Formen der Nutzenergie unbedingt erforderlich. Aber zur Nutzenergie gibt es bisher sowohl national als auch weltweit nur ansatzweise zuverlässige Daten und Informationen.

Der Betrachtungszeitraum für die internationale Energiewende beginnt mit der 1. Erdölpreiskrise 1973/74, als neben der Substitution von Erdöl durch andere fossile Energieträger und Kernenergie auch der „Energieträger" Energiesparen bzw. Energieeffizienz sowie die Nutzung von erneuerbaren Energien auf die Tagesordnung kamen.

Der Primärenergieverbrauch der Welt hat sich seit 1973 allerdings mehr als verdoppelt – von 6.101 Mtoe auf 13.647 Mtoe im Jahr 2015. Der Anteil der fossilen Energieträger Erdöl, Kohle und Erdgas sank von 86,7 % auf 81,4 %. Der Anteil von Wasserkraft, Biokraftstoffen und Abfällen sowie anderen erneuerbaren Energien stieg leicht von 12,4 % auf 13,7 % (IEA 2018).

Der globale Endenergieverbrauch im Jahr 2015 betrug 9.384 Mtoe, das Doppelte von 1973. Öl und Erdgas decken mit einem Anteil von 41 % bzw. 14, 9 mehr als die Hälfte des Endenergieverbrauchs. Der Anteil der Elektrizität betrug 18,5 % und der der Kohle 11,1 %. Die restlichen 14,5 % entfielen auf Biokraftstoffe, Abfälle und andere erneuerbare Energien (IEA 2018).

Strom aus Wasserkraft ist eine erneuerbare Energieform, die im Betrieb CO_2-frei ist und seit über einem Jahrhundert genutzt wird. Insbesondere große Wasserkraftwerke sind jedoch mit einer Reihe von Nachteilen für die Umwelt verbunden. Deshalb werden Technologien wie Photovoltaik und Windkraft auch als „neue" Erneuerbare bezeichnet.

Die fünf wichtigsten Politikinstrumente zur Förderung der Energiewende sind (Savin 2006):

- Regulierungen von Netzzugang, Erzeugung oder Abnahme von erneuerbarem Strom
- Finanzielle Anreize
- Standards, Genehmigungen und Bauvorschriften
- Ausbildung und Information
- Beteiligung von Stakeholdern.

Die Effektivität der nationalen Instrumente ist jedoch ungewiss und deshalb gibt es eine Reihe von Studien, welche Instrumente zur Steigerung des Einsatzes von erneuerbaren Energiequellen wirkungsvoll sind (z. B. Ragwitz 2005). In einer ökonometrischen Analyse zu Förderungsinstrumenten für erneuerbare Energien in 27 EU-Ländern und 50 US-Staaten (Kilinc-Ata 2016) wurden die verschiedenen politischen Instrumente Einspeisetarife, Quoten, Ausschreibungen und steuerliche Anreize untersucht. Die Autorin kommt zu dem Ergebnis, dass Einspeisetarife, Ausschreibungen und steuerliche Anreize wirksame Mechanismen zur Stimulierung der Einsatzkapazität erneuerbarer Energiequellen für Elektrizität sind, während das Instrument Quote nicht so effektiv ist.

Ebenso wichtig wie die nationalen und internationalen Politikinstrumente ist die Schaffung bzw. der Einsatz von Institutionen zur Förderung und Begleitung der Energiewende. Die Ethik-Kommission „Sichere Energieversorgung", die nach der Katastrophe von Fukushima von der Bundesregierung berufen wurde, hat in ihrem Bericht empfohlen, den Ausstiegsprozess durch institutionelle Reformen zu unterstützen (Ethik-Kommission Sichere Energieversorgung 2011). Der Anregung, zwei voneinander unabhängige Gremien zu schaffen: einen Parlamentarischen Beauftragten für die Energiewende und ein Nationales Forum Energiewende, wurde jedoch nicht entsprochen. Stattdessen hat die Bundesregierung im Oktober 2011 den Monitoring-Prozess „Energie der Zukunft" beschlossen, wonach das Bundeswirtschaftsministerium und das Bundesumweltministerium unter Einbeziehung der anderen betroffenen Ressorts jährlich einen faktenbasierten Monitoring-Bericht und alle drei Jahre einen umfassenden Fortschrittsbericht vorlegen müssen. Zusätzlich verfasst eine Kommission aus vier Energieexperten zur Begleitung des Monitoring-Prozesses jedes Jahr eine Stellungnahme.

Zur Energiewende gehört ferner der Atom-Ausstieg, auch wenn die Bedeutung der Kernenergie weitaus geringer ist als allgemein angenommen. Im Jahr 1996 betrug der Anteil der Kernenergie noch 17,6 % des weltweit erzeugten Stroms. Seitdem sinkt der Anteil stetig, 2017 betrug er nur noch 10 %. Der meiste Atomstrom wurde 2006 mit 2.660 TWh erzeugt. 2017 waren es nur noch 2.488 TWh, die etwa 1,9 % des globalen Endenergieverbrauchs entsprachen (WNISR 2018). Derzeit betreiben 30 Länder Atomkraftwerke. Aber drei Viertel des gesamten Atomstroms werden in sechs Ländern (USA, Frankreich, China, Russland, Südkorea und Kanada) produziert. Der weitaus größte Teil der 193 Mitgliedstaaten der UN hat überhaupt keine Atomkraftwerke. Entscheidungen zum Atom-Ausstieg werden derzeit in Deutschland, Belgien, der Schweiz, Spanien, Südkorea und den Niederlanden umgesetzt.

Für eine globale Energiewende muss das gesamte Energiesystem der Welt eine tief greifende Transformation durchlaufen, von einem weitgehend auf fossilen Brennstoffen basierenden zu einem Energiesystem, das die Effizienz erhöht und völlig auf erneuerbaren Energien basiert. Ansätze für eine solche Energie-Transformation sind in einigen Vorreiter-Staaten bereits zu beobachten. Dazu zählt die strombezogene „Energiewende" in Deutschland und die Förderung von erneuerbaren Energieträgern in der EU sowie in anderen westlichen und östlichen Industrieländern.

In den Ländern der Europäischen Union wurden schon seit Ende der 1980er-Jahre verschiedene Fördersysteme für den Ausbau erneuerbarer Energien wie die Einspeisevergütung und das Quotenmodell entwickelt und angewandt. Daraus ist eine Vielfalt von Fördersystemen für erneuerbare Energien im Stromsektor der erweiterten EU entstanden. Obwohl die Kommission verschiedene Versuche machte, die Förderinstrumente zu harmonisieren, ist es ihr bisher nicht gelungen, ein harmonisiertes Förderungssystem für erneuerbare Energien durchzusetzen. Gleichzeitig werden die effektiven Förderinstrumente in anderen Teilen der Welt mit großem Interesse nicht nur zur Kenntnis genommen, sondern importiert und umgesetzt.

Ende 2017 hatten 179 Länder auf der nationalen Ebene oder auf der Ebene von Bundesstaaten bzw. Provinzen Politikziele für erneuerbare Energien beschlossen (REN21 2018). Eine vollständige Energiewende bedeutet, dass 100 % der Energieversorgung durch erneuerbare Energieträge bereitgestellt wird. Insgesamt 57 Länder hatten bis Ende 2017 ein 100 %-Ziel für die Stromerzeugung beschlossen, für die Sektoren Wärme und Kühlung und Transport sowie für die gesamte Primär- und Endenergie hat bisher jedoch nur ein Land ein 100 %-Ziel beschlossen (REN21 2018) – die Kapverden, die bereits im Jahr 2025 die Inselrepublik nur mit erneuerbaren Energien versorgen wollen (REN21 2018, S. 52). Dänemark will bis 2050 den Endenergieverbrauch zu 100 % aus erneuerbaren Energien decken.

2 Instrumente zur Einleitung der Energiewende

Im Laufe der Zeit wurden vor allem drei Förderungsinstrumente eingesetzt, die national jedoch sehr unterschiedlich ausgestaltet sind. Am weitesten verbreitet sind Einspeisevergütungen. Für Ende 2017 hat REN21 insgesamt 113 Länder mit Einspeiseregelungen erfasst (REN21 2018). Ferner werden Quotenregelungen in 33 Ländern praktiziert. Und das Instrument der Ausschreibung wurde bisher in 84 Ländern eingesetzt, im Jahr 2017 waren es 29 Länder.

Für den Wärmebereich ist das Instrument der Verpflichtung in 21 Ländern im Einsatz. Und für den Verkehrsbereich haben derzeit 68 Länder Ziele für den Einsatz von Biotreibstoffen. Auch für Elektrofahrzeuge kommt die Quote zum Einsatz. In China, dem größten Automarkt der Welt, müssen Hersteller, die mehr als 30.000 Autos pro Jahr in China verkaufen, ab 2019 für zehn Prozent ihrer Wagen eine Elektroquote erfüllen. (Süddeutsche Zeitung 2017).

In den folgenden Abschnitten wird skizziert, wo die verschiedenen Instrumente zuerst zum Einsatz kamen und wie sie sich entwickelt haben.

2.1 Einspeisevergütungen

Entgegen der landläufigen Meinung ist Deutschland nicht das Ursprungsland der mittlerweile über 100 Einspeisevergütungsregelungen weltweit (REN21 2018). Die ersten preisbasierten Förderinstrumente wurden in den USA implementiert. Dort verbesserte 1978 der Public Utility Regulatory Policy Act (PURPA) die Einsatzmöglichkeiten von regenerativer Energie erheblich. Mit diesem Gesetz wurden die Bundesstaaten aufgefordert, Programme zu entwickeln, wonach die traditionellen Energieversorger Strom aus Kraft-Wärme-Kopplungs-Anlagen und erneuerbaren Quellen in ihre Netze einzuspeisen hätten. Die Leistungen wurden nach dem Prinzip der „vermiedenen Kosten" vergütet. PURPA führte zu einem steilen Anstieg der Erzeugung von Strom durch umweltfreundliche Technologien (Lipp 2007). Das Gesetz kann unter anderem als Reaktion auf die 1. Ölpreiskrise 1973/74 verstanden werden. Es sollten Anreize für eine Diversifizierung des Energiemixes gesetzt werden.

PURPA verpflichtete US-amerikanische Energieversorgungsunternehmen, den Strom vom qualifizierten, unabhängigen Stromproduzenten abzunehmen und entsprechend der vermiedenen Erzeugungskosten zu vergüten. Im Gesetz wurde die Formulierung „vermiedene Kosten" (avoided costs) jedoch nicht genauer definiert, so dass die Ausgestaltung der bundesstaatlichen Regelungen stark divergierte (Hirsh 1999).

Eine der fortschrittlichsten bundesstaatlichen Regelungen wurde im Jahr 1984 in Kalifornien implementiert. Die Public Utility Commission von Kalifornien verabschiedete verschiedene standardisierte Vertragsvorlagen, sogenannte „Standard Offer Contracts". Für die Entwicklung erneuerbarer Energien war insbesondere der Standard Offer Contract No. 4 maßgeblich, da hier eine Vergütung pro Kilowattstunde entsprechend der langfristig vermiedenen Erzeugungskosten festgesetzt wurde. Die feste Vergütung wurde über 10 Jahre der insgesamt 30-jährigen Vertragslaufzeit festgesetzt (Gipe 2010). Somit enthielt die Regelung schon die wesentlichen Merkmale von heutigen Einspeisemodellen: eine Abnahmegarantie, feste Vergütungssätze und lange Vertragslaufzeiten (Jacobs 2010). Die langfristige Perspektive war entscheidend, da bei der Berechnung der Vergütungssätze von langfristig steigenden Kosten für konventionelle Stromerzeugung ausgegangen wurde (Rickerson und Grace 2007).

Die kalifornische Einspeisevergütung gilt als erfolgreich, da aufgrund der gesetzlichen Regelungen in den 1980er-Jahren insgesamt 1.200 MW neu installierte Windleistung ans Netz gingen. Mit dem Fall des Ölpreises Mitte der 1980er-Jahre schwand auch der ökonomische und politische Druck, auf alternative Energie zu setzen. Die PURPA-Gesetzgebung hat seit 1978 in den USA zu insgesamt 12 GW Kraftwerksleistung bei erneuerbaren Energien – ohne Wasserkraft – geführt (UCS 2018). Die größten Nutznießer von PURPA waren jedoch nicht die erneuerbaren Energien, sondern vor allem gasbetriebene Kombikraftwerke.

Die Etablierung preisbasierter Förderinstrumente war zunächst also nicht nur auf erneuerbare Energieträger beschränkt. Generell wurden kleine, unabhängige Energieproduzenten begünstigt, um so in erster Linie das stabile Monopol in der Stromwirtschaft aufzubrechen. Von daher ist es nicht erstaunlich, dass die Einführung von preisbasierten Förderinstrumenten in gewisser Weise mit der Liberalisierung der Strommärkte Hand in Hand ging. In den USA begann der Prozess Ende der 1970er-Jahre und in Europa in den 1990er-Jahren. Die Idee, Erzeugern von Regenerativstrom einen bestimmten Betrag pro Kilowattstunde zu vergüten, entsprang nicht zuletzt der Logik von Monopolstrukturen, in denen die Preisaufsicht für Strom aus konventionellen Kraftwerken die Regel war. Der Ursprung der Einspeisevergütungen liegt also in dem Versuch begründet, kleinen Erzeugern einen Nischenmarkt im monopolartig organisierten Stromsektor zu erzwingen.

Obwohl der Ölpreis in den 1980er- und 1990er-Jahren auf niedrigem Niveau stabil blieb, gab es auch in Europa verstärkte Bemühungen zur Diversifizierung des Energieerzeugungsportfolios unter Berücksichtigung erneuerbarer Energien. Im Gegensatz zu den USA spielten in Europa jedoch Klima- und Umweltschutz eine entscheidende Rolle. Die Förderinstrumente für erneuerbare Energien wurden nicht nur unter dem Aspekt der grundlegenden Transformation des Energiesektors entwickelt – und auch nicht in erster Linie zur Reduktion der Emissionen –, sondern dienten vor allem dem Aufbau einer leistungsfähigen Umweltindustrie. Erneuerbare Energien sind Bestandteil eines Energiemixes, der die Energieversorgungssicherheit besser gewährleisten und neue Exportchancen generieren soll.

Bereits 1988 hat die Enquete-Kommission „Vorsorge zum Schutz der Erdatmosphäre" des Deutschen Bundestages in ihren Berichten auch die Empfehlung gegeben, zur Verwirklichung des Klimaschutzes eine neue Energiepolitik einzuleiten (siehe auch Kap. „Grundlagen der Energiepolitik" und „Energiepolitik in Deutschland und Europa" in diesem Band). Für die Förderung des Ausbaus von erneuerbare Energien wurde ein Einspeisemodell vorgeschlagen. Dabei orientierten sich die Experten an der Regelung in den USA und an der Vereinbarung zur Einspeisung von Windstrom ins öffentliche Netz, die in Dänemark seit 1986 praktiziert wurde.

Aber in Europa wurde das erste Einspeisemodell nicht in Deutschland, sondern in Portugal implementiert. 1989 folgten die Niederlande. Bereits im Jahre 1988, also zwei Jahre bevor das Stromeinspeisegesetz in Deutschland verabschiedet wurde, erließ Portugal ein Gesetz zur Förderung von kleinen, unabhängigen Regenerativstromproduzenten. Die Vergütung pro Kilowattstunde entsprach der Unterstützung für die ölbasierte Stromerzeugung und somit den höchstmöglichen vermiedenen Erzeugungskosten. Die Vergütungszahlung wurde – ähnlich wie später in Deutschland – an den Strompreis für Endkunden gekoppelt (Busch 2003).

Für die deutsche Politikentwicklung war jedoch die Förderung erneuerbarer Energien im Nachbarland Dänemark weitaus wichtiger. Das dänische Parlament, das Folketing, hatte bereits im Januar 1981 das „Gesetz über Staatszuschüsse für die Nutzung erneuerbarer Energiequellen usw." verabschiedet. Das Gesetz wurde in den 1980er-Jahren mehrfach novelliert. Wenige Monate vor dem ersten deutschen Einspeisegesetz vom Dezember 1990 wurde in Dänemark ein ähnlicher Fördermechanismus verabschiedet. Bereits in den Jahren 1986 bis 1990 hatte es eine mündliche Vereinbarung gegeben, die de facto das Einspeisen von Regenerativstrom und die Zahlung einer bestimmten Vergütung regelte. Die Einspeisevergütung für Windenergieanlagen wurde in Dänemark in der Bekanntmachung des „Gesetzes über die Nutzung erneuerbarer Energien usw." vom 29. Mai 1990 so festgelegt, dass Einspeiser grundsätzlich 85 % des durchschnittlichen Tarifs für Haushaltskunden im jeweiligen Versorgungsgebiet erhielten.[1] Die eingekaufte Energiemenge und die hierfür entrichtete Vergütung reichte das Verteilerunternehmen an die jeweilige Kraftwerksgesellschaft weiter. Energiemenge und Kaufpreis wurden dem Verteilerunternehmen in Höhe der gesetzlich vorgeschriebenen

---

[1] Lov om udnyttelse af vedvarende energikilder m.v., lovbekendtgørelse nr. 351 af 29. maj 1990. https://www.retsinformation.dk/Forms/R0710.aspx?id=49255.

Mindestvergütung von der vorgelagerten Kraftwerksgesellschaft erstattet. Im Gegenzug zahlte das Verteilungsunternehmen für die betreffende Energiemenge einen Preis, der dem Bezugspreis des Verteilerunternehmens entspricht. Dadurch ergaben sich für die Kraftwerksgesellschaft Mehrkosten, die in ihre Preiskalkulation einflossen (Krawinkel und Mez 1996).

Das dänische Vergütungsmodell bestand einerseits aus einer festgelegten Einspeisevergütung im Verhältnis zum jeweils gültigen Haushaltstarif (85 % anstelle von 90 % in Deutschland). Es sah ferner zunächst einen (vorläufigen) regionalen und schließlich einen Ausgleich der Mehrkosten zwischen den einzelnen Kraftwerksgesellschaften auf Verbundebene vor. Zudem war das dänische Modell mit einer Haushaltslösung verknüpft, die aus dem Energiesteueraufkommen finanziert wurde und etwa die Hälfte der Gesamtvergütung ausmachte (ebenda).

Die bereits bestehende Einspeisevergütung in Dänemark und insbesondere die positiven Erfahrungen der Windmüller mit diesem System wurden von deutschen Interessenverbänden und einigen Politikern zur Kenntnis genommen. Von entscheidender Bedeutung für den Politiktransfer von Dänemark nach Deutschland waren insbesondere die Kontakte zwischen Interessenvertretern in Schleswig-Holstein mit dem benachbarten Dänemark (Kords 1993; Brand-Schock 2010).

Konservative Bundestagsabgeordnete forderten seit 1988 eine Einspeisevergütung für Strom aus Windkraftanlagen. Darauf antwortete die Bundesregierung mit einem 100 MW-Windprogramm und einem 1000-Dächerprogramm für Photovoltaik. Doch die Bundestagsabgeordneten ließen sich damit nicht abspeisen. Das Stromeinspeisungsgesetz entstand in der Folgezeit nicht auf der Grundlage des üblichen Referentenentwurfs für Gesetze, sondern als sog. Abgeordneteninitiative auf Betreiben von Bundestagsabgeordneten der Grünen und von CDU/CSU (Kords 1993).

Das Stromeinspeisegesetz (StrEG) wurde am 7. Dezember 1990 vom Bundestag einstimmig verabschiedet und trat zum 1. Januar 1991 in Kraft. Das „Gesetz über die Einspeisung von Strom aus erneuerbaren Energien in das öffentliche Netz" verdeutlicht seinen eigentlichen Auftrag: Die Abnahmepflicht der Netzbetreiber für Strom aus regenerativen Primärenergieträgern. Das Stromeinspeisegesetz garantierte den Erzeugern von Regenerativstrom eine Vergütung im Bereich der vermiedenen Erzeugungskosten von konventionellen Kraftwerken. Die Vergütungshöhe war an den Strompreis der Endkunden gekoppelt und variierte – ja nach Technologie und Größe – zwischen 65 % und 90 % (Jacobsson und Lauber 2006).

Vor dem StrEG existierte in Deutschland keine spezielle Regulierung für die Stromeinspeisung. Der Rahmen wurde durch die privatrechtliche Verbändevereinbarung abgesteckt, die jedoch vor allem den Ausbau von alternativen Kapazitäten zu den Großkraftwerken der Stromwirtschaft wirkungsvoll behinderte. Die sogenannte Verbändevereinbarung zwischen öffentlicher Elektrizitäts- und industrieller Kraftwirtschaft (VDEW, BDI, VIK) regelte u. a. die Einspeisung von Überschussstrom aus industrieeigenen Kraftwerken in das öffentliche Netz, ferner die Vergütung von Strom aus regenerativen Energien und aus Kraft-Wärme-Kopplungsanlagen, sowie die Bereitstellung von Zusatz- und Reservestrom. Die Vergütung auf der Grundlage von „vermiedenen Kosten" lag auch für die überwiegende Mehrzahl der kleinen Wasserkraftwerke unter den Vollkosten.

Für den wirtschaftlich tragfähigen Weiterbetrieb der bestehenden Anlagen und einen verstärkten Ausbau von alternativen Kapazitäten war deshalb vor allem eine Preisregulierung erforderlich. Das neue StrEG sah aber nicht nur eine Preisregulierung, sondern auch eine Abnahmepflicht für Strom aus erneuerbaren Energien vor. Insofern wurden zwei Fliegen mit einer Klappe geschlagen. Das Stromeinspeisegesetz schuf so nicht nur eine stabile wirtschaftliche Basis für existierende kleine Wasserkraftwerke, sondern es wurde nach und nach auch zum Motor für den Boom beim Ausbau von Windturbinen.

In den folgenden Jahren wurden auch in anderen europäischen Ländern ähnlich ausgestaltete Einspeisemodelle implementiert, unter anderem 1994 in Griechenland und Spanien. Auch hier entsprachen die Vergütungssätze weitestgehend den vermiedenen Erzeugungskosten konventioneller Kraftwerke und waren deshalb meistens nicht technologiespezifisch. Gleichfalls wurden die Vergütungssätze jedes Jahr neu gesetzt und die Größe der geförderten Anlagen begrenzt (Jacobs 2012; Gonzáles 2008). Im Gegensatz zur kalifornischen Regelung, wo die Vergütung an die Großhandelspreise gekoppelt war, bezogen sich die europäischen Vergütungssätze in der Regel auf die Stromkosten der privaten Endverbraucher.

Es gab also durchaus Ähnlichkeiten zwischen den frühen europäischen Einspeisemodellen, auch wenn das deutsche Gesetz von 1990 nicht als maßgebliches Referenzmodell für die Politikgestaltung in anderen Ländern angesehen werden kann. Der Einfluss des Stromeinspeisungsgesetzes auf die internationale Policy-Entwicklung sollte jedoch nicht unterschätzt werden. Nicht zuletzt war das Gesetz Wortgeber für Einspeisegesetze weltweit, die im englischen Sprachgebrauch mit „feed-in tariffs" bezeichnet werden und nicht zuletzt in den USA für Missverständnisse sorgten, da dort das Wort „tariff" häufig mit einer Steuer assoziiert wird.

Die frühen europäischen Einspeisemodelle waren in der Lage das Wachstum einiger marktnaher Technologien wie die kleine Wasserkraft oder die Windenergie zu fördern. Das Stromeinspeisegesetz von 1990 führte bis zum Jahr 2000 zur Installation von 4.440 MW neuer Windkapazität. Allerdings hat das StrEG erst ab Mitte der 1990er-Jahren für den Boom bei der Windkraft gesorgt – nachdem die Finanzbehörden das Betreiben von Windturbinen als Gewerbe anerkannt hatten. Dadurch wurde der Bau von Windkraftwerken auch für den Finanzsektor interessant. Davor ist die Realisierung von Windkraftprojekten insbesondere auf das 100- bzw. 250 MW-Programm, weitere Förderungsprogramme des Forschungs- und des Wirtschaftsministeriums, diverse Länderprogramme und vor allem auf die Förderung durch die Deutsche Ausgleichsbank zurückzuführen, die zwischen 1990 und 1997 über das ERP-Energiesparprogramm und das DtA-Umweltprogramm mehr als 3 Mrd. DM zur Verfügung gestellt hat (Mez und Lauber 2007).

In Dänemark wurden bis 2004 insgesamt über 3.000 MW Windleistung ans Netz angeschlossen (Mez und Meyer 2008). Die Windkraftwerke decken dort seit 2015 bereits über 40 % des Stromverbrauchs und mit einer Windstromerzeugung von 2.300 kWh/Einwohner liegt Dänemark im internationalen Vergleich mit Abstand auf Platz 1. In Griechenland stieg die installierte Windleistung von 26 MW im Jahr 1995 bis auf 557 MW im Jahr 2003. Auch in Spanien profitierte vor allem die Windenergie vom nationalen Einspeisetarif, so dass die installierte Leistung von 420 MW im Jahr 1997 bis auf 6.324 MW im Jahr 2003 stieg (Jacobs 2012).

Aufgrund der nicht-technologiespezifischen Vergütung wurde die Förderung anderer Technologien jedoch vernachlässigt. Insbesondere noch relative teure Technologien, wie etwa die Photovoltaik oder die Geothermie, wurden nur unzureichend unterstützt.

2.2 Quotenregelungen, Verpflichtungen und Zielfestsetzungen

Als erster Nationalstaat weltweit führten die Niederlande 1998 ein Quotenmodell ein. Bis 2003 hatten sich sieben weitere Länder für das Quotenmodell entschieden. Neben fünf EU-Mitgliedstaaten und einem Beitrittskandidaten wurden nur noch in Australien und Japan Quotenmodelle angewandt (Busch 2003). Im Jahr 2017 kamen in 33 Ländern Quotenmodelle zur Anwendung (REN21 2018).

Die Verwendung von Quoten für erneuerbare Elektrizität ist eine relativ neue Art von Politik. Quoten wurden in den späten 1990er-Jahren eingeführt, und da es in viel weniger Ländern als die Einspeisevergütung umgesetzt ist, gibt es auch vergleichsweise weniger Erfahrungen mit Quotensystemen. Bestandteile von Quotensystemen, die im Stromsektor verwendet werden, sind Verpflichtungen und Zertifikate.

Die Idee stammt aus den USA. Standards für erneuerbare Energien (Renewable Portfolio Standards – RPS), sind zuerst auf Bundesstaaten-Ebene entwickelt worden. 1997 führte der Bundesstaat Massachusetts ein Quotenmodell unter dem Label RPS ein. Andere Bundesstaaten folgten.

Unter einem RPS wird ein politisches Ziel für den minimalen Kapazitäts- oder Erzeugungsgrad festgelegt, der aus erneuerbaren Quellen stammen muss, wobei der Betrag im Laufe der Zeit im Allgemeinen zunimmt. Investoren und Erzeuger entscheiden dann, wie die Ziele erreicht werden und über die Technologie, die eingesetzt werden soll (es sei denn die Ziele werden durch den Technologie-Typ festgelegt). Am Ende eines Ziel-Zeitraums müssen Stromerzeuger (oder Lieferanten, je nach Policy-Design) nachweisen, dass die Ziele eingehalten wurden, um eine Strafe zu vermeiden. Produzenten erhalten einen Nachweis (credit) in Form von „grünen Zertifikaten" oder „grünen Labels" für den erzeugten erneuerbaren Strom. Solche „credits" können handelbar oder verkäuflich sein. Sie dienen als Nachweis für die Erfüllung der gesetzlichen Verpflichtung und erlauben es, ein zusätzliches Einkommen zu erzielen. Die Produzenten mit zu vielen Zertifikaten können diese handeln oder verkaufen; diejenigen mit zu wenig können statt in eigene erneuerbare Kapazitäten zu investieren, Strom von anderen Produzenten (in der Regel durch einen Bieterprozess) oder über „credits" von anderen kaufen. Sobald das System eingerichtet ist, beteiligt sich die Regierung an der Zertifizierung von Nachweisen sowie bei der Überwachung und Durchsetzung der Zielerfüllung. Der Versuch der Clinton-Administration, die RPS auf nationaler Ebene einzuführen, scheiterte allerdings im Jahr 2000 im amerikanischen Kongress.

Den elementaren Bestandteil des Quotenmodells bildet die verpflichtende Festlegung, einen bestimmten Anteil an der nationalen Gesamtproduktion von Elektrizität, an den durch das Netz geleiteten Strommengen, am Endverbrauch oder an der im Inland gehandelten Strommenge aus erneuerbaren Energieträgern zu erzeugen bzw. zu verkaufen. Entsprechend kann die Quote Energieproduzenten, Netzbetreiber, Energieversorger und -händler oder Endverbraucher verpflichten, diesen Anteil zu erfüllen. Der Nachweis, dass der Verpflichtung entsprochen wurde, erfolgt in den bisher eingeführten Quotenregelungen über Zertifikate, die für eine bestimmte Menge ‚alternativen Stroms' ausgestellt und zu einem bestimmten Zeitpunkt zur Überprüfung eingesammelt werden. Die betroffenen Akteure können diese Zertifikate handeln. Grundsätzlich bestehen so zwei auch miteinander kombinierbare Optionen zur Erfüllung der Quote. Die jeweils verpflichteten Akteure produzieren, verkaufen, handeln, verbrauchen physischen Strom aus erneuerbaren Energien bzw. leiten ihn durch das Netz und/oder sie kaufen Zertifikate für die Menge alternativ erzeugten Stroms, den sie zur Quotenerfüllung benötigen. Verfehlen die Akteure die Quote, droht ihnen entweder eine Strafgebühr oder eine andere Sanktion (Busch 2003).

2.3 Auktionen und Ausschreibungsverfahren

Ausschreibungsmodelle sind entweder investitions- oder erzeugungsbasiert, aber in beiden Fällen zielen sie auf die Errichtung erneuerbarer Erzeugungskapazitäten. Im ersten Fall wird eine bestimmte zu installierende Kraftwerkskapazität ausgeschrieben. In einem Bieterprozess werden die günstigsten Anbieter ermittelt, die dann für die installierte Erzeugungsleistung Investitionszuschüsse erhalten. Das erzeugungsbasierte Ausschreibungsverfahren verläuft analog, wobei jedoch die erfolgreichen Bieter während der Laufzeit des Vertrages die Erzeugung vergütet bekommen.

In der Europäischen Union haben einige Mitgliedsstaaten seit Jahren Auktionen und Ausschreibungsverfahren implementiert. Dänemark hat langjährige Erfahrung mit der Organisation von RES-Ausschreibungen. Im Jahr 2004 wurden zwei Offshore-Windparks mit einer Kapazität von jeweils 200 MW ausgeschrieben.

Frankreich hat regelmäßig öffentliche Ausschreibungen für RES-Projekte mit einer Kapazität von mehr als 12 MW durchgeführt. Im Jahr 2005 wurden insgesamt 620 MW an Biomasse-, Onshore- und Offshore-Windenergieprojekten mittels Ausschreibung ausgewählt. In den Jahren 2006 und 2008 wurden weitere Ausschreibungen für 550 MW Biomassekraftwerke gestartet. Und 2010 folgten Ausschreibungen für Biomasse und Onshore-Windenergie. Weitere Ausschreibungen für Offshore-Windenergie wurden 2011 (für 3 GW) und 2013 (für 1 GW) durchgeführt.

In Italien werden seit 2012 Ausschreibungen zur Ermittlung von Einspeisetarifen für größere RES-Projekte eingesetzt. Für jede RES-Technologie werden jährliche Obergrenzen für die maximale installierte Kapazität zwischen 2013 und 2015 festgelegt. Falls eine Obergrenze nicht erreicht wird, wird die verbleibende Kapazität auf das folgende Jahr übertragen.

In den Niederlanden wurde das seit 2008 bestehende Einspeise-Prämiensystem SDE (Subsidieregeling duurzame energieproductie) im Jahr 2011 durch SDE+ ersetzt, eine Regelung mit gleitenden Einspeisevergütungen, die mittels technologieneutraler Auktionen ermittelt werden. Damit soll eine möglichst kostengünstige Förderung von RES erreicht werden. Seit 2012 sind sowohl EE-Strom als auch Wärmetechnologien im selben System enthalten. Die Einspeisevergütung wird für 15 Jahre gezahlt und berechnet sich als Differenz zwischen dem Preis, der für das RES-Projekt während des Bieterverfahrens angeboten wird, und dem monatlichen durchschnittlichen Strompreis. RES-Projekte haben nach Abschluss des Ausschreibungsprozesses eine Realisierungsfrist von maximal 4 Jahren. Der Umsetzungsprozess wird jährlich überwacht, und es werden Geldstrafen für die Nichtumsetzung von Großprojekten verhängt.

Auch in Deutschland gilt das Ausschreibungsmodell als Politikinstrument zur Förderung der erneuerbaren Energien. Mit der EEG-Novelle von 2017 (EEG 2017) wurde die Grundlage für die Durchführung von Ausschreibungen für Anlagen der erneuerbaren Energien geschaffen. Auf dieser Basis führt die Bundesnetzagentur jährlich Ausschreibungsrunden für Windenergieanlagen an Land, Windenergieanlagen auf See und Solaranlagen (Photovoltaik-Anlagen) ab einer Leistung von 750 Kilowatt (kW) sowie für Biomasse-Neuanlagen ab einer Leistung von 122 MW durch. Die Anforderungen an Bieter und ihre Gebote zur Teilnahme an den Ausschreibungen sind im EEG 2017 festgelegt. Die Gebote sind zwingend einzuhalten.

3 Internationale Akteure und Institutionen der Energiewende

Im Zuge der ersten Ölpreiskrise wurde im November 1974 die Internationale Energieagentur – International Energy Agency (IEA) – als autonome Einheit der OECD gegründet. Sie ist eine Kooperationsplattform zur Erforschung, Entwicklung, Markteinführung und Anwendung von Energietechnologien. Die IEA verfügt aber auch über strategische Ölreserven. Bereits vor der Jahrtausendwende wurden die erneuerbaren Energien in den internationalen Akteuren institutionalisiert. In der IEA entstand die Renewable Energy Working Party (REWP). Und in der Energy Technology Collaboration Division der IEA wurde die Renewable Energy Unit (REU) gegründet

Die G8 Renewable Energy Task Force, in der auch Experten der IEA vertreten waren, veröffentlichte im Juli 2001 ihren Endbericht, der die Prognose enthält, dass „about US$100 billion of investment over 10 years in OECD countries would be enough to make renewable technology competitive within 20 years" (Clarke 2002).

Die erste internationale Statistik zu erneuerbaren Energien mit Daten für das Jahr 2000 publizierte die IEA im Jahr 2002 unter dem Titel „Renewables Information".

Das Intergovernmental Panel on Climate Change (IPCC) wurde im November 1988 vom Umweltprogramm der Vereinten Nationen (UNEP) und der Weltorganisation für Meteorologie (WMO) als zwischenstaatliche Institution gegründet. Inzwischen sind 195 Regierungen Mitglieder des IPCC und mehr als 120 Organisationen sind als Beobachter des IPCC registriert. Das IPCC veröffentlicht für politische Entscheidungsträger Berichte, in denen der Stand der wissenschaftlichen Forschung zum Klimawandel zusammengefasst wird. Seit 1990 hat das IPCC fünf Sachstandsberichte – der 6. Sachstandsbericht soll 2022 vorliegen – und zehn Sonderberichte herausgegeben. Drei weitere Sonderberichte sind derzeit in Arbeit. Darunter der Sonderbericht über die Folgen einer globalen Erwärmung um 1,5 °C gegenüber vorindustriellem Niveau und die damit verbundenen globalen Treibhausgasemissionspfade im Zusammenhang mit einer Stärkung der weltweiten Reaktion auf die Bedrohung durch den Klimawandel, nachhaltiger Entwicklung und Bemühungen zur Beseitigung von Armut.

Die Klimarahmenkonvention (United Nations Framework Convention on Climate Change, UNFCCC) ist das internationale, multilaterale Klimaschutzabkommen der Vereinten Nationen. Ihr Ziel ist es, eine gefährliche anthropogene – also eine vom Menschen verursachte – Störung des Klimasystems zu verhindern. Die Konvention wurde 1992 in New York verabschiedet und im Rahmen der Konferenz der Vereinten Nationen für Umwelt und Entwicklung (UNCED) in Rio de Janeiro im selben Jahr von 154 Staaten unterzeichnet. Sie trat im März 1994 in Kraft. Inzwischen haben 196 Staaten die UNFCCC ratifiziert. Die Umsetzung der Konvention wird vom Sekretariat begleitet, das seinen Sitz in Bonn hat. Alle Vertragspartner müssen regelmäßig Berichte mit Fakten zu aktuellen Treibhausgasemissionen und Trends veröffentlichen. Die Vertragsstaaten treffen sich seit 1995 jährlich zu Konferenzen, um über konkrete Maßnahmen zum Klimaschutz zu beraten. Am bekanntesten sind die COP 3 in Kyoto (1997) und die COP 21 in Paris (2015). In Kyoto wurde das Kyoto-Protokoll beschlossen, das Industriestaaten zu quantitativen Treibhausgas-Minderungszielen verpflichtete und den Internationalen Emissionshandel sowie die projektbasierten Flexibilisierungsmechanismen Joint Implementation (JI) und den Mechanismus für umweltverträgliche Entwicklung (CDM) einführte. In Paris wurde das Pariser Übereinkommen verabschiedet, wonach die durch den Menschen verursachte globale Erwärmung auf deutlich unter 2 °C gegenüber vorindustriellen Werten begrenzt werden soll. Ferner wurden alle Staaten verpflichtet, Minderungsziele zu definieren, umzusetzen und die Fortschritte zu überprüfen. Alle fünf Jahre sollen die Ziele mit dem Stand der Wissenschaft verglichen und angepasst werden.

Das Pariser Übereinkommen ist im November 2016 in Kraft getreten und löst 2021 das Kyoto Protokoll ab. Es setzt auf nationale Selbstverpflichtungen, sogenannte „Nationally Determined Contributions (NDCs)", d. h. jedes Land entscheidet selbst, wie im nationalen Rahmen die Treibhausgas-Emissionen reduziert werden sollen. Dabei spielen die Erfahrungen der Vorreiterländer und die Verbreitung von erfolgreichen Politikinstrumenten und -institutionen eine wichtige Rolle.

Aber nicht nur die Staaten sind als internationale Akteure tätig. Auch die großen Metropolen sind aktiv und machen ehrgeizige Zusagen, dass sie Klimaschutzmaßnahmen im Einklang mit den Zielen des Pariser Abkommens liefern werden. Im Vorfeld des Global Climate Action Summit kündigt C40 Zusagen für Netto-Null-Kohlendioxid-Gebäude an. Im Jahr 2017 haben 25 C40-Mitgliedsstädte aus der ganzen Welt das Ziel festgelegt, bis 2050 Netto-Null-CO_2-Emissionen zu erreichen.

Das Renewable Energy Policy Network for the 21st Century (REN21) ist ein globales Multi-Stakeholder-Netzwerk mit Sitz in Paris. REN21 versteht sich als Forum für Ideen und Informationen sowie zur Unterstützung und Bildung von Kooperationen und Aktivitäten im Bereich der erneuerbaren Energien. Das Netzwerk wurde 2005 durch einen Impuls auf der Internationalen Konferenz für erneuerbare Energien in Bonn etabliert. Es ist die Nachfolgeorganisation der Konferenz zu Erneuerbare Energien (Renewables 2004) in Bonn. Mitglieder sind internationale Institutionen, Regierungen, Wissenschaftler, NGOs und Privatleute. Ende 2017 hatte REN 21 über 60 Mitglieder.

REN21 veröffentlicht Berichte über erneuerbare Energien und die Politik- und Marktentwicklung, beispielsweise den Renewables Global Status Report, der inzwischen das Standardwerk der Erneuerbare-Energien-Branche ist. Seit 2015 wird gemeinsam mit der UNECE der UNECE Renewable Energy Status Report veröffentlicht.

Die UNECE (United Nations Economic Commission for Europe) wurde 1947 zur Förderung einer pan-europäischen wirtschaftlichen Integration gegründet. Die Kommission gliedert sich in ein Exekutivkomitee und acht Fachausschüssen – darunter je ein Komitee für Umweltpolitik und für nachhaltige Energie. Das Komitee für nachhaltige Energie hat wiederum sechs Expertengruppen. Die Expertengruppe für erneuerbare Energien wurde gegründet, um aktionsorientierte, praktische Aktivitäten auf dem Gebiet der erneuerbaren Energien zu fördern. Die Expertengruppe konzentriert sich auf Aktivitäten, die dazu beitragen, die Aufnahme erneuerbarer Energien in der Region deutlich zu erhöhen. Die Expertengruppe fördert den regulatorischen und politischen Dialog sowie den Austausch von „best practice"-Erfahrungen zur Nutzung von erneuerbaren Energiequellen, einschließlich Biomasse, um ihren Anteil am globalen Energiemix zu erhöhen.

Der Vorschlag zur Gründung von IRENA, einer International Renewable Energy Agency, wurde 1981 auf der UN-Konferenz über neue und erneuerbare Energiequellen in Nairobi, Kenia, vorgelegt. Die Idee wurde von großen Organisationen auf dem Gebiet der erneuerbaren Energien wie Eurosolar weiterentwickelt. Als das weltweite Interesse an erneuerbaren Energien stetig zunahm, trafen sich die Staats- und Regierungschefs mehrmals, um die zukünftige erneuerbare Energiepolitik sowie die Finanzierung und Technologien zu diskutieren. Zu den wichtigsten Treffen zählten der Weltgipfel für nachhaltige Entwicklung 2002 in Johannesburg, Südafrika, der jährliche G-8 Dialog, die Internationale Erneuerbare-Energien-Konferenz 2004 in Bonn und die Internationale Konferenz für erneuerbare Energien 2005 in Peking. Bereits 2003 hatte der Bundestag die Initiative der Bundesregierung für die Gründung der IRENA als einer internationalen Regierungsorganisation begrüßt, die in weltweitem Maßstab die aktive Nutzung Erneuerbarer Energien unterstützen und vorantreiben soll.

Zwei vorbereitende Workshops fanden am 30.06./01.07.2008 in Berlin statt. Die Teilnehmer aus 44 Staaten befassten sich mit dem Gründungsvertrag von IRENA, dem IRENA-Statut, den Finanzierungsmechanismen und der Skizze eines Arbeitsprogramms. Die abschließende Vorbereitungskonferenz fand im Oktober desselben Jahres in Madrid statt. Die Vertreter aus 51 Staaten diskutierten über die Tätigkeit einer Vorbereitungskommission. Die offizielle Gründung von IRENA erfolgte am 26. Januar 2009 in Bonn und 75 Staaten unterzeichneten das IRENA-Statut.

Zwischen 2009 und 2011 fanden fünf Sitzungen der Vorbereitungskommission für IRENA statt. Bei der zweiten Sitzung im Juni 2009 wurde Abu Dhabi, Vereinigte Arabische Emirate, als Sitz der Interimszentrale von IRENA ausgewählt. Nach dem Inkrafttreten des IRENA-Statuts am 08. Juli 2010 begannen die Vorbereitungen für die 1. Vollversammlung von IRENA, die am 04. April 2011 stattfand. Inzwischen hat IRENA 170 Mitgliedstaaten.

IRENA als zwischenstaatliche Organisation, unterstützt die Länder beim Übergang zu einer nachhaltigen Energiezukunft und fungiert als Hauptplattform für internationale Zusammenarbeit sowie als Kompetenzzentrum und Basis für Politik, Technologie, Ressourcen und Finanzen. IRENA fördert die flächendeckende Einführung und nachhaltige Nutzung aller Formen erneuerbarer Energien.

4 Fazit und Ausblick

Spätestens seit der Pariser Klimaschutzkonferenz im Dezember 2015 ist es offensichtlich, dass die Energiewende weltweit voranschreitet und dass diese vor allem auf den Einsatz Erneuerbarer Energiequellen und die Verbesserung der Energieeffizienz basiert.

Entgegen der häufig verbreiteten Annahme, ist Deutschland nicht das Ursprungsland der heute über 100 Einspeisemodelle für regenerativen Strom. Ähnliche Gesetze wurden zuvor bereits in den 1970er- und 1980er-Jahren in den USA und anderen europäischen Ländern implementiert. Das StrEG hatte zudem nur bedingte Vorbildfunktion für die Ausgestaltung von Förderinstrumenten in anderen Ländern. Vielmehr kann ein Politiktransfer von den USA und aus Dänemark nach Deutschland ausgemacht werden.

Von Bedeutung für die Diffusion von Einspeisemodellen weltweit war in erster Linie das deutsche Erneuerbare-Energien-Gesetz aus dem Jahre 2000. Hier wurden vom Gesetzgeber wesentliche Neuerungen eingefügt, die ein kontinuierliches Wachstum der erneuerbaren Energien-Branche in Deutschland erst ermöglichten. Das EEG 2000 beinhaltete viele Ausgestaltungsmerkmale zur Erhöhung der Investitionssicherheit, wie etwa eine transparente Berechnung der Vergütungssätze und die Garantie der Vergütungszahlung über einen langen Zeitraum. Zudem sollten Mitnahmeeffekte vermieden und Innovationsanreize gegeben werden, wie etwa durch die technologiespezifische Vergütung und die degressive Ausgestaltung der Vergütungssätze. In den Folgejahren wurden diese wesentlichen Ausgestaltungsmerkmale von vielen anderen Ländern kopiert, da das Markt- und Wirtschaftswachstum des Erneuerbare-Energie-Sektors in Deutschland international Beachtung fand.

Das Erneuerbare-Energie-Gesetz von 2000 und die nachfolgenden Novellierungen können durchaus als eines der erfolgreichsten Gesetze für die Förderung erneuerbaren Energien weltweit angesehen werden. Während anfangs in erster Linie das schnelle Wachstum dieses neuen Industriezweigs angeregt werden sollte, spielte ab 2009 auch die Markt- und Systemintegration eine entscheidende Rolle bei der Ausgestaltung von Einspeisemodellen.

Dafür kann jedoch ein anderes europäisches Land als Vorreiter angesehen werden: Spanien. Aufgrund des hohen Anteils der Windenergie, einer relativ unterentwickelten Netzinfrastruktur und der limitierten Netzverbindungen mit dem europäischen Ausland hat Spanien bereits viele Ausgestaltungsoptionen zur besseren Markt- und Systemintegration implementiert (Bechberger 2009; Jacobs 2012; Stenzel und Frenzel 2008). Teilweise wurden diese auch in Deutschland umgesetzt, wie etwa der Bonus für Systemintegration bei der Windenergie.

Weiteres Politiklernen innerhalb der Europäischen Union wäre wünschenswert, um so die Förderinstrumente weiter zu verbessern und langfristig eine Angleichung der Förderinstrumente auf freiwilliger Basis herbeizuführen.

Viele Zusagen zur Förderung erneuerbarer Energien wurden durch die Klimaschutzpolitik weltweit gemacht, die oft als spezifische Ziele für erneuerbare Energien und Energieeffizienz formuliert sind. Aber ehrgeizige Klimaziele erfordern Maßnahmen in allen Bereichen der Endenergienutzung, also für alle Energieverbrauchssektoren. Dabei ist die Rolle von internationalen Akteuren und die Gründung von neuen Institutionen wie z. B. IRENA ebenso wichtig wie eine strategische Herangehensweise an den Einsatz von effektiven Politikinstrumenten im Rahmen von Energie- und Klimaprogrammen auf nationaler, regionaler und lokaler Ebene.

Literatur

Bechberger, M. (2009). *Erneuerbare Energien in Spanien, Erfolgsbedingungen und Restriktionen*. Stuttgart: ibidem.

Brand-Schock, R. (2010). *Vergleichende Analyse der Policy-Netzwerke in den Politikfeldern Strom aus erneuerbaren Energien und Biokraftstoffe in Deutschland und Frankreich*, Dissertation, FFU, Freie Universität Berlin. https://d-nb.info/1010393235/34. Zugegriffen am 11.06.2018.

Busch, P.-O. (2003). *Die Diffusion von Einspeisevergütungen und Quotenmodellen*, FFU-report 2003-3, Freie Universität Berlin. http://userpage.fu-berlin.de/ffu/download/rep-2003-03.pdf. Zugegriffen am 12.06.2018.

Clarke, R. J. (2002). Renewables: Upwardly mobile. *OECD Observer No. 233*, August 2002. http://oecdobserver.org/news/fullstory.php/aid/747/Renewables:_Upwardly_mobile_.html. Zugegriffen am 11.09.2018.

Ethik-Kommission Sichere Energieversorgung. (2011). *Deutschlands Energiewende – Ein Gemeinschaftswerk für die Zukunft*. Berlin, 30.05.2011. https://www.nachhaltigkeitsrat.de/wp-content/uploads/migration/documents/2011-05-30-abschlussbericht-ethikkommission_property_publicationFile.pdf. Zugegriffen am 12.06.2018.

Gipe, P. (2010). *Evolution of feed-in tariffs*, October 06, 2010. http://www.wind-works.org/cms/fileadmin/user_upload/Files/Evolution_of_Feed_in_Tariffs.pdf. Zugegriffen am 11.06.2018.

Gonzáles, P. d. R. (2008). Ten years of renewable electricity policy in Spain: An analysis of successive feed-in tariff reforms. *Energy Policy, 36*(8), 2917–2929. https://doi.org/10.1016/j.enpol.2008.03.025. Zugegriffen am 11.06.2018.

Hirsh, R. F. (1999). PURPA: The spur to competition and utility restructuring. *The Electricity Journal, 12*(7), 60–72.

IEA (International Energy Agency). (2018). *Key world energy statistics 2017*. Paris: IEA Publications. https://webstore.iea.org/key-world-energy-statistics-2017. Zugegriffen am 11.06.2018.

Jacobs, D. (2010). Fabulous feed-in tariffs. *Renewable Energy Focus, 11*(4), 28–30.

Jacobs, D. (2012). *Renewable energy policy convergence: The evolution of feed-in tariffs in Germany, Spain and France*. Farnham: Ashgate.

Jacobsson, S., & Lauber, V. (2006). The politics and policy of energy system transformation – Explaining the diffusion of renewable energy technology. *Energy Policy, 34*(3), 256–276.

Kilinc-Ata, N. (2016). The evaluation of renewable energy policies across EU countries and US states: An econometric approach. *Energy for Sustainable Development, 31*, 83–90. https://doi.org/10.1016/j.esd.2015.12.006. Zugegriffen am 12.06.2018.

Kords, U. (1993). *Die Entstehungsgeschichte des Stromeinspeisungsgesetzes vom 07.12.1990*. Diplomhausarbeit, Freie Universität Berlin.

Krawinkel, H., & Mez, L. (1996). Die dänische Energiepolitik an der Schwelle des 21. Jahrhunderts. *Zeitschrift für Energiewirtschaft, 4*, 337–345.

Lipp, J. (2007). Lessons for effective renewable electricity policy from Denmark, Germany and the United Kingdom. *Energy Policy, 35*(11), 5481–5495. https://doi.org/10.1016/j.enpol.2007.05.015. Zugegriffen am 11.06.2018.

Mez, L., & Lauber, V. (2007). Renewable electricity policy in Germany 1974–2005. In L. Mez (Hrsg.), *Green power markets: Support schemes, case studies and perspectives* (S. 177–200). Brentwood: Multi-Science Publishing.

Mez, L., & Meyer, N. I. (2008). Innovateur in Sachen Windenergie – Dänemark. In M. Bechberger, L. Mez, & A. Sorge (Hrsg.), *Windenergie in Ländervergleich: Steuerungsimpulse, Akteure und technische Entwicklungen in Deutschland, Dänemark, Spanien und Großbritannien* (S. 61–80). Frankfurt a. M.: Peter Lang.

Ragwitz, M. (2005). *Zusammenfassende Analyse zu Effektivität und ökonomischer Effizienz von Instrumenten zum Ausbau der Erneuerbaren Energien im Strombereich*. Karlsruhe 26.07.2005. https://www.clearingstelle-eeg-kwkg.de/files/private/active/0/FhISI_Effektivitaet_Effizienz_EE_Foerderung_2005.pdf. Zugegriffen am 12.06.2018.

REN21. (2018). Renewables 2018 global status report. Paris: REN21 Secretariat http://www.ren21.net/gsr-2018/. Zugegriffen am 11.06.2018.

Rickerson, W., & Grace, R. C. (2007). *The debate over fixed price incentives for renewable electricity in Europe and the United States: Fallout and future directions*. March 2007, Washington DC: Heinrich Böll Foundation. http://citeseerx.ist.psu.edu/viewdoc/download?doi=10.1.1.554.9897&rep=rep1&type=pdf. Zugegriffen am 11.06.2018.

Savin, J. (2006). National policy instruments: Policy lessons for the advancement and diffusion of renewable energy technologies around the world. In D. Aßmann, U. Laumanns, & U. Dieter (Hrsg.), *Renewable energy – A global review of technologies, policies and markets* (S. 71–114). London/Sterling: Earthscan.

Stenzel, T., & Frenzel, A. (2008). Regulating technological change – The strategic reactions of utility companies towards subsidy policies in the German, Spanish and UK electricity markets. *Energy Policy, 36*(7), 2645–2657. https://doi.org/10.1016/j.enpol.2008.03.007. Zugegriffen am 11.06.2018.

Süddeutsche Zeitung. (2017). China führt Quote für E-Autos ein. 28.09.2017 http://www.sueddeutsche.de/wirtschaft/e-mobilitaet-china-fuehrt-quote-fuer-e-autos-ein-1.3687137. Zugegriffen am 23.06.2018.

UCS (Union of Concerned Scientists). (2018). Public Utility Regulatory Policy Act (PURPA). https://www.ucsusa.org/clean_energy/smart-energy-solutions/strengthen-policy/public-utility-regulatory.html#.Wx6BxIozZPY. Zugegriffen am 11.06.2018.

WNISR (World Nuclear Industry Status Report). (2018). The world nuclear industry status report 2017 (WNISR2017) https://www.worldnuclearreport.org/. Zugegriffen am 11.06.2018.

Weiterführende Literatur

Brunnengräber, A., & Di Nucci, M. R. (Hrsg.). (2014). *Im Hürdenlauf zur Energiewende*. Wiesbaden: Springer. https://doi.org/10.1007/978-3-658-06788-5.

Couture, T, Cory, K., Kreycik, C., & Williams, E. (2010). *Policymakers' guide to feed-in tariff policy design*. NREL, Technical report, July 2010. Golden (CO): National Renewable Energy Laboratory. https://www.nrel.gov/docs/fy10osti/44849.pdf. Zugegriffen am 11.06.2018.

Edenhofer, O., & Jakob, M. (2017). *Klimapolitik: Ziele, Konflikte, Lösungen*. München: Beck.

Fell, H.-J. (2009). *Feed-in tariffs for renewable energies: An effective stimulus package without new public borrowing*. Berlin: Deutscher Bundestag.

Hirschl, B., & Vogelpohl, T. (2018). Energiepolitik in Deutschland und Europa (in diesem Band).

Independent. (2016). *Cape Verde: The African country that plans to run on 100 % renewable energy by 2020.* 29.09.2016. https://www.independent.co.uk/news/world/africa/cape-verde-the-african-country-that-plans-to-run-on-100-renewable-energy-by-2020-a7337426.html. Zugegriffen am 11.06.2018.

Jänicke, M., Reiche, D., & Volkery, A. (2002). Rückkehr zur Vorreiterrolle? Umweltpolitik unter Rot-Grün. *Vorgänge, 157*, 50–61.

Klein, A., Merkel, E., Pfluger, B., Held, A., Ragwitz, M., Resch, G., & Busch, S. (2010). *Evaluation of different feed-in tariff design options – Best practice paper for the international Feed-in Cooperation*, Third edition, December 2010. https://www.researchgate.net/publication/266404269_Evaluation_of_different_feed-in_tariff_design_options_-_Best_practice_paper_for_the_International_Feed-In_Cooperation. Zugegriffen am 11.06.2018.

Lesser, J. A., & Xuejuan, S. (2008). Design of an economically efficient feed-in tariff structure for renewable energy deployment. *Energy Policy, 36*(3), 981–990. https://doi.org/10.1016/j.enpol.2007.11.007. Zugegriffen am 11.06.2018.

Mendonça, M., Jacobs, D., & Sovacool, B. (2009). *Powering the green economy – The feed-in tariff handbook*. London: Earthscan.

Mez, L., & Jacobs, D. (2012). Zur internationalen Vorbildfunktion von StrEG und EEG. In T. Müller (Hrsg.), *20 Jahre Recht der Erneuerbaren Energien* (S. 258–271). Baden-Baden: Nomos.

Praetorius, B. (2018). Grundlagen der Energiepolitik (in diesem Band).

UNECE. (2017). Renewable energy status report 2017. Paris: REN21. https://www.unece.org/fileadmin/DAM/energy/se/pp/renew/Renewable_energy_report_2017_web.pdf. Zugegriffen am 23.06.2018.

Energiepolitik der Zukunft – wie können wir die Energiewende vollenden?

Stefan Thomas

> **Zusammenfassung**
>
> In diesem Kapitel wird analysiert, wie die Energiepolitik es ermöglichen kann, die Energiewende zu einem nachhaltigen und klimaneutralen Energiesystem zu vollenden. Hierfür werden zunächst die konkreten Ziele und Herausforderungen für die Energiepolitik der Zukunft betrachtet. Im zweiten Teil stehen die Ansätze und Instrumente im Mittelpunkt, mit denen die Energiepolitik die übergreifenden sowohl sektor- als auch technologiespezifischen Aufgaben lösen kann.

1 Kurzfassung

Energiepolitik ist heute und künftig nicht mehr getrennt von der Klima- aber auch der Ressourcenpolitik zu denken und zu gestalten. In der EU und in Deutschland ist die Energiewende integraler Bestandteil des Klimaschutzes geworden: Es gibt eine Zieltrias aus absoluter Reduktion der Treibhausgasemissionen – in Deutschland 80 bis 95 % bis 2050 gegenüber 1990 –, absoluter Reduktion des Energieverbrauchs durch Effizienz und Suffizienz – Deutschland will ihn bis 2050 gegenüber

S. Thomas (✉)
Wuppertal Institut für Klima, Umwelt, Energie, Wuppertal, Deutschland
E-Mail: stefan.thomas@wupperinst.org

© Springer Fachmedien Wiesbaden GmbH, ein Teil von Springer Nature 2019
J. Radtke, W. Canzler (Hrsg.), *Energiewende*,
https://doi.org/10.1007/978-3-658-26327-0_13

2008 halbieren – und Ausbau der erneuerbaren Energien – in Deutschland auf einen Anteil von mindestens 60 % im Jahr 2050. Um diese Ziele zu erreichen, hat die Energiepolitik daher die Aufgabe, die vier Säulen der Energiewende simultan und abgestimmt zu stützen:

1. Energiesuffizienz heißt, beispielsweise so viel Wohn- und Arbeitsfläche pro Person und so viel technischen Nutzen aus Energie wie nötig zu beanspruchen, aber nicht mehr.
2. Energieeffizienz heißt, diesen Nutzen mit so wenig Energie wie technisch möglich bereit zu stellen.
3. Erneuerbare Energien müssen langfristig und können schon ab ca. 2050 die noch nötige Energie sogar zu 100 % bereitstellen.
4. Der Ausstieg aus der Kernenergie ist beschlossen, der sozial abgefederte aber schnellst mögliche Ausstieg aus fossilen Energien ist erforderlich.

Die Technologien, Lösungen und Potenziale dafür sind vorhanden und der wirtschaftliche Nutzen ist mittelfristig höher als die Kosten: immer deutlicher wird, dass es sogar wirtschaftlich ist, die Ziele zu erreichen. Aber die Hemmnisse und teilweise auch Widerstände sind groß. Es braucht daher berechenbare Rahmenbedingungen durch mittel- und langfristige Politik-Roadmaps, mit denen die Ziele erreicht werden können. Für die Effizienz und Suffizienz haben wir ein klares Bild: integrierte Politikpakete mit „Zuckerbrot" (finanzieller Förderung), „Peitsche" (Grenzwerte des Verbrauchs für Gebäude, Geräte, Anlagen, Fahrzeuge) und „Werbetrommel" (z. B. individuelle Beratung, Label) sind erforderlich. Ähnlich ist das für erneuerbare Energien zur Wärmeerzeugung, während der Ausbau der Stromerzeugung zunehmend durch Ausschreibungen gesteuert wird. Wie die Einbindung in den Strommarkt, die Förderung von Lastmanagement und Speichern und die Kopplung mit Wärme und Verkehr künftig gefördert werden soll, ist noch Gegenstand der Diskussion; ebenso für einen nachhaltigen Strukturwandel der Kohleregionen. Übergreifend wirken Energie- oder CO_2-Steuern und der EU-Emissionshandel. Eine erfolgreiche politische Steuerung braucht nicht zuletzt starke Steuerungsinstitutionen.

2 Energiewende und Klimaschutz – Ziele und Herausforderungen für die Energiepolitik

2.1 Ziele und Stand des Erreichten

Die Energiepolitik der Zukunft sieht sich einer multidimensionalen Herausforderung gegenüber. Es gelten weiterhin die drei grundlegenden Ziele der Umwelt- und Sozialverträglichkeit und der Wirtschaftlichkeit (vgl. Praetorius in diesem Band).

Aber der Klimaschutz verlangt nach einer weitgehenden, besser noch vollständigen Klimaneutralität von Energienutzung und -versorgung bis etwa 2050, in Industrieländern wie Deutschland eher noch früher (IPCC 2014, 2018; Abkommen von Paris 2015, Hirschl und Vogelpohl in diesem Band). Zu weiteren Randbedingungen gehören neben dem bis 2022 abgeschlossenen Atomausstieg:

- Weitgehende Vermeidung weiterer Emissionen, insbesondere von Schadstoffen,
- Reduktion des Verbrauchs anderer Ressourcen wie Metalle, nicht nachhaltig produzierter Biomasse, Wasser und Boden/Fläche auf ein nachhaltiges Niveau,
- Reduzierung, besser vollständige Vermeidung von Energiearmut und generell von unerwünschten Verteilungseffekten,
- Sicherung der Wettbewerbsfähigkeit sowohl der Industriezweige, die Zukunftstechnologien und -lösungen für die Energiewende herstellen, als auch der Industrie als Energieverbraucher, insbesondere der bisher energieintensiven Industriebranchen.

Letztlich ergeben sich viele dieser weiteren Randbedingungen auch aus den UN-Zielen für eine nachhaltige Entwicklung (Sustainable Development Goals, SDGs), die ebenfalls 2015 beschlossen wurden. Das SDG 7 zu Energie verweist bereits auf die zwei wesentlichen Säulen der Energiewende: Energieeffizienz und erneuerbare Energien. So soll die Steigerungsrate der Energieeffizienz (genauer: die Abnahme der Primärenergieintensität) weltweit bis 2030 auf 2,6 % pro Jahr verdoppelt werden, der Anteil der erneuerbaren Energien am Energieverbrauch soll erheblich gesteigert werden.

Als quantitative Ziele für Energiewende und Klimaschutz haben sich sowohl die EU als auch Deutschland eine Zieltrias aufgestellt: 1. Reduktion von Treibhausgasemissionen, 2. Energieeffizienz bzw. Energieverbrauch und 3. Anteile der erneuerbaren Energien. Dabei leiten sich aus dem Klimaschutz jeweils Langfristziele für 2050 ab, und von diesen wiederum Zwischenziele für 2020, 2030 und für Deutschland auch für 2040.

Auf EU-Ebene gibt es für 2020 und 2030 alle drei Ziele (Tab. 1), aber für 2050 bisher nur ein Klimaschutzziel von 80 bis 95 % Treibhausgasminderung gegenüber 1990.

Deutschland hat sich bereits mit dem Energiekonzept von 2010/2011 ein umfassendes Zielsystem bis einschließlich 2050 gegeben. Um das Oberziel von 80 bis 95 % Treibhausgasminderung gegenüber 1990 zu erreichen, soll der Primärenergieverbrauch gegenüber 2008 halbiert und der verbleibende Verbrauch zu mindestens 60 % aus erneuerbaren Energien gedeckt werden. Hinzu kommen Zwischenziele und sektorale Unterziele. Tab. 2 stellt das Zielsystem im Überblick dar.

Tab. 1 Energie- und Klimaziele der EU für 2020 und 2030

	Klimaschutz	Energieeffizienz	Erneuerbare Energien
Zieljahr 2020	20 % Treibhausgasminderung im Vergleich zu 1990	20 % Einsparung beim Primär- und Endenergieverbrauch im Vergleich zum Referenzszenario von 2007 für das Jahr 2020	20 % Anteil erneuerbarer Energien am Bruttoendenergieverbrauch (alle Nutzungsformen erneuerbarer Energien in allen Sektoren)
Charakter des Ziels	verbindlich auf EU-Ebene und für Mitgliedstaaten (Bereich außerhalb EU-Emissionshandel)	unverbindliches Ziel auf EU-Ebene, von MS gemäß Art. 3 EED zu spezifizieren	verbindlich auf EU-Ebene und individuelle verbindliche Ziele der MS
Zieljahr 2030	40 % Treibhausgasminderung im Vergleich zu 1990	32,5 % Einsparung beim Primär- und Endenergieverbrauch im Vergleich zum Referenzszenario von 2007 für das Jahr 2030 (Das entspricht ca. 10 % im Vergleich zum aktuellen Referenzszenario von 2016 für 2030)	32 % Anteil erneuerbarer Energien am Bruttoendenergieverbrauch
Charakter des Ziels	wie für 2020	wie für 2020 *	verbindlich auf EU-Ebene, von MS durch Politik gemeinsam zu erreichen *

Quellen: COM (2018) sowie EU-Richtlinien 2012/27/EU (EED), ergänzt durch Richtlinie (EU) 2018/2002, und (EU) 2018/2001 (Erneuerbare-Energien-Richtlinie)
MS = Mitgliedstaaten der EU; EED = Energieeffizienzrichtlinie
*Die Europäische Kommission soll für 2030 überprüfen, ob mit der Summe der nationalen Ziele zu Energieeffizienz und erneuerbaren Energien die EU-Ziele eingehalten werden und falls erforderlich ein Nachschärfen der nationalen Ziele veranlassen

Darüber hinaus enthält der Klimaschutzplan 2050 der Bundesregierung (BMUB 2016) sektorale Minderungsziele für die Treibhausgasemissionen für das Jahr 2030.

Allerdings ist 2017/18 deutlich geworden, dass das Ziel für 2020 ohne massive Sofortmaßnahmen verfehlt wird. Die aktuelle Bundesregierung hat daher in ihrem Koalitionsvertrag faktisch Abschied vom Klimaziel für 2020 genommen, jedoch bekräftigt, dass die Ziele für 2030 auf jeden Fall erreicht werden sollen. Zugleich soll schon 2030 statt 2040 der Anteil erneuerbarer Energien am

Energiepolitik der Zukunft – wie können wir die Energiewende vollenden?

Tab. 2 Status Quo und quantitative Ziele des Energiekonzepts

	2016	2020	2030	2040	2050
Treibhausgasemissionen					
Treibhausgasemissionen (gegenüber 1990)	−27,2 %	mind. −40 %	mind. −55 %	mind. −70 %	−80 % bis −95 %
Effizienz					
Primärenergieverbrauch (gegenüber 2008)	−6,5 %	−20 %			−50 %
Energieproduktivität (Endenergieverbrauch)	1,1 % pro Jahr (2008–2015)	2,1 % pro Jahr (2008–2050)			
Brutto-Stromverbrauch (gegenüber 2008)	−3,6 %	−10 %			−25 %
insb.: Gebäudebestand					
Wärmebedarf	−6,3 %	−20 %			
Primärenergiebedarf	−18,3 %				−80 %
Sanierungsrate	rund 1 % pro Jahr	Verdopplung auf 2 % pro Jahr			
Verkehrsbereich					
Endenergieverbrauch (gegenüber 2005)	+4,2 %	−10 %			−40 %
Erneuerbare Energien					
Anteil am Bruttostromverbrauch	31,6 %	mind. 35 %	mind. 50 %	mind. 65 %	mind. 80 %
Anteil am Bruttoendenergieverbrauch	14,8 %	18 %	30 %	45 %	60 %
Anteil am Wärmeverbrauch	13,2 %	14 %			
Anteil im Verkehrsbereich	5,2 % (2015)	10 % (EU-Ziel)			

Quelle: Eigene Darstellung nach BMWi/BMU (2010), S. 16 und Bundesregierung (2018)

Bruttostromverbrauch auf 65 % steigen. Darin spiegeln sich die in den vergangenen Jahren deutlicher als erwartet gesunkenen Kosten der Photovoltaik und Windenergie. Das ist sicher auch ein Erfolg der Förderung dieser Energien durch das EEG in den vergangenen knapp zwei Jahrzehnten. Innovationen und Markteinführung energieeffizienter und klimaneutraler Technologien und Lösungen zu fördern ist somit ein wesentlicher Bestandteil einer zukünftigen Energiepolitik. Allerdings reicht sie nicht aus, wie am Beispiel des Stromsektors ebenfalls deutlich wurde: Die Stromerzeugung aus Kohle wurde nicht in gleichem Maß zurückgefahren, wie die Stromerzeugung aus erneuerbaren Energien zunahm. Stattdessen wurde Deutschland zum größten Stromexporteur in Europa, mit einem Nettoexport von 53 TWh im

Jahr 2017, also rund 9 % der Bruttoerzeugung (AG Energiebilanzen 2018). Dies ist ein wesentlicher Grund für das Verfehlen des Klimaschutzziels für 2020.

Es kommt also darauf an, zugleich mit der Innovation auch den Ausstieg aus den alten, klima- und umweltschädlichen Technologien politisch zu fordern oder zu fördern. Nach dem Atomausstieg steht daher der Ausstieg aus der Kohleverstromung auf dem Programm. Dieser ist vorrangig eine Aufgabe regionalen Strukturwandels. In den Braunkohlefördergebieten (Lausitz und Leipziger Revier in Brandenburg und Sachsen sowie rheinisches Revier in Nordrhein-Westfalen) besteht nun die Chance, die Zerstörung der Natur und der Dörfer zu beenden, aber auch die Herausforderung, neue Industrien und Arbeitsplätze anzusiedeln.

Für diese Formen geplanten Ausstiegs hat sich als plakativer Gegenbegriff zur Innovation das Wort „Exnovation" etabliert (Heyen et al. 2017; sprachlich korrekter wäre „Exantiquation"). Ein weiteres augenfälliges Beispiel für die Notwendigkeit, Innovation und Exnovation zusammen anzugehen, sind Elektromobilität und der Verbrennungsmotor. Bei der Elektromobilität werden die ursprünglich gesetzten Ziele für 2020 (1 Mio. E-Autos) verfehlt. Zugleich wird beim Diesel die Diskrepanz zwischen den Ergebnissen von Zulassungstests und realem Verhalten bei Verbrauch und Stickoxidausstoß bisher nicht sanktioniert. Auch wird der Umweltverbund (öffentlicher Verkehr, Fuß und Fahrrad) und die multimodale Mobilität nicht hinreichend gefördert, um so den PKW unattraktiver zu machen (vgl. auch Schwedes in diesem Band).

In diesem Kapitel soll es daher zunächst darum gehen, welche Innovationen und Exnovationen für die Vollendung der Energiewende und die Dekarbonisierung erforderlich sind. Die Basis dafür bilden Szenariostudien. Weiterhin wird erörtert, warum überhaupt ein Eingreifen der Politik erforderlich ist. In der zweiten Hälfte dieses Kapitels werden dann die Instrumente der Energiepolitik für Innovationen und Exnovationen und ihre Bündelung zu konsistenten Paketen im Überblick präsentiert.

2.2 Ergebnisse von Energie- und Klimaschutzszenarien: Lösungsmöglichkeiten und Herausforderungen ihrer Umsetzung

Die Modellierung von Szenarien erlaubt es, mögliche Energiezukünfte quantitativ zu analysieren (vgl. Dewaldt et al. In diesem Band). Insbesondere lassen sich verschiedene Pfade künftiger möglicher Entwicklungen durch verschiedene Szenarien abbilden und vergleichen. Als Basis dafür müssen die Potenziale und die Wirtschaftlichkeit der verschiedenen Technologien und Lösungen bekannt oder für die Zukunft abschätzbar sein. Solche Studien waren die Basis für die Bundesregierung und auch die EU, die oben genannten Ziele zu setzen. Sie zeigten, welche Ziele mit verschiedenen Kombinationen von Energieffizenz und erneuerbaren Energien in den einzelnen Sektoren und insgesamt erreichbar sind. Sie schufen damit Vertrauen in die Erreichbarkeit der Ziele, weil es offenbar verschiedene mögliche Wege gibt. Sie zeigen zudem, dass die eingesparten Energiekosten mittel- bis langfristig höher sind als die Investitionen in die Energiewende. In den vergangenen Jahren hat sich zwischen verschiedenen Modellierungsstudien eine Art Konvergenz entwickelt, wie Abb. 1 zeigt.

Die Szenarien stimmen darin überein, dass die Potenziale der Energieeffizienz groß genug sind, um das Ziel einer Halbierung des Primärenergieverbrauchs zu erreichen. Eine Einheit Energie, die gar nicht erst verbraucht wird, muss nicht bereitgestellt werden. Das spart nicht nur Kosten, sondern vermeidet auch Umweltbelastungen und Ressourcenverbrauch. Auch wenn die Investitionen für energieeffizientere Geräte, Anlagen, Gebäude, Fahrzeuge dagegen gerechnet werden, bleibt meist eine erhebliche Nettoeinsparung (IZES et al. 2011, www.combi-project.eu). Sowohl die Bundesregierung als auch EU-Kommission und EU-Parlament sowie die Internationale Energie-Agentur haben sich daher das Prinzip „Efficiency First" zu eigen gemacht, d. h. in der Energiepolitik mit Priorität durch Energieeffizienz

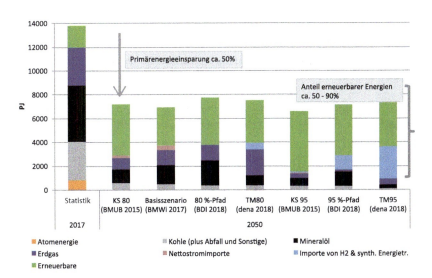

Abb. 1 Vergleich verschiedener Energieszenarien. (Quelle: Wuppertal Institut (eigene Darstellung))

den Energieverbrauch zu verringern und erst dann die Energieversorgung im Bezug auf die drei Ziele der Energiepolitik zu optimieren.

Energie kann aber auch gespart werden, wenn der Nutzen aus Energie in Umfang oder Qualität verändert wird: z. B. durch die Wahl einer kleineren Wohnung oder einer niedrigeren Heiztemperatur, eines kleineren Kühlschranks oder eines näher gelegenen Ziels. Die Wissenschaft spricht dann von Energiesuffizienz (Brischke et al. 2016). Suffizienz bedeutet einerseits Genügsamkeit, andererseits aber auch, dass „genug" an Nutzen aus Energie zur Verfügung steht. Allerdings steht die „Wahl" von Quantität und Qualität des Nutzens nicht allen gleichermaßen offen. Daher kann Suffizienz und auch Energiesuffizienz leicht mit Verzicht konnotiert werden. Das ist vermutlich der Grund, warum die Energiepolitik lieber von energiebewusstem Verhalten spricht und generell Energieeffizienz bevorzugt. Gleichwohl gibt es doch Möglichkeiten, Energiesuffizienz durch Politik zu fördern, am besten integriert mit Energieeffizienz (Thema et al. 2017).

Zurück zu Abb. 1: Vom Ziel, dessen Erreichen mit den einzelnen Szenarien modelliert wurde, hängt es dann ab, welcher Anteil des verbleibenden Energieverbrauchs durch erneuerbare Energien gedeckt werden muss. Prinzipiell kann der Energieverbrauch in Deutschland und der EU vollständig durch erneuerbare Energien gedeckt werden. Die technische und wirtschaftliche – und damit auch politische – Herausforderung der Transformation des Energiesystems ist jedoch umso größer, je schneller dies erfolgen soll. Zwischen 55 und 85 % Deckungsgrad in 2050 erscheint nach Abb. 1 möglich. Wenn das Ziel eine vollständige Dekarbonisierung ist, muss der Energieverbrauch zu 100 % aus erneuerbaren Energien gedeckt werden. Auch dazu gibt es bereits Szenarien, die die Machbarkeit zeigen. Jedoch gibt es aus heutiger Sicht folgende offene Fragen:

- Wie viel Strom aus fluktuierenden erneuerbaren Energien kann direkt genutzt werden, wie viel muss gespeichert werden und in welcher Form? Speichermöglichkeiten sind u. a.
  - Batterien, auch in elektrisch betriebenen Fahrzeugen (Autos, Fahrräder, Busse, LKW),
  - Pumpspeicherkraftwerke, deren Ausbaupotenzial jedoch gering ist,
  - grüner Wasserstoff aus Elektrolyse, der auch mit rund 5 bis 10 % dem Erdgas beigemischt werden könnte,
  - synthetische Kraftstoffe, die aus grünem Wasserstoff erzeugt werden,
  - Wärme, die am besten in Heizkraftwerken oder über Wärmepumpen erzeugt ist, während eine direkte Umwandlung im Elektrokessel ineffizient ist,
  - Kälte, z. B. in Kühlhäusern oder Klimaanlagen
  - sowie Produkte der Grundstoffindustrie wie Aluminium oder Chemikalien, die auf in gewissem Umfang auf Vorrat produziert werden können.

- Welcher Energiebedarf (Art und Höhe, insbesondere bei Heiz- und Produktionswärme sowie Verkehr) soll durch Strom aus erneuerbaren Energien gedeckt werden – direkt z. B. über Wärmepumpen, indirekt z. B. batterieelektrisch oder über Wasserstoff bzw. synthetische Kraftstoffe in Verkehr und Heizkraftwerken), welcher durch thermische Solarenergie oder nachhaltig nutzbare Biomasse (vor allem biogene Reststoffe)?
- Wie viel Wasserstoff oder synthetische Kraftstoffe soll in Deutschland oder der EU aus zeitweisen Überschüssen der fluktierenden Photovoltaik und Windkraft oder aus extra gebauten Kraftwerken erzeugt werden und wie viel soll aus Ländern importiert werden, in denen die Erzeugung von Strom aus Photovoltaik und Windkraft wesentlich kostengünstiger ist als hierzulande? Der Grad der Selbstversorgung sollte anhand der primären Kriterien Umweltverträglichkeit, Wirtschaftlichkeit und Versorgungssicherheit bestimmt werden.

Mit diesen Punkten sind auch bereits zwei wesentliche „Baustellen" für die Vollendung der Energiewende angesprochen: das ist erstens die Sektorkopplung oder Sektorintegration, vor allem zwischen Strom, Wärme und Verkehr, um möglichst viel des künftig überwiegend aus erneuerbaren Energien gewonnenen Stroms für die anderen beiden Sektoren nutzbar zu machen. In einem Stromsystem wie heute, in dem zu den meisten Zeiten des Jahres die erneuerbaren Energien noch weniger als 100 % des Bedarfs decken, wird zusätzlicher Strom überwiegend aus Gas- oder Kohlekraftwerken produziert. Ab einem Anteil der erneuerbaren Energien von 60 bis 80 % wird es im Jahresverlauf mehr Zeiten mit Überschüssen an Strom aus erneuerbaren Energien geben, die dann die Bilanz deutlich zugunsten von Elektroautos statt Benzinern oder Dieseln und zugunsten von Elektro-Wärmepumpen statt Öl- oder Gaskesseln verschieben werden. Das ist ab etwa 2030 der Fall, sofern das neue Ziel der Bundesregierung (65 % im Jahr 2030, s.o.) erreicht wird. Es ist politisch auch mit der Sektorkopplung begründet worden. Dennoch sollte die Markteinführung von Elektrofahrzeugen und Wärmepumpen bereits zuvor vorangetrieben werden, damit ab ca. 2030 die Kapazitäten bei Herstellern, Planer*innen und Handwerk vorhanden sind.

Die zweite „Baustelle" ist die Flexibilität bei der Stromanwendung, im Stromnetz und bei der Stromerzeugung. Wenn die erneuerbaren Energien 100 % des Strombedarfs decken sollen, werden 80 bis 90 % davon aus den mit Wind und Wetter fluktuierenden Quellen Photovoltaik und Windenergie kommen.

- Flexibilität *auf der Nachfrageseite* kann einerseits durch Speicherung bereit gestellt werden, mit all den oben genannten Technologien. Diese dienen zudem oft der Sektorkopplung. Das macht sie wirtschaftlicher, aber ihren Beitrag zur

Flexibilisierung schlechter vorhersagbar: ein Elektroauto kann eben nur dann Strom aufnehmen, wenn es gerade geladen werden muss. Andererseits gibt es auch die Möglichkeit des Lastmanagements durch ab- oder zuschaltbare Lasten, die oft mit der Speicherung von Wärme, Kälte oder Produkten verbunden sind. Dessen Potenzial liegt im Bereich von 5 bis 10 % der Last.
- *Im Netz* erlauben Smart Grids oder regelbare Ortsnetztransformatoren einen Ausgleich innerhalb und zwischen Netzwaben.
- *Auf der Erzeugungsseite* bieten neben Pumpspeicherkraftwerken Biomasse-Kraftwerke oder -Heizkraftwerke und generell Heizkraftwerke die Möglichkeit flexibler Stromerzeugung; Heizkraftwerke können Wärme im Netz oder in Speichern einlagern, wenn mehr Strom als Wärme gebraucht wird und umgekehrt Wärme entnehmen, wenn weniger Strom gebraucht wird.

Viele der genannten Flexibilitätsoptionen sind eher für den kurzzeitigen Ausgleich von Stromnachfrage und -angebot tauglich, d. h. im Bereich von Minuten bis wenigen Tagen. Bis zu einer CO_2-Reduktion von etwa 80 % insgesamt werden solche kurzzeitigen Speicher- und anderen Flexibilitätsoptionen aber im Wesentlichen ausreichen. Der Kurzzeitspeicherbedarf kann am kostengünstigsten durch Demand-Side-Management-Maßnahmen (flexible Steuerung des Stromverbrauchs) gedeckt werden. Dabei dürfte der größte Teil des Potenzials im Jahr 2050 durch thermische Speicher sowie Batteriespeicher in Elektrofahrzeugen und Haushalten bereitgestellt werden (acatech et al. 2015). Erst über 80 % hinaus werden auch Langzeitspeicher erforderlich, also insbesondere Wasserstoff und synthetische Kraftstoffe, um mehrtägige „Dunkelflauten" zu überbrücken oder Solarstrom aus dem Sommerhalbjahr indirekt zur Strom- und Wärmeerzeugung in Heizkraftwerken im Winter zu nutzen, aber auch Saisonspeicher für Solarwärme. Viele der genannten Technologien sind unter derzeitigen Rahmenbedingungen als reine Flexibilitätsoptionen nicht wirtschaftlich, einige können aber auch der Sektorkopplung dienen.

2.3 Warum ist ein Handeln der Energiepolitik erforderlich?

Wie anhand der Szenarien bereits angesprochen, ist davon auszugehen, dass die Energiewende langfristig – spätestens ab etwa 2040 – kostengünstiger sein wird als eine Fortsetzung gegenwärtiger Strukturen. Auch eine Studie im Auftrag des Bundesverbands der Deutschen Industrie (BDI) bestätigt dies mittlerweile. Dabei erkennt der BDI zugleich die Chancen auf den Weltmärkten für klimafreundliche

Technologien (BCG/Prognos 2018). Insbesondere Energieeffizienz ist oft schon allein auf Basis der eingesparten Energiekosten wirtschaftlich (IZES et al. 2011). Hinzu kommen beispielweise eingesparte Gesundheitskosten durch Luftverschmutzung oder schlecht beheizte Wohnungen, vermiedene Investitionen in Kraftwerke und Leitungen sowie oft eine höhere Arbeitsproduktivität (www.combi-project.eu hat berechnet, dass diese Effekte den wirtschaftlichen Nutzen für die Gesellschaft um mindestens 25 % erhöhen). Diese Einsparungen treten aber meist nicht auf Seiten potenzieller Investor*innen auf. Solche Diskrepanzen zwischen betriebswirtschaftlichen Kalkülen von Investor*innen, den Interessen von Mieter*innen, Technologieanbietern einerseits und der Gesellschaft als Ganzes andererseits auszugleichen, ist eine wichtige politische Aufgabe. Denn alle im Kap. „Grundlagen der Energiepolitik" genannten Potenziale müssen für das Gelingen der Energiewende weitgehend genutzt werden. Wie Erfahrungen aus der Vergangenheit zeigen, reichen „Marktkräfte" von Angebot und Nachfrage allein nicht aus, um diese Potenziale zu nutzen. So beträgt das wirtschaftliche Potenzial der Energieeffizienz rund drei bis vier Prozent pro Jahr, meist im Rahmen ohnehin stattfindender Neuanschaffungen und Renovierungen (IZES et al. 2011). Die Steigerung der Energieproduktivität, die bisher in Deutschland erreicht wurde, beträgt aber nur gut 1 % im Zeitraum 2008–2015 (vgl. Tab. 2). Auch waren die enormen Kostensenkungen im Rahmen von Lernkurven der Technologieentwicklung und -herstellung bei Photovoltaik und Windenergie nur durch das EEG möglich. Ohne den Einspeisevorrang und die erhöhte Vergütung hätten sich die zunächst teureren Technologien nicht im Markt durchsetzen können. Die Hemmnisse für Investitionen in Energieeffizienz und Erneuerbare-Energien-Erzeugungsanlagen sind aber nicht nur wirtschaftlicher Natur, sondern reichen von Informationsdefiziten über unangemessene Anforderungen an kurze Amortisationszeiten bis zum Mieter*innen-/Vermieter*innen-Dilemma (vgl. z. B. Irrek und Thomas 2010; Thomas et al. 2013b). Energiemärkte werden generell nicht nur durch Angebot und Nachfrage, sondern eben auch durch die geltenden Rahmenbedingungen definiert. So besteht in Deutschland ein „Energy only"-Markt für Strom. Gehandelt wird die Kilowattstunde Strom an der Strombörse zu den kurzfristigen Grenzkosten der Produktion des teuersten Kraftwerks, es gibt darüber hinaus keine Vergütung für bereit gestellte Leistung (Kapazität). Aus gesamtwirtschaftlicher Sicht müssen Alternativen in der Stromerzeugung aber zu ihren Vollkosten (Investition, Instandhaltung, Betrieb inkl. Brennstoffe) miteinander verglichen werden, nicht zu den kurzfristigen Grenzkosten. Nur dann wird langfristig genug in neue Kapazität investiert. Auch für Anlagen zur Flexibilisierung reichen die aktuellen Börsenstrompreise in der Regel nicht aus, um eine Investition wirtschaftlich zu ermöglichen. Und genauso müssen die Vollkosten des Systems der Energiebereitstellung zu gleichen wirtschaftlichen Parametern (Berechnung über Lebensdauer der Technik, gleicher Zinssatz) mit denen der Energieeffizienz verglichen werden. Das ist Teil des Prinzips „Efficiency First". Daher sind die Rahmenbedingungen so anzupassen, dass die aus der Sicht der Gesamtwirtschaft vorteilhaften und für die Versorgungssicherheit und den Klimaschutz notwendigen Investitionen getätigt werden (können) (vgl. Irrek und Thomas 2010).

Beispielhaft für die Interessen der „alten" Technologien, die sich der Energiewende entgegenstellen, ist die Braunkohleverstromung. Sie ist in Händen weniger Großkonzerne, deren Einfluss auf die Politik erheblich ist. Der relativ kostengünstige Braunkohlestrom aus Grundlastkraftwerken diente historisch auch dazu, niedrige Strompreise für energieintensive Industrien (Stahl, Aluminium, Chemie) zu rechtfertigen, so dass auch diese Industriezweige ein Festhalten an der Braunkohle unterstützen. Die Gewerkschaften, die die Beschäftigten in diesem Industriezweig vertreten, ziehen am gleichen Strang (vgl. IG BCE 2018). Auch wenn nur noch rund 18.500 Beschäftigte direkt in der Braunkohleindustrie arbeiten (DIW et al. 2018), sind sie gut organisiert und entfalten überdurchschnittliche öffentliche Wirkung. Es geht nicht darum, diese nachvollziehbaren Interessen einer bisher hoch profitablen Branche mit gut bezahlten Arbeitsplätzen zu verteufeln. Da ein möglichst rascher Ausstieg aus der Braunkohle nach allen vorliegenden Klimaschutzszenarien geboten ist, muss den betroffenen Regionen und Branchen geholfen werden, Alternativen zu entwickeln. Es verbindet sich hier Industrie- und Strukturpolitik mit der Energiepolitik (DIW et al. 2018). Ähnliche Konflikte bestehen im Verkehrssektor. Hier besteht die Aufgabe darin, von erdölbasierten Transportmitteln auf solche umzusteigen, die mit Strom aus erneuerbaren Energien oder mit Muskelkraft angetrieben werden.

3 Ansätze für die Energiepolitik der Zukunft

3.1 Orientierung für die Marktakteure: Ziele und Politikroadmaps auf Basis partizipativer Szenarioprozesse

Wie im vorigen Kapitel deutlich geworden ist, gibt es für die Zukunft der Energienachfrage und -versorgung und für das Erreichen der Energiewendeziele im Detail noch viele offene Fragen. Es wird daher bei den Zwischenzielen auf dem Weg bis 2050 (vgl. Tab. 2) und vielleicht auch bei den Langfristzielen 2050 immer wieder Bedarf zum Nachsteuern geben, ebenso bei den Politikinstrumenten zum Erreichen der Ziele. Hierfür haben sich in den letzten Jahren partizipative Szenarioprozesse als ein geeignetes Instrument der Politik erwiesen. Dabei werden Ziele und

Politikmaßnahmen mit Stakeholdern diskutiert; eine wissenschaftliche Begleitung modelliert die Wirkung potenzieller Teilziele oder Maßnahmen in Szenarien und analysiert die zur Diskussion stehenden Maßnahmen nach festgelegten Kriterien. Ein Beispiel für einen sehr umfangreichen Prozess dieser Art war die Entwicklung des Klimaschutzplans des Landes NRW. Insgesamt rund 2000 Menschen haben an der Erarbeitung der Grundlagen für die letztlich 154 Klimaschutz- und 66 Anpassungsmaßnahmen mitgearbeitet, im Rahmen von Arbeitsgruppen und Workshops, Kongressen sowie einer Online-Beteiligung (MKULNV NRW 2015). Ein weiteres Beispiel war die Erarbeitung des aktuellen Klimaschutzplans der Bundesregierung für 2050 mit neuen Zwischenzielen für 2030 (BMUB 2016).

Solche Ziele und die Policy roadmaps, die als nächster Schritt ihre Erreichbarkeit politisch hinterlegen sollten, geben allen Marktakteur*innen – Technikanbieter*innen, Investor*innen, speziell der Energiewirtschaft – Planungssicherheit für die kurze, mittlere und lange Sicht. Sie basieren auf der Kenntnis vorhandener Lösungen und absehbarer Innovationen und des noch bestehenden Forschungs-, Entwicklungs-, Demonstrations- und Markteinführungsbedarfs. Es ist dann Aufgabe der Politik, diese Prozesse und die Marktdurchdringung der für die Energiewende und den Klimaschutz erforderlichen Innovationen durch geeignete Instrumentenpakete und eine Anpassung der Rahmenbedingungen zu befördern. Dabei sind selbstverständlich die beiden anderen Ziele der Energiepolitik, nämlich Wirtschaftlichkeit und Sozialverträglichkeit, zu beachten. Optimal sind Lösungen, die alle drei Ziele gleichermaßen erfüllen, wie in vielen Fällen bei Energieeffizienz und -suffizienz, aber auch zunehmend bei erneuerbaren Energien.

Neben der Förderung der Innovationen kann es aber oft genauso erforderlich sein, konventionelle Technologien aus dem Markt zu nehmen (s.o. „Exnovation", Beispiel Atom- und Kohleausstieg).

Nachfolgend werden Notwendigkeiten und Ansätze für übergreifende und sektorale Energiepolitiken angerissen, um die Ziele zu erreichen. Dies beginnt mit der Nachfrageseite, mit Energieeffizienz- und Energiesuffizienzpolitik zum Erreichen der Energieeinsparziele (Abschn. 3.2). Es folgen Politikansätze zur Förderung der Energiewende auf der Angebotsseite von Energie (Abschn. 3.3). Übergreifende Governanceaspekte (Abschn. 3.4) schließen das Kapitel ab.

3.2 Energieeffizienz- und Energiesuffizienzpolitik

3.2.1 Energieeffizienzpolitik

Wie kann dem Prinzip „Efficiency First" zur Geltung verholfen werden? Aufgabe der Energieeffizienzpolitik ist es vor allem, die zahlreichen Hemmnisse zu überwinden, aber auch marktinhärente Anreize zu stärken. Ziel ist es letztlich, die energieeffizientesten Lösungen zum Standard zu machen, der zugleich auch wirtschaftlich ist. Während zu Beginn der Energieeffizienzpolitik in den 1970ern, ausgelöst durch die Energiepreiskrise 1973, viel experimentiert wurde, kennen wir nun Wege, prinzipiell geeignete Kombinationen oder Pakete von Politikinstrumenten analytisch und empirisch zu begründen. Vier Analyseschritte sind dafür zielführend (Thomas et al. 2013a). Es kommt im Einzelnen darauf an, 1. die Wertschöpfungsketten von Vorlieferunternehmen über – je nach Sektor und Energieanwendung – Herstellerunternehmen, Groß- und Einzelhandel, Planer*innen, Baufirmen, Handwerk, Investor*innen, Vermieter*innen, Mieter*innen bis hin zu Nutzer*innen zu verstehen und die jeweiligen Hemmnisse gegen und inhärenten Anreize für Energieeffizienz zu erkennen.

Es gilt 2. Umsetzungsstrategien (z. B. Anreize, Vorschriften, Information oder „Zuckerbrot, Peitsche und Werbetrommel") zu überlegen, die allein oder in Kombination die Hemmnisse überwinden und die inhärenten Anreize stärken können.

Diese müssen 3. In konkrete Politikinstrumente übersetzt werden, die in einem konsistenten Politikpaket zusammen wirken und es ist 4. zu prüfen, was von Vorreiterländern hinsichtlich des Politikpakets oder einzelner Instrumente zu lernen ist.

Als Ergebnis zahlreicher Analysen hat sich in den letzten Jahren ein prototypisches Politikpaket für Energieeffizienz herausgebildet (z. B. Thomas et al. 2013a, 2015; UBA 2017), das im Überblick in Abb. 2 dargestellt ist. Es besteht einerseits aus einem Block übergreifender Politikinstrumente, der für alle Endverbrauchssektoren von Energie gilt und daher auch als förderlicher Rahmen der Energieeffizienzpolitik bezeichnet wird (wobei insbesondere die Energiepreisinstrumente auch die Einführung der erneuerbaren Energien und Flexibilitätsoptionen unterstützen). Er ist in Abb. 2 im oberen Teil dargestellt und besteht wiederum aus drei Gruppen von Instrumenten:

1. Ziele, Strategien und Konzepte – das sind die oben genannten Politikziele und Roadmaps für den Bereich der Energieeffizienz.

2. Für die Umsetzung der sektorspezifischen Politikinstrumente sind eine institutionelle Verankerung ebenso notwendig wie eine solide Finanzierung. Das kann wie in Deutschland eine Kombination aus einer staatlichen Energieagentur mit einer Haushaltsfinanzierung sein, am besten über einen zweckbestimmten Energieeffizienzfonds. Oder die Aufgabe kann den Energieunternehmen über ein Verpflichtungssystem übertragen werden, wie in Dänemark und zahlreichen anderen EU-Ländern. Auch Instrumente zur Förderung des Energiedienstleistungsmarkts gehören in diese Kategorie.

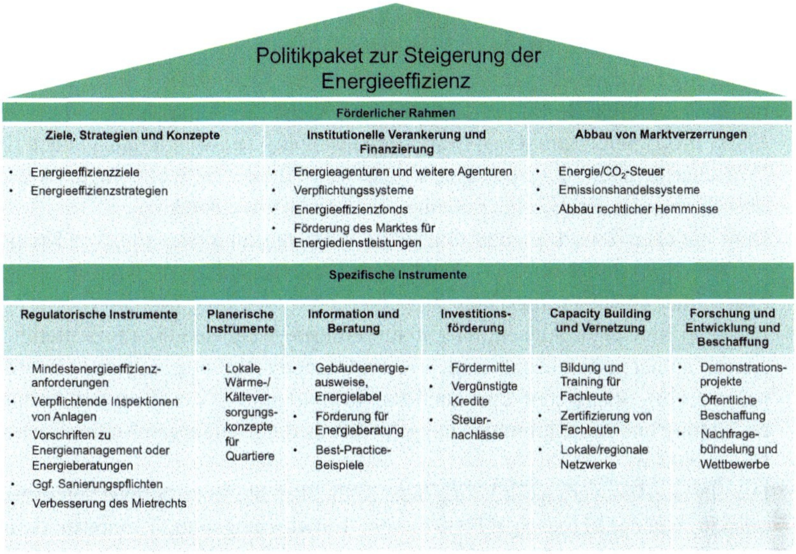

Energiepolitik der Zukunft – wie können wir die Energiewende vollenden?

Politikpaket zur Steigerung der Energieeffizienz		
Förderlicher Rahmen		
Ziele, Strategien und Konzepte	Institutionelle Verankerung und Finanzierung	Abbau von Marktverzerrungen
• Energieeffizienzziele • Energieeffizienzstrategien	• Energieagenturen und weitere Agenturen • Verpflichtungssysteme • Energieeffizienzfonds • Förderung des Marktes für Energiedienstleistungen	• Energie/CO_2-Steuer • Emissionshandelssysteme • Abbau rechtlicher Hemmnisse
Spezifische Instrumente		
Regulatorische Instrumente	Planerische Instrumente	Information und Beratung	Investitionsförderung	Capacity Building und Vernetzung	Forschung und Entwicklung und Beschaffung
• Mindestenergieeffizienz-anforderungen • Verpflichtende Inspektionen von Anlagen • Vorschriften zu Energiemanagement oder Energieberatungen • Ggf. Sanierungspflichten • Verbesserung des Mietrechts	• Lokale Wärme-/Kälteversorgungskonzepte für Quartiere	• Gebäudeenergie-ausweise, Energielabel • Förderung für Energieberatung • Best-Practice-Beispiele	• Fördermittel • Vergünstigte Kredite • Steuernachlässe	• Bildung und Training für Fachleute • Zertifizierung von Fachleuten • Lokale/regionale Netzwerke	• Demonstrationsprojekte • Öffentliche Beschaffung • Nachfragebündelung und Wettbewerbe

Abb. 2 Prototypisches Politikpaket zur Steigerung der Energieeffizienz. (Quelle: eigene Darstellung)

3. Schließlich gehören auch der Abbau von Marktverzerrungen durch Energie- oder CO_2-Steuern, den EU-Emissionshandel und den Abbau rechtlicher Hemmnisse dazu. Höhere Energiepreise verbessern die Wirtschaftlichkeit von Energieeffizienzmaßnahmen. Aufgrund der zahlreichen Hemmnisse, die nicht die Wirtschaftlichkeit betreffen, reicht jedoch eine reine Energie- oder CO_2- preispolitik nicht aus.

Für jeden Sektor sind daher spezifische Politikinstrumente zur Hemmnisüberwindung erforderlich, die wiederum in sechs Gruppen gegliedert werden können:

- Regulatorische Instrumente (die „Peitsche") schließen entweder ineffiziente Technologien vom Markt aus (Beispiele: EU-Ökodesign, Energieeinsparverordnung für Gebäude) oder sie verpflichten vor allem Unternehmen und Behörden, nach wirtschaftlichen Energiesparmaßnahmen zu suchen, durch Energieberatungen, Energiemanagement oder regelmäßige Inspektionen.
- Planerische Instrumente wie Wärme-/Kälteversorgungskonzepte dienen ebenfalls der Suche nach Optimierungspotenzialen.

- Information und Beratung (die „Werbetrommel"), kostenlos oder gefördert, dienen der Motivation (z. B. durch Best-Practice-Beispiele) und Information (z. B. durch Energielabel für Geräte, Energieausweise für Gebäude, gezielte Beratung). Sie sollten die effizientesten Geräte, Gebäude, Anlagen, Fahrzeuge im Markt propagieren, um deren Marktdurchdringung zu fördern und so auch die Wirtschaftlichkeit zu verbessern, so dass die effizienten Technologien später über die regulatorischen Instrumente zur Vorschrift werden können.
- Dem gleichen Zweck dienen finanzielle Anreize und kostengünstige Kredite zur Investitionsförderung (das „Zuckerbrot"). Sie verstärken die Motivation und überwinden Finanzierungshemmnisse.
- In vielen Bereichen können nur gut ausgebildete Fachleute die effizienten Lösungen anbieten und installieren, so dass Capacity Building auch zum Politikpaket gehört. Sie agieren dann auch als Multiplikatoren. Vor allem der Vertrauensbildung und Motivation für Energieeffizienz dienen dagegen Netzwerke von Unternehmen.
- Der direkten Innovationsförderung dient schließlich die letzte Gruppe von Instrumenten, von der klassischen Forschungs-, Entwicklungs- und Demonstrationsförderung bis zur gezielten Nutzung von öffentlicher Beschaffung und Nachfragebündelung.

Für die einzelnen Sektoren müssen die spezifischen Instrumente gemäß den spezifischen Marktstrukturen und Hemmnissen ausdifferenziert werden. Beispielhaft ist dies in UBA (2017) ausgeführt.

Infobox 1: Am Beispiel des Neubaus sei das Zusammenwirken der Instrumente im Politikpaket veranschaulicht (s. Abb. 3)

- Ursprünglich gab es eine gewisse Bandbreite und Häufigkeitsverteilung der Effizienz, die aber insgesamt relativ niedrig war (gestrichelte Linie links).
- Mit den ersten Gesetzen und Verordnungen (Wärmeschutzverordnung, seit 2001 Energieeinsparverordnung) wurden zunächst die am wenigsten effizienten Baupraktiken verboten (das ist in diesem Fall die „Exnovation"), in der Grafik links unten durch die senkrechte Linie dargestellt.
- Mit Markttransparenz durch Energieausweise kann die Marktnachfrage und darauf folgend das Angebot insgesamt zu höheren Anforderungen bewegt werden (Pfeil nach rechts). Mit gezielter Information, Beratung und finanzieller Förderung (in Deutschland durch die Programme der KfW) können

die effizientesten auf dem Markt verfügbaren Gebäude gefördert werden, ihr Marktanteil steigt (senkrechter Pfeil). Das Marktgeschehen insgesamt verschiebt sich zu der durchgezogenen Verteilung der Effizienzwerte.
- Ziel ist es letztlich, Gebäude, die fast keine Energie mehr verbrauchen und teilweise selbst mehr erzeugen als sie benötigen, kostengünstig und zum Standard zu machen (gepunktete Linie rechts). Dafür sind neben den genannten Instrumenten auch Forschung, Mustergebäude und Einsatz der öffentlichen Beschaffung wichtig.
- Im Zeitverlauf kann dann die gesetzliche Mindestanforderung nachgezogen werden: sie liegt derzeit in Deutschland schon bei einem Niedrigenergiestandard, aber noch nicht beim Niedrigstenergiestandard.
Ähnlich wirken übrigens die Instrumente für Energieeffizienz bei Elektrogeräten und standardisierten haustechnischen oder Produktionsanlagen zusammen.

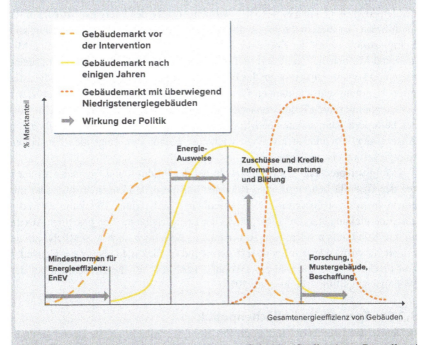

Abb. 3 Zusammenwirken der Instrumente für neue Gebäude. (Quelle: eigene Darstellung/ Übersetzung nach Thomas et al. 2013a sowie bigee.net)

3.2.2 Energiesuffizienzpolitik

Energiesuffizienz zusammen mit Energieeffizienz hat theoretisch das Potenzial, z. B. den Stromverbrauch eines Zwei-Personen-Haushalts um bis zu 80 % zu senken (Brischke 2014). Allerdings gibt es auch für die Energiesuffizienz zahlreiche Hemmnisse (wie den höheren zeitlichen Aufwand um z. B. bei einem kleineren Kühlschrank häufiger einzukaufen), Restriktionen (z. B. die meist höheren Kosten einer Außer-Haus-Verpflegung oder ein Verbot, in der Wohnung Wäsche aufzuhängen) und fehlende Voraussetzungen (wenn z. B. kein Trockenraum oder kühler Keller vorhanden ist). Zudem dient ein großer Teil der Energieanwendungen im Haushalt der Hauswirtschaft und damit nicht individuellem Nutzen, sondern der Versorgung aller Haushaltsmitglieder. Ein erhöhter Aufwand hat damit Grenzen der Zumutbarkeit für die Versorgenden, die auch heute noch zumeist weiblich sind.

Es ist nicht sinnvoll, nur Energiesuffizienz isoliert zu fördern. Vielmehr ist eine integrierte Politik zur Förderung von Energiesuffizienz und Energieeffizienz erforderlich und sinnvoll. Sie muss die vielfältigen Voraussetzungen, Hemmnisse und Problemlagen adressieren, wenn sie Erfolg haben soll. In einer ersten tiefergehenden Analyse (Thema et al. 2017) wurden Ansätze der Energiesuffizienzpolitik identifiziert. In diesem Projekt wurden maßgeblich Ansätze zur Förderung von Energiesuffizienz auf der Ebene des einzelnen Menschen oder des Haushalts (Mikro- und Mesoebene) analysiert und bearbeitet. Das betrifft zum einen Politikansätze und konkrete Instrumente des Förderns, Forderns und Informierens, die integriert Handlungsentscheidungen für mehr Energiesuffizienz und Energieeffizienz bei energierelevanten Produkten (wie Hausgeräten und Elektronik) und beim Heizen befördern. Zum anderen betrifft es Politikinstrumente, die zum Ziel haben den Anstieg der Wohnfläche als einen wichtigen Faktor des steigenden häuslichen Energieverbrauchs zu begrenzen.

Erfolg versprechend erscheint sowohl bei der Produkt- und Gebäude- als auch bei der Wohnflächenpolitik eine Kombination dieser konkreten Instrumente mit einem Instrument übergreifender verbindlicher Zielsetzung. Das kann entweder ein „Energiekundenkonto" (eine Pflicht der Energieanbieter, den gesamten Absatz an ihre Kund∗innen sukzessive zu verringern, die jedoch noch wesentliche offene Fragen aufwirft) oder ein Energieeffizienz- und -suffizienzfonds bei der Gebäude- und Produktpolitik sein und ein „Wohnflächenlimit" für die Gemeinden bei der Wohnflächenpolitik (Thema et al. 2017).

3.2.3 Speziell: Wohnflächenpolitik

In Deutschland steigt noch immer die Pro-Kopf-Wohnfläche an. Sie ist eine zentrale Determinante des Energieverbrauchs im Haushalt. In einer vom BMBF geförderten Studie werden dazu drei Instrumente vorgeschlagen, um die Pro-Kopf-Wohnfläche zu reduzieren oder zumindest ein weiteres Wachstum zu begrenzen (Thema et al. 2017). Zum einen können kommunale Wohnraumagenturen mit einer Kombination aus Beratung, praktischen Hilfen und der Vermittlung von Zuschüssen des Bundes gefördert werden. Zum zweiten kann mittels eines gesonderten Förderprogramms ein erhöhtes Angebot an alternativen Wohnformen und suffizienteren Wohnungen mit geringerer Pro-Kopf-Wohnfläche aber praktischerer Gestaltung geschaffen werden. Schließlich könnte ein übergeordnetes ordnungsrechtliches Instrument zur Begrenzung der Gesamtwohnfläche über ein „Wohnflächenlimit" (Kopatz 2016) implementiert werden. Es würde den Kommunen einen Netto-Neubau von Wohnfläche nur bei wachsender Einwohnerzahl erlauben.

Eine Hauptrolle und -verantwortung sieht die Studie dabei aufgrund der Nähe zu den Bürgerinnen und Bürgern und dem Wohnungsmarkt bei den Kommunen. Sie werden allerdings für die meisten der Instrumente gesetzgeberische und nahezu vollständige finanzielle Unterstützung von Bund und Ländern benötigen.

Die Energieeinsparung durch die Wohnflächeninstrumente kann durch eine Verbindung mit einer Energieberatung noch erhöht werden. Anreize für Energiesuffizienz im Neubau können zudem wie bei Geräten durch progressive Anforderungen (je größer, desto höher die Effizienzanforderung) und ggf. einen maximalen erlaubten absoluten Energieverbrauch pro Wohnung gegeben werden.

Ähnliche Instrumente, wie hier für Wohngebäude dargestellt, können auch für Büro-, Handels- und andere Flächen in Gewerbe und öffentlichen Einrichtungen zum Einsatz kommen.

3.3 Politik für die Angebotsseite von Energie, insbesondere für Erneuerbare Energien, Flexibilität und Sektorintegration

In diesem Unterkapitel sollen Ansätze für die politische Flankierung der Energiewende auf der Energieangebotsseite im Überblick angerissen werden. Hierzu gehören nicht nur die Stromerzeugung aus erneuerbaren Energien (Abschn. 3.3.1) und der Netzausbau, die in den letzten Jahren oft im Zentrum der Debatte standen, sondern es sind verschiedene Flexibilitätsoptionen (Abschn. 3.3.2) und die Sektorintegration (Abschn. 3.3.3) im Zusammenwirken zu betrachten und politisch zu adressieren. Zusammen mit erneuerbaren Energien zur Wärmeversorgung (Solarwärme, Biomasse) und der Endenergieeffizienz (Abschn. 3.2) bilden sie zugleich Bausteine für die Wärme-, Verkehrs- und Industriewende (Abschn. 3.3.4). Eine zunehmend wichtige Rolle für alle diese Bereiche spielt die Digitalisierung, die aber auch neue Regulierungsfragen aufwirft (Abschn. 3.3.5). Abschn. 3.3.6

benennt die Grundfrage, welche von drei möglichen Optionen für den Strommarkt der Zukunft am geeignetsten ist. Schließlich geht Abschn. 3.3.7 auf mögliche Politikinstrumente zur Flankierung von Exnovation am Beispiel des Kohleausstiegs ein.

3.3.1 Stromerzeugung aus erneuerbaren Energien

Solange die Marktpreise für Strom zzgl. Emissionshandelspreise und ggf. einer CO_2-Steuer die langfristigen Grenzkosten der Erzeugung nicht widerspiegeln (s.o.), ist es erforderlich, den Ausbau der erneuerbaren Energien weiter zu fördern. Das EEG wurde in den vergangenen Jahren dahingehend weiter entwickelt, dass durch Ausschreibungen ein Preiswettbewerb eingeführt wurde. Dies hat die Kosten der erneuerbaren Energien nochmals deutlich gesenkt. Erste Anbieter haben bereits Offshore-Windparks ganz ohne zusätzliche EEG-Vergütung angeboten, d. h. nur für die weiterhin als Förderelement wichtige Einspeisegarantie, die hier allerdings erst ab ca. 2023 in Anspruch genommen werden soll. Es haben sich weitere Probleme gezeigt, z. B. mit der Einbindung von Energiegenossenschaften bei Windparks. Hier wird künftig weiter feinjustiert werden müssen, aber das EEG kann in dieser Grundform auf absehbare Zeit weiter als das wesentliche Instrument zur Schaffung neuer Erzeugungskapazitäten fungieren (vgl. auch Hirschl, Vogelpohl in diesem Band).

3.3.2 Flexibilitätsoptionen

Solange es einen ‚Energy-only'-Markt gibt, werden die Marktsignale – schwankende und im Durchschnitt bisher relativ niedrige Börsenstrompreise – für viele der in Abschn. 2 dieses Kapitels genannten Flexibilitätsoptionen nicht ausreichen, um Innovation und Marktdurchdringung zu ermöglichen. Bundesregierung und Gesetzgeber haben daher eine Vielzahl von Maßnahmen zur Förderung von Flexibilitäten wie Speicher (Strom und Wärme), Lastmanagement, Kraft-Wärme-Kopplung, (Ab)regelung von EEG-Anlagen und nicht zuletzt Netzausbau eingeführt. Der Vorteil solcher differenzierten Kapazitätsmechanismen ist, dass sie technologiespezifisch wirken. Der Nachteil ist, dass sie einen hohen Aufwand zur laufenden Nachjustierung an geänderte Technologiekosten und Strompreise erfordern. Beides haben sie mit dem EEG in seiner früheren Form (feste Vergütungssätze) gemein. Als Alternative ist daher ein einheitlicher Kapazitätsmarkt in der Diskussion. Er würde den unter gegebenen Rahmenbedingungen jeweils wirtschaftlichsten oder von marktmächtigen Akteuren unterstützten Optionen den Vorzug verschaffen, aber könnte dazu führen, dass manche mittel- bis langfristig vielversprechende oder aus Sicht der Gesamtwirtschaft vorteilhaftere Innovationen zu wenig gefördert werden. Es besteht noch Forschungs- und Erprobungsbedarf, welcher Weg der bessere ist (siehe auch Rodi in diesem Band). Erschwert wird die Analyse der optimalen energiepolitischen Rahmenbedingungen dadurch, dass einige Flexibilitätsoptionen zugleich auch als Technologien der Sektorkopplung wirken (insbesondere Wärmespeicher, Wasserstoff, synthetische Kraftstoffe). Hierauf wird im nächsten Abschnitt eingegangen.

3.3.3 Sektorintegration

Strom ist ein hochwertiger Energieträger. Auch wenn er künftig fast vollständig aus erneuerbaren Energien und damit klimaneutral erzeugt werden soll, ist dennoch auf eine effiziente Nutzung bei der Sektorkopplung bzw. -integration zu achten. Im Wärmesektor heißt dies, Strom in Wärmepumpen zu verwenden und weiterhin nur in Ausnahmefällen für die direkte Beheizung oder Einspeisung in Wärmespeicher. Eine wichtige Stellgröße für die Verwendung von Strom im Wärme- und Verkehrssektor sind die relativen Preise der jeweils verwendeten Energieträger inkl. Steuern und Abgaben. In den letzten Jahren hat sich daher eine lebhafte Debatte darum entwickelt, dass Strom zu teuer und Heizenergie sowie sogar Benzin und Diesel zu billig sei, zumal die Rohölpreise 2016/17 deutlich niedriger lagen als in den Jahren zuvor (mittlerweile aber wieder angestiegen sind) (siehe auch Rodi in diesem Band). Offenkundig ist die Energiebesteuerung in Deutschland derzeit über die Sektoren und Energieträger hinweg nicht konsistent, insbesondere hinsichtlich der jeweiligen CO_2-Emissionen, und die gegenwärtige Stromsteuer setzt keinen Anreiz zur CO_2-Vermeidung in der Erzeugung (FÖS 2017). Solche Inkonsistenzen sollten künftig vermieden werden. Irreführend sind aber Auflistungen, wonach 75 % des Strompreises staatlich verursacht seien und damit abzubauen, anders zu finanzieren oder in den Markt zu überführen seien. Dabei wird nicht berücksichtigt, dass die Netzentgelte – etwa 25 % des Strompreises – immer Teil des Energiepreises sein werden und dass sie aufgrund des Charakters der Netze als natürliches Monopol staatlich reguliert sein müssen. Zudem ist die EEG-Umlage auch deswegen so hoch, weil die Börsenstrompreise so niedrig sind und weil die energieintensive Industrie nahezu vollständig von ihr entlastet ist. Preissignale, die „die ökologische Wahrheit sagen" (Ernst Ulrich v. Weizsäcker), sind notwendig, jedoch nicht hinreichend um die Sektorintegration entscheidend voran zu bringen. Es geht bei Wärme und Verkehr schließlich um Energieanwendungen. Sie auf andere Energieträger umzustellen, sieht sich sehr ähnlichen Hemmnissen gegenüber wie die Energieeffizienz (s.o.) und wird daher ähnlich wie diese integrierter Politkpakete bedürfen, in denen die Energiepreise eben nur ein Instrument sind.

3.3.4 Wärme-, Verkehrs- und Industriewende

Die Energiewende in den Bereichen Wärme in Gebäuden, Prozesswärme und generell Energieverbrauch und Treibhausgasemissionen in der Industrie sowie im Verkehr voran zu bringen, erfordert mehr als „nur" die Sektorkopplung (vgl. auch Schwedes und Ohlhorst in diesem Band).

Zur Wärmewende gehören im Gebäudebereich vor allem die Energieeffizienz, zuvorderst durch Wärmedämmung und andere Maßnahmen an der Gebäudehülle, und neben Technologien der Sektorintegration (Kraft-Wärme-/Kältekopplung mit Fern- oder Nahwärme oder gebäudeindividuell mit Blockheizkraftwerken oder Brennstoffzellenheizungen sowie Wärmepumpen) auch Wärmeerzeuger aus erneuerbaren Energien (Solarthermie und Biomasseheizungen, sofern sie aus anderweitig nicht genutzten Reststoffen gespeist werden). Auch für letztere sind die Hemmnisse ähnlich gelagert wie für die Energieeffizienz, und in der Tat werden sie in Deutschland bereits mit ähnlichen Instrumenten gefördert wie die Energieeffizienz, und teilweise bereits integriert: die Energieberatung betrifft Energieeffizienz und klimaneutrale Wärmeerzeuger, die Förderprogramme teilweise auch (KfW-Gebäudesanierung), teilweise sind sie bisher für erneuerbare Energien separat (BAFA-Förderprogramme). Die Bundesregierung möchte künftig zudem die Vorschriften im Erneuerbare-Wärme-Gesetz mit denen der Energieeinsparverordnung in einem Gebäudeenergiegesetz vereinen.

Zur Industriewende gehören Stromeffizienz, Wärmewende und Sektorintegration, zur Letzteren auch neuartige Prozesse, die Strom direkt oder über daraus erzeugtem Wasserstoff verwenden. Auch Ressourceneffizienz, Kreislaufwirtschaft und Materialsubstitution (z. B. Bauen mit Holz anstelle von Stahlbeton) tragen dazu bei. Die geeigneten Politikinstrumente sehen hier ähnlich wie in Abb. 2 insgesamt aus (UBA2017).

3.3.5 Digitalisierung und die Energiewende

Für die Energiewende spielt die Digitalisierung eine zentrale Rolle. Aggregatoren nutzen sie, um Kraftwerke, Speicher und Verbrauchsstellen zu virtuellen Kraftwerken zusammen zu schalten oder Lastmanagementpotenziale für den Regelenergiemarkt zu bündeln. Netzbetreiber steuern Smart Grids und über Energiemanagementsysteme wird in Gebäuden z. B. morgens die Heizung gemäß Wettervorhersage geregelt. Smart Meter sind Voraussetzung für die intelligente Steuerung von Kühlanlagen oder das Laden von Elektroautos, und die Blockchain-Technologie ermöglicht es Verbraucher*innen, direkt von einem Windkraftwerk oder von der PV-Anlage der Nachbarin Strom zu kaufen (vgl. den Pilotversuch der Wuppertaler Stadtwerke, talmarkt.de).

Dieser Trend wirft nicht zunächst Fragen der Stabilität der technischen Systeme und der Anbieter, aber insbesondere auch der Datensicherheit auf (vgl. Rodi in diesem Band). Dies sind also ebenfalls Aufgaben für die politische Regulierung. Politik und Regulierungsbehörden in Deutschland haben sie erkannt. Beispielsweise wird die massenhafte Einführung der Smart Meter erst beginnen, wenn mindestens drei Geräte nach den strengen Datensicherheitsanforderungen zertifiziert sind. Jedoch wirft die Möglichkeit der direkten Interaktion zwischen Verbraucher*innen und Anbieter*innen grundsätzliche Fragen der politischen Steuerung auf, insbesondere im Verbraucherschutz.

- Sind solchen Möglichkeiten wünschenswert und wichtig für die Energiewende? Wer profitiert von ihnen? Akteure mit Marktmacht und/oder „Digital Natives", die in der Lage sind diese Technologien für sich zu nutzen?
- Sind demnach diejenigen, die dazu nicht in der Lage sind, benachteiligt?
- Wer sorgt für den Ausgleich zwischen Angebot und Nachfrage auf regionaler, nationaler, EU-Ebene?
- Oder ist es besser, weiterhin einer zentralen Instanz den Auftrag zur Systemoptimierung zu geben, die von allen Verbraucher*innen und Anbieter*innen angemessen und regelbasiert finanziert werden?
- Wer sollte diese Instanz sein? Bilanzkreisverantwortliche, Übertragungs- oder Verteilnetzbetreiber (vgl. Rodi in diesem Band)?

Die Antworten auf diese Fragen sind noch ungeklärt und bedürfen weiterer Forschung und politischer Debatte.

3.3.6 Strommarkt der Zukunft: Kapazitätsmechanismen, einheitlicher Kapazitätsmarkt oder Direktvermarktung?

Die Grundfrage für die künftige Stromversorgung und bei der Sektorintegration lautet: Wie können die Rahmenbedingungen für die Märkte so geschaffen werden, dass Geschäftsmodelle funktionieren und in die notwendigen Kapazitäten für Erzeugung, Speicherung und andere Flexibilitäten sowie für Sektorintegration und übergeordnete Systemsteuerung investiert wird? Welche Vor- und Nachteile differenzierte Kapazitätsmechanismen, ein einheitlicher Kapazitätsmarkt oder die Direktvermarktung an Energieverbraucher*innen oder Energieversorgungsunternehmen haben, ist noch nicht ausreichend genug verstanden und bleibt daher eine Herausforderung für die Energiepolitik der Zukunft.

3.3.7 Instrumente für die Flankierung der Exnovation am Beispiel Kohleausstieg

Für das Gelingen der Energiewende reicht es voraussichtlich nicht, Innovationen zu fördern, sondern es müssen auch alte Technologien gezielt aus dem Markt geleitet werden („Exnovation", s.o.). Hierfür werden wahrscheinlich auch andere Instrumente erforderlich. Zwar kann eine indirekte Steuerung über die relativen Energiepreise eine wichtige Rolle spielen. In Großbritannien wurden so die Kohlekraftwerke in den vergangenen Jahren aus dem Strommarkt gedrängt. Es können aber auch direkte Instrumente erforderlich sein, z. B. (vgl. Wehnert et al. 2017):

- Rechtliche Anforderungen an Anlagen, wie Vorgaben von CO_2-Grenzwerten, Wirkungsgraden oder flexibler Steuerbarkeit
- Planartige Steuerung des Ausstiegs für einzelne Anlagen z. b. durch Festlegung von Abschaltdaten, Restlaufzeiten, Einspeisemengen oder CO_2-Mengen
- Kontingentierung von Gesamtmengen für Stromerzeugung oder CO_2-Emissionen
- Sonstige Fallgestaltungen wie Verbot von Neuanlagen oder Zuweisung zur strategischen Reserve.

Zudem sollte der Ausstieg durch Instrumente der Strukturwandelspolitik flankiert werden, um betroffenen Regionen und Branchen den Ausstieg zu erleichtern. Die Bundesregierung hat Anfang Juni 2018 die Kommission „Wachstum, Strukturwandel und Beschäftigung" eingesetzt, allgemein als „Kohlekommission" bekannt. Sie hat im Januar 2019 umfangreiche Politikvorschläge für einen Ausstieg aus der Kohleverstromung bis 2038 und für die Unterstützung eines zukunftssicheren Strukturwandels in den Kohleregionen vorgelegt. Es ist nun an der Bundesregierung, dem Bundestag und den Ländern, diese zu bewerten und umzusetzen.

3.4 Übergreifende Governanceaspekte

Wie jedes Politikfeld hat die Energiepolitik vielfältige Akteure mit ihren Interessen, Anreizen und Hemmnissen. Eine gezielte Veränderung einer der zentralen Infrastrukturen einer Volkswirtschaft, wie sie mit der Energiewende angestrebt wird, trifft daher auch auf viele Widerstände. Atom- und Kohleausstieg sind prominente Beispiele dafür, die Lobbyarbeit von Teilen der Wohnungswirtschaft gegen die Wärmedämmung des Bestands ist ein weiteres. Pfadabhängigkeiten können insofern nicht nur durch „belief systems" (vgl auch Praetorius in diesem Band), sondern schlicht durch Markt- und Lobbymacht der Akteure der bestehenden Infrastrukturen oder durch die bestehenden Rahmenbedingungen entstehen, in denen Investitionen in Neuanlagen für die Energiewende mit abgeschriebenen Altanlagen konkurrieren müssen. Für eine erfolgreiche politische Steuerung sind daher zunächst folgende Fragen zu beantworten:

- Welche politischen Notwendigkeiten bestehen, Innovationen zu fördern und Altes aus dem Markt zu nehmen?
- Welche Hemmnisse sind dabei durch geeignete Politikinstrumente im Paket/Mix zu überwinden?
- Welche Auswirkungen hat die Politik der Energiewende auf welche Akteure, auf Umwelt und Versorgungssicherheit?
- Was sind insbesondere die vielfältigen Nutzen im Vergleich zu den Kosten, berechnet auf vergleichbarer Basis?
- Reichen die bestehenden Politikpakete aus, um die Ziele zu erreichen? Hierfür gibt es das Monitoring der Energiewende („Energie der Zukunft") mit jährlichen Berichten der Bundesregierung und darauf bezogenen Stellungnahmen der extra eingerichteten unabhängigen Expertenkommission.

Auch die politische Steuerung der Energiewende folgt somit in weiten Teilen einer Abfolge von Analyse, Formulierung, Durchsetzung, Umsetzung, Monitoring und Evaluierung, Nachsteuerung, wie er beispielhaft in Abb. 4 dargestellt ist.

Vor allem aber braucht eine erfolgreiche politische Steuerung starke Steuerungsinstitutionen. Hier sehen wir in Deutschland noch immer eine gewisse Zersplitterung von Zuständigkeiten zwischen dem Bundesministerium für Wirtschaft und Energie, dem Umwelt-, Bau- und Verkehrsministerium, der Deutschen Energieagentur (die aber auch konkrete Umsetzungsaufgaben wahrnimmt), der Bundesnetzagentur, dem Umweltbundesamt, der Bundesstelle für Energieeffizienz, der KfW u. a. Eine Bündelung in einer übergeordneten Agentur wäre vermutlich hilfreich für eine

Abb. 4 Prototypischer Politikzyklus. (Quelle: Schneidewind 2018)

integrierte Energiepolitik der Zukunft. Sie hätte die Aufgabe, die o.g. Analyse- und Monitoringschritte zu bündeln, bei der Politikformulierung zu unterstützen und ggf. auch die Förderprogramme zu steuern. Für den Bereich der Energieeffizienz hat z. B. das Wuppertal Institut eine solche Einrichtung vorgeschlagen, eine Bundesagentur für Energieeffizienz mit 300 Mitarbeiter*innen und einem Energieeffizienzfonds vom mehreren Milliarden Euro pro Jahr (Thomas et al. 2013b). Zwar hat die Bundesregierung in den letzten Jahren die personellen Kapazitäten zur Steuerung der Energieeffizienzpolitik erheblich ausgebaut, sie liegen jedoch noch deutlich unter diesem Vorschlag. Der Energieeffizienzfonds des Bundes hat nur etwa 200 Mio. Euro pro Jahr zur Verfügung; hinzu kommen allerdings die KfW-Förderprogramme für die Gebäudesanierung mit rund 1,5 Milliarden Euro pro Jahr.

Auch die in Abschn. 3.1 diskutierten partizipativen Szenarioprozesse sind ein Instrument der übergreifenden Governance. Grundlegende Fragen kann zudem der Deutsche Bundestag in Enquête-Kommissionen klären.

Kurz-Resumee

Das Kapitel hat zunächst die Bedeutung der Ziele der Energie- und Klimapolitik für die zukünftige Energiepolitik heraus gearbeitet. Es gibt eine Zieltrias aus absoluter Reduktion der Treibhausgasemissionen, absoluter Reduktion des Energieverbrauchs durch Effizienz und Suffizienz und Ausbau der erneuerbaren Energien. Um diese Ziele zu erreichen, hat die Energiepolitik daher die Aufgabe, die vier Säulen der Energiewende simultan und abgestimmt zu stützen: Energiesuffizienz, Energieeffizienz, erneuerbare Energien und den Ausstieg aus der Kernenergie sowie langfristig den fossilen Energien.

Es wurde dann gezeigt: Die Technologien, Lösungen und Potenziale dafür sind vorhanden und der wirtschaftliche Nutzen ist mittelfristig höher als die Kosten. Aber die Hemmnisse und teilweise auch Widerstände sind groß. Es braucht daher berechenbare Rahmenbedingungen durch mittel- und langfristige Politik-Roadmaps, mit denen die Ziele erreicht werden können. Hierzu hat das Kapitel integrierte Politikpakete aus übergreifenden sowie sektor- und technologiespezifischen Instrumenten diskutiert. Eine erfolgreiche politische Steuerung braucht nicht zuletzt starke Steuerungsinstitutionen.

Literatur

acatech – Deutsche Akademie der Technikwissenschaften e. V, Deutsche Akademie der Naturforscher Leopoldina e. V, & Union der deutschen Akademien der Wissenschaften e. V. (2015). *Flexibilitätskonzepte für die Stromversorgung 2050. Stabilität im Zeitalter der erneuerbaren Energien*. München: acatech/Leopoldina/Union.

Arbeitsgemeinschaft (AG) Energiebilanzen. (2018). *Auswertungstabellen zur Energiebilanz Deutschland. 1990–2017* (Stand Juli 2018). Berlin/Bergheim: AG Energiebilanzen.

Brischke, L.-A. (2014). Energiesuffizienz – Strategie zur absoluten Senkung des Energieverbrauchs. *Energiewirtschaftliche Tagesfragen, 64*(10), 13–15.

Brischke, L.-A., Leuser, L., Thomas, S., Thema, J., Kopatz, M., Spitzner, M., Baedeker, C., Lahusen, M., Ekardt, F., & Beeh, M. (2016). *Energiesuffizienz – Strategien und Instrumente für eine technische, systemische und kulturelle Transformation zur nachhaltigen Begrenzung des Energiebedarfs im Konsumfeld Bauen/Wohnen. Endbericht.* Heidelberg: ifeu-Institut für Energie- und Umweltforschung Heidelberg.

Bundesministerium für Umwelt, Naturschutz und Reaktorsicherheit (BMU); Bundesministerium für Wirtschaft und Technologie (BMWi) (2010): *Energiekonzept für eine umweltschonende, zuverlässige und bezahlbare Energieversorgung: Energiekonzept der Bundesregierung.* Berlin: BMU/BMWi.

Bundesministerium für Umwelt, Naturschutz, Bau und Reaktorsicherheit (BMUB). (2016). *Klimaschutzplan 2050. Klimaschutzpolitische Grundsätze und Ziele der Bundesregierung.* Berlin: BMUB.

Bundesregierung. (2018). *Sechster Monitoring-Bericht zur Energiewende. Berichtsjahr 2016.* Berlin: o.A.

Deutsches Institut für Wirtschaftsforschung (DIW Berlin), Wuppertal Institut, & Ecologic Institut. (2018). *Die Beendigung der energetischen Nutzung von Kohle in Deutschland. Ein Überblick über Zusammenhänge, Herausforderungen und Lösungsansätze.* Berlin/Wuppertal: DIW Berlin, Wuppertal Institut.

European Commission (COM). (2018). A clean planet for all. A European strategic long-term vision for a prosperous, modern, competitive and climate neutral economy. COM (2018) 773 final. Brussels: European Commission.

Forum Ökologisch-soziale Marktwirtschaft (FÖS). (2017). *Energiesteuerreform für Klimaschutz und Energiewende. Konzept für eine sozial- und wettbewerbsverträgliche Reform der Energiesteuern und ein flächendeckendes Preissignal.* Berlin: FÖS.

Heyen, D.-A., Hermwille, L., & Wehnert, T. (2017). Out of the comfort zone! Governing the exnovation of unsustainable technologies and practices. *GAIA, 26*(4), 326–331.

Industriegewerkschaft Bergbau, Chemie, Energie (IG BCE). (2018). *Die Energiewende mit Investitionen und Innovationen sozial und fair gestalten.* Hannover: IG BCE.

Institut für Zukunftsenergiesysteme (IZES), Wuppertal Institut für Klima, Umwelt, Energie (WI), & Bremer Energie-Institut (BEI). (2011). *Erschließung von Minderungspotenzialen spezifischer Akteure, Instrumente und Technologien zur Erreichung der Klimaschutzziele im Rahmen der Nationalen Klimaschutzinitiative (EMSAITEK-NKI). Endbericht zu PART 1. Untersuchung eines spezifischen Akteurs im Rahmen der NKI: Klimaschutz durch Maßnahmen von Stadtwerken unter Berücksichtigung be-triebswirtschaftlicher Erfordernisse.* Saarbrücken/Wuppertal/Bremen: IZES, WI und BEI.

Intergovernmental Panel on Climate Change (IPCC). (2014). Climate change 2014. Synthesis report. Contribution of working groups I, II and III to the fifth assessment report of the intergovernmental panel on climate change. Geneva: IPCC.

Intergovernmental Panel on Climate Change (IPCC). (2018). Global warming of 1.5 °C. Summary for policymakers. Geneva: IPCC.

Irrek, W., & Thomas, S. (2010). Markttransformation und politische Instrumente. In M. Pehnt (Hrsg.), *Energieeffizienz. Ein Lehr- und Handbuch.* Heidelberg: Springer.

Kopatz, M. (2016). *Ökoroutine. Damit wir tun, was wir für richtig halten* (S. 131 ff). München: Oekom.

Ministerium für Klimaschutz, Umwelt, Landwirtschaft, Natur- und Verbraucherschutz des Landes Nordrhein-Westfalen (MKULNV NRW). (2015). *Klimaschutzplan Nordrhein-Westfalen. Klimaschutz und Klimafolgenanpassung.* Düsseldorf: MKULNV NRW.

Schneidewind, U. (2018). *Die große Transformation. Eine Einführung in die Kunst gesellschaftlichen Wandels.* Frankfurt a. M.: S. Fischer.

The Boston Consulting Group (BCG)/Prognos. (2018). *Klimapfade für Deutschland.* O.O. Boston: BCG/Prognos.

Thema, J., Thomas, S., Kopatz, M., Spitzner, M., & Ekardt, F. (2017). *Energiesuffizienzpolitik mit Schwerpunkt auf dem Stromverbrauch der Haushalte. Abschlussbericht zu AP3 des Projekts Energiesuffizienz.* Wuppertal: Wuppertal Institut für Klima, Umwelt, Energie gGmbH.

Thomas, S., Aydin, V., Kiyar, D., Tholen, L., & Venjakob, M. (2013a). Strategic policy packages to deliver energy efficiency in buildings – Their international evidence. In *Rethink, renew, restart. Proceedings of the eceee 2013 Summer Study.* Stockholm.

Thomas, S., Hennicke, P., Bierwirth, A., Venjakob, M., Hauptstock, D., Kiyar, D., Suerkemper, F., Thema, J., Tholen, L., & Vondung, F. (2013b). *Vorschlag für eine Bundesagentur für Energieeffizienz und einen Energiesparfonds (BAEff). Wie die Ziele der Energiewende ambitioniert umgesetzt und die Energiekosten gesenkt werden können.* Wuppertal: Wuppertal Institut.

Thomas, S., Aydin, V., Kiyar, D., Hafiz, A., & Rasch, J. (2015). *Energy efficiency policies for buildings: BigEE's recommended policy package, good practice examples and tips for policy design.* Wuppertal: Wuppertal Inst. für Klima, Umwelt, Energie gGmbH.

Umweltbundesamt. (2017). *Weiterentwicklung der Effizienzpolitiken zur Erreichung der Klimaschutzziele der Europäischen Union.* Abschlussbericht (Climate Change 21). Dessau-Roßlau: Umweltbundesamt.

Wehnert, T., Best, B., & Andreeva, T. (2017). *Kohleausstieg – Analyse von aktuellen Diskussionsvorschlägen und Studien.* Wuppertal: Wuppertal Institut für Klima, Umwelt, Energie gGmbH.

Weiterführende Literatur

bigee.net. (Internetplattform zu Energieeffizienz in Gebäuden und Geräten, mit umfangreicher Darstellung von Politikinstrumenten und guten Beispielen).

Irrek, W., & Thomas, S. (2010). Markttransformation und politische Instrumente. In M. Pehnt (Hrsg.), *Energieeffizienz. Ein Lehr- und Handbuch.* Heidelberg: Springer.

Thomas, S., Aydin, V., Kiyar, D., Hafiz, A., & Rasch, J. (2015). *Energy efficiency policies for buildings: BigEE's recommended policy package, good practice examples and tips for policy design.* Wuppertal: Wuppertal Inst. für Klima, Umwelt, Energie gGmbH.

Umweltbundesamt. (2017). *Weiterentwicklung der Effizienzpolitiken zur Erreichung der Klimaschutzziele der Europäischen Union.* Abschlussbericht (Climate Change 21). Dessau-Roßlau: Umweltbundesamt.

Glossar wichtiger Begriffe der Energiewende

Bürgerenergie Bürgerenergie im engeren Sinn ist dadurch charakterisiert, dass Bürgerinnen und Bürger in ihrer Region in → Erneuerbare-Energien-Anlagen investieren. Im weiteren Sinn umfasst der Begriff auch überregionale Investitionen und Beteiligungen an Erneuerbare-Energien-Anlagen. Ziel der Bürgerenergieakteure ist die Kontrolle und Gestaltung der eigenen bzw. der regionalen Energieversorgung. Die vielfältigen Formen der Bürgerenergie sind ein wichtiger Motor sowohl für die Akzeptanz als auch für die Dynamik der Energiewende. Derzeit befindet sich fast die Hälfte der Stromerzeugungskapazitäten aus erneuerbaren Energien Deutschlands in der Hand von Einzelpersonen, Landwirten sowie Genossenschaften und Gesellschaften, an denen private Kleinanleger und Investoren mit mindestens 50 % beteiligt sind.

CCS-Technologie Carbon Dioxide Capture and Storage (CCS) steht für eine CO_2-Abscheidung und Speicherung, indem das Klimagas zunächst an den Produktionsorten (vorwiegend Kraftwerken) abgetrennt und schließlich an geeigneten Standorten gespeichert wird (sog. Sequestierung). Eine Speicherung ist in flüssigem, gasförmigem oder auch in festem Zustand möglich. Mit der Speicherung sind jedoch auch Risiken wie Erdbeben oder Verunreinigung des Grundwassers verbunden. Hinzu kommt, dass die CO_2-Abscheidung selbst ein aufwendiges Verfahren ist, welches wiederum CO_2 produziert. Die Akzeptanz von Lagerstätten in der lokalen Bevölkerung ist oft nicht gegeben.Eine politische Diskussion im Jahr 2011 im Kontext eines CO_2-Speichergesetzes führte in Deutschland dazu, dass die Förderung der Technologie nicht weiterverfolgt wurde. Bislang verblieb sie im Versuchsstadium. Mit dem anstehenden

Kohleausstieg in Deutschland spielt die CCS-Technologie für Kraftwerke perspektivisch keine Rolle mehr. Dies kann in anderen Ländern oder auch im Rahmen der Abscheidung von CO_2 aus der Luft allerdings anders bewertet werden. Bislang kommt die Technologie aber auch international kaum zur Anwendung. In einem begrenzten Umfang kann CCS in industriellen Prozessen künftig relevant werden, dort könnte sie zu einer Technik für Stoffkreisläufe werden,

Degrowth (Postwachstum) Die Idee der Postwachstumsgesellschaft beschreibt eine Vision, welche im Anschluss an das Zeitalter der auf Wirtschaftswachstum hin ausgerichteten Moderne („Überflussgesellschaft") eine suffizienzorientierte Lebens-, Gesellschafts- und Wirtschaftsform beschreibt. Der Ansatz kritisiert die gegenwärtige Gesellschaft, indem durch ressourcenintensive Lebensverhältnisse sowohl ökologische und soziale als auch politische Bedingungen geschädigt würden. Die Idee im Sinne der → ökologischen Modernisierung, eine Veränderung einer nachhaltigen Gesellschaft innerhalb der bestehenden Systeme zu erreichen, wird als unrealistisch abgelehnt. Bisherige Anstrengungen haben dieser Ansicht nicht den erhofften Erfolg gezeigt und dies wird damit begründet, dass keine Veränderung der individuellen Lebensweise erreicht würden. Diese müsse vielmehr auf weniger Konsum, Wiederverwendung (Reycling) und Stoffkreislauf sowie auf Reparaturen von Produkten ausgerichtet werden. Am Beispiel der bislang unerreichten Klimaziele oder des hohen Verbrauchs → Grauer Energie wird demnach deutlich, dass der wachstumsorientierte Pfad nicht zur Nachhaltigkeit führen könne. Auch die Energiewende wird hinsichtlich ihres Ansatzes kritisiert. Bisherige atomar-fossile Energieträger durch erneuerbare Energieträger zu ersetzen, erfordere den Bau zusätzlicher Infrastrukturen und damit einen weiteren Flächenverbrauch. Wichtiger seien Energieeffizienz, Energieeinsparung, und Energieweiter- bzw. -wiederverwendung (→ Kraft-Wärme-Kopplung, → Sektorkopplung). Zentrales Leitbild ist die → Energiesuffizienz und eine Veränderung hin zu weniger ressourcenintensiven Lebensstilen. Weniger Konsum, eine geringere Arbeitszeit und ein geringeres Einkommen („weniger ist mehr") biete einen Ausweg aus Stress und dem Überangebot der Konsumgesellschaft.

Demand Side Management (DSM) Unter diesem energiewirtschaftlichen Fachbegriff werden verschiedene Möglichkeiten der Laststeuerung subsumiert, dazu gehören das gezielte Abschalten von stromverbrauchenden Anlagen, wenn das Angebot fluktuierend einspeisender → Erneuerbarer Energien begrenzt ist, und umgekehrt ein verstärkter Strombezug in Zeiten eines erhöhten Dargebots. Ziel des DSM ist es, die Nachfrage am Angebot auszurichten und damit einen Beitrag zum Ausgleich von Angebot und Nachfrage und letztlich die Kosten der Stromversorgung zu senken. Angesichts eines wachsenden Anteils fluktuierend einspeisender Erneuerbarer Energien wir dem DSM künftig eine steigende Bedeutung zugeschrieben, nicht zuletzt als kommerzielle Energiedienstleistung.

Direktvermarktung Direktvermarktung ist eine in Deutschland seit 2012 durch das Erneuerbare-Energie-Gesetz (EGG) geförderte Form der Vermarktung von Strom aus Windenergie-, Solar- oder Biomasseanlagen. Das Prinzip der Direktvermarktung regelt, dass Anlagenbetreiber, die Strom aus erneuerbaren Energien produzieren, diesen nicht mehr zu einem fixen Vergütungssatz an den zuständigen Übertragungsnetzbetreiber verkaufen, sondern selbst an der Strombörse oder an Großabnehmer verkaufen. Dafür wurde das Förderinstrument der Marktprämie geschaffen. Damit soll die Differenz zwischen dem gesetzlichen Vergütungsanspruch für die jeweilige Anlage und dem Strombörsenpreis für den Betreiber ausgeglichen. Betreiber von neu installierten Anlagen über 100 kW sind seit einer Novelle des → EGG 2014 dazu verpflichtet, ihren Strom über das Marktprämienmodell zu vermarkten. Ziel der Gesetzesnovelle ist es durch die Integration erneuerbarer Energien in den konventionellen Strommarkt zu einem stabilen Stromnetz und einer sicheren Versorgung bei beizutragen.

Dunkelflaute Als Dunkelflaute wird ein Zeitraum bezeichnet, in dem Windenergie- und Photovoltaikanlagen in einer Region wegen Nebel oder Windstille und zugleich auftretender Dunkelheit insgesamt keine oder nur geringe Mengen elektrischer Energie produzieren. Tritt eine solche Situation im Winter auf, bei der ein längerfristig geringes Angebot erneuerbarer Energien und eine witterungsbedingt hohe Nachfrage aufeinander treffen, wird dies als „kalte Dunkelflaute" bezeichnet. Als geeignete Maßnahmen zum Überbrücken von Dunkelflauten kommen unter anderem grundlastfähige erneuerbare Energien wie Biomassekraftwerke oder Geothermiekraftwerke, der Ausbau der Stromnetze zur weiträumigen Vernetzung von Regionen mit unterschiedlichen Wetterbedingungen, die → Sektorkopplung, der Einsatz von Energiespeichern sowie das Vorhalten konventioneller Kraftwerke infrage.

Emissionsrechtehandel Beim Emissionsrechtehandel (ETS: *Emissions Trading System*) handelt es sich um ein marktwirtschaftliches Instrument, welches theoretisch durch ein selbstregulatorisches Marktprinzip kosteneffizient zur Reduktion von Treibhausgasen führt. In der Europäischen Union wurde der Emissionshandel im Jahr 2005 eingeführt. Alle Unternehmen, die Treibhausgase ausstoßen, müssen entsprechend der Höhe der Emissionen Zertifikate erwerben. Der Preis wird durch die Nachfrage bestimmt. Da die Zertifikate auf einem Markt (Börse) gehandelt werden, sind allerdings Spekulationen möglich. In der Praxis bewährt sich das ETS-System aufgrund der Angebotsseite kaum: Die Ausgabe zahlreicher Zertifikate (Überangebot) hat dazu geführt, dass entgegen der eigentlichen instrumentellen Intention und Logik die Preise für die Zertifikate derart niedrig ausfallen, dass der umweltpolitische Anreiz zur Absenkung der Emissionen durch Einsatz klimafreundlicher Technologien oder Verringerung der Nutzung klimaschädlicher Anwendungen de facto kaum erreicht wird und im Extremfall sogar aufgrund von Preissenkungseffekten das Gegenteil erreicht wird.

Endenergie Die Energie, die aus Primärenergieträgern wie z. B. Braunkohle, Steinkohle, Erdöl, Erdgas, Wasser oder Wind durch Umwandlung gewonnen wird. Dabei wird die Primärenergie in eine Form umgewandelt, die der Verbraucher nutzen kann, z. B. Strom, Wärme oder Kraftstoffe.

Energiegerechtigkeit (Energy Justice) Energiegerechtigkeit bezieht sich sowohl auf die Dimension der Energieproduktion, der Distribution und Nutzung als auch auf die Eigentumsverhältnisse. Ausgangspunkt ist die Identifikation von Energie als ein Gemeingut (*Common*), welches allen zur Verfügung stehen sollte. Das Konzept von Energiegerechtigkeit bezieht sich auf die Dimensionen Gerechtigkeit (distributional, prozessual und kompensatorisch), Universalismus (Kosmopolitismus, (symbolische) Anerkennung: Wird die Energiewende für alle konstruiert?), Raum (wo finden Ereignisse statt? Werden Gemeinschaften integriert?) und Zeit (z. B. Zeitdruck angesichts des Klimawandels und schnelle Energiewende versus Interessen von Betroffenen). Der distributive Aspekt bezieht sich auf die Verteilung von Energieanlagen (z. B. Stadt-Land-Differenz, marginalisierte Räume, Konzentration von Technik), die prozessuale Kategorie auf den Ablauf von Verfahren (wenn etwa Energieanlagen geplant und gebaut werden) und die kompensatorische Dimension auf mögliche Wiedergutmachung im Falle von Beeinträchtigungen. Entscheidende übergreifende Kriterien sind Fairness, Transparenz, Vertrauen und Respekt. Schließlich geht es auch ganz konkret um gesellschaftliche Teilhabe und um die Nöte einkommensschwacher Haushalte: Hohe Energiepreise sind in zahlreichen Ländern ein Problem für einkommensschwache Bevölkerungsteile (Energiearmut, *energy poverty*).

Energiesuffizienz Energiesuffizienz ist eine Strategie mit dem Ziel, den Aufwand an technisch bereitgestellter Energie durch Veränderungen von Umfang und/oder Art des Nutzens aus Energieanwendungstechnik und weiterer Nutzenaspekte auf ein nachhaltiges Maß zu begrenzen oder zu reduzieren. Im Unterschied zur Energieeffizienz ist damit ein anstrebenswertes Niveau bzw. eine Grenze definiert, welche nicht überschritten werden sollte. Energieeffizienz zielt allein auf die Verringerung den Aufwand an technisch bereitgestellter Energie, *ohne* den Umfang und/oder die Art des Nutzens aus Energieanwendungstechnik zu verändern.

Energieunion Die 2014 von der EU proklamierte Energieunion ist der Versuch einer programmatischen Umsetzung der im Rahmen des Vertrags von Lissabon (→ europäische Integration) gestärkten energiepolitischen Kompetenzen auf EU-Ebene. Die damit verbundenen Ziele entsprechen neben der Solidarität zwischen den Mitgliedstaaten dem klassischen energiepolitischen Zielkanon aus Versorgungssicherheit, Wettbewerbsfähigkeit und Umweltverträglichkeit sowie zusätzlich der Förderung der Interkonnektion der Energienetze. Im Rahmen der Energieunion sollen diese Ziele zunächst über eine Rahmenstrategie konkretisiert und später über geeignete, aufeinander abgestimmte Einzelstrategien und -maßnahmen implementiert werden.

Energiewende Der Begriff der Energiewende bezeichnet den Übergang von einem vorwiegend mit fossilen Energieträgern (Kohle, Öl und Gas) und Kernenergie gedeckten Energiebedarf zu einem System steigender Anteile erneuerbarer Energiequellen (Windenergie, Photovoltaik, Biogas, Tiefengeothermie, Wasserkraft). Als Ziel der Energiewende steht ein nachhaltiges Energiesystem, in dem generell die externen Effekte minimiert und insbesondere die klimaschädlichen Auswirkungen von Energiegewinnung drastisch reduziert werden. Auch deshalb ist mit dem Wechsel der Energiequellen eine deutliche Steigerung der Energieeffizienz verknüpft. Auch wenn die Energiewende bisher im Stromsektor am weitesten fortgeschritten ist, umfasst die Transformation des Energiesystems auch den Wärme- bzw. Kältesektor und den Verkehr.

Energiewirtschaftsgesetz Das Energiewirtschaftsgesetz EnWG) gilt als das „Grundgesetz der Energiewirtschaft" und behandelt als „Gesetz über die Elektrizitäts- und Gasversorgung" grundsätzliche Regelungen der leitungsgebundenen Energie in Deutschland. Es wurde in seinen Grundzügen bereits 1935 eingeführt und garantierte bis zu den Novellen von 1998 und 2005 u. a. die Gebietsmonopole der Energieversorgung. Ab 1998 wurde die Monopolstellung im Energiebereich auf der Basis entsprechender EU-Richtlinien in mehreren Etappen in Richtung liberalisierter Strom- und Gasmärkte angepasst. Übergeordnetes Ziel des heutigen EnWG ist eine sichere, preisgünstige, verbraucherfreundliche, effiziente und umweltverträgliche leitungsgebundene Versorgung der Allgemeinheit mit Strom und Gas. Maßgebliche Regelungen zur Förderung und Integration → Erneuerbarer Energien im Strombereich werden demgegenüber in einem separaten Gesetz – dem Erneuerbare-Energien-Gesetz (→ EEG) – geregelt.

Entflechtung Trennung des Netzbetriebs von Erzeugung und Vertrieb in der Energiewirtschaft gemäß → Energiewirtschaftsgesetz (EnWG), das Ziel ist ein neutraler Netzbetrieb. Das EnWG sieht für Energieunternehmen nachvollziehbare Vorkehrungen zur buchhalterischen, informationellen, organisatorischen und gesellschaftsrechtlichen Entflechtung vor.

Entkopplung Das Ende der Kopplung von Energieverbrauch bzw. CO_2-Emissionen und Wirtschaftswachstum ist ein zentrales Ziel der Energiewendepolitik. In der frühen Phase der Energiewende war damit primär ein Rückgang des Verbrauchs fossiler Brennstoffe durch Effizienz und Einsparung gemeint. Angesichts ambitionierter Klimaschutzziele liegt der Fokus seit jüngerer Zeit auf dem zentralen Indikator der Klimaschutzpolitik, den CO_2-Emissionen. Diese gilt es ohne Einbußen beim Wirtschaftswachstum oder beim – unterschiedlich definierbaren – Wohlstand der Gesellschaft zu senken.

Erneuerbare Energien Erneuerbare Energien sind Energieträger, die – anders als fossile Energien – fast unerschöpflich zur Verfügung stehen oder sich verhältnismäßig schnell erneuern. Sie gelten neben einer erhöhten Energieeffizienz als wichtigste Säule einer Energiewende hin zu einer nachhaltigen Energieversorgung. Zu den erneuerbaren Energien zählen Sonnenenergie, Windenergie, Bioenergie (Biomasse/Biogas), Geothermie, Wasserkraft und Meeresenergie. Strom aus diesen Energiequellen wird auch als *Grünstrom* oder *Ökostrom* bezeichnet.

Erneuerbare-Energien-Gesetz (EEG) Das EEG ist das Nachfolgegesetz des Stromeinspeisungsgesetzes. Es wurde im Jahr 2000 durch den Deutschen Bundestag verabschiedet. Mit dem EEG wurden kostendeckende Einspeisetarife (Vergütungssätze) für Strom aus → Erneuerbaren Energieträgern eingeführt, die jeweils für einen Zeitraum von zwanzig Jahren gültig sind. Für die unterschiedlichen Technologien gelten Vergütungssätze in unterschiedlicher Höhe. Die mit dem EEG geschaffene Investitionssicherheit war ein wesentlicher Grund für den dynamischen Ausbau von Anlagen, die Strom aus Wind, Solarenergie und Biomasse erzeugen. Bis zum Jahr 2014 wurden die Einspeisetarife vom Parlament festgesetzt. Seit der Novellierung des EEG im Jahr 2014 wird die Höhe der Einspeisevergütung im Zuge von Ausschreibungsverfahren ermittelt.

Europäische Integration Als europäische Integration wird der Zusammenschluss europäischer Nationalstaaten zu einer supranationalen Organisation sowie die immer stärkere Kooperation innerhalb dieser Organisation bezeichnet. Damit verbunden ist die Übertragung beträchtlicher hoheitlicher Kompetenzen auf diese supranationale Ebene mit Auswirkungen auf die → Multi-Level- Governance. Historisch begann dieser Prozess in Europa 1951 durch die Gründung der Europäischen Gemeinschaft für Kohle und Stahl (EGKS), zu der durch die Römischen Verträge von 1957 die Europäische Atomgemeinschaft (Euratom) und die Europäische Wirtschaftsgemeinschaft (EWG) hinzukamen, die wiederum 1965 zu den Europäischen Gemeinschaften (EG), die sich mit einem gemeinsamen Rat und einer gemeinsamen Kommission kollektive supranationale, also den nationalen übergeordnete Institutionen gaben. Dieses supranationale europäische System ist heute stark ausdifferenziert und institutionalisiert. Mit dem Vertrag von Lissabon (2007) wurden auch die energiepolitischen Kompetenzen der EU deutlich erweitert hat (→ siehe Energieunion).

Exnovation Als Exnovation wird der geplante und politisch flankierte Ausstieg aus alten, klima- und umweltschädlichen Technologien, Infrastrukturen, Produkten oder Praktiken bezeichnet. Sie hat den Charakter einer „Gegenbewegung zur Innovation", weil sie Platz schafft für neue Produkte oder Verfahren. Als Beispiel für eine Produkt-Exnovation gilt das Glühbirnenverbot in der Europäischen Union, als technologische Prozess-Exnovation der Atomausstieg in den verschiedenen Ländern nach Atomkatastrophe von Fukushima.

Feinstaub Feinstaub besteht aus sehr kleinen Partikeln, die von den Schleimhäuten im Nasen- und Rachenraum und den Härchen in der Nase nicht vollständig zurückgehalten werden können und daher die Atemwege belasten. Hauptverursacher des anthropogenen Anteils am Feinstaub in Deutschland sind Industrieprozesse und der Verkehr. Auch die Nutzung von → Holzheizungen ist mit Staubemissionen verbunden. Vor allem offene Kamine und einfache Zimmeröfen sind potenzielle Verursacher von Feinstaubbelastungen der Außenluft. Holzkessel und Öfen sowie Hackschnitzel und Holzpellets, die nach dem Stand der Technik hergestellt wurden, entsprechen den gültigen Normen zur Einhaltung von technischen Standards; dies soll für einen emissionsarmen Betrieb sorgen.

Flexibilitätsoptionen Unter dem Begriff Flexibilitätsoptionen werden unterschiedliche Möglichkeiten zur Optimierung der Stromversorgung diskutiert, die entsprechend des Bedarfs flexibel auf die Einspeisung fluktuierender erneuerbarer Energien reagieren können. Mit Flexibilitätsoptionen wird auf erhöhte Flexibilitätsansprüche reagiert, die im Zuge der Umstellung des Energiesystems auf eine Versorgung aus fluktuierenden, nur kurzfristig prognostizierbaren Energiequellen, relevant geworden sind. Als Flexibilität wird in diesem Zusammenhang die Fähigkeit bezeichnet, die Erzeugung und den Verbrauch, die zeitlich auseinanderfallen, in Einklang zu bringen. Die relevantesten Flexibilitätsoptionen sind eine Optimierung des Kraftwerkseinsatzes, eine gezielte Ab- oder Zuschaltung von flexiblen Erzeugern oder Verbrauchern – das → Demand Side Management – und diverse Speicheroptionen. Daneben entwickeln sich auch vermehrt neue Varianten der Stromspeicherung und der Stromumwandlung im Zuge der → Sektorkopplung.

Graue Energie Hiermit wird diejenige Energie umschrieben, welche zur Herstellung von Waren benötigt wird, wovon der Verbrauch selbst ausgenommen wird. Um beispielsweise einen PKW fahren zu können, wird Treibstoff benötigt. Vorher musste für die Produktion des Fahrzeugs (und im Übrigen auch für die Produktion des Treibstoffes) bereits Energie aufgewendet werden muss. Die **Gesamtenergiebilanz** des Autos ist also wesentlich höher als nur der reine

Kraftstoffverbrauch. Bestimmte Waren sind besonders energieintensiv in Herstellung und Transport (z. B. Aluminiumdosen, Computer). Der Begriff hat in der Nachhaltigkeitsdebatte einen hohen Stellenwert erhalten, da für die Umstellung auf umweltfreundliche Energieproduktion und effizientere Technologien wiederum ein hoher Bedarf an Energie erforderlich ist. Hierbei handelt es sich um ein Kernargument im Kontext der Ansätze von → Degrowth, → ökologischer Modernisierung und → (Energie)Suffizienz.

Grundlast/Grundlastfähigkeit Als Grundlast wird die erzeugte Strommenge bezeichnet, die in einem Versorgungsgebiet im Tagesverlauf nicht unterschritten wird und damit die niedrigste Tagesbelastung eines Stromnetzes darstellt. Grundlastfähig sind jene Technologien, die diese Leistung konstant liefern können und zur dauerhaften und zuverlässigen Bereitstellung von elektrischer Energie geeignet sind. Mit dem zunehmenden Anteil fluktuierender erneuerbarer Energiequellen werden vermehrt Möglichkeiten diskutiert, wie Leistungsschwankungen kompensiert werden können, um den Grundlastbedarf zu decken. Somit gewinnen Speicher und andere → Flexibilitätsoptionen an Bedeutung.

Holzheizungen Holzheizungen gibt es als Öfen und Kamine (für einzelne Räume) sowie Zentralheizkessel. In Deutschland sind vor allem Kamine und Öfen verbreitet. Die Forschung konzentriert sich vor allem auf Heizkessel, die in zentrale Heizanlagen eingebunden werden und darin einen Öl- oder Gaskessel ersetzen. Der Brennstoff Holz kommt in verschiedener Form zum Einsatz. Am stärksten verbreitet ist Scheitholz – es kann in Kaminen, Öfen und Kesseln genutzt werden. Hackschnitzel werden nur in Heizkesseln verbrannt, Holzpellets in Heizkesseln und auch in Zimmeröfen.

Integrierte Energie- und Umweltpolitik Der Gedanke einer integrierten Energie- und Umweltpolitik bezieht sich übergreifend auf eine politische, soziale und technische Integration von Nachhaltigkeitszielen. Beispielsweise sollte mit der Gründung des Bundesumweltministeriums im Jahr 1985 der Umweltschutz gezielt durch eine Behörde vertreten und bearbeitet werden. Ein integrativer Ansatz würde demgegenüber in jedes Ressort eine Umweltstelle integrieren, um Nachhaltigkeitsziele nicht möglicherweise *gegenüber* anderen Ressorts vertreten und verteidigen zu müssen, sondern *innerhalb* der jeweiligen Sach- und Strukturlogiken jeweils situativ angepasst Strategien zu entwickeln. Der Begriff wurde maßgeblich Ende des 20. Jahrhunderts geprägt und findet sich heute tendenziell in der Idee von ganzheitlicher Nachhaltigkeit (Nachhaltigkeitspolitik und -management) wieder. Er entspricht zudem der Philosophie der → ökologischen Modernisierung. In der Energiepolitik herrschte lange Zeit auf nationaler Ebene ein Konkurrenzverhältnis zwischen Umwelt- und Wirtschaftsministerium, auf europäischer Ebene strebt die Europäische Kommission langfristig eine → Energieunion an, welche integrativ die Energiewende einheitlich befördern soll (→ Europäische Integration). Parallel wird seit geraumer Zeit eine integrative Verkehrspolitik diskutiert, in der eine Verkehrswende kooperativ und sektorübergreifend verfolgt wird.

Kapazitätsmarkt Der Kapazitätsmarkt ist ein Instrument, das die Versorgungssicherheit bei einem zunehmenden Anteil fluktuierend einspeisender Erneuerbarer Energien sicherstellen soll. Als Kapazität wird in diesem Zusammenhang die reine Bereitstellung von Kraftwerksleistung bezeichnet. Auf dem Kapazitätsmarkt werden Kapazitäten, beispielsweiße in Form von Zertifikaten für Kapazitätsgarantien gehandelt. Im Kontrast dazu steht das Modell des „Energy-only-Marktes", wo mit Energielieferungen und tatsächlich verbrauchter Strommenge/Wattstunden gehandelt wird und das sich derzeit in Deutschland als Strommarktdesign etabliert hat. Ziel eines Kapazitätsmarktes ist es, Bereitstellen von Kapazitäten finanziell rentabel zu machen. Dabei werden unterschiedliche Modelle wie beispielsweise fokussierte, umfassende oder dezentrale Kapazitätsmärkte unterschieden. Die Gefahr eines Kapazitätsmarkt besteht jedoch darin, dass überkommene Kraftwerksstrukturen künstlich am Leben gehalten werden und zukunftsträchtige → Flexibilitätsoptionen keine Chance erhalten.

Konzessionsvertrag Wegerecht, das die Nutzung des öffentlichen Raums zum Betrieb von Strom- und Gasleitungen einräumt. Im Stromsektor ist die Netzkonzession für ein Verteilnetz ein typisches Wegerecht. Als Gegenleistung erhält der Konzessionsgeber, in der Regel die Öffentliche Hand, eine Konzessionsgebühr bzw. er darf eine Konzessionsabgabe verlangen.

Kraft-Wärme-Kopplung Kraft-Wärme-Kopplung (KWK) bezeichnet die gleichzeitige Erzeugung und Nutzung von mechanischer Energie, die direkt in elektrischen Strom umgewandelt wird, und thermischer Energie (Wärme). Anlagen, in denen gleichzeitig Strom und Wärme erzeugt wird, werden als Kraft-Wärme-Kopplungs-Anlagen (KWK-Anlagen) bezeichnet. Die parallel zur Stromerzeugung produzierte Wärme (Abwärme) wird dabei in ein gekoppeltes Heizsystem eingespeist und als Nah- oder Fernwärme zur Beheizung und Warmwasserbereitung oder für Produktionsprozesse genutzt. Durch die Nutzung der Abwärme liegt der Vorteil von KWK-Anlagen gegenüber konventionellen Anlagen in der Steigerung des Gesamtwirkungsgrades der Anlage, der Verminderung des Energieeinsatzes und damit einer Reduktion von Kohlendioxid-Emissionen.

Liberalisierung Unter Liberalisierung wird im Allgemeinen der Abbau staatlicher Eingriffe und Vorschriften verstanden in der Regel ist dies mit einer

Öffnung der Märkte für private (und/oder internationale) Akteure verbunden. Die EU war ein großer Treiber für die Liberalisierung verschiedener Sektoren mit dem Ziel, europäische Binnenmärkte zu schaffen – so auch in den Bereichen Strom und Gas. Die entsprechenden EU-Energiebinnenmarktrichtlinien wurden erstmalig 1998 in Deutschland im Rahmen eines „Gesetzes zur Neuregelung des Energiewirtschaftsrechts" umgesetzt. Damit wurde erstmalig seit der Einführung des → Energiewirtschaftsgesetzes 1935 Wettbewerb eingeführt und der Gebietsschutz sowie die damit einhergehende Monopolsituation aufgehoben. VerbraucherInnen können seitdem ihren Energieversorger frei wählen. Trotz vorgeschriebenen „Unbundlings" (→ Entflechtung) kam der Wettbewerb zunächst nicht in Gang. Weiterhin gab es eine Diskriminierung beim Netzzugang. In Folge einer zweiten Umsetzungsnovelle wurde die Bundesnetzagentur eingeführt, die den Wettbewerb im liberalisierten Strom- und Gasmarkt durch Netzregulierung sicherstellen soll.

Multi-Level Governance Unter Multi-Level Governance wird das System geteilter Zuständigkeiten in Mehrebenensystemen wie der EU verstanden. Im Kern erfasst dieses Konzept die Tatsache, dass in einem institutionell differenzierten politischen System Akteure unterschiedlicher Ebenen aufeinander angewiesen sind und ihre Entscheidungen koordinieren müssen. Neben dem Mehrebenencharakter verweist der Begriff ‚Governance' darauf, dass staatliche Akteure nicht mehr die alles entscheidenden Mitspieler in diesem Zusammenhang sind.

Nachwachsende Rohstoffe Nachwachsende Rohstoffe (NawaRo) sind organische Rohstoffe aus Pflanzen oder biogenen Abfällen, die – energetisch oder stofflich – außerhalb des Nahrungs- und Futterbereiches verwendet werden. Beispiele für die energetische Nutzung sind Biokraftstoffe oder Biogas, Beispiele für die stoffliche Nutzung sind Textilien, Faserstoffe oder Kunststoffe.

Ökologische Modernisierung Im Gegensatz zum Grundgedanken von → Degrowth wird hiermit der Prozess von ökologisch orientierter Politik, Wirtschaft und Gesellschaft beschrieben. Anders als die → (Energie)Suffizienz-Idee setzt das Konzept der ökologischen Modernisierung auf die Lösung von Umweltproblemen durch umweltfreundliche Technik setzt. So wurde in der Bundesrepublik Deutschland versucht, den negativen Effekten der Industrialisierung durch verordnete „saubere" Techniken wie den Katalysator, Kläranlagen oder Filtertechnologien bei Kraftwerken zu begegnen. Es sollten technisch-ökonomische Lösungen entwickelt und implementiert werden, die das Wirtschaftswachstum nicht behindern, sondern sogar die Schaffung neuer Nachfrage, Produkte und Märkte anregen. Dahinter verbirgt sich die implizite Leitidee, dass der Pfad der Modernisierung durch Umstellung auf umweltfreundliche Technologie und Wirtschaftsweise auch ohne negative Effekte auf die Umwelt weiterverfolgt werden kann. Damit grenzt sich dieser Ansatz sowohl von wirtschaftsliberalen als auch wachstumskritischen Ideen ab, welche entweder Markthemmnisse oder umgekehrt zu geringe Wirksamkeit unterstellen.

Öl(preis)krisen der 1970er-Jahre Als Ölkrisen (genauer: Ölpreiskrisen) der 1970er-Jahre werden zwei temporäre Rückgänge der *weltweiten* Erdölfördermengen und jeweils damit verbundene, teils drastische Ölpreissteigerungen bezeichnet. Die erste Ölkrise von 1973 wurde durch die von arabischen Staaten dominierte Organisation der Erdöl exportierenden Länder (OPEC) durch eine Drosselung der Fördermengen im Zuge des Jom-Kippur-Krieges bewusst herbeigeführt, um die westlichen Länder bezüglich ihrer Unterstützung Israels unter Druck zu setzen. Nach einem Preisrückgang in den folgenden Jahren wiederholte sich dieser Vorgang in den Jahren 1979/80 in ähnlicher Form, dieses Mal ausgelöst durch Förderausfälle und Verunsicherung nach der Islamischen Revolution im Iran und dem folgenden Angriff des Iraks auf den Iran (Erster Golfkrieg). Energiepolitische Bedeutung haben diese Ölkrisen vor allem durch ihre Verdeutlichung der Abhängigkeit vieler westlicher Staaten von fossilen Energieimporten und deren Endlichkeit, was vielerorts ein energiepolitisches Umdenken in Richtung einer effizienteren Energienutzung und der Förderung erneuerbarer Energien (und anfangs auch der Kernenergie) auslöste.

Oligopol auf dem Energiemarkt Bis Anfang der 1990er-Jahre war der Strommarkt in Deutschland durch ein Oligopol aus vier großen Energieversorgern (RWE, Eon, EnBW, Vattenfall) geprägt, die sowohl das Stromnetz (Übertragungsnetz) als auch etwa 80 % der Stromerzeugung kontrollierten. Der Regierung war es über einen langen Zeitraum aufgrund des Widerstands dieser einflussreichen Unternehmen nicht gelungen, das Oligopol aufzubrechen. Erst mit dem Stromeinspeisungsgesetz und der Strommarktliberalisierung wurde der Strommarkt auch für andere Akteure geöffnet. Zwar verfügen die großen Energieversorgungsunternehmen noch immer über ca. 60 % der Marktanteile, ihre Dominanz auf dem Strommarkt hat jedoch durch die steigende Akteursvielfalt und den wachsenden Anteil Erneuerbarer Energien stark nachgelassen.

Primärenergie Die benötigte Energiemenge, die mit den natürlich vorkommenden Energieformen bzw. Energiequellen – etwa aus Kohle, Gas, Öl oder von Sonne, Wind etc. – zur Verfügung steht. Mit einem oder mehreren Umwandlungsschritten werden aus der Primärenergie die Sekundärenergieträger wie Strom, Heizöl und Benzin gewonnen.

Prosument/in Abgleitet vom englischen Begriff *Prosumer* bezeichnet der Ausdruck einen passiven Konsumenten (*Consumer*), der gleichzeitig aktiv als Produzent (*Producer*) tätig ist. In der Energiewende ist das etwa eine Person, die einerseits Energie konsumiert, aber gleichzeitig auch selbst Energie beispielsweise durch eine eigene Photovoltaikanlage produziert. Eine weitergehende Idee einer Prosumenten-Gemeinschaft ist verknüpft mit der Vision einer energieautarken lokalen Gemeinschaft, die mithilfe eines → Smart Grids kleinräumig die Energie erzeugt, welche selbst verbraucht wird. Prosumenten haben erhebliche Gestaltungsmöglichkeiten. Als PV-Anlagenbetreiber entscheiden sie selbst, welche technische Komponente sie in welchem Umfang und wofür einsetzen. Zudem fördert diese unmittelbare Form der Energieproduktion und des Energiekonsums ein Bewusstsein für technische Vorgänge, Nachhaltigkeit und Umweltschädigung. Daher wohnt der Idee ein emanzipatorischer und bewusstseinsfördernder Charakter inne (im Sinne eines „achtsamen Energiebürgers").

Regelenergie Unter Regelenergie (auch Regelleistung) werden Ausgleichsleistungen bezeichnet, die Schwankungen in der Stromnetzfrequenz eines Stromnetzes ausgleichen und damit die Versorgung mit der benötigten elektrischen Leistung bei unvorhergesehenen Ereignissen im Stromnetz sicherstellen. Um die Systemstabilität eines Stromnetzes nicht zu gefährden, müssen Differenzen zwischen der Ein-und Ausspeisung in einem Stromnetz durch Regelenergie gedeckt werden. Eine gesteigerte Stromeinspeisung zum Ausgleich einer zu niedrigen Netzfrequenz wird als positive Regelenergie, die Reduktion der Einspeisung zur Senkung der Netzfrequenz als negative Regelenergie bezeichnet. Für den Ausgleich des Leistungsungleichgewichts sind die Übertragungsnetzbetreiber in ihrer jeweiligen Regelzone verantwortlich.

Residuallast Diese bezeichnet die „Restlast" oder „Restnachfrage", die Differenz zwischen der gesamten benötigten elektrischen Leistung (**Gesamtlast**) und der nicht steuerbaren Leistung, vor allem die eingespeiste fluktuierende Leistung aus erneuerbaren Energien. Zur Deckung dieses Bedarfs werden etwa Speicherkraftwerke oder Gaskraftwerke genutzt. Jenen Anteil, der permanent an Leistung benötigt wird, bezeichnet man als **Grundlast**. Kurzfristige Nachfrage wird durch Bereithaltung von sofort verfügbarer → **Regelenergie** bedient. In der Vergangenheit orientierte man sich vor allem an der Gesamtlast, da die atomaren und fossilen Kraftwerke steuerbar sind und je nach Bedarf eingesetzt werden können. Da man sich in der Energiewende zukünftig auf die Umstellung auf überwiegende Energieproduktion aus erneuerbaren Energien konzentriert, spielt die Residuallast eine entscheidende Rolle, möglichst umweltfreundlich Energie zu den Zeitpunkten zur Verfügung zu stellen, in denen gerade weniger eingespeist wird. Dem ursprünglich befürchteten Problem der Sicherstellung der Grundlast kann vermutlich durch die Nutzung kurzfristiger flexibler Energieerzeugung (Gasturbinen, Speicher), ein verbessertes Lastmanagement (→ Smart Grids und → Flexibilitätsoptionen) sowie eines Anteils konstanter Energie aus erneuerbaren Energieträgern (Kraft-Wärme-Kopplung-(KWK)Anlagen, Wasserkraft, Geothermie) begegnet werden.

Sektorkopplung Sektorkopplung (auch „Sektorenkopplung") bezeichnet vor dem Hintergrund des Übergangs zu einer Energieversorgung mit erneuerbaren Energien (→ Energiewende) die Verzahnung und Verschränkung der Sektoren Elektrizität, Wärmeversorgung sowie Verkehr, die bisher unabhängig voneinander betrachtet wurden. Ziel der Sektorkopplung ist es, das Energiesystem als Ganzes zu optimieren und den Anteil an Erneuerbaren Energien in allen energierelevanten Sektoren langfristig zu erhöhen. Die Sektorkopplung gilt als Schlüsselkonzept für die Energiewende in ihrem fortgeschrittenen Stadium, da sie Synergieeffekte bei der Integration von hohen Anteilen Erneuerbarer Energien nutzt. Beispiele für Sektorkopplung sind das Nutzen von Wärme, die als Nebenprodukt der Stromerzeugung entsteht (→ „Kraft-Wärme-Kopplung") sowie die Nutzung von Wasserstoff als Antriebsenergie zur Elektrifizierung des Verkehrssektors mit dem gesteuerten Laden von Akkuspeichern in → Smart Grids oder Power-to-X-Technologien.

Smart Grid Mit dem Begriff wird ein intelligentes („smart") Stromnetz bzw. Netzwerk beschrieben, welches die Erzeugung, Speicherung, Verteilung und Nutzung von Strom bzw. Wärme optimal miteinander in Beziehung setzt. Ausgangspunkt hierfür war der Umbruch von der zentralisierten zur dezentralen Energieversorgung, da im alten Energiesystem durch die Nutzung großer Kraftwerksparks und Anbindung aller Regionen via Überlandleitungen eine kontinuierliche Versorgung sichergestellt werden konnte (hohes Maß an → Regelenergie). Die verstärkte Nutzung erneuerbarer Energieträger hat zu verstärkter Volatilität bei der Energieeinspeisung geführt, da diese nicht konstant Energie erzeugen können und es daher sinnvoll ist, Energie zu bestimmten Zeitpunkten verstärkt oder entsprechend verringert zu nutzen. Auch die Logik der Nutzung von Elektromobilität legt dies nahe, da Energie zu bestimmten Zeitpunkten und Orten benötigt wird. Erforderlich ist daher die Abfrage der Nutzungsintensitäten und Zeitpunkte (→ Demand Side Management) sowie die Nutzung miteinander vernetzter Strommessgeräte (Smart Meter). Eine große Bedeutung kommt daher Speichertechnologien, flexibler schnell regelbarer Energieerzeugung (z. B. Gaskraftwerke) sowie dem Ausbau entsprechender intelligenter Netze zu. Durch Nutzung entsprechender Steuer-Applikationen kann der Nutzer dann etwa selbst entscheiden, wann er wofür wie viel Energie aus welcher Quelle zu welchen Kosten nutzen möchte.

Stromeinspeisungsgesetz (StrEG) Das StrEG wurde 1990 verabschiedet und trat am 01.01.1991 in Kraft. Es ist das Vorläufergesetz vom Erneuerbare-Energien-Gesetz (→ Erneuerbare Energien-Gesetz). Erstmals wurden mit dem StrEG öffentliche Energieversorger dazu verpflichtet, Strom aus erneuerbaren Energien abzunehmen (Netzanschluss) und nach einem festgelegten Tarif zu vergüten. Das Gesetz wurde von Parlamentariern des Bundestags initiiert. Es öffnete den Strommarkt für private Erzeuger regenerativen Stroms.

Transition-Theorie In einem speziellen Forschungszweig – *Sustainability Transitions Research* – wird die theoretische Möglichkeit und praktische Entfaltung von Nachhaltigkeitstransitionen untersucht. Grundsätzlich fragt dieser Ansatz danach, wie im Falle stabiler Regime (etwa des Energiesystems) eine grundlegende Änderung des Regimecharakters möglich ist. Man geht davon aus, dass etwa ausgelöst durch schockartige externe Einflussfaktoren (z. B. das Fukushima-Reaktorunglück) ein stärkerer Einfluss so genannter Nischen-Akteure durch Ausnutzung von Gelegenheitsmomenten (*Windows of Opportunity*) möglich ist, die den prädominanten Regimepfad beeinflussen können. Kommt es daraufhin zum Regimewechsel, verändert sich in der Folge auch die gesamte sozio-technische Landschaft – z. B. die „energiewirtschaftliche Landschaft". Die Forschung ist daher stark auf eine Analyse der Transformationsprozesse und daran beteiligter Akteure ausgerichtet, wobei ökonomische, politische und soziale Innovationen eine Schlüsselrolle spielen.

UNFCCC Die Klimarahmenkonvention (United Nations Framework Convention on Climate Change, UNFCCC) ist das internationale, multilaterale Klimaschutzabkommen der Vereinten Nationen. Ihr Ziel ist es, eine gefährliche anthropogene – also eine vom Menschen verursachte – Störung des Klimasystems zu verhindern. Die UNFCCC ist seit 1994 in Kraft und mittlerweile von nahezu allen Staaten der Welt ratifiziert. Oberstes Entscheidungsgremium der UNFCCC ist die Vertragsstaatenkonferenz (Conference of the Parties, COP), welche auch als Weltklimakonferenz, Klimagipfel oder UN-Klimakonferenz bekannt ist und einmal jährlich zusammenkommt. Auf der COP21 in Paris am 11. Dezember 2015 wurde – als Nachfolger des sogenannten Kyoto-Protokolls – ein Abkommen beschlossen, in dem sich die Staatengemeinschaft erstmals völkerrechtlich verbindlich darauf verpflichtet, den Anstieg der globalen Mitteltemperatur auf deutlich unter 2 °C gegenüber dem vorindustriellen Temperaturniveau zu begrenzen. Der Temperaturanstieg soll möglichst unter 1,5 °C gehalten werden und in der zweiten Hälfte des Jahrhunderts soll die Welt treibhausgasneutral werden. Das Abkommen ist am 04.11.2016 formell in Kraft getreten.

Jetzt im Springer-Shop bestellen:
springer.com/978-3-658-09415-7